“十三五”国家重点出版物出版规划项目
量子科学出版工程（第一辑）

Quantum Physics

Volume 2

From Time-Dependent Dynamics to Many-Body Physics and Quantum Chaos

（美）弗拉基米尔·捷列文斯基　著

丁亦兵　沈彭年
李学潜　梁伟红　译
姜焕清　陈曰德

量子科学出版工程
Quantum Science
Publishing Project

量子物理学　下册

从时间相关动力学

到多体物理和量子混沌

中国科学技术大学出版社

安徽省版权局著作权合同登记号:第 12201963 号

Quantum Physics, *Volume 2*: *From Time-Dependent Dynamics to Many-Body Physics and Quantum Chaos*, first edition by Vladimir Zelevinsky
first published by Wiley-VCH 2010.

图书在版编目(CIP)数据

量子物理学. 下册,从时间相关动力学到多体物理和量子混沌/(美)弗拉基米尔 · 捷列文斯基(Vladimir Zelevinsky)著;丁亦兵等译. —合肥:中国科学技术大学出版社,2020.9
(量子科学出版工程. 第一辑)
书名原文:Quantum Physics, Volume 2: From Time-Dependent Dynamics to Many-Body Physics and Quantum Chaos
国家出版基金项目
“十三五”国家重点出版物出版规划项目
ISBN 978-7-312-04918-7

Ⅰ. 量… Ⅱ. ① 弗… ② 丁… Ⅲ. 量子论 Ⅳ. O413

中国版本图书馆 CIP 数据核字(2020)第 049449 号

出版 中国科学技术大学出版社
安徽省合肥市金寨路 96 号,230026
http://press.ustc.edu.cn
https://zgkxjsdxcbs.tmall.com
印刷 合肥华苑印刷包装有限公司
发行 中国科学技术大学出版社
经销 全国新华书店
开本 787 mm×1092 mm 1/16
印张 35.75
字数 720 千
版次 2020 年 9 月第 1 版
印次 2020 年 9 月第 1 次印刷
定价 139.00 元

内 容 简 介

《量子物理学》分为两册：上册详细阐述量子力学的基础及对称性和微扰论的应用；下册从时间相关动力学出发，讨论多体物理学和量子混沌与量子纠缠. 两册内容的划分适合两个学期的教学. 该书兼具俄罗斯与欧美教材的风格，选材详尽丰富，逻辑鲜明合理，叙述简明严谨，涵盖范围及适用读者类型之广在同类书籍中尚属少见. 其所选择的解决问题的方法以及全书的结构相当独特. 其主题从量子物理学的基本原理延伸到许多前沿的研究领域，介绍了量子物理学最新的成就和解决现代物理中遇到的问题的方法. 全书设置了许多习题，并对部分习题提供了详细的解答.

对于涉及量子物理学应用的大学高年级学生，该书是优秀的教材；对于理论物理领域的相关研究与教学人员，也是难得的有价值的参考书.

序

这本书是基于我在俄罗斯(新西伯利亚州立大学)、美国(密歇根州立大学)和丹麦(哥本哈根尼尔斯·玻尔研究所)多年讲授量子物理学的讲稿写成的.最初,我用手写的方式把我在俄罗斯的经验总结成两卷不大的非正式讲稿,后来改写成一本名为《量子力学讲义》的书.但依照那种形式,它绝对不适合美国大学研究生课程的需要.目前的这本书完全是新的,尽管我保持了原来的精神.我从逻辑上把课程分成两个学期.

经过多年按照博士培养计划所要求的研究生课程教学,情况变得清楚了.面临的主要挑战之一是,进入像密歇根州立大学这样大的一所大学的研究生有着很不一样的广泛背景,因而必须把他们引领到一个初步知识的共同水平,以便让这些学生能继续向前迈步并且面对当前科学前沿更复杂的问题.我试用了各种流行的教科书,但总是不得不用我自己的讲稿加以补充.最终,我发现自始至终依靠我自己的讲义更容易和更有用,当然,必须正确地排序,补充一些习题和添加一些可供老师选择的材料,并且调整得适应更高年级学生的特殊兴趣.

本书从基本的量子原理出发,以一种在我看来最合逻辑和最适合这样宽泛的读者群的方式展开全书.我首先考虑了不需要完全量子形式但允许学生在量子思维要素方面获得一些经验的许多问题.在那之后才把基本的薛定谔方程引进来,并且转向量子物理所有领域的广泛应用.书中给出了一些习题,解答它们或者至少弄明白它们是绝对必要的.除了与现代发展相关的一些新的习题,其中也有许多传统习题.本书是以这样的方式编写的:每一个主题都包含了几个层次的难度,教师可以根据所涉及材料的深度决定.在对内容进行仔细挑选的情况下,本书也可以用于大学生课程.

本书的容量和适用范围迫使我做出了艰难的选择,没能把一些有趣的和重要的内容包括进来.有一些通常不属于一般课程的论题,但我相信它们应该是现代课程的一部分,例如相干态和压缩态及其宏观类比、张量算符及其应用、相对论力学和散射理论的某些问题、相互作用多体系统的性质、量子混沌和纠缠等.添加的材料远远超过了标准的课程,并且允许授课教师做出适合不同听众的选择.同时,正像我常常做的,教师可以与水平较高的学生一道解决一些现代问题.我在全书中插入了少许对于学生来说很可能是不知道的有关方法的一些数学题外话,例如复分析和群论基础(这些节都用星号加以标记).因此,这本书是自成一体的,并不要求补充材料.然而,每一章都给出了“进一步阅读”的目录,包括当前科学杂志的参考文献.我相信,要证明量子理论并不包含任何魔术或隐藏的骗局,所有的东西都可以当着学生的面在黑板上直接推导和解释,这一点是极其重要的.

尽管本书试用了一段时间,但错误不可避免,这个方法已经经受了几年的检验并证明是成功的.当然,成功从根本上依赖于学生的勤奋学习,反过来,这种勤奋又受到他们对该学科的兴趣的影响.

多年来,与各国优秀科学家的大量讨论使我受益匪浅.遗憾的是这里不能一一列出对他们每个人的称赞.但是我要特别感谢已故的 Car Gaarde,他反复激励我把我的讲义写成可发表的形式.我非常感谢 Roman Sen’kov 和 Alexander Volya 给我的帮助.我还要衷心地感谢出版者的友好态度和持续的帮助,特别是 Valerie Moliere、Anja Tschoertner 和 Petra Moews.

当然,在这样一本内容广泛的教科书中,含混不清甚至错误之处几乎不可避免.对于读者任何建设性的反馈我都将特别感激.

最后要提到的是,在把我的夜晚都献给此书的这些年里,我始终如一地受到家人慷慨的支持——我的儿子、女儿和他们的配偶.我要感谢我的夫人 Vera，她奇迹般的耐心使这项工作成为可能.

弗拉基米尔·捷列文斯基

(Vladimir Zelevinsky)

于密歇根东兰辛,2010 年 6 月

目录

第 7 章

第 8 章

第 1 章

非定态微扰

就像不断在响的乐器的弦一样,静态的陈旧想法必须抛弃,因为这种状态永远不会存在,除非在我们的想象中.

——D. B. Botkin

1.1 跃迁概率

在一个具有与时间无关的哈密顿量 $\hat{H}^0$,且定态 $|n\rangle$ 的相应谱 E_n 满足本征方程

$$\hat{H}^0 |n\rangle = E_n |n\rangle \tag{1.1}$$

的封闭系统内,一般地,任何非定态的波包

$$|\Psi(t)\rangle = \sum_n a_n(t) |n\rangle \tag{1.2}$$

都是以这种方式演化的，即只有这些分量的**相对相位**随时间变化（**量子拍**）. 发现这个系统处于第 n 个定态的概率振幅为

$$a_n(t) = a_n(0)\mathrm{e}^{-(\mathrm{i}/\hbar)E_n t} \tag{1.3}$$

因而相应的概率

$$w_n(t) = |a_n(t)|^2 = |a_n(0)|^2 \tag{1.4}$$

和时间无关. 这个系统的平均能量

$$\langle E\rangle = \sum_n E_n w_n \tag{1.5}$$

也一直保持不变. 然而如果把一个与**时间相关的微扰** $\hat{H}'(t)$作用到这个系统，那么演化方式就改变了. 该系统的哈密顿量

$$\hat{H} = \hat{H}^0 + \hat{H}'(t) \tag{1.6}$$

仍然是一个**演化算符**，即

$$\mathrm{i}\hbar\frac{\partial}{\partial t}|\Psi(t)\rangle = [\hat{H}^0 + \hat{H}'(t)]|\Psi(t)\rangle \tag{1.7}$$

尽管它不再对应一个守恒的能量. 瞬时的态矢量$|\Psi(t)\rangle$和前面一样，仍能由无微扰定态叠加的(1.2)式给出. 物理上系数 $a_n(t)$对应于借助**突然**关掉微扰 $\hat{H}'(t)$时所做的测量. 就像我们后面将会更详尽讨论的，对于一个突然的微扰（参见上册习题 3.3），波函数没有时间响应改变，于是在这一瞬间捕捉到的波函数值就作为下一阶段仍由与时间无关哈密顿量所决定的无微扰演化的初始状态，那时 w_n 不再变化，因此能够进行测量.

对于依赖时间的 $\hat{H}'$，波函数的演化不再能约化为相位动力学. 这时绝对概率 w_n 是随时间变化的，而这可以通过在不同时刻关掉微扰的实验观察到. 纵使在 t_0 时刻，波函数$|\Psi(t_0)\rangle$不包含某些特定分量$|n\rangle$，但它们可能在稍后时刻出现. 这意味着非定态微扰能引起从初态到不相同的末态之间的**量子跃迁**. 如果跃迁概率很小($\ll 1$)，我们可以称这种微扰为弱的，从而能发展出一套关于**非定态微扰理论**的特殊形式. 我们需要强调，这里所说的是在无微扰定态间的跃迁概率.

1.2 微扰解

要找到时间相关方程(1.7)的合适解，一个简便的方法是利用叠加表示式(1.2)，并重新定义振幅 $a_n(t)$，其中明确地包括了指数上的无微扰时间依赖关系(1.3)：

$$|\Psi(t)\rangle = \sum_n a_n(0)e^{-(i/\hbar)E_n t}|n\rangle \tag{1.8}$$

振幅 $a_n(t)$中剩下的时间相关部分就完全由微扰 $\hat{H}'(t)$决定了. 从(1.2)式中的旧振幅到新表达式(1.8)的转变称为到**相互作用绘景**的变换；在数学上，这就是**常数变易法**.

使用薛定谔方程(1.7)中的拟设(1.8)式和定态的定义式(1.1)，我们得到一组新振幅 $a_m(t)$满足的耦合微分方程组，这些振幅的时间依赖性仅由微扰 $\hat{H}'(t)$引起：

$$i\hbar\dot{a}_m = \sum_n H'_{mn}(t)a_n(t)e^{i\omega_{mn}t}, \quad \omega_{mn} = \frac{E_m - E_n}{\hbar} \tag{1.9}$$

其中，微扰 $\hat{H}'(t)$的矩阵元 $H'_{mn}(t)$取自两个**时间无关**的基矢之间. 方程组(1.9)仍等价于完整的薛定谔方程. 通过变换到**积分**方程组并纳入初始条件 $a_m(t_0)$，得到

$$a_m(t) = a_m(t_0) + \frac{1}{i\hbar}\int_{t_0}^{t} dt' \sum_n H'_{mn}(t')a_n(t')e^{i\omega_{mn}t'} \tag{1.10}$$

根据与微扰强度和性质密切相关的特定物理条件，下一步的近似会有所不同.

让微扰只在**有限的**时间段起作用. 在 $t_0 \to -\infty$ 的遥远过去，系统处在一个无微扰的定态. 我们将这个态称为**初始**态，用$|i\rangle$表示，并假定它确实是属于离散谱的，因此 $a_n(-\infty) = \delta_{ni}$. 按照微扰要求，跃迁概率很小. 这样 $a_i(t)$ 会保持接近于1，同时对于新出现的分量有 $|a_{n\neq i}| \ll 1$. 对于 $m \neq i$，我们在(1.9)式的右边只留下大的振幅 $a_i \approx 1$，近似得到

$$i\hbar\dot{a}_m \approx H'_{mi}(t)a_i(t)e^{i\omega_{mi}t} \approx H'_{mi}(t)e^{i\omega_{mi}t} \tag{1.11}$$

这样，发现系统处于同为离散谱中的**末**态$|f\rangle$的概率幅为

$$a_f(t) = -\frac{i}{\hbar}\int_{-\infty}^{t} dt' H'_{fi}(t')e^{i\omega_{fi}t'} \tag{1.12}$$

而 $i \to f$ 的**跃迁概率**为

$$w_{fi}(t) = |a_f(t)|^2 = \frac{1}{\hbar^2}\left|\int_{-\infty}^{t} \mathrm{d}t' H'_{fi}(t') \mathrm{e}^{\mathrm{i}\omega_{fi}t'}\right|^2 \tag{1.13}$$

因此我们确认以前用过的矩阵元符号 H_{fi} 正是与**跃迁振幅**相关的.采用**虚**态语言,跃迁可以在任意 $t'<t$ 的时刻"发生",在那一时刻,出现了到一个不同态的相位跳跃.最后,我们需要计入所有发生在不同 t' 时刻的跃迁之间的干涉.由于我们假设在 $t \to \infty$ 的极限时刻微扰停止了作用,则总跃迁概率

$$w_{fi} = |a_f(t \to \infty)|^2 = \frac{1}{\hbar^2}\left|\int_{-\infty}^{\infty} \mathrm{d}t' H'_{fi}(t') \mathrm{e}^{\mathrm{i}\omega_{fi}t'}\right|^2 \tag{1.14}$$

是由微扰的 Fourier 谐波函数决定的,其**频率等于跃迁频率** ω_{fi}.我们可以说在无限长时间的极限下,能量必须精确守恒,这是通过从外场源吸入(或放出)精确数量的能量 $E_f - E_i$ 来保证的.(1.11)式的近似需要以高阶修正很小作为条件.

习题 1.1 空间均匀电场的有限脉冲

$$\mathcal{E}(t) = \mathcal{E}_0 \mathrm{e}^{-t^2/\tau^2} \tag{1.15}$$

作用在一个带电粒子上,该粒子处于频率为 ω 的谐振子势中.在弱场近似下,求脉冲作用之后,它从基态跃迁到一个谐振子激发态的受激概率.讨论微扰理论正确的条件.(对相同的脉冲总动量)分别考虑脉冲持续时间 τ 比振荡周期短和长的情况,并考虑沿场线方向的振荡.

解 微扰算符为

$$\hat{H}'(t) = -e\mathcal{E}(t)\hat{x} = -e\mathcal{E}(t)\sqrt{\frac{\hbar}{2m\omega}}(\hat{a} + \hat{a}^\dagger) \tag{1.16}$$

在微扰论的最低阶,借助升算符 $\hat{a}^\dagger$ 的作用,只有到第一激发态的跃迁 $n=0 \to n=1$ 是可能的.对于场 $\mathcal{E}(t) = \mathcal{E}_0 f(t)$ 的脉冲,跃迁概率(1.14)为

$$w_{10} = \frac{1}{\hbar^2}(e\mathcal{E}_0)^2 \frac{\hbar}{2m\omega}\left|\int_{-\infty}^{\infty} \mathrm{d}t f(t) \mathrm{e}^{\mathrm{i}\omega t}\right|^2 \tag{1.17}$$

对于高斯型的脉冲((1.15)式),有

$$w_{10} = \frac{P^2}{2m\hbar\omega}\mathrm{e}^{-\omega^2\tau^2/2} \tag{1.18}$$

脉冲传给系统的总动量为

$$P = \int_{-\infty}^{\infty} \mathrm{d}t e\mathcal{E}(t) = \sqrt{\pi} e\mathcal{E}_0 \tau \tag{1.19}$$

我们可以比较一下总功率相同但持续时间不同的脉冲所产生的影响：

$$w_{10}=\frac{P^2}{2m\hbar\omega}\mathrm{e}^{-\omega^2\tau^2/2} \tag{1.20}$$

传到谐振子的平均能量为

$$\Delta E=\hbar\omega w_{10}=\frac{P^2}{2m}\mathrm{e}^{-\omega^2\tau^2/2} \tag{1.21}$$

对任意的持续时间，只有 $\Delta E\ll\hbar\omega$ 时，微扰近似才是合理的. 短脉冲（持续时间 τ 远远小于振荡周期，$\omega\tau\ll1$）传输了全部的能量 $P^2/(2m)$，相比之下一个长脉冲（$\omega\tau\gg1$）是不起作用的，因为转移的能量小至指数级，于是谐振子仍停留在基态. 这个结论的物理基础在于运动的快速振荡特性；场的作用在一个振荡周期内的不同部分都被相互抵消了. 缓变（**绝热**）的微扰不能激发系统是一般的规则. 然而，系统保持在初始态，其波函数却会根据缓变的微扰绝热地调整，且在微扰消失后恢复到初始状态. 稍后，我们还要详细讨论绝热的情况.

1.3 形式级数

如果我们感兴趣的是 $i\to f$ 的跃迁，而相应的矩阵元 H'_{fi} 很小或干脆为零，那我们就需要求助于微扰论的下一阶. 精确的积分方程组（1.10）能通过**迭代**得到：

$$a_m(t)=a_m(t_0)+\frac{1}{\mathrm{i}\hbar}\int_{t_0}^{t}\mathrm{d}t_1\sum_n H'_{mn}(t_1)\mathrm{e}^{\mathrm{i}\omega_{mn}t_1}a_n(t_0)$$
$$+\left(\frac{1}{\mathrm{i}\hbar}\right)^2\int_{t_0}^{t}\mathrm{d}t_1\int_{t_0}^{t_1}\mathrm{d}t_2\sum_{ns}H'_{mn}(t_1)H'_{ns}(t_2)\mathrm{e}^{\mathrm{i}\omega_{mn}t_1+\mathrm{i}\omega_{ns}t_2}a_s(t_2) \tag{1.22}$$

然后，代入 $t_0\to-\infty$ 时的初始条件 $a_n(-\infty)=\delta_{ni}$，在（1.22）式的迭代（第三）项中留下主要项 $s=i$，我们就可得到在次领头阶（第二阶）中的 $i\to f\neq i$ 的跃迁振幅

$$a_f(t)\approx a_f^{(1)}(t)+a_f^{(2)}(t) \tag{1.23}$$

其中，$a_f^{(1)}$ 由（1.12）式给出，而

$$a_f^{(2)}(t)=\left(\frac{1}{\mathrm{i}\hbar}\right)^2\int_{-\infty}^{t}\mathrm{d}t_1\int_{-\infty}^{t_1}\mathrm{d}t_2\sum_n H'_{fn}(t_1)H'_{ni}(t_2)\mathrm{e}^{\mathrm{i}\omega_{fn}t_1+\mathrm{i}\omega_{ni}t_2} \tag{1.24}$$

包括了次领头阶的项后，我们看到除了 $i\to f$ 的直接跃迁外，经过一个中间态或虚态，一个两步过程，即 $i\to n\to f$，也是可能的(参见上册 5.10 节). 虽然现在跃迁概率中包含了一步和两步过程的干涉，但它还是 $w_{fi}=|a_f(t)|^2$. 再重复一遍，这个结果仅在更高阶项可以被忽略时才是对的.

微扰的每个算符 $\hat{H}'$ 都伴随一个相应的时间相关的相因子. 它是与我们前面说过的相互**作用绘景**相关联的. 这就是说，无微扰的幺正时间演化算符

$$\hat{U}^0(t)=\exp[-(\mathrm{i}/\hbar)\hat{H}^0 t] \tag{1.25}$$

被包含在波函数中，就像(1.2)式和(1.3)式一样. 相应地，要保持物理振幅的完整，就要做 $\hat{H}'\Rightarrow\breve{H}$ 的算符变换：

$$\breve{H}'_{mn}(t)=\langle m|(\hat{U}^0(t))^{-1}\hat{H}'(t)\hat{U}^0(t)|n\rangle=H'_{mn}(t)\mathrm{e}^{\mathrm{i}\omega_{mn}t} \tag{1.26}$$

相互作用绘景介于薛定谔绘景和海森伯绘景之间. 这里算符 $\breve{O}$ 保持了**无微扰时间依赖性**，它和没有微扰时的海森伯绘景一样；波函数中仍存在由微扰 $\hat{H}'$ 导致的时间依赖性.

现在看一下第二阶迭代(1.24) 式的结构. 正如我们在图 1.1 中看到的，积分区域是 (t_2,t_1)—— 平面的一部分，在 $t_1=t_2$ 对角线的下面. 我们先固定 $t_1<t$，沿垂直线对 t_2 在 $-\infty<t_2<t_1$ 区间积分，再从 $-\infty$ 到 t 对 t_1 的所有可能值积分. 如果我们交换积分次序，相同的区间会被 $\int_{-\infty}^{t}\mathrm{d}t_2\int_{t_2}^{t}\mathrm{d}t_1$ 覆盖，因而我们可把两个表达式加起来，再除以 2. 不过，在第二个形式中，我们也可以重新命名变量 $t_2\leftrightarrow t_1$，这时结果就变成

$$a_f^{(2)}(t)=\frac{1}{2}\left(\frac{1}{\mathrm{i}\hbar}\right)^2\times\left\{\int_{-\infty}^{t}\mathrm{d}t_1\int_{-\infty}^{t_1}\mathrm{d}t_2\,(\breve{H}'(t_1)\breve{H}'(t_2))_{fi}\right.$$
$$\left.+\int_{-\infty}^{t}\mathrm{d}t_1\int_{t_1}^{t}\mathrm{d}t_2\,(\breve{H}'(t_2)\breve{H}'(t_1))_{fi}\right\} \tag{1.27}$$

这里尽管两个积分区域分别为 $t_1<t_2$ 和 $t_1>t_2$，但当我们对整个平面积分(有 1/2 因子)时，都积分到时间 t_0. 两个 $\breve{H}'$ 算符是**按时间顺序排列的**(编时)，也就是对应最晚时间的算符放在左边. 我们引入一个算符编时乘积符号 Υ，把结果写成

$$a_f^{(2)}(t)=\frac{1}{2}\left(\frac{1}{\mathrm{i}\hbar}\right)^2\Upsilon\left\{\int_{-\infty}^{t}\mathrm{d}t_1\int_{-\infty}^{t}\mathrm{d}t_2\,(\breve{H}'(t_1)\breve{H}'(t_2))_{fi}\right\} \tag{1.28}$$

继续做同样的迭代，结果就可以写成无穷级数：

$$a_f(t)=\sum_{n=1}\left(\frac{1}{\mathrm{i}\hbar}\right)^n\int_{-\infty}^{t}\mathrm{d}t_1\cdots\int_{-\infty}^{t_{n-1}}\mathrm{d}t_n\,(\breve{H}'(t_1)\cdots\breve{H}'(t_n))_{fi} \tag{1.29}$$

在第 n 项中,跃迁经过了 $n-1$ 个中间态,这里每个 $\breve{H}'$算符都是在相互作用绘景中定义的.不同时刻的 $\breve{H}'$一般说来都不对易,它们在级数(1.29)中的顺序是由编时的次序固定的——时间从右向左.我们可以研究积分时间的所有 $n!$ 个置换,类似于 $a_f^{(2)}$ 的情况,算符的重新编号均要保持编时的顺序.我们也将这个结果推广到 $f=i$ 的情况,这时要加进一个零阶项 $1_{fi}=\delta_{fi}$.这使得此级数非常像一个指数展开,但每项中的算符都需要进行编时.

$$a_f(t) = \delta_{fi} + \sum_{n=1} \frac{1}{n!}\left(\frac{1}{\mathrm{i}\hbar}\right)^n \Upsilon\left\{\int_{-\infty}^{t}\mathrm{d}t_1\cdots\int_{-\infty}^{t}\mathrm{d}t_n\ (\breve{H}'(t_1)\cdots\breve{H}'(t_n))_{fi}\right\} \tag{1.30}$$

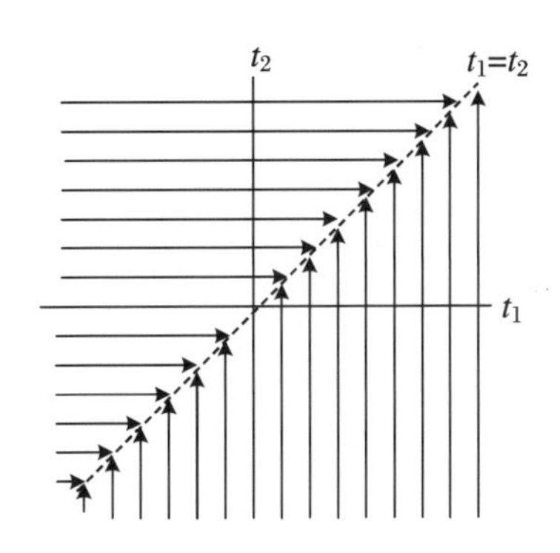

图 1.1　导致编时次序的二级近似结构

通常,它可用 Υ **指数**表示:

$$a_f(t) = \Upsilon\left\{\exp\left[-(\mathrm{i}/\hbar)\int_{-\infty}^{t}\mathrm{d}t'\breve{H}'(t')\right]\right\}_{fi} \tag{1.31}$$

这种符号表示对一般推导是很有用的,尽管当级数需做近似处理而在某一步被截断时,它对相应的具体计算没有什么帮助.

1.4　绝热微扰

如果微扰 $\hat{H}'(t)$是时间的平滑函数,例如,它只在一个较长的时间间隔 τ 内有明显的变化，则仅在微小频率 $\omega \leqslant \omega_0 = 1/\tau$ 处其 Fourier 展开有较大的分量. 那时，具有较大频率 $\omega_{fi} \geqslant \omega_0$ 的跃迁都被压低了. 在习题 1.1 中的 $\omega\tau > 1$ 的极限下，我们已经看到这一点. 这样的缓变微扰就被称为是**绝热的**. 更精确地说，对于 $i \to f$ 的跃迁来说，绝热微扰意味着在 $\delta t \sim 1/\omega_{fi}$ 的时间间隔内，与跃迁能量 $E_f - E_i = \hbar\omega_{fi}$ 相比，能量的改变必须很小.

$$\delta H \sim \frac{\delta H'}{\delta t}\delta t \sim \frac{\mathrm{d}H'_{fi}}{\mathrm{d}t}\frac{1}{\omega_{fi}} \ll \hbar\omega_{fi} \tag{1.32}$$

简单的估算已经显示：在(1.32)式的条件下，跃迁概率很小. 例如，我们可以让微扰 $\hat{H}'$ 在 $t = 0$ 时刻平滑地加入，在 $\bar{t}$ 时刻去掉. 在时刻 $t > \bar{t}$ 跃迁完成，总跃迁概率为

$$w_{fi} = \frac{1}{\hbar^2}\left|\int_0^{\bar{t}} \mathrm{d}t H'_{fi}(t)\mathrm{e}^{\mathrm{i}\omega_{fi}t}\right|^2 \tag{1.33}$$

分步积分，我们得到

$$w_{fi} = \frac{1}{\hbar^2}\left|\left[\frac{\mathrm{e}^{\mathrm{i}\omega_{fi}t}}{\mathrm{i}\omega_{fi}}H'_{fi}(t)\right]_0^{\bar{t}} - \frac{1}{\mathrm{i}\omega_{fi}}\int_0^{\bar{t}} \mathrm{d}t\,\mathrm{e}^{\mathrm{i}\omega_{fi}t}\frac{\mathrm{d}H'_{fi}(t)}{\mathrm{d}t}\right|^2 \tag{1.34}$$

或由于 $\hat{H}'(t)$的边界条件，它成为

$$w_{fi} = \frac{1}{\hbar^2\omega_{fi}^2}\left|\int_0^{\bar{t}} \mathrm{d}t\,\mathrm{e}^{\mathrm{i}\omega_{fi}t}\frac{\mathrm{d}H'_{fi}(t)}{\mathrm{d}t}\right|^2 \tag{1.35}$$

假定微商 $\dot{H}'_{fi}$ 的平滑特性，我们把它的最大绝对值的平方从积分中拿出去，然后计算剩下的积分，得到

$$w_{fi} \leqslant \frac{4\sin^2(\omega_{fi}\bar{t}/2)}{\hbar^2\omega_{fi}^4}\left|\overline{\frac{\mathrm{d}H'_{fi}}{\mathrm{d}t}}\right|^2 \tag{1.36}$$

跃迁概率的上限正比于微小的绝热参数 $\dot{H}'_{fi}/(\hbar\omega_{fi}^2)$ 的平方，这和(1.32)式的估计是一致的.

我们看到在绝热地开启和断开微扰的情况下，实际的跃迁是很弱的. 在 $0 < t < \bar{t}$ 的时间间隔中，由于(1.34)式中积分项上限的贡献，跃迁概率可能很明显. 这意味着经过这个时间间隔，态矢 $|\Psi(t)\rangle$ 与初始态 $|i\rangle$ 不同. 如果在这段时间间隔中的某个瞬间突然关掉微扰，并且用无微扰的定态 $|f\rangle$ 来展开函数 $|\Psi(t)\rangle$，我们就能找到 $i \to f$ 跃迁中那些重要的概率. 那些概率主要是由微扰的突然移除所导致的. 在绝热情况下，态矢 $|\Psi(t)\rangle$ 平滑地变化，这与缓慢演化的微扰相适应. 在很长的过程中，波函数可能变化很大. 但是在 $t > \bar{t}$ 时，这个系统最可能回到初始态.

1.5 绝热微扰论

在(1.36)式的估计中，我们已经看到，虽然我们从标准的微扰论出发，但弱的微扰并不能确保有真正的微小微扰，它是通过缓慢变化来实现的. 那么我们有可能为一个并不要求微扰哈密顿量 $\hat{H}'(t)$很弱的微扰理论找到一个特殊的变化形式. 取而代之，在不等式(1.32)的意义上，唯一的小参数将是**微扰变化率**. 在很长的持续时间间隔中，缓慢的变化会最终导致状态矢量发生很大的变化.

在**绝热微扰论**中，把哈密顿量像(1.6)式那样分成两项没有什么意义. 我们仅仅假定哈密顿量中包含一些参数 $X_i(t)$，它们已知是时间的光滑函数：$\hat{H}(t)=\hat{H}(X(t))$. 我们已经知道态矢要按照 $X(t)$的演化来进行调节. 对于这个平滑的调节，该系统演化的基态还将保留在基态，第一激发态还是第一激发态，如此类推. 这种作为 X 函数的绝热能级动力学使我们联想到没有漩涡的层流(我们可以以强混合时的原子核能级实际的谱为例，上册，图 19.1). $\mathrm{d}X/\mathrm{d}t\equiv\dot{X}$ 越小，层流特性的精确度就越高.

对一个确定的 X 值，我们找到哈密顿量 $\hat{H}(X)$的一系列定态$|n;X\rangle$，即

$$\hat{H}(X)\mid n;X\rangle=E_n(X)\mid n;X\rangle \tag{1.37}$$

这组瞬态$|n;X\rangle$可作为**行进绝热基**，来替代(1.8)式中所用的固定基. 现在，通常的相因子$-E_nt/\hbar$ 被过程中积累的完整的**动力学相位**替代：

$$\varphi_n(t)=-\frac{1}{\hbar}\int_{-\infty}^{t}\mathrm{d}t'E_n(X(t')) \tag{1.38}$$

这很像在平滑变化势中半经典波函数的空间相位$\int k\mathrm{d}x$.

在每一个给定瞬间，行进基((1.37)式)是完备的，从而我们能够寻找薛定谔方程

$$\mathrm{i}\hbar\frac{\partial}{\partial t}\mid\Psi(t)\rangle=\hat{H}(X(t))\mid\Psi(t)\rangle \tag{1.39}$$

的解，它能写成瞬时函数$|n;X(t)\rangle$的展开形式

$$\mid\Psi(t)\rangle=\sum_n a_n(t)\mathrm{e}^{\mathrm{i}\varphi_n(t)}\mid n;X(t)\rangle \tag{1.40}$$

在极端绝热极限下,波函数就会紧随着 $X(t)$沿着参数空间一个给定的能量项改变.事实上,在该空间中有限的运动速度 $\dot{X}$ 之下,由(1.40)式中振幅 $a_n(t)$的剩余时间依赖性描述的绝热项之间**跃迁**仍有可能发生.函数(1.40)对时间的导数为

$$\frac{\partial}{\partial t}|\Psi\rangle=\sum_n e^{i\varphi_n(t)}\left[\dot{a}_n-\frac{i}{\hbar}E_n(X(t))a_n+a_n\dot{X}\frac{\partial}{\partial X}\right]|n;X(t)\rangle \tag{1.41}$$

同时

$$\hat{H}(t)|\Psi\rangle=\sum_n e^{i\varphi_n(t)}a_nE_n(X(t))|n;X(t)\rangle \tag{1.42}$$

在固定时间 t 和$X=X(t)$时,这些态$|n;X(t)\rangle$都是相互正交的.因此,对每一个 m,到$\langle m;X(t)|$的投影给出

$$\dot{a}_m+\dot{X}\sum_n B_{mn}(t)a_n e^{i[\varphi_n(t)-\varphi_m(t)]}=0 \tag{1.43}$$

其中引起跃迁的微扰作用由对参数梯度的矩阵元来体现:

$$B_{mn}(t)=\langle m;X(t)|\frac{\partial}{\partial X}|n;X(t)\rangle \tag{1.44}$$

方程组(1.43)仍然是精确的.行进基中的振幅 α_n 只随参数$\dot{X}$ 的改变而变化.如果在遥远的过去,即 $t\to-\infty$时,系数集合为 $a_n^0=a_n(-\infty)$,并且演化是绝热的,我们可以预期,尽管基矢自身有较大的改变,振幅 a_m 仍近似保持为常数.**绝热微扰论**用到对 $\dot{X}$ 的展开:

$$a_m=a_m^0+a_m^{(1)}(t)+\cdots \tag{1.45}$$

只保留到第一阶,由(1.43)式得到

$$\dot{a}_m^{(1)}=-\dot{X}\sum_n B_{mn}(t)a_n^0 e^{i[\varphi_n(t)-\varphi_m(t)]} \tag{1.46}$$

对时间积分,就得到第一阶的解为

$$a_m^{(1)}(t)=-\int_{-\infty}^{t}dt'\sum_n B_{mn}(t')\dot{X}(t')e^{i[\varphi_n(t')-\varphi_m(t')]}a_n^0 \tag{1.47}$$

由于我们对跃迁概率感兴趣,让我们考虑一个确定的初态 $a_n^0=\delta_{ni}$.借助上册中的(19.36)式,对 $f\neq i$ 的末态,我们从(1.47)式得到

$$a_f^{(1)}(t)=-\int_{-\infty}^{t}dt'\frac{\langle f;X(t')|\frac{\partial\hat{H}}{\partial X}|i;X(t')\rangle}{E_i(X(t'))-E_f(X(t'))}\dot{X}(t')e^{i[\varphi_i(t')-\varphi_f(t')]} \tag{1.48}$$

这个结果让我们回想起一般的定态微扰论.要建立更高阶的绝热近似,可照样直接做.

1.6 非绝热跃迁

在**能级交叉**点附近,(1.48)式形式的绝热近似不再适用.不同的绝热能量项 $E(t)$的接近使得跃迁振幅快速增长.那时,类似于对靠近能级的标准微扰论,最低阶近似已经不够了,需要在这个子集中把哈密顿量对角化,以得到正确的线性组合.一般的结果在两个靠近能级的情况下已经介绍过.

我们考虑这样一个典型的情况:一个系统的两个绝热能量态$|k,t\rangle$和$|k',t\rangle$在某个瞬间相互交叉,我们可以把这个时刻定为 $t=0$,参见图 1.2.在没有任何相互作用可以混合这两个态的情况下(或者说,在禁止混合的不同对称性情况下),我们有**非绝热**项$\epsilon_k(t)$和$\epsilon_{k'}(t)$,在图中用虚线表示.如果存在混合矩阵元 $H_{k'k}\equiv V$,**绝热**能级 1 和 2 将互相排斥,而不是非绝热的交叉,在这里,我们得到了绝热的**赝交叉**(pseudocrossing),在图 1.2 中用实线表示,这时混合矩阵元决定了瞬时能级间隙(参见上册中的(10.39)式).

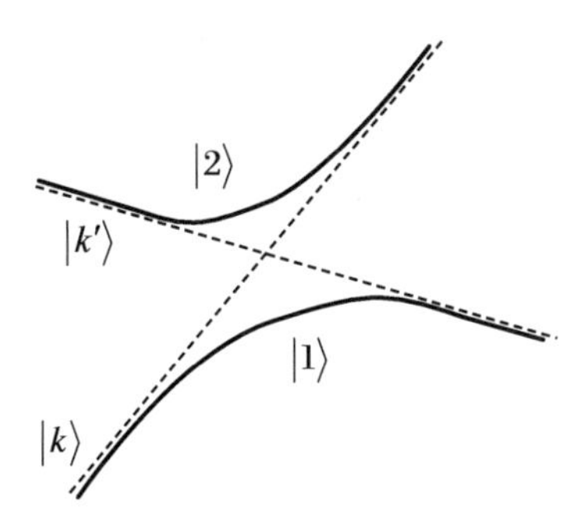

图 1.2　非绝热和绝热项

让我们从遥远过去 $t\to-\infty$ 的低能级$\epsilon_k(t)$开始.对于能级$\epsilon(t)$的缓慢变化和弱作用 $V(t)$,**绝热演化**将沿路径 1 进行,这时波函数从$|k,-\infty\rangle$逐渐演变到$|k',\infty\rangle$.系统将一直保持在低能态,而上面的路径 2 将保持在空的状态.与之相反,在快速通道的**非绝热情况**,系统将沿着无微扰项$|k,t\rangle$演化.总之,这个过程是用从 1 到 2 的**跃迁概率** P 来表征的,事实上这就是保持$|k\rangle$态的概率.在绝热极限下,这个概率为 0;相反,在快速通道的情况下,它为 1.

一个双态系统由时间相关的哈密顿量

$$\hat{H}(t)=\begin{pmatrix}\epsilon_k(t) & V^*(t)\\ V(t) & \epsilon_{k'}(t)\end{pmatrix} \tag{1.49}$$

来描述. 假定相互作用很弱,只在能量交叉点 $t=0$ 附近才有相当大的跃迁概率. 在这里,主要的时间依赖性可以写为

$$\epsilon_{k,k'}(t)\approx u_{k,k'}t,\quad V(t)\approx V(0)\equiv V \tag{1.50}$$

(趋近它们交叉点的非绝热项的线性行为是 $u_k>u_{k'}$). 在交叉点,微扰论不适用. 但是,作为半经典近似,我们可以试着"绕过"这个危险点,去寻找跳过路径 1 和路径 2 之间能隙的跃迁概率,这类似于在坐标空间匹配拐点两边的两个半经典解.

在大 $|t|$ 值处,当能级间距 $|(u_k-u_{k'})t|$ 大于混合矩阵元 $|V|$ 时,我们就可以使用标准定态微扰论. 那时绝热项就变为

$$E_k(t)=u_kt+\frac{|V|^2}{(u_k-u_{k'})t}+\cdots \tag{1.51}$$

其中,省略的项具有比 t 的高次幂相应的能量更大的分母. 展开式(1.51)决定了绝热相位((1.38)式):

$$\varphi_k(t)=-\frac{u_kt^2}{2\hbar}-\frac{|V|^2}{\hbar(u_k-u_{k'})}\ln t+\cdots \tag{1.52}$$

没有明确写出来的项在 t 较大时也不会变大. 现在,我们就按照半经典处理的做法(上册(15.9)式—(15.12)式),把解拓展到复数 t. 我们假设:我们能在 t 的复平面上绕 $t=0$ 的交叉点沿着半径为 T 的弧走, T 足够大以至于我们可以忽略剩余的项,但同时 T 又足够小,以保持(1.50)所示的展开是有效的.

在大弧 $t=T\exp(\mathrm{i}\alpha)$ 上,我们需要将遥远的将来 $\alpha=0$ 与遥远的过去 $\alpha=\pm\pi$ 衔接起来, $\pm\pi$ 的符号取决于环绕圆形回路的方式. 在 T 较大时,在相位(1.52)式中, $\propto T^2$ 的主要项的行为是

$$\mathrm{i}\varphi_k\Rightarrow\frac{u_kT^2}{2\hbar}(-\mathrm{i})\mathrm{e}^{2\mathrm{i}\alpha}=\frac{u_kT^2}{2\hbar}[-\mathrm{i}\cos(2\alpha)+\sin(2\alpha)] \tag{1.53}$$

在 $\alpha\to\pm\pi$ 处趋近实轴时,如果 $\sin(2\alpha)>0$,(1.53)式的实部将获得一个很大的指数因子;因此我们需要沿上半边的弧移动. 在端点处,我们有 $t=T\exp(\mathrm{i}\alpha)$,相位(1.52)式的对数部分给出了 $\ln t=\ln T+\mathrm{i}\pi$. 作为结果,振幅中的实增益为

$$A=\mathrm{e}^{(\mathrm{i}\pi)(-\mathrm{i}/\hbar)|V|^2/(u_k-u_{k'})}=\mathrm{e}^{\pi|V|^2/[\hbar(u_k-u_{k'})]} \tag{1.54}$$

始于很大的负 t 时刻的低能态 $|k\rangle$ 的波，其振幅大于在较大的正 t 时刻**同一个态**的振幅，两者相差一个因子 A（由于 $u_k > u_{k'}$）. 那么，跨过两绝热能级间能隙的非绝热跃迁概率可以写成

$$P = \frac{1}{A^2} = e^{-2\pi|V|^2/[\hbar(u_k - u_k)]} \tag{1.55}$$

保持在绝热轨道上的概率为 $1 - P$.

在这里，我们用参考文献[1]的方法去推导 **Landau-Zener 跃迁概率**[2,3]. 当速度非常小时，$\hbar\Delta u \ll |V|^2$，我们就回到了极端绝热情况，$P \to 0$. 但是，这个小概率不能从常规的微扰论得出——这个结果对 $u_k - u_{k'}$ 是**非解析依赖**的. 对于快通道，$\hbar\Delta u \gg |V|^2$，跃迁概率接近于 1. 这个结果具有广泛的适用性：从具有不同能量项间电子跃迁的分子碰撞到核反应. 它也可以推广到用一系列成对跃迁来近似的多重交叉情况[1,4].

1.7 几何相位

假定一组外参数 $\boldsymbol{X} \equiv \{X_i(t)\}$ 随时间极缓慢地变化，并在完整通过一条参数空间的轨道后回到它们的初始值. 在这个绝热过程中，跃迁到任意其他态的实际跃迁都可以忽略，波函数 $|\Psi\rangle$ 返回到它的初始点. 但是量子力学可能会让波函数增加一个**几何相位**（M. Berry，[5]），请不要将其与正常的动力学量子相位(1.38)式相混淆.

如果我们在 $t = 0$ 时刻从一个定态 $|n;\boldsymbol{X}(0)\rangle$ 开始，进入绝热演化的薛定谔方程(1.39)的解就可用叠加式(1.40)中单独一项 $|n;\boldsymbol{X}(t)\rangle$ 的形式写出来，但是带有一个未知的额外相位 $\beta_n(t)$：

$$|\Psi(t)\rangle = e^{i\varphi_n(t)} e^{i\beta_n(t)} |n;\boldsymbol{X}(t)\rangle \tag{1.56}$$

就像推导(1.43)式一样，我们作投影去掉沿着瞬时矢量 $|n;\boldsymbol{X}(t)\rangle$ 的分量，得到一个这种新相位的方程

$$-i\dot{\beta}_n(t) = \sum_i \langle n;\boldsymbol{X}(t)| \frac{\partial}{\partial \boldsymbol{X}_i} |n;\boldsymbol{X}(t)\rangle \dot{X}_i(t) \tag{1.57}$$

或者，在参数空间中引入一个形式上的梯度矢量 $\nabla_{\boldsymbol{X}}$：

$$-i\dot{\beta}_n(t) = \langle n;\boldsymbol{X}(t)|\nabla_{\boldsymbol{X}}|n;\boldsymbol{X}(t)\rangle \cdot \dot{\boldsymbol{X}}(t) \tag{1.58}$$

经过一个非常慢而长的旅行，我们沿着回路 $\mathcal{C}$ 走了一圈回到参数空间的起始点.那时，获得的总 β_n 由封闭圈的积分给出：

$$\beta_n = \mathrm{i}\oint \mathrm{d}t \langle n;\boldsymbol{X}(t)|\nabla_X|n;\boldsymbol{X}(t)\rangle \cdot \dot{\boldsymbol{X}}(t) = \mathrm{i}\oint_{\mathcal{C}} \mathrm{d}\boldsymbol{X} \cdot \langle n;\boldsymbol{X}|\nabla_X|n;\boldsymbol{X}\rangle \tag{1.59}$$

这里任意一个缓慢过程的时间特征都会消失，最后的表达式具有几何意义，它的数值一般来说取决于回路 $\mathcal{C}$.由于假定对所有的参数值，态 $|n;\boldsymbol{X}\rangle$ 是归一的：

$$\langle n;\boldsymbol{X} \mid n;\boldsymbol{X}\rangle = 1 \tag{1.60}$$

我们看到

$$\langle \nabla_X(n;\boldsymbol{X}) \mid n;\boldsymbol{X}\rangle \equiv \langle n;\boldsymbol{X}|\nabla_X|(n;\boldsymbol{X})\rangle^* = -\langle n;\boldsymbol{X}|\nabla_X|n;\boldsymbol{X}\rangle \tag{1.61}$$

因此，(1.59)式中的被积函数是虚的，而相角 β_n 是实的

$$\beta_n(\mathcal{C}) = -\,\mathrm{Im}\oint_{\mathcal{C}} \mathrm{d}\boldsymbol{X} \cdot \langle n;\boldsymbol{X}|\nabla_X|n;\boldsymbol{X}\rangle \tag{1.62}$$

习题 1.2 证明相位 β_n 对态矢 $|n;\boldsymbol{X}\rangle$ 的**内禀相位** $\alpha(\boldsymbol{X})$ 的选择是不变的，这里假定它们是单值的，我们有 $|n;\boldsymbol{X}\rangle \Rightarrow \exp(\mathrm{i}\alpha(\boldsymbol{X}))|n;\boldsymbol{X}\rangle$，这和规范变换相似.

解 利用归一化(1.60)式及一个单值函数的梯度对闭合回路做积分的结果为 0 的事实.

在**一维**参数空间内，来回地穿过这个回路，几何相位就消失了.参照参考文献[5]，我们考虑三维参数空间的情况，在那里标准的矢量微积分能帮助我们变换结果.圈积分(1.62)给出矢量 $\langle n|\nabla|n\rangle$ 的环量(circulation)，其中忽略了宗量 $\boldsymbol{X}$.这个环量可以转换成这个矢量的旋度穿过回路 $\mathcal{C}$ 所包围的参数空间中的面 $\mathcal{S}$ 的通量(flux)积分

$$\beta_n(\mathcal{C}) = -\,\mathrm{Im}\int_{\mathcal{S}} \mathrm{d}\mathcal{S} \cdot \mathrm{curl}\langle n \mid \nabla \mid n\rangle = -\,\mathrm{Im}\int \mathrm{d}\mathcal{S}_i\, \epsilon_{ijk} \nabla_j \langle n|\nabla_k|n\rangle \tag{1.63}$$

微分算符项的对称部分 $\sim\nabla_j\nabla_k|n\rangle$ 为 0，于是

$$\beta_n(\mathcal{C}) = -\,\mathrm{Im}\int \mathrm{d}\mathcal{S}_i\, \epsilon_{ijk} \langle \nabla_j n \mid \nabla_k n\rangle \equiv -\,\mathrm{Im}\int \mathrm{d}\boldsymbol{\mathcal{S}} \cdot \langle \nabla n \mid\times\mid \nabla n\rangle \tag{1.64}$$

如果我们想到参数梯度**非对角**矩阵元的恒等式(参见上册(19.36)式)，就可得到这个结果的另一种形式.如果我们将态 $|n';\boldsymbol{X}\rangle$ 的一套完备集插到(1.64)式的梯度之间，由于(1.61)式，$n = n'$ 对角矩阵元的贡献消失了，这样我们就得到了作为 **Berry 矢量**通量的**几何相位**：

$$\beta_n(\mathcal{C}) = -\int \mathrm{d}\boldsymbol{\mathcal{S}} \cdot \boldsymbol{V}_n(\boldsymbol{X}) \tag{1.65}$$

其中，Berry 矢量为

$$V_n(X)=\operatorname{Im}\sum_{n'\neq n}\frac{\langle n;X|\nabla_X\hat{H}|n';X\rangle\times\langle n';X|\nabla_X\hat{H}|n;X\rangle}{[E_{n'}(X)-E_n(X)]^2}\tag{1.66}$$

还是参照参考文献[5]，作为例子，我们考虑一个自旋为 s 的粒子处在静磁场 $\boldsymbol{\mathcal{B}}$ 中，它可以用标准哈密顿量来描述

$$\hat{H}(\boldsymbol{\mathcal{B}})=-g\hbar(\hat{s}\cdot\boldsymbol{\mathcal{B}})\tag{1.67}$$

$\boldsymbol{\mathcal{B}}$ 的分量就是我们的参数 $\boldsymbol{X}$，而现在的行进态 $|n\rangle$ 是用它的自旋在缓变磁场方向上的投影 $s_z=m$ 来标记的，记为 $|m\rangle$，该方向由单位矢量 $\boldsymbol{b}=\boldsymbol{\mathcal{B}}/\mathcal{B}$ 和能量 $E_m=-g\hbar m\mathcal{B}$ 共同确定.

习题 1.3 计算上述例子的 Berry 矢量 $\boldsymbol{V}_m(\boldsymbol{\mathcal{B}})$((1.66)式).

解 该 Berry 矢量为

$$\boldsymbol{V}_m(\boldsymbol{\mathcal{B}})=\operatorname{Im}\sum_{m'\neq m}\frac{\langle m|\boldsymbol{s}|m'\rangle\times\langle m'|\boldsymbol{s}|m\rangle}{\mathcal{B}^2(m'-m)^2}\tag{1.68}$$

其中，行进态 $|m\rangle$ 和中间态 $|m'\rangle$ 都是在磁场 $\boldsymbol{\mathcal{B}}$ 中的态. 计算(1.68)式时把磁场的轴向作为 z 方向，并且利用角动量的矩阵元，我们可得到沿着同一个轴的 Berry 矢量(它自然是唯一能挑选出来的方向). 的确，横向分量 $V_{x,y}$ 消失了，这是因为它们要求分子上的其中一个矩阵元是 s_z 的矩阵元，而这个 s_z 没有非对角矩阵元. 对 z 分量，我们有

$$V_z=\operatorname{Im}\sum_{m'}\frac{(s_x)_{mm'}(s_y)_{m'm}-(s_y)_{mm'}(s_x)_{m'm}}{\mathcal{B}^2(m-m')^2}\tag{1.69}$$

并且由于在这里 $m-m'=\pm1$，我们可以利用中间态的完备性得到

$$V_z=\frac{1}{\mathcal{B}^2}\operatorname{Im}\sum_{m'}[(s_x)_{mm'}(s_y)_{m'm}-(s_y)_{mm'}(s_x)_{m'm}]=\frac{1}{\mathcal{B}^2}\operatorname{Im}[\hat{s}_x,\hat{s}_y]_{mm}=\frac{m}{\mathcal{B}^2}\tag{1.70}$$

于是

$$\boldsymbol{V}_m(\boldsymbol{\mathcal{B}})=\frac{m}{\mathcal{B}^2}\boldsymbol{b}=\frac{m}{\mathcal{B}^3}\boldsymbol{\mathcal{B}}=-m\nabla_{\mathcal{B}}\frac{1}{\mathcal{B}}\tag{1.71}$$

(1.71)式的结果表明：在这种情况下，矢量 Berry 场是一个处于磁参数空间原点的"荷" m 的场——源于能级**简并点**的**磁单极**. 利用 **Gauss 定理**，Berry 相位(1.65)式等于

$$\beta_m(\mathcal{C})=-m\Omega(\mathcal{C})\tag{1.72}$$

其中,$\Omega(\mathcal{C})$是回路 $\mathcal{C}$ 所包围的立体角(从源点看).不论自旋 s 是整数还是半整数,这个结果都是对的.对 1/2 自旋,在平面旋转 2π 角会导致 $\Omega = 2\pi$,旋量波函数会改变一个相位:$\exp(\mathrm{i}\beta_{\pm 1/2}) = -1$,这与 $\mathcal{SU}(2)$群的特性相符,详见上册的 20.1 节.

上面例子的结果不依赖自旋的大小,因而也不依赖没有磁场时的态的简并度.一般说来,与某些参数值处的能级交叉相关联的奇点(**例外点**,exceptional points)是几何相位的来源.这可以在两能级交叉的例子中看到.与(1.49)式比较,这一对能级的有效哈密顿量总是能用 Pauli 矩阵表示成正比于$(\boldsymbol{\sigma}\cdot\boldsymbol{X})$的形式,系数 $\boldsymbol{X}$ 是相关的参数(单位矩阵不会产生任何混合).这时,我们回到自旋 $s = 1/2$ 的磁场的例子,那里 Berry 矢量(1.71)式为

$$V_{\pm 1/2} = \mp \frac{1}{2}\frac{\boldsymbol{X}}{|\boldsymbol{X}|^3} \tag{1.73}$$

几何相位还是由立体角(1.72)式给出.

1.8 突发微扰

突发微扰(sudden perturbations)的情况正好与绝热的情况相反.在这里,微扰改变得非常快,它的特征时间 τ 比跃迁周期要短得多:$\tau \ll 1/\omega_{fi}$.早先,我们用上册习题 3.3 的例子讨论过势瞬时变化的情形,即 $\tau \to 0$.现在,对于这个跃迁,许多 Fourier 分量可用.

令微扰 $\hat{H}'(t)$在 $t = 0$ 时突然开启,并且在 $t \to \infty$ 时绝热地终止.如果这个扰动是比较弱的,类似于(1.35)式,我们可以应用(1.14)式的一般结果,将跃迁概率表示为

$$w_{fi} = \frac{1}{\hbar^2\omega_{fi}^2}\left|\int_{-\infty}^{\infty} \mathrm{d}t\, \mathrm{e}^{\mathrm{i}\omega_{fi}t}\frac{\mathrm{d}H'_{fi}(t)}{\mathrm{d}t}\right|^2 \tag{1.74}$$

在这种情况中,$H'_{fi}(t)$对时间的微商仅在 $t = 0$ 附近的一个很短的时间间隔 τ 内不是很小.由于在这个时间间隔中,$\exp(\mathrm{i}\omega_{fi}t)$没有明显的变化,我们可以把这个指数设为1.剩余的积分给出等于矩阵元 $H'_{fi}(t)$的完整跳转(在 $t = 0$ 之前没有微扰),于是我们有

$$w_{fi} = \frac{1}{\hbar^2\omega_{fi}^2}|H'_{fi}|^2 \tag{1.75}$$

同样，这类似于定态微扰论的结果（上册中的方程(19.16)）；的确，在 $t=0$ 之后，弱微扰并不会有效地引起跃迁.

在更一般的情况中，如果不存在对微扰强度的限制，且唯一的近似与转换的**速率**（很小的 τ）相关，我们就能发展出一套特殊的**突发微扰理论**. 让哈密顿量在 $t=0$ 到 $t=\tau$ 的很短的时间间隔内从 $\hat{H}$ 变到 $\hat{H}_1$，在这段时间间隔外它是与时间无关的. 使用**新**哈密顿量定态函数的完备集 $|n\rangle$ 作为实用的基较方便：

$$\hat{H}_1 \mid n\rangle = E_n \mid n\rangle \tag{1.76}$$

我们寻找 $t>0$ 时形如本征态(1.76)式的叠加态(1.8)式的解. 考虑到在很短的时间间隔 $0<t<\tau$ 内，实际的哈密顿量不同于 $\hat{H}_1$，我们通过下式定义微扰 $\hat{H}'$：

$$\hat{H} = \hat{H}' + \hat{H}_1 \tag{1.77}$$

将方程(1.9)对时间积分，我们得到类似于集合(1.10)式的振幅：

$$a_m(t) = a_m(0) - \frac{\mathrm{i}}{\hbar}\sum_n \int_0^\tau \mathrm{d}t' H'_{mn}(t') \mathrm{e}^{\mathrm{i}\omega_{mn}t'} a_n(t') \tag{1.78}$$

因为对于 $0<t'<\tau$，$\exp(\mathrm{i}\omega_{mn}t')\approx 1$，所以

$$a_{mn}(t) \approx a_m(0) - \frac{\mathrm{i}}{\hbar}\sum_n \int_0^\tau \mathrm{d}t' H'_{mn}(t') a_n(t') \tag{1.79}$$

如果除了 $\omega_{mn}\tau \ll 1$ 的条件外，还有另外一个不等式

$$\frac{H'_{mn}\tau}{\hbar} \ll 1 \tag{1.80}$$

被满足（对弱微扰 $H'_{mn}\ll\hbar\omega_{mn}$，它可由第一个条件得到），则(1.79)式的结果可以进一步简化. 如果是这样的话，(1.79)式中的积分项很小，我们就可以只做第一次迭代. 对零阶

$$a_m^0(t) = a_m(0) \tag{1.81}$$

这和我们处理上册 3.3 题时用的“朴素”(naive)方法是一样的；初始态矢量是新的定态的叠加：

$$\mid \Psi(0)\rangle = \sum_m a_m(0) \mid m\rangle, \quad a_m(0) = \langle m \mid \Psi(0)\rangle \tag{1.82}$$

且 $|\Psi(0)\rangle \to |f\rangle$ 的跃迁概率是

$$w_{f0} = |\langle f \mid \Psi(0)\rangle|^2 \tag{1.83}$$

当微扰突然被加上，态矢量$|\Psi(0)\rangle$没有时间改变，就成了被 $\hat{H}_1$ 控制的进一步演化的初始波包. 为了求跃迁概率，我们只要知道各个新定态在这个初始叠加中的权重就够了，也就是说，用 $\hat{H}_1$ 的本征函数展开$|\Psi(0)\rangle$. 在 $t=\tau$ 之后，这些分量就获得了它们独立演化的正常相位.

习题 1.4 在弱微扰的情况下，从常规的时间相关微扰理论推导出(1.75)式的结果.

通过迭代积分项(1.78)式中的起始解(1.81)式，我们得到由于开关时间有限的第一阶修正：

$$a_m^{(1)}(t) = a_m(0) - \frac{\mathrm{i}}{\hbar}\sum_n a_n(0)\int_0^t \mathrm{d}t' H'_{mn}(t') \tag{1.84}$$

利用振幅 $a_n(0)$的含义(1.82)式及(1.76)式集合的完备性，我们得到

$$\begin{aligned} a_m^{(1)}(t) &= \langle m \mid \Psi(0)\rangle - \frac{\mathrm{i}}{\hbar}\sum_n \int_0^t \mathrm{d}t' H'_{mn}(t')\langle n \mid \Psi(0)\rangle \\ &= \langle m \mid \Psi(0)\rangle - \frac{\mathrm{i}}{\hbar}\int_0^t \mathrm{d}t' \langle m|\hat{H}'(t')|\Psi(0)\rangle \end{aligned} \tag{1.85}$$

在这个近似下的跃迁概率为

$$w_{f,0}^{(1)} = \left|\langle f \mid \Psi(0)\rangle - \frac{\mathrm{i}}{\hbar}\int_0^\tau \mathrm{d}t' \langle f|\hat{H}'(t')|\Psi(0)\rangle\right|^2 \tag{1.86}$$

习题 1.5 一个弱外场作用在一个初态为$|i\rangle$的系统上，该外场对时间的依赖性为

$$\hat{H}'(t) = g(t)\hat{A}, \quad g(t) = \frac{1}{1+\mathrm{e}^{t/\tau}} \tag{1.87}$$

求它到末态$|f\rangle$的跃迁概率，并探究突发和绝热微扰的极限.

解 按照微扰理论，跃迁概率由下式给出：

$$w_{fi} = \frac{|A_{fi}|^2}{\hbar^2}\left|\int_{-\infty}^{\infty}\mathrm{d}t\,\mathrm{e}^{\mathrm{i}\omega_{fi}t}g(t)\right|^2 \tag{1.88}$$

要计算那些 Fourier 分量，我们用一个在上半复平面半径很大的弧封闭回路，这时 $\mathrm{Im}(t)>0$；弧的贡献为零(我们假设 $\omega_{fi}>0$). 回路内 $g(t)$的极点处于正虚轴，为 $t_n = \mathrm{i}\pi\tau(2n+1)$，其中 $n=0,1,\cdots$. 这些奇点处分母为 $-(t-t_n)/\tau$，相应的留数是 $\exp[-\omega_{fi}\pi\tau(2n+1)]$. 它们的和是一个可用双曲正弦表示的几何级数：

$$w_{fi} = \frac{|A_{fi}|^2}{\hbar^2}\left|\frac{\pi\tau}{\sinh(\pi\omega_{fi}\tau)}\right|^2 \tag{1.89}$$

微扰 $g(t)$从遥远的过去($t\to-\infty$)的 1 变到将来($t\to\infty$)的 0(平滑的一步).对于一个可分成很多时段的非常平滑的变化,结果小至指数级:

$$w_{fi} \approx \frac{|A_{fi}|^2}{\hbar^2}4\pi^2\tau^2 e^{-2\pi\omega_{fi}\tau}, \quad \omega_{fi}\tau \gg 1 \tag{1.90}$$

这是一个典型的绝热结果.对于一个很大的变化,我们得到与(很小的)τ 的精确值无关的极限:

$$w_{fi} \approx \frac{|A_{fi}|^2}{\hbar^2\omega_{fi}^2}, \quad \omega_{fi}\tau \ll 1 \tag{1.91}$$

它和突发近似(1.75)式是一致的.察看那些较远的 Fourier 分量(较大的跃迁频率),我们可以发现一般的数学性质:当被积函数在实轴上不具有奇点时,这个极限的尾部小至指数级,参见(1.90)式.在 $\tau\to 0$ 时,奇点在实轴附近堆积起来,渐近行为仅具有幂律型的下降((1.91)式).我们也注意到函数 $g(t)$描述了粒子在费米气体能级上的分布,t 对应着在费米面处标度原点的能量,τ 是温度 T.在虚轴上的极点对应着所谓的 **Matsubara 频率** $\omega_n=\pi T(2n+1)$,它在费米子系统的统计物理中起重要作用.

1.9 摆脱过程

对于一个原子的突然扰动,在外部作用者突然影响到原子核时会发生一个典型的情况.例如,这可以是伴随着原子核组分的突然改变(中子→质子)和正电子(或电子)及中微子(反中微子)发射的 β 衰变.

当系统经历了一个高能外来粒子或电磁场的快速推动,且相互作用时间非常短,以致我们可以假定像原子内的电子或原子核中的核子这样的组分的哈密顿量突然改变时,会发生一个类似的过程.对这个新哈密顿量,原来的态变成了非定态,原则上它会包括对应着连续谱的一些分量((1.76)式).这意味着施加在原子核上的突然作用能够导致原子的离子化;大致说来,就是原子核被推了一下,而电子(或束缚不牢固的核子)却没跟上.我们称这种情况为**摆脱**(shake-off)过程.

让原子核突然获得一个动量 $\boldsymbol{Q}$,它的波函数 $\Psi_N(\boldsymbol{R})$要乘一个因子$\exp[(\mathrm{i}/\hbar)(\boldsymbol{Q}\cdot\boldsymbol{R})]$.这一点是由于考虑了动量空间的平移算符 $\hat{K}(\boldsymbol{Q})$.它完全类似于坐标空间的位移算符 $\hat{D}(\boldsymbol{a})$,参见上册的4.5节,算符 $\hat{K}(\boldsymbol{Q})$应该如下作用在动量空间:

$$\hat{K}(\boldsymbol{Q})\Phi(\boldsymbol{p}) = \Phi(\boldsymbol{p}-\boldsymbol{Q}) \tag{1.92}$$

这样的一个算符是

$$\hat{K}(\boldsymbol{Q}) = \mathrm{e}^{(\mathrm{i}/\hbar)(\boldsymbol{Q}\cdot\hat{\boldsymbol{R}})} \tag{1.93}$$

并且在位置表象,原子核的波函数 $\Psi_N(\boldsymbol{R})$可以简单地写成用 $\mathrm{e}^{(\mathrm{i}/\hbar)(\boldsymbol{Q}\cdot\boldsymbol{R})}$去乘.

在这个新情况下,电子的定态波函数就是它们和原子核一起运动的正常原子波函数.如果质量为 M 的原子核得到的速度是 $\boldsymbol{V}=\boldsymbol{Q}/M$,那么若假定它的动量增量为 $\boldsymbol{q}=m\boldsymbol{V}=(m/M)\boldsymbol{Q}$,则一个质量为 m 的电子就会具有同样的速度 $\boldsymbol{v}=\boldsymbol{V}$.这对应新的定态函数

$$\Psi_n(\{\boldsymbol{r}_a\}) \to \Psi_n(\{\boldsymbol{r}_a\})\mathrm{e}^{(\mathrm{i}/\hbar)\boldsymbol{q}\cdot\sum_a \boldsymbol{r}_a} \tag{1.94}$$

相反,在这个时刻,我们仍然具有原来的电子波函数,让我们假设来不及改变的基态为 Ψ_0.在这个冲击之后,电子出现在激发态$|f\rangle$的概率是由修正了的函数 Ψ_f((1.82)式)与原来的基态波函数的重叠积分((1.83)式)决定的:

$$w_{f0} = \left|\langle \mathrm{e}^{(\mathrm{i}/\hbar)\boldsymbol{q}\cdot\sum_a \boldsymbol{r}_a}\Psi_f \mid \Psi_0\rangle\right|^2 = \left|\langle \Psi_f \mid \mathrm{e}^{-(\mathrm{i}/\hbar)\boldsymbol{q}\cdot\sum_a \boldsymbol{r}_a} \mid \Psi_0\rangle\right|^2 \tag{1.95}$$

特别是,这个原子留在基态的**存活概率**为

$$w_{00} = \left|\langle \Psi_0 \mid \mathrm{e}^{-(\mathrm{i}/\hbar)\boldsymbol{q}\sum_a \boldsymbol{r}_a} \mid \Psi_0\rangle\right|^2 \tag{1.96}$$

所有其他过程(激发到不同的束缚态和离子化态)的总概率是 $1-w_{00}$.如果脉冲持续时间为 $\tau \ll R_{\mathrm{at}}/V$,整个考虑就是正确的,这就是说,在微扰时间内原子核穿越过的距离 V_τ 远小于原子尺度 R_{at}.等式(1.96)就被称为**原子的形状因子**,它还会在3.3节出现.

习题1.6 求原子核在获得速度 $\boldsymbol{V}$ 的过程中,转移到电子的能量的平均值.

解 明确的答案已由能量-加权**求和规则**给出(参见上册(7.146)式):

$$\bar{E} = \sum_f (E_f - E_0) w_{f0} = \frac{q^2 N}{2m} = \frac{mV^2}{2} N \tag{1.97}$$

其中,N 是电子数.

习题1.7 求质子在一个很短脉冲的作用下获得速度 V 的过程中,氢原子(开始时

处于基态)激发和电离的总概率.

解 对氢原子的基态,(1.96)式给出

$$w_{\text{exc}} = 1 - w_{00} = 1 - \frac{1}{[1 + (\hbar V/2e^2)^2]^4} \tag{1.98}$$

这里,速度 $V = Q/M$ 出现在一个典型的原子速度之比中(参见上册(1.30)式). 当 $V \ll v_{\text{at}}$时,原子将保持在基态;当 $V \gg v_{\text{at}}$时,激发的概率就很接近于1.

2

第 2 章

周期性微扰

实体到光和光到实体的变换对于自然进程来说是非常轻松的，它似乎非常中意这些变换.

——Isaac Newton

2.1 黄金法则

这里我们要讨论一类经常遇到的问题，它们包括具有**周期性**时间依赖关系的微扰. 这些问题是理解现代激光物理的基础.

由于厄米性的要求，我们将单频微扰的哈密顿量写成

$$\hat{H}'(t) = \hat{H}' \mathrm{e}^{-\mathrm{i}\omega t} + \hat{H}'^{\dagger} \mathrm{e}^{\mathrm{i}\omega t} \tag{2.1}$$

具体的考虑可能依赖于微扰接入和取消的方式. 特别是，甚至定态微扰也是(2.1)式的一

种具体案例.不过在本章中,我们对态矢量的时间演化更感兴趣,而不是像定态微扰论中讨论的那样(参见上册第19章).

我们从著名的**黄金法则**的形式化推导入手.假设微扰((2.1)式)在遥远的过去 $t=-T/2, T\to\infty$ 时加入,我们要寻求 $t=+T/2$ 时的跃迁概率.在这个漫长的过程中,跃迁振幅的标准结果(见(1.12)式)

$$a_f=-\frac{\mathrm{i}}{\hbar}\int_{-T/2}^{T/2}\mathrm{d}t\,(H'_{fi}\mathrm{e}^{-\mathrm{i}\omega t}+(H'^{\dagger})_{fi}\mathrm{e}^{\mathrm{i}\omega t})\mathrm{e}^{\mathrm{i}\omega_{fi}t} \tag{2.2}$$

导致在 $T\to\infty$ 的极限时刻出现了 δ 函数:

$$(a_f)_{T\to\infty}=-\frac{2\pi\mathrm{i}}{\hbar}(H'_{fi}\delta(\omega-\omega_{fi})+(H'^{\dagger})_{fi}\delta(\omega+\omega_{fi})) \tag{2.3}$$

这些 δ 函数表示在这个无穷长的时间段内**能量守恒**.如果 $\omega>0$,第一项表示吸收了外场的量子,$E_f=E_i+\hbar\omega$,而第二项表示辐射出量子,$E_f=E_i-\hbar\omega$.只有满足这两个条件的过程才能在 $T\to\infty$ 时留下来;它们是在**能量壳**上进行的,这与有限时段内虚的**离壳**过程不同.具有 $\omega\neq\pm\omega_{fi}$ 的振荡的**非共振**项在这个漫长的过程中会被平均为0.对于 $\omega_{fi}\neq0$,只有其中的一个 δ 函数起作用.

跃迁概率的形式计算(见(1.14)式)展示了与 δ 函数平方相关的不确定性.要理解这个不确定性的物理含义,我们留下其中的一个 δ 函数与 2π 因子一起作为(2.2)式的时间积分.那时,第一项定义了概率

$$w_{fi}=|a_f|^2=\frac{2\pi}{\hbar^2}|H'_{fi}|^2\delta(\omega-\omega_{fi})\lim_{T\to\infty}\int_{-T/2}^{T/2}\mathrm{d}t\,\mathrm{e}^{\mathrm{i}(\omega-\omega_{fi})t} \tag{2.4}$$

由于第一个 δ 函数的存在,被积函数中的指数因子可以设为1,积分结果给出过程的**持续时间** T,所以在这个极限下跃迁概率正比于整个时间间隔 T:

$$w_{fi}=\frac{2\pi}{\hbar}|H'_{fi}|^2\delta(E_f-E_i-\hbar\omega)T \tag{2.5}$$

这就是对**跃迁率** $\dot{w}_{fi}\equiv w_{fi}/T$ 的**费米黄金法则**:

$$\dot{w}_{fi}=\frac{2\pi}{\hbar}|H'_{fi}|^2\delta(E_f-E_i-\hbar\omega) \tag{2.6}$$

对于有 N 个全同体系的量子系综,跃迁率乘以 N 就是在这个系综内单位时间的跃迁数目.

由于概率的无限制增长,(2.5)式中的 $T\to\infty$ 极限破坏了微扰论的有效性.但事实上,在几个跃迁频率的周期之后,能量就已经守恒了,这样我们就能很放心地应用黄金法

则了.为了观察如何趋近能量守恒,我们来更细致地推导.将初始时刻定为 $t=0$,然后应用周期微扰((2.1)式).像(1.12)式那样对 t'积分,但只从零积到 t,我们看到

$$a_f(t) = H'_{fi}\frac{1-\mathrm{e}^{\mathrm{i}(\omega_{fi}-\omega)t}}{\hbar(\omega_{fi}-\omega)} + (H'^{\dagger})_{fi}\frac{1-\mathrm{e}^{\mathrm{i}(\omega_{fi}+\omega)t}}{\hbar(\omega_{fi}+\omega)} \tag{2.7}$$

对于弱微扰,如果外场频率 ω 和 $\pm\omega_{fi}$ 相差较远,这个振幅就很小.只有当 $\omega\approx\pm\omega_{fi}$ 时,跃迁概率变得很大,接近**共振**.

我们让其中一个分母中的频率接近共振频率,例如 $\omega\approx\omega_{fi}$.那时,只有(2.7)式的第一项满足共振条件,对跃迁概率的主要贡献是

$$|a_f(t)|^2 \approx \frac{|H'_{fi}|^2}{(E_f-E_i-\hbar\omega)^2}4\sin^2\left(\frac{E_f-E_i-\hbar\omega}{2\hbar}t\right) \tag{2.8}$$

这个概率是末态能量 E_f 的函数,如图 2.1 所示.最大值对应着精确的共振,$E_f=E_i+\hbar\omega$,最大值的增长$\propto t^2$.与不确定关系一致,这个概率只在共振附近$\propto\hbar/t$ 的区间内有较大的值.因此,在足够大的 t(明显大于典型的周期 $\hbar/\omega_{fi}$)处,函数(2.8)具有 δ 函数的性质.

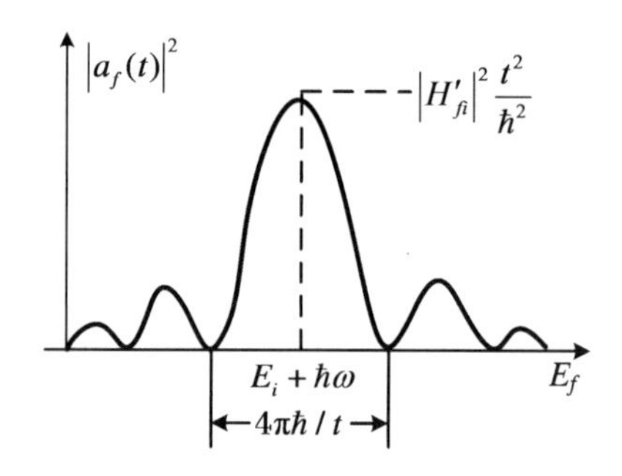

图 2.1　在有限时间内跃迁概率的共振部分,它是末态能量的函数

为了找出函数(2.8)和 δ 函数间的比例系数,我们计算图 2.1 的共振曲线下的面积:

$$\int \mathrm{d}E_f\,|a_f(t)|^2 = 4|H_{fi}|^2\int\frac{\mathrm{d}E_f}{(E_f-E_i-\hbar\omega)^2}\sin^2\left(\frac{E_f-E_i-\hbar\omega}{2\hbar}t\right) \tag{2.9}$$

这里我们假设矩阵元$|H'_{fi}|^2$是能量 E_f 的缓变函数(与 E_f 的快变函数相比,特别是在 t 较大时),且在共振曲线的主峰内无剧烈变化.由于被积函数有尖锐的峰,积分可扩展到无穷.引入正弦的宗量作为中心位于共振的新变量 x,我们得到

$$\int \mathrm{d}E_f\,|a_f(t)|^2 = 4|H_{fi}|^2\frac{t}{2\hbar}\int_{-\infty}^{\infty}\mathrm{d}x\,\frac{\sin^2 x}{x^2} \tag{2.10}$$

由于剩下的积分等于 π,则

$$\int \mathrm{d}E_f \ |a_f(t)|^2 = \frac{2\pi}{\hbar} |H_{fi}|^2 t \tag{2.11}$$

这个结果给出了 δ 函数的正确归一化,并再次得到黄金法则(2.5)式:

$$|a_f(t)|^2 = \frac{2\pi}{\hbar} t \ |H'_{fi}|^2 \delta(E_f - E_i - \hbar\omega) \tag{2.12}$$

其中,t 是此过程经历的时间,t 较大时,初始点怎样取都没关系.

2.2 超出第一阶

我们假定外场的频率不足以使一个给定的初态 $|i\rangle$ 变到一个末态 $|f\rangle$. 那么,我们需要时序微扰级数的下一项. 按照(1.24)式,这一项将包含

$$I_{fi}(t) = \int_0^t \mathrm{d}t' \int_0^{t'} \mathrm{d}t'' \sum_n H'_{fn}(t') H'_{ni}(t'') \mathrm{e}^{\mathrm{i}\omega_{fn}t' + \mathrm{i}\omega_{ni}t''} \tag{2.13}$$

为了估算这个贡献,我们要做一些与前面相同的近似. 第二阶的项表示外场的**两个量子**传递入系统. 那么现在我们处在一个末态能量与初态相差 $2\hbar\omega$ 的共振区. 在外场 H' 中,我们仅保留那些可以引起共振态的、频率为 $\omega = \omega_{fi}/2$ 的项,则

$$I_{fi}(t) = \sum_n H'_{fn} H'_{ni} \int_0^t \mathrm{d}t' \mathrm{e}^{\mathrm{i}(\omega_{fn} - \omega)t'} \int_0^{t'} \mathrm{d}t'' \mathrm{e}^{\mathrm{i}(\omega_{ni} - \omega)t''} \tag{2.14}$$

对 t'' 积分,我们得到(再次提醒,仅保留最重要的项)

$$I_{fi}(t) = \sum_n \frac{H'_{fn} H'_{ni}}{\mathrm{i}(\omega_{ni} - \omega)} \int_0^t \mathrm{d}t' [\mathrm{e}^{\mathrm{i}(\omega_{fi} - 2\omega)t} - 1] \tag{2.15}$$

把这个结果用到 $a_f(t)$,积分积到 $t \to \infty$ 的极限,并引入合适的 δ 函数,我们就得到了具有有效第二阶矩阵元的黄金法则(2.6)式:

$$\dot{w}_{fi} = \frac{2\pi}{\hbar} |H^{(2)}_{fi}|^2 \delta(E_f - E_i - 2\hbar\omega), \quad H^{(2)}_{fi} = \sum_n \frac{H'_{fn} H'_{ni}}{E_n - E_i - \hbar\omega} \tag{2.16}$$

这些效应在激光应用中起作用,例如当单个量子的能量 $\hbar\omega$ 低于电离阈值时,通过增加若干量子,我们就能得到所需的能量. 这个两步过程的第一步被假定为一个虚过程(离壳,

非共振).

这样,我们就能计入这个**多量子过程**的贡献.特别是在第三阶,伴随跃迁频率为 3ω 的共振,一类新的贡献 $H'_{fn}H'^{\dagger}_{nl}H'_{li}$(再加上所有的时序置换)出现了.同样,这些项给出了具有 $\omega_{fi}=\omega$ 的最简单的 $i\to f$ 跃迁的共振.对弱场来说,这只是对第一阶的很小的修正,尽管在强场时它变得很重要.

2.3 简并态

在一个周期场中,一组简并态的解会导致周期性(但非简谐)变化的波函数.

习题 2.1 考虑这样一个系统,周期性微扰 $\hat{H}'\cos(\omega t)$ 在两个简并态 $|1\rangle$ 和 $|2\rangle$ 之间有一个很强的矩阵元.假定初始时刻系统处在 $|1\rangle$ 态,确定波函数随时间的演化.

解 在一般时间相关的方程组中(见方程(1.9)),我们仅保留连接两个简并能级的方程,$\omega_{12}=0$:

$$\mathrm{i}\hbar\dot{a}_1 = H'_{12}\cos(\omega t)a_2,\quad \mathrm{i}\hbar\dot{a}_2 = H'_{12}\cos(\omega t)a_1 \tag{2.17}$$

如果我们约定归一化条件 $|a_1(t)|^2+|a_2(t)|^2=1$,以及初始条件 $a_1(0)=1$,则这组方程的精确解很容易得到:

$$a_1(t) = \cos\gamma(t),\quad a_2(t) = -\mathrm{i}\sin\gamma(t),\quad \gamma(0) = 0 \tag{2.18}$$

那时,(2.17)式中的两个方程就可以约化为对 $\gamma(t)$ 的同一个方程:

$$\hbar\dot{\gamma} = H'_{12}\cos(\omega t) \tag{2.19}$$

将其积分,并代入初始条件,我们得到

$$a_1(t) = \cos\left(\frac{H'_{12}}{\hbar\omega}\sin(\omega t)\right),\quad a_2(t) = -\mathrm{i}\sin\left(\frac{H'_{12}}{\hbar\omega}\sin(\omega t)\right) \tag{2.20}$$

这个系统在两个态间振荡,在第二个态上的最大布居(population)为 $\sin^2(H'_{12}/(\hbar\omega))$.利用二维空间的泡利矩阵,我们也能容易地得到这个解.

氢原子就是这样的情况,如果我们忽略兰姆位移,$2s_{1/2}$ 和 $2p_{1/2}$ 态就是简并的,参见上册 24.2 节.这两个态可通过静电场强烈地混合,产生新的稳定的叠加.这里我们看到周期性的场在原来简并定态的时间组合中产生了周期性的变化.线性无关组合的数目等于简并度. 习题 2.1 的第二个解将对应着初始条件 $a_2(0)=1$. 一个一般的初始条件将产生 $\cos\gamma(t)$ 和 $\sin\gamma(t)$ 的一个确定的线性组合.

n 个简并态的解是两能级问题的直接推广：我们需寻找形式为

$$a_j = A_j e^{-i\gamma(t)} \tag{2.21}$$

的特解；它带来一个方程组

$$\hbar A_j \dot{\gamma} = \cos(\omega t) \sum_{j'} A_{j'} H_{jj'} \tag{2.22}$$

其时间依赖性由下式给出：

$$\gamma(t) = \frac{\Lambda}{\hbar\omega} \sin(\omega t) \tag{2.23}$$

我们得到一个 Λ 的静态本征值问题：

$$\Lambda A_j = \sum_{j'} H_{jj'} A_{j'} \tag{2.24}$$

此方程产生了 n 个实的本征值 Λ，因而有 n 个函数 $\gamma(t)$. 特解(2.21)式正确的线性组合可从初始条件求得. 在解这个问题时，我们忽略了系统中所有其他态的存在. 它们可以视为上述解的微扰.

2.4 准能量

我们会发现在周期性空间格点内的量子系统的行为(见上册 8.7 节)与随时间周期性变化的场中的量子系统的行为很相似. 在前一个情形中，由于周期性势的多重散射，粒子的动量不可能守恒. 而波函数能用一个**准动量**(quasimomentum)来表征，它被确定到一个倒格矢(a vector of the reciprocal lattice)范围. 在许多情形中，对周期性含时微扰利用一种类似的想法很有益处.

我们考虑一个随时间以周期 T 变化的一般的哈密顿量 $\hat{H}(t)$：

$$\hat{H}(t+T) = \hat{H}(t) \tag{2.25}$$

薛定谔方程

$$i\hbar\frac{\partial \Psi(t)}{\partial t} = \hat{H}(t)\Psi(t) \tag{2.26}$$

的解能表示成一个任意初态的幺正演化(由于哈密顿量是厄米的)：

$$\Psi(t) = \hat{U}(t)\Psi(0), \quad \hat{U}^{\dagger}(t) = \hat{U}^{-1}(t) \tag{2.27}$$

其中，$\hat{U}(0)=\hat{1}$. 由于这个演化算符是由周期性哈密顿量确定的，我们也能写成

$$\Psi(t+T) = \hat{U}(t)\Psi(T) \tag{2.28}$$

这等价于

$$\Psi(t+T) = \hat{U}(t)\hat{U}(T)\Psi(0) \tag{2.29}$$

因此

$$\hat{U}(t+T) = \hat{U}(t)\hat{U}(T) \tag{2.30}$$

在一个周期内演化的幺正算符 $\hat{U}(T)$可以被**对角化**，它的本征值是在一个单位圆上的复数 $\exp(i\alpha_k)$(参见上册 6.10 节). 令 ψ_k 为$\hat{U}(T)$的(时间无关的)本征矢，所以

$$\hat{U}(T)\psi_k = e^{i\alpha_k}\psi_k \tag{2.31}$$

将(2.30)式中两边作用到函数 ψ_k 上，我们得到

$$\hat{U}(t+T)\psi_k = e^{i\alpha_k}\hat{U}(t)\psi_k \tag{2.32}$$

来自其中一个函数 ψ_k 的、始于 $t=0$ 时刻的波函数

$$\Psi_k(t) = \hat{U}(t)\psi_k \tag{2.33}$$

揭示了一个非常简单的演化

$$\Psi_k(t+T) = e^{i\alpha_k}\Psi_k(t) \tag{2.34}$$

它在哈密顿量变化了一个周期后，只获得一个额外的相位 α_k.

假如我们有了一个与**时间无关**的哈密顿量，具有能量 E 的**定态** Ψ_E 在时间间隔 T 内的演化将由下式给出：

$$\Psi_E(t+T) = e^{-(i/\hbar)ET}\Psi_E(t) \tag{2.35}$$

如果存在一个非定态微扰，则能量不再守恒. 但是在态(2.34)**周期内**的演化与具有能量

$$\widetilde{E} = -\frac{\hbar\alpha_k}{T} = -\frac{\hbar\omega}{2\pi}\alpha_k \tag{2.36}$$

的定态的演化是相同的,式中 $\omega=2\pi/T$. $\widetilde{E}$ 被称为态 Ψ_k 的**准能量**(quasienergy). 具有一定准能量的态的存在,是周期性系数微分方程的 **Floquet 理论**(1883 年)的数学推论.[6] 习题 2.1 的例子确定了一个对应于准能量 $\widetilde{E}=0$ 的周期性函数. 按照(2.34)式,准能量定义为**模** $2\pi\hbar/T=\hbar\omega$,这类似于格点上的准动量.

2.5 连续末态

对于一个 $i\to f$ 的跃迁,其中 $|f\rangle$ 属于连续谱,我们不能精确地确定单个的末态. 相反,只有进入一个从 E_f 到 $E_f+\mathrm{d}E_f$ 的末态能量**谱区间**以及一个其他连续量子数区间内的跃迁概率才有意义.

我们将这个间距象征性地表示为

$$\mathrm{d}v_f = \mathrm{d}\rho_f \mathrm{d}E_f \tag{2.37}$$

其中,$\mathrm{d}\rho_f$ 是指在单位能量间隔中的**末态密度**. 现在黄金法则((2.6)式)给出了一组非常接近的末态的跃迁率:

$$\mathrm{d}\dot{w}_{fi} = \frac{2\pi}{\hbar}\,|H'_{fi}|^2\delta(E_f - E_i - \hbar\omega)\mathrm{d}v_f \tag{2.38}$$

如果末态可以用能量来完全表征,则总跃迁率就能通过对能量的积分来确定:

$$\dot{w}_{fi} = \frac{2\pi}{\hbar}\int \mathrm{d}E_f\,|H'_{fi}|^2\delta(E_f - E_i - \hbar\omega) = \frac{2\pi}{\hbar}\,|H'_{fi}|^2 \tag{2.39}$$

其中,矩阵元是在能量壳上取的. 然而,通常连续谱中的态都是简并的,例如,对末态动量 $\boldsymbol{p}_f$ 的方向的简并. 那时,不同于(2.39)式,我们需要添加末态密度

$$\mathrm{d}\dot{w}_{fi} = \frac{2\pi}{\hbar}\,|H'_{fi}|^2\mathrm{d}\rho_f \tag{2.40}$$

这是跃迁到连续谱的黄金法则的标准形式.

$\mathrm{d}\rho_f$ 的确切表达式取决于连续谱中态的归一化;它们应该归一到那些连续变量的 δ 函数,它们的乘积被定义为(2.37)式中的 $\mathrm{d}v_f$. 通常,用本书开始讨论过的**箱归一化**就很

方便，请参见上册 3.7 节和 3.8 节. 使用周期性边界条件，自由运动粒子在位置表象中的波函数是

$$\langle \boldsymbol{r} \mid \boldsymbol{k} \rangle = \psi_{\boldsymbol{k}}(\boldsymbol{r}) = \frac{1}{\sqrt{V}} \mathrm{e}^{\mathrm{i}(\boldsymbol{k}\cdot\boldsymbol{r})} \tag{2.41}$$

归一化体积 V 是一个辅助量，它提供对连续谱中量子态的合理计数；在正确的计算中，它不会进入物理可观测量. 函数(2.41)将像在离散谱中那样被归一化：

$$\langle \boldsymbol{k}' \mid \boldsymbol{k} \rangle = \int \mathrm{d}^3 r \psi_{\boldsymbol{k}'}^*(\boldsymbol{r}) \psi_{\boldsymbol{k}}(\boldsymbol{r}) = \delta_{\boldsymbol{k}'\boldsymbol{k}} \tag{2.42}$$

于是，在 $\mathrm{d}^3 k = \mathrm{d}k_x \mathrm{d}k_y \mathrm{d}k_z = k^2 \mathrm{d}k \mathrm{d}o$ 区间的 $\mathrm{d}o$ 立体角元内，恰当量子化的波矢分量的末态密度可定义为

$$\mathrm{d}v_f = \frac{V}{(2\pi)^3} \mathrm{d}^3 k_f = \frac{V}{(2\pi)^3} k_f^2 \mathrm{d}k_f \mathrm{d}o \tag{2.43}$$

因为在自由运动中 $E = \hbar^2 k^2/(2m)$，$\mathrm{d}E = (\hbar^2 k/m)\mathrm{d}k$，所以

$$\mathrm{d}v_f = \frac{V}{(2\pi)^3} \frac{mk_f}{\hbar^2} \mathrm{d}o \mathrm{d}E_f \tag{2.44}$$

且

$$\mathrm{d}\rho_f = \frac{\mathrm{d}v_f}{\mathrm{d}E_f} = \frac{V}{(2\pi)^3} \frac{mk_f}{\hbar^2} \mathrm{d}o = \frac{V}{(2\pi\hbar)^3} mp_f \mathrm{d}o \tag{2.45}$$

如果在末态中几乎没有什么粒子，它们之中每一个的密度都应该包括相空间中的单元格数目 $V\mathrm{d}^3 p/(2\pi\hbar)^3$，并恰当地把这些乘积之间的运动学关系也计算在内. 结果将取决于描述过程所使用的参照系(例如实验室系或质心系). 如果粒子还有其他量子特性，诸如自旋或极化，并且过程的矩阵元并不依赖于它们，我们就可以简单地在结果上乘一个相应的数，如对自旋为 s 的粒子为 $2s+1$，对光子的两个极化方向为 2. 这意味着它们之间没有干涉，我们将对那些结束时分立量子数具有不同数值的不相干过程的概率求和，而不是对振幅求和. 下面的一些例子及对应的图 2.2—图 2.6 说明了不同的可能情况.

习题 2.2 求下列情况中的末态密度：

(1) 在末态中有一个相对论粒子；

(2) 康普顿效应，参见上册 1.3 节(图 2.2)；

(3) 电子-电子散射(图 2.3)；

(4) 由一个带电粒子出现在一个重核周围引起的**韧致辐射**(制动辐射)(一个自由粒子不能辐射，是因为不能满足能量和动量守恒)(图 2.4)；

(5) 光子在原子核场中产生正-负电子对(图 2.5);

(6) 正-负电子对湮灭成两个光子(图 2.6).

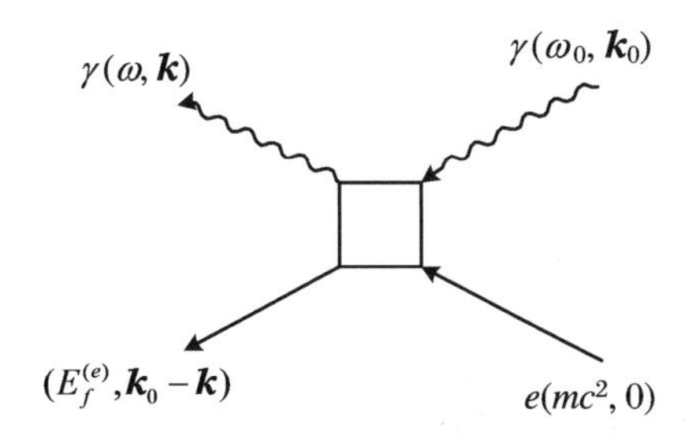

图 2.2　康普顿效应图

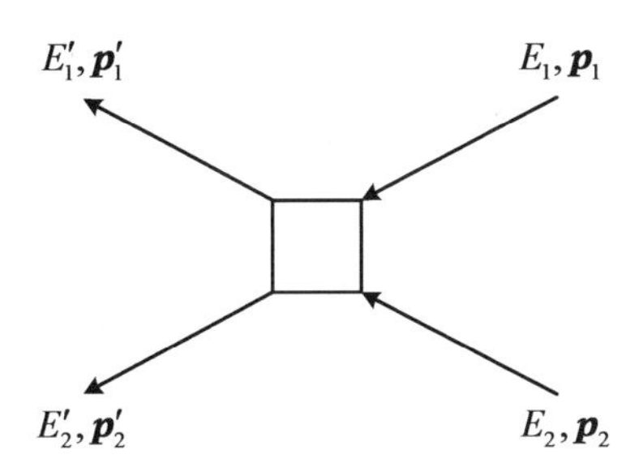

图 2.3　电子-电子散射

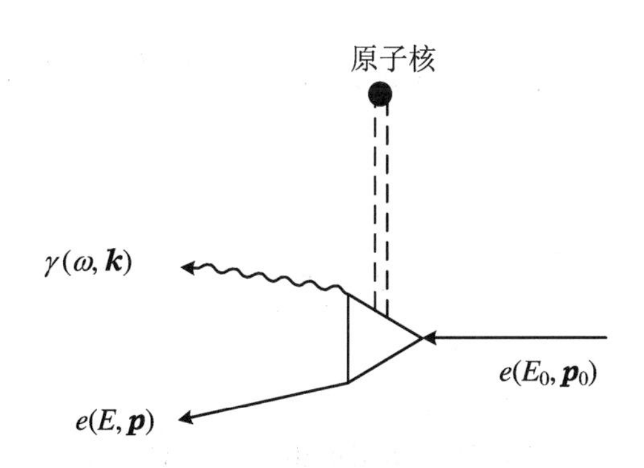

图 2.4　在原子核周围的轫致辐射

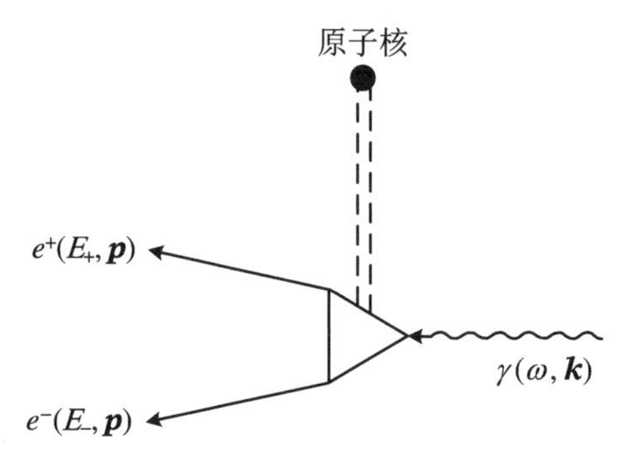

图 2.5　在原子核场中，光子产生正-负电子对

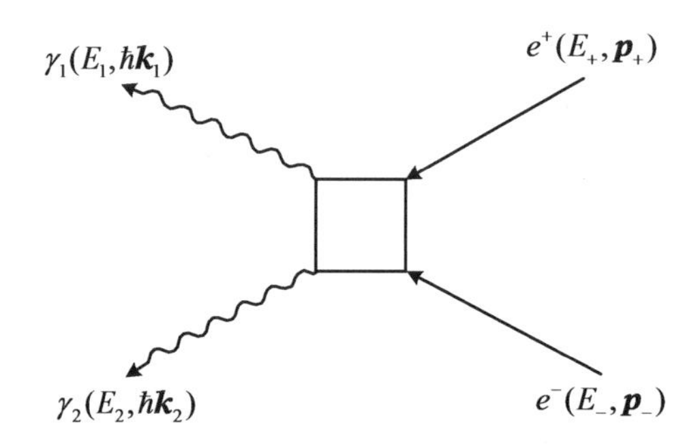

图 2.6　正-负电子淹没成双光子

解　(1) 对于一个相对论粒子，有

$$E^2 = m^2c^4 + p^2c^2,\quad p\mathrm{d}p = \frac{E\mathrm{d}E}{c^2} = \frac{p}{v}\mathrm{d}E \tag{2.46}$$

其中

$$\boldsymbol{v} = \boldsymbol{p}\frac{c^2}{E} \tag{2.47}$$

是粒子的速度. 由此，我们有

$$\mathrm{d}\rho_f = \frac{V}{(2\pi\hbar)^3}\frac{p_f^2\mathrm{d}p_f\mathrm{d}o}{\mathrm{d}E_f} = \frac{V}{(2\pi\hbar)^3}\frac{p_f^2}{v_f}\mathrm{d}o \tag{2.48}$$

当 $v \ll c$ 时，这将回到非相对论的结果((2.45)式)，当 $m=0, v=c, E=\hbar\omega=\hbar ck$ 时，我们就得到了光子的末态密度：

$$d\rho_f = \frac{V}{(2\pi)^3}\frac{\omega^2}{\hbar c^3}do \tag{2.49}$$

(2) 在一个初始频率为 ω 的光子被一个静止的质量为 m 的粒子(电子)散射的参考系中,在立体角 do 中,被散射到角 θ 的光子的频率为(见上册 1.3 节)

$$\omega_f = \frac{\omega}{1+(\hbar\omega/(mc^2))(1-\cos\theta)} \tag{2.50}$$

同时,末态电子也获得了反冲能量ϵ_f和动量 p_f:

$$E_f = \hbar\omega_f + \epsilon_f = \hbar\omega_f + \sqrt{p_f^2c^2+m^2c^4} \tag{2.51}$$

由于动量守恒,初始光子动量$\hbar\boldsymbol{k}$ 满足$\hbar\boldsymbol{k}=\hbar\boldsymbol{k}_f+\boldsymbol{p}_f$. 于是

$$E_f = \hbar\omega + \sqrt{m^2c^4+\hbar^2c^2(k^2+k_f^2-2kk_f\cos\theta)} \tag{2.52}$$

$$\frac{dE_f}{dk_f} = \hbar c\left(1+\frac{\hbar(\omega_f-\omega\cos\theta)}{\epsilon_f}\right) \tag{2.53}$$

或者再次利用能量守恒,写成

$$\frac{dE_f}{dk_f} = \hbar c\frac{\hbar\omega(1-\cos\theta)+mc^2}{\epsilon_f} = \hbar c\frac{\omega_f}{\omega}\frac{mc^2}{\epsilon_f} \tag{2.54}$$

最后,我们有

$$d\rho_f = \frac{V}{(2\pi)^3}\frac{k_f^2dk_f}{dE_f}do = \frac{V}{(2\pi)^3}\frac{\omega_f}{\omega}\frac{\epsilon_f}{mc^2}do \tag{2.55}$$

其中,$\epsilon_f=\hbar(\omega-\omega_f)+mc^2$,$do$ 是与被散射的光子方向相应的立体角元;电子动量 $\boldsymbol{p}_f$ 的方向完全由守恒律确定.

(3) 对质心系中的弹性散射,我们有 $\boldsymbol{p}_1=-\boldsymbol{p}_2\equiv\boldsymbol{p}$,$\boldsymbol{p}_1'=-\boldsymbol{p}_2'\equiv\boldsymbol{p}'$,并且$|\boldsymbol{p}|=|\boldsymbol{p}'|\equiv p$;于是,$E_1=E_2=E_1'=E_2'\equiv E$,因而在末态中我们只要跟踪两个电子中的任何一个就够了. 由于 $E_f=2E$,有

$$d\rho_f = \frac{V}{(2\pi\hbar)^3}\frac{pE}{2c^2}do \tag{2.56}$$

(4) 如果我们假定原子核为无限重(忽略原子核的反冲能量 $p^2/(2M)$),电子动量并不守恒,于是我们需要分别计算出射光子(频率为 ω)的动量和散射电子的动量. 能量守恒要求 $E_f=E+\hbar\omega=E_0$,于是对确定的 ω,就有 $dE_f=dE$ 以及

$$d\rho_f = \frac{V}{(2\pi\hbar)^3}\frac{pE}{c^2}do_e\frac{Vk^2dk}{(2\pi)^3}do_\gamma \tag{2.57}$$

(5) 类似于韧致辐射，原子核接受了一个额外的动量. 与上述(4)不同的是，现在光子是在初态而不是末态. 现在我们要处理的是末态的正电子，而不是初态的电子. 再一次忽略核反冲能量，对确定的正电子能量 E_+，我们有 $\mathrm{d}E_f = \mathrm{d}E_-$，而且

$$\mathrm{d}\rho_f = \mathrm{d}\rho_+ \mathrm{d}\rho_- \frac{\mathrm{d}E_+ \mathrm{d}E_-}{\mathrm{d}E_f} = \mathrm{d}\rho_+ \mathrm{d}\rho_- \mathrm{d}E_+ \tag{2.58}$$

根据(2.48)式，我们得到

$$\mathrm{d}\rho_f - \frac{p_+ E_+}{c^2} \frac{p_- E_-}{c^2} \frac{V\mathrm{d}o_+}{(2\pi\hbar)^3} \frac{V\mathrm{d}o_-}{(2\pi\hbar)^3}\mathrm{d}E_+ \tag{2.59}$$

(6) 在质心系中，$\boldsymbol{p}_+ + \boldsymbol{p}_- = \boldsymbol{0}$，$E_+ = E_- = E$. 两个光子得到相同的能量 $E_1 = E_2$，它们都等于 E. 对于光子，$\boldsymbol{k}_1 + \boldsymbol{k}_2 = \boldsymbol{0}$，$|\boldsymbol{k}_1| = |\boldsymbol{k}_2| \equiv k$，$E_f = 2\hbar ck$. 它给出

$$\mathrm{d}\rho_f = \frac{V}{(2\pi)^3} \frac{k^2}{2\hbar c}\mathrm{d}o_1 \tag{2.60}$$

习题 2.3 在由弱相互作用引起的 β 衰变过程中，动能 E 被释放出来，同时具有 Z 个质子、$A-Z$ 个中子的初始原子核(A,Z)转换成原子核$(A,Z+1)$，并放出电子和反电子中微子，或者变成原子核$(A,Z-1)$，同时放出正电子和电子中微子. 忽略剩余原子核的反冲动能和核的库仑场效应，发射出的电子(或正电子)的能谱可以表示为

$$\mathrm{d}N = 常数 |H_{fi}^{\text{weak}}|^2 g(E,E_e)\mathrm{d}E_e \tag{2.61}$$

请确定函数 $g(E,E_e)$的形式.

(1) 假定中微子无质量;

(2) 中微子有有限质量;

(3) 已经确定: 在 β 衰变过程中产生的电子中微子 ν_e 或反中微子 $\bar{\nu}_e$ 没有确定的质量，而是至少两个质量分别为 m_1 和 m_2 的稳定类型的中微子的线性组合:

$$|\nu_e\rangle = \cos\vartheta\,|\nu_1\rangle + \sin\vartheta\,|\nu_2\rangle \tag{2.62}$$

这些质量现在还是未知的，但一定不超过 1 eV(译者注: 应该是 1 eV/c^2). 我们稍后将讨论**中微子振荡**. 在这种情况下，结果又会如何呢?

解 在情况(1)中，我们有 $E_\nu = cp_\nu = E - E_e$，于是

$$g(E,E_e) = (E-E_e)^2 E_e\sqrt{E_e^2 - m_e^2c^4} \tag{2.63}$$

中微子(只限一种)具有有限质量后的修正为

$$g(E,E_e;m) = (E-E_e)E_e\sqrt{[(E-E_e)^2 - m^2c^4](E_e^2 - m_e^2c^4)} \tag{2.64}$$

对于中微子振荡的情况，有

$$g(E,E_e) = g(E,E_e;m_1)\cos^2\vartheta + g(E,E_e;m_2)\sin^2\vartheta \tag{2.65}$$

由于质量 m_1 和 m_2 很小，这些修改只能在电子谱的最末端看到. 例如，即使在最可能的氚核β衰变的情况下，$^3H \to {}^3He$ + 电子 + 反电子中微子，衰变释放的总能量为 18.6 keV(通常释放的能量要大得多，为兆电子伏量级)，比我们期待的中微子(或反中微子)的质量大得多. 这样的实验已经进行了多年，但始终没有获得确定的结果.[7]

2.6 旋转波近似

现在我们回到原子能级与周期性电磁场的相互作用，这是量子光学的主要课题. 在前面几节中我们看到了共振条件的特殊作用. 事实上，我们已就磁共振进行过讨论(见上册 20.4 节)，并且在 2.3 节中讨论了简并态；这里我们引入共振近似，它在许多现实情况中非常有用.

在最简单的情况下，我们有一个**单频**场中的两能级系统，一个“原子”. 具有未被微扰能量 E_g 的原子态被称为 $|g\rangle$ 态(“基”态)，具有能量 $E_e = E_g + \hbar\omega_0$ 的原子态被称为 $|e\rangle$ 态(“激发”态). 外场

$$\hat{H}'(t) = \hat{V}\cos(\omega t + \alpha) \tag{2.66}$$

是由频率 ω 来标记的，一般来说它和 ω_0 不同，由此可得到**失谐**

$$\Delta = \omega_0 - \omega = \frac{E_e - E_g - \hbar\omega}{\hbar} \tag{2.67}$$

厄米微扰(2.66)式引起了 $|g\rangle$ 态和 $|e\rangle$ 态之间的跃迁，以及到其他原子态的跃迁. 我们假定算符 $\hat{V} = \hat{V}^\dagger$ 对 $g \leftrightarrow e$ 跃迁有大矩阵元 $V \equiv \langle g|\hat{V}|e\rangle = \langle e|\hat{V}|g\rangle^*$. 在量子光学中，通常在相反宇称态之间的偶极跃迁是最有效的. 那时

$$\hat{V} = -(\boldsymbol{\mathcal{E}} \cdot \hat{\boldsymbol{d}}) \tag{2.68}$$

其中，$\boldsymbol{\mathcal{E}}$ 是外部电磁波的电场.

我们忽略这个系统的其他能级，把问题局限在这两个态上. 这个近似关联着与 $\Delta = 0$ 对应的共振. 这样，我们就有了一个作为 $|g\rangle$ 和 $|e\rangle$ 态混合的波函数的双能级动力学：

$$|\Psi(t)\rangle = a_g(t)|g\rangle + a_e(t)|e\rangle \tag{2.69}$$

其中,振幅满足微分方程组

$$i\hbar\dot{a}_g = E_g a_g + V(t)a_e, \quad i\hbar\dot{a}_e = E_e a_e + V^*(t)a_g \tag{2.70}$$

这里我们使用了描述场脉冲任意形状的一个普遍时间依赖势 $V(t)$.

正如许多与物质和辐射相互作用相关的问题一样,当我们只考虑一对通过强辐射跃迁联系起来的原子态时,将这两个态映射到一个自旋为1/2的系统较为方便(现在称一个**量子比特**,这是将来量子计算机的一个基本单元),请参见上册20.7节.自旋方向朝上或朝下的态分别对应着较高或较低的能量,所以一个自由原子的哈密顿量是

$$\hat{H}^0_{\mathrm{at}} = \begin{pmatrix} E_e & 0 \\ 0 & E_g \end{pmatrix} = \frac{E_g + E_e}{2}\hat{1} + \frac{\hbar\omega_0}{2}\sigma_z \tag{2.71}$$

升算符 $s_+ = (1/2)(\sigma_x + i\sigma_y)$ 描述共振量子的吸收,而降自旋算符 $s_- = (1/2)(\sigma_x - i\sigma_y)$ 描述辐射.波函数可以写成一个旋量:

$$|\Psi\rangle = \begin{pmatrix} a_e|e\rangle \\ a_g|g\rangle \end{pmatrix} \tag{2.72}$$

这样,完整的哈密顿量就是一个 2×2 矩阵:

$$\hat{H} = \begin{pmatrix} E_e & V^*(t) \\ V(t) & E_g \end{pmatrix} = \frac{E_g + E_e}{2}\hat{1} + \frac{\hbar\omega_0}{2}\sigma_z + \mathrm{Re}(V(t))\sigma_x + \mathrm{Im}(V(t))\sigma_y \tag{2.73}$$

通过消除未被扰动的时间依赖部分,我们得到新振幅的相互作用绘景:

$$a_g(t) = e^{-(i/\hbar)E_g t}b_g(t), \quad a_e(t) = e^{-(i/\hbar)E_e t}b_e(t) \tag{2.74}$$

它们满足微分方程

$$i\hbar\dot{b}_g = V(t)e^{-i\omega_0 t}b_e(t), \quad i\hbar\dot{b}_e = V^*(t)e^{i\omega_0 t}b_g(t) \tag{2.75}$$

在许多情况下,我们可以利用共振近似或**旋转波**近似大大地简化问题.单频场(2.68)式能够写成(我们假定 V 是实的,它的相位包含在 α 中)

$$\hat{H}'(t) = \frac{1}{2}\hat{V}\left[e^{i(\omega t+\alpha)} + e^{-i(\omega t+\alpha)}\right] \tag{2.76}$$

如果失谐量很小,$\Delta \ll \omega_0$,在(2.75)式的第一个方程中,(2.76)式的第一个指数几乎抵消了原来的时间依赖函数 $\exp(-i\omega_0 t)$,仅留下缓变的时间依赖性.在微扰论中,这会给出

较小的能量分母，并且由此产生一个较大的跃迁概率，就如同(2.7)式中的共振项一样．第二个指数引出非共振贡献和快速振荡的指数．旋转波近似忽略这样的项．因而，我们在(2.75)的第一个方程中只保留(2.76)式的第一个指数项，而在第二个方程中保留第二个指数项．在旋转波近似中，这组耦合方程取如下形式：

$$\mathrm{i}\hbar\dot{b}_g = \frac{1}{2}V\mathrm{e}^{-\mathrm{i}(\Delta t+\alpha)}b_e(t), \quad \mathrm{i}\hbar\dot{b}_e = \frac{1}{2}V\mathrm{e}^{\mathrm{i}(\Delta t+\alpha)}b_g(t) \tag{2.77}$$

如果解确实只含有平滑的时间函数，那么这个近似就是合理的．

习题 2.4 求旋转波近似中两能级问题的通解．

解 事实上，我们解过磁共振的一个等价问题，参见上册 20.4 节．存在两个基本解：

$$\Psi_+(t) = \begin{pmatrix} b_e(t) \\ b_g(t) \end{pmatrix}_+ = \begin{pmatrix} -\mathrm{e}^{\mathrm{i}\alpha}A_-\mathrm{e}^{\mathrm{i}(\Omega+\Delta/2)t} \\ A_+\mathrm{e}^{\mathrm{i}(\Omega-\Delta/2)t} \end{pmatrix} \tag{2.78}$$

和

$$\Psi_-(t) = \begin{pmatrix} b_e(t) \\ b_g(t) \end{pmatrix}_- = \begin{pmatrix} A_+\mathrm{e}^{\mathrm{i}(-\Omega+\Delta/2)t} \\ \mathrm{e}^{-\mathrm{i}\alpha}A_-\mathrm{e}^{-\mathrm{i}(\Omega+\Delta/2)t} \end{pmatrix} \tag{2.79}$$

这里，我们假定 $\Delta>0$，且 **Rabi 频率**由下式给出：

$$\Omega = \frac{1}{2}\sqrt{\Delta^2 + \frac{V^2}{\hbar^2}} \tag{2.80}$$

它包含了外场的失谐量及劈裂 V^2，就像双能级问题那样．Ω 的两个部分都远小于 ω_0，以确保共振近似的合理性．这就意味着定义 V 的波场应该比原子的电场弱得多．但是 Δ 和 V 之间的关系可以是任意的．振幅 $A_\pm$ 的定义如下：

$$\sqrt{2}A_\pm = \sqrt{1 \pm \frac{\Delta}{2\Omega}} \tag{2.81}$$

事实上，这一组方程只定义了 A_+ 和 A_- 间的线性关系；在(2.78)式和(2.79)式中，它们这样使得对退耦的态($V\to 0, \Omega=\Delta/2$)有

$$\Psi_- \to \Psi_e = \begin{pmatrix} 1 \\ 0 \end{pmatrix}, \quad \Psi_+ \to \Psi_g = \begin{pmatrix} 0 \\ 1 \end{pmatrix} \tag{2.82}$$

对任意初始条件，方程的通解是两者的叠加，即

$$\Psi = C_-\Psi_- + C_+\Psi_+ \tag{2.83}$$

不要忘记,这是在相互作用绘景中写的,完整的时间依赖关系可按照(2.74)式,通过回到振幅 $a_e(t)$ 和 $a_g(t)$ 得到.

通过收集振幅 $a(t)$ 的整个时间依赖关系,我们看到有四个**准能量**,按照上升的顺序,它们为

$$\begin{aligned}\widetilde{E}_g^{(-)} &= E_g + \hbar\left(\frac{\Delta}{2} - \Omega\right)\\ \widetilde{E}_g^{(+)} &= E_g + \hbar\left(\frac{\Delta}{2} + \Omega\right)\\ \widetilde{E}_e^{(-)} &= E_e - \hbar\left(\frac{\Delta}{2} + \Omega\right)\\ \widetilde{E}_e^{(+)} &= E_e - \hbar\left(\frac{\Delta}{2} - \Omega\right)\end{aligned} \tag{2.84}$$

这里,我们有一个成对的对应关系:

$$\widetilde{E}_e^{(+)} - \widetilde{E}_g^{(+)} = \widetilde{E}_e^{(-)} - \widetilde{E}_g^{(-)} = \hbar(\omega_0 - \Delta) = \hbar\omega \tag{2.85}$$

在每一对中,高能量的态可以理解为低能量的态加上一个外场的量子.

2.7 与量子化场的相互作用

现在我们考虑 **Jaynes-Cummings 模型**[8,9],在这个模型中单频外场是用量子化的谐振子来描述的.场的量子化将在第 4 章详细讨论.这里我们只需要这样一个概念:光子作为能量为$\hbar\omega$ 的量子可以被原子系统吸收或发射.用具有可能 n 量子态$|n\rangle$的谐振量子对该场建模,我们就可以研究多光子的过程.

在有小失谐量 Δ 外场中的两能级系统的框架下,有**共振**过程;在场失掉一个量子时,$|n\rangle\to|n-1\rangle$,系统吸收量子,同时原子被激发,$|g\rangle\to|e\rangle$,而对应着$|n\rangle\to|n+1\rangle$跃迁的受激发射则是$|e\rangle\to|g\rangle$.当我们忽略不相干的自发辐射时,受激过程产生具有相同量子数的光子.哈密顿量可以用(2.7)式中的旋量模型来描述,在该模型中外场用谐振子来代换:

$$\hat{H} = \frac{E_g + E_e}{2}\hat{1} + \frac{\hbar\omega_0}{2}\sigma_z + \hbar\omega\left(\hat{a}^\dagger a + \frac{1}{2}\right) + H' \tag{2.86}$$

相互作用哈密顿量的共振部分可以写为

$$\hat{H}' = V\sigma_+ \hat{a} + V^* \sigma_- \hat{a}^\dagger \tag{2.87}$$

其中,升自旋算符和降自旋算符为 $\sigma_\pm = \sigma_x \pm \mathrm{i}\sigma_y$,它们的矩阵元为

$$\langle e|\sigma_+|g\rangle = \langle g|\sigma_-|e\rangle = 1 \tag{2.88}$$

请注意,在这个表达式中我们没有任何明确的时间依赖性,因为量子化的电磁场不是一个具有给定时间依赖性的外部客体;相反,它被包括在整个系统的自由度中.

整个希尔伯特空间是由基$|g;n\rangle$和$|e;n\rangle$所张成的,它们由原子的能级和量子数(整数)$n=\hat{a}^\dagger\hat{a}$ 来表征.如果我们把一个场量子的激发态归咎于系统,则除了总能量,还存在另外一个显然的运动常数,即总量子数.因此对每个 $n>0$,只有两个态被共振哈密顿量耦合,即$|g;n\rangle$和$|e;n-1\rangle$.基态$|g;0\rangle$(没有场量子)是自身稳定的.从$|g;n>0\rangle$开始,我们得到波函数为

$$|\Psi^{(n)}\rangle = \begin{pmatrix} a_e^{(n)}(t)\,|e;n-1\rangle \\ a_g^{(n)}(t)\,|g;n\rangle \end{pmatrix} \tag{2.89}$$

的双能级动力学.

习题 2.5 假定初态是多光子态的叠加态,同时原子处在基态,且

$$|\Psi(0)\rangle = \begin{pmatrix} 0 \\ \sum_n \xi_n\,|g;n\rangle \end{pmatrix} \tag{2.90}$$

确定在 $t>0$ 时波函数的动力学.

解 在每个二维区域((2.89)式),用相互作用绘景可方便地将平凡的未微扰的动力学部分分离出来:

$$a_{e,g}^{(n)}(t) = \mathrm{e}^{-(\mathrm{i}/\hbar)[(E_g+E_e)/2+\hbar\omega n]t} b_{e,g}^{(n)}(t) \tag{2.91}$$

新振幅 $b_{e,g}^{(n)}(t)$满足

$$\mathrm{i}\dot{b}_e^{(n)} = \frac{\Delta}{2} b_e^{(n)} + \lambda_n b_g^{(n)}, \quad \mathrm{i}\dot{b}_g^{(n)} = -\frac{\Delta}{2} b_g^{(n)} + \lambda_n^* b_e^{(n)} \tag{2.92}$$

式中我们计入谐振子矩阵元(见上册方程(11.119))并引入失谐量 Δ 和取决于n 的耦合参数$\lambda_n=(2V/\hbar)\sqrt{n}$.我们可以像以前一样求解这个方程组,利用初始条件(2.90),得到

$$b_g^{(n)}(t) = \xi_n \left\{\cos\left(\frac{\Omega_n t}{2}\right) + \mathrm{i}\frac{\Delta}{\Omega_n}\sin\left(\frac{\Omega_n t}{2}\right)\right\} \tag{2.93}$$

$$b_e^{(n)}(t) = -\xi_n \frac{\lambda_n}{\Omega_n} \sin\left(\frac{\Omega_n t}{2}\right) \tag{2.94}$$

其中，Rabi **频率** Ω_n 取决于 n（量子化场的强度）：

$$\Omega_n = \sqrt{\Delta^2 + |\lambda_n|^2} \tag{2.95}$$

而不是(2.80)式中的电场振幅，或上册方程(20.54)的磁场.

波函数振幅的振荡依赖性导致了原始多光子波包的**复现**，如图 2.7 所示，它由(2.90)式的叠加系数 ξ_n 表征. 例如，我们假定在精确的共振点 $\Delta = 0$ 处讨论. 原子处于基态的演化概率为

$$P_g(t) = \sum_n |b_g^{(n)}(t)|^2 = \sum_n |\xi_n|^2 \cos^2 \frac{|\lambda_n| t}{2} \tag{2.96}$$

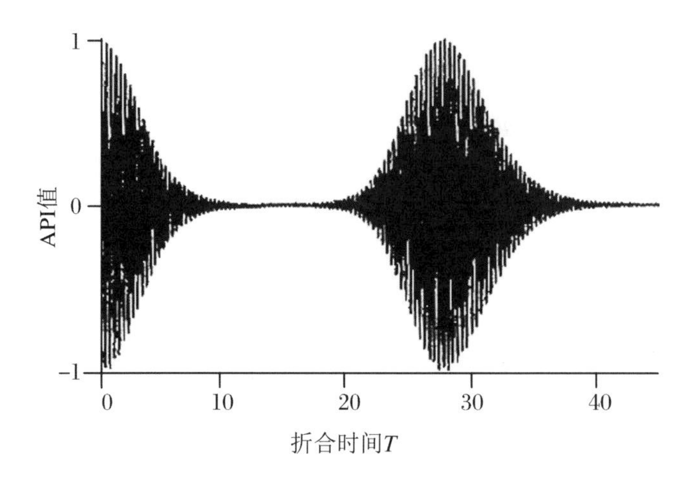

图 2.7 Jaynes-Cummings 模型[10] 中初始相干态的演化

纵轴为原子布居倒数（API），它是折合时间（scaled time）$T = Vt$ 的函数.

或者，由于(2.90)式的归一化 $\sum_n |\xi_n|^2 = 1$，有

$$P_g(t) = \frac{1}{2} + \frac{1}{2} \sum_n |\xi_n|^2 \cos\left(\frac{2|V|\sqrt{n}t}{\hbar}\right) \tag{2.97}$$

开始之后，光子的波包迅速走过退相干的阶段（“**坍缩**”，collapse）. 我们可以估算复现的时间. 如果光子波包具有一个在平均光子数 $\bar{n}$ 处和一个典型的宽度 $\Delta n \ll \bar{n}$ 的形心，我们预计：当形心分量附近的分量是同相时，在 $t = T$ 时刻，(2.97)式中 Fourier 级数的一个最大值

$$\frac{\mathrm{d}}{\mathrm{d}n}\left(\frac{2\mid V\mid\sqrt{n}T}{\hbar}\right)_{n=\bar{n}}=\frac{\mid V\mid T}{\hbar\sqrt{\bar{n}}}=2\pi \tag{2.98}$$

它确定了

$$T=2\pi\frac{\hbar}{\mid V\mid}\sqrt{\bar{n}}=\frac{4\pi\bar{n}}{\Omega_{\bar{n}}} \tag{2.99}$$

习题 2.6 假定有一个具有很大的平均光子数 $\bar{n}\gg 1$ 和 $\Delta n=\sqrt{\bar{n}}$ 的高斯型多光子波包，求出在短时间内(复现之前)该高斯波包的时间演化. 这些初始条件对应着在波包形心附近所考虑的半经典相干态(见上册 12.6 节).

解 在这种情况下

$$\mid\xi_n\mid^2=\frac{1}{\sqrt{2\pi\bar{n}}}\mathrm{e}^{-(n-\bar{n})/(2\bar{n})} \tag{2.100}$$

把它用到(2.97)式，我们需要用积分 $\int \mathrm{d}n$ 来替代求和 $\sum_n$，将积分限延扩到 $-\infty$，然后计算高斯型积分

$$P_g(t)=\frac{1}{2}+\frac{1}{2}\cos\left(\frac{2\mid V\mid\sqrt{\bar{n}}\,t}{\hbar}\right)\mathrm{e}^{-\mid V\mid^2t^2/2} \tag{2.101}$$

它描述了初始坍缩(快速退相干)的阶段. 这个近似不描述复现.

2.8 缀饰态

如同在(2.86)式中一样，当我们将电磁场源纳入系统中时，完整的哈密顿量就和时间无关了. 因此可以把系统的定态作为一个整体：原子 + 场. 这种“穿着衣服”的态——**缀饰态**(dressed states)出现在强场时，微扰论就不适用了.

我们只考虑双能级原子、并且场频率接近共振这种最简单的情况. 这时，可以认为强场是经典的，所以在旋转波近似下，**相互作用绘景**中的哈密顿量可再次用原子态的泡利矩阵写成

$$\hat{H}=\frac{\hbar\Delta}{2}\sigma_z-\frac{1}{2}(V\sigma_++V^*\sigma_-) \tag{2.102}$$

这就是标准的双能级问题，前面已多次出现. 有效二维薛定谔方程

$$\hat{H}\ |\pm\rangle = E_{\pm}\ |\pm\rangle \tag{2.103}$$

给出两个具有新能量 $E_{\pm}$ 的定态 $|\pm\rangle$.

习题 2.7 求能量 $E_{\pm}$ 和相应的定态 $|\pm\rangle$.

解 定态能量 $E_{\pm}$ 是与 Rabi 频率直接相关联的：

$$E_{\pm} = \pm\frac{\hbar}{2}\Omega \equiv \pm\frac{1}{2}\sqrt{\hbar^2\Delta^2 + |V|^2} \tag{2.104}$$

并且这些态是被 Rabi 频率分开的. 它们的波函数是

$$|+\rangle = \frac{1}{\sqrt{2\Omega}}\begin{pmatrix}\sqrt{\Omega-\Delta}\\ -V^*/\sqrt{\Omega-\Delta}\end{pmatrix},\quad |-\rangle = \frac{1}{\sqrt{2\Omega}}\begin{pmatrix}V/\sqrt{\Omega-\Delta}\\ \sqrt{\Omega-\Delta}\end{pmatrix} \tag{2.105}$$

如果这两个由强激光关联的原子能级都可以辐射光电子，那么辐射的电子谱将显示出一个峰峰间距为 $\hbar\Omega$ 的**双共振**. 类似的相干耦合态的对会在考虑场的量子化时出现. 在 Jaynes-Cummings 模型中，对于**光子数 $n\geqslant1$ 的每一个值**，都会有完全类似的缀饰态的对，它们间的劈裂随 $\sqrt{n}$ 的增加而增加，如图 2.8 所示.

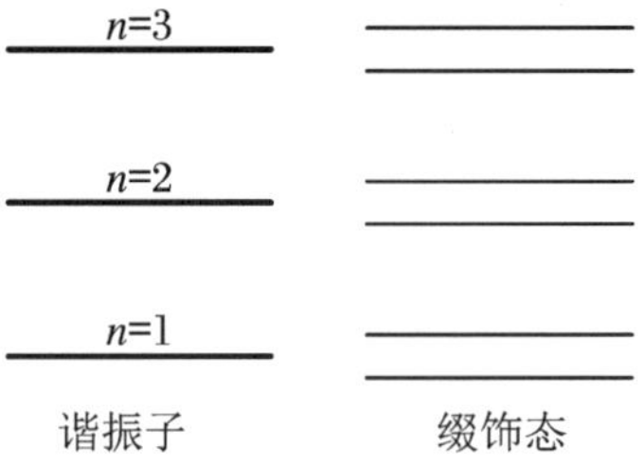

图 2.8　一个二能级系统与一个量子化谐振子相互作用的缀饰态的劈裂图

2.9 超辐射

以可能由**强**电磁波与物质相互作用引起的物理现象为例，我们下面讨论 R. Dicke 预言的超辐射(super-radiance)现象，或者严谨地说，**相干自发辐射**[11]. 由于我们从基本

的辐射理论知道自发辐射是一个非相干的过程，因此这个预言意义重大.然而可能存在一个 N 个原子系统的激发态，该系统具有的辐射强度是单个原子辐射强度的 N^2 倍.下面，对这个效应我们给出一个简化的解释.

回到对双能级原子的旋量描述，我们将激发态和基态能量记为 $\pm E/2$，于是自由原子的哈密顿量(2.71)式可写为

$$\hat{H}_{\rm at}^0 = E\hat{s}_z \tag{2.106}$$

吸收和辐射共振光子的振幅 A^* 和 A 是互为共轭的，且 $I_0 = |A|^2$ 是单个原子向下跃迁时自发辐射强度的度量.将 N 个全同原子放在一个容积内，其壁对共振频率的辐射是透明的.假定这个容积的尺度远小于所研究跃迁的波长 λ，即 $kr_a \ll 1$，并且我们忽略由于不同原子辐射的波经由不同的路径长度而引起的所有相位差.我们也忽略原子-原子间的直接相互作用和不同辐射源空间波函数的重叠概率.如果所有原子都是激发的，且独立地辐射，则总辐射强度 $I = NI_0$.然而即使没有原子间的直接耦合，仍然可能存在**相干**辐射，其强度为 $I \sim N^2 I_0$.

如果矢量自旋-量子比特算符 $\mathbf{s}(a)$作用在一个原子 a 的二能级空间，我们定义系统的总“自旋”或**准自旋**(quasispin)为

$$\hat{\mathbf{S}} = \sum_{a=1}^{N} \hat{\mathbf{s}}(a) \tag{2.107}$$

一个无相互作用自旋的基由具有激发自旋不同分布的 2^N 个组态构成.两原子能级的占有数为 $N_\pm = N/2 + M$，其中原子总数为 $N = N_+ + N_-$，总自旋投影为 $M = S_z = (N_+ - N_-)/2$，对照角动量的 Schwinger 表示(见上册第 22 章).对于辐射过程(耦合到连续态)，单个自旋的退耦基不是最合适的.该耦合用算符描述为

$$\hat{H}' = A^* \sum_a \hat{s}_+(a) + A \sum_a \hat{s}_-(a) \equiv A^* \hat{S}_+ + A\hat{S}_- \tag{2.108}$$

其中，在我们的长波极限下，所有的振幅 A_a 都是相等的，于是(2.108)式的解以及哈密顿量(2.106)式的内禀部分，$H^0 = E\hat{S}_z$，都可以用总自旋的分量表示出来.经典近似中采用的准自旋 $\boldsymbol{S}$ 被称为 **Bloch 矢量**，在(2.108)式的近似中，它的模 S 是守恒的.因此，Bloch 矢量的动力学是在球表面实现的.包括连续态耦合(2.108)式的完整哈密顿量可以在这样一个基上对角化，这个基把由总自旋的量子数 S 和 M 描述的原子自旋**耦合**到基的所有态上.

习题 2.8 计算给定激发度的态的数目 $g(M)$，该激发度是由自旋 S 的总投影 M 和多重态数目 $\mathcal{N}(S)$ 来度量的.

解

$$g(M)=\frac{N!}{(N/2+M)!(N/2-M)!} \tag{2.109}$$

$$\mathcal{N}(S)=g(M=S)-g(M=S+1) \tag{2.110}$$

在 $M=N/2$ 时,所有的原子都被激发了,这时的态是唯一的(Bloch 矢量的最大对齐),$g(N/2)=1$,这只在 $S=N/2$ 时才是可能的.下一个投影值 $M=N/2-1$ 只需要翻转一个自旋,因而可能有 $g(N/2-1)=N$ 种不同方式来构建.这 N 个态的一个组合对应着相同的最大自旋 $S=N/2$.具有所有自旋相同翻转振幅的这种对称线性组合可以用降集体算符 S_- 产生;其他 $N-1$ 个有一个翻转自旋的态的组合开启了 $S=N/2-1$ 的新多重态.

由哈密顿量(2.108)式描写的单光子辐射过程保持 Bloch 矢量的长度 S,但改变它的取向:$|SM\rangle\rightarrow|SM-1\rangle$.现在,该辐射不能与一个单独原子相关联,我们有一个依靠**纠缠**系统辐射的**集体**过程.辐射振幅正比于

$$A\langle SM-1|S_-|SM\rangle=A\sqrt{(S+M)(S-M+1)} \tag{2.111}$$

对于单个原子,$S=1/2$,$M=1/2$,矩阵元等于 A;对多个全同原子,纯跃迁((2.111)式)的强度为

$$I=I_0(S+M)(S-M+1) \tag{2.112}$$

从全对齐的态 $S=M=N/2$ 开始,我们仅能有不相干的辐射,$I=I_0N$.对于有一个自旋翻转的态,$M=N/2-1$,该相干态的辐射强度为 $I=2(N-1)I_0$,而遗留下来的不相干组合给出的辐射强度为 $I=(N-2)I_0$.很明显,M 随着进一步的自旋翻转而减少,有最大自旋 $S=N/2$ 的集体叠加产生的辐射强度将增加.

增强的根本机制与单独自旋之间通过连续态的耦合相关联.自旋 a 的虚辐射和自旋 b 的虚吸收产生相干的**超辐射**态.不需要有自旋-自旋的直接相互作用.在所有原子完全对齐的最大总自旋态,只有非相干辐射是可能的.在自旋一半朝上、另一半朝下的情况下,通过虚连续态的耦合被最大化.它(对于偶数的 N)发生在 Bloch 矢量的**横**向,$S=N/2$,$M=0$,那时

$$I=I_0\frac{N}{2}\left(\frac{N}{2}+1\right)\approx\frac{I_0}{4}N^2 \tag{2.113}$$

在 N 较大时强度正比于 N^2.此外,其他 $M<0$ 的态是不利于辐射的.

习题 2.9 和旋转偶极子辐射器的经典类比是非常合适的.如果我们从一个完全对

齐的 Bloch 矢量 $\boldsymbol{S}$ 开始，情况很像一个朝上摆动的单摆（$M = S$）的不稳定平衡．起始的自发辐射引起单摆向下的运动，投影 M 相应地减少为 $M = S\cos\theta$．利用内禀能量与辐射强度的平衡，写出作为时间函数的 Bloch 矢量方向的经典方程，并求解此方程．

解　偶极子的时间相关场，并由此辐射强度（2.112）式为

$$I \approx I_0(S^2 - M^2) = I_0 S^2 \sin^2\theta \tag{2.114}$$

在横向 $\theta = \pi/2$ 处达到最大值．它等于内能 $H^0 = EM$ 的损失率：

$$I = -\dot{H}^0 = -E\dot{M} = ES\sin\theta \cdot \dot{\theta} \tag{2.115}$$

因此，Bloch 矢量的运动方程为

$$\dot{\theta} = \frac{I_0 S}{E}\sin\theta \tag{2.116}$$

辐射强度（2.115）式在 $\theta = \pi/2$ 处达到最大值．角度按照

$$\tan\frac{\theta}{2} = e^{(I_0 S/E)(t - t_0)}\tan\frac{\theta_0}{2} \tag{2.117}$$

变化．

量子光学中的许多实验都已确认了 Dicke 超辐射的机制．当然，完整的理论涉及更多，因为实际介质的密度和其他一些性质要与导致不相干效应的许多因素一起考虑．作为例子，我们展示了光泵浦 HF 气体效应的一些最早研究（图 2.9）．[12]非相干辐射的“延迟”阶段紧接着是一个超辐射爆发．

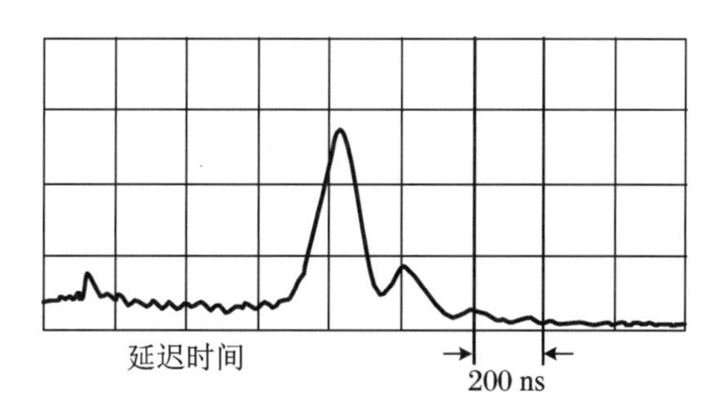

图 2.9　在 HF 分子旋转能级 $J = 3 \to J = 2$ 之间的跃迁中，超辐射脉冲的时间演化，波长为 84 μm

第 3 章

快速带电粒子的散射

……他们将失去传递给别人的那些东西.

——Pliny the Elder

3.1 散射和截面

这里,将时间相关微扰论的结果应用到快速粒子束与聚集在一个有限体积内的系统(原子、分子、原子核)之间相互作用的重要问题中.

一个入射的波包,即**抛射体**,由于**散射**而从其原始方向偏转.这个系统(**散射体**,**靶**)在相互作用后可以停留在它的初始状态(**弹性散射**).在这种情况下,这个过程被约化为抛射体与靶的质心系中相对动量的转动;虽然相互作用系统的一些内禀量子数,诸如自旋方向,可以在简并态之间改变,但相对运动的动能是守恒的.对**非弹性散射**过程,内禀状态可以和相对运动的能量一起改变.如果在散射前,抛射体和靶都处在基态,则它们可能会被**激发**.激发能是从相对运动转借得到的,这样相对运动的动能就会降低.

我们可以考虑一个简化的非相对论问题,当一个点状入射体(坐标为 $\boldsymbol{r}$)通过一个势与一个多粒子(坐标为 $\boldsymbol{r}_a$)的系统相互作用时,微扰是

$$\hat{H}' = \sum_a U_a(\boldsymbol{r} - \boldsymbol{r}_a) \tag{3.1}$$

直观地说,我们预期对于足够快的粒子(它的速度大于靶中粒子的特征速度),有效相互作用时间短,多重散射过程不太可能发生,因此散射概率应该很低.故我们可使用 2.1 节中的微扰论黄金法则的形式.

系统作用在入射粒子上的时间相关力可以展开为时间函数的 Fourier 级数.每个频率为 ω 的 Fourier 分量引起靶与入射粒子之间相应的能量$\hbar\omega$ 的交换.在 t 较大时的极限下,能量是守恒的:如果ϵ_i 和ϵ_f分别是入射粒子的初、末态能量,E_i 和 E_f 是靶的初、末态能量(图 3.1),那么能量的平衡为

$$\epsilon_f - \epsilon_i = \hbar\omega = -(E_f - E_i) \tag{3.2}$$

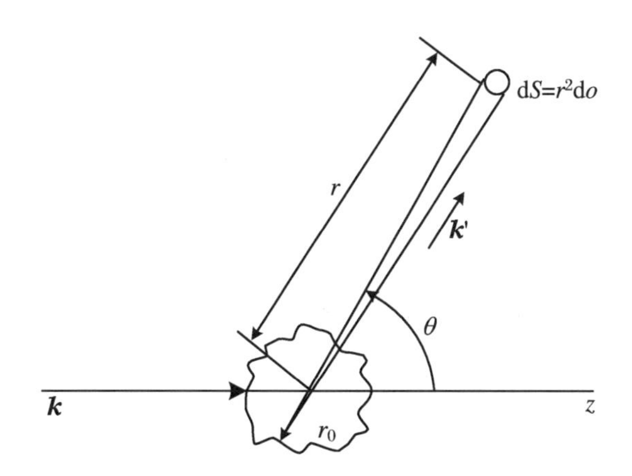

图 3.1　散射图

令最初靶处于态$|i\rangle$,入射粒子具有动量 $\boldsymbol{p}$(我们在质心系中处理这个过程,所以这里的动量描写相对运动).我们感兴趣的是在立体角 do 中找到动量为$\boldsymbol{p}'$的散射波包,同时系统变成末态$|f\rangle$的概率 dw_{fi}.如果态$|f\rangle$还在离散谱中,则入射粒子的末态密度由 2.5 节中的法则确定.按照该黄金法则,稳定入射束流的跃迁率为

$$\mathrm{d}\dot{w}_{fi} = \frac{2\pi}{\hbar}|H'_{fi}|^2\delta(\epsilon_i + E_i - \epsilon_f - E_f)\frac{V\mathrm{d}^3 p'}{(2\pi\hbar)^3} \tag{3.3}$$

对于非相对论的入射粒子，引入末态密度并对ϵ_f积分，我们得到的跃迁率 $\mathrm{d}\dot{w}_{fi}$ 为(式中 m 为约化质量)

$$\mathrm{d}\dot{w}_{fi} = \frac{Vp'm}{4\pi^2\hbar^4}|H'_{fi}|^2\mathrm{d}o \tag{3.4}$$

跃迁率不能直接与实验数据比较，它需要连续谱的归一化.可观测的量是有效**微分截面**，也就是单位时间被散射到与入射束流成一定角度的探测器中的粒子数的比例.如果入射束流每秒提供 N 个粒子，探测器**记数率**就为 $N\mathrm{d}\dot{w}_{fi}$.入射束流等于束流密度乘以相对速度：$j=(N/V)v=(N/V)p/m$.于是微分截面为

$$\mathrm{d}\sigma_{fi} = \frac{N\mathrm{d}\dot{w}_{fi}}{(N/V)(p/m)} = V\frac{m}{p}\mathrm{d}\dot{w}_{fi} \tag{3.5}$$

并且因为(3.4)式，有

$$\mathrm{d}\sigma_{fi} = V^2\frac{p'}{p}\frac{m^2}{4\pi^2\hbar^4}|H'_{fi}|^2\mathrm{d}o \tag{3.6}$$

实际上，截面表达式(3.6)中的因子 V^2 会消失，这是因为在连续谱中入射粒子的波函数必须在同一体积内归一化.跃迁振幅中的矩阵元包含入射粒子和靶二者的变量：

$$H'_{fi} = \langle f;\boldsymbol{p}'|\hat{H}'|i;\boldsymbol{p}\rangle \tag{3.7}$$

利用在该体积内归一的入射粒子平面波 $\psi_{\boldsymbol{p}}(\boldsymbol{r})$，我们得到

$$H'_{fi} = \int\mathrm{d}^3r\psi^*_{\boldsymbol{p}'}(\boldsymbol{r})\langle f\mid\hat{H}'(\boldsymbol{r})\mid i\rangle\psi_{\boldsymbol{p}}(\boldsymbol{r}) = \frac{1}{V}\int\mathrm{d}^3r\mathrm{e}^{(\mathrm{i}/\hbar)(\boldsymbol{p}-\boldsymbol{p}')\cdot\boldsymbol{r}}\langle f\mid\hat{H}'(\boldsymbol{r})\mid i\rangle \tag{3.8}$$

其中，相互作用(3.1)式在靶态之间的矩阵元$\langle f|\hat{H}'(\boldsymbol{r})|i\rangle$仍然取决于入射粒子的位置 $\boldsymbol{r}$.截面表征相互作用的**基本行为**和束流强度或无穷远处的归一化无关.**总截面**

$$\sigma_{fi} = \int\mathrm{d}o\frac{\mathrm{d}\sigma_{fi}}{\mathrm{d}o} \tag{3.9}$$

是通过对所有散射角积分推导出的.

矢量

$$\boldsymbol{q} = \frac{\boldsymbol{p}'-\boldsymbol{p}}{\hbar} = \boldsymbol{k}'-\boldsymbol{k} \tag{3.10}$$

确定了从系统到入射粒子的**动量转移**.矩阵元(3.8)式是相应于波矢 $\boldsymbol{q}$ 的跃迁振幅

$\langle f|\hat{H}'(\boldsymbol{r})|i\rangle$的 Fourier 分量：

$$(H'_{fi})_q = \frac{1}{V}\int \mathrm{d}^3 r \mathrm{e}^{-\mathrm{i}(\boldsymbol{q}\cdot\boldsymbol{r})} \langle f \mid \hat{H}'(\boldsymbol{r}) \mid i\rangle \tag{3.11}$$

截面(3.6)式的最终表达式为

$$\mathrm{d}\sigma_{fi} = \frac{p'}{p}\left(\frac{m}{2\pi\hbar^2}\right)^2 \left|\int \mathrm{d}^3 r \mathrm{e}^{-\mathrm{i}(\boldsymbol{q}\cdot\boldsymbol{r})} \langle f \mid \hat{H}'(\boldsymbol{r}) \mid i\rangle\right|^2 \mathrm{d}o \tag{3.12}$$

其中，对归一化体积 V 的依赖性不再存在.

3.2 Rutherford 散射

在相互作用势(3.1)式的情况中，(3.12)式中的矩阵元可以写为

$$\int \mathrm{d}^3 r \mathrm{e}^{-\mathrm{i}(\boldsymbol{q}\cdot\boldsymbol{r})} \langle f \mid \hat{H}'(\boldsymbol{r}) \mid i\rangle = \sum_a \langle f \mid \mathrm{e}^{-\mathrm{i}(\boldsymbol{q}\cdot\boldsymbol{r}_a)} (U_a)_q \mid i\rangle \tag{3.13}$$

其中，引入了相互作用势的 Fourier 分量(我们使用了变量 $\boldsymbol{x}=\boldsymbol{r}-\boldsymbol{r}_a$)：

$$(U_a)_q = \int \mathrm{d}^3 x \mathrm{e}^{-\mathrm{i}(\boldsymbol{q}\cdot\boldsymbol{x})} U_a(\boldsymbol{x}) \tag{3.14}$$

对一个非相对论的入射粒子(电荷为 e_0)与系统中的一个粒子 a(电荷为 e_a)之间的 Coulomb 相互作用

$$U_a(\boldsymbol{r}-\boldsymbol{r}_a) = e_0\varphi_a(\boldsymbol{r}-\boldsymbol{r}_a) = \frac{e_0 e_a}{|\boldsymbol{r}-\boldsymbol{r}_a|} \tag{3.15}$$

它的 Fourier 变换易用与电荷密度 ρ^{ch}所产生的静电势相关的 Poisson 方程计算求得：

$$\nabla^2\varphi(\boldsymbol{x}) = -4\pi\rho^{\mathrm{ch}}(\boldsymbol{x}) \tag{3.16}$$

通过引入 Fourier 分量，我们得到

$$\varphi_q = \frac{4\pi}{q^2}\rho_q^{\mathrm{ch}} \tag{3.17}$$

在点电荷 e_a的情况下，有

$$\rho^{\mathrm{ch}}(\boldsymbol{r}) = e_a\delta(\boldsymbol{r}-\boldsymbol{r}_a) \quad \rightsquigarrow \quad \rho_q^{\mathrm{ch}} = e_a\mathrm{e}^{-\mathrm{i}(\boldsymbol{q}\cdot\boldsymbol{r}_a)} \tag{3.18}$$

而矩阵元(3.13)式变成

$$\frac{4\pi e_0}{q^2}\langle f \mid \sum_a e_a \mathrm{e}^{-\mathrm{i}(\boldsymbol{q}\cdot\boldsymbol{r}_a)} \mid i\rangle \equiv \frac{4\pi Z e_0 e}{q^2} F_{fi}(\boldsymbol{q}) \tag{3.19}$$

其中,Ze 是靶的全部电荷:

$$Ze = \int \mathrm{d}^3 r \rho^{\mathrm{ch}}(\boldsymbol{r}) = \rho^{\mathrm{ch}}_{\boldsymbol{q}=0} = \sum_a e_a \tag{3.20}$$

且**电荷形状因子**定义为

$$F_{fi}(\boldsymbol{q}) = \frac{1}{Ze}\langle f \mid \rho^{\mathrm{ch}}_{\boldsymbol{q}} \mid i\rangle = \frac{1}{Ze}\langle f \mid \sum_a e_a \mathrm{e}^{-\mathrm{i}(\boldsymbol{q}\cdot\boldsymbol{r}_a)} \mid i\rangle \tag{3.21}$$

把所有的部分集中在一起,我们就得到了 Coulomb 相互作用的结果,对于靶的 $i \rightarrow f$ 跃迁,在立体角 $\mathrm{d}o$ 中探测到入射粒子的微分截面

$$\mathrm{d}\sigma_{fi} = \frac{p'}{p}\left(\frac{2mZe_0 e}{\hbar^2 q^2}\right)^2 \mid F_{fi}(\boldsymbol{q})\mid^2 \mathrm{d}o \tag{3.22}$$

我们先考虑 $p' = p, f = i, F_{fi} \equiv F$ 的**弹性散射**.这时,转移动量的模的平方等于

$$\boldsymbol{q}^2 = (\boldsymbol{k}' - \boldsymbol{k})^2 = 2k^2(1 - \cos\theta) = 4k^2 \sin^2\frac{\theta}{2} \tag{3.23}$$

其中,θ 是**散射角**(初、末态的相对动量之间的夹角).对于库仑相互作用,结果为

$$\left(\frac{\mathrm{d}\sigma}{\mathrm{d}o}\right)_{\mathrm{el}} = \left(\frac{\mathrm{d}\sigma}{\mathrm{d}o}\right)_{\mathrm{Ruth}} \mid F(\boldsymbol{q})\mid^2 \tag{3.24}$$

能量为 $\epsilon = p^2/(2m)$ 的粒子被点电荷 Ze 散射的经典 **Rutherford 散射截面**为(见上册(18.129)式)

$$\left(\frac{\mathrm{d}\sigma}{\mathrm{d}o}\right)_{\mathrm{Ruth}} = \left(\frac{2mZe_0 e}{\hbar^2 q^2}\right)^2 = \left(\frac{mZe_0 e}{2\hbar^2 k^2 \sin^2(\theta/2)}\right)^2 = \left(\frac{Ze_0 e}{4\epsilon}\right)^2 \frac{1}{\sin^4(\theta/2)} \tag{3.25}$$

它被一个**静态电荷形式因子**

$$F(\boldsymbol{q}) = \frac{1}{Ze}\langle \rho_{\boldsymbol{q}}\rangle = \frac{1}{Ze}\int \mathrm{d}^3 r \mathrm{e}^{-\mathrm{i}(\boldsymbol{q}\cdot\boldsymbol{r})}\langle \rho^{\mathrm{ch}}(\boldsymbol{r})\rangle \tag{3.26}$$

修正,这是一个归一化的静态电荷密度的 Fourier 变换.

3.3 静态形状因子

由图 3.2 可清楚地看出静态形状因子的含义.

考虑被系统原点处的体积元散射的波(参考波)和被 $\boldsymbol{r}$ 点处的任意体积元 $d^3\boldsymbol{r}$ 散射的波之间的干涉.如我们从图 3.2 所看到的,这些波以一定的角度行进到探测器,其相位差为$(\boldsymbol{k}'\cdot\boldsymbol{r})-(\boldsymbol{k}\cdot\boldsymbol{r})=(\boldsymbol{q}\cdot\boldsymbol{r})$.形状因子 $F(\boldsymbol{q})$是所有的从不同体积元散射到一个给定角度的波的叠加,并恰当地考虑了它们的相对相位.但要记住:这种近似假定了每个波只有一次散射有明显的概率.

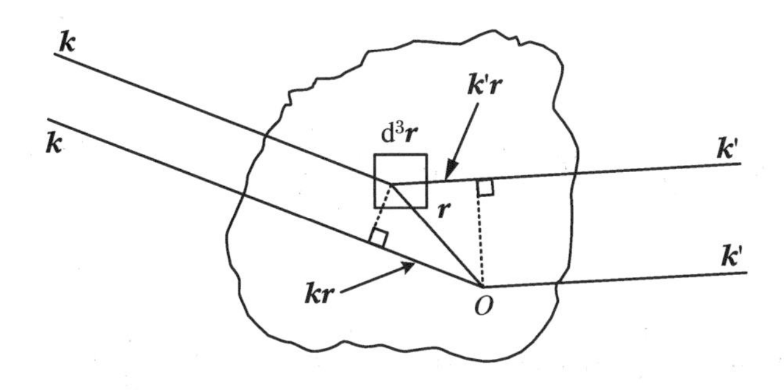

图 3.2　形状因子以及从不同体积元散射出来的波之间的干涉

形式因子(3.26)式是以这种方式很方便地归一的,即

$$F(0)=1 \tag{3.27}$$

对于点粒子类的靶

$$\langle\rho^{\mathrm{ch}}(\boldsymbol{r})\rangle = Ze\delta(\boldsymbol{r}) \tag{3.28}$$

形式因子 $F(\boldsymbol{q})\equiv 1$,且截面(3.24)式被约化成 Rutherford 公式.在这个极限下,整个电荷系统就是一个整体.在电荷分布在一个体积内的实际情况下,干涉就不可避免地出现了,$|F(\boldsymbol{q})|<1$,于是与 Rutherford 结果相比,弹性截面被压低了.

对由实验截面抽取出的形状因子做逆 Fourier 变换,就可得到靶中电荷密度分布的信息.有了这个目标,在尽可能大的动量转移处测量截面就非常重要了.实际上,这是很困难的,因为截面(3.24)式的绝对幅值是由 Rutherford 的结果决定的,该结果随着 q

的增加而迅速减小.尽管如此,这种实验还是通过电子在原子及原子核靶上的散射完成了.

(3.27)式有效时,$q\to 0$ 的极限对应着小散射角 θ.用经典的术语来说,如此弱的散射发生在较大的**碰撞参数**处,那时入射粒子没有穿透系统,而仅仅感觉到所有成分总和的场,它的总电荷为 Ze.这时卢瑟福公式是有效的.**小动量转移**意味着

$$qR \ll 1 \tag{3.29}$$

其中,R 是系统的特征尺度.那么,与系统不同部分相互作用的波之间的相位可忽略不计,因而入射粒子无法**决定**系统的空间结构.不等式(3.29)在**低能极限**下总是成立的,这时入射粒子的波长比系统的尺度要大,即 $kR\ll 1$.然而,在(3.29)式的条件还能被满足时,即使在高能条件下($kR\geqslant 1$),按照(3.23)式,仍存在一个散射角很小的区域(或遥远的"轨迹"):$\theta\leqslant 1/kR$.

形状因子按 q 幂次展开的高阶项已经提供了很多关于电荷分布的信息.在球形电荷分布的情况中,$\langle \rho^{\mathrm{ch}}(\boldsymbol{r})\rangle=\rho^{\mathrm{ch}}(r)$,角度积分给出($\eta=\cos\theta$)

$$F(\boldsymbol{q}) = \frac{1}{Ze}\int r^2\mathrm{d}r 2\pi\int_{-1}^{1}\mathrm{d}\eta \mathrm{e}^{\mathrm{i}qr\eta} = \frac{4\pi}{Ze}\int \mathrm{d}r r^2\rho^{\mathrm{ch}}(r)\frac{\sin(qr)}{qr} \tag{3.30}$$

这样,形状因子就仅仅依赖于 q 的绝对值,$qR<1$ 的幂次展开的前几项是

$$F(q)\approx \frac{4\pi}{Ze}\int \mathrm{d}r r^2\rho^{\mathrm{ch}}(r)\left(1-\frac{1}{6}q^2r^2\right) = 1-\frac{1}{6}q^2\langle r^2\rangle \tag{3.31}$$

其中,**均方半径**(mean square radius)被定义为

$$\langle r^2\rangle = \frac{1}{Ze}\int \mathrm{d}^3 r\rho^{\mathrm{ch}}(r)r^2 \tag{3.32}$$

这个物理量可以作为 q^2 函数的形状因子在(3.29)式极限下的斜率由实验确定.

与(3.29)式相反的极限为

$$qR \gg 1 \tag{3.33}$$

只有在**高能**或**短波长**条件下($kR\gg 1$),且散射角不太小时才可能达到.那时,指数 $\mathrm{e}^{\mathrm{i}(\boldsymbol{q}\cdot\boldsymbol{r})}$ 在系统尺度上振荡,因此对任意**平滑**的电荷分布,不同区域的贡献很好地相消,以致形状因子 $F(\boldsymbol{q})\to 0$.对于较大的 q,只有大小在一个波长 $1/q$ 之内的最微小的子结构由于相长干涉,而对形状因子有贡献.但是对平滑的电荷分布来说,只有可忽略的那一小部分电荷被集中在这么小的体元中,它意味着与截面一起 $F(\boldsymbol{q})\to 0$.仅当电荷分布在小区域内积累时,例如类似于内禀类点电荷的奇点,形状因子才能在可以与这些子结构空间尺度

的倒数相比的动量转移处显示出来.我们已经看到过,对于理想化的真正点电荷,所有 q 都有形状因子 $F(q)=1$.这段论述基本上重复了用于显微镜分辨力的不确定性关系的解释.为了恰当地识别尺度约为 a 处的细节,我们需要一个光波长 $\leqslant a$ 的显微镜.历史上看,高动量转移时的电子被核子散射(已经处于相对论的范畴)显示了在核子内部存在着点状的子结构——**部分子**(据称是**夸克和胶子**)[13].

如果电荷分布不具有球对称,则 Fourier 分量 ρ_q 以及形状因子 $F(\boldsymbol{q})$ 都依赖于动量转移 $\boldsymbol{q}$ 的方向.这时,用球函数展开平面波就很方便,得到密度的 Fourier 分量为

$$\rho_q = \int \mathrm{d}^3 r \mathrm{e}^{-\mathrm{i}(\boldsymbol{q}\cdot\boldsymbol{r})}\rho(\boldsymbol{r}) = 4\pi\sum_{LM}(-\mathrm{i})^L Y_{LM}^*(\boldsymbol{n}_q)\rho_{LM}(\boldsymbol{q}) \tag{3.34}$$

其中,密度的**多极分量**为($\boldsymbol{n}=\boldsymbol{r}/r$)

$$\rho_{LM}(q) = \int \mathrm{d}^3 r j_L(qr) Y_{LM}(\boldsymbol{n})\rho(\boldsymbol{r}) \tag{3.35}$$

在长波极限下,$qR\ll 1$,球 Bessel 函数可以取相应的渐近式(参见上册(17.91)式),

$$(\rho_{LM})_{qR\ll 1} = \frac{q^L}{(2L+1)!!}\int \mathrm{d}^3 r r^L Y_{LM}(\boldsymbol{n})\rho(\boldsymbol{r}) \tag{3.36}$$

这个积分也就是系统的多极矩(参见上册(21.61)式)

$$(\rho_{LM})_{qR\ll 1} = \frac{q^L}{(2L+1)!!}\mathcal{M}_{LM} \tag{3.37}$$

这样,形状因子角度依赖性的测量能使我们得到有价值的系统高阶多极矩的信息;它们对截面的贡献随着动量转移 q 而增长.这个结论不仅对于密度和多极算符是适用的,同时也适用于它们的期待值.本章我们省略了算符上的帽子.还有,因为方法是类似的,所以我们没有特指是在处理电荷密度,人们可以对任意可加的物理量定义密度、形状因子和多极矩.然而要注意的是:仅当系统的角动量满足三角条件(参见上册(22.41)式)$L\leqslant 2J$ 时,第 L 阶多极矩的非零**期待值**才存在.

3.4 屏蔽

我们不能直接将前面的结果用于 $Z=0$ 的中性系统的散射.在这种情况下,Coulomb 场在较大距离处消失了.但是,如果电荷分布的正的和负的部分具有不同的空间结构,电

场还会存在于系统的周围(回顾上册习题 18.6),并导致对带电入射粒子的散射.

现在让我们考虑一个带电粒子被一个**中性**原子散射,该原子由带 Ze 正电荷的原子核和 Z 个电子构成.电荷密度为

$$\rho^{\mathrm{ch}}(\boldsymbol{r}) = \rho_{\mathrm{nucl}}(\boldsymbol{r}) + \rho_{e}(\boldsymbol{r}) \tag{3.38}$$

它在足够大的距离处($r \gg R_{\mathrm{at}}$)为零.在非相对论电子能量的情况下(我们局限在这种情况),电子的波长总是远大于原子核的大小,即 $qR_{\mathrm{nucl}} \ll 1$.因而原子核可视为点电荷,$F_{\mathrm{nucl}}(\boldsymbol{q}) = 1$.总的原子电荷形式因子在这个近似下是

$$F_{\mathrm{at}}(\boldsymbol{q}) = 1 - F_{e}(\boldsymbol{q}) \tag{3.39}$$

电子被原子散射的截面具有如下形式:

$$\left(\frac{\mathrm{d}\sigma}{\mathrm{d}o}\right)_{\mathrm{el}} = \left(\frac{\mathrm{d}\sigma}{\mathrm{d}o}\right)_{\mathrm{Ruth}} \left|1 - F_{e}(\boldsymbol{q})\right|^{2} \tag{3.40}$$

在 $qR_{\mathrm{at}} \gg 1$ 处,电子的形状因子 $F_{e}(\boldsymbol{q})$ 趋于 0.它对应着很近的轨道和很大的(在原子尺度上的)动量转移.这时入射粒子就可以探测比最低的电子轨道还要接近于原子核的区域.静电学定律告诉我们电场几乎完全由原子核产生.方程(3.40)显示,这时的散射是离开原子核的 Rutherford 散射.反之,在低动量转移($qR_{\mathrm{at}} \ll 1$)的情况下,电子的形状因子 $F_{e}(\boldsymbol{q}) \to 1$,弹性散射截面趋于零.这时,我们探测较大的碰撞参数和远程轨迹,那里原子核场被原子的电子完全**屏蔽**.

电子屏蔽发生在如下区域:

$$qR_{\mathrm{at}} = kR_{\mathrm{at}} \sin\frac{\theta}{2} \leqslant 1 \tag{3.41}$$

但是需要记住:我们探讨的是基于单步散射的微扰论.这只适用于速度 $v = \hbar k/m$ 大于原子的电子速度 $v_{\mathrm{at}} \sim p_{\mathrm{at}}/m \sim \hbar/(mR_{\mathrm{at}})$ 的快速电子(尽管仍然是非相对论的),也就是需要 $kR_{\mathrm{at}} > 1$.因此屏蔽一定存在的区域((3.41)式)覆盖了**小角度** $\theta \leqslant 1/(kR_{\mathrm{at}})$ 区.作为结果,小角度散射具有**有限的**截面,而纯 Rutherford 散射截面以 $\propto 1/\theta^{4}$ 的方式发散.

习题 3.1 如果质子电荷是均匀分布在半径为 $R_{p} = 0.8\ \mathrm{fm}$ 的球形体积内,分别计算质子为点状粒子和有限尺度粒子情况下的氢原子基态的形状因子.

解 电子对原子形状因子的贡献是

$$F_{e}(\boldsymbol{q}) = -\frac{e}{\pi a^{3}}\int \mathrm{d}^{3} r\, \mathrm{e}^{\mathrm{i}(\boldsymbol{q}\cdot\boldsymbol{r}) - 2r/a} = -\frac{e}{\left[1 + (qa/2)^{2}\right]^{2}} \tag{3.42}$$

这里,形状因子归一化到 $F_{e}(0) = -e$,即电子云的总电荷.当探针的波长远小于原子尺

度($qa \gg 1$)时,形状因子以$\sim (qa)^{-4}$的方式趋向于零,它表明了在较小尺度上没有任何奇点或电荷堆积:不存在子结构.与其相反,点状质子的电荷集中在一个微小的体积中,使得它的形状因子完全不依赖于 q:

$$\rho_p(\boldsymbol{r}) = e\delta(\boldsymbol{r}) \quad \rightsquigarrow \quad F_p(\boldsymbol{r}) = e \tag{3.43}$$

在这个近似下,探针的波长$\sim 1/q$ 总是大于质子的尺度,因而探针看到的质子就是一个点.完整的原子形状因子由下式给出:

$$F_H(q) = e\left\{1 - \frac{1}{[1+(qa/2)^2]^2}\right\} \tag{3.44}$$

当波长大于 Bohr 半径($qa \ll 1$)时,电子云屏蔽了质子,原子就像一个中性物体,形状因子也就因此趋于零了.波长变短时,形状因子按$\sim e\,(qa/2)^2$ 的方式增大,当 $qa \gg 1$ 时,电子的贡献消失,只能看到点状质子的电荷(非常小的距离仅包含很小一部分电子的电荷).

对于作为半径为 R_p 的小球的质子,其电荷形状因子是

$$F_p(q) = \frac{e}{(4\pi/3)R_p^3}\int_{r\leqslant r_p} \mathrm{d}^3 r \mathrm{e}^{\mathrm{i}(\boldsymbol{q}\cdot\boldsymbol{r})} = \frac{3e}{x^3}(\sin x - x\cos x), \quad x = qR_p \tag{3.45}$$

而不是(3.43)式.参数 x 表示波长$\sim 1/q$ 与质子尺寸 R_p 之比.对于长波长($x \ll 1$),要回到点电荷极限(3.43)式,是因为 $\sin x \approx x - x^3/6$, $\cos x \approx 1 - x^2/2$.对于短波长($x \gg 1$),形状因子(3.45)式以 $\cos x/x^2$(译者注:此处纠正了原文一个明显错误)的方式振荡趋于零(在这个近似中还是考虑质子内部没有子结构).在观察质子大小的实验中,动量转移对应着这个尺度量级的波长($x \geqslant 1$),或至少

$$q \sim \frac{1}{R_p}, \quad \hbar q \sim \frac{\hbar}{R_p} = 250\ \mathrm{MeV}/c \tag{3.46}$$

3.5 原子的激发和电离

对于被一个原子**非弹性散射**的快速粒子,当原子被激发时,$i \to f$,截面由(3.22)式给出,其中非弹性形状因子是

$$F_{fi}(\boldsymbol{q}) = \frac{1}{Ze}\langle f \mid \rho_{\boldsymbol{q}}^{(\text{nucl})} - \rho_{\boldsymbol{q}}^{(e)} \mid i\rangle \tag{3.47}$$

对于一个非相对论的入射粒子,原子核可以作为点粒子处理,$\rho_{\boldsymbol{q}}^{(\text{nucl})} = Ze$,这个常数不能引起任何原子跃迁.很清楚,算符 $\rho_{\boldsymbol{q}}^{(\text{nucl})}$ 作用在核的内禀变量上,它只能引起核内部自由度的激发.但是非相对论粒子没有足够的能量去实现它,只可能是原子电子壳层的激发.因此,非弹性截面由下式给出:

$$\frac{\mathrm{d}\sigma_{fi}}{\mathrm{d}o} = \left(\frac{2me_0e}{\hbar^2q^2}\right)^2\frac{p'}{p}\left|\langle f \mid \sum_{a=1}^{Z}\mathrm{e}^{-\mathrm{i}(\boldsymbol{q}\cdot\hat{\boldsymbol{r}}_a)} \mid i\rangle\right|^2 \tag{3.48}$$

算符

$$\hat{\rho}_{\boldsymbol{q}} = \sum_{a=1}^{Z}\mathrm{e}^{-\mathrm{i}(\boldsymbol{q}\cdot\hat{\boldsymbol{r}}_a)} \tag{3.49}$$

是全电子密度的一个 Fourier 分量(电荷 $e_a \equiv e$ 已从(3.48)式的电荷密度中拿出去了).它由 Z 项组成,其中的每一项都作用于一个电子的变量,并且只能改变总波函数中依赖这些变量的部分,从这个意义上说,这是一个**单体算符**.因此,态$|f\rangle$的每个组分中,都有一个电子被转移到另一个轨道上,并在该电子先前占据的位置上留下一个**空穴**.这就是我们所说的**单粒子**或**粒子-空穴**激发.然而,这些单粒子跃迁的组合可以是相干的(很多粒子与空穴的同步运动),并且对应着**集体**激发(参见上册 10.8 节).

非弹性激发的动量转移不得不写的与(3.23)式不同:

$$q^2 = k^2 + k^2 - 2kk'\cos\theta \tag{3.50}$$

给定激发的最小动量转移与小散射角相关联:

$$q_{\min} \approx k - k' = \frac{\Delta p}{\hbar} \sim \frac{\Delta\epsilon}{\hbar v} = \frac{E_f - E_i}{\hbar v} \tag{3.51}$$

这个量满足 $q_{\min}R_{\text{at}} \ll 1$ 的关系.的确,不确定性关系和微扰论适用性的简单估计表明

$$q_{\min} \sim \frac{mv_{\text{at}}^2}{\hbar v} \sim \frac{v_{\text{at}}}{v}\frac{p_{\text{at}}}{\hbar} \sim \frac{v_{\text{at}}}{v}\frac{1}{R_{\text{at}}} \ll \frac{1}{R_{\text{at}}} \tag{3.52}$$

另一方面,对快速粒子有

$$q_{\max} = k + k' \approx 2k > \frac{1}{R_{\text{at}}} \tag{3.53}$$

这意味着参数 qR_{at}可以在一个宽泛的范围内变化.

对小 qR_{at}值,指数(3.48)式可被展开:

$$\frac{\mathrm{d}\sigma_{fi}}{\mathrm{d}o} = \left(\frac{2me_0 e}{\hbar^2 q^2}\right)^2 \frac{p'}{p} \left|\left(\boldsymbol{q} \cdot \sum_a \boldsymbol{r}_a\right)_{fi}\right|^2 \tag{3.54}$$

引入偶极子算符(参见上册(21.63)式),我们得到

$$\frac{\mathrm{d}\sigma_{fi}}{\mathrm{d}o} = \left(\frac{2me_0}{\hbar^2 q^2}\right)^2 \frac{p'}{p} \left|\boldsymbol{q} \cdot \boldsymbol{d}_{fi}\right|^2 \tag{3.55}$$

也就是说,最可能的是**偶极跃迁**.稍后,我们将看到偶极跃迁在原子的光辐射和吸收中也是最强的.在 q 较大时,更高阶多极跃迁的作用增大了.

当 qR_{at} 增长并超过 1 时,矩阵元中的指数在积分区间显示出很强的振荡.如果在末态中,其中一个电子的波函数可以抵消这个指数,截面仍然可能有可观的幅度.在这种情况下,其中的这个电子可以用一个动量接近 $-\boldsymbol{q}$ 的平面波来描述.于是,动量守恒以这样的方式被近似地满足:入射粒子几乎将全部的动量 $-\boldsymbol{q}$ 有效地转移到这个电子,使其被激发到连续态,这样原子就**电离**了.这种情况让人想起一个质量为 m_0 的入射粒子与原子的电子发生的经典碰撞;原子核的反冲动量很小.在这类的碰撞中最大的动量转移等于

$$\hbar q_{\max} = 2mv = \frac{2m_0 m_e}{m_0 + m_e} v = \begin{cases} 2m_e v, & m_0 \gg m_e \\ m_e v, & m_0 = m_e \end{cases} \tag{3.56}$$

3.6 能量损失

快速带电的粒子在产生原子的激发和电离的介质中耗散了能量.假定介质每单位体积中有 n 个原子,在长度为 $\mathrm{d}x$ 的距离中,入射粒子平均将有 $n\sigma_{fi}\mathrm{d}x$ 次碰撞,这些碰撞都伴随着 $i \to f$ 的跃迁,其中 σ_{fi} 是给定跃迁的对角度积分后的截面.在每一次这种碰撞行为中,入射粒子都将能量 $\epsilon - \epsilon' = E_f - E_i$ 转移到一个原子上.单位长度上总能量损失由对所有可能的 $i \to f$ 跃迁求和给出:

$$\frac{\mathrm{d}\epsilon}{\mathrm{d}x} = -n \sum_f \sigma_{fi} (E_f - E_i) \tag{3.57}$$

根据微扰的微分截面(3.48),我们得到能量损失为

$$\frac{\mathrm{d}\epsilon}{\mathrm{d}x} = -n \sum_f (E_f - E_i) \int \mathrm{d}o \left(\frac{2me_0 e}{\hbar^2 q^2}\right)^2 \frac{k'}{k} \left|(\rho_q)_{fi}\right|^2 \tag{3.58}$$

式中，同上文

$$(\rho_q)_{fi} = \langle f \mid \sum_a e^{-i(q \cdot r_a)} \mid i \rangle \tag{3.59}$$

为分析这个表达式，对动量转移 q 积分可能更方便，而不是对散射角 θ 积分.从(3.50)式我们发现

$$q\mathrm{d}q = kk'\sin\theta\mathrm{d}\theta, \quad \frac{k'}{k}\mathrm{d}o \to 2\pi\frac{k'}{k}\sin\theta\mathrm{d}\theta = \frac{2\pi q}{k^2}\mathrm{d}q \tag{3.60}$$

改变积分变量并使用 $v = \hbar k/m$，从(3.58)式我们可得到

$$-\frac{\mathrm{d}\epsilon}{\mathrm{d}x} = 2\pi n\left(\frac{2e_0 e}{\hbar v}\right)^2 \sum_f (E_f - E_i)\int_{q_{\min}}^{q_{\max}} \frac{\mathrm{d}q}{q^3} \mid (\rho_q)_{fi} \mid^2 \tag{3.61}$$

对(3.61)式末态求和的计算是很复杂的，这是由于要符合各种守恒律，对于不同的末态积分限 $q_{\min}$ 和 $q_{\max}$ 都是不一样的.

如果用某个平均值 $\bar{q}_{\min}$ 和 $\bar{q}_{\max}$ 来代替积分限，我们可以得到很好的估计值.那时我们可以改变对末态的积分与求和的顺序：

$$-\frac{\mathrm{d}\epsilon}{\mathrm{d}x} \approx 2\pi n\left(\frac{2e_0 e}{\hbar v}\right)^2 \int_{\bar{q}_{\min}}^{\bar{q}_{\max}} \frac{\mathrm{d}q}{q^3} \sum_f (E_f - E_i) \mid (\rho_q)_{fi} \mid^2 \tag{3.62}$$

(3.62)式中的求和可以准确地由**求和规则**(7.16)给出，它等于

$$\sum_f (E_f - E_i) \mid (\rho_q)_{fi} \mid^2 = \frac{\hbar^2 q^2}{2m_e} Z \tag{3.63}$$

其中，Z 是每个原子中的电子数(材料的原子序数).现在我们可以完成(3.62)式中的积分，得到

$$-\frac{\mathrm{d}\epsilon}{\mathrm{d}x} \approx 4\pi n Z \frac{e_0^2 e^2}{m_e v^2} \ln\frac{\bar{q}_{\max}}{\bar{q}_{\min}} \tag{3.64}$$

(3.64)式的结果证明(3.62)式所做近似是合理的.对积分限的依赖性是很弱的(对数型).此外，这个结果不包含普朗克常数，基本上是经典的；因此，它可以由经典的电动力学推导出来[14].尽管如此，量子的讨论对选取极限 $\bar{q}$ 还是必需的.

按照(3.53)式和(3.56)式的估计，对重要的跃迁，我们都有 $\hbar\bar{q}_{\max} \sim m_e v$.这对应着入射粒子参考系中电子波长量级的最小碰撞参数：$b_{\min} \sim (\bar{q}_{\max})^{-1} \sim \hbar/(m_e v)$.经典结果(3.64)式只有在这样的碰撞中才是对的.至于下限，如(3.51)式所示，$\hbar\bar{q}_{\min} \sim \bar{E}/v$，其中 $\bar{E}$ 是一个平均能量，它的大小是电子在原子中束缚能的量级.最小动量转移的这个估计导致最大碰撞参数：$b_{\max} \sim (\bar{q})^{-1} \sim (\bar{\omega}/v)^{-1}$，其中 $\bar{\omega}$ 是特征原子频率.考虑更大的碰撞

参数，$b > v/\bar{\omega}$，我们就会面临一个碰撞，其有效相互作用时间 $\tau \sim b/v$ 比原子周期 $1/\bar{\omega}$ 还要大．那时，入射粒子会绝热地作用在系统上，参见 1.4 节的讨论，因而激发概率变低．

在这种考虑的基础上，我们得到 **Bethe 公式**：

$$-\frac{\mathrm{d}\epsilon}{\mathrm{d}x} \approx 4\pi nZ\frac{e_0^2e^2}{m_e v^2}\ln\frac{m_e v^2}{\bar{E}} \tag{3.65}$$

这说明能量损失依赖于粒子的速度，而不是它的质量．质量将决定介质中带电粒子**多重散射**的平均角度．当粒子质量减小时，这个角度变大．

在实际的问题中，我们需要考虑相对论效应，介质被入射粒子极化，以及入射粒子（对电子而言）与介质中电子的交换效应（将在适当的时间讨论全同粒子的交换）．除了这些，另外一个能量损失机制，即原子核场中的**韧致辐射**的作用，会随着入射粒子的能量增加而增加．量子电动力学的方法对电离损失（前面讨论过）和韧致辐射损失的比率给出了一个估计[15]：

$$\frac{(\mathrm{d}\epsilon/\mathrm{d}x)_{\mathrm{rad}}}{(\mathrm{d}\epsilon/\mathrm{d}x)_{\mathrm{ion}}} \approx \frac{Z\,\epsilon(\mathrm{MeV})}{600} \tag{3.66}$$

此外，对于能量为几十兆电子伏的粒子，介质中原子核的激发和分裂过程也变得非常重要．

3.7 Coulomb 激发

对于在靶的 Coulomb 场中沿给定的半经典轨迹 $\boldsymbol{R}(t)$ 运动的快速带电粒子，类似的微扰考虑也是行得通的，如图 3.3 所示．这是核物理实验中的一个典型情况，我们对一个温和的激发感兴趣，而轨迹是由碰撞参数定义的，它使得入射的核与靶核没有重叠，在很高精度的范围内，短程的强核作用效应被排除在外．特别是，这类实验给我们提供了一个机会，使用短寿命的核作为入射粒子（**逆运动学**）去寻找它的低激发态．

在靶的坐标系，运动的入射粒子（电荷为 e_0）施加 Coulomb 场

$$\hat{H}' = e_0\sum_{a=1}^{Z}\frac{e_a}{|\boldsymbol{r}_a - \boldsymbol{R}(t)|} \tag{3.67}$$

作用于靶的 Z 个组分上，其坐标为 $\boldsymbol{r}_a$（及电荷 e_a）．假定轨迹 $\boldsymbol{R}(t)$ 在靶外，我们可以用

Legendre 多项式对其展开(见上册(21.57)式):

$$\hat{H}' = e_0 \sum_{\ell=0}^{\infty} \sum_a \frac{e_a r_a^{\ell}}{R^{\ell+1}(t)} P_\ell(\cos\theta_a(t)) \tag{3.68}$$

其中,$\theta_a(t)$是 $\boldsymbol{r}_a$ 与 $\boldsymbol{R}(t)$之间的时间依赖的夹角.时间相关微扰论的一级近似(参见(1.12)式)提供了 $i \to f$ 的跃迁振幅:

$$a_f = -\frac{\mathrm{i}e_0}{\hbar} \sum_\ell \int_{-\infty}^{\infty} \mathrm{d}t \frac{\mathrm{e}^{\mathrm{i}\omega_{fi}t}}{R^{\ell+1}(t)} \langle f \mid \sum_a e_a r_a^\ell P_\ell(\cos\theta_a(t)) \mid i \rangle \tag{3.69}$$

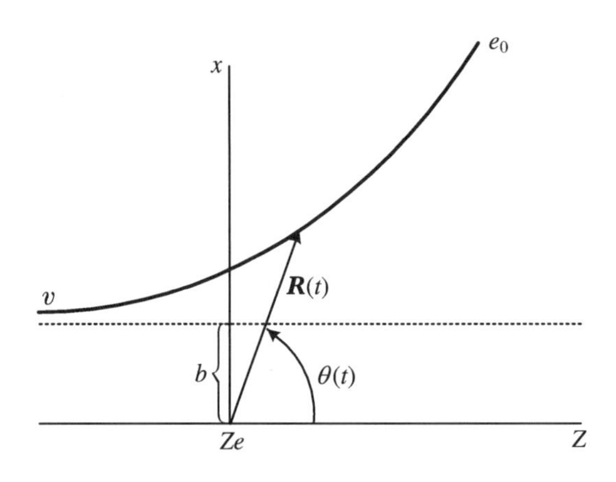

图 3.3 Coulomb 激发实验的运动学

如果轨迹 $R(t)$离靶足够远,多级展开(3.69)式是收敛的,我们只需计入最低的多级项ℓ.由于$|i\rangle$态和$|i\rangle$态的正交性,$\ell=0$ 的**单极**项对非弹性散射没有贡献.原子物理中的主要贡献项来自于$\ell=1$ 的**偶极**跃迁.然而,在核物理中,最强的低能激发常常是**四极**的,$\ell=2$.

让我们更详细地考虑偶极的情况:

$$a_f = -\frac{\mathrm{i}e_0}{\hbar} \int_{-\infty}^{\infty} \mathrm{d}t \frac{\mathrm{e}^{\mathrm{i}\omega_{fi}t}}{R^2(t)} \langle f \mid \sum_a e_a \left(\boldsymbol{r}_a \cdot \frac{\boldsymbol{R}(t)}{R(t)} \right) \mid i \rangle \tag{3.70}$$

参照图 3.3 选择坐标轴的取向,(3.70)式中的算符可以写成

$$\left(\boldsymbol{r}_a \cdot \frac{\boldsymbol{R}(t)}{R(t)} \right) = x_a \sin\theta(t) + z_a \cos\theta(t) \tag{3.71}$$

其中,对远离靶的轨迹,所有的 θ_a 角都近似等于$\theta(t)$.如果初态的靶具有球对称的电荷分布,则入射粒子的轨道角动量沿径迹方向是守恒的,故

$$L = mbv = mR^2\dot{\theta} \quad \rightsquigarrow \quad \frac{\mathrm{d}t}{R^2} = \frac{\mathrm{d}\theta}{bv} \tag{3.72}$$

b 是碰撞参数,参见图 3.3.现在,我们要引入偶极算符(参见上册(21.63)式),通过时间依赖的 $\theta(t)$角度,测量沿着轨迹的时间,得到

$$a_f(b) = -\frac{\mathrm{i}e_0}{\hbar bv}\int_{-\pi}^{\theta(b)} \mathrm{d}\theta \mathrm{e}^{\mathrm{i}\omega_{fi}t(\theta)}\left[(d_x)_{fi}\sin\theta + (d_z)_{fi}\cos\theta\right] \tag{3.73}$$

其中,$\theta(b)$是沿 z 轴入射径迹的在 $t\to\infty$时的最终经典散射角,由碰撞参数 b 表征.

径迹最靠近的部分($R\sim b$)给出了对激发概率的主要贡献.如果我们令最接近的时刻为 $t=0$,则对小散射角的远径迹,有 $R(t)\approx\sqrt{b^2+v^2t^2}$.因而,有效作用时间是在 $\tau=b/v$ 的量级.如果这个时间太长,$\tau\gg\omega_{fi}^{-1}$,微扰改变就太慢,于是我们就进入低激发概率的绝热范围.对于 $\tau\gg\omega_{fi}^{-1}$,我们可以忽略(3.73)式中被积函数的指数,积分的结果为

$$a_f(b) = -\frac{\mathrm{i}e_0}{\hbar bv}\left(-(d_x)_{fi}\left[1+\cos\theta(b)\right] + (d_z)_{fi}\sin\theta(b)\right) \tag{3.74}$$

由于假设偏转角 $\theta(b)$很小,(3.74)式中的主要贡献来自沿束流方向横向的偶极矩的分量,故

$$a_f(b) \approx \frac{2\mathrm{i}e_0}{\hbar bv}(d_x)_{fi} \tag{3.75}$$

习题 3.2 利用偶极求和规则(见上册(7.138)式),证明(3.75)式给出了与能量损失计算(3.65)式一样的结果.

解 在给定碰撞参数 b 的碰撞中,平均能量损失在(3.75)式的近似中可由

$$-\left(\frac{\mathrm{d}\epsilon}{\mathrm{d}x}\right)_b = n\sum_f |a_f(b)|^2(E_f-E_i) = \frac{4e_0^2 n}{\hbar^2 v^2 b^2}\sum_f |(d_z)_{fi}|^2(E_f-E_i) \tag{3.76}$$

给出.偶极求和规则给出

$$-\left(\frac{\mathrm{d}\epsilon}{\mathrm{d}x}\right)_b = \frac{2Ze_0^2e^2n}{mv^2}\frac{1}{b^2} \tag{3.77}$$

其中,m 是散射体中组分的质量.最后,我们对碰撞参数积分:

$$-\frac{\mathrm{d}\epsilon}{\mathrm{d}x} = \int 2\pi b\mathrm{d}b\left(\frac{\mathrm{d}\epsilon}{\mathrm{d}x}\right)_b \tag{3.78}$$

在选择了前面一节讨论过的极限之后,它就回到了(3.65)式的结果.

4

第 4 章

光子

在量子理论中，所有物理实体都有场的一面和粒子的一面，因此尽管量子理论复杂，还是揭示了自然界的深层和谐.

——S. N. Gupta

4.1 引言：经典和量子场

在关于相干态的讨论中(参见上册 12.6 节)，我们谈到了在单模系统层次上一个波的相位和强度(用量子的数量来测量)的经典和量子描述之间的关系问题. 当多量子波函数，如相干态波函数，具有一个确定的相位及很小的相对量子数涨落时($\Delta N/N \ll 1$)，它就趋近于经典极限. 当强度非常高以至于量子数的离散性与物理无关时，就意味着它是 $N \gg 1$ 的极限. 而相反，在较小的 N 极限下，则需要有一个完整的量子描述. 我们需要建立一套电磁场的描述，或通俗地说，一套量子极限下的任意波的场的描述.

在前面的研究中，我们假定粒子的运动是由势的或磁的、稳定的或时间相关的**外场**所控制的.这样的描述必然具有局限性.假定固定的场忽略了粒子对场的反作用.量子系统发射和吸收光子，因而改变了外场.这只有经典强场可忽略.在相反的情况下，场及其与物质的相互作用的量子化性质变得至关重要.一般来说，场本身必须被看作是一个与其他量子系统(固体、分子、原子、原子核、基本粒子)相互作用的特定量子系统.与我们以前的经验相比，场的新特性是场具有**无穷多**的自由度——它的"坐标"是每个空间点的场振幅.

一个场(比如，电场 $\mathcal{E}$)只在对某空间体积 ΔV 和时间间隔 Δt 求了**平均**之后，才具有**经典**意义.这样的平均是与能量不确定性 $\Delta E \sim \hbar/\Delta t$ 相关联的.在经典情况下，这个不确定性必须远小于这个体积内的总的场能量：$E \sim \mathcal{E}^2 \Delta V \gg \hbar/\Delta t$.如果我们对频率为 ω 或周期为 $T \sim 1/\omega$ 的场分量感兴趣，那么平均间隔必须远小于 T，否则所得结果会被平均成0.这意味着 $\Delta t \ll 1/\omega$，因此$\hbar/\Delta t \gg \hbar\omega$.则经典的场的平均能量必须满足 $E \gg \hbar\omega$，并且在经典极限下量子的平均数也很大：$N \sim E/\hbar\omega \gg 1$.为了能够忽略发射和吸收过程对场的影响，这是必须满足的($\Delta N \ll N$).

经典场的**量子化**与一般理论的任意转变一样，都需要一些假设.我们可以以一种简单的方式，考虑电磁场的这个过程；完整的理论可以在"量子电动力学"[15]相关的书中找到.在这里我们只考虑自由空间中的辐射场，并展示如何从连续波的场 $\mathcal{E}$ 和 $\mathcal{B}$ 过渡到**光子**(参见上册第1章)，其光子数、能量和动量能通过物质发射和吸收量子以分立的方式改变.

4.2 辐射场的哈密顿量描述

我们的策略将包括如下内容：先将**经典**电磁场的能量写成一系列(无穷多)具有不同波矢、极化和频率的谐振子能量；然后，假设这些谐振子可以用标准方法量子化.

在自由空间中传播的**辐射场**能选择不同的规范研究.因此，我们总是可以假设只有**矢量势** $\boldsymbol{A}(\boldsymbol{r},t)$，而没有标量势，即 $\varphi=0$.另外，在自由空间，如果有

$$\operatorname{div}\boldsymbol{A} = 0 \tag{4.1}$$

则 $\operatorname{div}\mathcal{E}=0$ 成立.这个规范选择可使我们下面的讨论非常方便.为了避免关联到无穷远

处的场的行为问题,我们在一个辅助的立方体积 $V=L^3$ 内,采用**周期性边界条件**;对于真正的空腔也可以类似地处理.于是,所有的波矢 $\boldsymbol{k}$ 都是分立的,并且是量子化的(参见上册 3.8 节).

我们从经典矢量势的空间 Fourier 展开出发.作为一个真实的物理量,当我们的基函数是复的平面波时,这个展开应该包含两个复共轭部分:

$$\boldsymbol{A}(\boldsymbol{r},t)=\sum_{\boldsymbol{k}}(\boldsymbol{b}_{\boldsymbol{k}}(t)\mathrm{e}^{\mathrm{i}(\boldsymbol{k}\cdot\boldsymbol{r})}+\boldsymbol{b}_{\boldsymbol{k}}^{*}(t)\mathrm{e}^{-\mathrm{i}(\boldsymbol{k}\cdot\boldsymbol{r})}) \tag{4.2}$$

由于规范条件(4.1)式,复矢量 $\boldsymbol{b}_{\boldsymbol{k}}(t)$ 是要和它的波矢垂直的:

$$(\boldsymbol{k}\cdot\boldsymbol{b}_{\boldsymbol{k}})=0 \tag{4.3}$$

这样,通过选择(4.1)式的规范,辐射场的**横向**特性从最开始就被考虑进来了.

振幅 $\boldsymbol{b}_{\boldsymbol{k}}(t)$ 的时间依赖性是由经典场的动力学决定的.在没有电荷和电流的空间,矢量势服从**波动方程**

$$\Box\boldsymbol{A}(\boldsymbol{r},t)\equiv\left(\frac{1}{c^2}\frac{\partial^2}{\partial t^2}-\nabla^2\right)\boldsymbol{A}(\boldsymbol{r},t)=0 \tag{4.4}$$

由于展开式(4.2)中不同的分量都是线性独立的,因此,每个分量都必须满足波动方程.这就确定了

$$\boldsymbol{b}_{\boldsymbol{k}}(t)=\boldsymbol{b}_{\boldsymbol{k}}\mathrm{e}^{-\mathrm{i}\omega_k t},\quad \omega_k=ck \tag{4.5}$$

这里我们假定 $\omega_k>0$,而对应 $\omega_k<0$ 的解将出现在求和式(4.2)的第二项中;在这两部分中,我们都对所有的量子化矢量 $\boldsymbol{k}$ 求和.

矢量势定义了电场和磁场:

$$\boldsymbol{\mathcal{E}}=-\frac{1}{c}\frac{\partial\boldsymbol{A}}{\partial t}=\frac{\mathrm{i}}{c}\sum_{\boldsymbol{k}}\omega_k(\boldsymbol{b}_{\boldsymbol{k}}(t)\mathrm{e}^{\mathrm{i}(\boldsymbol{k}\cdot\boldsymbol{r})}-b_{\boldsymbol{k}}^{*}(t)\mathrm{e}^{-\mathrm{i}(\boldsymbol{k}\cdot\boldsymbol{r})}) \tag{4.6}$$

$$\boldsymbol{\mathcal{B}}=\mathrm{curl}\boldsymbol{A}=\mathrm{i}\sum_{\boldsymbol{k}}\boldsymbol{k}\times(\boldsymbol{b}_{\boldsymbol{k}}(t)\mathrm{e}^{\mathrm{i}(\boldsymbol{k}\cdot\boldsymbol{r})}-\boldsymbol{b}_{\boldsymbol{k}}^{*}(t)\mathrm{e}^{-\mathrm{i}(\boldsymbol{k}\cdot\boldsymbol{r})}) \tag{4.7}$$

由这些表达式,我们就能计算辐射场的能量,得

$$E=E_{\mathrm{el}}+E_{\mathrm{magn}}=\int_V\mathrm{d}^3r\,\frac{\boldsymbol{\mathcal{E}}^2+\boldsymbol{\mathcal{B}}^2}{8\pi} \tag{4.8}$$

自由场的能量必须守恒.然而,直接把展开式(4.6)和(4.7)代入(4.8)式可能会给出时间相关的项.让我们来看看那些出错的部分是怎么被抵消掉的.

首先,对场的平方表达式中出现的两个指数的乘积做体积分,给出 Kronecker(克罗内克)符号:

$$\int \mathrm{d}^3 r \mathrm{e}^{\mathrm{i}(\boldsymbol{k}\pm\boldsymbol{k}')\cdot\boldsymbol{r}} = V\delta_{\boldsymbol{k}',\mp\boldsymbol{k}} \tag{4.9}$$

只要乘积中每项的两个矢量大小相同，$\boldsymbol{k}' = \pm \boldsymbol{k}$，相应的频率必相等：$\omega_{k'} = \omega_k$. 场能的电能部分就会约化成

$$E_{\mathrm{el}} = \frac{V}{8\pi}\sum_{k} k^2 \{((\boldsymbol{b}_k \cdot \boldsymbol{b}_k^*) + (\mathrm{c.c.})) - ((\boldsymbol{b}_k \cdot \boldsymbol{b}_{-k})\mathrm{e}^{-2\mathrm{i}\omega_k t} + (\mathrm{c.c.}))\} \tag{4.10}$$

用同样的方法，我们得到磁能的部分：

$$E_{\mathrm{magn}} = \frac{V}{8\pi}\sum_{k}\{([\boldsymbol{k}\times\boldsymbol{b}_k]\cdot[\boldsymbol{k}\times\boldsymbol{b}_k^*] + (\mathrm{c.c.})) + ([\boldsymbol{k}\times\boldsymbol{b}_k]\cdot[\boldsymbol{k}\times\boldsymbol{b}_{-k}]\mathrm{e}^{-2\mathrm{i}\omega_k t} + (\mathrm{c.c.}))\} \tag{4.11}$$

在这两个表达式中(c.c.)是指复共轭项. 我们很容易看到，由于场的横向特性((4.3)式)，电场和磁场部分的时间无关项相等，而两部分相加的同时时间相关项相互抵消. 例如，磁能中的第一项包含了

$$\begin{aligned}[\boldsymbol{k}\times\boldsymbol{b}_k]\cdot[\boldsymbol{k}\times\boldsymbol{b}_k^*] &= \epsilon_{ijl}\epsilon_{imn}k_j(b_k)_l k_m (b_k^*)_n \\ &= (\delta_{jm}\delta_{ln} - \delta_{jn}\delta_{lm})k_j(b_k)_l k_m(b_k^*)_n \\ &= k^2(\boldsymbol{b}_k\cdot\boldsymbol{b}_k^*) - (\boldsymbol{k}\cdot\boldsymbol{b}_k)(\boldsymbol{k}\cdot\boldsymbol{b}_k^*) = k^2(\boldsymbol{b}_k\cdot\boldsymbol{b}_k^*)\end{aligned} \tag{4.12}$$

这样，能量不守恒的项就消失了，且

$$E = \frac{V}{4\pi}\sum_k k^2((\boldsymbol{b}_k\cdot\boldsymbol{b}_k^*) + (\mathrm{c.c.})) \tag{4.13}$$

当然，这里(量子化之前)$(\boldsymbol{b}_k \cdot \boldsymbol{b}_k^*)$是实的，因而我们只要把它乘以 2 即可. 而振幅 $\boldsymbol{b}_k$ 在后面将变成**算符**.

横平面波在垂直于 $\boldsymbol{k}$ 的平面上可以有两个极化方向. 我们可以借助这个平面上的两个正交的实单位矢量 $\boldsymbol{e}_{\lambda k}(\lambda = 1,2)$来描述它们：

$$(\boldsymbol{e}_{1k}\cdot\boldsymbol{e}_{2k}) = (\boldsymbol{e}_{1k}\cdot\boldsymbol{k}) = (\boldsymbol{e}_{2k}\cdot\boldsymbol{k}) = 0 \tag{4.14}$$

这三个单位矢量 $\boldsymbol{e}_{1k}$、$\boldsymbol{e}_{2k}$和$\boldsymbol{e}_{0k} = \boldsymbol{k}/k$ 构成了一个右手笛卡尔三重态，描述给定 $\boldsymbol{k}$ 的波的两个可能的**线性极化**. 另外一个方便的方法是选择平面上的两个**复矢量**：

$$\boldsymbol{e}_k^{\pm} = \mp\frac{1}{\sqrt{2}}(\boldsymbol{e}_{1k} \pm \mathrm{i}\boldsymbol{e}_{2k}) \tag{4.15}$$

这些矢量的标量积应该用左矢的复共轭定义：

$$(e_k^{\pm *}\cdot e_k^{\pm})=1,\quad (e_k^{\pm *}\cdot e_k^{\mp})=0 \tag{4.16}$$

这个选择与投影为±1的自旋为1的本征矢相符(见上册(16.32)式)，对应着(左旋或右旋)**圆**极化.在任何情况下，横向振幅都可以表示成两个独立极化的叠加：

$$\boldsymbol{b}_k=\sum_{\lambda\neq 0}\boldsymbol{e}_{\lambda k}\boldsymbol{b}_{\lambda k} \tag{4.17}$$

一般说来，其中的矢量 $\boldsymbol{e}_{\lambda k}$ 和振幅 $\boldsymbol{b}_{\lambda k}$ 都是复的.现在，在体积 V 中场的每个自由度(**简正模式**)都可以用波矢和极化来标记，并且所有模式对能量的贡献都是独立的：

$$E=\sum_{k\lambda}E_{\lambda k},\quad E_{\lambda k}=\frac{Vk^2}{2\pi}b_{\lambda k}b_{\lambda k}^{*} \tag{4.18}$$

简正模式的**坐标**和**动量**定义为

$$Q_{\lambda k}=\sqrt{\frac{V}{4\pi c^2}}(b_{\lambda k}+b_{\lambda k}^{*}),\quad P_{\lambda k}=-\mathrm{i}\omega_k\sqrt{\frac{V}{4\pi c^2}}(b_{\lambda k}-b_{\lambda k}^{*}) \tag{4.19}$$

公式(4.5)显示这些变量满足表征谐振子运动的标准方程：

$$\dot{Q}_{\lambda k}=P_{\lambda k},\quad \dot{P}_{\lambda k}=\ddot{Q}_{\lambda k}=-\omega_k^2 Q_{\lambda k} \tag{4.20}$$

用这些坐标和它们的共轭动量表示的场能量是经典的**哈密顿函数**：

$$H=\sum_{\lambda k}H_{\lambda k},\quad H_{\lambda k}=\frac{1}{2}(P_{\lambda k}^2+\omega_k^2 Q_{\lambda k}^2) \tag{4.21}$$

采用(4.21)式得到的经典哈密顿方程当然符合(4.20)式.这样，经典电磁辐射场就被表示为一组独立的谐振子.

4.3 辐射场的量子化

我们假设量子化的场应该有一个由一组谐振子简正模式构成的标准形式，其中的经典变量 $Q_{\lambda k}$ 和 $P_{\lambda k}$ 用厄米算符 $\hat{Q}_{\lambda k}$ 和 $\hat{P}_{\lambda k}$ 来替换，它们满足正则对易关系：

$$[\hat{Q}_{\lambda k},\hat{Q}_{\lambda' k'}]=[\hat{P}_{\lambda k},\hat{P}_{\lambda' k'}]=0,\quad [\hat{Q}_{\lambda k},\hat{P}_{\lambda' k'}]=\mathrm{i}\hbar\delta_{\lambda\lambda'}\delta_{kk'} \tag{4.22}$$

振幅 $b_{\lambda k}$ 和 $b^*_{\lambda k}$ 变成算符 $\hat{b}_{\lambda k}$ 和 $\hat{b}^\dagger_{\lambda k}$，它们互为厄米共轭．方程(4.19)确定了

$$\hat{b}_{\lambda k} = \sqrt{\frac{\pi c^2}{V}}\left(\hat{Q}_{\lambda k} + \frac{\mathrm{i}}{\omega_k}\hat{P}_{\lambda k}\right), \quad \hat{b}^\dagger_{\lambda k} = \sqrt{\frac{\pi c^2}{V}}\left(\hat{Q}_{\lambda k} - \frac{\mathrm{i}}{\omega_k}\hat{P}_{\lambda k}\right) \tag{4.23}$$

这些算符的对易关系为

$$[\hat{b}_{\lambda k}, \hat{b}_{\lambda' k'}] = [\hat{b}^\dagger_{\lambda k}, \hat{b}^\dagger_{\lambda' k'}] = 0, \quad [\hat{b}_{\lambda k}, \hat{b}^\dagger_{\lambda' k'}] = \frac{2\pi \hbar c^2}{V\omega_k}\delta_{\lambda\lambda'}\delta_{kk'} \tag{4.24}$$

将这些结果与上册 11.8 节的那些表达式相比，我们发现可以定义标准的产生和湮没算符：

$$\hat{a}_{\lambda k} = \sqrt{\frac{\omega_k V}{2\pi \hbar c^2}}\hat{b}_{\lambda k}, \quad \hat{a}^\dagger_{\lambda k} = \sqrt{\frac{\omega_k V}{2\pi \hbar c^2}}\hat{b}^\dagger_{\lambda k} \tag{4.25}$$

它们具有标准的对易关系：

$$[\hat{a}_{\lambda k}, \hat{a}^\dagger_{\lambda' k'}] = \delta_{\lambda\lambda'}\delta_{kk'} \tag{4.26}$$

把量子哈密顿量写成如下形式：

$$\hat{H} = \sum_{\lambda k}\hat{H}_{\lambda k}, \quad \hat{H}_{\lambda k} = \frac{V\omega_k^2}{4\pi c^2}(\hat{b}^\dagger_{\lambda k}\hat{b}_{\lambda k} + \hat{b}_{\lambda k}\hat{b}^\dagger_{\lambda k}) = \frac{\hbar\omega_k}{2}(\hat{a}^\dagger_{\lambda k}\hat{a}_{\lambda k} + \hat{a}_{\lambda k}\hat{a}^\dagger_{\lambda k}) \tag{4.27}$$

或者，通过使用对易关系(4.26)式得到

$$\hat{H}_{\lambda k} = \hbar\omega_k\left(\hat{a}^\dagger_{\lambda k}\hat{a}_{\lambda k} + \frac{1}{2}\right) = \hbar\omega_k\left(\hat{n}_{\lambda k} + \frac{1}{2}\right) \tag{4.28}$$

我们的一系列变换就完成了．现在，场可用量子数算符 $\hat{n}_{\lambda k}$ 来描写，该量子是 $\lambda\boldsymbol{k}$ 模式的**光子**．粒子数算符可以取任意**整数**的非负本征值．

利用量子化的光子产生和湮没算符，矢量势(4.2)式的最终表达式可写成

$$\hat{\boldsymbol{A}}(\boldsymbol{r}, t) = \sum_{\lambda k}\sqrt{\frac{2\pi \hbar c^2}{V\omega_k}}(\boldsymbol{e}_{\lambda k}\mathrm{e}^{\mathrm{i}(\boldsymbol{k}\cdot\boldsymbol{r})}\hat{a}_{\lambda k}(t) + \boldsymbol{e}^*_{\lambda k}\mathrm{e}^{-\mathrm{i}(\boldsymbol{k}\cdot\boldsymbol{r})}\hat{a}^\dagger_{\lambda k}(t)) \tag{4.29}$$

这里的湮没算符具有时间依赖性((4.5)式)，而产生算符具有复共轭的时间依赖性，它实际上与谐振子的海森伯算符一样(见上册(12.60)式)．相应地，量子化的场算符是

$$\hat{\boldsymbol{\mathcal{E}}}(\boldsymbol{r}, t) = -\mathrm{i}\sum_{\lambda k}\sqrt{\frac{2\pi \hbar\omega_k}{V}}(\boldsymbol{e}_{\lambda k}\mathrm{e}^{\mathrm{i}(\boldsymbol{k}\cdot\boldsymbol{r})}\hat{a}_{\lambda k}(t) - \boldsymbol{e}^*_{\lambda k}\mathrm{e}^{-\mathrm{i}(\boldsymbol{k}\cdot\boldsymbol{r})}\hat{a}^\dagger_{\lambda k}(t)) \tag{4.30}$$

和

$$\hat{\mathcal{B}}(\boldsymbol{r},t) = \mathrm{i}\sum_{\lambda\boldsymbol{k}}\sqrt{\frac{2\pi\hbar c^2}{V\omega_k}}\left[\boldsymbol{k}\times\left(\boldsymbol{e}_{\lambda\boldsymbol{k}}\mathrm{e}^{\mathrm{i}(\boldsymbol{k}\cdot\boldsymbol{r})}\hat{a}_{\lambda\boldsymbol{k}}(t) - \boldsymbol{e}^*_{\lambda\boldsymbol{k}}\mathrm{e}^{-\mathrm{i}(\boldsymbol{k}\cdot\boldsymbol{r})}\hat{a}^\dagger_{\lambda\boldsymbol{k}}(t)\right)\right] \tag{4.31}$$

就任意谐振子而言，都存在零点振动的贡献：被定义为没有任何量子，即所有的$n_{\lambda\boldsymbol{k}}=0$的**真空**态，**基态**的总能量是**发散**的：

$$E_0 = \sum_{\lambda\boldsymbol{k}}\frac{1}{2}\hbar\omega_k \tag{4.32}$$

这个发散的出现只是因为自由度的总数无穷大.对于自由电磁场，这个发散不是必需的，因为 E_0 可以简单地取成能量标度的原点.但是，这的确是在量子电动力学和量子场论中通常产生严重发散的起因，并且其变化可在与物质的相互作用中观测到.

习题 4.1 构造自由电磁场的动量算符 $\hat{\boldsymbol{P}}$.

解 经典场的能量**通量**由 Poynting **矢量**给出：

$$\boldsymbol{S} = \frac{c}{4\pi}(\boldsymbol{\mathcal{E}}\times\boldsymbol{\mathcal{B}}) \tag{4.33}$$

场的总动量正比于 Poynting 矢量的体积分[16, § 32]：

$$\boldsymbol{P} = \frac{1}{c^2}\int\mathrm{d}^3r\boldsymbol{S} = \frac{1}{4\pi c}\int\mathrm{d}^3r(\boldsymbol{\mathcal{E}}\times\boldsymbol{\mathcal{B}}) \tag{4.34}$$

现在我们可像(4.30)式和(4.31)式中那样来表示定域场，并且像(4.9)式那样对体积积分.取 $\omega_k = ck$，它导致

$$\hat{\boldsymbol{P}} = \frac{1}{c}\sum_{\lambda\boldsymbol{k}}\hat{H}_{\lambda\boldsymbol{k}}\frac{\boldsymbol{k}}{k} = \sum_{\lambda\boldsymbol{k}}\hbar\boldsymbol{k}\left(\hat{n}_{\lambda\boldsymbol{k}}+\frac{1}{2}\right) \tag{4.35}$$

这个结果再次显示了自由场的动量是守恒的.

(4.28)式和(4.35)式的表示与**光子**作为电磁场量子的概念完全一致(见上册 1.3 节)，即光子是以零静止质量、波矢的量子数和横向极化为特征的粒子.光子的能量和动量是

$$E_{\lambda\boldsymbol{k}} = \hbar\omega_k = \hbar ck,\quad \boldsymbol{p}_{\lambda\boldsymbol{k}} = \hbar\boldsymbol{k} \tag{4.36}$$

不管怎么样，场的总动量(4.35)式也应包括零点的贡献，但因为真空的各向同性，它消失了.

在具有一定光子数的态的基$|\{n_{\lambda\boldsymbol{k}}\}\rangle$中，矢量势(4.29)、电场(4.30)和磁场(4.31)的算符只有在光子数的改变为 $\Delta n=\pm1$ 时，才有非零矩阵元.对角矩阵元和场在粒子数的态上的期待值都为零.大致来说，这样的态具有很大的场的相位的不确定性(参见上册

12.6 节中的讨论)，而相位的平均使期待值为零. 对于到经典场的转化，需要构造相干态，可参见上册 12.4 节.

习题 4.2 构造一个模式为($\lambda\boldsymbol{k}$)的光子相干态，并求出线极化电场在此态上的均方涨落.

解 相干态$|\alpha\rangle$是湮灭算符的本征态：

$$\hat{a}_{\lambda k}\mid\alpha\rangle=\alpha\mid\alpha\rangle \tag{4.37}$$

电矢量(4.30)式在这个态上的期待值为

$$\langle\alpha\mid\hat{\mathcal{E}}(\boldsymbol{r},t)\mid\alpha\rangle=-\mathrm{i}\boldsymbol{e}_{\lambda k}\sqrt{\frac{2\pi\hbar\omega_k}{V}}\left(\alpha\mathrm{e}^{\mathrm{i}[(\boldsymbol{k}\cdot\boldsymbol{r})-\omega_k t]}-(\mathrm{c.c.})\right) \tag{4.38}$$

取 $\alpha=|\alpha|\exp(\mathrm{i}\varphi)$，我们有

$$\langle\alpha\mid\hat{\mathcal{E}}(\boldsymbol{r},t)\mid\alpha\rangle=-2\boldsymbol{e}_{\lambda k}\sqrt{\frac{2\pi\hbar\omega_k}{V}}\mid\alpha\mid\sin((\boldsymbol{k}\cdot\boldsymbol{r})-\omega_k t+\varphi) \tag{4.39}$$

类似地，有

$$\langle\alpha\mid\hat{\mathcal{E}}^2(\boldsymbol{r},t)\mid\alpha\rangle=\frac{2\pi\hbar\omega_k}{V}\{1+4\mid\alpha\mid^2\sin^2((\boldsymbol{k}\cdot\boldsymbol{r})-\omega_k t+\varphi)\} \tag{4.40}$$

均方涨落既不依赖坐标和时间，也不依赖振幅 α、相位和极化：

$$\sqrt{(\Delta\mathcal{E}^2)}=\sqrt{\frac{2\pi\hbar\omega_k}{V}} \tag{4.41}$$

对于很大的光子数$|\alpha|^2$，相对的不确定性$(\Delta\mathcal{E})^2/\langle\mathcal{E}^2\rangle$是很小的.

我们还要再提一下，不同时空点的场算符一般来说不对易. 因此，它们不能同时有确定的值. 正像 N. Bohr 和 L. Rosenfeld 在 1933 年所展示的，在**同一个**时空区域平均的 $\boldsymbol{\mathcal{E}}$ 和 $\boldsymbol{\mathcal{B}}$ 的任意两个分量总是可以测量的. 对可以用光信号连接的**不同**区域，一个区域中的测量会影响到第二个区域中的场态；于是，在 $n\gg1$ 的经典极限下，或形式上$\hbar\to0$ 时消失的不确定性关系出现了.

习题 4.3 证明：在两个时空点($\boldsymbol{r},t$)和($\boldsymbol{r}',t'$)的场算符，只有在这些点能够用光信号连接时，即

$$|\boldsymbol{r}-\boldsymbol{r}'|=c(t-t') \tag{4.42}$$

才不是对易的.

解 使用基本的对易关系(4.26)式，计算电场的两个笛卡尔分量(4.30)式的对易

关系：

$$[\hat{\mathcal{E}}_i(\boldsymbol{r},t),\hat{\mathcal{E}}_j(\boldsymbol{r}',t')]=\frac{4\pi\mathrm{i}\hbar}{V}\sum_{\lambda k}e^i_{\lambda k}e^j_{\lambda k}\sin(\boldsymbol{k}\cdot\boldsymbol{R}-\omega_k T) \tag{4.43}$$

其中，由于时间和空间的平移不变性，结果只取决于位置的差 $\boldsymbol{R}=\boldsymbol{r}-\boldsymbol{r}'$ 和时间差 $T=t-t'$. 给定 $\boldsymbol{k}$ 时的极化求和不对应于完备性，这是因为缺少纵向矢量 $\boldsymbol{k}/k$；因此

$$\sum_\lambda e^i_{\lambda k}e^j_{\lambda k}=\delta_{ij}-\frac{k_ik_j}{k^2} \tag{4.44}$$

利用微分算符

$$\hat{\mathcal{O}}_{ij}=\delta_{ij}\frac{1}{c^2}\frac{\partial}{\partial t}\frac{\partial}{\partial t'}-\frac{\partial}{\partial x_i}\frac{\partial}{\partial x'_j} \tag{4.45}$$

当过渡到连续极限 $\sum_k\rightarrow\int V\mathrm{d}^3k/(2\pi)^3$ 时，对易关系(4.43)式可以表示为

$$[\hat{\mathcal{E}}_i(\boldsymbol{r},t),\hat{\mathcal{E}}_j(\boldsymbol{r}',t')]=-4\pi\mathrm{i}\hbar c^2\hat{\mathcal{O}}_{ij}\Delta(\boldsymbol{R},T) \tag{4.46}$$

其中，我们引入了普适的传播函数

$$\Delta(\boldsymbol{R},T)=\int\mathrm{d}^3k\,\frac{\sin(\boldsymbol{k}\cdot\boldsymbol{R}-\omega_kT)}{\omega_k} \tag{4.47}$$

用同样的方法，我们发现磁场分量的对易关系也和(4.46)式一致. 但是

$$[\hat{\mathcal{E}}_i(\boldsymbol{r},t),\hat{\mathcal{B}}_j(\boldsymbol{r}',t')]=-4\pi\mathrm{i}\hbar c\,\epsilon_{ijl}\frac{\partial}{\partial t'}\frac{\partial}{\partial x_l}\Delta(\boldsymbol{R},T) \tag{4.48}$$

转换到球极坐标系，将 $\boldsymbol{k}$ 的角度部分积掉，又由于被积函数是 k 的偶函数，可把积分 $\int_0^\infty\mathrm{d}k$ 写成 $\frac{1}{2}\int_{-\infty}^\infty\mathrm{d}k$，然后再利用 δ 函数的标准定义，我们就得到

$$\Delta(R,T)=\frac{1}{4\pi cR}[\delta(R-cT)-\delta(R+cT)] \tag{4.49}$$

这意味着只有在光锥上点的场是非对易的，因为它们的测量值不是独立的.

4.4 光子波函数

最一般的单光子态可表示为产生算符作用在真空态上的任意叠加：

$$|\Phi\rangle = \sum_{\lambda k}\Phi_{\lambda k}\hat{a}^{\dagger}_{\lambda k}|0\rangle \tag{4.50}$$

其中，系数 $\Phi_{\lambda k}$ 可以解释成光子波包的波函数；这个态可按 $\sum_{\lambda k}|\Phi_{\lambda k}|^2 = 1$ 归一化.

与一个这样的光子相关联的电磁场定义为

$$\mathcal{E}(\boldsymbol{r},t) = \langle 0|\hat{\mathcal{E}}(\boldsymbol{r},t)|\Phi\rangle, \quad \mathcal{B}(\boldsymbol{r},t) = \langle 0|\hat{\mathcal{B}}(\boldsymbol{r},t)|\Phi\rangle \tag{4.51}$$

这些矩阵元从场的量子化(4.30)式和(4.31)式导出，故有

$$\mathcal{E}(\boldsymbol{r},t) = \mathrm{i}\sum_{\lambda k}\sqrt{\frac{2\pi\hbar\omega_k}{V}}\Phi_{\lambda k}\boldsymbol{e}_{\lambda k}\mathrm{e}^{\mathrm{i}(\boldsymbol{k}\cdot\boldsymbol{r})-\mathrm{i}\omega_k t} \equiv \mathrm{i}\sum_{k}\sqrt{\frac{2\pi\hbar\omega_k}{V}}\boldsymbol{\Phi}(\boldsymbol{k})\mathrm{e}^{\mathrm{i}(\boldsymbol{k}\cdot\boldsymbol{r})-\mathrm{i}\omega_k t} \tag{4.52}$$

和

$$\begin{aligned}\mathcal{B}(\boldsymbol{r},t) &= \mathrm{i}\sum_{\lambda k}\sqrt{\frac{2\pi\hbar c^2}{\omega_k V}}\Phi_{\lambda k}(\boldsymbol{k}\times\boldsymbol{e}_{\lambda k})\mathrm{e}^{\mathrm{i}(\boldsymbol{k}\cdot\boldsymbol{r})-\mathrm{i}\omega_k t} \\ &\equiv \mathrm{i}\sum_{k}\sqrt{\frac{2\pi\hbar c^2}{\omega_k V}}[\boldsymbol{k}\times\boldsymbol{\Phi}(\boldsymbol{k})]\mathrm{e}^{\mathrm{i}(\boldsymbol{k}\cdot\boldsymbol{r})-\mathrm{i}\omega_k t}\end{aligned} \tag{4.53}$$

这里我们引入了矢量波函数

$$\boldsymbol{\Phi}(\boldsymbol{k}) = \sum_{\lambda}\boldsymbol{e}_{\lambda k}\Phi_{\lambda k} \tag{4.54}$$

它具有明显的横波特性：

$$(\boldsymbol{k}\cdot\boldsymbol{\Phi}(\boldsymbol{k})) = 0 \tag{4.55}$$

正如惯例所采用的，极化矢量 $\boldsymbol{e}_{\lambda k}$ 表示电场(4.52)式的每个单色波分量的方向.

习题 4.4 证明：经典计算的由(4.52)式和(4.53)式定义的场的能量等于

$$E = \int\frac{\mathrm{d}^3 k}{(2\pi)^3}\hbar\omega_k(\boldsymbol{\Phi}^*(\boldsymbol{k})\cdot\boldsymbol{\Phi}(\boldsymbol{k})) \tag{4.56}$$

光子矢量波函数 $\boldsymbol{\Phi}(\boldsymbol{k})$ 在空间转动下的变换应该和任何矢量函数一样，请见上册16.2节和16.3节. 现在，我们在动量表象中操作，因此对变量（此处为 $\boldsymbol{k}$）的显式依赖的转动变换也是由动量表示中的轨道角动量算符产生的：

$$\hat{\boldsymbol{L}} = -\mathrm{i}(\boldsymbol{k} \times \nabla_k) \tag{4.57}$$

具有确定的 $\hat{\boldsymbol{L}}^2 = L(L+1)$ 和 $\hat{L}_z = m$（在空间中固定的任意的 z 轴上的投影）本征值的轨道角动量算符的本征函数是标准的球谐函数 $Y_{Lm}(\boldsymbol{k})$，当然，它只依赖于 $\boldsymbol{k}$ 的角度. 除此之外，$\boldsymbol{\Phi}$ 的矢量分量在它们自己之间变换. 这种变换的生成元是如以前所做的那样精确定义的**光子**的自旋（参见上册16.2节）. 这对应着自旋 $S=1$，所以总角动量算符为

$$\hat{\boldsymbol{J}} = \hat{\boldsymbol{L}} + \hat{\boldsymbol{S}} \tag{4.58}$$

且 J 可能是非负**整**数，$J = L, L \pm 1$.

习题4.5 证明 $J=0$ 的态被场的横波特性所禁戒.

解 $J=0$ 的态在转动变换下是标量. 矢量场 $\boldsymbol{\Phi}(\boldsymbol{k})$ 在转动变换下保持不变的唯一可能性是该场具有**纵向**（径向）的特性：$\boldsymbol{\Phi}(\boldsymbol{k}) = \boldsymbol{k}\phi(k)$. 但是，这样的场不满足(4.55)式的条件；也可回顾上册习题16.14.

由于一个光子不会有静止参考系，物理上就不可能分离 $\boldsymbol{J}$ 的轨道部分和自旋部分，它们总是**耦合**的. 明显的关系（见上册(21.14)式）

$$\hat{\boldsymbol{L}} \cdot \boldsymbol{k} = 0 \tag{4.59}$$

表明：光子的**螺旋度** h，即角动量在传播方向上的投影，为 $(\hat{\boldsymbol{S}} \cdot \boldsymbol{k})/k$. 形式上，对自旋 $S=1$ 总是这样，这个算符可以有 $0, \pm 1$ 三个本征值，尽管0螺旋度被横波条件所禁戒. 的确，垂直于 $\boldsymbol{k}$ 的极化矢量 $\boldsymbol{e}_{\lambda k}$ 起着自旋的作用；它们的球坐标分量(4.15)式与升自旋和降自旋分量类似，而纵向分量不存在. 已在量子场论中证明：对任何自旋为 S 的**无质量**粒子，其螺旋度只能有两个值：$h = \pm S$[17].

4.5 矢量球谐函数

矢量球谐函数是总角动量 $\hat{\boldsymbol{J}}$ 的本征函数. 它们对应着 J、L 和 $J_z = M$（自旋永远是 S

$=1$)的确定值,所以可以采用标记 $Y_{JLM}(\boldsymbol{n})$,其中矢量耦合是常规的方式组织的(见上册22.6节):

$$Y_{JLM}(\boldsymbol{n}) = \sum_{m\sigma} C_{Lm1\sigma}^{JM} Y_{Lm}(\boldsymbol{n}) \chi_{\sigma}, \quad \boldsymbol{n} = \frac{\boldsymbol{k}}{k} \tag{4.60}$$

这里,χ_{σ} 是自旋为1、在量子化轴上投影为 $S_z = \sigma = 0, \pm 1$ 的本征函数.我们可以采用自旋 $S=1$ 矩阵的显式形式(见上册(16.15)式),由三分量的列矩阵(见上册(16.31)式)或矢量(见上册(16.32)式)表示的态,它们与极化矢量 $\boldsymbol{e}_{\sigma}(\sigma = 0, \pm 1)$是一致的.习惯上使用的是**球矢量**:

$$\boldsymbol{Y}_{JLM}(\boldsymbol{n}) = \sum_{m\sigma} C_{Lm1\sigma}^{JM} Y_{Lm}(\boldsymbol{n}) \boldsymbol{e}_{\sigma} \tag{4.61}$$

对于一个给定总角动量值 J,存在三个 $L = J, J \pm 1$ 的线性独立的矢量函数.例外的情况是 $J=0$,在那种情况下可能的组合只有

$$\boldsymbol{Y}_{010}(\boldsymbol{n}) = \sum_{m\sigma} C_{1m1\sigma}^{00} Y_{1m}(\boldsymbol{n}) \boldsymbol{e}_{\sigma} \tag{4.62}$$

使用上册习题22.5给出的C-G系数和1阶球函数(参见上册(16.98)式),得到

$$\boldsymbol{Y}_{010}(\boldsymbol{n}) = \frac{1}{\sqrt{3}} \sum_{\sigma} (-)^{\sigma} Y_{1\sigma}(\boldsymbol{n}) \boldsymbol{e}_{-\sigma} = \frac{1}{\sqrt{4\pi}} \sum_{\sigma} (-)^{\sigma} n_{\sigma} \boldsymbol{e}_{-\sigma} \tag{4.63}$$

在极轴沿 $\boldsymbol{k}$ 的自然参考系中,这表明:只有**纵向**分量 $\sigma=0$ 保留下来,$n_{\sigma} = \delta_{\sigma 0}$,

$$\boldsymbol{Y}_{010}(\boldsymbol{n}) = \frac{1}{\sqrt{4\pi}} \boldsymbol{e}_0 = \frac{1}{\sqrt{4\pi}} \boldsymbol{n} \tag{4.64}$$

这是对习题4.5说法的正式证明.

矢量球谐函数的宇称由球谐函数因 $\boldsymbol{k}$ 依赖性得到的宇称$(-1)^L$ 乘以因态的矢量特性引入的额外负号给出,结果为 $\Pi = (-)^{L+1}$.因此,对于 $J = L \pm 1$ 的态,其宇称为$(-)^J$;而对于 $L = J$ 的态,其宇称为$(-)^{J+1}$.纵极化态就属于第一类.的确,相应的波函数具有 $\boldsymbol{Y}(\boldsymbol{k}) = \boldsymbol{k}\Phi(\boldsymbol{k})$的形式.由于径向的场 $\boldsymbol{k}$ 是转动不变的,这个函数的角动量是 $J = l$,它与 $\Phi(\boldsymbol{k})$的角动量一样.由于矢量 $\boldsymbol{k}$ 的存在,总轨道角动量为 $L = l \pm 1$.空间反演给出 $-\boldsymbol{Y}(-\boldsymbol{k}) = -(-\boldsymbol{k}\Phi(-\boldsymbol{k})) = \boldsymbol{k}(-)^l\Phi(\boldsymbol{k})$,即宇称是$(-)^l = (-)^{L+1} = (-)^J$(第一类).一个纵波态并不对应着一个实光子.作为结果,对每个 $J \neq 0$ 的情况,都存在两个允许的横波态,它们具有相反的宇称(对 $J=0$,根本不存在任何态).习惯上称角动量为 J 且宇称为$(-)^J$ 的光子的辐射为多极性为 2^J 的**电多极辐射**,而具有同样的 J,但宇称为$(-)^{J+1}$的互补类型是**磁多极辐射**.可以回顾上册22.5节电荷系统的电多极算符 $\mathcal{M}(\mathrm{E}J)$

具有$(-)^J$的宇称选择定则.而对于磁多极算符$\mathcal{M}(\mathrm{M}J)$,宇称选择定则是$(-)^{J+1}$,这和我们上面的命名是一致的.

习题 4.6 使用上册习题16.14的结果,证明如下定义的矢量:

$$\boldsymbol{Y}_{JM}^{(\mathrm{long})} = \boldsymbol{n} Y_{JM} \tag{4.65}$$

$$\boldsymbol{Y}_{JM}^{(\mathrm{el})} = \frac{\nabla_n}{\sqrt{J(J+1)}} Y_{JM} \tag{4.66}$$

其中,∇_n是梯度算符∇_k的角度部分乘以k,和

$$\boldsymbol{Y}_{JM}^{(\mathrm{magn})} = [\boldsymbol{n} \times \boldsymbol{Y}_{JM}^{(\mathrm{el})}] \tag{4.67}$$

给出纵向的、电的和磁的球矢量的一般形式.证明它们在单位球上是正交归一的:

$$\int \mathrm{d}o \boldsymbol{Y}_{J'M'}^{(\mu')*} \cdot \boldsymbol{Y}_{JM}^{(\mu)} = \delta_{J'J}\delta_{M'M}\delta_{\mu'\mu} \tag{4.68}$$

其中,μ标记矢量的类型.

解 正确的量子数JM来自上册的习题16.14.横向算符类型是通过宇称确认的:对电的类型(4.66)式,其宇称为$(-)^J$;而对磁的类型(4.67),其宇称为$(-)^{J+1}$.通过对包含梯度的被积函数做分部积分,可以直接验证正交性.利用这个事实,$|\nabla_n|^2$就是拉普拉斯算符的角度部分乘以k^2,它作用在Y_{JM}上,就给出了$J(J+1)Y_{JM}$.

用球贝塞尔函数将矢势中的指数展开,也可以描述**球形**光子波.细节可以在量子电动力学方面的文献中找到[15].

4.6 Casimir 效应

现在我们将考虑两个著名的效应,其中电磁场的量子化和真空能的存在导致了一些重要的实验现象.

形式上无限大的零点能(4.32)式仍然依赖着电磁场的本征频率谱.这个谱又是由实际的边界条件确定的.直到现在,我们考虑的都是在一个辅助的大体积V中的自由电磁场.然而,整个方法对具有物理边界的真实体积也是适用的.我们仍然需要找到辐射场的简正模式,展示一个任意场的组态,作为简正模式的叠加,并将叠加系数称为产生和湮灭算符.边界条件的改变会影响谱,也因此影响零点能.这种改变是有限的,并且能够通过

实验进行测量[18].这就是所谓的**Casimir效应**[19].

让我们考虑最简单的几何结构，其真实边界条件位于 $x=0$ 和 $x=X<0$ 的两块平行板上.在这样的安排下，人们进行了成功的测量[20].正如我们将看到的，位置 X 的改变会修正零点能.这意味着存在一个物理力，即**Casimir力**，它作用在两平板之间，并且取决于它们间的距离.为了简单起见，我们假设这两块板是具有电场零边界条件的完美金属的表面.简正模式是沿 yz 面的平面波(波矢为 $\boldsymbol{q}$)和在两平板之间 $\propto\sin(kx)$ 的驻波，在那里波数 k 是量子化的：

$$k\Rightarrow k_n=\frac{\pi}{X}n,\quad n=1,2,\cdots \tag{4.69}$$

波动方程(4.4)决定了依赖于距离 X 的频率谱：

$$\omega_n(\boldsymbol{q})=c\sqrt{\boldsymbol{q}^2+(\pi n/X)^2} \tag{4.70}$$

假定空腔中为场的真空态(不存在实量子，温度 $T=0$)，我们定义作用在两平板间的力为零点能的梯度：

$$F=-\frac{\partial E_0}{\partial X}=-\frac{\hbar}{2}\sum\frac{\partial\omega}{\partial X} \tag{4.71}$$

这里要对所有的模式求和，这些模式是由波矢量(4.69)式的极化 λ(下面的因子2)、二维矢量 $\boldsymbol{q}$ 和量子数 n 来标记的.对于矢量 $\boldsymbol{q}$，我们假定了标准的人为边界条件，即板的面积 S 很大，以致 $\sum\limits_{\boldsymbol{q}}\rightarrow S\mathrm{d}^2q/(2\pi)^2$.可观测量是**压强**，即平板单位面积上的力：

$$P=\frac{F}{S}=-2\frac{\hbar}{2}\int\frac{\mathrm{d}^2q}{(2\pi)^2}\sum_n\frac{\partial\omega_n(\boldsymbol{q})}{\partial X}=\frac{\hbar c^2}{4X^3}\sum_n n^2\int\frac{\mathrm{d}^2q}{\omega_n(\boldsymbol{q})} \tag{4.72}$$

利用

$$\mathrm{d}^2q=2\pi q\mathrm{d}q=\frac{2\pi\omega}{c^2}\mathrm{d}\omega \tag{4.73}$$

我们得到

$$P=\frac{\pi\hbar}{2X^3}\sum_{n=1}n^2\int_{\omega_n^{(\min)}}^{\infty}\mathrm{d}\omega,\quad \omega_n^{(\min)}=\frac{\pi cn}{X} \tag{4.74}$$

在(4.74)式中，对简正模式的求和是无限大.然而，在现实中，在非常高的频率下，就像波在真空中传播一样，任何物理金属都变得透明，以致简正频率不再依赖容器壁，与没有平板的情况(相当于光子气体的压强 P_0)对比，应该得到有限的压强.于是，不存在(4.69)式的量子化，变量 n 变成连续的数，以致在 $X\rightarrow\infty$ 时，有

$$P_0 = \frac{\pi \hbar}{2X^3} \int_0^{\infty} \mathrm{d}n n^2 \int_{\omega_n^{(\min)}}^{\infty} \mathrm{d}\omega \tag{4.75}$$

习题 4.7 证明真空压强(4.75)可以表示成自由光子从一个平板反射的结果,那时光子的动量反转:

$$P_0 = \sum_{\lambda} \int \frac{\mathrm{d}^3 k}{(2\pi)^3} n_{\lambda k} v_x 2\hbar k_x \tag{4.76}$$

其中,n_k 是光子密度(在我们这个情况下,对所有的模式它都等于 1/2),$v_x = c^2 k_x / \omega_k$.

可观测量是单位面积上的额外的吸引力:

$$P_0 - P = -\frac{\pi \hbar}{2X^3} \left[\sum_{n=1} - \int_0^{\infty} \mathrm{d}n \right] n^2 \int_{\omega_n^{(\min)}}^{\infty} \mathrm{d}\omega \tag{4.77}$$

这个额外的力来源于低频,这时横波的波长和两板间距离在同一个数量级. 由于导体和真空对于高频率是同样透明的,高频的作用就抵消了.

为了找到(4.77)式的这个差值,我们对一个平滑函数 $f(n)$ 使用 **Euler-Maclaurin 求和公式**(见下面的推导):

$$\sum_{n=1}^{\infty} f(n) - \int_0^{\infty} \mathrm{d}n f(n) = -\frac{1}{2} f(0) - \frac{1}{12} f'(0) + \frac{1}{720} f'''(0) + \cdots \tag{4.78}$$

在(4.77)式的情况中,$f(0)$ 和 $f'(0)$ 的项都不存在,非零项来自 $f'''(0) = -6c\pi/X$(不要忘记取积分对下限的导数). 它提供了在较大距离处的 Casimir 力的最终结果:

$$P_0 - P = \frac{\pi^2 \hbar c}{240 X^4} \tag{4.79}$$

文献[21]讨论了 Casimir 效应的理论和实验的细节.

4.7 Euler-Maclaurin 求和公式

我们遵循的步骤在光滑函数 $f(x)$ 的数值积分 $\int_a^b f(x) \mathrm{d}x$ 的计算中是有帮助的. 作为一个参考基,我们将引入一系列由递推关系

$$\frac{\mathrm{d}F_n(x)}{\mathrm{d}x} = F_{n-1}(x) \tag{4.80}$$

确定的特殊多项式(与 **Bernoulli 多项式**相关联)$F_n(x)$,并根据(4.80)式确定 F_n 中允许的任意常数的附加条件:我们假设这些函数 $F_n(n>0)$ 在积分区间(a,b)上有零平均值:

$$\int_a^b dx F_n(x) = 0, \quad n > 0 \tag{4.81}$$

从 $F_0 = 1$ 开始,我们求得

$$F_1(x) = x - \frac{a+b}{2} \tag{4.82}$$

$$F_2(x) = \frac{1}{2}x^2 - \frac{a+b}{2}x + \frac{a^2+b^2+4ab}{12} \tag{4.83}$$

$$\begin{aligned} F_3(x) &= \frac{1}{6}x^3 - \frac{a+b}{4}x^2 + \frac{a^2+b^2+4ab}{12}x - \frac{ab(a+b)}{12} \\ &= \frac{1}{6}(x-a)(x-b)\left(x - \frac{a+b}{2}\right) \end{aligned} \tag{4.84}$$

$$\begin{aligned} F_4(x) &= \frac{1}{24}x^4 - \frac{a+b}{12}x^3 + \frac{a^2+b^2+4ab}{24}x^2 - \frac{ab(a+b)}{12}x \\ &\quad - \frac{(a-b)^4 - 30a^2b^2}{720} \\ &\cdots\cdots \end{aligned} \tag{4.85}$$

注意这些函数在积分区间边界点处的值为

$$\begin{gathered} F_1(a) = -F_1(b) = -\frac{a-b}{2}, \quad F_2(a) = F_2(b) = \frac{(a-b)^2}{12} \\ F_3(a) = F_3(b) = 0, \quad F_4(a) = F_4(b) = -\frac{(a-b)^4}{720} \end{gathered} \tag{4.86}$$

由于归一化(4.81)式,对 $n>1$ 有 $F_n(a)=F_n(b)$.

利用分部积分,我们得到

$$\int_a^b dx f(x) \equiv \int_a^b dx F_0 f = \int_a^b dx F_1' f = [F_1 f]_a^b - \int_a^b dx F_1 f' \tag{4.87}$$

这个过程可能继续包含进新的函数((4.80)式):

$$\int_a^b dx f = [F_1 f - F_2 f' + F_3 f'' - F_4 f''']_a^b + \int_a^b dx F_4 f'''' \tag{4.88}$$

等等.让我们取 $a=0$ 和 $b=1$.则第一项给出

$$[F_1 f]_0^1 = \frac{1}{2}[f(1) + f(0)] \tag{4.89}$$

所以

$$\int_0^1 \mathrm{d}x f(x) = \frac{1}{2}[f(1) + f(0)] - \frac{1}{12}[f'(1) - f'(0)] + \frac{1}{720}[f'''(1) - f'''(0)] + \int_0^1 \mathrm{d}x F_4 f'''' \tag{4.90}$$

如果像通常那样进行数值积分，把积分区间分成很多很小的等间隔小段，我们对每个部分都能执行(4.87)式的操作，然后把结果加起来.利用 $f(x)$ 的微商，所有中间点的贡献都互相抵消了，这是因为对所有的小间隔，参考函数在边界点的值都是一样的.如果 $b \to \infty$，并且在较大的 x 处 $f(x)$ 都很小，可以忽略不计，就像在(4.77)式中一样，我们遍历了所有整数点得到

$$\int_0^\infty \mathrm{d}x f(x) = \frac{1}{2}f(0) + \sum_{n=1}^{\infty} f(n) + \frac{1}{12}f'(0) - \frac{1}{720}f'''(0) + \int_0^\infty \mathrm{d}x F_4 f'''' \tag{4.91}$$

或者，如果我们需要用积分近似求和，则

$$\sum_{n=1}^{\infty} f(n) = \int_0^\infty \mathrm{d}x f(x) - \frac{1}{2}f(0) - \frac{1}{12}f'(0) + \frac{1}{720}f'''(0) + \cdots \tag{4.92}$$

如果(4.91)式中剩余的积分项是可忽略的，我们就得到 Euler-Maclaurin 公式(4.78).进一步的扩展是要对奇数阶导数项求和，其中下一项是 $-f'''''(0)/30240$.

4.8 Lamb 位移

氢原子是唯一一个既能用非相对论薛定谔方程又能用相对论狄拉克方程(质子作为点粒子)精确求解的量子系统.这里考虑到计算的近似性质，我们无法写出理论与实验之间的偏离.但是，一个可靠的不一致见证了新物理现象的存在.

如同我们在上册 23.3 节中看到的，即使我们把精细结构也考虑进去，氢原子中的电子能级 $2s_{1/2}$ 和 $2p_{1/2}$ 也保持简并.在 20 世纪 30 年代进行的一些实验表明 $2s_{1/2}$ 能级比 $2p_{1/2}$ 能级大约高 0.03 cm^{-1}.然而，相应的跃迁对应于射电频率.那时候，这个范围内的准确数据是很难见到的.直到 1947 年，在雷达技术进步之后，Lamb 和 Retherford [22] 进行的精确的无线电波谱测量确认了这个位移的存在：

$$\delta E_2 \equiv E(2s_{1/2}) - E(2p_{1/2}) = 0.034\ \text{cm}^{-1} = 1057.8\ \text{MHz} \tag{4.93}$$

这个移动大约是 $2p_{3/2}$ 和 $2p_{1/2}$ 能级间精细结构劈裂的 10%，被称为 Lamb 位移或辐射位移. 在较重的类氢离子中，这个移动的值随 Z^4 的增长而增长($\propto Z^4$).

Lamb 位移的发现在历史上起到了至关重要的作用，因为它是**物理真空**作为辐射场实际基态的非平庸特性的第一个征兆.

按照 H. Bethe 给出的解释，Lamb 位移是由电磁场的零点振动引起的，除了核的库仑场之外，它对原子中电子产生了涨落的影响. 尽管有物质存在，就像我们在 Casimir 效应中看到的那样，物理真空(一个没有实量子的态)具有一定的可观测特性. Lamb 位移的发现及其理论对现代物理最为精确的分支——**量子电动力学**——的发展影响巨大.

在不进入 QED 具体公式的情况下，我们基于涨落的电场 $\boldsymbol{\mathcal{E}}_\omega$ 对电子的作用，提供一个对 Lamb 位移的半定性估算. 对轻的原子($Z\alpha \ll 1$)和非相对论电子($v/c \sim Z\alpha$)，我们将忽略磁场 $\boldsymbol{\mathcal{B}}_\omega$. 量子化的电场产生和湮灭虚光子，并导致了电子的附加位移. 电场在真空态上的期待值消失，但按(4.30)式，它的平方平均值等于

$$\langle \boldsymbol{\mathcal{E}}_\omega^2 \rangle = \frac{2\pi \hbar\omega}{V} \tag{4.94}$$

这个值对应着一个给定模式的零点能的二分之一：$\langle \boldsymbol{\mathcal{E}}_\omega^2 \rangle (V/8\pi) = \hbar\omega/4$.

电子的涨落位移 $\boldsymbol{\xi}$ 遵从运动方程

$$m\ddot{\boldsymbol{\xi}} = e\boldsymbol{\mathcal{E}} \tag{4.95}$$

只有波长大于典型位移 ξ 的模式

$$k\xi \ll 1 \tag{4.96}$$

能给出重要贡献. 否则，涨落的场在不同区域的效应会抵消. 因此，可以认为(4.65)式中的场 $\boldsymbol{\xi}$ 是均匀的，对于时间的 Fourier 分量，我们得到

$$-m\omega^2 \boldsymbol{\xi}_\omega = e\boldsymbol{\mathcal{E}}_\omega \tag{4.97}$$

位移平均值$\langle \boldsymbol{\xi}_\omega \rangle$为零，但我们发现方均涨落为

$$\langle \boldsymbol{\xi}_\omega^2 \rangle = \frac{e^2}{m^2\omega^4} \langle \boldsymbol{\mathcal{E}}_\omega^2 \rangle = \frac{2\pi \hbar e^2}{Vm^2\omega^3} \tag{4.98}$$

场的不同模式的贡献是不相干的，使得总的方均位移是通过对所有具有在上册(3.92)式中得到的态密度 $\rho(\omega)$的模式求和给出的：

$$\langle \boldsymbol{\xi}^2 \rangle = \int \mathrm{d}\omega \rho(\omega) \langle \boldsymbol{\xi}_\omega^2 \rangle = \int \langle \boldsymbol{\xi}_\omega^2 \rangle \frac{V\omega^2 \mathrm{d}\omega}{\pi^2 c^3} = \frac{2\hbar e^2}{\pi m^2 c^3} \int \frac{\mathrm{d}\omega}{\omega} \tag{4.99}$$

虽然这个结果形式上是发散的，但因为存在一些确保实际截断的因子，所以没有物理的发散.由于电子的惯性的相对论性增长，那些大的频率没有贡献.与第一激发能量相比，小频率(它和束缚能 E_b 在同一个数量级)在微扰论中起到很小的作用.因此，我们能估算积分(4.99)式的极限：

$$\hbar\omega_{\max} \sim mc^2, \quad \hbar\omega_{\min} \sim E_b \sim (Z\alpha)^2 mc^2 \tag{4.100}$$

不管怎么样，积分(4.98)式只是很微弱地、对数性地依赖这些极限.

这样，

$$\langle \xi^2 \rangle = \frac{2\hbar e^2}{\pi m^2 c^3}\ln\frac{\omega_{\max}}{\omega_{\min}} = \frac{2\hbar e^2}{\pi m^2 c^3}\ln\frac{b}{(Z\alpha)^2} \tag{4.101}$$

其中，b 是数量级为 1 的数.所得到的电子颤动振幅中的主要因子与轨道尺度 a，甚至与康普顿波长 λ_C 相比都是很小的：

$$\langle \boldsymbol{\xi}^2 \rangle \sim \frac{\hbar e^2}{m^2 c^3} \sim \frac{e^2}{\hbar c}\left(\frac{\hbar}{mc}\right)^2 = \alpha\lambda_C^2 \sim \alpha^3 a^2 \sim 10^{-6} a^2 \tag{4.102}$$

根据对 $\omega_{\max}$的估计，只有$\hbar k < mc$ 或波长 $\lambda \sim 1/k > \hbar/(mc) = \lambda_C$ 的场的振子才是有效的.这说明假定的不等式(4.96)是满足的：

$$k\xi \sim ka\alpha^{3/2} < \frac{a}{\lambda_C}\alpha^{3/2} = \sqrt{\alpha} \ll 1 \tag{4.103}$$

将作用到电子上的势对那些涨落求平均，就像上册 23.3 节中的 Darwin 项，我们得到

$$\overline{U(\boldsymbol{r}+\boldsymbol{\xi})} \approx U(\boldsymbol{r}) + \frac{1}{6}\langle \boldsymbol{\xi}^2 \rangle \nabla^2 U(\boldsymbol{r}) \tag{4.104}$$

在第一阶中，类氢原子$|n\ \ell\rangle$能级的移动可以借助(4.101)式得到：

$$\delta E_{nl} = \frac{1}{6}\langle \boldsymbol{\xi}^2 \rangle \langle \nabla^2 U(\boldsymbol{r}) \rangle_{nl} = \frac{\alpha^3 a^2}{3\pi}\ln\frac{b}{(Z\alpha)^2}\langle \nabla^2 U(\boldsymbol{r}) \rangle_{n\ell} \tag{4.105}$$

在 Coulomb 场中，

$$U = -\frac{Ze^2}{r} \quad \rightarrow \quad \nabla^2 U = 4\pi Z e^2 \delta(\boldsymbol{r}) \tag{4.106}$$

于是

$$\langle \nabla^2 U(\boldsymbol{r}) \rangle_{nl} = \int d^3 r\ |\psi_{nl}|^2 \nabla^2 U = 4\pi Z e^2\ |\psi_{nl}(0)|^2 \tag{4.107}$$

在这个近似下，移动仅存在于 s 态，它把 s 态从同伴 p 态处移向上方，如图 4.1 所示.

对于$\ell=0$，有

$$|\psi_{n0}|^2=\frac{Z^3}{\pi a^3 n^3} \tag{4.108}$$

因此，该移动随着 n 的增加而迅速减少

$$\delta E_n=\frac{\alpha^3 a^2}{3\pi}\frac{4\pi Z^4 e^2}{\pi a^3 n^3}\ln\frac{b}{(Z\alpha)^2} \tag{4.109}$$

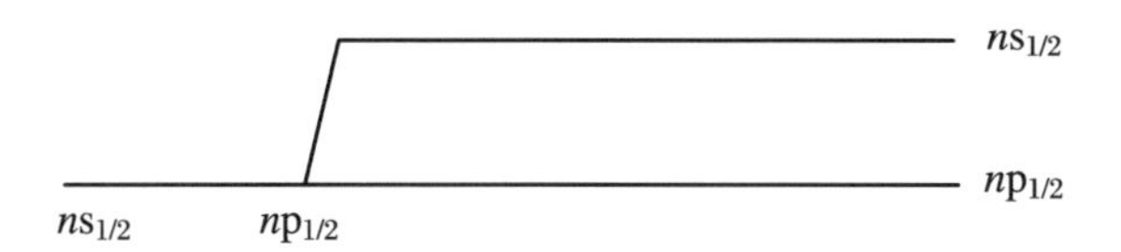

图 4.1　Lamb 位移的能级示意图

特别是对氢原子，有

$$\delta E_n=\frac{4}{3\pi}\alpha^3\frac{e^2}{a^2 n^2}\frac{1}{n}\ln\frac{b}{\alpha^2}\sim\frac{\alpha^3}{n}\ln\frac{b}{\alpha^2}E_n \tag{4.110}$$

与精细结构的劈裂相比（参见上册(23.42)式），这个移动包括了一个 α 的额外幂次. 然而，由于大对数 $\ln(\alpha^{-2})$的存在，移动 δE 只为 1/10（而不是 1/100）. QED 计算[15]定义了常数 b 的精确值，加上其他的修正，得到与实验吻合得非常好的结果. 对 $l=1$ 的能级，它的移动比 $l=0$ 能级小两个数量级.

4.9　辐射与物质的相互作用

在非相对论的理论中，与电磁场的相互作用被包括在**最小作用原理**之中（参见上册第 13 章）：我们从电荷为 e 的粒子的无场哈密顿量出发，并做最小替代：

$$\boldsymbol{p}\Rightarrow\boldsymbol{p}-\frac{e}{c}\boldsymbol{A}(\boldsymbol{r}),\quad H\rightarrow H-e\phi(\boldsymbol{r}) \tag{4.111}$$

其中，场用势 ϕ 和 $\boldsymbol{A}$ 来描述. 我们知道所得到的理论是**规范不变**的. 在现代的相对论理论中，公式体系是相反的[17]，规范不变的要求决定了相互作用的形式.

对于规范(4.1)式中的辐射场,相互作用的哈密顿量取如下形式:

$$\hat{H}' = \hat{H}'_1 + \hat{H}'_2 + \hat{H}'_s \tag{4.112}$$

式中的三项(两个轨道项和一个自旋项)与上册第 13 章中的经典外场所考虑的项类似:

$$\hat{H}'_1 = -\sum_a \frac{e_a}{2m_a c}(\hat{\boldsymbol{p}}_a \cdot \hat{\boldsymbol{A}}(\boldsymbol{r}_a) + \hat{\boldsymbol{A}}(\boldsymbol{r}_a) \cdot \hat{\boldsymbol{p}}_a) = -\sum_a \frac{e_a}{m_a c}(\hat{\boldsymbol{p}}_a \cdot \hat{\boldsymbol{A}}(\boldsymbol{r}_a)) \tag{4.113}$$

这里我们记得使用了横向规范(4.1)式,$(\hat{\boldsymbol{p}} \cdot \hat{\boldsymbol{A}}(\boldsymbol{r})) = (\hat{\boldsymbol{A}}(\boldsymbol{r}) \cdot \hat{\boldsymbol{p}})$;算符 $\hat{\boldsymbol{p}}$ 和 $\hat{\boldsymbol{A}}(\boldsymbol{r})$ 对易;

$$\hat{H}'_2 = \sum_a \frac{e_a^2}{2m_a c^2}\hat{\boldsymbol{A}}^2(\boldsymbol{r}_a) \tag{4.114}$$

和

$$\hat{H}'_s = -\sum_a \hbar g_a^s \hat{\boldsymbol{s}}_a \cdot \hat{\boldsymbol{\mathcal{B}}}(\boldsymbol{r}_a) \tag{4.115}$$

这里 g_a^s 是粒子 a 的回转磁比,由于强相互作用的可能效应,它无法用最小作用原理预言.

与外场情况相比,区别是场的算符特性.这导致了具有量子数**可变**的过程.H'_1 和 H'_2 两项改变光子数为 ±1,它们对应量子的发射和吸收.H'_2 项有选择定则 $\Delta n = \pm 2$ 或 0.它描写了双光子跃迁或光的散射,即发射后吸收或逆过程.这些散射过程也可以允许两次使用单步过程.让我们明确地写出几个相对于一阶 H'_1 的典型物理过程的矩阵元(图 4.2):

a. 系统从 $|i\rangle$ 态到 $|f\rangle$ 态的跃迁,一个模式为 $(\lambda\boldsymbol{k})$ **光子的辐射**:

$$\langle n_{\lambda k}+1; f|\hat{H}'_1|n_{\lambda k}; i\rangle = -\sqrt{\frac{2\pi\hbar}{\omega_k V}(n_{\lambda k}+1)}\langle f|\sum_a \frac{e_a}{m_a}(\hat{\boldsymbol{p}}_a \cdot \boldsymbol{e}^*_{\lambda k})\mathrm{e}^{-\mathrm{i}(\boldsymbol{k}\cdot\boldsymbol{r}_a)}|i\rangle \tag{4.116}$$

b. 系统**吸收**了一个 $(\lambda\boldsymbol{k})$ 模式的光子,同时从 i 态跃迁到 f 态 $(i \to f)$:

$$\langle n_{\lambda k}-1; f|\hat{H}'_1|n_{\lambda k}; i\rangle = -\sqrt{\frac{2\pi\hbar}{\omega_k V}n_{\lambda k}}\langle f|\sum_a \frac{e_a}{m_a}(\hat{\boldsymbol{p}}_a \cdot \boldsymbol{e}_{\lambda k})\mathrm{e}^{\mathrm{i}(\boldsymbol{k}\cdot\boldsymbol{r}_a)}|i\rangle \tag{4.117}$$

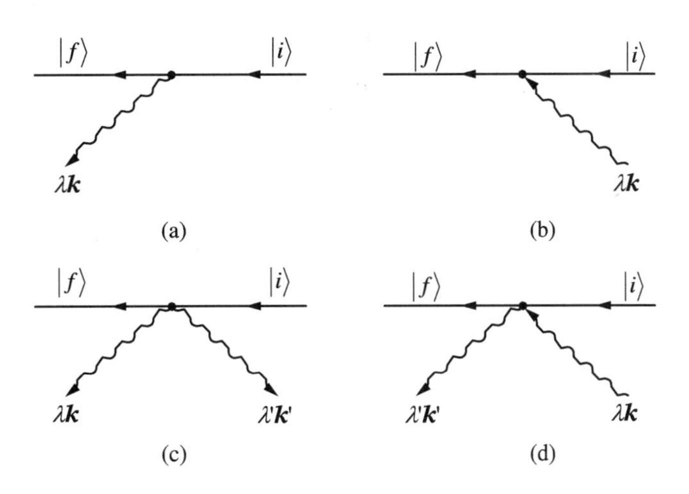

图 4.2　电磁过程的典型图

c. $i \to f$ 的**双光子跃迁**，同时发射量子（$\lambda \boldsymbol{k} \neq \lambda' \boldsymbol{k}'$）：

$$
\begin{aligned}
&\langle n_{\lambda k}+1, n_{\lambda' k'}+1; f \,|\, \hat{H}_2' \,|\, n_{\lambda k}, n_{\lambda' k'}; i \rangle \\
&= 2\frac{\pi \hbar}{V\sqrt{\omega_k \omega_{k'}}}\sqrt{(n_{\lambda k}+1)(n_{\lambda' k'}+1)} \\
&\quad \times (\boldsymbol{e}_{\lambda k}^* \cdot \boldsymbol{e}_{\lambda' k'}^*)\langle f \,|\, \sum_a \frac{e_a^2}{m_a} \mathrm{e}^{-\mathrm{i}(\boldsymbol{k}+\boldsymbol{k}')\cdot \boldsymbol{r}_a} \,|\, i \rangle
\end{aligned}
\tag{4.118}
$$

其中，因子 2 来自于两个等价的算符 $\hat{A}$.

d. 吸收量子（$\lambda \boldsymbol{k}$）和辐射量子（$\lambda' \boldsymbol{k}'$），同时系统发生 $i \to f$ 的跃迁（**电磁波的散射**）：

$$
\begin{aligned}
&\langle n_{\lambda k}-1, n_{\lambda' k'}+1; f \,|\, \hat{H}_2' \,|\, n_{\lambda k}, n_{\lambda' k'}; i \rangle \\
&= 2\frac{\pi \hbar}{V\sqrt{\omega_k \omega_{k'}}}\sqrt{(n_{\lambda' k'}+1) n_{\lambda k}}(\boldsymbol{e}_{\lambda k} \cdot \boldsymbol{e}_{\lambda' k'}^*)\langle f \,|\, \sum_a \frac{e_a^2}{m_a} \mathrm{e}^{-\mathrm{i}(\boldsymbol{k}-\boldsymbol{k}')\cdot \boldsymbol{r}_a} \,|\, i \rangle
\end{aligned}
\tag{4.119}
$$

类似的散射事件也可以由算符 $\hat{H}_1'$ 的第二阶项产生. 海森伯算符的时间依赖性在这里被略去，因为将考虑使用黄金规则跃迁概率.

如果这些过程发生在一个自由的带电粒子上，它的初、末态将分别为具有动量 $\boldsymbol{p}_i$ 和 $\boldsymbol{p}_f$ 的平面波. 那时矩阵元将包含表征动量守恒的 δ 函数：

a. $\delta(\boldsymbol{p}_f - \boldsymbol{p}_i + \hbar \boldsymbol{k})$；

b. $\delta(\boldsymbol{p}_f - \boldsymbol{p}_i - \hbar \boldsymbol{k})$；

c. $\delta(\boldsymbol{p}_f - \boldsymbol{p}_i + \hbar\boldsymbol{k} + \hbar\boldsymbol{k}')$;

d. $\delta(\boldsymbol{p}_f - \boldsymbol{p}_i + \hbar\boldsymbol{k}' - \hbar\boldsymbol{k})$

对于多体系统,守恒量是所有粒子的总动量.然而,在实际过程中,总能量也必须像黄金法则所表明的那样守恒.对于一个**自由粒子**,两个守恒律不能同时满足.因此,一个自由粒子的光辐射和发射(不改变其质量)是被禁戒的;作为一个更复杂过程的一部分,它们只能是虚的;它们将在5.8节光子效应中讨论.光的散射,(4.119)式的过程d,对于一个自由电荷也是可能的(非相对论情况下的 **Thomson 散射**或在相对论情况下的 **Compton 效应**).我们将在第6章给出更详细的讨论.

第 5 章

光的吸收和光的发射

在每一丛火焰和每一个光源中,都有无数的带电粒子振荡.

——P. Zeeman

5.1 爱因斯坦系数,微波激射器和激光器

时间相关的电磁场可以把能量转移到一个带电荷的系统,从而激发这个系统(光的吸收).同一个场也可以将能量从该系统取走(感生或受激发射).一个激发的系统也能够在没被实量子激发的情况下以光子形式发射能量(自发发射).所有这些过程都是由辐射场与物质相互作用的哈密顿量((4.112)式)来描述的.

作为光子被介质中的原子吸收和发射的结果,这个系统会到达**热力学平衡**状态.光子和原子两者在每一种可能的介质跃迁频率 ω 都达到了平衡.在平衡时,在每个量子态

$|i\rangle$上都有稳定的原子布居 N_i 和在频率 ω 处能量密度为 $\rho(\omega)$ 的光子的稳定分布．按照 A. Einstein 1917 年所说的，我们将考虑平衡条件．

通过吸收频率为 ω 的光子，原子经历 $i\to f$ 的量子跃迁到达 $|f\rangle$ 态，其能量变为 $E_f=E_i+\hbar\omega$．吸收过程的速率应该正比于初态 i 中可用的原子数和合适的光子数：

$$\dot{w}_{fi} = B_{fi}N_i\rho(\omega_{fi}) \tag{5.1}$$

其中，B_{fi} 是 **Einstein 系数**．与此同时，也会发生发射具有同一频率光子的逆跃迁 $f\to i$．发射率包括正比于 $|f\rangle$ 态中的原子数和已经可用的光子数的感生部分，以及仅由原子结构决定的、不依赖光子态的自发发射：

$$\dot{w}_{if} = B_{if}N_f\rho(\omega_{fi}) + A_{if}N_f \tag{5.2}$$

这里又引入了两个新系数 B_{if} 和 A_{if}．

显而易见，Einstein 系数是吸收或发射基本作用的跃迁率．在微扰论中，求得的这些过程的振幅为（见(1.12)式）

$$a_{i\to f} = -\frac{\mathrm{i}}{\hbar}\int \mathrm{d}t H'_{fi}(t)\mathrm{e}^{\mathrm{i}\omega_{fi}t},\quad a_{f\to i} = -\frac{\mathrm{i}}{\hbar}\int \mathrm{d}t H'_{if}(t)\mathrm{e}^{\mathrm{i}\omega_{if}t} \tag{5.3}$$

由于 $\omega_{fi}=-\omega_{if}$，且哈密顿量是厄米的：$H'_{fi}=(H'_{if})^*$，我们得到**振幅**间的关系为

$$a_{i\to f} = -a^*_{f\to i} \tag{5.4}$$

这样，直接过程与逆过程**概率**的差别只是末态密度不同（**细致平衡原理**，它将在散射理论中再次讨论，见 10.3 节）．这个结论在超出微扰论时也是成立的，例如，就像可从二阶振幅（见(1.27)式）或完整表达式（见(1.31)式）中看到的．末态密度被包含在 Einstein 系数的定义中，因此精细平衡要求

$$B_{fi} = B_{if} \tag{5.5}$$

平衡条件是吸收率和发生率的等式 $\dot{w}_{fi}=\dot{w}_{if}$，与(5.5)式一起，就给出了平衡光子密度的关系：

$$\rho(\omega_{fi}) = \frac{A_{if}}{B_{if}}\frac{1}{(N_i/N_f)-1} \tag{5.6}$$

统计力学预言：在达到温度 T 的热平衡时（我们用能量单位来测量温度，设 **Boltzmann 常数** $k_{\mathrm{B}}=1$），能量为 E 的原子态的布居正比于 $\exp(-E/T)$．因此，在平衡时，

$$\frac{N_i}{N_f} = \mathrm{e}^{-(E_i-E_f)/T} = \mathrm{e}^{\hbar\omega_{fi}/T} \tag{5.7}$$

通过把同样的 Boltzmann 原理用于光子气体，我们得到频率为 ω、给定模式为$(\lambda \boldsymbol{k})$的光子的平衡数 $\bar{n}$ 为

$$\bar{n}=\frac{1}{Z}\sum_{n=0}^{\infty}\mathrm{e}^{-\alpha(n+1/2)}n,\quad \alpha=\frac{\hbar\omega}{T} \tag{5.8}$$

其中，**配分函数**是一个归一化因子：

$$Z=\sum_{n=0}^{\infty}\mathrm{e}^{-\alpha(n+1/2)} \tag{5.9}$$

这个几何级数的简单求和导致了给定类型光子数的 **Planck 分布**：

$$\bar{n}=\frac{1}{\mathrm{e}^{\alpha}-1}=\frac{1}{\exp(\hbar\omega/T)-1} \tag{5.10}$$

利用单位能量间隔中的光子态密度（见上册(3.92)式），我们得到

$$\rho(\omega)=\frac{V\omega^2}{\pi^2\hbar c^3}\frac{1}{\exp(\hbar\omega/T)-1} \tag{5.11}$$

并且(5.6)式确定了 Einstein 系数之间的关系：

$$\frac{A_{if}}{B_{if}}=\frac{V\omega_{fi}^2}{\pi^2\hbar c^3} \tag{5.12}$$

我们将看到这个在量子力学发展之前就推导出来的结果被量子理论完全证实了.

当电磁波存在时，所有这三种过程（吸收、自发和受激发射）在一个系统中同时发生.这样一来，物质与辐射间的平衡就建立起来了.具有很大平均量子数 $\bar{n}$ 的电磁波强度沿着它在介质中径迹的改变是由感生发射和吸收之间的竞争决定的.这两种过程的概率与可用的光子数（也就是波的强度 I）成正比，也与量子态中原子的布居成正比，这两者都是启动这一跃迁所必需的.对两个原子态之间的给定跃迁，波的强度正比于 $N_>$，即较高态上的原子数增长；该强度正比于 $N_<$，即在可以吸收量子的较低态上的原子数减少.Einstein 关系允许我们以一种简单方式写出这个平衡：

$$\frac{\mathrm{d}I}{\mathrm{d}x}=\text{常数}\cdot I(N_>-N_<) \tag{5.13}$$

如果 $N_>>N_<$，行波就能够被介质**增强**.通常，能级的平衡布居随能级的能量((5.7)式)降低.例如，对在室温下的可见光，有$\hbar\omega/T\approx10^2$ 及 $N_>\ll N_<$.于是，我们需要建立一个**逆布居**.

产生能级逆布居的量子装置使我们能够获得和放大电磁波，这种电磁波具有高功

率、单色、相干性和窄弥散角的特殊组合特性.根据频率的范围,这些装置被称为**微波激射器**(maser)或**激光器**(laser),它们分别是**通过辐射受激发射的微波放大器**(Microwave Amplification by Stimulated Emission of Radiation)或**通过辐射受激发射的光放大器**(Light Amplification by Stimulated Emission of Radiation)的缩写.从形式上可以说,具有逆布居的介质相对于给定的辐射频率有**负温度**.量子光学现代设备的讨论已经超出本书的范围.我们将列出几个最简单的例子.

最初产生负温度的方式曾用于氨分子的**分子发生器**.一个特定的设备将处于低能级的分子从分子束流中偏移出来.那时在剩余下来的束流中,我们就有 $N_{>}>N_{<}$.当然,相对于**自发**辐射的高能级的寿命必须足够长.被选中的具有逆布居的束流到达一个共振本征频率为 $\omega_0=(E_{>}-E_{<})/\hbar$的腔.一直存在于腔中的同样频率的热辐射诱发了束流分子发射光子,反过来,放大了腔的本征模式.部分能量可以被利用,而剩余的部分作用在新到达的分子上,激发了新的辐射,确保了产生频率的高稳定性.

在激光器中,没有这样的分类装置.最熟知的工作机制基于**三个能级**,如图 5.1 所示.在平衡态中,最大数目的原子处于态 1.频率为 ω_{31} 的外场,即**光泵浦**,将原子激发到能级 3.如果从 3 到 2 跃迁的跃迁率 $\dot{w}_{23}$ 比 $\dot{w}_{13}$ 高,在时间 $\tau_3\sim\dot{w}_{23}^{-1}$之后,原子会跃迁到 2.态 2 必然是**亚稳的**(长寿命的,$\tau_2\sim\dot{w}_{12}\gg\tau_3$).这样,我们就把原子汇集到了态 2.用高泵浦功率,我们就可到达一个对 1 和 2 能级对的长寿命逆布居,$N_2>N_1$.典型值可以是 $\tau_3\sim10^{-(7\div8)}$ s;有一个比较宽的能级 3 是有好处的,它有助于我们得到一个很强的从能级 1 到能级 3 的泵浦.2→1 的自发发射引起了所需要频率 ω_{21}的波.沿介质传播时,这个波激发了态 2 上其他原子的辐射.那些代替光学频率 $\lambda\sim5\times10^{-5}$ cm 腔的镜面的多次反射放大了由于感生辐射产生的波.如果这一放大超过了反射的损失,强度就会雪崩式增长.为了能够辐射出去,这些镜面中有一个是半透明的.那些没有严格沿着轴线传播的波的反射次数较少,因而增强的时间比较少;这会导致主要辐射较窄的角弥散.这样,激光器就把相对较宽频率范围的泵浦能转换成频率为 ω_{21} 的单色辐射.例如,三能级方案用在广为人知的红宝石激光器中,其中混合铬原子的跃迁产生了 694.3 nm 的红色光线.

在激光器中的高光子密度处出现一些新效应.例如,两个光子很有可能会同时作用于同一个原子.如果它们的能量之和满足共振条件

$$\omega_1+\omega_2=\omega_{fi} \tag{5.14}$$

具有两个光子的 $i\rightarrow f$ 跃迁的吸收就有可能.这里我们需要超越微扰论的第一阶,并考虑**非线性**(多光子)过程.形式上,它们出现在 $\boldsymbol{A}$ 场的更高阶,因此相应的振幅包含更多的产生和湮没算符,参见 2.2 节.特别是,当单个光子的能量低于电离阈值时,原子的多光子

电离也是可能的.

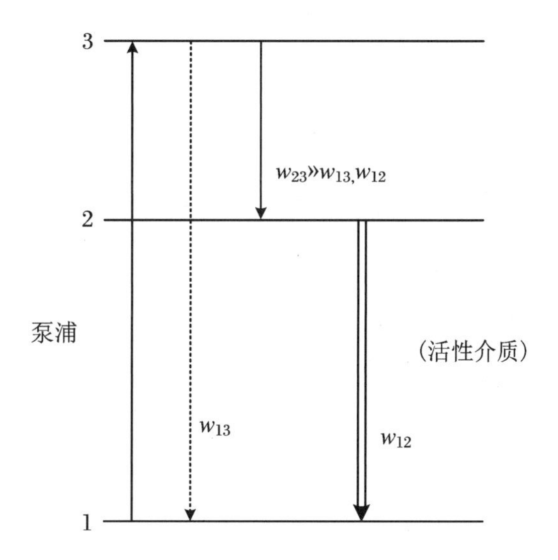

图 5.1　三能级激光系统

5.2　光吸收

现在我们将详细地介绍量子力学中光的发射和吸收.一个($\lambda\boldsymbol{k}$)光子经历 $i\to f$ 跃迁被一个量子系统吸收的基本作用可以通过(2.6)式的黄金规则用下述矩阵元(见(4.117)式)来描述:

$$\dot{w}_{fi}=\frac{2\pi}{\hbar}\frac{2\pi\hbar}{\omega V}n_{\lambda k}\left|\left\langle f\left|\sum_a\frac{e_a}{m_a}(\hat{\boldsymbol{p}}_a\cdot\boldsymbol{e}_{\lambda k})\mathrm{e}^{\mathrm{i}(\boldsymbol{k}\cdot\boldsymbol{r}_a)}\right|i\right\rangle\right|^2\delta(E_f-E_i-\hbar\omega)\tag{5.15}$$

在每一次的作用中,系统的能量增加 $\hbar\omega=E_f-E_i$,我们得到平均的能量吸收速率为

$$\hbar\omega\dot{w}_{fi}=\frac{4\pi^2\bar{n}_{\lambda k}}{V}\left|\left\langle f\left|\sum_a\frac{e_a}{m_a}(\hat{\boldsymbol{p}}_a\cdot\boldsymbol{e}_{\lambda k})\mathrm{e}^{\mathrm{i}(\boldsymbol{k}\cdot\boldsymbol{r}_a)}\right|i\right\rangle\right|^2\delta(\omega-\omega_{fi})\tag{5.16}$$

在这里我们使用了上册(3.26)式中的规则将其变为频率的 δ 函数,并且引入了平均光子布居 $\bar{n}_{\lambda k}$.

每秒到达原子的光子能量通量为

$$密度\times速度\times能量 = \frac{\bar{n}_{\lambda k}}{V} c\, \hbar\omega \tag{5.17}$$

对给定的频率 ω 和系统的特定跃迁 $i \to f$，被吸收的能量与入射通量的比给出了**吸收截面**（对比 3.1 节的散射截面）：

$$\sigma_{fi}(\omega) = \frac{4\pi^2}{\hbar c\omega} \left| \left\langle f \left| \sum_a \frac{e_a}{m_a} \mathrm{e}^{\mathrm{i}(\boldsymbol{k}\cdot\boldsymbol{r}_a)} (\boldsymbol{e}_{\lambda k} \cdot \hat{\boldsymbol{p}}_a) \right| i \right\rangle \right|^2 \delta(\omega - \omega_{fi}) \tag{5.18}$$

或者，对于对一个具有相同 e/m 比的粒子系统

$$\sigma_{fi}(\omega) = \frac{4\pi^2 \alpha}{m^2 \omega} \left| \left\langle f \left| \sum_a \mathrm{e}^{\mathrm{i}(\boldsymbol{k}\cdot\boldsymbol{r}_a)} (\boldsymbol{e}_{\lambda k} \cdot \hat{\boldsymbol{p}}_a) \right| i \right\rangle \right|^2 \delta(\omega - \omega_{fi}) \tag{5.19}$$

其中，$\alpha = e^2/(\hbar c)$. 对于自旋不为零的粒子，与波的磁场的相互作用（见公式(4.115)）也应以同样的方式被包括进来.

这些结果展示了无穷窄的**吸收线**. 我们知道，实际上激发态 $|f\rangle$ 只是**准稳**的，可参见上册 9.12 节；它具有有限的寿命，并因此有能量的不确定性——有限的**宽度** Γ. 如果入射波具有一个能量的扩展度 $\Delta E > \Gamma$，它就能在能量守恒的不确定性的极限内激发 $|f\rangle$ 态的所有单色组分. 在指数型衰变的标准近似下（见上册 5.8 节），我们应使用洛伦兹共振曲线替换 $\delta(\omega - \omega_{fi})$：

$$\delta(\omega - \omega_{fi}) \Rightarrow \frac{\gamma}{2\pi} \frac{1}{(\omega - \omega_{fi})^2 + \gamma^2/4}, \quad \gamma = \frac{\Gamma_f + \Gamma_i}{\hbar} \tag{5.20}$$

这里我们也能考虑初态的可能有限宽度 Γ_i. 随着 $\gamma \to 0$，我们就回到了 $\delta(\omega - \omega_{fi})$. 这样，我们就有了一个吸收线的**自然形状**：

$$\sigma_{fi}(\omega) = \frac{4\pi^2}{\hbar c\omega} \left| \left\langle f \left| \sum_a \frac{e_a}{m_a} \mathrm{e}^{\mathrm{i}(\boldsymbol{k}\cdot\boldsymbol{r}_a)} (\boldsymbol{e}_{\lambda k} \cdot \hat{\boldsymbol{p}}_a) \right| i \right\rangle \right|^2 \frac{\gamma}{2\pi} \frac{1}{(\omega - \omega_{fi})^2 + \gamma^2/4} \tag{5.21}$$

就像经常发生的那样，如果(5.21)式中的矩阵元是频率 ω 的光滑函数，且 ω 在线宽度 γ 的范围内近似为常数，我们就能得到**积分截面**为

$$\int \mathrm{d}\omega \sigma_{fi}(\omega) = \frac{4\pi^2}{\hbar c\omega_{fi}} \left| \left\langle f \left| \sum_a \frac{e_a}{m_a} \mathrm{e}^{\mathrm{i}(\boldsymbol{k}\cdot\boldsymbol{r}_a)} (\boldsymbol{e}_{\lambda k} \cdot \hat{\boldsymbol{p}}_a) \right| i \right\rangle \right|^2 \tag{5.22}$$

5.3 长波长极限

对于一个处于束缚态的非相对论粒子系统，在矩阵元的指数中，不同粒子相位的差通常很小.这是从一个简单的粗略估计链得来的，其中 R 表示系统的尺度：

$$(\boldsymbol{k}\cdot\boldsymbol{r}_a)\sim kR=\frac{\omega}{c}R\sim\frac{ER}{\hbar c}\sim\frac{p^2}{m\hbar c}\frac{\hbar}{p}\sim\frac{v}{c} \tag{5.23}$$

因此，对一个非相对论系统，$kR\ll1$，与辐射的波长相比，其尺寸通常都很小.在原子中，除了较重的一些原子，都有 $kR\sim v/c\sim Z\alpha\ll1$.不等式 $kR\ll1$ 对大部分激发的核能级来说也是对的.

利用 $\exp(\mathrm{i}(\boldsymbol{k}\cdot\boldsymbol{r}_a))\approx1$，我们能把积分截面((5.22)式)简化成

$$\int\mathrm{d}\omega\sigma_{fi}(\omega)=\frac{4\pi^2}{\hbar c\omega_{fi}}\left|\left\langle f\left|\left(\boldsymbol{e}_{\lambda k}\cdot\sum_a\frac{e_a}{m_a}\hat{\boldsymbol{p}}_a\right)\right|i\right\rangle\right|^2 \tag{5.24}$$

在这个近似下，所有粒子的贡献都是**相干的**，它们作为一个整体发射和吸收光.如果系统内部的力只依赖粒子的坐标，则动量 $\hat{\boldsymbol{p}}_a$ 仅仅不与动能算符对易，且运动方程(见上册(7.89)式)建立了非对角矩阵元之间的关系：

$$(\hat{\boldsymbol{p}}_a)_{fi}=\mathrm{i}m_a\omega_{fi}(\hat{\boldsymbol{r}}_a)_{fi} \tag{5.25}$$

那时，截面(5.24)式就由电**偶极矩**(见上册(21.63)式)的矩阵元确定：

$$\int\mathrm{d}\omega\sigma_{fi}=\frac{4\pi^2}{\hbar c\omega_{fi}}\left|\left\langle f\left|\boldsymbol{e}_{\lambda k}\cdot\sum_a\omega_{fi}e_a\boldsymbol{r}_a\right|i\right\rangle\right|^2=\frac{4\pi^2\omega_{fi}}{\hbar c}\left|(\boldsymbol{e}_{\lambda k}\cdot\boldsymbol{d}_{fi})\right|^2 \tag{5.26}$$

习题 5.1 证明：从微扰哈密顿量

$$H'_{\mathrm{dip}}=-(\hat{\boldsymbol{d}}\cdot\hat{\boldsymbol{\mathcal{E}}}) \tag{5.27}$$

开始，能够推导出结果(5.26)式，这个哈密顿量是系统的偶极矩与波的电场((4.30)式)的相互作用，并假定这个波在系统的尺度上是均匀的.

习题 5.2 如果光波沿着与振动轴成 θ 角的方向线性偏振，计算光被处在第 n 个定态的线性谐振子(电荷为 e)吸收的积分截面.

解

$$\int d\omega\sigma_{n+1,n} = 2\pi^2 \frac{e^2}{mc}\cos^2\theta(n+1) \tag{5.28}$$

当 $n=0$ 时，我们得到经典结果[16].

用上册 21.6 节中使用的术语，由电偶极矩产生的跃迁可以归类于 E1 跃迁. 偶极跃迁的强度经常利用定义每个跃迁的如下**振子强度**来表示：

$$F_{fi} = \frac{2m(E_f - E_i)}{\hbar^2}\left|\sum_a (x_a)_{fi}\right|^2 \tag{5.29}$$

在这里我们要记住：所有的粒子（通常是在一个分子或者一个原子中的电子）具有相同的电荷. 对于一个一开始就处在基态的系统，所有的振子强度都是正的. 根据 TRK 求和规则（见上册(7.138)式），在没有速度依赖的外力时，有

$$\sum_f F_{fi} = Z \tag{5.30}$$

它是原子中的电子数. 由此，我们得到总的积分吸收截面（对所有可能的 $0\to f$ 跃迁求和）

$$\int d\omega\sigma = \sum_f \int d\omega\sigma_{f0} = \frac{2\pi^2 e^2}{mc}Z \tag{5.31}$$

这个结果与不依赖于系统内相互作用势类型的经典极限相符.

如果我们限制来自上面的光的频率以避免核激发和新粒子的光生，方程(5.31)也适用于中性原子. 如果系统不是电中性的，它将在波的场中做整体运动，这对应着经典的 **Thomson 散射**[16, §78]. 如果我们只对内部激发感兴趣，就需要分离质心运动. 在上册习题 7.10 中，已经使用中子和质子有效电荷（见上册(7.141)式）的结果，对原子核做了这一步.

习题 5.3 假定有 TRK 求和规则，请预测具有 Z 个质子和 N 个中子的原子核的偶极光吸收（photoabsorption）总积分截面，忽略质子和中子的质量差：$m_p \approx m_n \equiv m$.

解 利用有效电荷（见上册(7.141)式），求得由内禀激发所导致的原子核吸收截面的部分为

$$\int dE_\gamma \sigma_{\text{exc}} = \frac{2\pi^2\hbar}{mc}\left((e_p^{\text{eff}})^2 Z + (e_n^{\text{eff}})^2 N\right) = \frac{2\pi^2 e^2\hbar}{mc}\frac{NZ}{A} = 0.06\,\frac{NZ}{A}\ \text{MeV}\cdot\text{barn} \tag{5.32}$$

其中，$1\ \text{barn} = 10^{-24}\ \text{cm}^2$，是核物理中使用的面积单位. 于是，对偶极核跃迁，有效振子强度为 NZ/A. 原子核作为整体的运动（质量为 $m(Z+N)\equiv mA$）是由质心对偶极矩的贡

献 eZR 确定的，它将给出振子强度$(Z/A)^2 \cdot A = Z^2/A$. 加上这个附加项，总的振子强度恢复到与(5.30)式一致的结果：

$$\frac{NZ}{A} + \frac{Z^2}{A} = Z \tag{5.33}$$

事实上，我们不能认为实际的核子相互作用像 TRK 求和规则中假定的那样与速度无关.

习题 5.4 假设除了传统的位置相关的力外，还存在如下**交换力**：

$$\hat{U}_{\text{exch}} = -U(|\boldsymbol{r}_p - \boldsymbol{r}_n|)\hat{\mathcal{P}}_{np} \tag{5.34}$$

其中，$\hat{\mathcal{P}}_{np}$是将质子变换到中子，反之亦然，但不改变粒子的空间和自旋特性的算符，如图 5.2 所示.

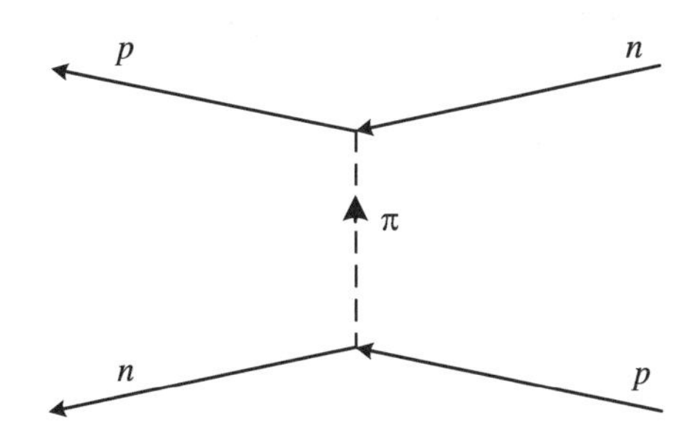

图 5.2 一种可能的交换相互作用中的 π 介子机制

证明：这个贡献[对于吸引力，$U(r_{np})>0$]增加了(5.30)式的求和规则，对具有球对称的态$|i\rangle$，它变成了

$$\sum_f F_{fi} = Z\left\{1 + \frac{m}{3\hbar^2}\langle i \mid \sum r_{np}^2 U(r_{np})\hat{\mathcal{P}}_{np} \mid i\rangle\right\} \tag{5.35}$$

这里求和是对所有的中子-质子**对**进行的.

5.4 高阶多极跃迁

虽然前面小节中的**偶极近似**在长波极限($\lambda \gg R$)下适用，对一个非相对论性系统的总的光吸收截面来说，就可能出现如下这种情况：对一个给定的 $i \to f$ 跃迁，偶极矩阵元

d_{fi}很小,或者由于角动量和宇称的选择定则使其为零(见上册 22.5 节).偶极算符不能在相同的宇称态之间,或角动量改变大于 1($\Delta J>1$)的态之间产生跃迁.在这种情况下,考虑(5.22)式中的 $\exp[\mathrm{i}(\boldsymbol{k}\cdot\boldsymbol{r}_a)]$按 kR 幂次展开式中的下一项就很有必要了.

矩阵元中的 kR 线性项可以改写成

$$\mathrm{i}\frac{e}{m}(\boldsymbol{e}\cdot\hat{\boldsymbol{p}})(\boldsymbol{k}\cdot\boldsymbol{r})=\frac{\mathrm{i}e}{2m}(M_{+}+M_{-})\tag{5.36}$$

其中

$$M_{\pm}=(\boldsymbol{e}\cdot\hat{\boldsymbol{p}})(\boldsymbol{k}\cdot\boldsymbol{r})\pm(\boldsymbol{e}\cdot\boldsymbol{r})(\boldsymbol{k}\cdot\hat{\boldsymbol{p}})\tag{5.37}$$

利用运动方程(见上册(7.89)式),我们得到

$$M_{+}=m(\boldsymbol{e}\cdot\dot{\boldsymbol{r}})(\boldsymbol{k}\cdot\boldsymbol{r})+(\boldsymbol{e}\cdot\boldsymbol{r})m(\boldsymbol{k}\cdot\dot{\boldsymbol{r}})=m\frac{\mathrm{d}}{\mathrm{d}t}((\boldsymbol{e}\cdot\boldsymbol{r})(\boldsymbol{k}\cdot\boldsymbol{r}))\tag{5.38}$$

由于 $\boldsymbol{e}\cdot\boldsymbol{k}=0$,则

$$M_{+}=me_ik_j\frac{\mathrm{d}}{\mathrm{d}t}(x_ix_j)=me_ik_j\frac{\mathrm{d}}{\mathrm{d}t}\left(x_ix_j-\frac{1}{3}\delta_{ij}r^2\right)=\frac{m}{3e}e_ik_j\dot{Q}_{ij}\tag{5.39}$$

其中,Q_{ij}是一个给定粒子的电四极矩张量(见上册(16.130)式);对所有粒子求和,我们得到总四极矩.利用 $\hat{Q}_{ij}$的海森伯运动方程,相应的矩阵元可以表示为

$$\frac{\mathrm{i}e}{2m}(M_{+})_{fi}=\frac{\mathrm{i}}{6}e_ik_j(\dot{Q}_{ij})_{fi}=\frac{1}{6\hbar}e_ik_j([\hat{Q}_{ij},H^0])_{fi}=-\frac{1}{6}\omega_{fi}e_ik_j(Q_{ij})_{fi}\tag{5.40}$$

这一项得到了**四极**跃迁.

习题 5.5 证明这个结果可以从系统的四极矩与波的电场梯度相互作用 $\hat{H}'_Q$(见上册(24.32)式)导出.

(5.36)式中的 M_- 项为

$$M_{-}=([\boldsymbol{k}\times\boldsymbol{e}]\cdot[\boldsymbol{r}\times\hat{\boldsymbol{p}}])=\hbar([\boldsymbol{k}\times\boldsymbol{e}]\cdot\hat{\boldsymbol{\ell}})\tag{5.41}$$

按照方程(4.31),矢量$[\boldsymbol{k}\times\boldsymbol{e}]$定义了入射波的磁场方向 $\boldsymbol{b}$.于是 M_- 确定了粒子的轨道磁矩和磁场的相互作用:

$$\frac{\mathrm{i}e}{2m}M_{-}=\frac{e\hbar}{2mc}(\hat{\boldsymbol{\ell}}\cdot\boldsymbol{b})\omega=\hbar g^{\ell}(\hat{\boldsymbol{\ell}}\cdot\boldsymbol{b})\omega\tag{5.42}$$

习题 5.6 证明:自旋项 H'_s((4.115)式)与(5.40)式的结果可归结为粒子的总磁矩

与波的磁场(见(4.31)式)的相互作用：

$$H'_{\text{magn}} = -(\hat{\boldsymbol{\mu}} \cdot \hat{\boldsymbol{\mathcal{B}}}), \quad \hat{\boldsymbol{\mu}} = \hbar(g^s \hat{\boldsymbol{s}} + g^\ell \hat{\boldsymbol{\ell}}) \tag{5.43}$$

其中,假定了场在原子的尺度上是均匀的.

在对参数 $kR \sim v/c$ 相同的近似下,我们推导**电四级**(E2)和**磁偶极**(M1)跃迁.平均而言,这些跃迁的概率比电偶极(E1)跃迁的概率要小一个$(kR)^2 \sim (v/c)^2$ 的因子.一般说来,高阶电多极(EL)跃迁和磁多极(M$L-1$)跃迁具有相同的数量级：

$$w(\mathrm{E}L) \sim w(\mathrm{M}L-1) \propto (kR)^{2(L-1)} w(\mathrm{E1}) \tag{5.44}$$

根据磁场相互作用的特性,与电多极相比,磁多极包含了一个额外的 $v/c \sim kR$ 幂次.在原子核内,结构的特殊性质会导致 E2 跃迁大大增强.在此,我们不再详细讨论多极展开,这需要光子场的球面波展开[15].

5.5 受激辐射和自发辐射

光子发射的矩阵元与原子能量的减少($\omega = \omega_{fi}$)以及光子占有数的增加($n_{\lambda k} \to n_{\lambda k}+1$)相关联.相应的产生矩阵元($\sqrt{n_{\lambda k}+1}$)给出了感生的(正比于$\propto n_{\lambda k}$)和自发的(与发射作用之前可用的光子数目无关)辐射.

黄金规则确定了微分发射率,它必须乘以在立体角元 do 发射出的光子的态密度 $\mathrm{d}\rho_f$(上册(3.92)式)：

$$\begin{aligned}
\mathrm{d}\dot{w}_{fi} &= \frac{2\pi}{\hbar^2 c^2}\left|\langle f \mid \sum_a \frac{e_a}{m_a} \mathrm{e}^{-\mathrm{i}(\boldsymbol{k}\cdot\boldsymbol{r}_a)}(\boldsymbol{e}^*_{\lambda\boldsymbol{k}} \cdot \hat{\boldsymbol{p}}_a) \mid i\rangle\right|^2 \frac{2\pi\hbar^2}{\omega V}(n_{\lambda k}+1)\mathrm{d}\rho_f \\
&= \frac{\omega}{2\pi\hbar c^3}\left|\langle f \mid \sum_a \frac{e_a}{m_a} \mathrm{e}^{-\mathrm{i}(\boldsymbol{k}\cdot\boldsymbol{r}_a)}(\boldsymbol{e}^*_{\lambda\boldsymbol{k}} \cdot \hat{\boldsymbol{p}}_a) \mid i\rangle\right|^2 (n_{\lambda k}+1)\mathrm{d}o
\end{aligned} \tag{5.45}$$

当然,归一化体积在结果中不再出现.辐射**强度**(在立体角 do 中,单位时间内辐射出的给定模式($\lambda\boldsymbol{k}$)辐射的能量)是

$$\mathrm{d}I_{\lambda k} = \hbar\omega \mathrm{d}\dot{w}_{fi} = \frac{\omega^2}{2\pi c^3}\left|\langle f \mid \sum_a \frac{e_a}{m_a} \mathrm{e}^{-\mathrm{i}(\boldsymbol{k}\cdot\boldsymbol{r}_a)}(\boldsymbol{e}^*_{\lambda\boldsymbol{k}} \cdot \hat{\boldsymbol{p}}_a) \mid i\rangle\right|^2 (n_{\lambda k}+1)\mathrm{d}o \tag{5.46}$$

如果场的态没有确定的光子数，则 $n_{\lambda k}$ 就将被期待值 $\bar{n}_{\lambda k}$ 代替，比如热平衡(5.10)式中的情况.

习题 5.7 我们知道光子不可能具有总角动量为零($J=0$)的态(习题 4.5). 因此总角动量守恒不允许 $J_i=J_f=0$ 的单光子辐射. 证明这个结论也可以由(5.46)式中矩阵元的显式形式得到.

解 当动量 $\boldsymbol{k}$ 沿着量子化的轴时，指数 $\exp[\mathrm{i}(\boldsymbol{k})\cdot\boldsymbol{r}]$ 不取决于方位角，因此，就不会改变对 $J_i=0$ 的态等于零的投影 M_i. 算符($\boldsymbol{e}^*\cdot\hat{\boldsymbol{p}}$)只包含动量的横向分量 $\hat{p}_{x,y}$，它们会把 $|M|$ 的大小改变 1，则有 $M_f=\pm1$，这对 $J_f=0$ 的末态是不可能的.

(5.46)式的整个算符都不作用于自旋变量，因而习题 5.7 的说法也可以用于 $L_i=0\to L_f=0$ 的情形，于是也证明了对 S_i,S_f,J_i,J_f 的任意值跃迁都被禁戒的结果. 但是这样的跃迁能被自旋-磁相互作用 H_s' 诱发，而 $J_i=0\to J_f=0$ 的单光子跃迁是被绝对禁戒的. 然而，由于二阶微扰或者由于二次项 $\sim\boldsymbol{A}^2$，双光子辐射却是可能的. 在原子核里，替代的过程是**内转换**，其中辐射的能量被转移到原子中的电子，或用于产生正负电子对.

很容易看出爱因斯坦系数满足 5.1 节建立的关系. 如果频率为 ω 的单色电磁波在介质中传播，其中原子可以经历相同跃迁频率的共振跃迁，那么吸收和辐射的基本过程将以前面建立的概率发生. 自发和受激辐射的关键区别是受激辐射的作用增强了波的强度，这是因为发射的光子具有相同的量子数($\omega\lambda\boldsymbol{k}$). 在自发辐射中，所有方向 $\boldsymbol{k}$ 的光子可以非相干地发射. 一般来说，方向 $\boldsymbol{k}$ 与入射波的方向并不一致. 对于 $\bar{n}_{\lambda k}\gg1$ 的波，自发发射并不影响强度.

5.6 偶极辐射

让我们先考虑自发辐射. 在**偶极近似**下，$kR\ll1$，

$$\mathrm{d}I_{\lambda k}=\frac{\omega^2}{2\pi c^3}\left|\left\langle f\left|\sum_a\frac{e_a}{m_a}(\boldsymbol{e}_{\lambda k}^*\cdot\hat{\boldsymbol{p}}_a)\right|i\right\rangle\right|^2\mathrm{d}o \tag{5.47}$$

对于一个有势相互作用的系统，再次利用(5.25)式，我们得到

$$\mathrm{d}I_{\lambda k}=\frac{\omega^4}{2\pi c^3}\left|(\boldsymbol{e}_{\lambda k}^*\cdot\boldsymbol{d}_{fi})\right|^2\mathrm{d}o \tag{5.48}$$

这个偶极辐射强度的结果非常类似于经典公式[16, §67]. 为了对发射角积分并且对发射的

光子的极化求和,我们选择在横向平面内的实极化矢量 $\boldsymbol{e}_{1\boldsymbol{k}}$ 和 $\boldsymbol{e}_{2\boldsymbol{k}}$,并让这两个基矢中的一个与矢量 $\boldsymbol{d}_{fi}$ 垂直,例如 $(\boldsymbol{e}_{2\boldsymbol{k}}\cdot\boldsymbol{d}_{fi})=0$. 如果矢量 $\boldsymbol{k}$ 和 $\boldsymbol{d}_{fi}$ 之间的夹角为 θ,那么跃迁矢量 $\boldsymbol{d}_{fi}$ 有沿 $\boldsymbol{k}$ 的分量 $(\propto\cos\theta)$ 和沿 $\boldsymbol{e}_{1\boldsymbol{k}}$ 的分量 $(\propto\sin\theta)$. 于是,

$$|(\boldsymbol{e}_{\lambda\boldsymbol{k}}^{*}\cdot\boldsymbol{d}_{fi})|^{2}=|\boldsymbol{d}_{fi}|^{2}\sin^{2}\theta \tag{5.49}$$

辐射对波矢 $\boldsymbol{k}$ 的角度依赖关系 $(\propto\sin^{2}\theta)$ 和经典电动力学中的一样. 在所有方向上的总强度为

$$I_{\omega}=\frac{\omega^{4}}{2\pi c^{3}}|\boldsymbol{d}_{fi}|^{2}\int\mathrm{d}o\,\sin^{2}\theta=\frac{4\omega^{4}}{3c^{3}}|\boldsymbol{d}_{fi}|^{2} \tag{5.50}$$

对于一个均方偶极动量为 $\overline{|\boldsymbol{d}(t)|^{2}}$ 的辐射振子,经典公式为

$$I_{\omega}=\frac{2\omega^{4}}{3c^{3}}\overline{|\boldsymbol{d}(t)|^{2}} \tag{5.51}$$

按照经典和量子理论间的**对应原则**,就应该是这样. 用 Fourier 级数可以把经典振子表示为

$$\boldsymbol{d}(t)=\sum_{n=-\infty}^{\infty}\boldsymbol{d}_{n}\mathrm{e}^{-\mathrm{i}n\omega t},\quad \boldsymbol{d}_{-n}=\boldsymbol{d}_{n}^{*} \tag{5.52}$$

其中,后面一个等式是基于 $\boldsymbol{d}(t)$ 为实函数的事实. 因此,依赖时间的分量是

$$\boldsymbol{d}(t)=\sum_{n=1}^{\infty}\{\boldsymbol{d}_{n}\mathrm{e}^{-\mathrm{i}n\omega t}+\boldsymbol{d}_{n}^{*}\mathrm{e}^{\mathrm{i}n\omega t}\}=\sum_{n=1}^{\infty}\{2\cos(n\omega t)\cdot\mathrm{Re}\boldsymbol{d}_{n}-2\sin(n\omega t)\cdot\mathrm{Im}\boldsymbol{d}_{n}\} \tag{5.53}$$

对时间取平均, $\overline{\cos(n\omega t)\cos(n'\omega t)}=(1/2)\delta_{nn'}$,等等,我们得到

$$\begin{aligned}\overline{|\boldsymbol{d}(t)|^{2}}&=4\sum_{n=1}^{\infty}\{(\mathrm{Re}\boldsymbol{d}_{n})^{2}\overline{\cos^{2}(n\omega t)}+(\mathrm{Im}\boldsymbol{d}_{n})^{2}\overline{\sin^{2}(n\omega t)}\}\\&=2\sum_{n=1}^{\infty}\{(\mathrm{Re}\boldsymbol{d}_{n})^{2}+(\mathrm{Im}\boldsymbol{d}_{n})^{2}\}=2\sum_{n=1}^{\infty}|\boldsymbol{d}_{n}|^{2}\end{aligned} \tag{5.54}$$

在经典极限下,矩阵元 $\boldsymbol{d}_{fi}$ 趋近于经典函数 $\boldsymbol{d}(t)$ 的 Fourier 分量 $\boldsymbol{d}_{n}$(见上册(15.80)式),于是我们得到(5.50)式的结果——只有求和式(5.54)中的一个谐波分量引发了给定的跃迁.

跃迁率的倒数确定了激发态相对于自发偶极跃迁 $i\rightarrow f$ 的寿命:

$$\tau_{fi}=(\dot{w}_{fi})^{-1}=\frac{1}{I_{\omega}/(\hbar\omega)}=\frac{3\hbar c^{3}}{4\omega^{3}}|\boldsymbol{d}_{fi}|^{-2} \tag{5.55}$$

由原子中的光跃迁($KR\sim\omega R/c\sim\alpha$)与估算的矩阵元($|\boldsymbol{d}|^2\sim e^2R^2$),我们得到

$$\dot{w}\sim\frac{\omega^3}{\hbar^3}|\boldsymbol{d}|^2\sim\alpha(kR)^2\omega\sim\alpha^3\omega,\quad \tau\sim\frac{1}{\omega\alpha^3}\tag{5.56}$$

使用 $\omega\sim10^{15}\ \mathrm{s}^{-1}$,我们得到 $\dot{w}\sim10^{(9\div8)}\ \mathrm{s}^{-1}$ 和 $\tau\sim10^{-(8\div9)}\ \mathrm{s}$. 对于较低的核激发态,$E\sim1\ \mathrm{MeV}$,$\omega\sim10^{21}\ \mathrm{s}^{-1}$,$\dot{w}\sim10^{15}\ \mathrm{s}^{-1}$,$\tau\sim10^{-15}\ \mathrm{s}$.

习题 5.8 计算自发的电四极(E2)和磁偶极(M1)辐射强度,并与经典结果[16, §17]相比较.

5.7 选择定则和几个例子

原子的光谱是由外层电子的跃迁产生的. 在这种情况下,$kR\sim\alpha\ll1$,并且宇称改变的偶极跃迁是最可能的(**Laporte 法则**). 在轻原子中,自旋-轨道耦合很弱,能谱可以用 L-S 耦合来分类(见上册 23.4 节),那时 L 和 S 都是定态的好量子数. 偶极子算符就像任意电多极算符一样,不会作用在自旋变量上,这意味着选择定则为 $\Delta S=0$. 我们可以总结为:只有在自旋-轨道耦合可以被忽略时,EL 跃迁的**选择定则**才能成立,

$$\Pi_i\Pi_f=(-)^L,\quad \Delta S=0,\quad |J_i-J_f|\leqslant L\leqslant J_i+J_f,\quad |L_i-L_f|\leqslant L\leqslant L_i+L_f\tag{5.57}$$

精细结构的存在带来了谱线的劈裂. 在忽略了精细结构的类氢原子中,总角动量来源于电子,那么 $\boldsymbol{J}=\boldsymbol{j}=\boldsymbol{\ell}+\boldsymbol{s}$. 因此对于偶极跃迁("允许的"),有 $\Delta j=0,\pm1$ 和 $\Delta\ell=\pm1$;在这里宇称 $\Pi=(-)^l$ 改变了,$\Pi_i\Pi_f=-1$,因而 $\Delta\ell=0$ 的跃迁是不可能的. 图 5.3 展示了被允许的跃迁 $n\mathrm{d}\to n'\mathrm{p}$. 对于 **Lyman 线系**,$n\to n'=1$,有两个被允许的跃迁 $n\mathrm{p}_{1/2}\to1\mathrm{s}_{1/2}$ 和 $n\mathrm{p}_{3/2}\to1\mathrm{s}_{1/2}$. 因而,Lyman 线系的所有谱线都劈裂成**双重线**. 双重线分量的间距是由较高 $n\mathrm{p}$ 能级的劈裂决定的,这个能级随着 n 增大而迅速减少(见上册 23.3 节). 最大的间距于 $n=2$ 时出现(紫外的 Lyman α 线).

对于 **Balmer 线系**,$n\to n'=2$,末态可以是 $2\mathrm{s}_{1/2}$、$2\mathrm{p}_{1/2}$ 和 $2\mathrm{p}_{3/2}$. 可有七种偶极跃迁:$n\mathrm{s}_{1/2}\to2\mathrm{p}_{1/2,3/2}$;$n\mathrm{p}_{1/2}\to2\mathrm{s}_{1/2}$;$n\mathrm{p}_{3/2}\to2\mathrm{s}_{1/2}$;$n\mathrm{d}_{3/2}\to2\mathrm{p}_{1/2,3/2}$;$n\mathrm{d}_{5/2}\to2\mathrm{p}_{3/2}$. 实际上,最重要的是所谓的 H_α 的线,$n=3\to n'=2$;忽略掉 Lamb 位移,我们得到图 5.4 所示的五种**不同的**谱线. 较上层能级间的间距很小,我们得到两组靠近的谱线,它们的间距为 $E(2\mathrm{p}_{3/2})-E(2\mathrm{p}_{1/2})\approx0.36\ \mathrm{cm}^{-1}$. 对所有初始的 n 值,这种具有几乎相同劈裂的 Balmer 双重态被

Michelson 于 1887 年发现.

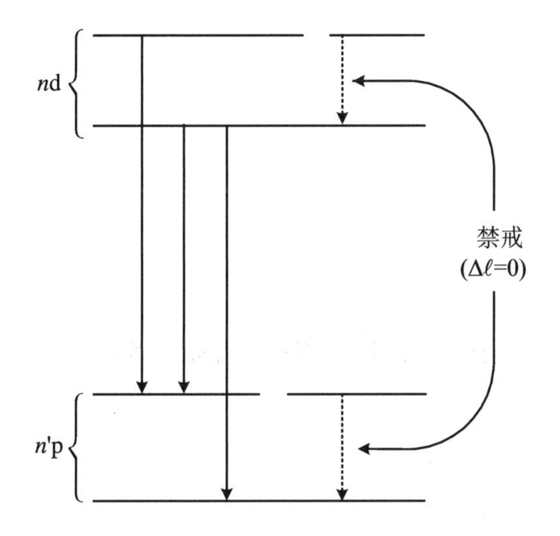

图 5.3 被允许和禁戒的偶极跃迁 $n\text{d} \to n'\text{p}$

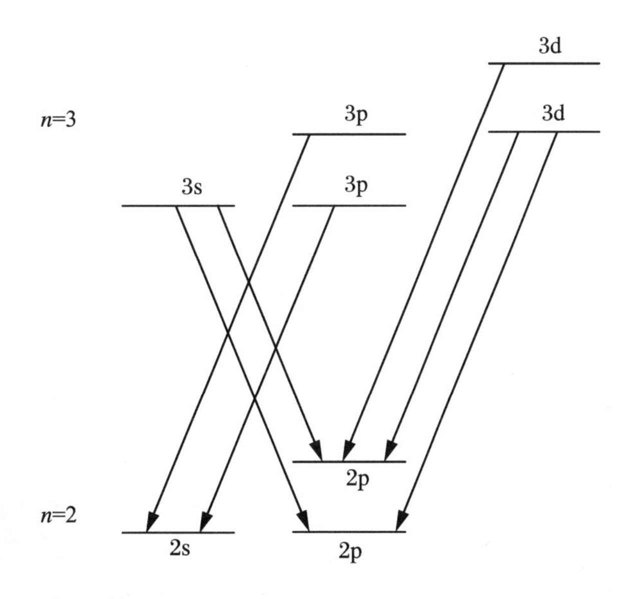

图 5.4 所允许的 $n=3 \to n'=2$ 的偶极跃迁,确定可能的 j 值

复杂原子能谱的精细结构会导致多重谱线 $n_iL_iS_iJ_i \to n_fL_fS_fJ_f$. 基于 CGC 数值的更细致的分析展示的最强谱线是 $\Delta J = \Delta L$ 的主线;剩余的谱线被称作**卫星线**. 由于超精细结构(见上册 23.6 节),唯一**精确的**选择定则是基于原子的总角动量 $\boldsymbol{F} = \boldsymbol{J} + \boldsymbol{I}$,有

$$|F_i - F_f| \leqslant L \leqslant F_i + F_f \tag{5.58}$$

但是精细相互作用非常微弱，纯的电子选择定则是以很高的精度成立的.对同一电子项的精细或超精细结构，其能级间的偶极跃迁是禁戒的，这是因为所有这些能级都具有相同的宇称.

对相距很远能级间的跃迁(其能量差 ΔE 在束缚能 E_b 的量级)，可以证明 E2 和 M1 跃迁概率大小的量级是相同的.对于较小的频率 $\Delta E \ll E_b$，参数 kR 减小，而 v/c 保持在同一个量级，那时 M1 跃迁比 E2 跃迁更加可能发生，例如，在一个给定电子项的精细结构分量之间的跃迁.利用原子中电子的磁矩算符，得

$$\hat{\boldsymbol{\mu}} = \mu_{\mathrm{B}}(\hat{\boldsymbol{L}} + 2\hat{\boldsymbol{S}}) = \mu_{\mathrm{B}}(\hat{\boldsymbol{J}} + \hat{\boldsymbol{S}}) \tag{5.59}$$

M1 跃迁是被算符 $\hat{\boldsymbol{S}}$ 诱导出来的，因为在不考虑精细结构时，$\hat{\boldsymbol{J}}$ 是守恒的.在 L-S 方案中，态是用量子数 n, L 和 S 来标记的，它们不会被算符 S 改变.只有 J 可以改变，于是我们得到对 M1 跃迁的选择定则：

$$n_f = n_i, \quad \Delta S = \Delta L = \Delta \Pi = 0, \quad J_f = J_i, J_i \pm 1 \tag{5.60}$$

在一个给定项的精细结构分量之间，M1 跃迁也是有可能发生的，而 E2 跃迁在这里实际上是不可能的，因为其频率很低——这里的辐射属于微波范围.

习题 5.9 作为 Lamb 位移的结果，4.8 节氢原子中电子的 2s 能级高于 $2p_{1/2}$ 能级.试估算 $2s \to 2p_{1/2}$ 的跃迁概率.

解 由于很小的能量释放，$2s \to 2p_{1/2}$ 自发偶极辐射的概率非常低；它对应着大约 20 年的寿命.

氢原子中 $2s_{1/2}$ 亚稳态的寿命确实是反常的长[23].到基态的跃迁 $2s_{1/2} \to 1s_{1/2}$ 不能具有 E1，E2 或 M1 跃迁的特征.宇称不允许有 E1 跃迁；由于 $\ell_i = \ell_f = 0$，E2 跃迁也是不可能的.在非相对论近似下，M1 跃迁是被禁戒的，因为 M1 算符(5.43)不能给出 $2s \to 1s$ 的径向波函数的改变；通过波函数的相对论小分量，这个跃迁就变成允许的了(见第 13 章).但是这样的混合对氢原子来说确实很小，相应的寿命大约是 2 天.实际上，$2s_{1/2}$ 的寿命是 $\sim(1/7)$ s，它是由双光子发射确定的.

在存在弱磁场的情况下，出现了 E1 跃迁，它发生在具有 $\Delta M = \pm 1$ 且宇称相反的不同项的 Zeeman 分量之间(见上册(24.44)式).同一项的那些 Zeeman 子能级具有相同的宇称，并且能被具有 $\Delta M = \pm 1$ 相邻分量间的 M1 跃迁连接在一起.应用在**电子顺磁共振**中的这些跃迁通常是在厘米级的范围.严格地说，总角动量 $\boldsymbol{J}$ 与它在场方向上的投影 M 不同，在磁场中并不守恒.在高阶的情况下，$J' \neq J$ 的混合会出现，某些原来禁戒的跃迁可能会被允许.尽管在弱场中这样的概率仍然是很低的.

在分子中，由于重离子缓慢运动的绝热性(1.5 节)，可以在固定的离子坐标 $\boldsymbol{R}$ 处定义

电子的偶极矩算符:$\boldsymbol{d}\to\boldsymbol{d}(\boldsymbol{R})$.如果离子处在一个平衡点 $\boldsymbol{R}_0$ 附近的激发振动态,我们近似地得到

$$\boldsymbol{d}(\boldsymbol{R})\approx\boldsymbol{d}(\boldsymbol{R}_0)+((\boldsymbol{R}-\boldsymbol{R}_0)\cdot\nabla)\boldsymbol{d} \tag{5.61}$$

(5.61)式中的第二项是相对于离子变量的一个**矢量**算符.分子围绕平衡点的振动可用标准的振子函数来描写.与核迁移呈线性关系的算符导致相邻振动态间的跃迁,这些态振动量子数的改变为±1.**非简谐效应**会破坏这个选择定则.

5.8 光电效应

光在一个**离散谱**的跃迁过程中被一个系统光吸收,揭示了共振特性.对于到**连续**谱的跃迁,截面通常是一个光频率的平滑函数.当入射光的频率超过**电离阈值**时,就可能把一个原子中的电子敲出到连续谱.我们记得爱因斯坦对光电效应定律的解释(见上册1.3节)是光的量子特性的重要标志之一.

当光子与**自由**电子相互作用时,吸收是不允许的,因为能量和动量守恒不能同时满足.吸收仅仅对于**束缚**电子是可能的,这时丢失的动量可以被原子核或晶格取走.因此,定性上很清楚的是,对紧束缚的电子,光吸收概率是增加的(当然,仅当$\hbar\omega$ 超过了电离能时).光效应的实验截面(图5.5)在能量值达到下一个原子壳层(M,L,K)的电离阈值处急剧增加,但是当频率继续增长时截面就减小了,这是因为电子束缚的相对程度下降了.图像中的小峰来源于原子谱的精细结构.该原子基态电离能 I_k 确定了一个边界,在它之后截面单调减小$\propto Z^5\omega^{-7/2}$.在相对论区进一步延续的、对原子核电荷($\propto Z^5$)的强烈依赖性正是更强束缚的结果.

在频率为

$$E_b\ll\hbar\omega\ll mc^2 \tag{5.62}$$

的范围时,光电效应截面的计算很简单.这里,在连续谱中的电子仍能被视为非相对论的($p\ll mc$),而它的最终速度与在内壳层的典型原子速度 v_{at}相比很高,因为

$$\frac{mv^2}{2}\approx\hbar\omega\gg E_b\sim\frac{Z^2e^2}{2a}=\frac{Z^2e^2}{2\hbar^2/(me^2)} \tag{5.63}$$

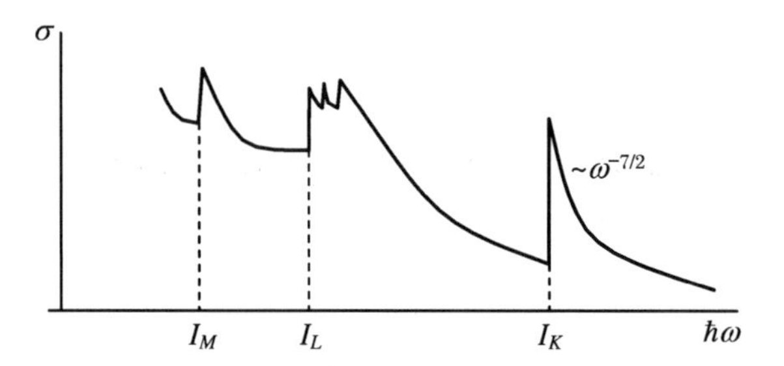

图 5.5 原子的光电效应截面作为光频率的函数

这意味着 Sommerfeld 参数(见上册(2.66)式)较小:

$$\eta \equiv \frac{Ze^2}{\hbar v} \ll 1 \tag{5.64}$$

在这种情况下,光子的动量远小于光电子的动量:

$$\frac{\hbar k}{p} = \frac{\hbar\omega}{cp} \approx \frac{p^2}{2mcp} = \frac{v}{2c} \ll 1 \tag{5.65}$$

在 $v \gg v_{at}$ 的条件下,被原子场敲出的电子态形状变化不会很大,假定末态电子波函数为动量为 $\boldsymbol{p}$ 的平面波时,我们可以使用微扰论.光吸收截面的一般表达式(5.19)应该借助 δ 函数并乘以在立体角 $\mathrm{d}o$ 中运动的电子的态密度,得

$$\mathrm{d}\rho_f = \frac{V}{(2\pi\hbar)^3} mp\mathrm{d}o \tag{5.66}$$

对电子能量积分得到

$$\mathrm{d}\sigma(\omega) = \frac{4\pi^2\alpha\hbar}{m^2\omega} |\langle f | \mathrm{e}^{\mathrm{i}(\boldsymbol{k}\cdot\boldsymbol{r})}(\boldsymbol{e}_{\lambda k} \cdot \hat{\boldsymbol{p}}) | i\rangle|^2 \mathrm{d}\rho_f \tag{5.67}$$

这里($\omega\lambda\boldsymbol{k}$)是被湮灭光子的特征,为了简单起见,我们假定跃迁全部是单粒子跃迁(忽略原子中的其他电子).矩阵元中的指数和动量算符的次序是任意的,因为它们包含了对易的分量.

让我们对 K 壳层上的初态电子进行计算,其中它的波函数是类氢的(参见上册(18.20)式):

$$\langle \boldsymbol{r} | i\rangle = \sqrt{\frac{Z^3}{\pi a^3}} \mathrm{e}^{-Zr/a}, \quad \langle \boldsymbol{r} | f\rangle = \frac{1}{\sqrt{V}} \mathrm{e}^{(\mathrm{i}/\hbar)(\boldsymbol{p}\cdot\boldsymbol{r})} \tag{5.68}$$

矩阵元

$$M_{fi} = \langle f \mid e^{i(\boldsymbol{k}\cdot\boldsymbol{r})}(\boldsymbol{e}_{\lambda k}\cdot\hat{\boldsymbol{p}}) \mid i\rangle = \sqrt{\frac{Z^3}{\pi a^3}}\boldsymbol{e}_{\lambda k}\cdot\int d^3 r e^{-(i/\hbar)(\boldsymbol{p}-\hbar\boldsymbol{k})\cdot\boldsymbol{r}}(-i\hbar\nabla)e^{-Zr/a} \quad (5.69)$$

可以很容易地用分步积分计算.由于$(\boldsymbol{e}_{\lambda k}\cdot\boldsymbol{k})=0$,以及我们刚刚得到的电子末态动量$\boldsymbol{p}$,可得

$$M_{fi} = \sqrt{\frac{Z^3}{\pi a^3 V}}(\boldsymbol{p}\cdot\boldsymbol{e}_{\lambda k})\int d^3 r e^{i(\boldsymbol{q}\cdot\boldsymbol{r})-Zr/a} \quad (5.70)$$

其中,引入了到原子核的动量转移:

$$\hbar\boldsymbol{q} = \hbar\boldsymbol{k} - \boldsymbol{p} \quad (5.71)$$

最终的积分给出矩阵元

$$M_{fi} = \sqrt{\frac{64\pi Z^5}{a^5 V}}\frac{(\boldsymbol{p}\cdot\boldsymbol{e}_{\lambda k})}{[(Z/a)^2+q^2]^2} \quad (5.72)$$

和微分截面

$$\frac{d\sigma}{do} = \frac{32\alpha}{m\omega\hbar^2}\left(\frac{Z}{a}\right)^5\frac{p(\boldsymbol{p}\cdot\boldsymbol{e}_{\lambda k})^2}{[(Z/a)^2+q^2]^4} \quad (5.73)$$

借助于把我们的处理方法限制在合理范围的条件,(5.73)式的结果可以化简.我们选取沿着光子动量$\boldsymbol{k}$的量子化的轴及沿着极化矢量$\boldsymbol{e}_{\lambda k}$的$x$轴.于是,$(\boldsymbol{p}\cdot\boldsymbol{e}_{\lambda k})=p\sin\theta\cos\varphi$,并且

$$\begin{aligned}\hbar^2 q^2 &= p^2\left(1-2\frac{\hbar k}{p}\cos\theta+\hbar^2 k^2\right)\\ &\approx p^2\left(1-2\frac{\hbar k}{p}\cos\theta\right)\approx p^2\left(1-\frac{v}{c}\cos\theta\right)\end{aligned} \quad (5.74)$$

同时还有

$$\frac{p}{\hbar}\frac{a}{Z} = \frac{mv}{\hbar}\frac{\hbar^2}{mZe^2} = \frac{\hbar v}{Ze^2} = \frac{1}{\eta} \gg 1 \quad (5.75)$$

这样,在我们的近似中有

$$\frac{d\sigma}{do} = \frac{32\alpha}{m\omega\hbar^2}\left(\frac{Z}{a}\right)^5\frac{p^3\sin^2\theta\cos^2\varphi}{(p/\hbar)^8[1-(v/c)\cos\theta]^4} = \frac{32\alpha\hbar}{m\omega}\eta^5\frac{\sin^2\theta\cos^2\varphi}{[1-(v/c)\cos\theta]^4} \quad (5.76)$$

如本节开始所述,在$v/c\ll 1$区域,主要的能量依赖性可由下面的因子给出:

$$\frac{\eta^5}{\omega} \propto Z^5\omega^{-7/2} \quad (5.77)$$

光电效应的角分布如图 5.6(a)所示. x 轴对应于电场和光波的线性极化方向;波的磁场指向是沿 y 轴的,而传播矢量为 $k=k_Z$. 当 $v \ll c$ 时,绝大多数的电子是沿光子的电场方向被敲出的,而截面在 $\boldsymbol{k}$ 方向消失了. 当 k 和速度 v 增加时,(5.76)式中分母的作用就增强了,而图 5.6 中角分布的花瓣向前旋转,如图 5.6(b)所示.(5.76)式的角度积分给出了来自 K 壳层光效应的总截面,它可写成

$$\sigma_K(\mathrm{cm}^2) \approx 10^{-16} Z^5 \left(\frac{13.6}{\hbar\omega(\mathrm{eV})}\right)^{7/2}, \quad E_b \ll \hbar\omega \ll mc^2 \tag{5.78}$$

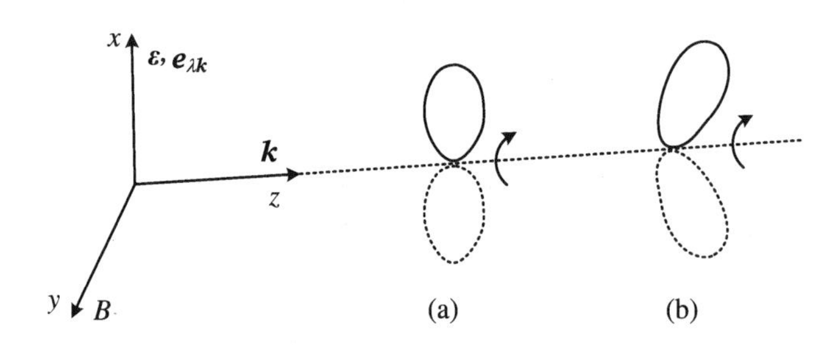

图 5.6　光电效应的角度图

第 6 章

色散及光的散射

科学是人类发现事物作为因果系统如何运作的一种有组织的尝试.

——C. H. Waddington

6.1 宏观描述

在第 5 章,我们考虑了电磁波与带电粒子系统之间的相互作用.这种相互作用导致系统状态之间的跃迁,以及波的能量变化(吸收和诱导辐射).现在,我们来讨论传播波导致介质的极化.与静态情况(见上册第 23 章)相反,这里我们主要对新出现现象的频率依赖性感兴趣.本质上,这将是一个量子系统对外部时间相关扰动的普适**线性响应理论**的特殊情况.

为了简化问题,我们采用这样一种模型:将介质看作弱相互作用的原子的集合.我们

限制在可以假定波场在原子尺度上均匀的长波情况. 在**非磁性介质**的经典极限下,我们考虑单色波的电场:

$$\boldsymbol{\mathcal{E}}(t) = \boldsymbol{e}\mathcal{E}\cos(\omega t) = \boldsymbol{e}\frac{\mathcal{E}}{2}(\mathrm{e}^{-\mathrm{i}\omega t} + \mathrm{e}^{\mathrm{i}\omega t}) \tag{6.1}$$

其中, $\boldsymbol{e}$ 是极化矢量. 在经典电子理论中,禁闭在有特定本征频率的原子中的电荷在波的影响下做具有外部频率 ω 的**强迫振动**. 当 ω 接近原子振子的某个本征频率时,共振就会出现,电荷振荡的幅度以及介质的平均偶极矩会增大——发生了介质的**动力学极化**.

当波在共振介质中传播时,其能量用于原子振子的激发. 它们的受迫振动反过来又辐射出相同频率的次级波. 所产生的场的总强度由入射波与二次散射波之间的**干涉**确定. 在**宏观描述**中,我们采用频率相关的**介电函数**(**磁导率**) $\mathcal{E}(\omega)$[24, § 58]或**折射率** $n(\omega)$:

$$\mathcal{E}(\omega) = n^2(\omega) \tag{6.2}$$

这是线性响应理论中普适**敏感性**(susceptibility)的一个例子.

作为波与物质的相互作用的结果,介质中的**色散定律**与真空中的不同:

$$k = \frac{\omega}{c} \Rightarrow k = \frac{\omega}{c}n(\omega) \tag{6.3}$$

波的**相速度**依赖于频率:

$$v_{\mathrm{ph}}(\omega) = \frac{\omega}{k} = \frac{c}{n(\omega)} \tag{6.4}$$

并且不同于**群速度**(见上册(5.22)式):

$$v_{\mathrm{g}}(\omega) = \frac{\mathrm{d}\omega}{\mathrm{d}k} = \frac{c}{n} - \frac{ck}{n^2}\frac{\mathrm{d}n}{\mathrm{d}\omega} = v_{\mathrm{ph}} - \frac{\omega}{n}\frac{\mathrm{d}n}{\mathrm{d}\omega} \tag{6.5}$$

这导致了**光的色散**,类似于上册 5.5 节量子波包的弥散. 按照 $\mathrm{d}n/\mathrm{d}\omega$ 的符号,人们将其称为**正色散**($\mathrm{d}n/\mathrm{d}\omega>0, v_{\mathrm{g}}<v_{\mathrm{ph}}$)或**负色散**($\mathrm{d}n/\mathrm{d}\omega<0, v_{\mathrm{g}}>v_{\mathrm{ph}}$). 一般来说,敏感性是复的物理量. $n(\omega)$的虚部描写了介质中波的阻尼:

$$\mathrm{e}^{\mathrm{i}(kx-\omega t)} \Rightarrow \mathrm{e}^{\mathrm{i}\omega[(n/c)x-t]} = \mathrm{e}^{\mathrm{i}(\omega/c)x\mathrm{Re}n-\mathrm{i}\omega t-(\omega/c)x\mathrm{Im}n} \tag{6.6}$$

我们的目标是找到这个物理学的量子描述,它使得借助原子和分子的性质计算,诸如 $n(\omega)$和 $\mathcal{E}(\omega)$等介质的特性成为可能.

6.2 线性响应

在长波极限下，微扰哈密顿量可写成(见习题 5.1)

$$\hat{H}' = -(\boldsymbol{\mathcal{E}}(t)\cdot\hat{\boldsymbol{d}}) \tag{6.7}$$

其中，$\hat{\boldsymbol{d}}$ 是原子的偶极矩算符，$\boldsymbol{\mathcal{E}}(t)$是经典外场((6.1)式). 事实上，可以发展出形如$F(t)\hat{O}$的任意的微扰理论，其中 $F(t)$是一个弱外场(在微扰理论中，所有的 Fourier 分量都是相互独立的，因此考虑一个单色场就足够了)，$\hat{O}$ 是系统的一个任意算符(不是一个运动常量).

假设在遥远的过去($t\to-\infty$)，场是缓慢地(**绝热地**)加上的，则可方便地修改单色的时间依赖性((6.1)式). 这可以让我们避开那些与初始时刻场突然出现相关的真实跃迁去研究定态的情况. 我们通过加入一个绝热演化因子来表述这种情况：

$$\hat{H}'\Rightarrow\hat{H}'\mathrm{e}^{\eta t},\quad t\to-\infty,\quad \eta\to+0 \tag{6.8}$$

其中，η 是一个无穷小的正数，在所有可观测量的计算完成之后，必须被置为零. 在可能的情况下，我们只写 $+0$ 而不写 η. 现在，我们将使用第 1.2 节的传统的非定态微扰论来处理存在场((6.7)式)时的态矢量，把它用未微扰系统的、能量为 E_n 的定态$|n\rangle$展开：

$$|\Psi(t)\rangle=\sum_n a_n(t)\mathrm{e}^{-(\mathrm{i}/\hbar)E_n t} \tag{6.9}$$

对于在 $t\to-\infty$时的基态$|0\rangle$给定的初始条件，我们得到展开系数 a_n 为

$$\begin{aligned}a_n(t)&=-\frac{\mathrm{i}}{\hbar}\int_{-\infty}^{t}\mathrm{d}t'H_{n0}(t')\mathrm{e}^{\mathrm{i}\omega_{n0}t'}\\&=\frac{\mathcal{E}}{2\hbar}(\boldsymbol{e}\cdot\boldsymbol{d}_{n0})\left[\frac{\mathrm{e}^{\mathrm{i}(\omega+\omega_{n0})t}}{\omega+\omega_{n0}-\mathrm{i}0}-\frac{\mathrm{e}^{-\mathrm{i}(\omega-\omega_{n0})t}}{\omega-\omega_{n0}+\mathrm{i}0}\right]\mathrm{e}^{\eta t}\end{aligned} \tag{6.10}$$

系统的时间相关的极化由偶极算符 $\hat{\boldsymbol{d}}$ 在非定态((6.9)式)上的期待值给出. 在相对于场 $\mathcal{E}$ 的线性近似下，我们得到

$$\langle\boldsymbol{d}(t)\rangle\equiv\langle\Psi(t)\mid\hat{\boldsymbol{d}}\mid\Psi(t)\rangle=\boldsymbol{d}_{00}+\sum_{n\neq0}\{a_n^*(t)\mathrm{e}^{\mathrm{i}\omega_{n0}t}\boldsymbol{d}_{n0}+a_n(t)\mathrm{e}^{-\mathrm{i}\omega_{n0}t}\boldsymbol{d}_{0n}\} \tag{6.11}$$

使用明确的系数((6.10)式),我们得到

$$\langle \boldsymbol{d}(t)\rangle = \boldsymbol{d}_{00} - \frac{\mathcal{E}}{2\hbar}\mathrm{e}^{\eta t}\sum_{n\neq 0}\left\{\left[\frac{\mathrm{e}^{-\mathrm{i}\omega t}}{\omega-\omega_{n0}+\mathrm{i}0} - \frac{\mathrm{e}^{\mathrm{i}\omega t}}{\omega+\omega_{n0}-\mathrm{i}0}\right]\boldsymbol{d}_{n0}^{*}(\boldsymbol{e}\cdot\boldsymbol{d}_{n0}) + \mathrm{c.c.}\right\} \tag{6.12}$$

正比于 $\mathcal{E}$ 的项表示以扰动频率 ω 发生的经典受迫振动的量子模拟.

与定态情况类似(参见上册方程(24.8)),我们引入**动力学极化张量**作为偶极矩的 Fourier 谐波与电场((6.1)式)之间频率相关的比例系数:

$$\langle d_{\omega}^{i}\rangle = \alpha^{ij}(\omega)\mathcal{E}_{\omega}^{j} \tag{6.13}$$

通过在(6.12)式中挑选 $\propto \mathrm{e}^{-\mathrm{i}\omega t+\eta t}$ 的项,可定出

$$\langle \boldsymbol{d}_{\omega}\rangle = -\frac{\mathcal{E}}{\hbar}\sum_{n\neq 0}\left\{\frac{\boldsymbol{d}_{n0}^{*}(\boldsymbol{e}\cdot\boldsymbol{d}_{n0})}{\omega-\omega_{n0}+\mathrm{i}0} - \frac{\boldsymbol{d}_{n0}(\boldsymbol{e}\cdot\boldsymbol{d}_{n0}^{*})}{\omega+\omega_{n0}+\mathrm{i}0}\right\} \tag{6.14}$$

以及**极化张量**

$$\alpha^{ij}(\omega) = -\frac{1}{\hbar}\sum_{n\neq 0}\left\{\frac{(d_{n0}^{i})^{*}d_{n0}^{j}}{\omega-\omega_{n0}+\mathrm{i}0} - \frac{d_{n0}^{i}(d_{n0}^{j})^{*}}{\omega+\omega_{n0}+\mathrm{i}0}\right\} \tag{6.15}$$

这个张量的对称性(与上册方程(24.8)比较)为

$$\alpha^{ij}(\omega) = (\alpha^{ij}(-\omega))^{*} \tag{6.16}$$

在基态与初态 $|i\rangle$ 不同的情况下,系统的极化率可得到与基态相同的表达式,并随着矩阵元的变化而变化.一个自然的延伸是处于热平衡的体系的极化率,这时,我们需要加入具有玻尔兹曼权重 $(1/Z)\mathrm{e}^{-E_i/T}$ 的初态的求和,参见 5.1 节.

6.3 因果关系

如果频率 ω 不与跃迁频率 ω_{n0} 共振,我们就可以简单地忽略分母中额外的无穷小项 i0.然而,在临近共振的情况下,应小心保留这一项.这关联着响应的因果关系的物理问题.

令 $\tilde{\alpha}^{ij}(\tau)$ 为一个时间相关的函数,$\alpha^{ij}(\omega)$ 为其 Fourier 像函数,则

$$\tilde{\alpha}^{ij}(\tau) = \int \frac{d\omega}{2\pi}\alpha^{ij}(\omega)e^{-i\omega\tau} \tag{6.17}$$

频率域中的 Fourier 分量的乘积式(6.13)对应着它们在时间域中原函数的**卷积**:

$$\langle d^i(t)\rangle = \int_{-\infty}^{\infty} dt'\tilde{\alpha}^{ij}(t-t')\mathcal{E}^j(t') \tag{6.18}$$

根据(6.18)式,内核 $\tilde{\alpha}(t-t')$显示了时刻 t'作用的场如何影响 t 时刻的极化响应.

正如从(6.15)式可以看到的,系统通过虚激发 $0\to n$ 及随后的逆跃迁 $0\to n$ 响应,类似于波通过经典天线的再发射.在$\sim\hbar/\Delta E$ 的一个短时间内,虚跃迁(参见上册 5.10 节)不能保持能量守恒,$\Delta E=\omega-|\omega_{n0}|\neq 0$.对于具有跃迁频率 ω_{n0}的共振附近的频率 ω,能量几乎是守恒的,它相当于到一个长寿命中间态的几乎真实的在壳跃迁.它在极化率的共振增长中显现出来.由于共振点处的奇异性,没有虚位移 i0 时,(6.17)式中的被积函数未被定义.通过图 6.1 所示复平面上的回路积分,附加的 $i\eta$ 唯一地定义了积分(6.17)式.

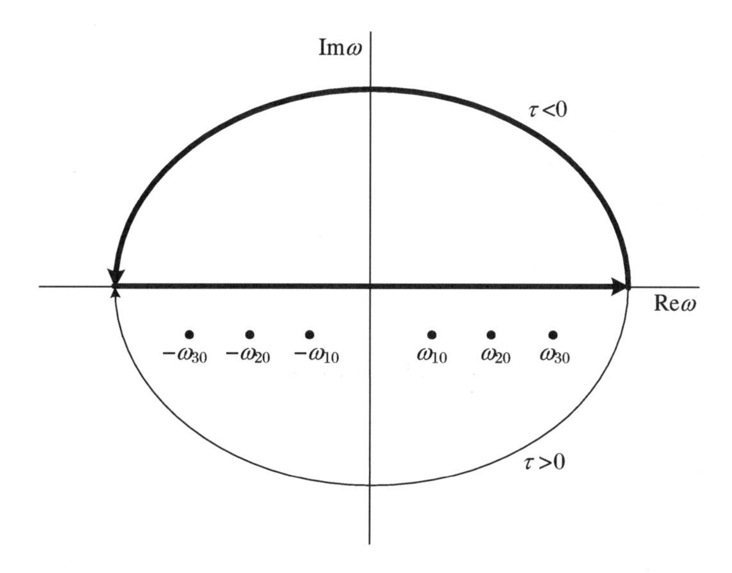

图 6.1　对于因果关系敏感性(succeptibility)的积分回路

粗弧线对应于 $\tau<0$,细线对应于 $\tau>0$.

当 $\eta\neq 0$ 时,位于点

$$\omega = \pm\omega_{n0} - i\eta \tag{6.19}$$

处的奇点被移到复变量 ω 的**下半**平面.在上半平面,函数 $\alpha(\omega)$是正则的(**解析的**).在 $\tau<0$时,(6.17)式中的积分路径可以用在**上半**平面的一个大弧闭合,因为被积函数包含

$$e^{-i(\mathrm{Re}\omega+\mathrm{iIm}\omega)\tau} \propto e^{-\mathrm{Im}\omega|\tau|}, \quad \tau = -|\tau| < 0 \tag{6.20}$$

它在 $\mathrm{Im}\omega>0$ 的一个大半圆上以指数方式减小.由于 $\alpha(\omega)$的解析性,我们有

$$\widetilde{\alpha}(\tau) = 0, \quad \tau < 0 \tag{6.21}$$

因此,在(6.18)式中,积分实际上只在 $t>t'$的区域上进行.这意味着场 $\mathcal{E}(t')$只能在**晚一些**的时间 $t>t'$定义介质的响应.我们的 $+\mathrm{i}0$ **规则**表示出了该响应的**因果关系**.

正如在上册 15.12 节中所解释的那样,(6.15)式类型的奇异分母应该被理解为

$$\frac{1}{x \pm \mathrm{i}\eta} = \mathrm{P.v.}\frac{1}{x} \mp \mathrm{i}\pi\delta(x), \quad \eta \to +0 \tag{6.22}$$

其中,P.v.是包含这样一个分母的积分的主值符号.分解式(6.22)把虚的**离壳**过程和需要用 δ 函数表示能量守恒的实**在壳**过程分离开.

6.4 介电函数

使用规则(6.22)式,我们可以求出极化率(6.15)式的实部和虚部.为了简单起见,我们假设基态是各向同性的:

$$\alpha^{ij}(\omega) = \delta_{ij}\alpha(\omega) \tag{6.23}$$

在更一般的情况下,我们应该作类似于上册中方程(24.12)的张量展开(新矩阵元对 i 和 j 的组合可以是反对称的,它约化成一个如同上册 16.9 节中的轴矢量;这种介质被称为**回旋介质**).

对各向同性的情况((6.23)式),有

$$\alpha(\omega) = -\frac{1}{\hbar}\sum_{n\neq 0}|d_{n0}^{z}|^{2}\left(\frac{1}{\omega-\omega_{n0}+\mathrm{i}0} - \frac{1}{\omega+\omega_{n0}+\mathrm{i}0}\right) \tag{6.24}$$

分解式(6.22)给出

$$\mathrm{Re}\alpha(\omega) = -\frac{1}{\hbar}\sum_{n\neq 0}|d_{n0}^{z}|^{2}\mathrm{P.v.}\frac{2\omega_{n0}}{\omega^{2}-\omega_{n0}^{2}} \tag{6.25}$$

$$\mathrm{Im}\alpha(\omega) = \frac{\pi}{\hbar}\sum_{n\neq 0}|d_{n0}^{z}|^{2}\delta(\omega-\omega_{n0}) \tag{6.26}$$

这里,我们已令 $\omega>0$,并假设基态是非简并的,于是 $\omega_{n0}>0$,且 $n\neq0$ 时 $\delta(\omega+\omega_{n0})$为零.在非零温度下,不仅因为在能量上向下跃迁是可能的,而且由于激发态的热布居所导致,(6.24)式的两项都有贡献.

虚部(6.26)式中的每一项都有一个简单的含义:它正比于由微扰(6.7)式引起的实偶极激发 $0\to n$ 的黄金规则跃迁率.电介质磁导率(dielectric permeability)可定义为

$$\mathcal{E}(\omega)=1+4\pi N\alpha(\omega) \tag{6.27}$$

其中,N 是每单位体积内的原子数.很容易看出,上式是关系式

$$\mathcal{D}=\mathcal{E}+4\pi\mathcal{P}=\varepsilon\mathcal{E} \tag{6.28}$$

的一种标准宏观定义[24, §77],它是电场 $\mathcal{E}$、电感应 $\mathcal{D}$ 和微弱相互作用原子的介质(如气体)中单位体积极化 $\mathcal{P}$之间的关系式.由于我们没有定义微扰哈密顿量(6.7)式中电场的源是什么,因而假设 $\mathcal{E}$ 是作用于体系的总电场,并将其视为(6.28)式中的**宏观场**.由(6.26)式得出 $\mathrm{Im}\alpha>0$.这就确定了 $\mathrm{Im}\mathcal{E}$也是正的,并且利用定义式(6.2),有 $\mathrm{Im}n>0$.因此,根据(6.6)式,在介质中传播的波是逐渐消失的.从量子方面的考虑证明,阻尼的原因是原子共振激发导致的能量损失.

借助(5.29)式的**振子强度** F_{n0},实部(6.25)式可改写为

$$\mathrm{Re}\alpha(\omega)=-\frac{e^2}{m}\sum_{n\neq0}\frac{F_{n0}}{\omega^2-\omega_{n0}^2} \tag{6.29}$$

其中,我们假设偶极矩来自于电子(质量为 m),而且奇点应从主值意义上理解.这正是经典电子理论中极化率的形式,其中 ω_{n0}是原子振子的本征频率,F_{n0}是经验的“强度”(这是该项的根源).在频率远大于原子频率的极限下,TRK 求和规则((5.30)式)给出

$$\mathrm{Re}\alpha(\omega)\to-\frac{e^2}{m\omega^2}\sum_{n\neq0}F_{n0}=-\frac{Ze^2}{m\omega^2} \tag{6.30}$$

其中,Z 是每个原子中的电子数.在这个极限下,自由电荷的经典结果是有效的,因为当原子束缚可以忽略时,对如此大频率下的电子就应该如此.

对于介电函数(6.27),我们由(6.29)式得到

$$\mathrm{Re}\varepsilon(\omega)=1+4\pi N\mathrm{Re}\alpha(\omega)=1-\frac{4\pi Ne^2}{m}\sum_{n\neq0}\frac{F_{n0}}{\omega^2-\omega_{n0}^2} \tag{6.31}$$

在高频极限((6.30)式)下,有

$$\mathrm{Re}\varepsilon(\omega)\to1-\frac{4\pi NZe^2}{m\omega^2}\equiv1-\frac{\omega_0^2}{\omega^2} \tag{6.32}$$

我们得到了自由电子气介电函数的经典表达式,其中

$$\omega_0^2 = \frac{4\pi ne^2}{m} \tag{6.33}$$

是**等离子体频率**,$n = NZ$ 是总电子密度.它隐含地假设:存在着使整个系统静电稳定的补偿离子背景.

事实上,在 $\omega \to \infty$ 的极限下[24, §59](频率仍然被假定是非相对论性的),(6.30)式和(6.32)式的结果对所有系统都是通用的.介质的折射率 $n = \sqrt{\varepsilon}$,在 ω 较大时表现为 $\sqrt{1-\omega_0^2/\omega^2}$.当 $\omega < \omega_0$ 时,折射率是虚数,对应于光从介质上的全反射;当 $\omega > \omega_0$ 时,它变成实数,与金属的紫外透明一致,其自由电子模型可定性使用.

在 $\omega \to 0$ 时,相反的极端情况可从(6.15)式和(6.24)式推导出来.静态结果($\omega = 0$)与之前发现的结果(见上册 24.1 节)自然地吻合.静电介质磁导率为

$$\varepsilon(0) = 1 + \frac{4\pi Ne^2}{m} \sum_{n \neq 0} \frac{F_{n0}}{\omega_{n0}^2} \tag{6.34}$$

微弱相互作用原子的介质揭示了介电性质,$\varepsilon(0) > 0$.在致密介质中,由于单个原子的极化率不能简单地相加,基于(6.27)式的处理方法不再适用.由于有极化原子的场,介质中的局域场与宏观的场不同.这种集体效应能够导致体系的空间不均匀性.例如,自由运动的电荷可以**屏蔽**外部的场源(回顾上册习题 1.8).在许多这样的情况下,除了 $\varepsilon(\omega)$ 的依赖性之外,还要考虑 $\varepsilon(\boldsymbol{k})$ 的依赖性,即介电函数的**空间色散**[24, §103].

6.5 色散特性

让我们回到一个微弱相互作用的原子系统,更详细地考虑 ε 的频率依赖关系.实部(6.31)式的典型行为用粗实线在图 6.2 中画出.

在每个共振频率 ω_{n0} 的附近,函数 $\varepsilon(\omega)$ 都是奇异的,都存在着一个**反常色散**区.直到 $\omega = \omega_{n0}$,介质都是透明的.在 $\omega > \omega_{n0}$ 处,实部 $\mathrm{Re}\,\varepsilon(\omega)$ 是负的——介质变得不透明(全反射).在图 6.2 中,色散总是正的,$\mathrm{d}n/\mathrm{d}\omega > 0$.如果原子是处于激发态,如在热平衡中,则负的色散是可能的.那时跃迁到基态的振子强度((5.29)式)就是负的了.

然而,这种图像在紧邻共振处是不成立的.不可避免地存在着由真实的跃迁((6.26)

式)引起的波的耗散.事实上,严格的等式 $\omega=\omega_{n0}$ 对于吸收是不必要的.正如在5.2节中讨论过的,激发态 $|n\rangle$ 具有**自然宽度** $\Gamma_n=\hbar\gamma_n$.考虑到这一点,我们应该作替换 $\omega_{n0}\to\omega_{n0}-(\mathrm{i}/2)\gamma_n$.在有限的 γ_n 存在的情况下,我们可以忽略 $\eta\to+0$,并且 $\gamma_n>0$ 将确保因果关系.这就给出了

$$\alpha(\omega)=\frac{e^2}{m}\sum_{n\neq 0}\frac{F_{n0}}{[\omega_{n0}-(\mathrm{i}/2)\gamma_n]^2-\omega^2} \tag{6.35}$$

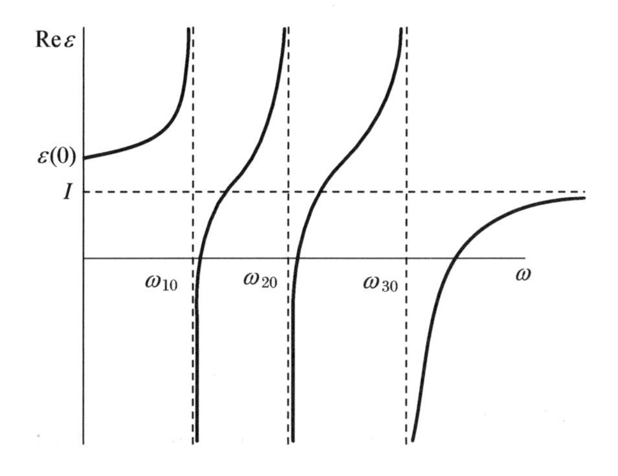

图6.2 在共振区内介电函数的实部

(而不是(6.29)式).如果宽度仍然很小,我们可以做进一步的展开,在分母中只保留 γ_n 的线性项:

$$\alpha(\omega)\approx\frac{e^2}{m}\sum_{n\neq 0}\frac{F_{n0}}{\omega_{n0}^2-\omega^2-\mathrm{i}\omega_{n0}\gamma_n} \tag{6.36}$$

那时,介电函数的实部(6.31)取如下形式:

$$\mathrm{Re}\varepsilon=1+\frac{4\pi Ne^2}{m}\sum_{n\neq 0}\frac{(\omega_{n0}^2-\omega^2)F_{n0}}{(\omega_{n0}^2-\omega^2)^2+\omega_{n0}^2\gamma_n^2} \tag{6.37}$$

与(6.31)式相反,Reε 并没有趋于无穷大,尽管它在共振区域附近有一个宽度 $\sim\gamma_n$ 的峰值,如图6.3所示.

在宽度 $\sim\gamma_n$ 的相同区域内,吸收是明显的:

$$\mathrm{Im}\varepsilon=4\pi N\mathrm{Im}\alpha=\frac{4\pi Ne^2}{m}\sum_{n\neq 0}\frac{\omega_{n0}\gamma_nF_{n0}}{(\omega_{n0}^2-\omega^2)^2+\omega_{n0}^2\gamma_n^2} \tag{6.38}$$

在宽度 γ_n 趋于零的极限下,借助于(6.22)式,上式预言了一组对应于共振频率的、无限

窄的吸收线.

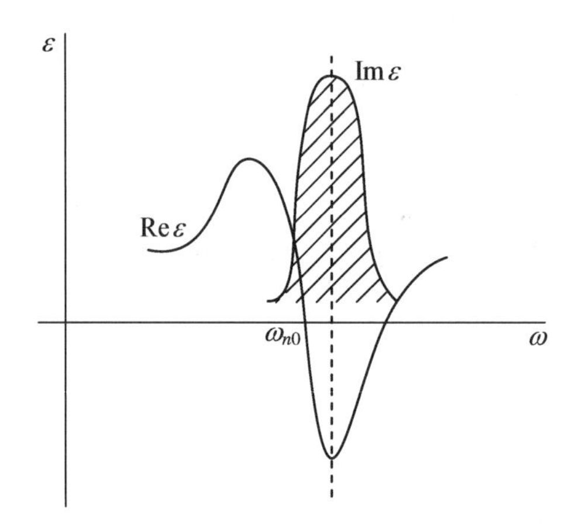

图 6.3　在共振区内考虑了宽度的介电函数

在紧邻共振处,求和式(6.38)中的一项占主导地位:

$$\operatorname{Im}\alpha(\omega \to \omega_{n0}) \approx \frac{e^2}{m} \frac{F_{n0}\omega_{n0}\gamma_n}{4\omega_{n0}^2[(\omega-\omega_{n0})^2+\gamma_n^2/4]} \tag{6.39}$$

或者,用振子强度(5.29)式的显式表示为

$$\operatorname{Im}\alpha(\omega \to \omega_{n0}) \approx \frac{|d_{n0}^x|^2\gamma_n}{2\hbar^2[(\omega-\omega_{n0})^2+\gamma_n^2/4]} \tag{6.40}$$

与偶极近似下得到的截面(5.19)式比较,我们可以看到原子系统的光吸收截面是由极化率(如沿 X 轴偏振的光)的**虚部**确定的:

$$\sigma_{\text{abs}}(0 \to n) = \frac{4\pi^2}{c}\frac{|d_{n0}^x|^2}{2\pi}\frac{\gamma_n}{(\omega-\omega_{n0})^2+\gamma_n^2/4} = \frac{4\pi\omega}{c}\operatorname{Im}\alpha(\omega \to \omega_{n0}) \tag{6.41}$$

上式是**光学定理**的形式之一,见 8.8 节.

习题 6.1　建立光学定理(光子通量守恒)的经典意义.

6.6　量子耗散

通过回归到非定态微扰(**量子阻尼理论**,V. Weisskopf, E. Wigner, 1930)的一般方法((1.9)式)可以更精确地推导出线性响应理论中出现的宽度.我们采用一个在窄共振附近成立的最简单例子来说明这一点.

发现系统处于不稳定激发态$|n\rangle$的振幅$a_n(t)$按如下方式减小(时间非常短的除外,见上册7.8节):

$$a_n(t) = a_n(0)e^{-(1/2)\gamma_n t} \tag{6.42}$$

于是,基态(或通过光子发射与$|n\rangle$态相关联的另一个态)的振幅$a_0(t)$可通过(1.9)式来确定.由于基态+光子的能量是$E_0+\hbar\omega$,微扰理论给出

$$i\hbar\dot{a}_0 = \langle 0|\hat{H}'|n\rangle e^{(i/\hbar)(E_0+\hbar\omega-E_n)}a_n(t) = \langle 0|\hat{H}'|n\rangle e^{i(\omega-\omega_{n0}+i\gamma_n/2)t}a_n(0) \tag{6.43}$$

利用初始条件$a_n(0)=1$和$a_0(0)=0$,有

$$a_0(t) = \langle 0|\hat{H}'|n\rangle \frac{1-e^{i(\omega-\omega_{n0})t-\gamma_n t/2}}{\hbar(\omega-\omega_{n0}+i\gamma_n/2)} \tag{6.44}$$

在时间t很大(长于平均寿命$1/\gamma_n$)的情况下,间隔$d\omega$内的发射概率为

$$dw_{0n} = \frac{|\langle 0|\hat{H}'|n\rangle|^2}{\hbar^2[(\omega-\omega_{n0})^2+\gamma_n^2/4]}d\omega \tag{6.45}$$

如果我们对光子的极化求和,并针对末态的密度求积分(下文中用符号$\int$表示),则可使用标准黄金规则的跃迁率((2.6)式),它恰好给出宽度γ_n作为单位时间内的全衰变概率:

$$\gamma_n = \frac{2\pi}{\hbar^2}\int |\langle 0|\hat{H}'|n\rangle|^2 \tag{6.46}$$

最后,我们得到如下形式的概率((6.45)式):

$$dw_{0n} = \frac{1}{2\pi}\frac{\gamma_n}{(\omega-\omega_{n0})^2+\gamma_n^2/4}d\omega \tag{6.47}$$

其中,能量守恒的δ函数被替换成洛伦兹函数.如果态$|n\rangle$有其他的衰变道,那么(6.47)式中的分母应该包括总宽度,而在分子上仍然是与辐射过程$|n\rangle\to 0$相关的**分宽度**$\gamma_{n\to 0}$.

习题6.2 对宽度分别为$\gamma_{n'}$和γ_n的态$|n'\rangle$和态$|n\rangle$之间的跃迁,在相同的阻尼理论近似下,证明跃迁$n'\to n$的谱线形状由做了$\gamma_n\to\gamma_n+\gamma_{n'}$替换的(6.47)式给出,就像在(5.20)式中所假定的那样.

解 令宽度γ_n归因于以频率$\omega'\approx\omega_{n0}$到基态$|0\rangle$的共振跃迁.那时,类似于(6.47)式,对双重跃迁$n'\to n\to 0$,微扰论给出

$$dw = \frac{1}{(2\pi)^2 \hbar^4} \frac{\gamma_{n'}\gamma_n}{[(\omega' - \omega_{n0})^2 + \gamma_n^2/4][(\omega + \omega' - \omega_{n'0})^2 + \gamma_{n'}^2/4]} d\omega d\omega' \tag{6.48}$$

现在对 ω' 积分，例如，通过闭合 ω' 复平面的上半平面的回路并对 $\omega' = \omega_{n0} + i\gamma_n/2$ 的留数和 $\omega' = \omega_{n'0} - \omega + i\gamma_{n'}/2$ 的留数求和. 两个洛伦兹函数卷积的结果是一个具有合宽度的洛伦兹函数：

$$dw = \frac{1}{2\pi} \frac{\gamma_n + \gamma_{n'}}{(\omega - \omega_{n'n})^2 + (\gamma_{n'} + \gamma_n)^2/4} d\omega \tag{6.49}$$

6.7 色散关系

因果关系原理在数学上是以敏感性(susceptibilities)(比如动力学极化率 $\alpha(\omega)$)在频率变量的上半平面上的解析性为基础的. 响应函数的实部和虚部之间的重要关系就来自于这个性质.

把恒等式(6.22)用于极化率，给出

$$\int_{-\infty}^{\infty} d\omega' \frac{\alpha(\omega')}{\omega' - \omega + i0} = \text{P.v.} \int_{-\infty}^{\infty} d\omega' \frac{\alpha(\omega')}{\omega' - \omega} - i\pi\alpha(\omega) \tag{6.50}$$

另一方面，积分(6.50)等于 0. 事实上，我们可以使用上半平面内的一个大弧线来闭合积分路径，因为沿着这条大弧，大频率处的极化率((6.30)式)快速下降，使其对积分的贡献为零.

在以这种方式得到的闭合回路内，被积函数没有奇点；按照(6.24)式，极化率的极点位于下半平面. 这里我们看到了因果绝热地加入场的过程的重要性. 因此，(6.50)式给出

$$\alpha(\omega) = -\text{P.v.} \frac{i}{\pi} \int_{-\infty}^{\infty} d\omega' \frac{\alpha(\omega')}{\omega' - \omega} \tag{6.51}$$

通过分离实部和虚部，我们得到了 **Kramers-Kronig 色散关系**：

$$\text{Re}\alpha(\omega) = \text{P.v.} \frac{1}{\pi} \int_{-\infty}^{\infty} d\omega' \frac{\text{Im}\alpha(\omega')}{\omega' - \omega} \tag{6.52}$$

$$\mathrm{Im}\alpha(\omega) = -\mathrm{P.v.}\frac{1}{\pi}\int_{-\infty}^{\infty}\mathrm{d}\omega'\frac{\mathrm{Re}\alpha(\omega')}{\omega'-\omega} \tag{6.53}$$

可方便、明确地检查函数(6.24)式满足色散关系.

习题 6.3 关系式(6.52)和(6.53)仅在如下条件下可以相互兼容:

$$\mathrm{P.v.}\int_{-\infty}^{\infty}\frac{\mathrm{d}\omega'}{(\omega'-\omega)(\omega'-\omega'')} = \pi^2\delta(\omega-\omega'') \tag{6.54}$$

证明这个等式.

由于因果关系原理具有非常普遍的特性,任何响应函数都必须满足一些色散关系.然而,它们的具体形式可以有所不同,正如我们在上面的证明中看到的,它依赖于所涉及的敏感性在 $\omega\rightarrow\infty$ 时的渐近行为.

习题 6.4 推导出介电函数的色散关系,并证明

$$\int_0^{\infty}\mathrm{d}\omega\omega\mathrm{Im}\mathcal{E}(\omega) = \frac{\pi}{2}\omega_0^2 \tag{6.55}$$

其中,ω_0 是等离子体的频率((6.33)式).

6.8 散射的描述

量子系统的光散射与前一小节的色散现象密切相关.我们可以用光子的虚吸收和发射来解释散射.这里,相较于介质响应的特性,我们对**散射波**更感兴趣.散射的波(二次波或再发射的波)通常具有不同于主波的特征(频率、传播方向、极化).甚至飞离一个自由粒子的散射都是可能的,只是在这种情况下,真实的吸收被守恒定律所禁戒.

散射过程涉及至少两个基本的行为:初级光子($\boldsymbol{k},\omega=ck,\lambda$)的吸收和次级光子($\boldsymbol{k}',\omega'=ck',\lambda'$)的发射.相应的矩阵元包含了湮灭初态光子的算符 $\hat{a}_{\lambda k}$ 和产生末态光子的算符 $\hat{a}^{\dagger}_{\lambda'k'}$.在微扰论中考虑波与原子的相互作用时,我们需要相对于哈密顿量 $\hat{H}'_1$((4.113)式)、$\hat{H}'_2$((4.114)式)、$\hat{H}'_s$((4.115)式)的二阶项.根据(2.16)式,系统 $i\rightarrow f$ 跃迁的二阶矩阵元,包括通过虚中间态 n 的传播,为

$$M_{fi}^{(2)} = \sum_n\frac{H'_{fn}H'_{ni}}{W_i-W_n} \tag{6.56}$$

其中，$W_i = E_i + \hbar\omega$ 为初始能量，而 W_n 是中间态（系统和光子）的全部能量.

初态包含原子$|i\rangle$和入射量子（$\lambda\boldsymbol{k}$），而末态包含原子$|f\rangle$和量子（$\lambda'\boldsymbol{k}'$）. 运用 $\hat{H}'_1$两次，可以看到从初态到末态有两条路径，如图 6.4 所示. 图中过程(a)包含对初态光子的吸收，然后是末态光子的发射. 这里，中间状态不包含光子，而原子处于态$|n\rangle$，因而 $W_n^{(a)} = E_n$. 可能存在的旁观者的光子不改变它们的状态，因此不会出现在(6.56)式的分母上. 对于图中贡献(b)，原子首先发射出终态光子，然后再吸收初态的光子. 中间态由原子$|n\rangle$和两个光子组成，$W_n^{(b)} = E_n + \hbar\omega + \hbar\omega'$. 现在，明显可将矩阵元写成 $M_{fi}^{(a,b)} = (2\pi\hbar c^2)/[V\sqrt{\omega\omega'}]X_{a,b}$，其中

$$X_a = \sum_n \frac{\langle f \mid \sum_a \left(\frac{e_a}{m_a c}\right)(\boldsymbol{e}'^* \cdot \hat{\boldsymbol{p}}_a)\mathrm{e}^{-\mathrm{i}(\boldsymbol{k}'\cdot\boldsymbol{r}_a)} \mid n\rangle\langle n \mid \sum_b \left(\frac{e_b}{m_b c}\right)(\boldsymbol{e} \cdot \hat{\boldsymbol{p}}_b)\mathrm{e}^{\mathrm{i}(\boldsymbol{k}\cdot\boldsymbol{r}_b)} \mid i\rangle}{E_i + \hbar\omega - E_n} \tag{6.57}$$

及

$$X_b = \sum_n \frac{\langle f \mid \sum_a \left(\frac{e_a}{m_a c}\right)(\boldsymbol{e} \cdot \hat{\boldsymbol{p}}_a)\mathrm{e}^{\mathrm{i}(\boldsymbol{k}'\cdot\boldsymbol{r}_a)} \mid n\rangle\langle n \mid \sum_b \left(\frac{e_b}{m_b c}\right)(\boldsymbol{e}'^* \cdot \hat{\boldsymbol{p}}_b)\mathrm{e}^{-\mathrm{i}(\boldsymbol{k}'\cdot\boldsymbol{r}_b)} \mid i\rangle}{E_i + \hbar\omega - (E_n + \hbar\omega + \hbar\omega')} \tag{6.58}$$

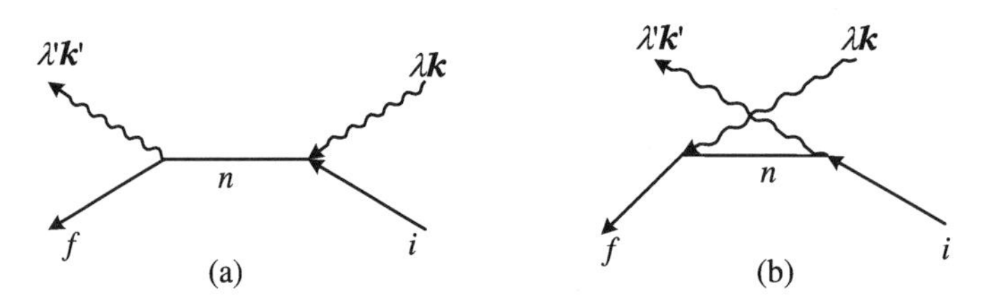

图 6.4　散射过程的二级图

这些贡献的总和为

$$M_{fi}^{(1)} = M_{fi}^{(a)} + M_{fi}^{(b)} = \frac{2\pi}{V\sqrt{\omega\omega'}}\sum_{ab}\frac{e_a e_b}{m_a m_b}\sum_n (A_{fni} + B_{fni}) \tag{6.59}$$

$$A_{fni} = \frac{(\mathrm{e}^{-\mathrm{i}(\boldsymbol{k}'\cdot\boldsymbol{r}_a)}(\hat{\boldsymbol{p}}_a \cdot \boldsymbol{e}'^*))_{fn}(\mathrm{e}^{\mathrm{i}(\boldsymbol{k}\cdot\boldsymbol{r}_b)}(\hat{\boldsymbol{p}}_b \cdot \boldsymbol{e}))_{ni}}{\omega - \omega_{ni}} \tag{6.60}$$

$$B_{fni} = \frac{(\mathrm{e}^{\mathrm{i}(\boldsymbol{k}\cdot\boldsymbol{r}_a)}(\hat{\boldsymbol{p}}_a \cdot \boldsymbol{e}))_{fn}(\mathrm{e}^{-\mathrm{i}(\boldsymbol{k}'\cdot\boldsymbol{r}_b)}(\hat{\boldsymbol{p}}_b \cdot \boldsymbol{e}'^*))_{ni}}{\omega' + \omega_{ni}} \tag{6.61}$$

现在我们需要回顾一下，光子与物质相互作用的哈密顿量还包含 $\boldsymbol{A}$ 的二次项（参见(4.114)式）. 由于在**第二阶**中考虑了 $\boldsymbol{A}$ 的线性项，在相同的近似下，**第一阶**中我们也必须包含二次项贡献. 参照图 4.2(d)，相应的矩阵元(4.119)式可写为

$$M_{fi}^{(2)} = \frac{2\pi\hbar}{V\sqrt{\omega\omega'}}(\boldsymbol{e}\cdot\boldsymbol{e}'^{*})\left\langle f\left|\sum_{a}\left(\frac{e_a}{m_a}\right)^2 \mathrm{e}^{\mathrm{i}(\boldsymbol{k}-\boldsymbol{k}')\cdot\boldsymbol{r}_a}\right|i\right\rangle \tag{6.62}$$

全振幅由(6.59)式和(6.62)式的和给出. 我们仅限于考虑长波（偶极）近似（否则，(4.115)式的自旋-磁相互作用项也必须包含在内）. 在偶极近似下，我们忽略了波场在原子尺度上的不均匀性，并把所有的指数都取在原子中心点 $\boldsymbol{R}$ 处. 那时，(6.62)式的贡献只在不改变系统的**相干散射**过程 $i=f$ 中才存在.

因此，在偶极近似下，我们得到总的散射振幅为

$$\begin{aligned} M_{fi} = M_{fi}^{(1)} + M_{fi}^{(2)} &= \frac{2\pi}{V\sqrt{\omega\omega'}}\mathrm{e}^{\mathrm{i}(\boldsymbol{k}-\boldsymbol{k}')\cdot\boldsymbol{R}}\sum_{ab}\frac{e_a e_b}{m_a m_b} \\ &\times\left\{\sum_n\left[\frac{(\hat{\boldsymbol{p}}_a\cdot\boldsymbol{e}'^{*})_{fn}(\hat{\boldsymbol{p}}_b\cdot\boldsymbol{e})_{ni}}{\omega-\omega_{ni}} - \frac{(\hat{\boldsymbol{p}}_a\cdot\boldsymbol{e})_{fn}(\hat{\boldsymbol{p}}_b\cdot\boldsymbol{e}'^{*})_{ni}}{\omega'+\omega_{ni}}\right] + \hbar(\boldsymbol{e}\cdot\boldsymbol{e}'^{*})\delta_{fi}\delta_{ab}\right\} \end{aligned} \tag{6.63}$$

散射率由黄金法则给出：

$$\mathrm{d}\dot{w}_{fi} = \frac{2\pi}{\hbar}|M_{fi}|^2\delta(E_i+\hbar\omega-E_f-\hbar\omega')\mathrm{d}\rho_f\,\hbar\mathrm{d}\omega' \tag{6.64}$$

其中，光子的末态密度见(2.49)式.

6.9 散射截面

由(6.64)式，对末态光子能量进行积分并除以入射光子通量 c/V（体积 V 内的一个光子），可得到单位立体角内的微分截面：

$$\frac{\mathrm{d}\sigma_{fi}}{\mathrm{d}o} = \frac{2\pi}{\hbar}|M_{fi}|^2\frac{V\omega'^2}{8\pi^3\hbar c^3}\frac{V}{c} = \frac{V^2\omega'^2}{4\pi^2\hbar^2c^4}|M_{fi}|^2 \tag{6.65}$$

我们首先使用如下的对易子，将上式的结果化为常规形式：

$$[(\hat{\boldsymbol{p}}_a\cdot\boldsymbol{e}'^{*}),(\hat{\boldsymbol{r}}_b\cdot\boldsymbol{e})] = e_i'^{*}e_j[\hat{p}_{ia},\hat{r}_{jb}] = -\mathrm{i}\hbar\delta_{ab}(\boldsymbol{e}\cdot\boldsymbol{e}'^{*}) \tag{6.66}$$

利用(6.66)式,$M_{fi}^{(2)}$对振幅(6.63)式的贡献可用对中间态的求和表示:

$$\hbar\delta_{fi}\delta_{ab}(\boldsymbol{e}\cdot\boldsymbol{e}'^{*}) = \mathrm{i}\sum_{n}((\boldsymbol{p}_a\cdot\boldsymbol{e}'^{*})_{fn}(\boldsymbol{r}_b\cdot\boldsymbol{e})_{ni} - (\boldsymbol{r}_b\cdot\boldsymbol{e})_{fn}(\boldsymbol{p}_a\cdot\boldsymbol{e}'^{*})_{ni}) \tag{6.67}$$

如果把这个表达式代入(6.63)式来代替上一项,并假设没有速度相关的力,借助于(5.25)式,引入偶极矩 $\boldsymbol{d} = \sum_{a} e_a\boldsymbol{r}_a$ 的矩阵元,我们可将振幅约化为

$$M_{fi} = \frac{2\pi}{V\sqrt{\omega\omega'}}\mathrm{e}^{\mathrm{i}(\boldsymbol{k}-\boldsymbol{k}')\cdot\boldsymbol{R}}\sum_{n}(C_{fni} + D_{fni}) \tag{6.68}$$

$$C_{fni} = (\boldsymbol{d}_{fn}\cdot\boldsymbol{e}'^{*})(\boldsymbol{d}_{ni}\cdot\boldsymbol{e})\omega_{fn}\left(-1-\frac{\omega_{ni}}{\omega-\omega_{ni}}\right) \tag{6.69}$$

$$D_{fni} = (\boldsymbol{d}_{fn}\cdot\boldsymbol{e})(\boldsymbol{d}_{ni}\cdot\boldsymbol{e}'^{*})\omega_{ni}\left(\frac{\omega_{fn}}{\omega'+\omega_{ni}}+1\right) \tag{6.70}$$

利用能量守恒(矩阵元将被乘以能量的 δ 函数)

$$\omega_{fi} = \omega - \omega' \tag{6.71}$$

可进行进一步简化.利用(6.71)式,我们得到

$$\omega_{fn}\left(-1-\frac{\omega_{ni}}{\omega-\omega_{ni}}\right) = -\omega_{fn}\frac{\omega}{\omega-\omega_{ni}} = -\omega\left(1+\frac{\omega_{fi}-\omega}{\omega-\omega_{ni}}\right) = \omega\left(\frac{\omega'}{\omega-\omega_{ni}}-1\right) \tag{6.72}$$

和

$$\begin{aligned}\omega_{ni}\left(1+\frac{\omega_{fn}}{\omega'+\omega_{ni}}\right) &= \omega_{ni}\frac{\omega_{fi}+\omega'}{\omega'+\omega_{ni}} \\ &= (\omega_{fi}+\omega')\left(1-\frac{\omega'}{\omega'+\omega_{ni}}\right) = \omega\left(-\frac{\omega'}{\omega'+\omega_{ni}}+1\right)\end{aligned} \tag{6.73}$$

那时,表达式(6.69)和(6.70)变为

$$C_{fni} = \omega\omega'\left[\frac{(\boldsymbol{d}_{fn}\cdot\boldsymbol{e}'^{*})(\boldsymbol{d}_{ni}\cdot\boldsymbol{e})}{\omega-\omega_{ni}} - \frac{(\boldsymbol{d}_{fn}\cdot\boldsymbol{e})(\boldsymbol{d}_{ni}\cdot\boldsymbol{e}'^{*})}{\omega'+\omega_{ni}}\right] \tag{6.74}$$

$$D_{fni} = -\omega[(\boldsymbol{d}_{fn}\cdot\boldsymbol{e}'^{*})(\boldsymbol{d}_{ni}\cdot\boldsymbol{e}) - (\boldsymbol{d}_{fn}\cdot\boldsymbol{e})(\boldsymbol{d}_{ni}\cdot\boldsymbol{e}'^{*})] \tag{6.75}$$

然而,作为一个对易子,(6.75)式的贡献为零,即

$$\sum_n [(\boldsymbol{d}_{fn}\cdot\boldsymbol{e}'^*)(\boldsymbol{d}_{ni}\cdot\boldsymbol{e})-(\boldsymbol{d}_{fn}\cdot\boldsymbol{e})(\boldsymbol{d}_{ni}\cdot\boldsymbol{e}^*)]=\langle f\,|\,[(\hat{\boldsymbol{d}}\cdot\boldsymbol{e}'^*),(\boldsymbol{d}\cdot\boldsymbol{e})]\,|\,i\rangle$$
$$=0 \qquad (6.76)$$

最后,在**能量壳**(6.71)上有

$$M_{fi}=\frac{2\pi}{V}\sqrt{\omega\omega'}\,\mathrm{e}^{\mathrm{i}(\boldsymbol{k}-\boldsymbol{k}')\cdot\boldsymbol{R}}\sum_n\left[\frac{(\boldsymbol{d}_{fn}\cdot\boldsymbol{e}'^*)(\boldsymbol{d}_{ni}\cdot\boldsymbol{e})}{\omega-\omega_{ni}}-\frac{(\boldsymbol{d}_{fn}\cdot\boldsymbol{e})(\boldsymbol{d}_{ni}\cdot\boldsymbol{e}'^*)}{\omega'+\omega_{ni}}\right] \qquad (6.77)$$

习题 6.5 从一开始就使用偶极哈密顿量(5.27),推导出与(6.77)式相同的结果.

现在,截面(6.65)式可由 **Kramers-Heisenberg 色散公式**(1925 年)给出:

$$\frac{\mathrm{d}\sigma_{fi}}{\mathrm{d}o}=\frac{\omega\omega'^3}{\hbar^2c^4}\left|\sum_n\left[\frac{(\boldsymbol{d}_{fn}\cdot\boldsymbol{e}'^*)(\boldsymbol{d}_{ni}\cdot\boldsymbol{e})}{\omega-\omega_{ni}}-\frac{(\boldsymbol{d}_{fn}\cdot\boldsymbol{e})(\boldsymbol{d}_{ni}\cdot\boldsymbol{e}'^*)}{\omega'+\omega_{ni}}\right]\right|^2 \qquad (6.78)$$

尽管初、末态光子的波长大于原子的尺度,但这个结果对于光学、紫外线的散射以及对当 $\hbar\omega < mc^2$ 且相对论效应可忽略不计时的软 X 射线是成立的. 正如我们从色散理论中知道的,这种形式的微扰方法仅对远离共振的频率是合理的;否则,就需要包含准稳态的自然宽度.

6.10 相干散射

在**相干**(弹性,未移动)散射的情况下,原子保持在原始的状态 $f=i$,光子的频率不会改变,$\omega'=\omega$. 色散公式给出

$$\frac{\mathrm{d}\sigma_{\mathrm{i}}}{\mathrm{d}o}=\frac{\omega^4}{\hbar^2c^4}\left|\sum_n\left[\frac{(\boldsymbol{d}_{in}\cdot\boldsymbol{e}'^*)(\boldsymbol{d}_{ni}\cdot\boldsymbol{e})}{\omega-\omega_{ni}}-\frac{(\boldsymbol{d}_{in}\cdot\boldsymbol{e})(\boldsymbol{d}_{ni}\cdot\boldsymbol{e}'^*)}{\omega'+\omega_{ni}}\right]\right|^2 \qquad (6.79)$$

与(6.15)式的比较表明:相干散射的截面完全由给定态$|i\rangle$的极化张量确定:

$$\frac{\mathrm{d}\sigma_i}{\mathrm{d}o}=\frac{\omega^4}{c^4}\,|e_ie'^*_j\alpha^{ij}(\omega)|^2 \qquad (6.80)$$

或者,由于(6.23)式,对于各向同性的态$|i\rangle$有

$$\frac{\mathrm{d}\sigma_i}{\mathrm{d}o}=\frac{\omega^4}{c^4}\,|\alpha(\omega)|^2\,(\boldsymbol{e}\cdot\boldsymbol{e}'^*)^2 \qquad (6.81)$$

这一结果具有经典的形式:感应偶极矩 $\boldsymbol{d}=\alpha\boldsymbol{\mathcal{E}}$,而截面正比于 $|\ddot{\boldsymbol{d}}|^2\propto\omega^4|\alpha|^2$. 量子特性集中在由量子的原子结构确定的极化率上.

如果频率 ω 高于原子频率(但波长仍然大于原子尺度),散射发生时,电荷仿佛是自由的. 利用极化率的渐近值((6.30)式),我们得到了经典电子理论的结果[16, §78]——**Thomson 散射**:

$$\left(\frac{\mathrm{d}\sigma}{\mathrm{d}o}\right)_{\omega\to\infty}\to\frac{\omega^4}{c^4}\left(\frac{Ze^2}{m\omega^2}\right)^2(\boldsymbol{e}\cdot\boldsymbol{e}'^*)^2=Z^2r_0^2(\boldsymbol{e}\cdot\boldsymbol{e}'^*)^2 \tag{6.82}$$

这里,引入了**粒子的经典半径**(见上册方程(1.40)). 回到原始的矩阵元(6.63)式,我们看到,自由电荷的散射完全由二次项 $\hat{H}_2'$ 确定,因为在 $\omega\to\infty$ 的极限下,(6.63)式中括号内的项为零.

为了描写弹性散射,可以引入**散射振幅** f,它依赖于散射角和初态、散射光子的极化. 散射振幅具有长度的量纲,并以**弹性散射**微分截面等于

$$\frac{\mathrm{d}\sigma}{\mathrm{d}o}=|f|^2 \tag{6.83}$$

的方式归一化. 方程(6.81)表明,对于一个各向同性的系统,有

$$f=\frac{\omega^2}{c^2}\alpha(\omega)(\boldsymbol{e}\cdot\boldsymbol{e}'^*) \tag{6.84}$$

6.11 共振荧光

接近共振时,$\omega\to\omega_{ni}$,截面((6.78)式)无限增长. 就像考虑色散时,由于我们忽略了激发原子态的阻尼,会出现这种无限的增长一样.

在共振附近,我们必须考虑到天然的谱线宽度. 这可以通过作 $E_n\to E_n-(\mathrm{i}\hbar/2)\gamma_n$ 的替换来实现. 这样,色散公式中的主(共振)项有如下的形式:

$$\left(\frac{\mathrm{d}\sigma_{fi}}{\mathrm{d}o}\right)_{\mathrm{res}}=\frac{\omega\omega'^3}{\hbar^2c^4}\left|\sum_{\nu_n}(\boldsymbol{d}_{fn}\cdot\boldsymbol{e}'^*)(\boldsymbol{d}_{ni}\cdot\boldsymbol{e})\right|^2\frac{1}{(\omega-\omega_{ni})^2+\gamma_n^2/4} \tag{6.85}$$

其中,$\sum_{\nu_n}$ 表示对所有共振能量为 E_n 的态求和,例如,若 $J_n\neq0$,要对角动量的投影求和.

如果$|i\rangle$态的宽度可以忽略，则(6.85)式预测的谱线形状与下述过程给出的结果一致，在该过程中，一个处于$|n\rangle$态的被激发原子自发辐射出频率为ω_{ni}的光子.(6.85)式的结果可适用于入射波的频散较**宽**(应超过宽度γ_n)的情况.对于能量弥散非常窄的入射波，散射谱线宽度比谱线自然宽度窄得多，参见上册5.8节和5.9节中的定性讨论.那里，我们还讨论了与Mössbauer效应相关的原子和原子核中共振荧光的可行性.

该过程的图像(图6.4)显示了中间态$|n\rangle$的共振激发及自发退激发.当$f=i,\omega'=\omega$且$\boldsymbol{e}'=\boldsymbol{e}$时，**共振荧光**的全相干过程会与自发发射的强度I_ω相关(见(5.48)式)，或者与中间态的自然宽度γ_n及其平均寿命τ_n相关：

$$\gamma_n = \frac{1}{\tau_n} = \frac{I_\omega}{\hbar\omega} = \frac{4\omega^3}{3\hbar c^3}|\boldsymbol{d}_{ni}|^2 \tag{6.86}$$

在一个光的极化变量及介质原子的角动量投影均未被记录的实验中，所观测到的截面应该对电磁场和原子初态的那些特性**求平均**，并对末态的特性**求和**.

习题6.6 证明：对于以这种方式定义的共振荧光并且还对散射光子的所有方向$\boldsymbol{k}'$进行积分得到的截面等于

$$\sigma_{\mathrm{res}} = \frac{2J_n+1}{2(2J_i+1)}\frac{\pi}{k^2}\frac{\gamma_n^2}{(\omega-\omega_{ni})^2+\gamma_n^2/4} \tag{6.87}$$

其中，$k=\omega/c$.

按照(6.87)式，在精确共振处的截面

$$\sigma_{\mathrm{res}} = \frac{2J_n+1}{2(2J_i+1)}\frac{4\pi}{k^2} \tag{6.88}$$

约为光子波长平方的量级，它不依赖于系统的细节.正如我们将在第10章中看到的，这是所允许的最大的量子散射截面.

在共振存在的情况下，散射截面和极化率$\alpha(\omega)$之间的关系((6.81)式)也是成立的.但是，此时极化率连同(6.84)式的振幅f都变成了**复数**.同时，$\alpha(\omega)$的虚部确定了系统对光的真实吸收.(6.84)式和(6.41)式的比较显示了光子吸收之间的一个显著关系：削弱入射束流的所有过程的总截面σ与不改变光子特性($\boldsymbol{e}'=\boldsymbol{e}$)的向前弹性散射振幅的虚部之间的关系为

$$\sigma = \frac{4\pi}{k}\mathrm{Im}f \tag{6.89}$$

我们从量子**幺正性**的观点回到6.10节对散射问题一般性讨论的**光学定理**.

6.12 多中心散射

一个具有一定数量光子的状态(例如我们的单个散射光子)并不与一个确定相位的振动相对应.为说明这一点,我们需要一个没有固定数量量子的相干态(参见上册12.4节).然而,在几个散射体存在的情况下,被不同中心散射的波的相位差可能具有一个确定的值.在相干散射中,原子保持在它们原来的态.因此,来自不同原子的相干散射过程在物理上是**不可区分的**,需要把来自不同中心的**振幅**相加,而不是截面相加.

令处于全同量子态的两个全同原子的中心分别位于 $\boldsymbol{R}_1$ 和 $\boldsymbol{R}_2$.正如从矩阵元(6.77)式可以看到的,总振幅正比于

$$M \propto \mathrm{e}^{\mathrm{i}(\boldsymbol{k}-\boldsymbol{k}')\cdot \boldsymbol{R}_1} + \mathrm{e}^{\mathrm{i}(\boldsymbol{k}-\boldsymbol{k}')\cdot \boldsymbol{R}_2} \tag{6.90}$$

于是,总概率由干涉的结果确定:

$$|M|^2 \propto |1+\mathrm{e}^{\mathrm{i}(\boldsymbol{k}-\boldsymbol{k}')\cdot(\boldsymbol{R}_1-\boldsymbol{R}_2)}|^2 = 2\{1+\cos[(\boldsymbol{k}-\boldsymbol{k}')\cdot(\boldsymbol{R}_1-\boldsymbol{R}_2)]\} \tag{6.91}$$

它依赖于两个散射波的路径之差,如图6.5所示(参见关于带电粒子散射形状因子的讨论,3.3节).因此,这样的散射是**相干**的.

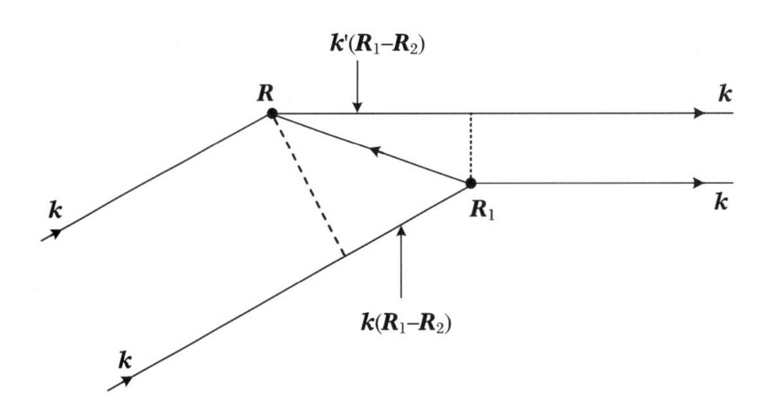

图6.5 从两个中心的相干散射

从这里,移动到一组有序的原子集合(如一个理想的晶体)的散射的主题就简单了.例如,让相同的原子处在晶格的格点$\{\boldsymbol{R}_j\}$上.总散射振幅由来自不同散射体的波的干涉

来确定：

$$M \propto \sum_j \mathrm{e}^{\mathrm{i}(\boldsymbol{q}\cdot\boldsymbol{R}_j)}, \quad \boldsymbol{q} = \boldsymbol{k} - \boldsymbol{k}' \tag{6.92}$$

因此，散射可以在相当于动量转移为 $\boldsymbol{q}$ 的波长上探测该系统. 在一个大的晶体中，对于除**倒格子**的矢量 $\boldsymbol{K}$（参看上册方程(8.41)）之外的所有矢量 $\boldsymbol{q}$ 求和((6.92)式)为零，对倒格子的矢量 $\boldsymbol{K}$ 有

$$\mathrm{e}^{\mathrm{i}(\boldsymbol{K}\cdot\boldsymbol{R}_j)} = 1, \quad \boldsymbol{K}\cdot\boldsymbol{R}_j = 2\pi n \tag{6.93}$$

其中，$\boldsymbol{R}_j$ 是原始晶格的任意矢量，n 是一个整数.

晶格的相干散射中，$k' = k$ 且动量转移为(3.23)式，$q = 2k\sin(\theta/2)$，其中 θ 是散射角. 条件 $\boldsymbol{q} = \boldsymbol{K}$ 显示了来自不同晶面的散射波的相长干涉. 这一条件仅在 $2k \geqslant K_{\min}$ 时得到满足. 为简单起见，取一个周期为 a 的立方晶格：

$$K = \frac{2\pi}{a}n, \quad K_{\min} = \frac{2\pi}{a} \tag{6.94}$$

这时，只有在 $k > \pi/a$，即 X 射线或更短的波长时，相干散射才可能发生. 尽管在对于入射单色波取向任意的单晶样品中，任何散射角都不能满足 $\boldsymbol{q} = \boldsymbol{K}$ 的条件，但是这种条件和对 X 射线衍射的观察可以通过样品的旋转或使用多晶样品来实现. 相干散射的 **Bragg 条件**可写成

$$2k\sin\frac{\theta}{2} = \frac{2\pi}{a}n \quad \rightsquigarrow \quad n\lambda = 2a\sin\frac{\theta}{2} \tag{6.95}$$

如果截面可与晶体的几何面积相比，则结果可能取决于晶体的形状. 类似的对于具有恰当波长的中子的物理性质，将在 9.9 节中讨论.

伴随着原子状态发生改变($i \neq f$)的散射被称为 **Raman 散射**（非相干的，移动的）. 这一现象在 1928 年几乎同时被 G. S. Landsberg 和 L. I. Mandelshtam 在晶体中发现，以及被 C. V. Raman 在液体中发现. 原则上，因为人们能够找出哪个原子在散射后被激发，所以应该将不同散射体的**截面**相加，而不是将它们的振幅相加. 如果 N 个原子被放置于一个尺度比辐射的波长还要小($R \ll \lambda$)的体积内，那么相干的截面比原子的截面要大一个 $\sim N^2$ 的因子，而非相干的截面只比原子截面大一个 $\sim N$ 的因子.

第 7 章

量子散射基础

用于探测原子和亚原子领域的最基本的物理方法之一涉及已知粒子从所讨论元素的样本上的散射.

——R. L. Liboff

7.1 散射与可观测量

关于粒子与其他粒子、原子核、原子、分子和凝聚态物质相互作用的绝大部分知识都是从散射实验中获得的.散射问题的理论公式是直接按照典型的实验设置进行调整的.

简要地说,散射过程以下面的方式进行.在远处的源制备粒子束流,使其处于一定的初态$|i\rangle$.束流的特征包括束流粒子(**炮弹**)的动量 $\boldsymbol{p}$ 或动量分布函数,以及所有的内禀量子数,诸如自旋,它们也可以概率的方式来定义.这些粒子被认为是在**能量壳**上的,或简

单称为“在壳”，即它们是真实的、自由运动的粒子，其能量和动量满足正常的关系；它们与出现在短寿命的中间态中(参见上册 5.10 节)**离壳**的虚粒子不同.严格地说，绝不能使用具有一定动量的平面波.束流粒子应该用**波包**来描述，该波包动量和坐标的弥散满足不确定性原理.然而，记录装置的尺度是有限的，动量的不确定性通常被探测器的角度不确定性所遮蔽，尽管很少会出现波包的描述是决定性的情况.无论如何，我们都可以把理想化的平面波描述作为基础，通过叠加原理恢复波包的散射.

初始束流与**靶**，特别是其可能为另外一束束流(**对撞束流**的实验)相互作用.相互作用发生在无法放置探测器的微观区域.相互作用之后，产物再次成为自由粒子，也许是不同类型的粒子或处于不同的内禀状态.所要探测的就是末态$|f\rangle$中自由粒子的一组特征.给定初态$|i\rangle$，量子散射理论的问题可用于预测各种可能末态的概率.最终，我们设法使用实验数据提取相互作用机制和相互作用粒子结构的信息.我们仅限于讨论两体碰撞.尽管在致密介质中，大量粒子的同时相互作用可能很重要；但也存在着**两体**相互作用中未曾出现的多体力.虽然我们将主要考虑具有两个初态粒子和两个末态粒子的典型的过程，但末态产物的数量仍然可以是任意的.

我们在第 3 章一个含时微扰理论的应用中讨论了散射.实践中，特别是当微扰理论无效时，使用所讨论问题的**时间无关**公式会更简单.设初始束流具有一个稳定的粒子通量 j_i(在单位时间内穿过单位面积的粒子数).实验探测器记录了一定数量的事例，它们对应于比率为 $\dot{w}_{fi}$(单位时间内的事例数)的末态.比值

$$\sigma_{fi}=\frac{\dot{w}_{fi}}{j_i} \tag{7.1}$$

测量了一个入射粒子在所考虑的 $i\to f$ 过程的概率.它具有面积的量纲，被称为有效**截面**.作为散射实验中的主要可观测量，截面表征了与束流强度无关的基本相互作用行为.

7.2 经典散射与截面

我们可回顾经典力学中的弹性散射[25, §18].在一个两体散射问题中，我们总是采用质心系，在那里两个碰撞的粒子相向而行，并在相互作用之后，沿着与初始方向成 θ 角的方向相背而行.

经典意义上,散射角 $\theta=\theta(b)$ 由**碰撞参数** b 来定义,b 与轨道角动量 ℓ 间的关系为 $\hbar\ell=mvb$,其中 v 是离开散射体很远时的相对速度,m 是入射粒子和靶粒子的约化质量.所有通过 b 和 $b+\mathrm{d}b$ 之间的环进来的入射波粒子将被偏转到一个 θ 到 $\theta+\mathrm{d}\theta$ 的角度,如图 7.1 所示.因此,**有效微分截面**为环的面积:

$$\mathrm{d}\sigma = 2\pi b\mathrm{d}b = 2\pi b\left|\frac{\mathrm{d}b}{\mathrm{d}\theta}\right|\mathrm{d}\theta \tag{7.2}$$

加上绝对值符号是为了保证截面总是正的.势的具体特性被隐藏在对 $\theta(b)$ 的依赖中.将微分散射截面对所有碰撞参数或等价于对被散射粒子的立体角进行积分,就给出了**总截面**.截面依赖于入射粒子与靶相互作用的特性,也与相对运动的能量 E 有关.

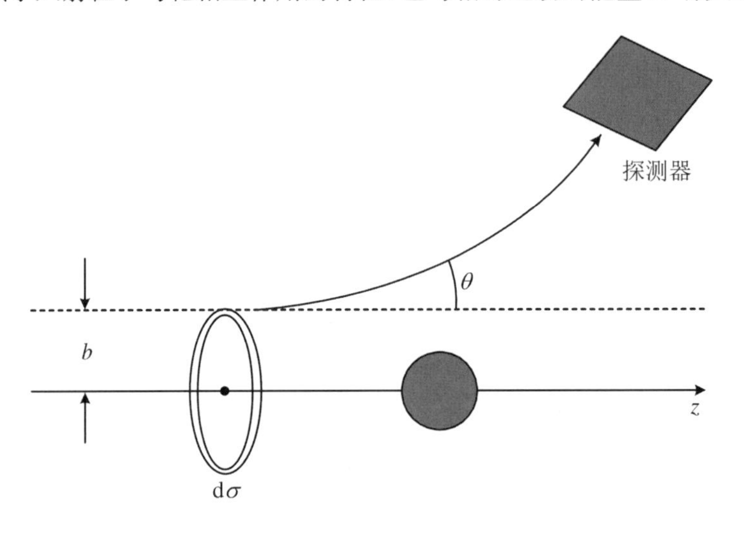

图 7.1 截面与碰撞参数(排斥作用)

习题 7.1 一个质量为 m、动能为 E 的类点粒子被半径为 R、深度为 U_0 的球对称吸引势阱弹性散射,求经典的微分截面和总截面.

解 初态由碰撞参数 b 和速度 $v=\sqrt{2E/m}$ 确定.只在 $b<R$ 时,经典散射才可能发生.因此,**总**截面等于粒子轨道横截面面积,即靶的几何截面面积

$$\sigma = 2\pi\int_0^R b\mathrm{d}b = \pi R^2 \tag{7.3}$$

对不可穿透的球体(粒子的绝对排斥),上式同样成立.在球的边界,势从零跳变到负值 $-U_0$.只有粒子速度的法向分量会改变(没有切向力).因此,粒子的轨迹会在球表面被**折射**.令 α_1 和 α_2 分别为入射角和折射角,如图 7.2 所示.那时,外部速度 v 和内部速度 v' 通过 **Snell 定律**相关联:

$$v\sin\alpha_1 = v'\sin\alpha_2 \tag{7.4}$$

(上册习题 2.1). 入射角由碰撞参数确定:

$$\sin\alpha_1 = \frac{b}{R} \tag{7.5}$$

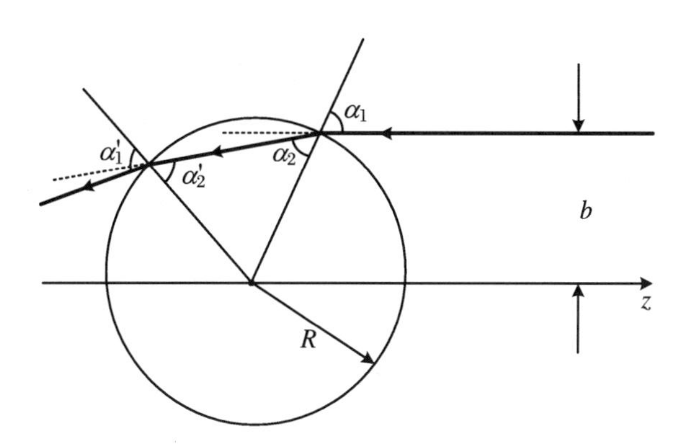

图 7.2 一个粒子被一个球势阱散射的几何关系

粒子的能量守恒:

$$E = \frac{mv^2}{2} = \frac{mv'^2}{2} - U_0 \tag{7.6}$$

在势阱内部,运动较快,且 $\alpha_2 < \alpha_1$:

$$\frac{\sin\alpha_2}{\sin\alpha_1} = \frac{v}{v'} = \sqrt{\frac{E}{E+U_0}} \tag{7.7}$$

(这个量的倒数为**折射率**). 偏转角度 $\alpha_2 - \alpha_1$ 在出口点处是加倍的,这样,总散射角为 $\theta = 2(\alpha_2 - \alpha_1)$. 因此,结合(7.7)式,它给出

$$\cos\frac{\theta}{2} - \cot\alpha_1 \sin\frac{\theta}{2} = \sqrt{\frac{E}{E+U_0}} \tag{7.8}$$

借助(7.5)式消去 α_1,可确定出碰撞参数和散射角之间的关系:

$$b^2 = R^2 \frac{(E+U_0)\sin^2(\theta/2)}{2E + U_0 - 2\sqrt{E(E+U_0)}\cos(\theta/2)} \tag{7.9}$$

对于**中心**碰撞,$b=0$,散射角 $\theta=0$;反之,**擦边碰撞**,$b \to R$,给出最大的散射角 θ_m:

$$\cos\frac{\theta_m}{2} = \sqrt{\frac{E}{E+U_0}} \tag{7.10}$$

根据定义(7.2)式,取(7.9)式的导数,得到微分截面.结果可以表示为

$$d\sigma = \frac{\pi R^2}{2c} \frac{(c - c_m)(1 - cc_m)}{1 + c_m^2 - 2cc_m} d\theta \tag{7.11}$$

其中,

$$c \equiv \cos\frac{\theta}{2}, \quad c_m \equiv \cos\frac{\theta_m}{2} \tag{7.12}$$

可以验证,总截面与(7.3)式相一致:

$$\sigma = \int_0^{\theta_m} \sin\theta d\theta \frac{d\sigma}{d\theta} = \pi R^2 \tag{7.13}$$

在极高能极限下($E \gg U_0$),(7.10)式的锥体变窄,散射基本上发生在朝前的方向.这时,折射率接近1,并且障碍物不会改变粒子的轨迹.在低能情况下,折射率非常大,并且散射变得趋于各向同性,$\theta_m \to \pi$.

若以半经典方法考虑轨道角动量的量子化,对于一个给定的ℓ(图7.1),我们可引入**分截面**:

$$\sigma_\ell = \pi(b_{\ell+1}^2 - b_\ell^2) = \frac{\pi}{k^2}(2\ell + 1) \tag{7.14}$$

ℓ分波的碰撞参数是波长 $\lambda \sim 1/k$ 的ℓ倍;在这里及下文中,$k = mv/\hbar$是相对运动的波矢.因此,分截面(7.14)由入射束流的波长定义.

我们的目标是用公式表示量子散射理论,并寻找联系实验散射截面与相互作用基本特性的方法.经典的图像将作为一般理论的特例出现.

7.3 散射矩阵

图7.1表示一个**定态**散射的设备,其中入射束流稳定地提供新粒子.另一种方法可考虑连续能谱初始量子态的时间演化.初态制备于遥远的过去($t \to -\infty$),该时刻应该足够早,使得初态的能量 E_i 可以精确地定义.态$|i\rangle \equiv |i; -\infty\rangle$通常是一个波包,它满足由**无相互作用**粒子的哈密顿量 $\hat{H}_0$ 支配的薛定谔方程.制备好之后,波包朝着与靶**相互作用的区域**运动(我们假设相互作用的力程是**有限**的).相互作用用"入射粒子+靶"体系的总

哈密顿量 $\hat{H}$ 的动力学方程描述. 态$|i\rangle$不是 $\hat{H}$ 的定态，它既可以在入射粒子方面也可以在靶方面发生跃迁. 各种可能的输出对应着过程的不同的**道**. 系统随时间的进化由演化算符 $\hat{U}(t,t_0)$完成，该算符将 t_0 时刻的波函数变换成 t 时刻的波函数.

在我们的例子中，态$|i;-\infty\rangle$演化为

$$|i;t\rangle = \hat{U}(t,-\infty)|i;-\infty\rangle \tag{7.15}$$

离开相互作用的区域后，态(7.15)携带着过程的产物(末态的自由粒子)，它们在遥远的将来($t\to\infty$)由探测器计数. 与全演化相对应的算符被称为**散射矩阵**，或简称为 S 矩阵：

$$\hat{S} = \hat{U}(+\infty,-\infty) \tag{7.16}$$

在上册习题 9.4 中，定义了它在一维运动中的表示. 可能的末态$|f\rangle$再次受哈密顿量 $\hat{H}_0$ 的支配，可表示为 $\hat{H}_0$ 的定态的叠加，其能量为 E_f. 根据量子规则，在相互作用之后出现的叠加中，找到一个特定的最终本征态的概率幅为演化态$|i;+\infty\rangle$在态$|f\rangle$上的投影：

$$\langle f|i;+\infty\rangle = \langle f|\hat{S}|i;-\infty\rangle \equiv \langle f|\hat{S}|i\rangle \equiv S_{fi} \tag{7.17}$$

因此，S 矩阵的矩阵元实际上就是可观测过程的振幅，所以 $i\to f$ 的跃迁概率为

$$W_{fi} = |S_{fi}|^2 \tag{7.18}$$

由于(7.15)式的动力学对应于无扰动的量子演化，对于任意 t 和 t_0，算符 $\hat{U}(t,t_0)$ 都是**幺正**的. 尤其是 S 矩阵，也是幺正的：

$$\hat{S}\hat{S}^{\dagger} = \hat{S}^{\dagger}\hat{S} = 1 \tag{7.19}$$

为了保证过程中的所有物理道都被计入，幺正性是必要的. 将一套中间态的任意完备集$|n\rangle$插入(7.19)式的矩阵元$\langle f|\cdots|i\rangle$中，可得到

$$\sum_n (S^{\dagger})_{fn}S_{ni} = \sum_n S^*_{nf}S_{ni} = \delta_{fi} \tag{7.20}$$

或者，对于 $f=i$，有

$$\sum_n |S_{ni}|^2 = \sum_n W_{ni} = 1 \tag{7.21}$$

它明确地表示**概率守恒**.

在某种意义上，由基本动力学确定的 S 矩阵是一个比哈密顿量具有更基本的性质的量. S 矩阵把可观测的状态连接起来，并且在不使用哈密顿形式的理论中仍然有意义. 唯

一必要的前提是定义无相互作用粒子**渐近态**的可能性.

7.4 跃迁率

S 矩阵可辨识所有的守恒定律. 当态 $|f\rangle$ 所具有的某个运动常数的值与态 $|i\rangle$ 中相同物理量的值不同时,作为真实物理过程振幅的 S 矩阵,其矩阵元为零. 换句话说,S 矩阵在可对易守恒算符的量子数上是**对角的**. 这里我们假设 $\hat{H}_0$ 和总的 $\hat{H}$ 具有共同的守恒律.

通过考虑能量守恒,并分离出根本没有散射的可能过程,我们利用能壳上的跃迁矩阵 $\hat{T}$ 写出 S 矩阵:

$$S_{fi} = \delta_{fi} - 2\pi \mathrm{i}\delta(E_f - E_i)T_{fi} \tag{7.22}$$

在第二项中,我们引入一个 δ 函数来展示描述渐近态连续能谱的能量守恒. 现在,我们必须了解处理跃迁概率(7.18)式中出现的平方的正确方法:

$$W_{fi} = |2\pi T_{fi}\delta(E_f - E_i)|^2, \quad f \neq i \tag{7.23}$$

这个问题已经在 2.1 节的微扰论中强调过.

精确的能量守恒对应着持续时间无限长的过程. 在极限跃迁之后,精确的 δ 函数出现了:

$$2\pi\hbar\delta(E_f - E_i) = \lim_{t\to\infty}\int_{-t/2}^{+t/2}\mathrm{d}t'\mathrm{e}^{(\mathrm{i}/\hbar)(E_f-E_i)t'} \tag{7.24}$$

如果我们把(7.23)式的一个 δ 函数表示成积分(7.24)式,由于第二个 δ 函数的存在,则可在包括积分在内的所有因子中设 $E_f = E_i$,这个积分以后会约化成过程的持续时间 t. 所以,对足够精确的能量守恒过程,$t\to\infty$(容易判断,几乎所有真实的实验都满足这一条件),其总概率(7.23)式正比于时间. 于是,我们得到**跃迁率**,即单位时间的概率为

$$\dot{w}_{fi} = \lim_{t\to\infty}\frac{W_{fi}}{t} = \frac{2\pi}{\hbar}|T_{fi}|^2\delta(E_f - E_i) \tag{7.25}$$

可以证明,散射理论中的定态描述和时间相关的描述是等价的[26]. 数学上的微小差别与考虑波包(而不是理想化的平面波)相关联. 这里我们不讨论这样的问题;而几乎总是可

以采用平面波作为一个完备基去展开连续谱的真实波包.

主方程(7.25)式因其特殊的重要性而被称为**黄金法则**.虽然,最初的**费米黄金法则**(2.1 节)只有在**微扰论**中求得跃迁矩阵 T_{fi} 时以类似形式写出.首先,我们将展示这种微扰处理是如何从一般的框架中得到的.

7.5 Born 近似

按照前一节的思想,我们把全哈密顿量 H 分成对应于无相互作用粒子自由运动的部分 $\hat{H}_0$ 和相互作用的部分 $\hat{H}'$,即

$$\hat{H} = \hat{H}_0 + \hat{H}' \tag{7.26}$$

虽然可以认为散射过程是随时间演变的,我们仍假设这两个部分都是与时间无关的.未扰动的哈密顿量 $\hat{H}_0$ 形成了具有确定能量 E_n 的、渐近的定态 $|n;t\rangle$,当然,也带有实验的不确定性 ΔE.在不确定性很小的极限下,时间演化是微不足道的:

$$|n;t\rangle = \mathrm{e}^{-(\mathrm{i}/\hbar)E_n t}|n\rangle \tag{7.27}$$

其中,态矢 $|n\rangle$ 不依赖于时间.相互作用 $\hat{H}'$ 引起(7.27)式中无微扰态之间的跃迁.如果跃迁概率很小,且整个散射可看作一种微弱的扰动,我们就可利用对相互作用效应的泰勒展开来进行相应的简化.

含有相互作用的全薛定谔方程为

$$\mathrm{i}\hbar\frac{\partial}{\partial t}|\Psi(t)\rangle = (\hat{H}_0 + \hat{H}')|\Psi(t)\rangle \tag{7.28}$$

我们通过变换到**相互作用绘景**来求解该薛定谔方程,该绘景将明确地挑选出由无扰动哈密顿量引起的时间相关性((7.27)式),当存在扰动时,其余部分还是时间相关的:

$$|\Psi(t)\rangle = \mathrm{e}^{-(\mathrm{i}/\hbar)\hat{H}_0 t}|\Phi(t)\rangle \tag{7.29}$$

当没有相互作用时,$|\Phi\rangle$ 是一个时间无关的、像(7.27)式中的 $|n\rangle$ 一样自由运动的波函数.在无穷远的过去,我们从自由运动的初态开始,这样(7.29)式的边界条件可写为

$$\underline{t \to -\infty}: \quad |\Phi(t)\rangle \to |\Phi(-\infty)\rangle = |i\rangle \tag{7.30}$$

$|\Phi(t)\rangle$被称为相互作用绘景中的波函数.

将(7.29)式代入(7.28)式,我们看到$|\Phi(t)\rangle$的全部时间相关性源于相互作用$\hat{H}'$:

$$\mathrm{i}\hbar\frac{\partial}{\partial t}|\Phi(t)\rangle=\hat{H}'_{\mathrm{int}}(t)|\Phi(t)\rangle \tag{7.31}$$

其中,按照在态的幺正变换(7.29)式下算符变换的一般规则,哈密顿量$\hat{H}'$被变换到相互作用绘景:

$$\hat{H}'_{\mathrm{int}}(t)=\mathrm{e}^{(\mathrm{i}/\hbar)\hat{H}_0t}\hat{H}'\mathrm{e}^{-(\mathrm{i}/\hbar)\hat{H}_0t} \tag{7.32}$$

现在,微扰明显与时间相关.

新方程(7.31)可以引入演化算符$\hat{U}(t,t_0)$,其中,对于这里的情况有$t_0\to-\infty$.回顾初始条件(7.30)式,我们寻找方程(7.31)的形如

$$|\Phi(t)\rangle=\hat{U}(t,-\infty)|i\rangle \tag{7.33}$$

的解.根据(7.30)式和(7.31)式,演化算符必须满足算符的运动方程

$$\mathrm{i}\hbar\frac{\partial}{\partial t}\hat{U}(t,t_0)=\hat{H}'_{\mathrm{int}}(t)\hat{U}(t,t_0) \tag{7.34}$$

以及显然对任何t_0都成立的初始条件

$$\hat{U}(t_0,t_0)=1 \tag{7.35}$$

我们可将(7.34)式和(7.35)式结合成一个积分方程

$$\hat{U}(t,-\infty)=1-\frac{\mathrm{i}}{\hbar}\int_{-\infty}^{t}\mathrm{d}t'\hat{H}_{\mathrm{int}}(t')\hat{U}(t',-\infty) \tag{7.36}$$

方程(7.36)等价于原始的薛定谔方程((7.28)式)加上初始条件.但是,现在最方便的是使用迭代方法求解对应于上述的泰勒展开.这里我们考虑最低阶,即所谓的一级**Born近似**.

假设相互作用的效应在某种意义上说很弱(后面我们会准确描述),我们可以把被积表达式中的算符$\hat{U}$用它的无微扰值1代替.再作极限$t\to+\infty$的转换,我们得到S矩阵((7.16)式)的第一阶显示表达式:

$$\hat{S}\approx1-\frac{\mathrm{i}}{\hbar}\int_{-\infty}^{+\infty}\mathrm{d}t'\hat{H}_{\mathrm{int}}(t') \tag{7.37}$$

取 S 矩阵(7.37)在无微扰态 $|f\rangle$ 和 $|i\rangle$ 之间的矩阵元 $\langle f|\hat{S}|i\rangle$,$f\neq i$,其中 $|f\rangle$ 和 $|i\rangle$ 是 $\hat{H}_0$ 分别具有本征值 E_f 和 E_i 的本征态;并使用 $\hat{H}'_{\text{int}}(t)$ 的表达式(7.32),我们得到

$$S_{fi} = -\frac{\mathrm{i}}{\hbar}H'_{fi}\int_{-\infty}^{+\infty}\mathrm{d}t\,\mathrm{e}^{(\mathrm{i}/\hbar)(E_f-E_i)t} = -2\pi\mathrm{i}H'_{fi}\delta(E_f-E_i) \tag{7.38}$$

就像在(7.24)式中一样,出现了能量守恒,它是把极限转换到无限长时间过程的结果.与精确表达式(7.22)比较表明,在一级 Born 近似中的跃迁振幅 T_{fi} 可简单地由相互作用哈密顿量 H' 的非对角矩阵元给出.最后,黄金规则(7.25)式给出了跃迁率的 Born 近似:

$$\dot{w}_{fi} = \frac{2\pi}{\hbar}|H'_{fi}|^2\delta(E_f-E_i) \tag{7.39}$$

它与黄金规则(2.6)式是一致的.使用正确的**末态密度**(2.3 节),我们得到了如(3.6)式的微分截面.

在一级 Born 近似下,微扰只作用一次(**单步过程**).振幅(7.37)式对所有可能的相互作用时刻进行积分,概率(7.18)式完全计入了发生在不同时间的相互作用的干涉.接下来对(7.36)式的迭代给出了**多重散射**的贡献.有可能找到在许多情况下无用的完全积分方程(7.36)的一个形式上的精确解.被外势散射的单体的一些简单问题能够定量求解,而多体问题则需要额外的物理近似.通常 Born 近似已经给出一个合理、定性甚至是定量的图像.

7.6 连续性方程

在由固定能量($E=\epsilon$)的薛定谔方程描写的重要的**势散射**情况下,可以计算 S 矩阵的矩阵元和散射截面:

$$\left\{\nabla^2+k^2-\frac{2m}{\hbar^2}U(\boldsymbol{r})\right\}\psi(\boldsymbol{r}) = 0,\quad k^2 = \frac{2m\epsilon}{\hbar^2} \tag{7.40}$$

这里,靶用没有内部自由度的一个固定势 $U(\boldsymbol{r})$ 的源来建模.这种做法能够发展出精确方法,找到适用于具体情况的近似.事实上,某些结果将具有更广泛的有效范围,可应用于更复杂的情况,包括非弹性过程.

在这一阶段,我们只对探测初始散射粒子的**弹性**道感兴趣.除此之外,我们假定势场

具有一个十分随意的(不一定是各向同性的)有限力程 R.将粒子从弹性道中分离出来的非弹性过程的存在,有时可以通过把有效势 $U(\boldsymbol{r})$变成**复数**势来唯象地计入.

具有实势的薛定谔方程使我们能够定义**守恒流**(见上册方程(7.55)):

$$j(\boldsymbol{r},t)=\frac{\hbar}{2im}[\psi^{*}(\nabla\psi)-(\nabla\psi^{*})\psi] \tag{7.41}$$

这个守恒流满足**连续性方程**(见上册方程(2.11)).对具有一定能量的定态,该方程转化为

$$\mathrm{div}\boldsymbol{j}=0 \tag{7.42}$$

有效的**复数**势破坏了哈密顿量的厄米性、概率守恒和时间反演不变性.即使在定态(稳定的入射通量)中,粒子也会"消失"到非弹性道.通过重复标准的计算,我们得到

$$\mathrm{div}\boldsymbol{j}(\boldsymbol{r})=\frac{2}{\hbar}|\psi(\boldsymbol{r})|^{2}\mathrm{Im}U(\boldsymbol{r}) \tag{7.43}$$

势的虚部 $\mathrm{Im}U$ 也被假定具有短程特性,而且必须是负的以描述粒子的消失,正号则描述粒子的产生.

在没有非弹过程的情况下,通过无限大表面的通量$\oint\boldsymbol{j}\cdot\mathrm{d}\boldsymbol{\mathcal{A}}$为零.当存在非弹过程时,就不再是这样的了,此时通量是负的.它与入射通量的比给出了**吸收**截面(总非弹截面或反应截面):

$$\sigma_{\mathrm{inel}}=-\frac{1}{j_{\mathrm{i}}}\oint\boldsymbol{j}\cdot\mathrm{d}\boldsymbol{\mathcal{A}}=-\frac{1}{j_{\mathrm{i}}}\int_{V}\mathrm{d}^{3}r\,\mathrm{div}\boldsymbol{j} \tag{7.44}$$

总截面是弹性部分与非弹性部分的和:

$$\sigma_{\mathrm{tot}}=\sigma_{\mathrm{el}}+\sigma_{\mathrm{inel}} \tag{7.45}$$

现在,我们可以详细地讨论弹性截面的确定了.

7.7 弹性散射

远离的源形成了一束入射粒子束流,它们具有能量ϵ,并沿着 $\boldsymbol{k}$ 轴运动.用平面波描写该束流,即

$$\psi_i(\boldsymbol{r}) = \mathrm{e}^{\mathrm{i}(\boldsymbol{k}\cdot\boldsymbol{r})} \tag{7.46}$$

其中,我们使用单位密度的归一化.把这个归一化写成

$$\psi_i(\boldsymbol{r}) = \frac{1}{\sqrt{V}}\mathrm{e}^{\mathrm{i}(\boldsymbol{k}\cdot\boldsymbol{r})} \tag{7.47}$$

在 Born 近似中可能会更为方便.

探测器位于距离为 $r \gg R$ 的远处,这里 R 是相互作用范围的特征尺度,该探测器记录被弹性散射到 $\boldsymbol{r} = r\boldsymbol{n}(\theta,\varphi)$方向的立体角 d$o$ 内的粒子.这些粒子在相互作用之后自由运动,在弹性散射中,它们具有与 $\boldsymbol{k}$ 相同大小的波矢 $\boldsymbol{k}'$,不过在沿着 $\boldsymbol{r}$ 的方向:

$$\boldsymbol{k}' = k\boldsymbol{n} = k\frac{\boldsymbol{r}}{r} \tag{7.48}$$

虽然非弹性道没有被探测,却以整体的方式借助吸收(7.44)式被计入了.

在 $\boldsymbol{r}$ 较大的渐近区域,被散射体扭曲的波函数仍然是自由运动薛定谔方程解的一种叠加.它与入射波可以仅相差一个**出射的球面波**$\sim\exp(\mathrm{i}kr)/r$,其中分母 $\boldsymbol{r}$ 是因为流扩散到了很大的表面,正如我们在上册第 17 章中所讨论的.出射波的振幅可依赖于 $\boldsymbol{k}'$和 $\boldsymbol{k}$ 之间的散射角 θ.因此,波函数的渐近形式可写为

$$\psi(\boldsymbol{r}) \approx \mathrm{e}^{\mathrm{i}(\boldsymbol{k}\cdot\boldsymbol{r})} + f(\boldsymbol{k}',\boldsymbol{k})\frac{\mathrm{e}^{\mathrm{i}kr}}{r} \tag{7.49}$$

其中,$f(\boldsymbol{k}',\boldsymbol{k})$是具有长度量纲的**散射振幅**.边界条件(7.49)式有时被称为 **Sommerfeld 辐射条件**.

对归一化为(7.46)式的入射波,7.6 节中讨论过的流是$\boldsymbol{j}_i = \hbar\boldsymbol{k}/m = \boldsymbol{v}$,正如对于具有单位密度 ρ 的$\boldsymbol{j} = \rho\boldsymbol{v}$ 所应该有的.出射通量由(7.49)式中的散射波决定.流((7.41)式)的径向分量为

$$j_{\text{scatt}} = \frac{\hbar}{m}\mathrm{Im}\left[f^*\frac{\mathrm{e}^{-\mathrm{i}kr}}{r}\frac{\partial}{\partial r}\left(f\frac{\mathrm{e}^{\mathrm{i}kr}}{r}\right)\right] = \frac{v}{r^2}|f|^2 \tag{7.50}$$

流的角分量比$\sim 1/r^2$ 减小得快.这里我们对入射波和散射波之间的干涉不感兴趣.干涉只有在探测器的位置几乎精确地处于 $\boldsymbol{k}$ 的方向上时才有可能发生,该位置在一个小得难以觉察的角度 $\theta_d \approx \lambda/d$ 内,其中 d 为形成束流的准直器的宽度.θ_d 是从准直器的边缘衍射出来的波的衍射角.对于 $\theta > \theta_d$,我们可忽略渐近流的干涉部分.在相互作用区域($r < R$)内的干涉被散射振幅 f 完全计入.

基于与(3.5)式相同的理由,散射截面可立即求得.在距离 r 处的、面积为 d$\mathcal{A} = r^2$do

的探测器将测到每秒

$$dN = j_{\text{scatt}} d\mathcal{A} = j_{\text{scatt}} r^2 do = v \mid f \mid^2 do \tag{7.51}$$

个粒子.计数率与入射通量的比值确定了微分截面：

$$\frac{d\sigma}{do} = \frac{dN}{j_i do} = \mid f \mid^2 \tag{7.52}$$

这一结果与波函数的归一化无关.

7.8 幺正性与光学定理

与流守恒直接相关的 S 矩阵((7.19)式)的幺正性对散射振幅施加了重要的限制.让我们仔细考虑波函数(7.49)的渐近性.

这个平面波渐近地看上去像一个在 $\boldsymbol{k}$ 方向上的出射波和在 $-\boldsymbol{k}$ 方向上的入射波的叠加(见上册方程(17.109))：

$$e^{i(\boldsymbol{k}\cdot\boldsymbol{r})} \approx \frac{2\pi}{ikr}\left[e^{ikr}\delta(\boldsymbol{n}_k - \boldsymbol{n}) - e^{-ikr}\delta(\boldsymbol{n}_k + \boldsymbol{n})\right] \tag{7.53}$$

现在,让我们再次找出概率流((7.41)式),尽管现在干涉部分也考虑了进来.除了一个小到可以忽略不计的角度外,干涉项曾对截面的计算并不重要,但它对概率守恒起到很重要的作用.如前所述,在距离很远的地方,我们仅需要区分指数.使用波函数(7.49)式的直接计算给出

$$\boldsymbol{j} = v\left\{\boldsymbol{n}_k + \boldsymbol{n}\frac{\mid f \mid^2}{r^2} + \frac{\boldsymbol{n}_k + \boldsymbol{n}}{2r}\left(f e^{-i(\boldsymbol{k}\cdot\boldsymbol{r})+ikr} + f^* e^{i(\boldsymbol{k}\cdot\boldsymbol{r})-ikr}\right)\right\} \tag{7.54}$$

如前所述,在(7.53)式和(7.54)式中,$\boldsymbol{n}_k$ 和$\boldsymbol{n}$ 分别是沿$\boldsymbol{k}$ 和$\boldsymbol{r}$(或 $\boldsymbol{k}'$,见(7.48)式)方向的单位矢量.

在(7.54)式中,我们有入射通量、散射通量及其干涉.将平面波的渐近式(7.53)代入干涉项,注意,由于矢量 $\boldsymbol{n}_k + \boldsymbol{n}$,具有 $\delta(\boldsymbol{n}_k + \boldsymbol{n})$的“向后”的项没有贡献(记得 $x\delta(x) = 0$),我们就得到了如下形式的流：

$$\boldsymbol{j} = v\left\{\boldsymbol{n}_k + \boldsymbol{n}\frac{\mid f \mid^2}{r^2} - \boldsymbol{n}\frac{4\pi}{kr^2}\delta(\boldsymbol{n} - \boldsymbol{n}_k)\mathrm{Im}f(0)\right\} \tag{7.55}$$

如前所述，只有在向前的方向上（$\boldsymbol{n}=\boldsymbol{n}_k$），干涉才有可能发生；相应的弹性散射振幅为$f(0)\equiv f(\boldsymbol{k},\boldsymbol{k})$.

用一个很大的球（$r\to\infty$）把相互作用的区域包进去，并计算穿过这个球的总通量. 入射波到达并穿过该球体，因此其净通量为零. 散射通量和干涉项给出

$$\oint \mathrm{d}\boldsymbol{\mathcal{A}}\cdot\boldsymbol{j}=v\int \mathrm{d}o r^2\frac{|f|^2}{r^2}-v\frac{4\pi}{k}\mathrm{Im}f(0) \tag{7.56}$$

(7.56)式右边的积分是对角度的积分后的弹性散射截面：

$$\sigma_{\mathrm{el}}=\int \mathrm{d}o\frac{\mathrm{d}\sigma}{\mathrm{d}o}=\int \mathrm{d}o\,|f|^2 \tag{7.57}$$

只有在非弹性过程中可能发生，并且流从弹性道渗漏，显示出连续性方程被明显破坏的时候，(7.56)式左边的、在无限大球面上的积分才可能不为零. 该积分定义了吸收截面(7.44)式.

回到(7.56)式（与光散射的(6.45)式和(6.93)式比较），我们得到**光学定理**，该定理将向前**弹性**散射振幅的虚部与所有过程的**总**截面联系了起来：

$$\sigma_{\mathrm{tot}}=\sigma_{\mathrm{el}}+\sigma_{\mathrm{incl}}=\frac{4\pi}{k}\mathrm{Im}f(0) \tag{7.58}$$

事实上，这个定理只说明了总粒子数守恒. 通过入射通量与朝向前方的散射通量的干涉，原始束流消失了. 这些粒子在弹性道和非弹性道中重新出现.

习题 7.2 证明：对纯弹性散射（没有吸收），光学定理(7.58)式是**弹性幺正性**条件的一个$\sigma_{\mathrm{tot}}=\sigma_{\mathrm{el}}$的特例：

$$\frac{1}{2\mathrm{i}}[f(\boldsymbol{k}',\boldsymbol{k})-f^*(\boldsymbol{k},\boldsymbol{k}')]=\frac{k}{4\pi}\int \mathrm{d}\boldsymbol{n}''f^*(\boldsymbol{k}'',\boldsymbol{k}')f(\boldsymbol{k}'',\boldsymbol{k}) \tag{7.59}$$

其中，积分取遍其大小与$\boldsymbol{k}$和$\boldsymbol{k}'$相同的矢量$\boldsymbol{k}''=k\boldsymbol{n}''$的角度.

解 该推导非常直接：分别写出相同大小的波矢$\boldsymbol{k}$和$\boldsymbol{k}'$的波函数$\psi_{\boldsymbol{k}}$和$\psi^*_{\boldsymbol{k}'}$所满足的薛定谔方程；并用$\psi^*_{\boldsymbol{k}'}$和$\psi_{\boldsymbol{k}}$分别乘以这两个方程，然后两者相减，使用渐近式(7.49)和平面波的展开式(7.53)，在一个很大的体积上对这个差积分. 当$\boldsymbol{k}=\boldsymbol{k}'$时，(7.59)式给出$\sigma_{\mathrm{incl}}=0$的光学定理(7.58)式.

把$f(\boldsymbol{k}',\boldsymbol{k})$看成定义在能壳$|\boldsymbol{k}'|=|\boldsymbol{k}|=k$上算符$\hat{f}$的矩阵元$\langle\boldsymbol{k}'|\hat{f}|\boldsymbol{k}\rangle$. 按如下规则，该矩阵元将入射波变换成弹性散射波：

$$\hat{f}\psi_{\boldsymbol{k}}=\int\frac{\mathrm{d}\boldsymbol{n}'}{4\pi}\langle\boldsymbol{k}'|\hat{f}|\boldsymbol{k}\rangle\psi_{\boldsymbol{k}'} \tag{7.60}$$

于是,弹性幺正性(7.59)式取算符形式

$$\hat{f} - \hat{f}^{\dagger} = 2ik\hat{f}^{\dagger}\hat{f} \tag{7.61}$$

从物理意义上说,在能量壳上的散射振幅 f 等于(7.22)式中的一般散射算符 T. 它们的归一化有点不一样,$T \leftrightarrow -2kf$. 对于我们这个情况,通过引入 S 矩阵作为能量壳上的算符

$$\hat{S} = 1 + 2ik\hat{f} \tag{7.62}$$

我们看到,(7.61)式等同于幺正性(7.19)式.

7.9 Green 函数

当然,散射理论中最常用的方法是 **Green 函数**法. 原则上该方法是准确的,可使很多近似用于处理特定的物理情况. 这一方法可直接推广到非势散射问题.

我们必须求解满足渐近区径向边界条件(7.49)式的薛定谔方程. 让我们寻找如下形式的解:

$$\psi(\boldsymbol{r}) = e^{i(\boldsymbol{k}\cdot\boldsymbol{r})} + \psi'(\boldsymbol{r}) \tag{7.63}$$

其中,散射波 $\psi'(\boldsymbol{r})$在远距离处的行为是 $f\exp(ikr)/r$. 该平面波满足波动方程

$$(\nabla^2 + k^2)e^{i(\boldsymbol{k}\cdot\boldsymbol{r})} = 0 \tag{7.64}$$

以致(7.63)式中的第二项必须是**非齐次**方程

$$(\nabla^2 + k^2)\psi'(\boldsymbol{r}) = \frac{2m}{\hbar^2}U(\boldsymbol{r})\psi(\boldsymbol{r}) \tag{7.65}$$

的解,该方程右边的波函数是全函数 ψ((7.63)式).

这里 Green 函数 $G(\boldsymbol{r},\boldsymbol{r}')$被定义为由位于点 $\boldsymbol{r}'$处的单位源诱发的自由波动方程的解(关于坐标 $\boldsymbol{r}$):

$$(\nabla^2 + k^2)G(\boldsymbol{r},\boldsymbol{r}') = -4\pi\delta(\boldsymbol{r} - \boldsymbol{r}') \tag{7.66}$$

该方程并不能唯一地定义格林函数. 实际上,通过添加有一个任意系数的**齐次**方程(7.64)的解,总可以得到方程(7.66)的另一个解. 格林函数应该由边界条件来指定. 在我

们的问题中,需要**出射波**的渐近行为

$$G(\boldsymbol{r},\boldsymbol{r}') \propto \frac{\mathrm{e}^{ikr}}{r}, \quad r \gg r' \tag{7.67}$$

那时,叠加原理给出薛定谔方程(7.65)的形式解

$$\psi'(\boldsymbol{r}) = -\frac{m}{2\pi\hbar^2}\int \mathrm{d}^3 r' G(\boldsymbol{r},\boldsymbol{r}')U(\boldsymbol{r}')\psi(\boldsymbol{r}') \tag{7.68}$$

当然,这仍然是一个积分方程,称为 **Lippman-Schwinger 方程**. 未知函数 ψ 进入被积函数中. 方程(7.68)是很好用的,因为它将原始的薛定谔方程与 ψ'的边界条件结合了起来,一旦(7.68)式中的格林函数满足边界条件(7.67),ψ'的边界条件就会得到满足.

记住点电荷的 Poisson 方程的解

$$\nabla^2 \frac{1}{r} = -4\pi\delta(\boldsymbol{r}) \tag{7.69}$$

很容易看出,具有所期望的渐近行为((7.67)式)的方程(7.66)的解为

$$G(\boldsymbol{r},\boldsymbol{r}') = \frac{\mathrm{e}^{ik|\boldsymbol{r}-\boldsymbol{r}'|}}{|\boldsymbol{r}-\boldsymbol{r}'|} \tag{7.70}$$

算符$\nabla^2 + k^2$ 作用于(7.70)式给出了除奇点 $\boldsymbol{r} = \boldsymbol{r}'$外处处为零的结果. 在奇点处,它就像在(7.69)式中一样,给出了 δ 函数. 边界条件(7.67)式也得到了满足.

当 $r \gg r'$时,我们有(图 7.3)

$$|\boldsymbol{r}-\boldsymbol{r}'| = \sqrt{r^2 - 2r(\boldsymbol{r}'\cdot\boldsymbol{n}) + r'^2} \approx r - (\boldsymbol{r}'\cdot\boldsymbol{n}), \quad \boldsymbol{n} = \frac{\boldsymbol{r}}{r} \tag{7.71}$$

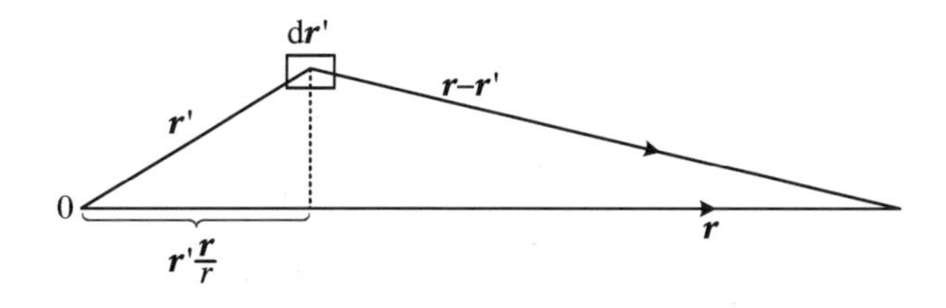

图 7.3　展开式(7.71)的几何意义

因此,(7.70)式中的指数近似等于 $kr - k(\boldsymbol{n}\cdot\boldsymbol{r}') = kr - (\boldsymbol{k}'\cdot\boldsymbol{r}')$,其中矢量 $\boldsymbol{k}'$的定义见前面的(7.48)式. 我们得到的渐近行为

$$G(\boldsymbol{r},\boldsymbol{r}') \approx \mathrm{e}^{-\mathrm{i}(\boldsymbol{k}'\cdot\boldsymbol{r}')} \frac{\mathrm{e}^{\mathrm{i}kr}}{r} \tag{7.72}$$

正是我们所需要的:出射球面波((7.67)式)乘以一个振幅,该振幅只依赖于散射波矢 $\boldsymbol{k}'$ 对相互作用区域中的某个点的矢量 $\boldsymbol{r}'$ 的取向,而这一区域在被积函数(7.68)式中被势 $U(\boldsymbol{r}')$ 所定义.

现在,我们来讨论从(7.63)式、(7.68)式和(7.70)式导出的积分方程:

$$\psi(\boldsymbol{r}) = \mathrm{e}^{\mathrm{i}(\boldsymbol{k}\cdot\boldsymbol{r})} - \frac{m}{2\pi\hbar^2}\int \mathrm{d}^3 r' \frac{\mathrm{e}^{\mathrm{i}k|\boldsymbol{r}-\boldsymbol{r}'|}}{|\boldsymbol{r}-\boldsymbol{r}'|} U(\boldsymbol{r}')\psi(\boldsymbol{r}') \tag{7.73}$$

与我们在3.3节中对形状因子的讨论类似,这个方程呈现了**叠加原理**.点 $\boldsymbol{r}$ 处的波函数由两部分组成:一部分是没有受到相互作用而传播到这里的初始平面波,另一部分是从存在非零位势的点 $\boldsymbol{r}'$ 处发射的次级球面波.每个内部点 $\boldsymbol{r}'$ 的贡献正比于势 $U(\boldsymbol{r}')$,也正比于在该点的波的**全振幅** $\psi(\boldsymbol{r}')$.与Born近似相比,该方程是**自洽**的.

在(7.73)式中,考虑远离相互作用区的一个点 $\boldsymbol{r}(r\gg R)$,并使用(7.72)式,可得到作为(7.49)式中的出射球面波 $\mathrm{e}^{\mathrm{i}kr}/r$ 前面系数的散射振幅的精确表达式:

$$f(\boldsymbol{k}',\boldsymbol{k}) = -\frac{m}{2\pi\hbar^2}\int \mathrm{d}^3 r' \mathrm{e}^{-\mathrm{i}(\boldsymbol{k}'\cdot\boldsymbol{r}')} U(\boldsymbol{r}')\psi(\boldsymbol{r}') \tag{7.74}$$

其中,k 依赖性被隐藏于被积表达式中的函数 ψ 中.

习题 7.3 (a) 对于在距离 r 很远的地方,以 $U(r)\propto r^{-s}$ 方式衰减的势,求有(7.74)式形式渐近解的 s 值.

(b) 对于在距离 $r\sim R$ 处变成小到可以忽略不计的势,求使得渐近表示式(7.49)成立的距离.

解 (a) 散射振幅的表达式是从渐近波函数可被分解成为入射波和散射波这样一个假定导出的.方程(7.74)应该为 ψ_k 分解式(7.49)中的两个项提供收敛的结果.第一项给出了Born近似,它包含积分

$$\int \mathrm{d}^3 r \mathrm{e}^{\mathrm{i}(\boldsymbol{q}\cdot\boldsymbol{r})} \frac{1}{r^s} = \frac{4\pi}{q}\int^{\infty} \mathrm{d}r \frac{\sin(qr)}{r^{s-1}} \tag{7.75}$$

该积分对 $s>1$ 是收敛的.否则,势函数下降的速度太慢,将不存在入射波未被扭曲的区域;特别是,在Coulomb势的情况下,尽管在(3.25)式和上册18.7节中形式上计算出的Rutherford截面是正确的(但丢失了散射振幅的相位),对波函数进行严格的分解仍是不允许的.

(b) 通过正确选取格林函数(7.70),散射波函数的积分方程有(7.73)式的形式.在渐

近区域，$r \gg R$，其中 R 为势的力程，我们可以略去分母中的 r'. 但是，在格林函数的分子中，弄清指数相位的这样一个近似将引入什么误差很重要. 包括第二阶项在内的精确展开给出

$$|\boldsymbol{r}-\boldsymbol{r}'| = \sqrt{r^2 - 2(\boldsymbol{r}\cdot\boldsymbol{r}') + r'^2} \approx r - \frac{(\boldsymbol{r}\cdot\boldsymbol{r}')}{r} + \frac{1}{2r}\left[r'^2 - \frac{(\boldsymbol{r}\cdot\boldsymbol{r}')^2}{r^2}\right] \tag{7.76}$$

为了去掉指数中的第二阶项，仅仅有 $r \gg R$ 是不够的；我们还需要 $kR^2/r \ll 1$. 对于快速粒子的情况，$kR \gg 1$，我们需要距离 $r \gg kR^2 \sim R(kR) \gg R$. 只有在如此大的距离处，波函数才能取渐近形式. 光学上的类比是众所周知的[16, §61].

7.10 Born 级数

求解积分方程(7.73)的最简单的尝试是**迭代**. 将整个表达式(7.73)代入最后一项. 这给出

$$\psi(\boldsymbol{r}) = \mathrm{e}^{\mathrm{i}(\boldsymbol{k}\cdot\boldsymbol{r})} - \frac{m}{2\pi\hbar^2}\int \mathrm{d}^3 r' G(\boldsymbol{r},\boldsymbol{r}')U(r')\mathrm{e}^{\mathrm{i}(\boldsymbol{k}\cdot\boldsymbol{r}')}$$
$$+ \left(-\frac{m}{2\pi\hbar^2}\right)^2 \int \mathrm{d}^3 r' \mathrm{d}^3 r'' G(\boldsymbol{r},\boldsymbol{r}')U(\boldsymbol{r}')G(\boldsymbol{r}',\boldsymbol{r}'')U(\boldsymbol{r}'')\psi(\boldsymbol{r}'') \tag{7.77}$$

这个过程可以继续下去，从而显示出无穷的 **Born 级数**（在积分方程理论中，被称为 **Neuman级数**）.

我们从平面波（没有散射）开始. 下一项——从右到左看——包含在 $\boldsymbol{r}'$点入射波的**单次**散射效应和随之发生的到观测点 $\boldsymbol{r}$ 的自由传播. 所有的相互作用点 $\boldsymbol{r}'$的积分计入了各种可能振幅的量子干涉. 从 $\boldsymbol{r}'$处的“源”开始的 $\boldsymbol{r}' \to \boldsymbol{r}$ 的自由运动由格林函数$G(\boldsymbol{r},\boldsymbol{r}')$描述，因此它被称为自由粒子的**传播子**. 该 Born 级数的第三项显示了具有传播行为的**两步**散射，这种传播在两次散射作用之间和之后进行，以此类推. 整个级数的结构是规则的，对应于**多重散射**图像. 作为简单的叠加原理的解析表达式，这个级数与作为对所有可能路径泛函积分的**量子力学的 Feynman 公式化形式**密切相关（见上册 7.11 节）.

Born 级数可以用**图解方法**描绘，如图 7.4 所示，据图可直接写出任意高阶项的解析表达式. 由于对第一个格林函数 G 的右边和第一个相互作用顶点 U 的图形表示仍是同样的无穷级数，我们可以写出一个符号方程，如图 7.5 所示，这其实就是原来的方

程(7.73).

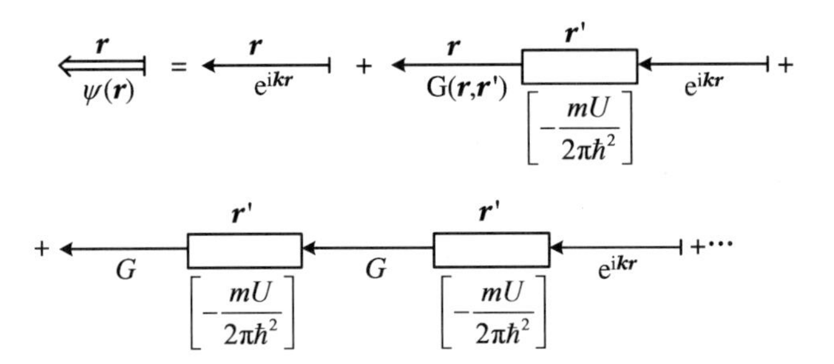

图 7.4　Born 级数图

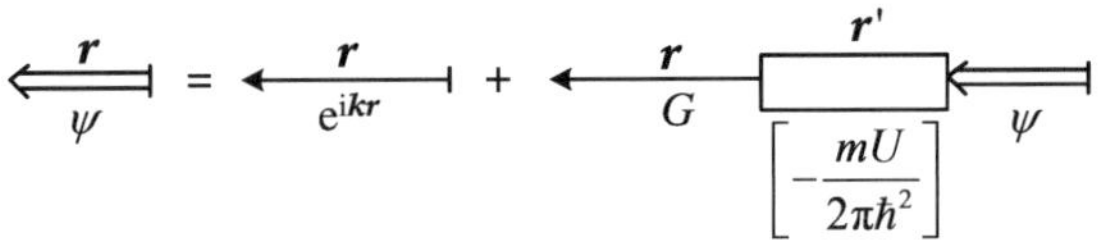

图 7.5　散射波函数的积分方程

积分方程(7.73)的精确解析解或整个级数的求和通常是不可能得到的.此外,如果势没有对称性,且变量不能分离,数值解就很难得到.不管怎样,Born 级数的结构还是为各种近似方法开辟了道路.

最简单的近似是在几步之后把级数截断.这在形式上是合理的,至少当势 U 很微弱时是合理的,因为后面每一步都会带来 U 的一个额外幂次.一级 Born 近似仅考虑了单步过程:

$$\psi^{(1)}(\boldsymbol{r}) = \mathrm{e}^{\mathrm{i}(\boldsymbol{k}\cdot\boldsymbol{r})} - \frac{m}{2\pi\hbar^2}\int \mathrm{d}^3 r' G(\boldsymbol{r},\boldsymbol{r}')U(\boldsymbol{r}')\mathrm{e}^{\mathrm{i}(\boldsymbol{k}\cdot\boldsymbol{r}')} \tag{7.78}$$

由(7.78)式和(7.72)式,我们得到 Born 近似下的散射振幅为

$$f_B(\boldsymbol{k}',\boldsymbol{k}) = -\frac{m}{2\pi\hbar^2}\int \mathrm{d}^3 r' \mathrm{e}^{-\mathrm{i}(\boldsymbol{k}'\cdot\boldsymbol{r}')}U(\boldsymbol{r}')\mathrm{e}^{\mathrm{i}(\boldsymbol{k}\cdot\boldsymbol{r}')} \equiv -\frac{m}{2\pi\hbar^2}U_q \tag{7.79}$$

其中,我们引入了对于动量转移为 $\boldsymbol{q}$ 的势的 Fourier 分量 U_q,见(3.14)式.

在此近似下,微分截面为

$$\frac{\mathrm{d}\sigma}{\mathrm{d}o} = \left(\frac{m}{2\pi\hbar^2}\right)^2 |U_q|^2 \tag{7.80}$$

它与在微扰论中得到的((3.12)式中的弹性散射极限)截面一致.在这一阶近似中,对能量和散射角的全部的依赖性只经由动量转移 $\boldsymbol{q}$ 得到.对于一个各向同性的势 $U(r)$,在(7.79)式中对 $\boldsymbol{r}'$的角度的积分(取 $\boldsymbol{q}$ 为极轴)得到

$$f_B(\theta) = -\frac{2m}{\hbar^2}\int_0^\infty \mathrm{d}r\,\frac{\sin(qr)}{qr}r^2U(r) \tag{7.81}$$

习题 7.4 对具有中心对称性的一个任意势 $U(r)$,证明:如果 Born 近似是有效的,则乘积 $E\sigma(E)$是 E 的单调增函数,其中 $\sigma(E)$是能量为 E 时的总散射截面.

解 从散射截面的 Born 近似即可得到

$$\sigma = \int \mathrm{d}o\,\frac{\mathrm{d}\sigma}{\mathrm{d}o} = 2\pi\int_0^\pi \sin\theta\mathrm{d}\theta\,|\,f(q)\,|^2 \tag{7.82}$$

利用代换

$$\mu = q^2,\quad \mathrm{d}\mu = 2k^2\sin\theta\mathrm{d}\theta \tag{7.83}$$

(7.82)式可改写为

$$\sigma = \frac{\pi}{k^2}\int_0^{4k^2}\mathrm{d}\mu\,|\,f\,|^2 = \frac{\pi\hbar^2}{2mE}\int_0^{8mE/\hbar^2}\mathrm{d}\mu\,|\,f\,|^2 \tag{7.84}$$

因此,$E\sigma(E)$是能量的递增函数.

7.11 Born 近似的有效性

如果被舍弃的项比已考虑的项小,则 Born 级数的截断是合理的.之后的每一项都给出了势和传播子乘积的一个额外积分.第 n 项比第 $n-1$ 项小的条件可写为

$$\left|\frac{m}{2\pi\hbar^2}\int \mathrm{d}^3r'\,\frac{\mathrm{e}^{\mathrm{i}k|\boldsymbol{r}-\boldsymbol{r}'|}}{|\boldsymbol{r}-\boldsymbol{r}'|}U(\boldsymbol{r}')\mathrm{e}^{\mathrm{i}(\boldsymbol{k}\cdot\boldsymbol{r}')}\right| \ll |\,\mathrm{e}^{\mathrm{i}(\boldsymbol{k}\cdot\boldsymbol{r})}\,| = 1 \tag{7.85}$$

违反(7.85)式的最危险区域是小 r 区.假设势函数是平滑的,没有本性奇点,并且引入它的平均值 $\bar{U}$,在**低能**情况下($kR\ll 1$),当 $r=0$ 时,我们有

$$\left|\frac{m}{2\pi\hbar^2}\int \mathrm{d}^3r'\,\frac{U(r')}{r'}\right| \sim 4\pi\,\frac{mR^2}{4\pi\hbar^2}\,|\,\bar{U}\,| \sim \frac{|\,\bar{U}\,|}{\bar{K}} \ll 1 \tag{7.86}$$

这意味着平均势能 $\bar{U}$ 必须比平均动能$\bar{K}\sim\hbar^2/(mR^2)$小得多，由于不确定性原理，这个动能与粒子在相互作用区域中的定域化相关联．注意，这个参数定义了一个**浅势阱**（见上册3.5节）．

Born近似在高能时是有效的．即使是对强相互作用，从判据(7.86)式的意义来说，Born近似也可以是有效的．随着能量的增加，在相互作用区域内波函数开始迅速振荡．与我们在3.3节中讨论的形状因子相似，由于在 $r'<R$ 区域内不同部分的贡献相消，决定(7.73)式中的散射波的积分变得很小．对 $r=0$，由(7.85)式得到

$$\frac{m}{2\pi\hbar^2}\left|\int \mathrm{d}^3 r\,\frac{U(\boldsymbol{r})}{r}\mathrm{e}^{\mathrm{i}[kr+(\boldsymbol{k}\cdot\boldsymbol{r})]}\right|\ll 1 \tag{7.87}$$

为了简便起见，取各向同性的势 $U(r)$，并像(7.81)式那样，对角度进行积分，我们得到

$$\frac{m}{k\hbar^2}\left|\int_0^\infty \mathrm{d}rU(r)(\mathrm{e}^{2\mathrm{i}kr}-1)\right|\ll 1 \tag{7.88}$$

在低能时，$\mathrm{e}^{2\mathrm{i}kr}-1\approx 2\mathrm{i}kr$，又回到了(7.86)式的估算．然而，当 $kR\gg 1$ 时，振荡项 $\mathrm{e}^{2\mathrm{i}kr}$ 的贡献几乎为零（一个平滑的势不会有如此高的Fourier分量）．而Born近似的有效性条件就变得非常弱：

$$\frac{mR}{k\hbar^2}\bar{U}\sim\frac{\bar{U}}{\bar{K}}\frac{1}{kR}\ll 1 \tag{7.89}$$

因此，对于高能情况（相互作用时间短，多步过程不大可能发生），Born近似的精度增加．

对于Coulomb势 $U(r)=Ze^2/r$，无法引入一个确定的力程．然而，通过使用(7.89)式中的任意半径 R，并把 $\bar{U}$ 近似为 $U(R)$，我们借助**Sommerfeld参数**得到Coulomb相互作用的微弱的等效判据（见上册方程(2.66)）：

$$\eta=\frac{Ze^2}{\hbar v} \tag{7.90}$$

在如下条件下，Coulomb相互作用可以看作一个微扰：

$$\frac{mR}{k\hbar^2}\frac{Ze^2}{R}=\frac{mZe^2}{k\hbar^2}=\eta\ll 1 \tag{7.91}$$

习题7.5　在Born近似下，计算一个快速粒子被Yukawa势 $U(r)=(g/r)\cdot\exp(-\mu r)$散射的截面．

解　如果势很弱（条件(7.86)式），或对于快速粒子（条件(7.89)式），Born近似是有效的．第一个条件给出 $gm/(\mu\hbar^2)\ll 1$，如果是势吸引的，这与束缚态不存在的条件是一致的，见上册习题1.8．快速粒子的条件给出 $g/(\hbar v)\ll 1$，这类似于Coulomb势的相似条

件((7.91)式).

散射振幅容易由(7.81)式计算出.微分截面是随动量转移单调衰减的:

$$\frac{\mathrm{d}\sigma}{\mathrm{d}o}=4\left(\frac{gm}{\hbar^2}\right)^2\frac{1}{(q^2+\mu^2)^2}\tag{7.92}$$

当 $\mu\rightarrow0$ 时,该结果与 Rutherford 截面((3.25)式)一致.对角度进行积分,可得到总截面为

$$\sigma=16\pi\left(\frac{gm}{\hbar^2\mu}\right)^2\frac{1}{4k^2+\mu^2}\tag{7.93}$$

当 $\mu\rightarrow0$ 时,该总截面发散.

在低能情况下($kR\ll1$),Born 近似下的散射是各向同性的,正如关于形状因子的讨论.随着能量的增加,散射在向前的圆锥体($\theta\leqslant1/kR$)内达到峰值.定性地说,在经典力学中也出现过同样的特征,见习题 7.1.然而,我们应该注意到,在 Born 近似下,不可能得到 $\theta\rightarrow0$ 时的精确结果.Born 振幅 $f(0)$是实的,这与光学定理(7.58)相矛盾.总截面以及 $\mathrm{Im}f(0)$是势的**二阶**量,而在最低阶的 Born 近似下,我们略去了这样的贡献.

7.12 高能散射

通过使光学定理得到满足这种方式,可改进 Born 近似并扩大其适用范围.这种**碰撞参数**近似或**程函**(eikonal)近似的唯一可适用性条件是,能量比势能大很多($\bar{U}/E\ll1$).(7.89)式的 Born 参数($\bar{U}/\bar{K}$)($1/(kR)$)~($\bar{U}/E$)(kR),仍可能很大.

在高能情况下,很多分波都对散射截面有贡献.它们的干涉强烈地选择了经典轨道附近的区域,该轨道的碰撞参数为 b,它由干涉波的平均角动量定义,$b\sim\bar{l}/k$.这条轨道接近于直线,并且束流的轴 z 确定了波函数变化最快的方向.波函数可写为

$$\psi(\boldsymbol{r})\approx\mathrm{e}^{\mathrm{i}kz}C(\boldsymbol{r})\tag{7.94}$$

其中,与 k 值很大的主要指数 $\mathrm{e}^{\mathrm{i}kz}$ 相比,振幅函数 $C(\boldsymbol{r})$的变化要慢得多.

将波函数(7.94)代入薛定谔方程,我们可以忽略横向(x 方向和 y 方向)的导数,这些导数与含有沿轨道的梯度的主项($\sim2(\nabla\mathrm{e}^{\mathrm{i}kz})\cdot(\nabla C)$)相比很小.在这一近似下,对于缓慢变化的振幅,我们得到

$$2ik\frac{\partial C(\boldsymbol{r})}{\partial z} = \frac{2m}{\hbar^2}U(\boldsymbol{r})C(\boldsymbol{r}) \tag{7.95}$$

通过忽略横向导数,我们不再考虑束流衍射的展宽,就像来自遥远光源的 **Fraunhofer 衍射**一样[16, §61],该展宽在非常大的距离处很重要.然而,我们的目标是要决定散射振幅 f,它是根据精确的表达式(7.74),由**相互作用区域**内的波函数确定的.

方程(7.95)的解为

$$C(\boldsymbol{r}) = e^{-(i/\hbar v)\int_{-\infty}^{z} dz U(\boldsymbol{r})} \tag{7.96}$$

(7.96)式的积分定义了**程函**,即沿平行于 z 轴的直线轨道的相位变化.(7.96)式中的波函数取在 $\boldsymbol{r}=\sqrt{z^2+\boldsymbol{b}^2}$ 处,其中 $\boldsymbol{b}$ 是二维的横向矢量.这里,我们并未假定在(7.96)式中,势的相位很小.

在经典极限下,波函数的相位 φ 与沿着轨道以$\hbar$为单位的**经典作用量** $A=\int p\mathrm{d}q$ 相关,$\varphi \leftrightarrow A/\hbar$.散射势的存在所造成的作用量改变为

$$\frac{\Delta A}{\hbar} = \int dz\left(\sqrt{k^2-\frac{2m}{\hbar^2}U}-k\right) \tag{7.97}$$

在高能时($E\gg U$),我们可以通过展开来获取势的线性项:

$$\frac{\Delta A}{\hbar} \approx -\frac{1}{\hbar v}\int dz U \tag{7.98}$$

这正是在程函近似(7.96)式中的相移.

现在,我们可利用程函表达式

$$U\psi = i\hbar v e^{ikz}\frac{\partial C}{\partial z} \tag{7.99}$$

它由(7.95)式得到,在散射振幅的定义式(7.74)中,

$$f = \frac{k}{2i\pi}\int d^3 r\,\frac{\partial C}{\partial z}e^{ikz-i(\boldsymbol{k}'\cdot\boldsymbol{r})} \tag{7.100}$$

这里的指数为

$$kz-(\boldsymbol{k}'\cdot\boldsymbol{r}) = (\boldsymbol{k}-\boldsymbol{k}')\cdot\boldsymbol{r} = -(\boldsymbol{q}\cdot\boldsymbol{r}) \tag{7.101}$$

其中,用到了动量转移 $\boldsymbol{q}$ 的标准定义.因为轨道接近于直线,故散射角很小,$\boldsymbol{q}$ 垂直于 $\boldsymbol{k}$.因此,$\boldsymbol{q}\cdot\boldsymbol{r}\approx\boldsymbol{q}\cdot\boldsymbol{b}$.这使得人们可以对(7.100)式中的 z 积分:

$$f=\frac{k}{2\mathrm{i}\pi}\int\mathrm{d}z\,\frac{\partial C}{\partial z}\int\mathrm{d}^2b\,\mathrm{e}^{-\mathrm{i}(\boldsymbol{q}\cdot\boldsymbol{b})}\tag{7.102}$$

对(7.102)式中 z 的积分给出了 $C(z=\infty)$ 和 $C(z=-\infty)=1$ 的差.(7.96)式中完整的相位积分就确定了,在给定碰撞参数 $\boldsymbol{b}$ 时 S 矩阵的半经典表示式为

$$S(\boldsymbol{b})=\mathrm{e}^{2\mathrm{i}\delta(\boldsymbol{b})}\tag{7.103}$$

它对应着**相移**

$$\delta(\boldsymbol{b})=-\frac{1}{2\hbar v}\int_{-\infty}^{+\infty}\mathrm{d}zU(\boldsymbol{b},z)\tag{7.104}$$

与半经典解释(7.98)式一致.

最后,散射振幅(7.102)式可以写成

$$f=\frac{k}{2\mathrm{i}\pi}\int\mathrm{d}^2b[S(\boldsymbol{b})-1]\mathrm{e}^{-\mathrm{i}(\boldsymbol{q}\cdot\boldsymbol{b})}\tag{7.105}$$

在能量足够高而使相移 $\delta(\boldsymbol{b})$ 很小的情况下,我们可取 $S(\boldsymbol{b})-1\approx2\mathrm{i}\delta(\boldsymbol{b})$.那时,(7.105)式的横向积分与(7.104)式的纵向积分联合在一起,使散射振幅与 Born 近似的结果((7.79)式)一致.换句话说,在程函方法中,Born 相移是沿着轨道**指数化**的.

向前散射振幅由(7.105)式在 $\boldsymbol{q}=0$ 时给出:

$$f(0)=\frac{k}{2\mathrm{i}\pi}\int\mathrm{d}^2b[S(\boldsymbol{b})-1]\tag{7.106}$$

根据光学定理(7.58)式,这个**复数**(与 Born 近似相反)的表达式定义了总截面:

$$\sigma=2\int\mathrm{d}^2b\,\mathrm{Re}[1-S(\boldsymbol{b})]\tag{7.107}$$

第 8 章

分波法

现代物理学的趋势是将整个物质世界分解成一些波，除了波别无他物.

——J. H. Jeans

8.1 分波分析

如果势是各向同性的，$U(\boldsymbol{r}) = U(r)$，情况就简单了，我们可以充分利用转动不变性和角动量的性质. 在一个中心力场，相对运动的轨道角动量ℓ是守恒的，我们可以考虑具有确定ℓ值的单个**分波**的散射.

每个分波都被独立地散射，并且在ℓ表象中 S 矩阵元是对角的. 幺正 S 矩阵的矩阵元都是复数：

$$S_\ell = e^{2i\delta_\ell} \tag{8.1}$$

它们只依赖于相对运动的能量$\epsilon=\hbar^2k^2/(2m)$. 由于没有吸收,弹性幺正性意味着 S 的本征值位于单位圆上:

$$|S_\ell|^2 = 1 \tag{8.2}$$

所以**相移** δ_ℓ 是实数. 我们已经用过相移,并在高能近似(7.103)式和(7.104)式中讨论了它们的来源. 由作为初态演化算符的 S 矩阵的物理含义((7.16)式),我们可以理解弹性散射就是由于穿过相互作用区域导致了分波的额外相移 $2\delta_\ell$(真实相位与自由运动无微扰相位之间的差). 定义式(8.1)让我们想起了偏转轨道的经典图像,参见习题 7.1:在最靠近的点"之前"获得了相移的一半 δ_ℓ,而相移的另一半是在最靠近的点"之后"获得的. 当散射涉及很多分波时,这种半经典的图像是有用的. 它可以进一步推广到自旋相关的势和存在非弹性道的情况.

分波法用公式把散射问题表示成相移计算的问题. 首先,我们必须用适当的术语来表示所观察到的截面. 对于**无自旋**的粒子与各向同性势函数,散射问题是**轴对称**的:只有一个方向被实验装置筛选出来,即入射束流的方向 $\boldsymbol{k}$. 我们把这个方向作为 z 轴. 散射角 θ 是矢量 $\boldsymbol{k}'$的极角,见(7.48)式. 由于轴对称性,散射振幅 $f(\boldsymbol{k}',\boldsymbol{k})$不可能依赖于$\boldsymbol{k}'$的方位角. 它只取决于 θ 和我们无法明确指出的能量.

波函数(7.49)式的渐近形式为

$$\psi(r) \approx \mathrm{e}^{\mathrm{i}kr\cos\theta} + f(\theta)\frac{\mathrm{e}^{\mathrm{i}kr}}{r} \tag{8.3}$$

散射振幅 $f(\theta)$可用 Legendre 多项式展开;它正是对于有确定轨道角动量 l 的分波的展开:

$$f(\theta) = \sum_\ell (2l+1)P_\ell(\cos\theta)f_\ell \tag{8.4}$$

习题 8.1 证明:球谐函数 $Y_{\ell m}(\boldsymbol{n}_k)$是算符 $\hat{f}$((7.60)式)的本征函数,(8.4)式的分振幅 f_ℓ 是相应的本征值,它对磁量子数 m 是简并的.

(8.3)式中的入射平面波项也可以表示成分波的叠加. 在(7.53)式中,我们已经得到了对于渐近区的这个展开:

$$\mathrm{e}^{\mathrm{i}kr\cos\theta} \approx \frac{1}{2\mathrm{i}kr}\sum_\ell (2l+1)P_\ell(\cos\theta)\left[\mathrm{e}^{\mathrm{i}kr} - (-)^\ell \mathrm{e}^{-\mathrm{i}kr}\right] \tag{8.5}$$

这里我们使用了 Legendre 多项式的完备性条件(参看上册中的方程(16.146)和(16.148)). 现在,我们把入射波和出射波集中到(8.3)式中,得到

$$\psi(\boldsymbol{r}) \approx \frac{\mathrm{i}}{2kr}\sum_{\ell}(2\ell+1)P_{\ell}(\cos\theta)\left[(-)^{\ell}\mathrm{e}^{-\mathrm{i}kr}-(1+2\mathrm{i}kf_{\ell})\mathrm{e}^{\mathrm{i}kr}\right] \tag{8.6}$$

入射的分量$\propto \mathrm{e}^{-\mathrm{i}kr}$不会被散射改变.相比之下,出射波被扭曲了.其振幅不等于1,而是得到了一个因子:

$$S_{\ell} = 1 + 2\mathrm{i}kf_{\ell} \tag{8.7}$$

(8.7)式的数值 S_{ℓ} 正是将入射波(其出射的部分)转化为散射波的 S 矩阵的矩阵元.正如已讨论过的,对于中心力场,S 矩阵在ℓ表象中必须是对角的.在该表象中,被看作在壳算符((7.60)式)的振幅 f 也是对角化的,它的矩阵元就是分波振幅 f_{ℓ}.分波的波函数 ψ_{ℓ}((8.6)式中单独的项)都是算符 $\hat{f}$ 的本征函数,对应于本征值 f_{ℓ}.关系式(8.7)与幺正条件((7.62)式)完全相同.

弹性散射**微分**截面((7.52)式)是两个展开式——(8.4)式与共轭函数 f^{*} 的类似展开式的乘积.这是很复杂的,因为所有的分波在置于某个角度的探测器处都发生了**干涉**.由于在角度积分中分波的正交性,干涉在**总**截面中消失了.将散射振幅(8.4)式表示为

$$f(\theta) = \frac{1}{2\mathrm{i}k}\sum_{\ell}(2\ell+1)P_{\ell}(\cos\theta)(S_{\ell}-1) \tag{8.8}$$

我们得到了作为**分波截面**总和的总截面:

$$\begin{aligned}\sigma_{\mathrm{el}} &= \sum_{\ell\ell'}(2\ell+1)(2\ell'+1)f_{\ell}f_{\ell'}^{*}\int \mathrm{d}oP_{\ell}(\cos\theta)P_{\ell'}(\cos\theta)\\ &= 4\pi\sum_{\ell}(2\ell+1)\,|f_{\ell}|^{2} = \frac{\pi}{k^{2}}\sum_{\ell}(2\ell+1)\,|S_{\ell}-1|^{2}\end{aligned} \tag{8.9}$$

8.2　弹性截面和非弹性截面

使用同样的渐近波函数(8.6)式,我们可以计算出缺失的径向通量.经过简单的代数运算,得出(7.44)式的吸收截面为

$$\sigma_{\mathrm{inel}} = -\frac{1}{v}\int \mathrm{d}oj_{r}r^{2} = \frac{\pi}{k^{2}}\sum_{\ell}(2\ell+1)(1-|S_{\ell}|^{2}) \tag{8.10}$$

因此，S 矩阵既确定了弹性截面，也确定了吸收截面. 吸收只以整体方式处理，无需分解成单个散射道. 如果(8.2)式的条件$|S_\ell|^2=1$得到满足，就不存在吸收. 在存在吸收的情况下，$|S_\ell|<1$，相位 δ_ℓ 是复的. 分波展开具有简单的半经典解释. 在经典力学中，第ℓ个分波对应着穿过 $b_{\ell+1}$和 b_ℓ 之间环形区域的粒子，如图 7.1 所示. 这个面积乘以俘获概率 $1-|S_\ell|^2$ 定义了非弹性散射截面((8.10)式).

重要的是，在$|S_\ell|=1$时，弹性散射可以无吸收地存在，尽管纯非弹性过程的逆过程是不可能发生的. 任何吸收总是伴随着弹性散射. 这就是所谓的**阴影**效应，它是一种波的特性的典型表现. 吸收切掉了一部分波前，扭曲了入射波. 于是，在波的 Fourier 展开中，新的(衍射)分量必然出现. 图 8.1[27] 显示了弹性和非弹性散射截面可能的值之间的关系.

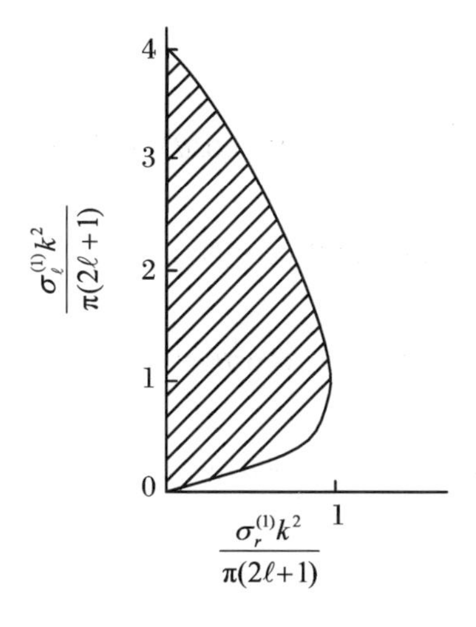

图 8.1　给定的非弹性或反应截面(σ_r)、弹性散射截面的可能极限(阴影区为可取的值)

总截面等于弹性贡献((8.9)式)和非弹性贡献((8.10)式)的和：

$$\sigma_{\text{tot}}=\frac{\pi}{k^2}\sum_\ell(2\ell+1)(2-S_\ell-S_\ell^*)=\frac{2\pi}{k^2}\sum_\ell(2\ell+1)(1-\operatorname{Re}S_\ell)\tag{8.11}$$

比较(8.11)式和(8.8)式，我们再次证实了光学定理((7.58)式).

8.3 弹性相移

本节我们将探究纯弹性散射的情况，其中(8.1)式定义的相移 δ_ℓ 是实数. 将 $S_\ell-1$ 写为 $2\mathrm{i}\exp(\mathrm{i}\delta_\ell)\sin\delta_\ell$，可将散射振幅(8.8)式表示为

$$f(\theta)=\frac{1}{k}\sum_\ell(2\ell+1)P_\ell(\cos\theta)\mathrm{e}^{\mathrm{i}\delta_\ell}\sin\delta_\ell \tag{8.12}$$

于是，波函数(8.6)式的渐近性可写成

$$\begin{aligned}\psi(\boldsymbol{r})&\approx\frac{\mathrm{i}}{2kr}\sum_\ell(-)^\ell(2\ell+1)P_\ell(\cos\theta)\left[\mathrm{e}^{-ikr}-(-)^\ell S_\ell\mathrm{e}^{ikr}\right]\\&=\frac{1}{2\mathrm{i}kr}\sum_\ell i^\ell(2\ell+1)P_\ell(\cos\theta)\left[(-i)^\ell\mathrm{e}^{2\mathrm{i}\delta_\ell+ikr}-i^\ell\mathrm{e}^{-ikr}\right]\\&=\frac{1}{2\mathrm{i}kr}\sum_\ell i^\ell(2\ell+1)P_\ell(\cos\theta)\mathrm{e}^{\mathrm{i}\delta_\ell}\left[\mathrm{e}^{\mathrm{i}(kr-l\pi/2+\delta_\ell)}-\mathrm{e}^{-\mathrm{i}(kr-\ell\pi/2+\delta_\ell)}\right]\\&=\frac{1}{kr}\sum_\ell i^\ell(2\ell+1)P_\ell(\cos\theta)\mathrm{e}^{\mathrm{i}\delta_\ell}\sin\left(kr-\frac{\ell\pi}{2}+\delta_\ell\right)\end{aligned} \tag{8.13}$$

与入射平面波的渐近行为(见上册方程(17.80))相比较，从最后一个等式可以看出 δ_ℓ 是第ℓ个分波的相移. 正如我们所提到的，S_ℓ 中的加倍相位 $2\delta_\ell$ 是波在进入中心和离开中心的过程中获得的.

借助相移，弹性散射截面(8.9)式可表示为

$$\sigma_{\mathrm{el}}=\frac{4\pi}{k^2}\sum_\ell(2\ell+1)\sin^2\delta_\ell \tag{8.14}$$

某些能量下的相移 $\delta_\ell=n\pi$ 对应着该能量下给定的分波不存在散射. 最大的散射(**共振**)发生在 $\delta_\ell=\pi/2$ 处. 在共振中，分截面不是由系统的几何参数而是由波的波长 $\lambda=2\pi/k$ 决定的，

$$\sigma_\ell^{\max}=\frac{4\pi(2\ell+1)}{k^2}=\frac{2\ell+1}{\pi}\lambda^2 \tag{8.15}$$

这一波动力学的极限是经典环面面积((7.14)式)的四倍.

为了求出相移，我们必须求解给定分波的径向薛定谔方程，求出在原点处**正规**且有

适当渐近行为$\sim\sin(kr-\ell\pi/2+\delta_\ell)$的解 $u_\ell(r)$. 这个渐近形式确定了相移 δ_ℓ. 可以发现，全波函数 $\psi(r)$可写成系数为 $i^\ell\exp(i\delta_\ell)$的分波的叠加，参看 $\psi(r)$渐近式((8.13)式)的最后一行. 在实际求解中，或许最方便的是求得具有渐近行为$\sim\exp(\pm ikr)$且相互复共轭的解 $u_\ell^{(\pm)}$. 这些函数形成一组完备的连续谱函数集. 它们在原点的行为由渐近性决定. 现在，与(8.6)式相比，我们可以求得它们的叠加：

$$u_\ell(r)=A_\ell[u_\ell^{(-)}(r)-(-)^\ell S_\ell u_\ell^{(+)}(r)] \tag{8.16}$$

它在原点是正规的. 这个要求确定了 S_ℓ.

8.4 解析性

S 矩阵作为波矢k 的函数可以被延拓到它的复数值，该值为薛定谔方程中的参数. 这里我们仅简要介绍这个非常有效的方法.

对于实的 k，径向函数 $u_\ell(r)$具有(8.16)式的形式，它有相应的渐近行为. 将这个函数延拓到 k 的复数值. 相移 δ_ℓ 依赖于 k，对于复数 k，相移不再是实的. 假设，在某个值 $k=-i\kappa(\kappa>0)$，即在负的虚半轴上，相位 $\delta_\ell(-i\kappa)\to i\infty$. 这意味着，$S$ 矩阵在该点为零，即

$$S_\ell(-i\kappa)=e^{2i\delta_\ell(-i\kappa)}=0 \tag{8.17}$$

则在该分波的渐近式(8.16)中，只有源自 $u_\ell^{(-)}$的第一项留存了下来：

$$u_\ell(r)\sim e^{-i(-i\kappa)r}=e^{-\kappa r} \tag{8.18}$$

这是一个负能**束缚**态波函数的正确的渐近行为：

$$\epsilon=(\hbar^2/(2m))(-i\kappa)^2=-\hbar^2\kappa^2/(2m) \tag{8.19}$$

我们得出结论：轨道角动量为ℓ的束缚态对应着矩阵元 $S_\ell(k)$在负虚半轴上的零点. 逆结论通常是错的，因为实际的束缚态并不对应着所有的零点.

注意，薛定谔方程包含 k^2 而不是 k. 变换形式 $k\to-k$ 应该会有相同的解 $u_\ell(r)$，最多相差一个与坐标无关的因子. 但是，在该变换下，有

$$\begin{aligned}[e^{-ikr}-(-)^\ell S_\ell(k)e^{ikr}]&\to[e^{ikr}-(-)^\ell S_\ell(-k)e^{-ikr}]\\&=-(-)^\ell S_\ell(-k)[e^{-ikr}-(-)^\ell S_\ell^{-1}(-k)e^{ikr}]\end{aligned} \tag{8.20}$$

由此推导出

$$S_\ell^{-1}(-k) = S_\ell(k) \tag{8.21}$$

也就是说,下半虚轴 $k = -\mathrm{i}\kappa$ 上的零点对应着 $S_\ell(k)$ 在上半虚轴 $k = +\mathrm{i}\kappa$ 上的**极点**. 无需显式地使用哈密顿量或波函数,实轴上的 S 矩阵及其解析性的知识也提供了有关束缚态的信息.

8.5 低能散射:几个例子

对有限力程的中心力场,我们推导了散射问题的形式解. 所有的可观测量都是通过相移 δ_ℓ 的无限集合来表示的. 在相位随 ℓ 减少的低能时,使用分波展开方法特别方便,分波展开中很少的几个最低阶项就可以代表完全解.

正如前面提到的,低能区域是由势的尺度 R 与相对运动的波长 λ 的比值来确定的. 当 $R/\lambda \propto kR$ 较小时,沿不同方向行进的波之间的相位差很小,并且入射束流的轴线并没有被单独摘出来. 这意味着散射几乎是各向同性的,以致 s 波的贡献(或许还有其他很少几个最低分波的贡献)应该是最重要的. 于是,人们能够在较低的 ℓ 值处截断分波级数.

习题 8.2 求深度为 U_0、半径为 R 的吸引势阱中(图 8.2)一个低能粒子的散射截面.

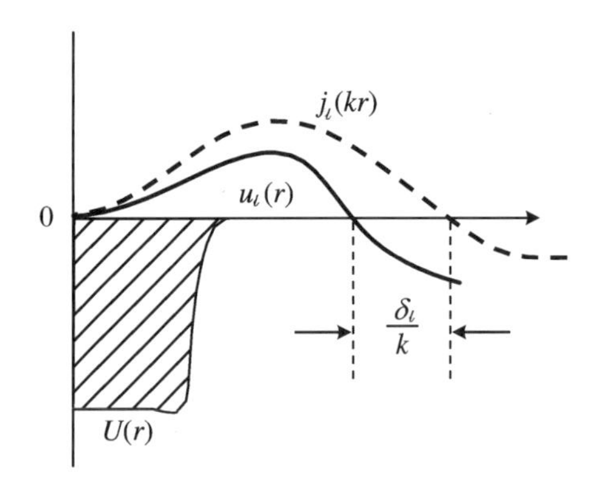

图 8.2 势阱散射

解 低能情况对应于较长的波长($kR\ll1$).对截面的主要贡献来自于 s 波. $\ell=0$ 的薛定谔方程(对函数 $u\propto r\psi$)为

$$u''+k^2u=0,\quad k^2=\frac{2m\epsilon}{\hbar^2},\quad r>R \tag{8.22}$$

$$u''+k'^2u=0,\quad k'^2=\frac{2m(\epsilon+U_0)}{\hbar^2},\quad r<R \tag{8.23}$$

显然,有一个原点处为零并且有恰当渐近形式的解:

$$u=A\sin k'r,\quad r<R;\quad u=\sin(kr+\delta),\quad r>R \tag{8.24}$$

由于通常的归一化是任意的,我们只有一个未知系数 A.该系数和相移 δ 可以从波函数在 $r=R$ 处连续的条件中解出.对数导数给出

$$\delta=\arctan\left(\frac{k}{k'}\tan(k'R)\right)-kR \tag{8.25}$$

分截面((8.14)式)为

$$\sigma_0=\frac{4\pi}{k^2}\sin^2\delta \tag{8.26}$$

在能量非常低时,有

$$k\to0,\quad k'^2\to k_0^2=\frac{2mU_0}{\hbar^2} \tag{8.27}$$

如果 k_0R 不是非常接近 $\pi/2$,则在低能时,相移随 k 线性地趋于零:

$$\delta\approx kR\left[\frac{\tan(k_0R)}{k_0R}-1\right] \tag{8.28}$$

然而,散射振幅((8.12)式)和截面((8.26)式)是有限的.通常它们是通过**散射长度**来表示的:

$$a=-\lim_{k\to0}f \tag{8.29}$$

在我们的情况中,有

$$a=-\lim_{k\to0}\frac{\delta}{k}=-R\left[\frac{\tan(k_0R)}{k_0R}-1\right] \tag{8.30}$$

$$\lim_{k\to0}\sigma_0=4\pi a^2 \tag{8.31}$$

在浅势阱内,有

$$k_0R \ll 1, \quad \tan(k_0R) \approx k_0R[1+(k_0R)^2/3] \tag{8.32}$$

我们得到

$$a = -R\frac{(k_0R)^2}{3}, \quad \sigma_0 = 4\pi R^2\frac{(k_0R)^4}{9} = \frac{16\pi}{9}\frac{m^2U_0^2R^6}{\hbar^4} \tag{8.33}$$

也就是说,散射长度要比势阱的半径小得多,并且散射截面也比几何截面小得多.这个结果可以用一级 Born 近似推导出来.的确,在 $q\to0$ 时,我们可由(7.81)式得到

$$f(\theta) = -\frac{2m}{\hbar^2}\int_0^R \mathrm{d}r r^2(-U_0) = \frac{2m}{\hbar^2}U_0\frac{R^3}{3} \tag{8.34}$$

它给出了与(8.33)式相同的截面.较长的波长覆盖了整个散射区域,在这个极限下,散射长度由势阱的**体积**定义.

让我们在保持 k 较小但有限的条件下加深势阱的深度.在 $k_0R=\pi/2$ 时,达到**共振**.物理量

$$\frac{1}{\gamma} \equiv \frac{\tan(k'R)}{k'} \tag{8.35}$$

与 R 相比很小.我们可在(8.25)式中略去 $-kR$ 项,得到共振附近的截面:

$$\delta = \arctan\frac{k}{\gamma}, \quad \sigma_0 = \frac{4\pi}{\gamma^2+k^2} \tag{8.36}$$

对于共振势阱和 $k\to0$,截面无限地增长.共振条件显示在势阱内出现了束缚态(见上册 17.6 节).在低能时,深势阱内的内部波函数只微弱地依赖能量,它对于新生的束缚态(负能量)和正能量较小的情况来说是非常相似的.到更深的势阱,我们会看到截面逐渐减少;共振描述(8.36)式将不再适用,但我们可以回到非共振公式,该公式显示,在$\tan(k_0R)=k_0R$ 处,截面(8.31)式为零.每产生一个新束缚态,都有一个新的共振,使得截面作为势阱深度的函数在大小数值之间快速振荡.共振截面((8.36)式)的 **Wigner 公式**对于近临界势阱是成立的,那时,这个势阱的微小变化会决定分立能级是否出现.在一个稍微深一些的势阱中,非束缚的、但将会变成束缚的$\ell=0$ 的"态"被称为**虚态**.

习题 8.3 一个粒子被一个排斥的势垒(高度为 U_0,半径为 R)散射,如图 8.3 所示,请计算低能散射截面.

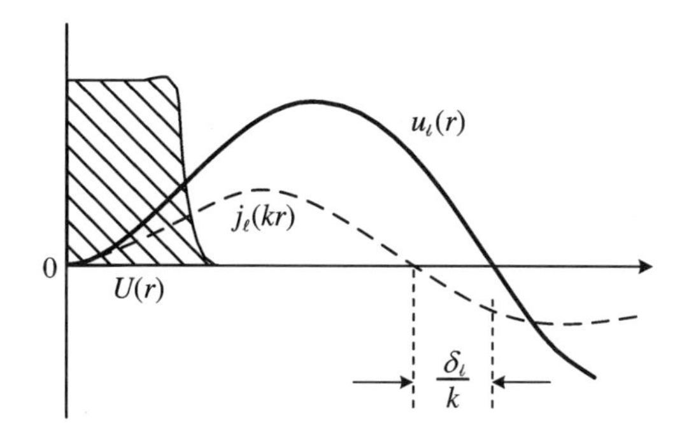

图 8.3 势垒散射

解 在势垒下方的内部区域，$\epsilon<U_0$，解为

$$u = A\sinh k'R, \quad k'^2 = \frac{2m(U_0-\epsilon)}{\hbar^2} \tag{8.37}$$

散射相位为（与(8.25)式相比较）

$$\delta = \arctan\left(\frac{k}{k'}\tanh(k'R) - kR\right) \tag{8.38}$$

由于 $\tanh x$ 从 -1 变到 1，不存在共振，在低能极限下，得到的散射长度为

$$a = -R\left[\frac{\tanh(k_0R)}{k_0R} - 1\right] > 0, \quad k_0^2 = \frac{2mU_0}{\hbar^2} \tag{8.39}$$

（注意散射长度的正号）. 截面为

$$\sigma_0 = 4\pi R^2\left(\frac{\tanh(k_0R)}{k_0R} - 1\right)^2 \tag{8.40}$$

对于无限高的势壁，从相移的意义上来说，有

$$U_0 \to \infty, \quad a \to R, \quad \delta \to -kR \tag{8.41}$$

截面等于球体的表面积：

$$\sigma_0 \to 4\pi R^2 \tag{8.42}$$

这是典型的波的效应：波长较长的波与整个表面相互作用，而经典粒子只感觉到不能穿透的障碍的面积 πR^2，参见(7.13)式. 对于超过垒顶的能量 $\epsilon>U_0$，共振行为可能会重新出现.

习题 8.4 求出势散射的角分布，并考虑 s 波、p 波和它们的干涉.

解 微分截面是$|f|^2$,其中散射振幅 f 在这个例子中用分波展开表示,

$$\frac{d\sigma}{do} = \frac{1}{k^2}[\sin^2\delta_0 + 6\sin\delta_0\sin\delta_1\cos(\delta_0 - \delta_1)\cos\theta + 9\sin^2\delta_1\cos^2\theta] \tag{8.43}$$

s 波和 p 波的宇称相反,它们之间的干涉会破坏 $\theta\to\pi-\theta$ 的对称性.

8.6 相位及其能量行为

为了估计相位对ℓ的依赖性,让我们用精确的径向函数 $u_\ell(r)$来表示相位.采用无量纲变量 $x = kr$,可将径向薛定谔方程写成如下形式:

$$u''_\ell + \left[1 - \frac{U}{\epsilon} - \frac{\ell(\ell+1)}{x^2}\right]u_\ell = 0 \tag{8.44}$$

这里的求导是对 x 进行的.在自由运动的波函数 v_ℓ 满足的类似方程

$$v''_\ell + \left[1 - \frac{\ell(\ell+1)}{x^2}\right]v_\ell = 0 \tag{8.45}$$

中,我们知道,具有正确渐近行为的解为

$$v_\ell(x) = xj_\ell(x) \tag{8.46}$$

为方便起见,考虑函数 v_ℓ 和 u_ℓ 的 **Wronskian 行列式**

$$W_\ell(r) = v'_\ell u_\ell - v_\ell u'_\ell \tag{8.47}$$

在渐近区域,我们以如下方式对波函数进行归一化:

$$v_\ell \approx \sin\left(kr - \frac{\ell\pi}{2}\right), \quad u_\ell \approx \sin\left(kr - \frac{\ell\pi}{2} + \delta_\ell\right) \tag{8.48}$$

那时,朗斯基行列式(8.47)有一个常数渐近值:

$$W_\ell(x \gg R) = \sin\delta_\ell \tag{8.49}$$

相位可由朗斯基行列式的方程推导出:

$$W'_\ell + \frac{U}{\epsilon}u_\ell v_\ell = 0 \tag{8.50}$$

通过用 v_ℓ 乘以(8.44)式，u_ℓ 乘以(8.45)式，再将结果相减，就可以容易地得到相位.将(8.50)式从 $x=0$ 到 $x=X$ 积分，得到

$$W_\ell(X) = W_\ell(0) - \int_0^X \mathrm{d}x \frac{U(x)}{\epsilon} u_\ell(x) v_\ell(x) \tag{8.51}$$

我们假设，在原点附近，势能 $U(x)$没有奇点，或者离心能量$\sim\ell(\ell+1)/x^2$ 比它更奇异，这样就有可能略去(8.44)式中的 U.因此，在 $x\to0$ 时，这两个方程的正规解互成比例，并且 $W_\ell(0)=0$.在 $X\to\infty$ 的极限下，(8.49)式和(8.51)式通过解 $u_\ell(x)$定义了以 2π 为模的相移：

$$\sin\delta_\ell = -\int_0^\infty \mathrm{d}x \frac{U(x)}{\epsilon} u_\ell(x) v_\ell(x) \tag{8.52}$$

对于“好”的势，(8.52)式的结果是精确的.对于足够大的ℓ，在被积函数中的$u_\ell(x)$可以用自由函数 v_ℓ 代替.当较大的ℓ值对应于定义在相互作用区外轨迹的大碰撞参数 $b_\ell\approx\ell/k>R$ 时，这显然是经典的极限.不管怎样，同样的结论在量子的情况下还是成立的.离心势$\hbar^2\ell(\ell+1)/(2mr^2)$在势垒的下方强烈压低 u_ℓ 和 v_ℓ，在那里它们都正比于 $r^{\ell+1}$.如果这两个函数的拐点到原点的距离都大于 R，则这两个拐点的位置几乎是一致的，如图 8.4 所示.在这种情况下，势 U 在每个地方的影响都很弱，我们可以预期相移会很小.

如果

$$U(r_\ell) \ll \frac{\hbar^2\ell(\ell+1)}{2mr_\ell^2} \approx \epsilon < \frac{\hbar^2\ell(\ell+1)}{2mR^2} \tag{8.53}$$

则拐点$\epsilon=U_\ell(r)$处于 $r_\ell>R$ 处.当

$$\ell(\ell+1) > \frac{2m\epsilon}{\hbar^2}R^2 = (kR)^2 \tag{8.54}$$

时，上式得到满足，事实上，它就是前面所提到的经典表述.如果是这种情况，相移 δ_ℓ 很小，$\sin\delta_\ell\approx\delta_\ell$，我们从(8.52)式可得到

$$\delta_\ell \approx -\int_0^\infty \mathrm{d}x \frac{U(x)}{\epsilon} v_\ell^2(x) \tag{8.55}$$

这个表达式有一个简单的含义：施加在无扰动波函数上的势通过用自然时间单位测量的势的平均值($\sim1/\epsilon$)改变了振动的相位.

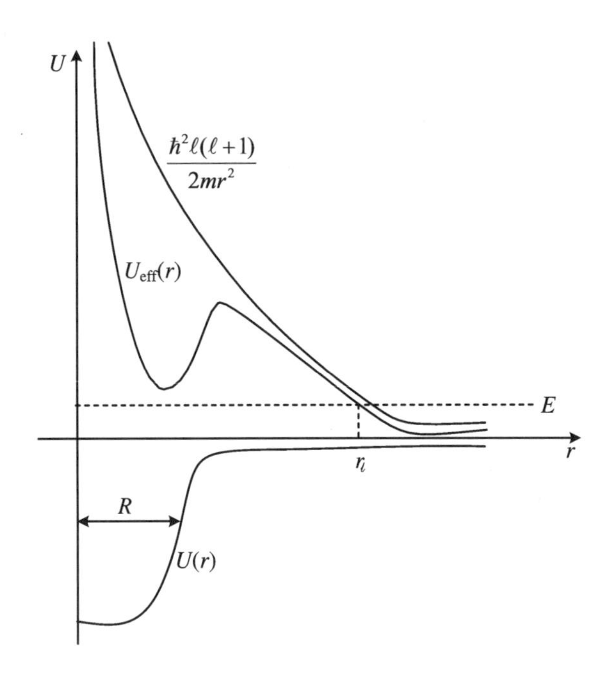

图 8.4　具有轨道角动量 ℓ 和拐点 $r_i>R$ 的离心部分的有效势

在足够低的能量下($kR\ll1$)，(8.54)式对所有的$\ell\neq0$ 都成立.一个实用的重要结论是，在低能散射中，只有 s 波可能有明显的相移.随着能量的增加，更高的分波开始起作用.(8.55)式的被积函数被力程 R 所限制.在低能极限，它的行为由离心项 $v_\ell(x)\approx C_\ell x^{\ell+1}$确定，其中常数 C_ℓ 来自于上册的方程(17.80).于是，(8.55)式明确地给出了相移($\ell\neq0$)的低能行为：

$$\delta_\ell\approx-\int_0^\infty \mathrm{d}x\,\frac{U(x)}{\epsilon}C_\ell^2x^{2\ell+2}=-C_\ell^2\frac{k^{2\ell+3}}{\epsilon}\int_0^\infty \mathrm{d}rU(r)r^{2\ell+2}\tag{8.56}$$

相移随着ℓ而减小：

$$\delta_\ell\propto k^{2\ell+1}\propto\epsilon^{\ell+1/2}\tag{8.57}$$

结论：在(8.53)式的低能条件下，我们可仅限于考虑几个最低的分波.因此，在低能时更为有效的分波展开与 Born 近似是互补的.对于以指数律下降的长程势 $U\propto1/r^\alpha$(参见[28,§132])，有必要进行更为精确的估算.

注意，对于吸引势($U<0$)，(8.56)式所示的相移是正的；而对于排斥势($U>0$)，相移是负的.将实际的解和自由运动的解相比较，这一点就很容易理解了：粒子在吸引势的区域花费了更多的时间，参见图 8.2 和图 8.3(假定没有束缚态的吸引势).

习题 8.5　(a) 对一个各向同性的势 $U(r)$，验证(7.74)式与在分波法中得到的振幅

(8.12)式完全一致.

(b) 证明:如果相移小到可以用(8.55)式来计算,则 Born 近似等价于分波展开的结果.

解 对于本题的证明,应使用精确解和平面波的分波展开,以及散射相位的精确表达式(8.52).

8.7 散射长度

我们知道,散射问题中的“低能”这个术语通常意味着相对运动的波长 $1/k=\hbar/mv$ 比力程 R 要大:

$$kR<1 \tag{8.58}$$

例如,在中子-质子散射中,这个条件涵盖了质心系中的相对运动能量 ϵ 至～5 MeV(在质子静止系中至～10 MeV).在低能区,只有 s 波散射($\ell=0$),能有一个明显的相移 δ_0,并对散射截面有贡献.由于空间-奇态中的核力要弱得多这样一个额外的事实,p 波散射被压低.因此,直至能量 $\epsilon\approx10$—15 MeV,n-p 散射截面几乎是各向同性的.

我们用一个短程势更详细地研究 s 波散射.结果是普遍的,因为在某种意义上,它们可以用少量对势的形状细节不敏感的物理参数来描述.

借助散射振幅,s 波(本节我们只讨论 s 波散射,下标 $\ell=0$ 将省略)的弹性散射截面可以用散射振幅简单地表示为

$$f=\mathrm{e}^{\mathrm{i}\delta}\frac{\sin\delta}{k},\quad \sigma=4\pi\mid f\mid^2=\frac{4\pi}{k^2}\sin^2\delta \tag{8.59}$$

对中心势 $U(r)$,我们推导出了分波分析.对于**短程势**的任何特定形状,我们总可以找到半径 R,使得在 $r>R$ 处,势小到可以忽略.在势的范围之外,散射问题的解 $\psi(r)=u(r)/r$ 有一个 $\ell=0$ 项的通用形式:

$$u(r)=\frac{\mathrm{e}^{\mathrm{i}\delta}}{k}\sin(kr+\delta),\quad r>R \tag{8.60}$$

其中,相移 δ 与能量或 k 有关.使用内部波函数的对数导数 λ,就可以像在束缚态问题中那样,将外部函数(8.60)与势的区域中的函数相匹配的条件用公式表示出来:

$$\left(\frac{u'}{u}\right)_{r=R-0} \equiv \lambda = k\cot(kR+\delta) \tag{8.61}$$

因此,相移 δ 由单一的内禀量 λ 确定.对于平方势阱或势垒,其精确解已经分别在习题8.2和习题8.3中研究过.可以立即看到一种特殊的情况:对于一个非常强的排斥势,波函数在边界上接近于零,而它的导数是有限的,所以 $\lambda\to\infty$,且相移为

$$\delta = -kR \tag{8.62}$$

符合相移的物理意义:波没有渗透进内部,相应地获得一个较小的相位.

一般来说,相移在 k 较小时与 k 成正比.这就是在前面提到过的问题中的情况.具有负号的比例系数称为**散射长度**((8.29)式):

$$\lim_{k\to 0}\frac{\delta(k)}{k} = -a \tag{8.63}$$

按照相移与散射振幅 f 之间的连接式(8.59),散射长度是 f 在低能下的极限值:

$$\lim_{k\to 0} f = \lim_{k\to 0}\frac{e^{i\delta}\sin\delta}{k} = -a \tag{8.64}$$

截面(8.59)在此极限下的大小为

$$\lim_{k\to 0}\sigma = 4\pi a^2 \tag{8.65}$$

习题 8.6 考虑如图8.5所示的势,该势在 $r=R_0$ 处有一个硬排斥芯,在 $r=R_0$ 和 $r=R_1$ 之间有一个深度为 U_0 的吸引势阱(van der Waals 型分子势的一种粗略图像).计算对于该势散射的散射长度.

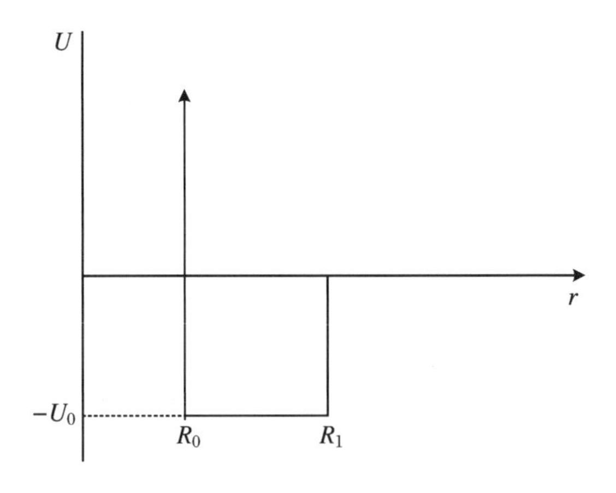

图8.5 习题8.6的势

解 通过直接求解径向薛定谔方程,我们得到

$$a = R_1 - \frac{\tan[k_0(R_1 - R_0)]}{k_0}, \quad k_0 = \sqrt{\frac{mU_0}{\hbar^2}} \tag{8.66}$$

如果没有硬芯($R_0 = 0$),结果与(8.39)式一致.对于这个吸引势阱,在 $k_0(R_1 - R_0) = \pi(n - 1/2)$ 处,其中整数 $n \geqslant 1$,其散射长度再次出现共振.

对于不可穿透的势墙,散射长度与墙的半径 R 是一致的.然而,一般来说,散射长度的值与势的范围 R 是非常不同的.散射长度可以直接由外部波函数(8.60)的行为来确定,该波函数在 $k \to 0$ 的极限下,在边界附近可写成线性函数(与上册方程(17.132)比较):

$$u(r) \approx r - a \tag{8.67}$$

因此,在波函数(8.67)线性外推至零的那个点,其径向坐标值给出了散射长度.

对于没有束缚态的浅势阱,如图 8.6(a)所示,内部波函数在边界上是增大的,$\lambda > 0$,而(8.67)式的外推得到 $a < 0$.通过使势阱变得越来越深,我们增大了内禀波矢,并将交点向左边移动.最终,散射长度的绝对值超过了力程 R.在对应着束缚态出现的临界深度,散射长度趋于 $-\infty$,如图 8.6(b)所示,即所谓的**幺正极限**.如果势阱有一个束缚态,

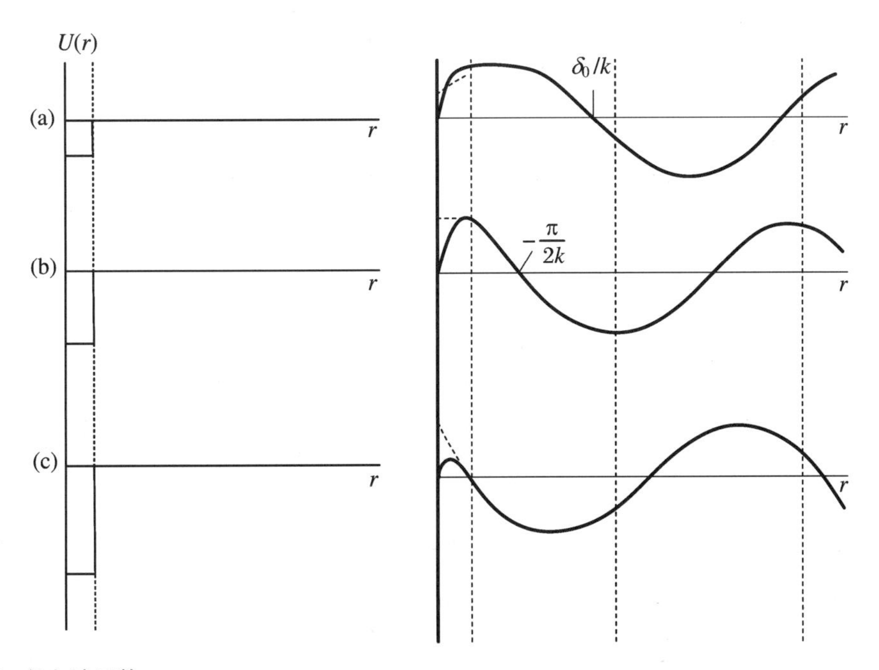

图 8.6 径向波函数

(a) 散射长度为负时;(b) 散射长度几乎为无穷大时;(c) 散射长度为正时.

那么在零能点相移的极限行为就必须被定义为$\lim\limits_{k\to 0}\delta=\pi-ka$. 当势阱变得更深时，束缚态的能量下降. 那时，内部波函数在边界处有一个负的导数，$\lambda<0$，而散射长度从$+\infty$处返回实轴，如图 8.6(c)所示. 随着势阱的加深，我们会周期性地观察到新的束缚态的出现，并且相移每次都通过π的倍数值. 因为在能量非常高时(形式上是在$k\to\infty$时)，运动就变成自由的了，$\delta(k\to 0)$和$\delta(k\to\infty)$之间的差就等于$n\pi$，这里n是阱内束缚态的数量(**Levinson 定理**).

8.8 低能共振散射

较大的负散射长度表明：势阱几乎可以支持s波束缚态. 在这种情况下，通常会说存在一个**虚能级**(与习题 8.2 比较). 为了表征超越$k\to 0$极限，尤其是在松散束缚态或虚态的情况下的散射振幅和截面的能量依赖性，我们将把低能展开的下一项包括进来(L. Landau，Ya. Smorodinsky，1944).

对于中心势场中的弹性散射，没有吸收，我们可以将分波振幅f_ℓ($\hat{f}$的本征值)的表达式(7.61)转换为一个方程式：

$$\mathrm{Im} f_\ell = k\,|f_\ell|^2,\quad 或\quad \mathrm{Im}\left(\frac{1}{f_\ell}\right) = -k \tag{8.68}$$

因此，与幺正条件相容的振幅f_ℓ的一般形式为$1/f_\ell=g_\ell-\mathrm{i}k$，或者写为

$$f_\ell = \frac{1}{g_\ell-\mathrm{i}k} \tag{8.69}$$

其中，g_ℓ是一个**实**函数(对实能量)，其量纲为长度的倒数. 使用关系式$f_\ell=\exp(\mathrm{i}\delta_\ell)\sin\delta_\ell/k$的简单的代数运算把函数$g_\ell(k)$定义为

$$g_\ell = k\cot\delta_\ell \tag{8.70}$$

对实能量是实数的，g_ℓ可以表示为ϵ的函数，即k^2的函数. 在低能时，如在(8.57)式中一样，有$\delta_\ell\propto k^{2\ell+1}$. 因此，$f_\ell\propto k^{2\ell}$，并且$g_\ell$的展开从$\sim 1/k^{2\ell}$的项开始. 对$s$波散射，函数$g_0(k)$从一个常数开始，在低能极限下，$g_0\to\gamma$. 比较(8.69)式和散射长度的定义，我们可以确定

$$g_0(0) = \gamma = -\frac{1}{a} \tag{8.71}$$

在这一近似下,我们可考虑(8.69)式分母中的下一项以得到

$$f_0 = -\frac{1}{1/a + \mathrm{i}k} \equiv \frac{1}{\gamma - \mathrm{i}k} \tag{8.72}$$

该项是虚的,并且与 k 呈线性关系.和(8.36)式相比,表明截面随着能量依赖超越了极限值((8.65)式),即

$$\sigma = \frac{4\pi}{\gamma^2 + k^2} = \frac{4\pi a^2}{1 + a^2 k^2} \tag{8.73}$$

在 8.4 节对解析性的简要讨论中,我们已经注意到,S 矩阵在复能量平面上的解析延拓揭示了对应于束缚态能量的极点.(8.69)式在 k 的上半虚轴上的极点对应着 $k \to \mathrm{i}\kappa$,其中 κ 等于束缚能 $\epsilon = \hbar^2\kappa^2/(2m)$.如果对于较小的 $\kappa(\kappa R < 1)$,方程 $\kappa = -g_0(\mathrm{i}\kappa)$ 有解,我们就有一个松束缚态,且(8.71)式显示 $\kappa \approx 1/a = -\gamma$.在这种情况下,**正**能量 $E = \hbar^2\kappa^2/(2m)$ 处的截面((8.73)式)将唯一地由这个松束缚态很小的束缚能确定(E. Wigner,1933):

$$\sigma(E) = \frac{2\pi\hbar^2}{m}\frac{1}{E + \epsilon} \tag{8.74}$$

这就是所谓的**阈下共振**.如果能采用**负**能量 $E = -\epsilon$ 的入射束流,那么截面将无穷大.由于束缚能很小,低能量的束流几乎“处于共振中”.然而,相移 δ_0 接近于 π,而不同于在习题 8.2 中所提到的真正共振的 $\delta \approx \pi/2$.

方程(8.73)实际上是更为普遍的,即使不存在束缚能级,它也是有效的.在这种没有束缚能级的情况下,$\gamma^2 \equiv 2m|\epsilon|/\hbar^2$ 定义了**虚能级**的一个能量 $|\epsilon|$,如果势阱稍微再深一些,它将变成一个真正的束缚态.使用 $\epsilon \to |\epsilon|$ 进行替换,共振公式(8.74)仍然适用.这是处在自旋单态的中子-质子散射的情况.单态散射长度 a_s 是较大的负数,显示出势阱深度接近于束缚态出现的临界值.相应的通过在零能量 E 时的散射截面或散射长度定义的虚能量为

$$\epsilon_{\text{virt}} = \frac{2\pi\hbar^2}{m\sigma(E \to 0)} = \frac{\hbar^2}{2ma_s^2} \tag{8.75}$$

它在原子核的标度下是很小的,$\epsilon_{\text{virt}} \approx 70$ keV.因此,在低能情况下,单态的 n-p 散射明显超过三重态的 n-p 散射.

习题 8.7 在低能中子-质子散射中,尽管由于核力的自旋-自旋部分导致 $S=0$ 和

$S=1$态的散射长度不同，但是该粒子对的总自旋 S 还是守恒的. 假定 n-p 散射的自旋三重态和自旋单态的散射长度 a_s 和 a_t 是已知的. 求：在极低的能量下，非极化束流**自旋反转**散射的概率.

解 n-p 粒子对有四种自旋态(参见上册 22.3 节). 对 $S_z=\pm 1$ 的三重态，没有自旋反转，散射截面为 $4\pi a_t^2$. $S_z=0$ 的态可以用具有固定 S 值的基 χ_{SS_z} 来表示：

$$|n\uparrow p\downarrow\rangle=\frac{1}{\sqrt{2}}(\chi_{10}+\chi_{00}) \tag{8.76}$$

$$|n\downarrow p\uparrow\rangle=\frac{1}{\sqrt{2}}(\chi_{10}-\chi_{00}) \tag{8.77}$$

初态(8.76)的散射波正比于

$$\frac{1}{\sqrt{2}}(a_t\chi_{10}+a_s\chi_{00}) \tag{8.78}$$

或者返回到具有一定自旋投影的态：

$$\frac{1}{2}(a_t+a_s)|n\uparrow p\downarrow\rangle+\frac{1}{2}(a_t-a_s)|n\downarrow p\uparrow\rangle \tag{8.79}$$

(8.79)式的第一项决定了没有自旋反转的截面，$4\pi(1/4)(a_t+a_s)^2=\pi(a_t+a_s)^2$；第二项决定了自旋反转截面 $\pi(a_t-a_s)^2$. 对于初态(8.77)式，结果是相同的. 四个初始自旋态都是等概率的. 因此，自旋平均的总截面为

$$\sigma=\frac{1}{4}[2\cdot 4\pi a_t^2+2\pi(a_t+a_s)^2+2\pi(a_t-a_s)^2] \tag{8.80}$$

自旋反转截面为

$$\sigma_{\text{flip}}=\frac{1}{4}\cdot 2\pi(a_t-a_s)^2 \tag{8.81}$$

自旋反转概率为

$$\frac{\sigma_{\text{flip}}}{\sigma}=\frac{(a_t-a_s)^2}{4a_t^2+(a_t+a_s)^2+(a_t-a_s)^2} \tag{8.82}$$

对于散射长度的实际值 $a_t=5.4$ fm 和 $a_s=-23.7$ fm，概率((8.82)式)为 0.65；较大的 $|a_s|$ 值对应于很近的虚态((8.75)式).

8.9 有效半径

散射振幅低能展开式(8.69)的下一项,或函数 g_0((8.70)式和(8.71)式)的下一项,是 k 的平方项:

$$g_0(k) = k\cot\delta_0(k) = -\frac{1}{a} + \frac{1}{2}r_0k^2 + O(k^4) \tag{8.83}$$

这个定义引入了一个新的长度参数 r_0,称之为**有效半径**.与这个有效半径关联的 s 波追加项比 P 波的小贡献更重要,后者将会导致对散射振幅更高阶的修正:$\sim(kR)^3$.当散射振幅(或粒子相互作用的其他特征量)的一般形式按解析性和类似的一般性要求建立,而参数则从实验数据中得到时,与(8.83)式相类似的展开式就可被广泛应用于所谓的**有效场论**中[29].

在更高级的近似中,散射振幅(8.69)式可表示为

$$f_0(k) = \frac{1}{-1/a + r_0k^2/2 - \mathrm{i}k} \tag{8.84}$$

对于解析延拓的极点 $k = i\kappa$,现在我们有

$$\kappa = \frac{1}{a} + \frac{1}{2}r_0k^2 \tag{8.85}$$

我们可以讨论它在低能 n-p 散射中的应用的例子.(8.85)式中的散射长度和有效半径的值对三重态和单态来说是不同的.借助三重态的散射长度 a_t 和氘核的结合能 $\varepsilon = \hbar^2\kappa^2/(2m)$(唯一的 n-p 束缚态——**氘核**对应于 $S=1$ 的自旋三重态,但混入了 d 波),关系式(8.85)使得人们能够计算三重态的有效半径 r_{0t} 这一参数.实验数据给出的 $r_{0t} = 1.7$ fm,与(8.85)式及 $r_{0s} = 2.7$ fm 相符.有效半径始终为正数[30],其大小与力程相近.因此,与散射长度相比,它更适于作为力程的度量,而散射长度对束缚状态的存在非常敏感,会改变符号,并且可能与 R 值十分不同.

散射长度和有效半径都不能提供有关势的形状和详细行为的具体信息.展开式(8.83)中的高阶项将更加具体.但这些高阶项被更高分波的贡献所遮蔽;实际上,在有效半径的近似之外,低能展开用处不大.

8.10 具有自旋-轨道相互作用的散射

如果入射束流是**极化的**,或者/并且末态粒子的极化被测量,则可观测量的数目就会增加.在这种情况下,我们需要引入这样的一个散射振幅,它除了作为在轨道空间负责 $\boldsymbol{k} \to \boldsymbol{k}'$散射的算符((7.60)式)之外,还要作为一个**关于自旋变量的散射算符**.

我们来考虑一个自旋为 1/2 的粒子(例如核子)被一个自旋为 0 的系统(例如原子核)散射.我们把弹性散射的概念推广到粒子的简并自旋子能态能够随着运动方向改变的情况.相对动能仍然保持不变,证明了“弹性”这一术语是恰当的.令入射波对应于一个给定的自旋状态:

$$\psi_i = e^{ikz}\chi_\mu(s_z) \tag{8.86}$$

其中,χ_μ 是自旋在束流轴 z 上的某个投影 $\mu = \pm 1/2$ 的自旋函数.探测器记录在 $\boldsymbol{k}'$方向上具有自旋态 $\chi_{\mu'}$ 的散射波.$\mu' \neq \mu$ 的情况被称为**自旋反转**散射,如同习题 8.7 中的情况.当然,只有当入射束流与靶的相互作用确实依赖于自旋变量的时候,自旋反转才有可能;否则,自旋投影是守恒的.

一个重要的实例是**自旋-轨道相互作用**$\sim(\boldsymbol{\ell}\cdot\boldsymbol{s})$;它在原子光谱中的作用已在上册第 23 章讨论过.在**无极化**的束流中,可以看到自旋投影 $\pm 1/2$ 的概率是相等的.我们必须强调,这样的束流是不能用一个纯的波函数来描述的.结果应该是:先分别对每个可能的 μ 值进行计算,然后对实际的初始自旋概率取算术平均.这是一个由**密度矩阵**描述的**混合量子态**的例子,参看第 23 章.

因此,初态是由一个极化的系综给出的.初始束流的矢量极化度 $\boldsymbol{P}$ 是对系综求平均的自旋算符 $\hat{\boldsymbol{s}}$ 的期待值与其最大值 1/2 之比:

$$\boldsymbol{P} = \frac{\overline{\langle \boldsymbol{s} \rangle}}{1/2} = \overline{\langle \boldsymbol{\sigma} \rangle} \tag{8.87}$$

其中,先取对角矩阵元$\langle \boldsymbol{\sigma} \rangle$,然后对束流粒子的实际系综求平均(上横线).

一般情况下,初始状态不是轴对称的,除了入射的方向 z 之外,它还通过极化来表征.现在,散射可以依赖于散射粒子的两个角度 θ 和 φ.代替(7.49)式,波函数的渐近形式现在是

$$\psi(\boldsymbol{r},s_z) \approx \left[\mathrm{e}^{\mathrm{i}kz} + \frac{\mathrm{e}^{\mathrm{i}kr}}{r}\hat{f}(\theta,\varphi)\right]\chi_\mu(s_z) \tag{8.88}$$

其中,入射波中的自旋态与初始束流中的相同,而在出射波中的自旋态则可被散射振幅 $\hat{f}$ 改变;这里的符号“^”表示自旋空间中的算符,有

$$\hat{f}\chi_\mu = \sum_{\mu'} f_{\mu'\mu}\chi_{\mu'} \tag{8.89}$$

对在**零自旋**靶或在任何具有取平均之后的随机自旋分布的**非极化**靶上的弹性散射,守恒的量子数是:ℓ,宇称$(-)^\ell$,$j=\ell\pm1/2$ 和 j_z. 投影ℓ_z和s_z 通常不是分别守恒的. 具有固定值$\ell_z=[\boldsymbol{r}\times\boldsymbol{p}]_z/\hbar=0$ 和 $s_z=\mu$ 的入射波没有确定的j 值,它是 $j=\ell\pm1/2$ 态的叠加. 然而,与靶的相互作用是由包括 j 在内的精确的量子数确定的. 就像在自旋-轨道耦合的例子中见到的(参见上册 23.1 节),相互作用对两个可能的 j 态是不同的. 一个具有确定 j 值的分量将演化到自身,只能获得相移. 这意味着 S 矩阵在(ℓ,j)表象中是对角的. 它的对角矩阵元给出了散射相位:

$$S_{\ell j} = \mathrm{e}^{2\mathrm{i}\delta_{\ell j}} \tag{8.90}$$

现在,我们有两个相移,$\delta_{\ell,j=\ell\pm1/2}$,可以记为 $\delta_\ell^{(\pm)}$;相应的矩阵元(8.90)式为 $S_\ell^{(\pm)}$.

使用 CGC(C-G 系数)可将初态在具有确定 j 值的态的基上展开,这样每一项都获得了自己的相移. 不用计算 CGC,我们可以用算符的方式进行所需要的展开. 令 $\Lambda_\ell^{(\pm)}$ 为投影算符,它从第ℓ个分波与自旋为 1/2 波函数的任意乘积中将 $j=\ell\pm1/2$ 的分量挑选出来. 借助这些算符,散射振幅算符(8.8)变成

$$\hat{f}(\theta,\varphi) = \frac{1}{2\mathrm{i}k}\sum_\ell(2\ell+1)\left[(S_\ell^{(+)}-1)\Lambda_\ell^{(+)}+(S_\ell^{(-)}-1)\Lambda_\ell^{(-)}\right]P_\ell(\cos\theta) \tag{8.91}$$

对于 $j=\ell+1/2$ 和 $j=\ell-1/2$,标量积$(\boldsymbol{\ell}\cdot\boldsymbol{\sigma})=2(\boldsymbol{\ell}\cdot\boldsymbol{s})$的本征值分别为$\ell$和$-(\ell+1)$(见上册习题 20.6),投影算符为

$$\Lambda_\ell^{(+)} = \frac{\ell+1+(\boldsymbol{\ell}\cdot\boldsymbol{\sigma})}{2\ell+1},\quad \Lambda_\ell^{(-)} = \frac{\ell-(\boldsymbol{\ell}\cdot\boldsymbol{\sigma})}{2\ell+1},\quad \Lambda_\ell^{(+)}+\Lambda_\ell^{(-)}=1 \tag{8.92}$$

φ 的依赖性显现为由降、升自旋算符 $\sigma_\pm$ 描写的自旋翻转的结果,该算符在(8.92)式中伴随着互补算符$\ell_\mp$ 通过轨道角动量投影的变化来补偿自旋翻转.

利用显式式(8.92),散射振幅(8.91)式变成

$$\hat{f}(\theta,\varphi) = \frac{1}{2\mathrm{i}k}\sum_\ell\left[(\ell+1)(S_\ell^{(+)}-1)+\ell(S_\ell^{(-)}-1)+(S_\ell^{(+)}-S_\ell^{(-)})(\boldsymbol{\ell}\cdot\boldsymbol{\sigma})\right]P_\ell(\cos\theta) \tag{8.93}$$

可易明确地计算算符$(\ell\cdot\boldsymbol{\sigma})$作用在 Legendre 多项式上的结果. 轨道角动量的分量已在上册习题 16.10 中求出. ℓ_z分量对(8.93)式没有贡献. 因此

$$(\ell\cdot\boldsymbol{\sigma})P_\ell = \mathrm{i}(\sigma_x\sin\varphi - \sigma_y\cos\varphi)\frac{\mathrm{d}P_\ell}{\mathrm{d}\theta} \tag{8.94}$$

导数 $\mathrm{d}P_\ell/\mathrm{d}\theta$ 是**连带 Legendre 多项式**——P_ℓ(见上册方程(16.139)),球谐函数 $Y_{\ell 1}$正比于 $\exp(\mathrm{i}\varphi)P_{\ell 1}$.

(8.94)式中括号内的组合能用垂直于**散射平面**的单位矢量 $\boldsymbol{v}$ 写出,该散射平面由入射波矢 $\boldsymbol{k}=k\boldsymbol{n}$ 和散射波矢 $\boldsymbol{k}'=k\boldsymbol{n}'$构成. 矢量 $\boldsymbol{n}$ 沿着 z 轴方向. 矢量 $\boldsymbol{n}'$的极角和方位角分别为θ 和φ. 因此,有

$$v = \frac{[\boldsymbol{n}\times\boldsymbol{n}']}{|[\boldsymbol{n}\times\boldsymbol{n}']|} = \frac{[\boldsymbol{n}\times\boldsymbol{n}']}{\sin\theta} = (-\sin\varphi,\cos\varphi,0) \tag{8.95}$$

于是,可得到

$$(\ell\cdot\boldsymbol{\sigma})P_\ell = \mathrm{i}(\sigma_x\sin\varphi - \sigma_y\cos\varphi)(-P_{\ell 1}) = \mathrm{i}(\boldsymbol{\sigma}\cdot\boldsymbol{v})P_{\ell 1} \tag{8.96}$$

最后,散射振幅((8.93)式)可写成

$$\hat{f}(\theta,\varphi) = A(\theta) + B(\theta)(\boldsymbol{v}\cdot\boldsymbol{\sigma}) \tag{8.97}$$

$$A(\theta) = \frac{1}{2\mathrm{i}k}\sum_\ell[(\ell+1)(\mathrm{e}^{2\mathrm{i}\delta_\ell^{(+)}}-1)+\ell(\mathrm{e}^{2\mathrm{i}\delta_\ell^{(-)}}-1)]P_\ell(\cos\theta) \tag{8.98}$$

$$B(\theta) = \frac{1}{2k}\sum_\ell[\mathrm{e}^{2\mathrm{i}\delta_\ell^{(+)}} - \mathrm{e}^{2\mathrm{i}\delta_\ell^{(-)}}]P_{\ell 1}(\theta) \tag{8.99}$$

(8.97)式是按常规对称性的要求给出的唯一形式. 的确,由于角动量守恒和宇称守恒,$\hat{f}$ 只能依赖于**标量**(不是赝标量)$(\boldsymbol{n}\cdot\boldsymbol{n}')=\cos\theta$ 和$(\boldsymbol{v}\cdot\boldsymbol{\sigma})$,因为 $\boldsymbol{v}$ 是唯一的一个由极向量$\boldsymbol{n}$ 和$\boldsymbol{n}'$构成的**轴**矢量. 由于对于 1/2 自旋,自旋算符的所有幂次都约化成了线性函数,于是得到了表达式(8.97).

方位角的不对称性只有通过散射平面的法矢 $\boldsymbol{v}$ 展现. 没有自旋相关的力,散射就与 $\boldsymbol{l}$ 和 $\boldsymbol{s}$ 的相对取向毫无关系. 于是,两个 j 值相位相同,而 $B(\theta)$随方位角的不对称性一同消失. 在这种情况下,振幅 $A(\theta)$((8.98)式)约化为标准表达式(8.8).

8.11 极化与方位不对称性

为了从算符振幅(8.97)求得可观测量,我们必须计算矩阵元 $f_{\mu'\mu}=\langle\chi_{\mu'}|\hat{f}|\chi_{\mu}\rangle$,它给出沿 $\boldsymbol{n}'(\theta,\varphi)$方向自旋投影 $\mu\rightarrow\mu'$改变的散射振幅.相应的微分截面为

$$\left(\frac{\mathrm{d}\sigma}{\mathrm{d}o}\right)_{\mu\rightarrow\mu'}=|f_{\mu'\mu}|^{2} \tag{8.100}$$

如果最终的极化 μ'未被测量,那么截面是对可能的 μ'的非相干求和:

$$\left(\frac{\mathrm{d}\sigma}{\mathrm{d}o}\right)_{\mu}\equiv\sum_{\mu'}\left(\frac{\mathrm{d}\sigma}{\mathrm{d}o}\right)_{\mu\rightarrow\mu'}=(\hat{f}^{\dagger}\hat{f})_{\mu\mu} \tag{8.101}$$

其中,最后一个表达式是针对一个确定的初态 μ 推导出来的.因此,在这种情况下,我们必须取算符 $\hat{f}^{\dagger}\hat{f}$ 在初态的期待值.

对初始和最终自旋态的求和通常被约化成相应空间中的迹:

$$\sum_{fi}|f_{fi}|^{2}=\sum_{i}\left(\sum_{f}f_{fi}^{*}f_{fi}\right)=\sum_{i}(f^{\dagger}f)_{ii}=\mathrm{tr}(f^{\dagger}f) \tag{8.102}$$

对于**非极化**态,μ 的初值是等概率的.对它们求平均,就像在(8.102)式中一样,得到

$$\overline{\frac{\mathrm{d}\sigma}{\mathrm{d}o}}=\frac{1}{2}\sum_{\mu}\left(\frac{\mathrm{d}\sigma}{\mathrm{d}o}\right)_{\mu}=\frac{1}{2}\mathrm{tr}(\hat{f}^{\dagger}\hat{f}) \tag{8.103}$$

对于振幅(8.103)式的形式,我们很容易得到(泡利矩阵的迹等于零)

$$\overline{\left(\frac{\mathrm{d}\sigma}{\mathrm{d}o}\right)_{\mathrm{unpol}}}=|A(\theta)|^{2}+|B(\theta)|^{2} \tag{8.104}$$

不存在方位角不对称性.

对于具有不同数目 $N_{\pm}$、自旋投影为 ± 的粒子的初始束流,我们有一个非零的极化度 $\boldsymbol{P}$,见(8.87)式.平均截面(8.101)式必须在如下约束条件下计算:

$$\overline{\frac{\mathrm{d}\sigma}{\mathrm{d}o}}=\overline{\langle\hat{f}^{\dagger}\hat{f}\rangle}=|A(\theta)|^{2}+|B(\theta)|^{2}+2\mathrm{Re}(A^{*}B)(\boldsymbol{v}\cdot\boldsymbol{P}) \tag{8.105}$$

这样的一个实验揭示了由垂直于散射平面的初始极化度确定的**方位角不对称性**.得到这一结果的标准方法是借助于不对称系数 α:

$$\overline{\frac{d\sigma}{do}} = \overline{\left(\frac{d\sigma}{do}\right)_{\text{unpol}}}(1 + \alpha(\boldsymbol{v} \cdot \boldsymbol{P})) \tag{8.106}$$

$$\alpha = \frac{2\text{Re}(A^* B)}{|A|^2 + |B|^2} \tag{8.107}$$

对于末态的(散射的)束流,我们这样来定义极化度 P',它乘以散射波密度$(\hat{f}^\dagger\hat{f})_{\mu\mu}$,给出散射波的平均自旋,以 1/2 为单位,就像在(8.87)式中一样:

$$(\hat{f}^\dagger\hat{f})_{\mu\mu}\boldsymbol{P}' = \langle(\hat{f}\chi_\mu)|\boldsymbol{\sigma}|(\hat{f}\chi_\mu)\rangle = (\hat{f}^\dagger\boldsymbol{\sigma}\hat{f})_{\mu\mu} \tag{8.108}$$

或者,对初始束流求平均(上横线),得到

$$P' = \frac{\overline{(\hat{f}^\dagger\boldsymbol{\sigma}\hat{f})_{\mu\mu}}}{\overline{(\hat{f}^\dagger\hat{f})_{\mu\mu}}} \tag{8.109}$$

即使初始束流无极化,自旋-轨道相互作用也会导致极化的出现.在这个问题中,唯一的轴矢量仍是垂直于散射平面的矢量 $\boldsymbol{v}$.因此,不需任何计算,我们就知道在这种情况下有

$$\boldsymbol{P}' = \beta\boldsymbol{v} \tag{8.110}$$

对(8.109)式中无极化自旋的系综求平均的简单计算定义了系数 β:

$$\beta = \frac{2\text{Re}(A^* B)}{|A|^2 + |B|^2} = \alpha \tag{8.111}$$

我们得出了一个重要的观点:在极化束流被相同的靶散射的过程中,**初始无极化束流的极化度 β 等于(8.106)式和(8.107)式中的不对称性** α.如果初始极化度 $\boldsymbol{P}$ 也存在,结果会更冗长,但可以从(8.109)式中得到.

习题 8.8 使用(8.98)式和(8.99)式所示的振幅 A 和 B,求自旋 1/2 和初始极化度为 $\boldsymbol{P}$ 的粒子束流被无自旋靶散射后得到的极化度 $\boldsymbol{P}'$.

解

$$P' = \frac{2\text{Re}(A^* B)\boldsymbol{v} + (|A|^2 - |B|^2)\boldsymbol{P} + 2|B|^2\boldsymbol{v}(\boldsymbol{v}\cdot\boldsymbol{P}) - 2\text{Im}(A^* B)[\boldsymbol{v}\times\boldsymbol{P}]}{|A|^2 + |B|^2 + 2\text{Re}(A^* B)(\boldsymbol{v}\cdot\boldsymbol{P})} \tag{8.112}$$

通过检查振幅(8.97)式~(8.99)式、不对称性系数 α 和极化系数 β 的结果,我们可以看到:在一级 Born 近似中,无极化束流的极化和方位角不对称性的效应会消失.在这种情况下,散射相位是很小的.通过采用 S 矩阵元的展开:$\exp(2i\delta)\approx 1 + 2i\delta$,我们看到,$A(\theta)$是一个实量,而 $B(\theta)$是虚量.因此,$A^* B$ 是虚的,且 $\alpha = \beta = 0$.这一结果与时间反演不变性有关,也与 Born 近似的特性相关.

对于一个时间反演不变的系统，在交换初态和末态并反转所有的动量和自旋的条件下，过程的概率不会改变(称为**细致平衡**，稍后会讨论). 振幅(8.97)式满足该条件. 在截面(8.105)式中出现的$(\boldsymbol{v}\cdot\boldsymbol{\sigma})$的线性项，作为法向振幅 A 和自旋翻转振幅 B 之间干涉的结果，是时间反演不变的. 确实，极化度应该被反转，但是法向矢量 $\boldsymbol{v}$ 也会改变它的符号，因为在时间反演下，有 $\boldsymbol{k}\Rightarrow-\boldsymbol{k}'$和$\boldsymbol{k}'\Rightarrow-\boldsymbol{k}$，

$$\boldsymbol{v}\sim[\boldsymbol{k}\times\boldsymbol{k}']\Rightarrow[(-\boldsymbol{k}')\times(-\boldsymbol{k})]\sim-\boldsymbol{v} \tag{8.113}$$

在 Born 近似下，散射振幅很小，因此是厄米的. 它遵循幺正性条件(7.61)式，式中可以忽略二次项的右边. 同样，从表达式(8.97)—(8.99)可直接看出：对于小相位，A 是实的，$\boldsymbol{\sigma}$ 是厄米的，在 $\boldsymbol{n}\leftrightarrow\boldsymbol{n}'$的置换下 $\boldsymbol{v}$ 改变符号，但是这个符号会被该项的复共轭恢复，因为对于小相位，B 是虚的. 对于厄米振幅 $\hat{f}$，在简单交换初态与末态，且没有像在时间反演的操作中那样的反转动量和自旋的情况下，概率不会改变. 由于时间反演和转置这两个不变操作的存在，按照自旋和动量的纯反转而不用置换就能给出不变性. 但是，由于旋转和反演对称性，P'是沿着 $\boldsymbol{v}$ 的方向的，见(8.110)式. 在自旋和动量反演变换下，$\boldsymbol{P}'$改变符号而 $\boldsymbol{v}$ 不改变符号. 因此，$\boldsymbol{P}'=0$. 这一结果十分普遍，不受自旋 1/2 粒子的限制；在 Born 近似下，初始无极化束流的极化度总是不存在的.

如果有效散射势是**复的**，即使在 Born 近似下也会出现极化. 具有能把粒子吸收到非弹性道的虚部的自旋-轨道势破坏了散射振幅的厄米性，极化能够出现.

习题 8.9 一个核子从原子核上散射，该原子核产生了一个**复数势** $U(r)=(1+\mathrm{i}\xi)\cdot V(r)$(其中常数 ξ 和 $V(r)$都是实的)和一个与原子的自旋-轨道相互作用类似的自旋-轨道势(参看上册 23.1 节)

$$\hat{U}_{\ell s}=-\eta\frac{1}{r}\frac{\mathrm{d}U(r)}{\mathrm{d}r}(\hat{\ell}\cdot\hat{s}) \tag{8.114}$$

其中，强度常数 η 具有长度平方的量纲. 在 Born 近似下，计算无极化束流的微分散射截面和被散射粒子的出现的极化度 $\boldsymbol{P}$.

解 截面由下式给出：

$$\frac{\mathrm{d}\sigma}{\mathrm{d}o}=|f_B(\theta)|^2\left(1+\xi^2+\frac{1}{4}k^4\eta^2\sin^2\theta\right) \tag{8.115}$$

其中，$f_B(\theta)$是势 $V(r)$的 Born 振幅. 极化度等于

$$\boldsymbol{P}=\beta\boldsymbol{v},\quad \beta=\frac{k^2\eta\xi\sin\theta}{1+\xi^2+k^4\eta^2\sin^2\theta/4} \tag{8.116}$$

第9章

更多的散射知识

也许其他一些科学可能更有用，但是没有什么科学有如此多的甜蜜和实用的美感（像光学一样）. 因此，它是整个哲学的花朵，通过它，而不是没有它，就能了解其他的科学.

——Roger Bacon

9.1 经典和非经典散射

从我们最初的参考文献（7.1节）中可以看出，关于散射的经典图像，总的经典散射截面是用对所有发生散射时的**碰撞参数** b 的积分来定义的：

$$\sigma_{\mathrm{cl}} = \int \mathrm{d}b 2\pi b \tag{9.1}$$

如果势 $U(\boldsymbol{r})$在 $b>b_{\max}$时并不严格为零，就像在习题7.1中一样，则总的经典截面(9.1)式是**无穷大**的. 但是，如果在较大的距离处，势下降得比 $1/r^2$ 快，则**量子**弹性散射截面：

$$\sigma_{\mathrm{el}}=\int \mathrm{d}o\ |f|^2 \tag{9.2}$$

其结果是有限的.

经典情况可能在大碰撞参数时失效，因为大距离对应于小散射角 θ. 然而，为了能使用经典图像，偏转角 θ 必须超过在轨道方向的量子不确定度 $\Delta\theta$. 在同样的意义上，碰撞参数的不确定度 Δb 必须比参数 b 小. 借助垂直于初始运动方向的动量分量 $p_{\perp}$，可以估算出一个微小的经典偏转角 θ：

$$\theta \sim \frac{p_{\perp}}{p} \sim \frac{F_{\perp}\ \Delta t}{p} \tag{9.3}$$

其中，$\boldsymbol{F}_{\perp}\sim\partial U/\partial b\sim U(b)/b$ 是导致轨道弯曲的横向力，$\Delta t\sim b/v$ 是特征**作用时间**，v 是相对速度. 由此

$$\theta \sim \frac{\partial U}{\partial b}\frac{\Delta t}{p} \sim \frac{U(b)}{b}\frac{b}{pv} \sim \frac{U(b)}{pv} \sim \frac{U(b)}{E} \tag{9.4}$$

另一方面，回到量子语言，碰撞参数的不确定性 Δb 导致了横向动量分量的不确定性 $\Delta p_{\perp}\sim\hbar/\Delta b$. 它等价于散射角的不确定性：

$$\Delta\theta \sim \frac{\Delta p_{\perp}}{p} \sim \frac{\hbar}{(\Delta b)p} \tag{9.5}$$

条件

$$\Delta\theta \ll \theta,\quad \Delta b \ll b \tag{9.6}$$

确定了散射的经典描述的极限：

$$\theta \gg \Delta\theta \sim \frac{\hbar}{p\Delta b} \gg \frac{\hbar}{pb} \quad \rightsquigarrow \quad \frac{U(b)}{E} \gg \frac{\hbar}{pb} \tag{9.7}$$

如果势 $U(b)$在大距离处减小得比 Coulomb 势的情况($\sim 1/b$)**还要快**，那么在大 b 处，不等式(9.7)不成立. 在那种情况下，小角度散射完全由量子力学衍射确定. 在电荷 e 被电荷为 Ze 的中心散射的纯 Coulomb 情况中，散射角 $\theta\sim Ze^2/(pvb)$，并且在一个足够大的 Sommerfeld 参数值时

$$\eta=\frac{Ze^2}{\hbar v}\gg 1 \tag{9.8}$$

对所有 b 经典条件((9.7)式)都能得到满足.这个不等式的逆对于量子力学的微扰论(5.64)式的有效性是必要的.

9.2 半经典振幅

当很多分波都对弹性截面有显著贡献时,半经典近似可以用,而轨道角动量的分立量化是次要的.这只有在足够高的能量下才有可能.对于不太小的散射角,半经典近似有望过渡到经典理论.就像上面(9.5)式所讨论的,散射角 θ 应该超过$\hbar/(pb)\sim 1/\ell$,它等价于要求

$$\ell\theta \gg 1 \tag{9.9}$$

由于 Legendre 多项式 $P_\ell(\cos\theta)$有ℓ个节点,(9.9)式中的角度范围必须超出节点之间的角距离($\sim 1/\ell$),这就导致了经典平均.半经典近似可以在很大的角度范围内有效,而且经过一定的改进,可以描述衍射效应.

将给定散射势的波函数和自由运动的波函数直接比较,就可以得到半经典相位.在超出经典动量 $p_\ell(r)$为零的转折点 R_ℓ 的经典允许区域内的相位为(参看上册方程(17.58))

$$\Phi_\ell(r) = \frac{1}{\hbar}\int_{R_\ell}^{r} \mathrm{d}r p_\ell(r) + \frac{\pi}{4} \tag{9.10}$$

这里

$$p_\ell(r) = \sqrt{2m[E - U(r)] - \frac{\hbar^2(\ell + 1/2)^2}{r^2}} \tag{9.11}$$

且 $p_\ell(R_\ell)=0$.自由运动的半经典相位 Φ_ℓ^0 由 $U=0$ 时的类似表达式给出:

$$\Phi_\ell^0(r) = \frac{1}{\hbar}\int_{R_\ell^0}^{r} \mathrm{d}r p_\ell^0(r) + \frac{\pi}{4} \tag{9.12}$$

$$p_\ell^0(r) = \sqrt{2mE - \frac{\hbar^2(\ell + 1/2)^2}{r^2}}, \quad p_\ell^0(R_\ell^0) = 0 \tag{9.13}$$

于是,分波相移为

$$\delta_\ell = (\Phi_\ell - \Phi_\ell^0)_{r\to\infty} \tag{9.14}$$

相位定义了散射振幅：

$$f(\theta) = \frac{1}{2ik}\sum_\ell (2\ell+1)P_\ell(\cos\theta)(e^{2i\delta_\ell} - 1) \tag{9.15}$$

当角度 $\theta\neq 0$ 时，(9.15)式中不含 $\exp(2i\delta_\ell)$ 的部分将消失（回顾上册方程(16.146)）. 因此

$$f(\theta) = \frac{1}{2ik}\sum_\ell (2\ell+1)P_\ell(\cos\theta)e^{2i\delta_\ell}, \quad \theta\neq 0 \tag{9.16}$$

在(9.9)式所示的半经典区域内，Legendre 多项式也可以由它们的半经典极限来表示，参看上册习题 16.17：

$$P_\ell(\cos\theta) \approx \sqrt{\frac{2}{\pi\ell\sin\theta}}\sin[\theta(\ell+1/2)+\pi/4] \tag{9.17}$$

最后，半经典散射振幅变成

$$f(\theta) \approx \frac{1}{ik}\sqrt{\frac{2}{\pi\sin\theta}}\sum_\ell \sqrt{\ell}e^{2i\delta_\ell}\sin[\theta(\ell+1/2)+\pi/4] \tag{9.18}$$

9.3 半经典相位

和以往从量子到经典的极限过渡一样，对(9.18)式中求和的基本贡献来自于许多大ℓ的分波. 由于这些分波具有快速变化的相位，这些贡献相消干涉. 在这种情况下，经典的轨道是由相位的稳定性条件挑选出来的（参见上册 15.4 节）：相邻ℓ值轨道间的相位变化必须很小.

如果

$$\frac{d}{d\ell}[2\delta_\ell \pm \theta(\ell+1/2)] = 2\frac{d\delta_\ell}{d\ell} \pm \theta = 0 \tag{9.19}$$

则相邻的分波相干叠加. 与经典确认的一致，自由运动的转折点为

$$R_\ell^0 = \frac{\hbar(\ell+1/2)}{\sqrt{2mE}} = \frac{\ell+1/2}{k} \tag{9.20}$$

通过直接积分,我们从(9.12)式中得到:在 $r \gg R_\ell^0$ 处,相位精确地等于自由运动的结果(参见上册方程(17.80)):

$$\Phi_\ell^0(r) = kr - \frac{\ell\pi}{2} \tag{9.21}$$

这里我们看到正确的结果与$\ell(\ell+1) \to (\ell+1/2)^2$ 的替换相关,参见上册习题 17.4.

因此,在半经典近似下,分波相移为

$$\delta_\ell = \lim_{r\to\infty}\left\{\frac{1}{\hbar}\int_{R_\ell}^{r} \mathrm{d}r p_\ell(r) + \frac{\pi}{4} - kr + \frac{\ell\pi}{2}\right\} \tag{9.22}$$

在 $r\to\infty$ 处发散的那些项明显被抵消了.稳定性条件((9.19)式)给出

$$-\int_{R_\ell}^{\infty} \frac{\mathrm{d}r}{r^2} \frac{\hbar(2\ell+1)}{p_\ell(r)} + \pi \pm \theta = 0 \tag{9.23}$$

通过在无穷远处引入碰撞参数 b 和速度 v 的经典变量:

$$b = R_\ell^0 = \frac{\hbar(\ell+1/2)}{mv}, \quad v = \sqrt{\frac{2E}{m}} \tag{9.24}$$

由(9.23)式我们得到

$$-2b\int_{R(b)}^{\infty} \frac{\mathrm{d}r}{r^2} \frac{1}{\sqrt{1-U(r)/E-(b/r)^2}} \pm \theta = 0 \tag{9.25}$$

这正是确定散射角作为碰撞参数的函数的经典方程[25, §18].

习题 9.1 假设势 $U(r)$作为距离的函数迅速减小,以致在给定分波的转折点附近很小.试导出半经典相移.

解 (9.14)式的相位差可以变成对势的导数:

$$\delta_\ell \approx -\int_{R_\ell^0}^{\infty} \mathrm{d}r U(r) \frac{1}{\hbar}\frac{\mathrm{d}}{\mathrm{d}E} p_\ell^0(r) = -\frac{m}{\hbar^2}\int_{R_\ell^0}^{\infty} \mathrm{d}r \frac{U(r)}{\sqrt{k^2-(\ell+1/2)^2/r^2}} \tag{9.26}$$

由于分波展开的收敛性是由$\ell \gg 1$ 的波确定的,因此对于短程势,我们可以借助(9.26)式求相位的值.如果势 $U(r)$在很远的地方比 Coulomb 势($\sim 1/r$)减小得还要快,则可以证明[28, §123](9.26)式的相位是有限的;对势衰减得比 $1/r^2$ 快的情况,总截面是有限的;对势衰减得比 $1/r^3$ 快的情况,向前散射的振幅是有限的.

根据(9.26)式,在ℓ值较大时,我们在数量级上有

$$\delta_\ell \approx -\frac{mU(R_\ell^0)R_\ell^0}{\hbar^2 k} \approx -\frac{mb}{k\hbar^2}U(b) \tag{9.27}$$

这一估算还可以写成

$$\delta_\ell \approx \frac{\tau}{\hbar}U(b) \tag{9.28}$$

其中，$\tau \sim b/v$ 是典型的**碰撞时间**．为了使这样的估算更为精确，我们记起最接近自由运动的距离 R_ℓ^0 与碰撞参数 b 是一致的，使用沿无扰动经典轨道运动方向的坐标 $z = \sqrt{r^2 - b^2}$，如图 9.1 所示，我们由(9.26)式得到

$$\delta(b) \approx -\frac{m}{k\hbar^2}\int_b^\infty \mathrm{d}r \frac{U(r)}{\sqrt{1-(b/r)^2}} = -\frac{m}{k\hbar^2}\int_b^\infty \mathrm{d}zU(\sqrt{b^2+z^2}) \tag{9.29}$$

我们在(9.26)式中的处理意味着将轨道近似成一条直线(与(7.104)式比较)．

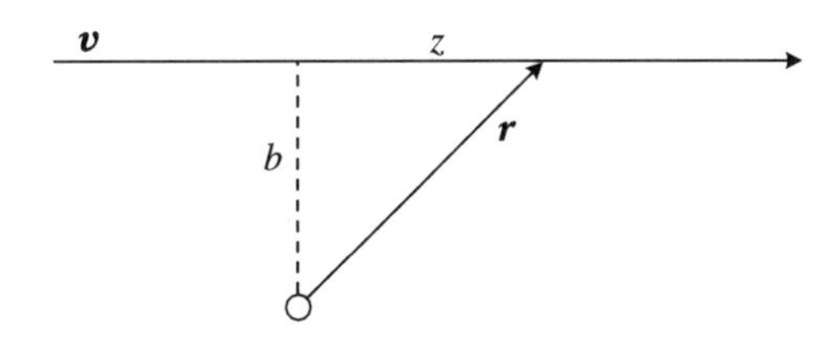

图 9.1　将轨道近似成一条直线

现在，我们可以引入对运动时间的积分，令在最接近点的时刻为 $t = 0$；于是，$z = vt = (\hbar k/m)t$，且

$$\delta(b) \approx -\frac{1}{\hbar}\int_0^\infty \mathrm{d}tU(\sqrt{b^2+v^2t^2}) = -\frac{1}{2\hbar}\int_{-\infty}^\infty \mathrm{d}tU(\sqrt{b^2+v^2t^2}) \tag{9.30}$$

它与(9.28)式的估算一致．在这个近似下，总相移 $2\delta_\ell = 2\delta(b)$，$b = (\ell + 1/2)/k$，是相互作用能沿无扰动直线路径的积分(除以$\hbar$)．近似式(9.26)仅对弱势，即小散射角 $\theta \ll 1$(直线轨道)成立，尽管满足$\ell\theta > 1$ 的ℓ很大．

习题 9.2　用 Born 近似的(8.55)式推导(9.26)式．

解　易使用 z 轴沿与 $\boldsymbol{q} = \boldsymbol{k}' - \boldsymbol{k}$ 正交的矢量 $\boldsymbol{k}' + \boldsymbol{k}$ 方向的柱坐标系．矢量 $\boldsymbol{r}$ 的 z 分量沿着这个轴，而 $\boldsymbol{b}$ 在横向平面(xy)上．那时，$r^2 = z^2 + b^2$．如果 $q = q_x$，则

$$(\boldsymbol{q}\cdot\boldsymbol{r}) = (\boldsymbol{q}\cdot\boldsymbol{b}) = qb\cos\varphi = 2kb\sin\frac{\theta}{2}\cos\varphi \tag{9.31}$$

且 Born 振幅取如下形式：

$$f_B(\theta)=-\frac{m}{2\pi\hbar^2}\int_0^{2\pi}\mathrm{d}\varphi\int_0^{\infty}b\mathrm{d}b\int_{-\infty}^{\infty}\mathrm{d}zU(\sqrt{b^2+z^2})\mathrm{e}^{-\mathrm{i}2kb\sin(\theta/2)\cos\varphi} \tag{9.32}$$

φ 积分给出 Bessel 函数：

$$\int_0^{2\pi}\mathrm{d}\varphi\mathrm{e}^{-\mathrm{i}2kb\sin(\theta/2)\cos\varphi}=2\pi J_0(2kb\sin(\theta/2)) \tag{9.33}$$

然而，对于小 θ，与 Bessel 方程（上册方程(16.155)）比较，可以看出

$$J_0((\ell+1/2)\theta)\approx P_\ell(\cos\theta) \tag{9.34}$$

到相同的精度，有 $2\sin(\theta/2)\approx\theta$ 和 $\ell+1/2=kb$. 引入新的积分变量 ℓ 和 r，可得到

$$f_B(\theta)\approx-\frac{2m}{\hbar^2}\int_0^{\infty}\ell\mathrm{d}\ell\int_{R_\ell^0}^{\infty}\mathrm{d}r\frac{rU(r)}{\sqrt{r^2-(\ell+1/2)^2/k^2}}P_\ell(\cos\theta) \tag{9.35}$$

这与精确的分波展开结果相符，其中可认为其相位很小（$\sin\delta_\ell\approx\delta_\ell$），并取半经典的(9.26)式，而对分波求和用积分代替：$\sum_\ell(2\ell+1)\rightarrow2\int\ell\mathrm{d}\ell$，因为在这个极限中许多分波都有贡献.

9.4 与程函近似的关系

上一个习题给出了这样一种近似改进的启示：用该方法可以解释衍射效应，并确保满足光学定理.

就像前面一样，我们假设：很有必要考虑多个分波且**能量大于**典型力程为 R 的势 $\bar{U}$，

$$|\bar{U}|\ll E=\frac{\hbar^2k^2}{2m}=\frac{\hbar^2}{2mR^2}k^2R^2\sim\bar{K}(kR)^2 \tag{9.36}$$

这里虽然散射角很小，但 Born 近似的有效性条件可能被破坏，见 7.11 节. 我们可以采用(9.34)式的近似，则

$$f(\theta)\approx\frac{1}{2\mathrm{i}k}\sum_\ell(2\ell+1)(\mathrm{e}^{2\mathrm{i}\delta_\ell}-1)J_0(2kb_\ell\sin(\theta/2)),\quad kb_\ell=\ell+\frac{1}{2} \tag{9.37}$$

对 ℓ 求和并对碰撞参数积分，我们发现

$$f(\theta) = -\mathrm{i}k\int_0^\infty b\mathrm{d}b(\mathrm{e}^{2\mathrm{i}\delta(b)} - 1)J_0(2kb\sin(\theta/2)) \tag{9.38}$$

如果我们对微小的相位作展开：$\exp[2\mathrm{i}\delta(b)]\approx 1+2\mathrm{i}\delta(b)$，并取相位沿直线((9.29)式)，我们将回到 Born 近似(9.32)式—(9.34)式.

之前，在 7.12 节波动方程的直接求解中，引入了**程函**(碰撞参数)近似，使用了没有指数展开的表达式(9.38). 通过将(9.38)式中的 Bessel 函数写成积分式(9.33)，我们得到了(7.100)式：

$$f(\theta) = -\frac{\mathrm{i}k}{2\pi}\int_0^{2\pi}\mathrm{d}\varphi\int_0^\infty b\mathrm{d}b(\mathrm{e}^{2\mathrm{i}\delta(b)} - 1)\mathrm{e}^{-\mathrm{i}(\boldsymbol{q}\cdot\boldsymbol{b})},\quad \boldsymbol{b} = (b\cos\varphi, b\sin\varphi, 0) \tag{9.39}$$

这里，相位 $\delta(b)$可以根据(9.29)式来计算.

习题 9.3 请验证对于任意的实相位 $\delta(b)$，振幅((9.39)式)满足光学定理，参见 7.8 节.

解 的确，在完成$|f|^2$ 对 d^2q 积分，给出了二维的 $\delta^{(2)}(\boldsymbol{b}-\boldsymbol{b}')$之后，总的弹性散射截面等于

$$\sigma_{\mathrm{el}} = \int\mathrm{d}^2b\,2[1-\cos(2\delta(b))] = \frac{4\pi}{k}\mathrm{Im}f(0) \tag{9.40}$$

这些结果将作为考虑衍射散射的起点. 它们也可以推广到非中心势场. 这种方法在存在非弹性道的情况下也是有效的，但是当$|S_\ell| = |\exp[2\mathrm{i}\delta(b)]| < 1$ 时，相位 $\delta(b)$是**复**的.

9.5 衍射散射

非弹性过程的出现对弹性散射的影响首先表现为**吸收**. 我们在 7.2 节中已经看到，吸收和弹性散射是通过相同的参数——S 矩阵元——来确定的. 吸收会截断或减弱波前的某些部分. 与此同时，弹性散射波不可避免地被扭曲. 扭曲后的波不再是平面波，它包含与入射束流波矢不同的 Fourier 分量.

具有比势的力程 R 小的波长λ 的额外散射，类似于光从一个障碍物的衍射. 衍射散射的量子理论实际上全同于来自遥远源的短波长平行束流衍射(**Fraunhofer 衍射**[16, §61])的描述. 许多公式可以直接从光学中拿过来用.

衍射图像的典型应用之一是在足够快的粒子被原子核散射的问题中找到的. 能量高于几兆电子伏的中子满足 $\lambda < R$ 的条件，其中 R 是原子核的尺度. 严格地说，一个像原子核那样的量子系统没有一个清晰的边界. 更确切地说，人们需要考虑核密度的平滑行为，这个密度从中心处的平均值下降到零.

让我们简单地估算快中子与重核的相互作用. 如果这个系统的尺度比中子的波长大得多，中子就会使原子核内的各个组分分开，因此，我们就可以采用介质中多重碰撞的概念. 可估算出核物质中中子的**平均自由程**为

$$\Lambda \approx \frac{1}{n\sigma} \tag{9.41}$$

其中，n 是核介质中的粒子密度（$\sim 10^{38}/\mathrm{cm}^3$，它可从重核的中心密度提取出来），$\sigma$ 是典型的散射截面. 对于后面的一个量，我们可以取在质心系中动能为几十兆电子伏量级的自由核子散射截面的实验值：$\sigma \approx 0.5\ \mathrm{b}$（$1\ \mathrm{b}$(巴)$=10^{-24}\ \mathrm{cm}^2$）. 由此，我们得到 $\Lambda \approx 2 \times 10^{-14}\ \mathrm{cm}$. 粗略地说，核密度并不依赖于质量数 A，因为重核类似于一滴不可压缩的液体，其体积 V 正比于 A，对于一个球形原子核，有

$$V = \frac{4}{3}\pi R^3 \quad \rightsquigarrow \quad R = r_0 A^{1/3}, \quad r_0 \approx 1.2\ \mathrm{fm} \tag{9.42}$$

因为即使是相对较轻的原子核，我们也有 $\Lambda \ll R$，核子在没有碰撞的情况下穿过原子核的概率是很小的（$\sim 10^{-8}$）. 因此，我们自然可以接受，在这个能区原子核的行为就像一个**黑球体**，它吸收了（从入射束流中带走）所有的在碰撞参数 $b \sim R$ 之内碰撞的粒子.

我们来考虑短波长粒子（$kR \gg 1$）在黑球体上的衍射. 如果我们观察被弹性散射的粒子，会看到它们微微地偏离对应着几何光学的经典轨道. 然而，与小角度 Fraunhofer 衍射中可观测效应确实很小的光学性质不同，在核物理中，它们完全确定了实验的图像. 例如，我们看一下从半径为 R 的黑色圆盘上的衍射，如图 9.2 所示. 衍射角 ϑ 由 $\bar{\lambda} \sim R$ 来确定，在我们的条件下，这个衍射角很小，$\vartheta \sim \bar{\lambda}/R \ll 1$. 紧接在圆盘的后面，我们观察到了几何**阴影**. 衍射图样只从量级为

$$R\cot\vartheta \sim \frac{R}{\vartheta} \sim \frac{R^2}{\bar{\lambda}} \gg R \tag{9.43}$$

的第一个最大值的距离处开始. 我们已经在习题 7.3 中看到，这个距离决定了入射波和散射波之间渐近分离开的适用性，它在分波展开中是必要的. 在光学中，我们有 $\bar{\lambda} \sim 10^{-5}\ \mathrm{cm}$，$R \sim 1\ \mathrm{cm}$，$R^2/\bar{\lambda} \sim 1\ \mathrm{km}$，这些观测发生在距离 $r \ll R^2/\bar{\lambda}$ 处. 与此相反，在核物理中，$R \leqslant 10^{-12}\ \mathrm{cm}$，$\bar{\lambda} \geqslant 10^{-(13\div 14)}\ \mathrm{cm}$，$R^2/\bar{\lambda} \sim 10^{-(10\div 11)}\ \mathrm{cm}$，而观测发生在较宏观的距离

$r \gg R^2/\bar{\lambda}$处.

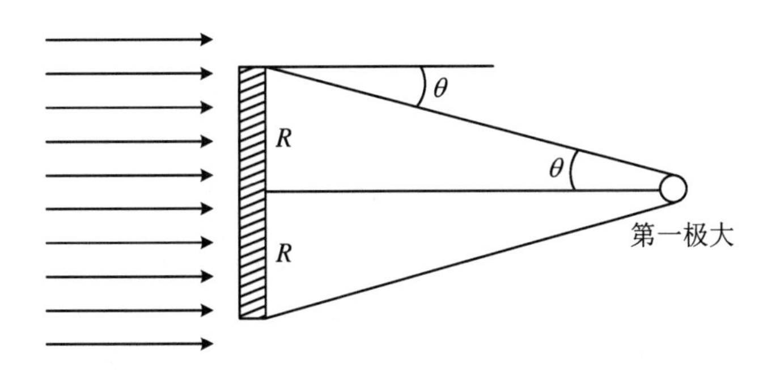

图 9.2 黑盘衍射图

9.6 黑球衍射

我们现在考虑在短波长极限下多分波对截面的贡献.吸收截面为

$$\sigma_{\text{abs}} = \frac{\pi}{k^2}\sum_{\ell}(2\ell+1)(1-|S_\ell|^2) \tag{9.44}$$

它通过**黏附系数**表示

$$\zeta_\ell = 1-|S_\ell|^2, \quad 0 \leqslant \zeta_\ell \leqslant 1 \tag{9.45}$$

得到的表达式

$$\sigma_{\text{abs}} = \frac{\pi}{k^2}\sum_{\ell}(2\ell+1)\zeta_\ell \tag{9.46}$$

有一个简单的含义:一个分波的贡献是粒子捕获的概率 ζ_ℓ(给定ℓ的 S 矩阵幺正性的亏损)乘以相应的面积:$\pi(b_{\ell+1}^2-b_\ell^2)=(\pi/k^2)(2\ell+1)$.

黏附系数 ζ_ℓ 确定了散射体的**黑度**.对于一个完全黑的障碍物,所有的粒子一旦进入障碍物的区域就会被完全吸收:

$$\xi_\ell = \begin{cases} 1, & b<R, \quad \ell \leqslant kR \\ 0, & b>R, \quad \ell > kR \end{cases} \tag{9.47}$$

因此,S 矩阵的矩阵元为

$$S_\ell = e^{2i\delta(b_\ell)} = \begin{cases} 0, & \ell \leqslant kR \\ 1, & \ell > kR \end{cases} \tag{9.48}$$

并且**弹性**振幅(9.38)式中的积分在球半径处被截断:

$$f(\theta) = ik\int_0^R db b J_0(2kb\sin(\theta/2)) \tag{9.49}$$

我们需要再次强调,只有在短波长时整个考虑才是合理的,那时只要很多分波都对截面有贡献,极限碰撞参数的一个小误差就不重要了.

(9.49)式中的积分给出

$$f(\theta) = i\frac{R}{2\sin(\theta/2)}J_1(2kR\sin(\theta/2)) \tag{9.50}$$

我们得到微分弹性散射截面

$$\frac{d\sigma}{do} = R^2\frac{J_1^2(2kR\sin(\theta/2))}{4\sin^2(\theta/2)} \equiv k^2R^4\frac{J_1^2(x)}{x^2}, \quad x = 2kR\sin(\theta/2) \tag{9.51}$$

在 x 较大时($x \gg 1$),Bessel 函数具有渐近行为:

$$J_1(x) \approx \sqrt{\frac{2}{\pi x}}\sin\left(x - \frac{\pi}{4}\right) \tag{9.52}$$

以致对足够大的散射角有 $2\sin(\theta/2) \gg 1/(kR) = \bar{\lambda}/R$,截面(9.51)式按 $\sim 1/x^3$ 的规律减小.这恰好是衍射角很小的表述:

$$2\sin(\theta/2) \approx \theta \leqslant \frac{1}{kR} = \frac{\bar{\lambda}}{R} \ll 1 \tag{9.53}$$

在这个机制下,有

$$\frac{d\sigma}{do} \approx R^2\frac{J_1^2(kR\theta)}{\theta^2} \tag{9.54}$$

而对于非常小的角度($\theta \ll 1/(kR)$),我们有 $J_1(x) \to x/2$,截面趋于极限值:

$$\lim_{\theta\to 0}\frac{d\sigma}{do} = \frac{k^2R^4}{4} = (kR)^2\frac{R^2}{4} \tag{9.55}$$

图 9.3 的角分布显示了衍射图样的特征.截面具有向前的尖锐不对称性,$\theta < 1/kR$;在更大的角度时,出现了角度周期性由因子 kR 定义的次极大.次极大的强度按 $\sim 1/\theta^3$ 的

规律迅速地减小.

总的弹性散射截面为

$$\sigma_{\mathrm{el}} = \int \mathrm{d}o \frac{\mathrm{d}\sigma}{\mathrm{d}o} = 2\pi R^2 \int_0^\pi \sin\theta \mathrm{d}\theta \frac{J_1^2(2kR\sin(\theta/2))}{4\sin^2(\theta/2)} \tag{9.56}$$

由于主要的贡献来自小角度,可假定上式的积分上限能被延拓到无穷大,于是我们可以足够精确地计算这个总弹性散射截面.这样,我们得到

$$\sigma_{\mathrm{el}} \approx 2\pi R^2 \int_0^\pi \mathrm{d}\theta\theta \frac{J_1^2(kR\theta)}{\theta^2} \approx 2\pi R^2 \int_0^\infty \mathrm{d}x \frac{J_1^2(x)}{x} = \pi R^2 \tag{9.57}$$

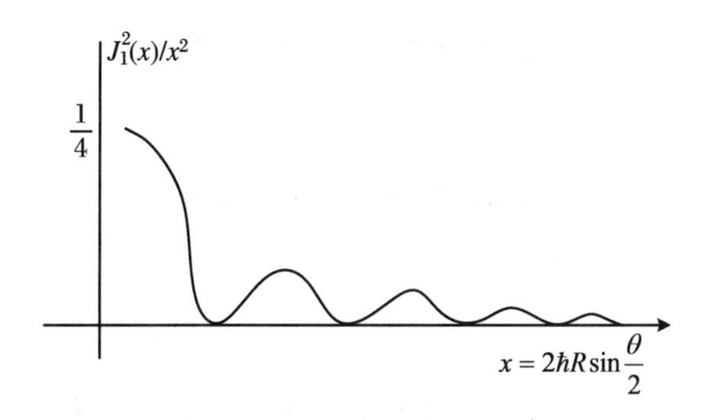

图 9.3 黑盘弹性散射的角分布

就像在经典理论中一样,在这个衍射极限下,弹性截面等于黑球的几何截面.

习题 9.4 证明在(9.53)式的极限下,**吸收**截面(9.46)式也等于相同的经典结果:

$$\sigma_{\mathrm{inel}} = \pi(R+\bar{\lambda})^2 \approx \pi R^2 = \sigma_{\mathrm{el}} \tag{9.58}$$

并验证它满足光学定理.

9.7 光学模型

通常不能认为介质是绝对的黑体(如上面所假设的).比如,如果复杂的原子核是黑的,那么截面((9.57)式和(9.58)式)将会随质量数增大单调地增长($\propto R^2 \propto A^{2/3}$),并在 $kR \gg 1$ 时与能量无关.实验否定了这样的推测;被散射的中子的角分布也与纯衍射模型

的预言不同.

在许多情况下,最好把靶核看作**灰色的**或半透明的.在这种情况下,衍射散射可以用引入**复势**的**光学模型**来描述.理论上计算光学势的参数是很困难的.这些参数一般是通过拟合实验数据确定的,并且依赖于散射粒子的能量.对于被原子核散射的中子来说,光学势的虚部不是很大,当能量 $E \sim 10$ MeV 时 $\mathrm{Im}U \approx 5$—6 MeV,而势的实部(有效势阱的深度)则是 40—50 MeV.让我们估算一下中子在这样一个介质中的平均自由程.

由于 $kR > 1$,我们可以忽略核表面的局部曲率,并对穿越两个介质间平坦边界的中子进行估算.在吸收核内,中子的波矢是复的:$\boldsymbol{K} = \boldsymbol{K}_1 + \mathrm{i}\boldsymbol{K}_2$,并且在原子核的内部波函数减小:

$$\psi(\boldsymbol{r}) \propto \mathrm{e}^{\mathrm{i}(\boldsymbol{K}\cdot\boldsymbol{r})} = \mathrm{e}^{-(\boldsymbol{K}_2\cdot\boldsymbol{r})+\mathrm{i}(\boldsymbol{K}_1\cdot\boldsymbol{r})} \tag{9.59}$$

复数的波矢通过复数的势来表示:

$$\hbar K = \sqrt{2m(E-U)}, \quad U = -U_1 - \mathrm{i}U_2 \tag{9.60}$$

其中,$U_1 > 0$(核吸引),$U_2 > 0$(波的衰减).

如果按照上面的数字,U_2 比 U_1 小得多,我们得到近似的表达式:

$$K_1 = \mathrm{Re}K \approx \sqrt{\frac{2m(E+U_1)}{\hbar^2}} = k\sqrt{1+\frac{U_1}{E}} \tag{9.61}$$

$$K_2 = \mathrm{Im}K \approx k\,\frac{U_2}{2E}\,\frac{1}{\sqrt{1+U_1/E}} \tag{9.62}$$

波((9.59)式)的强度呈指数下降:

$$|\psi|^2 \propto \mathrm{e}^{-2(\boldsymbol{K}_2\cdot\boldsymbol{r})} \tag{9.63}$$

可估算出平均自由程为

$$\Lambda \approx \frac{1}{2K_2} = \frac{1}{k}\,\frac{E}{U_2}\sqrt{1+\frac{U_1}{E}} \tag{9.64}$$

基于上面提到的 U_1、U_2 和 E 的值,我们得到 $\Lambda \approx 0.6 \times 10^{-12}$ cm,它比我们之前的估计((9.41)式)要大得多.正如我们将在后面讨论的,由于泡利不相容原理,内部碰撞被抑制了,这是因为许多可用的末态都已经被核子占据,因而碰撞的有效相空间体积被极大地减小了.

根据光学类比,我们可以引入灰色介质复的**折射率**:

$$n = n_1 + \mathrm{i}n_2 = \frac{K}{k} = \frac{K_1 + \mathrm{i}K_2}{k} \tag{9.65}$$

为简单起见，我们假设可以由半径为 R 的球势阱建模为核势 U. $kR\gg1$ 的快中子没有感受到表面的曲率. 令一个轨道角动量为ℓ的快中子穿越原子核内部的路径长度为 $2\chi_\ell$（碰撞参数 $b=\ell/k$），如图 9.4 所示. 透射波与入射波相差一个相位：

$$\Delta\varphi = (K_1 - k)2x_\ell = k(n_1 - 1)2x_\ell \tag{9.66}$$

并在振幅上压低了一个 $\exp(-K_2\cdot 2x_\ell)=\exp(-2n_2kx_\ell)$ 因子. 类似于(9.48)式，我们得到 S 矩阵的矩阵元：

$$S_\ell = \begin{cases}\exp\{-2x_\ell[n_2 - \mathrm{i}(n_1-1)]k\}, & \ell\leqslant kR\\ 1, & \ell > kR\end{cases} \tag{9.67}$$

与之前一样，对散射的主要贡献来自大ℓ值和小散射角. 一般表达式(9.38)给出了$[x(b)=\sqrt{R^2-b^2}]$

$$f(\theta) = \mathrm{i}k\int_0^R b\mathrm{d}b\,(1-\mathrm{e}^{-2kx(b)[n_2-\mathrm{i}(n_1-1)]})J_0(2kb\sin(\theta/2)) \tag{9.68}$$

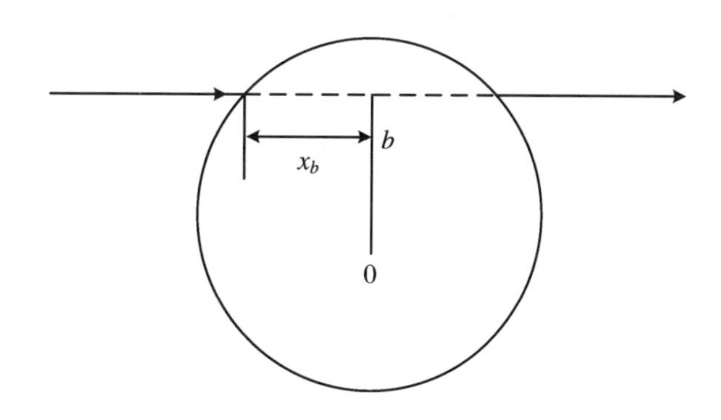

图 9.4　快速粒子从一个灰色球散射

习题 9.5　计算弹性截面和吸收截面.

解　角度积分导致

$$\sigma_{\mathrm{el}} = 2\pi\int_0^R b\mathrm{d}b\,\left|1-\mathrm{e}^{-2k\sqrt{R^2-b^2}[n_2-\mathrm{i}(n_1-1)]}\right|^2 \tag{9.69}$$

$$\sigma_{\mathrm{inel}} = 2\pi\int_0^R b\mathrm{d}b\,[1-\mathrm{e}^{-4n_2k\sqrt{R^2-b^2}}] \tag{9.70}$$

在使用 $x\mathrm{d}x=b\mathrm{d}b$，对 x 积分后，得到(例如吸收横截面)

$$\sigma_{\mathrm{inel}} = \pi R^2 + 2\pi\frac{\mathrm{e}^{-\alpha R}(1+\alpha R)-1}{\alpha^2},\quad \alpha = 4n_2k \tag{9.71}$$

在弱吸收的极限下($\alpha R \ll 1$),结果正比于体积:

$$\sigma_{\text{inel}} \approx \frac{2\pi}{3}\alpha R^3 = \frac{\alpha}{2} V \tag{9.72}$$

在实际计算中,我们需要考虑如核边界的扩散、光学势实部和虚部的形状差异(表面附近的吸收更强)以及自旋-轨道的相互作用.由于折射率的跃变导致反射增强,清晰边界的假设高估了比率 $\sigma_{\text{el}}/\sigma_{\text{inel}}$.与实际相符,引入光学势的平滑变化降低了这个比率,这是一种类似于**阐明光学**(elucidated optics)的方法.光学模型在**带电**粒子的应用方面出现了新的方向.这里散射类似于光在折射率为 $n \propto (1-\text{const}/r)$ 的球体上的衍射,而折射偏转了来自球体的射线并扭曲了阴影区域.

9.8 介质中的多重散射

这里我们简要介绍一个非常重要的关于粒子被含有许多散射体的介质散射的应用.我们假设这些中心是无序分布的,如液体中的原子或无序固体中的杂质.在中子物理学中可以找到一个典型的应用;在凝聚态中,慢中子的波长可以是原子间距的量级.然而,在气体中,这个距离超过了波长.

我们考虑短程势的情况:力只在与散射体之间平均距离相比很小的距离上作用.作为多重散射的结果,来自不同中心的散射波和随着入射波向前散射的波之间的干涉导致了穿越介质的信号的反射和折射.我们从平面波 $\exp[\mathrm{i}(\boldsymbol{k}\cdot\boldsymbol{r})]$ 在原点的单个中心散射开始.(7.74)式的逆 Fourier 变换确定了

$$U(\boldsymbol{r})\psi_{\boldsymbol{k}}(\boldsymbol{r}) = -\frac{2\pi\hbar^2}{m}\int \mathrm{d}^3 k' \frac{1}{(2\pi)^3} f(\boldsymbol{k}',\boldsymbol{k}) \mathrm{e}^{\mathrm{i}(\boldsymbol{k}'\cdot\boldsymbol{r})} \tag{9.73}$$

注意,(9.73)式右边包含了对所有矢量 $\boldsymbol{k}'$ 的积分,而弹性散射振幅只定义在能量壳上:$|\boldsymbol{k}'| = |\boldsymbol{k}|$.因此,在某种意义上说,(9.73)式正好是**离壳**振幅的定义,它与传统能量壳上的弹性散射振幅一致.将(9.73)式与薛定谔方程相比,得到

$$(\nabla^2 + k^2)\psi_{\boldsymbol{k}}(\boldsymbol{r}) = -\frac{1}{2\pi^2}\int \mathrm{d}^3 k' f(\boldsymbol{k}',\boldsymbol{k}) \mathrm{e}^{\mathrm{i}(\boldsymbol{k}'\cdot\boldsymbol{r})} \tag{9.74}$$

习题 9.6 对描述波矢为 $\boldsymbol{k}$ 的平面波被位于 $\boldsymbol{r}_0$ 点的中心散射的波函数 $\psi_{\boldsymbol{k}}(\boldsymbol{r};\boldsymbol{r}_0)$,

推导类似于(9.74)式的方程.

解

$$(\nabla^2+k^2)\psi_{\boldsymbol{k}}(\boldsymbol{r};\boldsymbol{r}_0)=-\frac{\mathrm{e}^{\mathrm{i}(\boldsymbol{k}\cdot\boldsymbol{r}_0)}}{2\pi^2}\int\mathrm{d}^3k'f(\boldsymbol{k}',\boldsymbol{k})\mathrm{e}^{\mathrm{i}\boldsymbol{k}'\cdot(\boldsymbol{r}-\boldsymbol{r}_0)}\tag{9.75}$$

(9.75)式的右边描述了位于 $\boldsymbol{r}_0$ 处的散射算符的单步作用:

$$\hat{f}(\boldsymbol{r}_0)\Rightarrow f(\boldsymbol{k}',\boldsymbol{k})\mathrm{e}^{\mathrm{i}(\boldsymbol{k}-\boldsymbol{k}')\cdot\boldsymbol{r}_0}\tag{9.76}$$

再转到分别位于 $\boldsymbol{r}_1,\boldsymbol{r}_2,\cdots,\boldsymbol{r}_N$ 的N个散射体的系统,我们需要找到波矢为 $\boldsymbol{k}$ 的入射波在多重散射后得到的波函数 $\psi_{\boldsymbol{k}}(\boldsymbol{r};\{\boldsymbol{r}_i\})$.对于一个给定的位于 $\boldsymbol{r}_a$ 的散射体,有效的入射波不是(9.76)式的平面波,而是考虑了所有其他散射体存在的函数 $\psi_{\boldsymbol{k}}^{(a)}(\boldsymbol{r};\{\boldsymbol{r}_i\})$.计算从所有中心散射的波的总和,我们得到的不是(9.75)式和(9.76)式,而是

$$(\nabla^2+k^2)\psi_{\boldsymbol{k}}(\boldsymbol{r};\boldsymbol{r}_1,\cdots,\boldsymbol{r}_N)=-\frac{1}{2\pi^2}\int\mathrm{d}^3k'f(\boldsymbol{k}',\boldsymbol{k})\sum_a\mathrm{e}^{\mathrm{i}(\boldsymbol{k}-\boldsymbol{k}')\cdot\boldsymbol{r}_a}\psi_{\boldsymbol{k}'}^{(a)}(\boldsymbol{r};\boldsymbol{r}_1,\cdots,\boldsymbol{r}_N)\tag{9.77}$$

只要我们有很多的散射中心,它们中的任何一个对多重散射过程的影响都很小($\sim1/N$).在(9.77)式中对 a 求和时,作为一个很好的近似,我们可以用一个总波函数 $\psi_{\boldsymbol{k}}$ 来代替函数 $\psi_{\boldsymbol{k}}^{(a)}$.之后,将(9.77)式对体积 V 内的那些中心的所有随机分布求平均,并限定它们的平均密度 $\rho=N/V$ 是固定的.由于短程力的假设,一个给定中心的散射并不依赖于其他中心的精确位置.因此,在(9.77)式的右边,**单独**对相位指数和波函数 ψ 求平均是可能的.则**平均**函数$\overline{\psi_{\boldsymbol{k}}(\boldsymbol{r})}$遵从如下方程:

$$(\nabla^2+k^2)\overline{\psi_{\boldsymbol{k}}(\boldsymbol{r})}=-\frac{1}{2\pi^2}\overline{\sum_a\mathrm{e}^{\mathrm{i}(\boldsymbol{k}-\boldsymbol{k}')\cdot\boldsymbol{r}_a}}\ \overline{\psi_{\boldsymbol{k}'}(\boldsymbol{r})}\tag{9.78}$$

对散射体求和以及对它们的位置求平均,可使用平均密度对体积积分替换:

$$\overline{\sum_a\mathrm{e}^{\mathrm{i}(\boldsymbol{k}-\boldsymbol{k}')\cdot\boldsymbol{r}_a}}\Rightarrow\int\mathrm{d}^3r\rho\mathrm{e}^{\mathrm{i}(\boldsymbol{k}-\boldsymbol{k}')\cdot\boldsymbol{r}}=\rho(2\pi)^3\delta(\boldsymbol{k}-\boldsymbol{k}')\tag{9.79}$$

这样,对于随机分布的中心来说,介质的形状因子等价于除向前散射的波以外,所有的波都在平均中相消.于是,只有振幅 $f(0)=f(\boldsymbol{k},\boldsymbol{k})$存留下来,我们再次回到能量壳,并得到

$$(\nabla^2+k^2)\overline{\psi_{\boldsymbol{k}}(\boldsymbol{r})}=-4\pi\rho f(0)\overline{\psi_{\boldsymbol{k}}(\boldsymbol{r})}\tag{9.80}$$

我们看到,无序介质的平均作用约化成波的波矢的有效变化:

$$k^2 \Rightarrow K^2 = k^2 + 4\pi\rho f(0) \tag{9.81}$$

介质的有效**折射率**为

$$n = \frac{K}{k} = \sqrt{1 + \frac{4\pi\rho f(0)}{k^2}} \tag{9.82}$$

在这个近似下，它只由介质的密度和被一个单独中心散射的向前散射振幅确定. 物质结构的细节是无关紧要的. 当只有为数不多的几种散射体(s)出现时，(9.82)式中的平均振幅是 $\sum_s \rho_s f_s(0)$. 在许多实际情况中，折射率((9.82)式)与其真空值 $n = 1$ 的偏差很小，我们可以使用近似表示为

$$n \approx 1 + \frac{2\pi\rho f(0)}{k^2} \tag{9.83}$$

根据(9.81)式，介质相当于一个深度为

$$U = \frac{\hbar^2}{2m}(k^2 - K^2) = -\frac{2\pi\hbar^2}{m}\rho f(0) \tag{9.84}$$

的势阱. 这个势是复的，并且包含吸收部分

$$U_2 \equiv \mathrm{Im}U = -\frac{2\pi\hbar^2}{m}\rho \mathrm{Im} f(0) \tag{9.85}$$

借助光学定理(7.58)式，它可以用总截面来表示：

$$U_2 = -\frac{\hbar^2}{2m}\rho k\sigma = -\frac{\hbar}{2}\rho v\sigma \tag{9.86}$$

这个结果与(先前使用过的)在介质中粒子的平均自由程 Λ 的基本观点一致. 的确，在统计均匀的介质中，波函数呈指数衰减：

$$\Psi \propto \mathrm{e}^{-(\mathrm{i}/\hbar)\mathrm{i}U_2 t} = \mathrm{e}^{-\rho v\sigma t/2} \tag{9.87}$$

对束流强度，我们得到

$$|\Psi|^2 \propto \mathrm{e}^{-\rho v\sigma\tau} = \mathrm{e}^{-t/\tau} \tag{9.88}$$

其中，平均自由程的时间为

$$\tau = \frac{1}{\rho v\sigma} = \frac{\Lambda}{v}, \quad \Lambda = \frac{1}{\rho\sigma} \tag{9.89}$$

如果 Born 近似(7.79)式是有效的，那么光学势(9.84)式的实部由下式给出：

$$U_1 \equiv \mathrm{Re}U = -\frac{2\pi\hbar^2}{m}\rho\left(-\frac{m}{2\pi\hbar^2}\right)\int \mathrm{d}^3 r U(\boldsymbol{r}) = \rho\int \mathrm{d}^3 r U(\boldsymbol{r}) \tag{9.90}$$

这正是所有散射中心求和作用的结果,就像在(9.79)式中那样,在给定密度 $\rho = N/V$ 的情况下,对它们的空间分布求平均的结果 $\overline{\sum_a U(\boldsymbol{r}-\boldsymbol{r}_a)}$.

习题 9.7 求慢中子在一个内部场为 $\mathcal{B}$ 的铁磁体表面全反射的临界角度.忽略吸收,假定中子与物质中原子核的相互作用很弱,并可用(8.64)式的正散射长度 a 来表征(上册习题 2.3 给出了更为简单的版本).

解 向前散射的振幅 $f(0) = -a < 0$,所以对于中子该介质密度小于真空,因而折射率小于 1:

$$n \approx 1 - \frac{2\pi\rho a}{k^2} \tag{9.91}$$

即使是对 $\lambda \sim 1$ nm 和 $a \sim 10^{-13}$ cm—10^{-6} nm 的慢中子,(9.91)式中负号的项也很小,所以(9.91)式的近似是合理的.我们还需要对两个自旋态添加自旋磁相互作用 $\pm\mu\mathcal{B}$ 的效应,μ 为中子磁矩.结果中子束的双折射出现了

$$n(\mathcal{B}) \approx 1 - \frac{1}{k^2}\left(2\pi\rho a \pm \frac{m}{\hbar^2}\mu\mathcal{B}\right) \tag{9.92}$$

临界反射角 ϑ_c 对应于

$$n = \cos\vartheta_c \approx 1 - \frac{\vartheta_c^2}{2} \tag{9.93}$$

由(9.92)式,我们得到

$$\vartheta_c = \sqrt{2[1-n(\mathcal{B})]} = \frac{1}{k}\sqrt{4\pi\rho a \pm \frac{2m}{\hbar^2}\mu\mathcal{B}} \tag{9.94}$$

对于 $E_n = 0.25$ eV 的热中子,该角度小于 1°.如果(9.94)式中的磁项超过了核项,那么有一个自旋方向的中子就不会被反射,所有被反射的中子都将被极化;可对比上册习题 2.3 的结果.

9.9 晶体中的相干散射

从(9.76)式和(9.77)式可看出,介质中的散射振幅本质上不同于单一中心的散射振幅,区别在于一个**结构形状因子**:

$$f(\boldsymbol{k}',\boldsymbol{k}) \Rightarrow f(\boldsymbol{k}',\boldsymbol{k})F(\boldsymbol{q}), \quad F(\boldsymbol{q}) = \sum_a \mathrm{e}^{-\mathrm{i}(\boldsymbol{q}\cdot\boldsymbol{r}_a)}, \quad \boldsymbol{q} = \boldsymbol{k}' - \boldsymbol{k} \tag{9.95}$$

在**无序**介质中,对空间平均((9.79)式)之后,只有 $\boldsymbol{q}=0$ 的向前散射幸存下来,那时所有的中心散射都是同相的.得到的振幅正比于中心的数量 N;在这种情况下,截面正比于 N^2.在**晶体**中,对所有规则排布的格点的求和选出了特定的非零矢量 $\boldsymbol{q}$,它对应于很多原子的**相干**散射.这样的相干散射发生在 $\boldsymbol{q}=\boldsymbol{K}_j$ 时,$\boldsymbol{K}_j$ 是倒格子矢量之一(参看上册方程(8.52)).对于它们中的任意一个,在求和 $F(\boldsymbol{q})$ 中所有的贡献等于1,当

$$\boldsymbol{k}' - \boldsymbol{k} = \boldsymbol{K}_j \tag{9.96}$$

时,弹性散射条件 $|\boldsymbol{k}|=|\boldsymbol{k}'|$ 被称为 **Bragg 条件**.这个结果与上册第8章所建立的事实相一致:一个规则晶格产生一个势,该势仅在动量转移等于倒格子的一个矢量时才有非零的 Fourier 分量.正因如此,平面波在晶体内部不是一个定态.周期势的散射加上了一些动量与初始动量相差矢量为 $\boldsymbol{K}_j$ 的散射分量.

从图9.5的几何论证来看,Bragg 条件的简单含义非常清楚;它与6.12节所讨论的X射线散射非常相似.这些条件定义了

$$k'^2 = k^2, \quad \boldsymbol{K}^2 = -2(\boldsymbol{k}\cdot\boldsymbol{K}) \tag{9.97}$$

这些方程指定了 $\boldsymbol{k}$ 空间中的平面(对于各种各样的 $\boldsymbol{K}$).借助散射角 θ,有

$$K^2 = 4k^2\sin^2\frac{\theta}{2} \tag{9.98}$$

如果 $\{\boldsymbol{r}_i\}$ 是一组满足如下条件的空间点:

$$(\boldsymbol{K}\cdot\boldsymbol{r}_i) = 2\pi n, \quad n = \text{整数} \tag{9.99}$$

对于各种各样的 n,这些点定义了一组平行的平面.根据倒格子的定义(参看上册方程(8.52)),这些平面穿过晶格的格点.令相邻平面((9.99)式)之间的距离为 d.那时,确定

这一组平面的矢量 $\boldsymbol{K}$ 的长度可以写成 $K=2\pi n/d$，且从(9.98)式回顾关于 X 射线的(6.95)式，我们得到

$$n\lambda=\frac{2\pi}{k}n=2d\sin\frac{\theta}{2} \tag{9.100}$$

其中，λ 是粒子的波长. 这是 Bragg 条件的常见形式，它确定了波在晶体平面系统上相干反射出现的干涉极大值的方向. 只有满足 $K<k/\pi$ 或波长 $\lambda\leqslant 2d$ 的倒格子的矢量才会对 Bragg 散射有贡献. $\lambda>2d$ 的中子没有明显散射地穿越晶体.

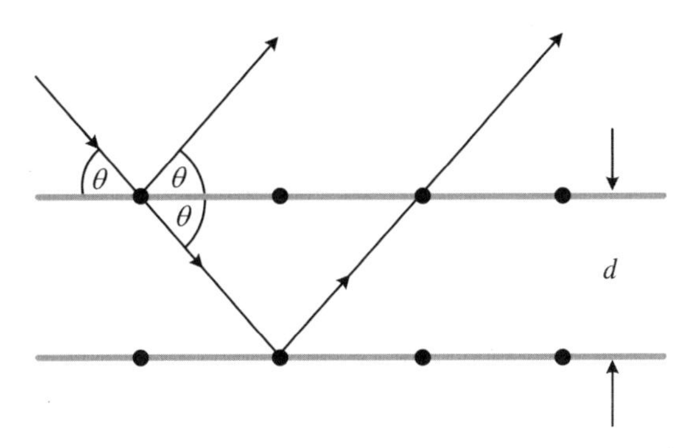

图 9.5 Bragg 散射的几何学

习题 9.8 考虑由 N 个规则排布的全同重原子所组成的分子. 假设 Born 近似是有效的，如果从单个原子散射的振幅为 $f(\boldsymbol{q})$，求一个质量为 m 的粒子从分子散射的弹性散射截面；并指出相对于从单个原子上的散射，截面增强了一个 N^2 因子的情况下，相干散射的条件. 考虑：

(1) 距离为 d 的两个原子；

(2) 处于平面正方形的四个角上的四个原子；

(3) 沿着 x 轴上的点 $a,2a,\cdots,Na$ 的 N 个原子的线性链.

你会发现下述几何级数的求和公式可能非常有用：

$$\sum_{n=0}^{N}z^n=\frac{1-z^{N+1}}{1-z} \tag{9.101}$$

第 10 章

反应，衰变和共振

"……飞矢不动.这个结论是因为假定时间是由各个瞬间构成的."

——Aristotle

10.1 反应道

两体散射过程

$$a + A \rightarrow b + B \tag{10.1}$$

是末态粒子可以不同于初态粒子的散射过程的一个推广.在核反应中,表示式 $A(a,b)B$ 经常用于如下情况:A 和 B 分别表示靶核及产物核,a 和 b 分别表示入射粒子和出射粒子.通常,它意味着靶核初始时是静止的,而 a 粒子构成入射粒子束.这个标记(a,b)中间的粒子是由探测器记录下来的粒子.在研究短寿命原子核 A 的现代实验中,可以采用

反转运动学，也就是让这些原子核像入射粒子束那样运动起来.

我们通过指明在作用前和作用后均处于**自由**状态（也就是**渐近**的量子态）且能被探测器记录下来的粒子来描述这种反应的特点.具有标记它们内禀态（如自旋）的所有量子数与每个可能的粒子集合构成了一个反应**道**.在上面的表示式中，$a \equiv (A+a)$是**入射**道，$b \equiv (B+b)$是**出射**道.对于每个**开放**道（可用能量所允许的，见后面解释），相应的实验如果原则上是可行的，则这个道可以作为入射道或出射道.

如果入射道和出射道一致，我们就说这是**弹性**过程.否则，这个反应就是**非弹性**的.之前，我们将各种非弹性道解释为吸收来自弹性道粒子的源；特定的非弹性过程仅仅在Born近似（微扰论）的框架下研究.这里，我们渐渐接近反应物理了.当然，远比两体散射复杂的反应也是可能的.

让我们在质心系来考虑所有的反应，这样我们就能把在 a 道的总能量写成相对运动动能$\epsilon_a = \boldsymbol{p}^2/(2\mu_a)$与粒子 a 和 A 的内能 E_a^{intr}（译者注：上标“intr”指“内部”）之和的形式：

$$E_a = \epsilon_a + E_a^{\text{intr}} \tag{10.2}$$

其中，p_a 是相对动量，$\mu_a = m_a m_A/(m_a + m_A)$为此道的折合质量.在本章中，我们将不再推广到相对论运动学[31]的情况.$a \to b$ 的反应要求总能量E 守恒：

$$E_a = \epsilon_a + E_a^{\text{intr}} = \epsilon_b + E_b^{\text{intr}} = E_b \equiv E \tag{10.3}$$

在此过程中动能的变化被称为反应的**热效应**，或者它的 **Q 值**：

$$Q_{ba} = \epsilon_b - \epsilon_a = E_a^{\text{intr}} - E_b^{\text{intr}} \tag{10.4}$$

它完全由反应物的内禀结构决定.

$Q_{ba} > 0$ 的反应 $a \to b$ 称为**放热反应**.从能量角度来看，它们对任意初始动能ϵ_a都是可能的（末态获得动能是以内禀能量作为代价的）.$Q_{ba} < 0$ 的**吸热反应**伴随着动能的损失.由于总是要求$\epsilon_b \geqslant 0$，只有当$\epsilon_a + Q_{ba} > 0$ 时，这种吸热反应才能发生.那时，我们需要$\epsilon_a \geqslant -Q_{ba} > 0$.这意味着存在正的**阈**能：

$$\epsilon_{a \to b}^{\text{th}} = -Q_{ba} = E_b^{\text{intr}} - E_a^{\text{intr}} > 0 \tag{10.5}$$

（译者注：上标“th”指“阈”），并且只有当$\epsilon_a > \epsilon_{a \to b}^{\text{th}}$，即高于相应的阈能时，反应 $a \to b$ 才是可能的.要使 b 道成为开放道，总能量之值

$$E = E_b^{\text{intr}} = \epsilon_{a \to b}^{\text{th}} + E_a^{\text{intr}} \equiv E_b^{\text{th}} \tag{10.6}$$

不依赖 a 道，而是决定了 b 道的绝对阈能.低于这个阈值，b 道就是**关闭的**.

10.2　多道反应的散射矩阵

现在我们能将单道的描述推广到存在许多开放道的情况.我们仍然应用静态的公式,并且一直在具有固定值 E 的能量壳上操作.

在 a 道,系统$(a+A)$的波函数能表示为描述相对运动的函数 ψ^a 与粒子 a 和 A 的内禀波函数 Φ^a 的乘积:

$$\Psi^a = \psi^a \Phi^a \tag{10.7}$$

反应的总波函数包含所有可能的道:

$$\Psi = \sum_a \Psi^a \tag{10.8}$$

对于弹性道,$a \to a$,相对运动波函数 $\psi^a(\boldsymbol{r})$具有常规的渐近形式:

$$\psi^a \approx \mathrm{e}^{\mathrm{i}k_a z} + f^{aa}(\theta)\frac{\mathrm{e}^{\mathrm{i}k_a r}}{r} \tag{10.9}$$

其中,z 轴为入射粒子束的方向,$f^{aa}(\theta)$是弹性振幅,k_a 是此道中相对运动的波矢,$\epsilon_a = \hbar^2 k_a^2/2\mu_a$.非弹性道$(b\neq a)$的波函数不具有入射波 $\mathrm{e}^{\mathrm{i}k_a z}$ 部分.在渐近区,函数 $\psi^{b\neq a}$ 只包含具有非弹性振幅f^{ba}的出射球面波.易将非弹性振幅以如下方式归一化,在渐近区:

$$\psi^b \approx f^{ba}(\theta)\sqrt{\frac{\mu_b}{\mu_a}}\frac{\mathrm{e}^{\mathrm{i}k_b r}}{r} \tag{10.10}$$

利用(10.10)式,在 b 道,通过面积为 $\mathrm{d}\mathcal{A} = r^2\mathrm{d}o_b$ 的探测器的径向出射流为

$$j_b\mathrm{d}\mathcal{A} = \frac{|f^{ba}|^2}{r^2}\frac{\mu_b}{\mu_a}v_b r^2\mathrm{d}o_b \tag{10.11}$$

在此表达式中 $v_b = \hbar k_b/\mu_b$ 是 b 道中的相对速度.将其除以入射流,我们得到 $a\to b$ 反应的微分截面为

$$\frac{\mathrm{d}\sigma^{ba}}{\mathrm{d}o_b} = |f^{ba}|^2\frac{\mu_b v_b}{\mu_a v_a} = |f^{ba}|^2\frac{k_b}{k_a} \tag{10.12}$$

波矢的比值是与可用的末态密度相关联的,它已经出现在 Born 近似中了.

现在散射矩阵 S 是一个道空间的算符.将单道表达式推广,我们对 $a\rightarrow b$ 跃迁定义这个算符的矩阵元为

$$S^{ba}\equiv(1-\mathrm{i}T)^{ba}=\delta^{ba}+2\mathrm{i}\sqrt{k_ak_b}f^{ba} \tag{10.13}$$

跃迁矩阵 T 和振幅 f 的这些定义与(7.22)式和(7.62)式是一致的.矩阵 S,T 和 f 对该道中各态的额外量子数来说还是算符.反应截面(10.12)现在能重新写为

$$\frac{\mathrm{d}\sigma^{ba}}{\mathrm{d}o_b}=\frac{1}{4k_a^2}\left|S^{ba}-\delta^{ba}\right|^2=\frac{\left|T^{ba}\right|^2}{4k_a^2} \tag{10.14}$$

如果在某个道中存在中心对称,我们就能将此道中的波函数换成第 8 章中给出的分波表示.那样 S^{ba},T^{ba} 和 f^{ba} 可以按照轨道角动量 ℓ 对角化,使得(10.13)式可以对每个分波写成

$$S_\ell^{ba}=\delta^{ba}-\mathrm{i}T_\ell^{ba}=\delta^{ba}+2\mathrm{i}\sqrt{k_ak_b}f_\ell^{ba} \tag{10.15}$$

这是弹性散射(8.7)式的明显延伸.

假设有中心对称,我们用相应的散射矩阵元来表示分波散射振幅:

$$f_\ell^{aa}=\frac{S_\ell^{aa}-1}{2\mathrm{i}k_a},\quad f_\ell^{ba}=\frac{S_\ell^{ba}}{2\mathrm{i}\sqrt{k_ak_b}} \tag{10.16}$$

再利用(10.12)式中的分波展开并对角度积分,类似于在(8.9)式中那样,得到

$$\sigma_{\mathrm{el}}\equiv\sigma^{aa}=\frac{\pi}{k_a^2}\sum_\ell(2\ell+1)\left|S_\ell^{aa}-1\right|^2 \tag{10.17}$$

$$\sigma^{b\neq a}=\frac{\pi}{k_a^2}\sum_\ell(2\ell+1)\left|S_\ell^{ba}\right|^2 \tag{10.18}$$

另外,在(8.10)式中找到的总非弹性截面是吸收截面.用我们现在的标记法,得

$$\sigma_{\mathrm{inel}}=\frac{\pi}{k_a^2}\sum_\ell(2\ell+1)(1-\left|S_\ell^{aa}\right|^2) \tag{10.19}$$

根据吸收的定义有

$$\sigma_{\mathrm{inel}}=\sum_{b\neq a}\sigma^{ba} \tag{10.20}$$

并且比较(10.18)式和(10.19)式,我们得到

$$1-\left|S_\ell^{aa}\right|^2=\sum_{b\neq a}\left|S_\ell^{ba}\right|^2 \tag{10.21}$$

这个结果一点都不奇怪,它就是幺正条件(7.19)的特别形式,也就是概率守恒,只是现在

在道空间.

$$S^{\dagger}S = 1 \quad \rightsquigarrow \quad \sum_{b} S^{ba*}S^{bc} = \delta^{ac} \tag{10.22}$$

当 $c = a$ 时,(10.22)式和(10.21)式相同.利用跃迁矩阵,幺正条件可表示为

$$T^{\dagger}T - \mathrm{i}(T - T^{\dagger}) = 0 \tag{10.23}$$

10.3 细致平衡

多道散射矩阵的重要特性是由**时间反演不变性**得来的.由于这个不变性.$a \to b$ 过程的振幅 f^{ba} 应该等于 T 反演过程 $\tilde{b} \to \tilde{a}$ 的振幅 $f^{\tilde{a}\tilde{b}}$.

我们都知道,时间反演预示初末态对换,以及所有线动量和角动量反演(用波折号来表示).那么,时间反演不变性导致直接和反演反应振幅之间的关系:

$$f^{ba} = f^{\tilde{a}\tilde{b}}, \quad S^{ba} = S^{\tilde{a}\tilde{b}} \tag{10.24}$$

对自旋为 0 的粒子,我们有**倒易**关系 $S^{ba} = S^{ab}$[27].利用(10.24)式,我们由反演过程的微分截面(10.12)式得到:

$$\frac{\mathrm{d}\sigma^{\tilde{a}\tilde{b}}}{\mathrm{d}o_{\tilde{a}}} = |f^{\tilde{a}\tilde{b}}|^2 \frac{k_{\tilde{a}}}{k_{\tilde{b}}} = |f^{ba}|^2 \frac{k_a}{k_b} \tag{10.25}$$

这是由于动量大小在时间反演下是不变的.由等式(10.12)和(10.25)可以将**细致平衡**原理用公式表述为直接和时间反演截面间的关系:

$$\frac{\mathrm{d}\sigma^{\tilde{a}\tilde{b}}}{\mathrm{d}o_{\tilde{a}}} k_b^2 = \frac{\mathrm{d}\sigma^{ba}}{\mathrm{d}o_b} k_a^2 \tag{10.26}$$

当然,这要在质心能量取同样的值 E 的情况下比较,对这两种过程,运动学就是简单地反转.

在 **Born 近似**下,时间反演不变性导致附加的对称性,这点在 8.11 节中讨论过.在多道问题中,情况亦是如此.Born 近似 S 矩阵正比于微扰哈密顿量的相应矩阵元(7.38),$S^{ba} \propto \langle b | H' | a \rangle$.由于哈密顿量是厄米的,$|S^{ba}|^2 = |S^{ab}|^2$,我们得到类似于(10.26)式的关系,但是对直接的 $a \to b$ 和没有时间反演的**反转** $b \to a$ 反应,我们有

$$\left(\frac{d\sigma^{ab}}{do_a}\right)_B k_b^2 = \left(\frac{d\sigma^{ba}}{do_b}\right)_B k_a^2 \tag{10.27}$$

这里下标"B"表示这是在 Born 近似下得到的.

将时间反演不变性 $a\to\tilde{b}$，$b\to\tilde{a}$ 与 Born 对称性结合起来，我们可以得出结论，没有时间反演，只是 $a\to\tilde{a}$，$b\to\tilde{b}$ 过程，也存在动量和自旋简单反演的不变性. 这是由于在 Born 近似中不存在初始无极化粒子的极化现象，见 8.11 节. 对模拟非弹性道存在的**复势**，非零的极化会出现(见习题 8.9)，但这样会破坏厄米性和时间反演不变性. 如果不用复势，而用非弹性道来明确描述吸收过程，弹性散射的结果就与 Born 近似不对应.

通常，细致平衡原理(10.26)式的**平均**形式是很有用的. 设 J_a 和 m_a 分别为粒子 a 的自旋值(总内禀角动量)和它的投影，通过对末态角度 do_b 积分，对末态粒子的自旋投影 m_b 和 m_B 求和，对初态粒子的自旋投影 m_a 和 m_A 求平均，以及对入射波的方向 $\boldsymbol{k}_a$ 求平均，我们就可以引入截面$\overline{\sigma^{ba}}$：

$$\overline{\sigma^{ba}} = \left(\frac{1}{2J_a+1}\sum_{m_a}\right)\left(\frac{1}{2J_A+1}\sum_{m_A}\right)\sum_{m_b}\sum_{m_B}\int\frac{do_a}{4\pi}\int do_b\frac{d\sigma^{ba}}{do_b} \tag{10.28}$$

上述表达式中 $a\to b$ 和$\tilde{a}\to\tilde{b}$的贡献相同. 因此，对平均的截面有

$$\overline{\sigma^{ba}} = \overline{\sigma^{\tilde{b}\tilde{a}}} \tag{10.29}$$

如果我们对细致平衡原理(10.26)式做与(10.28)式同样的平均操作，就可得到它的平均形式：

$$(2J_a+1)(2J_A+1)k_a^2\overline{\sigma^{ba}} = (2J_b+1)(2J_B+1)k_b^2\overline{\sigma^{ab}} \tag{10.30}$$

检验直接反应和反转反应之间的关系((10.30)式)是对时间反演不变性最简单的验证.

10.4 慢粒子的截面

在给定道的阈能附近，出射粒子的运动是很慢的. 初态粒子也可能很慢. 这种情况与第 8 章中低能势散射的结果类似，我们能得到一些一般的估算. 这样普适的估算仅用于处理平滑的能量依赖关系，它表示与相对长寿命的准定态相对应的背景.

我们从**放热**反应开始，这时初始动能很小. 设 R_a 为入射道 a 中粒子间的作用力力程. 按判据(8.58)式，若相对运动的波长比相互作用力程大，当 $k_aR_a\ll 1$ 时，波矢 k_a 和

动能$\epsilon_a=\hbar^2k_a^2/(2\mu_a)$都很小. 在 $r<R_a$ 的相互作用区,轨道角动量$\ell\neq0$ 的分波被大大压低:$\propto(k_ar)^\ell\ll1$(请见上册(17.80)式). 相应的反应振幅很小,假定跃迁振幅正比于相互作用哈密顿量的矩阵元 H'_{ba},我们可以用微扰来估算. 在小 k_a 极限下,算符 H'不依赖于较小的入射能量.

对**弹性**散射,$a\to a$,这个矩阵元中的初态和末态波函数均正比于 k_a^ℓ. 这样跃迁振幅$f_\ell^{aa}\propto k_a^{2\ell}$,而对于 $b=a$ 的弹性散射截面((10.12)式),我们得到

$$\sigma_\ell^{aa}\propto k_a^{4\ell}\propto\epsilon_a^{2\ell} \tag{10.31}$$

这是与用相移方式推导势散射的结果((8.14)式和(8.57)式)相同的估计值.

对**非弹性放热**过程 $a\to b$,末态波矢 k_b 趋于一个有限值$(2m_bQ_{ba})^{1/2}/\hbar$,当 $k_a\to0$时,它不依赖于入射波矢 k_a. 因此,在矩阵元 H'_{ba}中,只有初态函数对 k_a敏感,使得$f_\ell^{ba}\propto k_a^\ell$,而按照(10.20)式,有

$$\sigma_\ell^{ba}\propto\frac{k_a^{2\ell}}{k_a}\propto k_a^{2\ell-1}\propto\epsilon_a^{\ell-1/2} \tag{10.32}$$

在低能处,只有 s 波存在有效的相互作用. 对 s 波吸收,我们得到截面按 $1/v$ 法则增长:

$$\sigma_0^{ba}\propto\epsilon_a^{-1/2}\propto\frac{1}{v_a} \tag{10.33}$$

$1/v$ 法则对中性粒子a 是真实的,例如原子核俘获一个慢中子,随后发射另一个粒子(质子或 α 粒子)或 γ 射线. 如果初始粒子 a 带正电荷,那导致(10.31)式和(10.32)式中依赖ℓ的离心势垒会叠加在库仑势垒上. 吸收概率要包括库仑势垒的穿透率(**Gamow 因子**)(请见上册(2.66)式),它依赖于粒子 a 和A 的电荷乘积Z_aZ_A:

$$P_a=\mathrm{e}^{-2\pi Z_aZ_Ae^2/(\hbar v_a)} \tag{10.34}$$

该结果使得慢粒子吸收截面变小.

在**吸热**反应 $a\to b$ 中,例如,中子与靶核激发态散射,当被散射的中子(粒子 b)能量$\epsilon_b=\epsilon_1+Q_{ba}=\epsilon_a-\epsilon_a^{\mathrm{th}}$很低时,末态的波矢为

$$k_b=\sqrt{\frac{2m_b}{\hbar^2}(\epsilon_a-\epsilon_a^{\mathrm{th}})} \tag{10.35}$$

对阈能附近的相关截面我们可以得出一些一般的结论. 这时,末态的相对运动是缓慢的,它的波函数对超出阈值的小能量很敏感,如果末态具有相对轨道角动量ℓ的话,它正比于k_b^ℓ. 与(10.12)式相同的表达式决定了在接近一个处在ℓ分波粒子的发射阈值时的截面:

$$\sigma_\ell^{ba}\propto k_b^{2\ell}k_b\propto k_b^{2\ell+1}\propto(\epsilon_a-\epsilon_a^{\mathrm{th}})^{\ell+1/2} \tag{10.36}$$

另外，仅当截面以超出阈值的能量平方根的方式增长时 s 波辐射才是重要的. 同前，对于辐射一个带正电的粒子，其截面被穿透率 P_b 压缩了，见(10.34)式.

10.5 阈值和幺正性

寻求幺正性是一个非常有用的方式，它可以确定截面的许多特性. 当能量增加时，新反应道开启. 每个新阈能是作为能量函数的散射矩阵的奇点：由于只要很小近阈截面的新道出现，原来开放的道的截面必将被调整，以满足幺正性条件(10.22)式，这将通过概率守恒来限制所有可能出现的反应道. 先不介绍 S 矩阵的解析性，我们通过一个简单的例子来展示它可能的行为[32].

弹性道 a 对任意的正动能 ϵ_a 都是开启的. 让我们考虑接近一个非弹性反应 $a \to b$ 阈点的弹性截面. 反应从 a 道入口开始，按照(10.10)式和(10.16)式，多道波函数((10.8)式)的一般渐近形式为

$$\Psi \approx e^{i(k_a \cdot r_a)} \Phi^a + \sum_b \frac{e^{ik_b r_b}}{r_b} \sqrt{\frac{\mu_a}{\mu_b}} \frac{1}{2i\sqrt{k_a k_b}} \sum_\ell (2\ell + 1) P_\ell(\cos\theta_b)(S_\ell^{ba} - \delta^{ba}) \Phi^b \tag{10.37}$$

对于反应 $a \to b$，在阈值之下封闭的 b 道中，波矢 k_b 是纯虚的，见(10.35)式，$k_b = i\kappa_b$，这里实数 $\kappa_b > 0$，正负号取决于 b 道中在大距离 r_b 时径向波函数的正确行为：波函数(10.37)的相应部分呈指数衰减：$\propto \exp(-\kappa_b r_b)$. 这意味着在 $r_b \to \infty$ 的渐近区中在阈下找到粒子 b 和 B 的概率为 0，尽管这些粒子会在很短距离 $r_b < \kappa_b^{-1}$ 以虚粒子的形式出现. 局域化的距离随束缚能 $\hbar^2\kappa^2/(2\mu_b)$ 的减少而增加. 当 $k_b = \kappa_b = 0$ 时，b 道将开放(粒子 b 和 B 脱离束缚)，或者当 $\kappa_b^{-1} \to \infty$ 时，渐近形式(10.37)式转化成对应于该道的真正出射波，并且粒子 b 最终可以到达远处的探测器.

现在让我们关注 s 波，那时对两个开放道 a 和 b，幺正条件(10.21)式成为

$$|S_0^{aa}|^2 = 1 - |S_0^{ba}|^2 \tag{10.38}$$

就在反应 $a \to b$ 的阈上一点，(10.38)式的右边是 k_b 的线性形式，正如我们在(10.36)式中看到的那样，

$$|S_0^{ba}|^2 = \rho k_b \tag{10.39}$$

其中，ρ 是正的实常数.那时

$$|S_0^{aa}|^2 = 1 - \rho k_b \tag{10.40}$$

因此，S 矩阵的弹性矩阵元在阈上具有至 k_b 的二次项的形式

$$S_0^{aa} = M(k_b)\left(1 - \frac{\rho}{2}k_b\right) \tag{10.41}$$

其中，$M(k_b)$是一个未知相位，

$$|M(k_b)|^2 = 1 \quad \rightsquigarrow \quad M(k_b) = e^{i\varphi(k_b)} \tag{10.42}$$

含有一个实函数 $\varphi(k_b)$.在阈区($k_b>0$，较小)，我们可以将此函数展开成具有实系数 φ_n 的泰勒级数：

$$\varphi(k_b) \approx \varphi_0 + \varphi_1 k_b + \frac{1}{2}\varphi_2 k_b^2 + \cdots \tag{10.43}$$

在阈下 $a \to b$ 道是关闭的，而且

$$|S_0^{aa}|^2 = 1 \tag{10.44}$$

这样，S 矩阵就完全被弹性相移所决定.在阈值处，精确的

$$S_0^{aa}(k_b = 0) = e^{2i\delta_0} \tag{10.45}$$

其中，相移 δ_0 是在阈能处选取的.根据(10.41)—(10.45)式，我们看到

$$\varphi_0 = 2\delta_0 \tag{10.46}$$

现在，我们假定可以将 S 矩阵(10.41)式的弹性部分解析延拓到阈下区，在那里，该表达式取如下形式：

$$S_0^{aa} = M(i\kappa_b)\left(1 - i\frac{\rho}{2}\kappa_b\right) \tag{10.47}$$

这个表达式必须与阈下的幺正条件(10.44)式相容，如果我们忽略幂次高于 k_b 一次幂的所有项，就得到下式：

$$1 = |S_0^{aa}|^2 = |M(i\kappa_b)|^2\left(1 - i\frac{\rho}{2}\kappa_b\right)\left(1 + i\frac{\rho}{2}\kappa_b\right) \approx |M(i\kappa_b)|^2 \tag{10.48}$$

这时，(10.42)式在阈值能量的两边都被满足了，并且在两个区域中相位 $\varphi(k_b)$必须是实的.另一方面，在阈下，代替(10.43)式，我们有

$$\varphi \approx 2\delta_0 + \mathrm{i}\varphi_1 \kappa_b - \frac{1}{2}\varphi_2 \kappa_b^2 + \cdots \tag{10.49}$$

只有当 φ 是波矢的偶函数以及泰勒级数中所有奇系数都消失时，此函数才是实的.因此，$\varphi_1 = 0$.最后，到 k_b^2 阶，S 矩阵的弹性部分在阈上和阈下都可以写成

$$S_0^{aa} = \mathrm{e}^{2\mathrm{i}\delta_0}\left(1 - \frac{\rho}{2}k_b\right) + O(k_b^2) \tag{10.50}$$

在阈之下，我们可以简单地用 $\mathrm{i}\kappa_b$ 来代替 k_b.

近阈时(等式两边)弹性截面(10.17)式能借助(10.50)式写成

$$\sigma_{\mathrm{el}} = \frac{\pi}{k_a^2}\left|1 - S_0^{aa}\right|^2 = \frac{\pi}{k_a^2}\{4\sin^2\delta_0 - \rho\mathrm{Re}[k_b(1 - \mathrm{e}^{2\mathrm{i}\delta_0})]\} + O(k_b^2) \tag{10.51}$$

在阈上，对反应 $a \to b$，

$$\sigma_{\mathrm{el}} = \frac{\pi}{k_a^2}[4\sin^2\delta_0 - \rho k_b(1 - \cos 2\delta_0)] \tag{10.52}$$

或者，通过引入在阈能处的弹性截面

$$\sigma_{\mathrm{el}}^{\mathrm{th}} = \frac{4\pi}{k_a^2}\sin^2\delta_0 \tag{10.53}$$

和阈上的波矢 k_b 的表达式(10.35)，我们得到

$$\sigma_{\mathrm{el}} = \sigma_{\mathrm{el}}^{\mathrm{th}}\left[1 - \frac{\rho}{2}\sqrt{\frac{2\mu_b}{\hbar^2}(\epsilon_a - \epsilon_a^{\mathrm{th}})}\right] \tag{10.54}$$

同时，在阈下，利用虚的波矢 $k_b = \mathrm{i}\kappa_b$，我们从(10.51)式得到

$$\sigma_{\mathrm{el}} = \frac{\pi}{k_a^2}(4\sin^2\delta_0 - \rho\kappa_b \sin 2\delta_0) = \sigma_{\mathrm{el}}^{\mathrm{th}}\left[1 - \frac{\rho}{2}\cot\delta_0\sqrt{\frac{2\mu_b}{\hbar^2}(\epsilon_a^{\mathrm{th}} - \epsilon_a)}\right] \tag{10.55}$$

比较(10.54)式和(10.55)式，对非弹性反应 $a \to b$，我们可看到，作为在阈处弹性道 a 的能量的函数，弹性截面的导数的不连续性.这个**尖**是由阈值处 $\cot\delta_0$ 的大小和符号决定的.图 10.1[32]显示了弹性截面阈值行为的各种可能类型.

如果粒子 b 和 B 经受相互 Coulomb **排斥**，则反常不会出现.在这种情况下，在 b 道，当 $v_b \to 0$ 时，在阈值处 Coulomb 势垒的穿透率(Gamow 因子，(10.34)式)趋于 0.对 b 道的 Coulomb **吸引**，由于存在与分立 Coulomb 态相关联的共振态，情况更复杂.

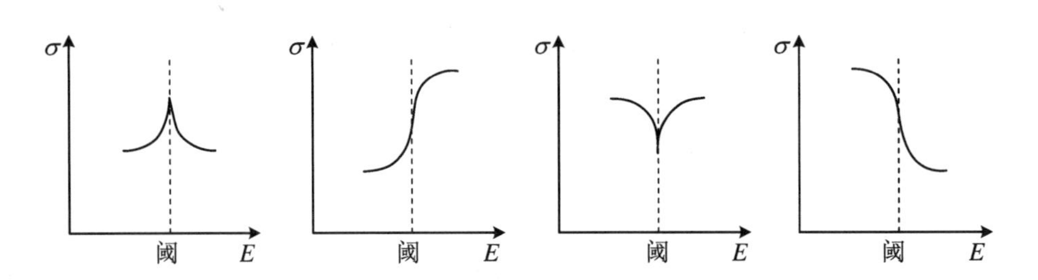

图 10.1 阈反常

10.6 孤立共振态，指数和非指数衰变

一个典型的共振态反应可以想象成这样一个过程，该过程发生时靶核 A 俘获了一个粒子 a，形成了一个中间态 r. 过了一会，这个不稳定的态 r 衰变成末态产物 b 和 B，特别是，它们有可能和入射的 a 道是一样的. 为了避开不同共振态间干涉的比较复杂的问题，我们先假设共振态 r 的宽度 Γ 比起它到其他共振态的距离很小，也就是说这些共振是**不叠加**的.

我们回想一下原先讨论过的不稳定态(参见上册 5.8 节). 态矢 $|\Psi(t)\rangle$ 和初始态 $|\Psi_0\rangle$ 的叠加随时间减少，可以假定它是指数型的：

$$P(t) = |\langle\Psi_0 | \Psi(t)\rangle|^2 \approx e^{-\Gamma t/\hbar} \tag{10.56}$$

(10.56)式所示的叠加是**存活概率**，请见上册 7.8 节. 宽度 Γ 决定了态 $|\Psi_0\rangle$ 的平均寿命，$\tau = \hbar/\Gamma$，且其能量的不确定性为 $\Delta E \sim \hbar/\tau \sim \Gamma$. 倘若波函数的演化是

$$|\Psi(t)\rangle = e^{-(i/\hbar)\mathcal{E}t} |\Psi_0\rangle \tag{10.57}$$

就可以得出(10.56)式的时间行为，其中，我们引入了**复能量** $\mathcal{E} = E_0 - \frac{i}{2}\Gamma$；它的实部 E_0 表征正确的能量，而虚部给出宽度，或寿命的倒数. 所有共振点 $\mathcal{E}$ 处在能量复平面的下半部，$\Gamma > 0$. 实能量归一化的概率分布是由 Lorentz 分布决定的(参见上册(5.79)式)，在反应理论中，它被称为 Breit-Wigner(BW)公式，参见上册图 5.10：

$$w(E)=\frac{\Gamma}{2\pi}\frac{1}{(E-E_0)^2+\Gamma^2/4},\quad \int_{-\infty}^{\infty}\mathrm{d}Ew(E)=1 \tag{10.58}$$

BW 分布的一个主要特性是**无限二次矩**：积分$\int \mathrm{d}E(E-E_0)^2 w(E)$发散，这是由于BW 分布的远端下降得非常慢．但是我们知道（参见上册 5.8 节），BW 分布不是对所有的能量都完全真实．(10.58)式中无穷低能量在物理上是存在的，因为在系统 Hilbert 空间中不存在任何具有能量低于基态能量的态．我们不能断言指数衰减(10.56)式在整个衰变过程中都是对的．

衰变态的真实时间行为一定是和(10.56)式不同的，至少，在初始阶段如此，就像我们在上册 7.8 节所看到的那样．在演化的最初阶段，衰变率是由初始非定态波包的能量$\langle(\Delta E)^2\rangle$不确定性（涨落）决定的．按照上册(7.119)式，衰变**概率** $1-P(t)$随时间的**平方**增长（衰变率$-\dot{P}$为线性增长）．但是，对于指数衰变，衰变概率是线性的，因而衰变率是常数．现在，让我们回忆一下在 2.1 节中所预言常数跃迁率的黄金法则(2.6)式的推导，这只适用于过程持续时间比微扰阶段长得多的情况．在非常短的时间，(2.8)式中的正弦被它的宗量代替，这得出类似上册等式(7.119)的结果：

$$|a_f(t)|^2=|H'_{fi}|^2\frac{t^2}{\hbar^2} \tag{10.59}$$

我们能看到相同的行为，对两能级问题中短时间微扰（$\Omega t\ll 1$）来说是典型的行为（参见上册(10.56)式）．在理想的 BW 情形下，能量不确定性$\langle(\Delta E)^2\rangle$是无限大的，因而在上册等式(7.117)和(7.118)中用的展开是不正确的．

习题 10.1　求证：当 $t<\pi\hbar/2(\Delta E)$时，存活概率的不等式（上册公式(7.127)）为

$$P(t)\geqslant\cos^2\left((\Delta E)\frac{t}{\hbar}\right) \tag{10.60}$$

其中，ΔE 是初态的能量不确定量．利用存活概率按照稳定态$|n\rangle$的能谱 E_n 的另一个表象，得

$$P(t)=\sum_{nm}|c_n|^2|c_m|^2\cos\left(\frac{(E_n-E_m)t}{\hbar}\right) \tag{10.61}$$

其中，$|\Psi_0\rangle=\sum_n c_n|n\rangle$．

10.7 量子 Zeno 效应

指数和非指数衰变问题是与所谓 **Zeno 悖论**的复活密切相关的. 最初由古代哲学家 Eleatic Zeno 提出的这个悖论也在《亚里士多德的物理学》中讨论过.

这个古老的悖论处理的是空间和时间的特性. Achilles 永远追不上乌龟, 因为在他移动的有限时间里, 乌龟总会走得更远一点; 人不可能开始运动, 因为在走完全程之前, 他必须走完全程的一半, 以此类推; 运动是不可能的, 因为在任意时刻, 一支飞翔的箭在空间占据了一个确定的位置并且似乎是不动的——你的观测"冻结"了运动. 在关于衰变的量子系统的想象实验里可以找到与飞矢悖论类似的东西[33].

对这个悖论的粗略描述如下: 如果一个系统在 $t=0$ 时制备好的初始态 $|\Psi_0\rangle$ 是个非定态, 在 $t>0$ 时它演化成一个 $|\Psi_0\rangle$ 和一些与之正交的态(衰变产物)的叠加. 但是, 如果对这个系统的测量仍然捕捉到处在初始态中的粒子, 我们就可以把这一事实认为是对此系统的一个新的制备, 然后重新开始精确计时. 似乎在非常短的时间间隔内进行测量能完全冻结衰变. 我们甚至还能想象一个**否定结果**, 即没观测到衰变, 而使这个衰变成为不可能的. 确实, 如果我们的探测器在这个短时间内没有记录任何衰变产物, 这等价于没有测量到衰变, 等价于声称系统是在初始态 $|\Psi_0\rangle$, 那么我们应该重新开始计算时间.

现在让我们回到存活概率((10.56)式), 并且假定在一个短时间间隔 δt, 这个概率减少到

$$P(\delta t) = 1 - x(\delta t)^{\alpha} \tag{10.62}$$

其中, $x>0$ 取决于初始态的性质, $\alpha>0$ 是某个幂次, 对于一个纯指数衰变其等于 1. 让我们在有限时间间隔 $t=N\delta t$ 内重复测量初始态 N 次. 那么总存活概率由下式给出:

$$P_N(t) = \left[1 - x\left(\frac{t}{N}\right)^{\alpha}\right]^N \tag{10.63}$$

在连续测量极限下 $\delta t \to 0, N \to \infty$, 在确定的有限时间值 t 的情况下,

$$P(t) \to \exp[-xt(\delta t)^{\alpha-1}] \tag{10.64}$$

这里我们看到 $\alpha=1$ 的指数衰变和非指数衰变的区别. 当 $\alpha=1$ 时, 衰变持续指数形式与

测量方案无关.与此相反,当 $\alpha>1$ 时,例如在 $\alpha=2$ 的一个典型情况中,衰变概率是被压低的.在 $\delta t\to 0$ 的条件下,存活概率趋于 1.

现实中,我们不可能做连续的测量.按照能量-时间的不确定关系,任何这样的尝试都将会强烈扭曲这个正在研究的系统.然而,在周期性激光脉冲作用下,测量间隔有限且较短的 Zeno 效应的存在被原子在势阱中的实验证实了[34].由于非指数阶段仅覆盖衰变历史很小的初始部分,存在一个特征时间(有时也称为 Zeno 时间 t_Z,通常它与准定态系统中非微扰运动的典型周期是同一个数量级),其后过渡到发生指数衰变.在这里,一个试探性测量可以作用在相反方向,**加速**衰变过程.这种**反 Zeno 效应**也在实验中找到了[35].情况也可能由于从测量设备反冲回来的波与不同于初始态的无微扰态干涉而变得很复杂.这种干涉可以向存活概率的暂时演化中引入振荡.

所有这些非平庸效应只因探测设备与衰变或振荡系统的物理相互作用而出现.为了消灭对应于最初衰变的态的叠加,让系统返回到初始状态,与探测器相互作用的哈密顿量 $\hat{H}_d$ 必须与导致衰变的内禀哈密顿量$\hat{H}'$不对易.如果探测器只是被动地等待衰变产物的到来,而不是直接和系统相互作用,那么它不能影响衰变率——它的哈密顿量就和$\hat{H}'$对易.因此,这种**负结果**实验不产生任何效应,**Zeno 悖论**被排除[36].

我们需要指出,衰变过程的非指数形式也发生在非常晚的阶段,由于只有极少量的残留物质,它是极难被测量的.在一些核过程中,指数演化通过 40—50 个寿命的时间来追踪.当 $t\gg\tau$ 时,指数衰变偏离的机制可以通过一个简单的模型来理解[37].

习题 10.2 求图 10.2 所示的势阱中的一个粒子存活概率的长极限时间行为,此势阱在 $x=-a$ 处有不可穿透的壁垒,在 $x=0$ 处有排斥势垒 $g\delta(x)$,设初始时,此粒子处在 $-a\leqslant x\leqslant 0$ 箱中的一个定态.

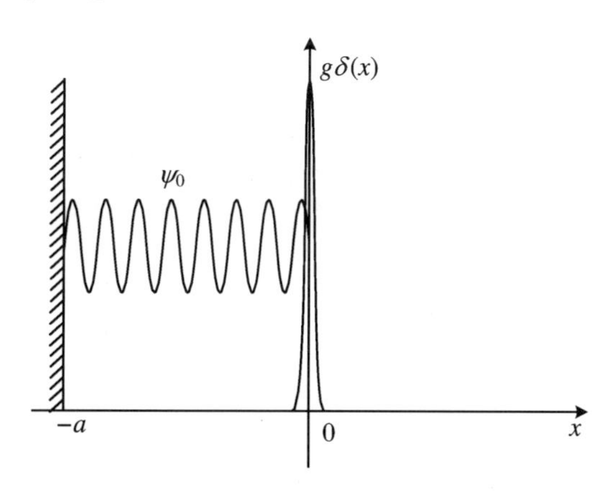

图 10.2 习题 10.2 中的势和波函数

解 初始波函数为

$$\Psi_0(x)=\sqrt{\frac{2}{a}}\sin\left(\frac{n\pi x}{a}\right),\quad -a\leqslant x\leqslant 0 \tag{10.65}$$

在箱外部 $\Psi_0=0$. 时间演化是由实际势的定态 $\psi_k(x)$ 确定的. 对每个具有能量 $E=\hbar^2k^2/2m$ 的散射问题,它们用波矢 k 来标定. 在 $x=-a$ 处,由正规化条件得到

$$\psi_k(x)=\begin{cases}A(k)\sin[k(x+a)], & -a\leqslant x\leqslant 0\\ B(k)\mathrm{e}^{\mathrm{i}kx}+B'(k)\mathrm{e}^{-\mathrm{i}kx}, & x>0\end{cases} \tag{10.66}$$

根据上册习题 9.11,对 δ 函数势的标准匹配条件,我们定义

$$\frac{B}{A}=F(k),\quad \frac{B'}{A}=F^*(k) \tag{10.67}$$

其中

$$F(k)=\frac{1}{2}\left[\left(1-\mathrm{i}\frac{V}{ka}\right)\sin(ka)-\mathrm{i}\cos(ka)\right],\quad V=\frac{2mag}{\hbar^2} \tag{10.68}$$

所以,波函数(10.66)的箱外部分可以写为

$$\psi_k(x\geqslant 0)=A(k)\left\{\sin[k(x+a)]+\frac{V}{ka}\sin(ka)\sin(kx)\right\} \tag{10.69}$$

初始函数是这些定态的叠加:

$$\Psi_0(x)=\int_0^\infty \mathrm{d}kC(k)\psi_k(x) \tag{10.70}$$

因此这个时间相关问题的解为

$$\Psi(x,t)=\int_0^\infty \mathrm{d}kC(k)\psi_k(x)\mathrm{e}^{-\mathrm{i}\hbar k^2t/(2m)} \tag{10.71}$$

要得到系数 $C(k)$,我们需要应用整个实集合 $\psi_k(x)$ 的正交性. 很方便将它们归一化成

$$\int_{-a}^\infty \mathrm{d}x\psi_{k'}(x)\psi_k(x)=\delta(k-k') \tag{10.72}$$

由此归一化,我们有

$$C(k)=\int_{-a}^\infty \mathrm{d}x\Psi_0(x)\psi_k(x) \tag{10.73}$$

或者,由 $\psi_k(x)$ 的显式解,我们有

$$C(k)=A(k)\frac{n\pi\sqrt{a/2}}{(ka)^2-(n\pi)^2}\sin(ka) \tag{10.74}$$

它具有极点，这些极点对应于那些束缚在箱内态的能量(共振态). 通过计算对应于函数(10.69)归一化((10.72)式)的 $A(k)$，我们在 $x>0$ 的区域会见到如下两种奇异积分：

$$\int_0^{\infty}\mathrm{d}x\sin(k'x)\sin(kx)=\frac{\pi}{2}[\delta(k'-k)-\delta(k'+k)] \tag{10.75}$$

(在此，用分量来表示被积函数就够了)，因此

$$\frac{1}{k'}\int_0^{\infty}\mathrm{d}x\cos(kx)\sin(k'x)+\frac{1}{k}\int_0^{\infty}\mathrm{d}x\cos(k'x)\sin(kx)=\pi^2\delta(k)\delta(k') \tag{10.76}$$

其中，等式右边明显地具有 $Z(k)\delta(k-k')$ 的形式. 将两部分对 k' 积分并且利用Fresnel积分，我们得到 $Z(k)=\pi^2\delta(k)$. 从这个数学式出发，有

$$A(k)=\sqrt{\frac{2}{\pi}}\frac{k}{[(ka)^2+kaV\sin(2ka)+V^2\sin^2(ka)]^{1/2}} \tag{10.77}$$

初态和在 t 时刻随时间演化的态的重叠是

$$\langle\Psi_0\mid\Psi(t)\rangle=\int_0^{\infty}\mathrm{d}kC^2(k)\mathrm{e}^{-\mathrm{i}\hbar k^2t/(2m)} \tag{10.78}$$

函数 $A^2(k)$ 在复 k 平面上有无穷多个极点，它们在重叠函数(10.78)中产生指数衰变项. 在早先讨论过的初始阶段之后，最接近实轴的极点将决定“正常”指数衰变. 但是，在 $t\to\infty$ 极限，(10.78)式的指数快速振荡且最主要的贡献来自**小波矢**区($ka\ll1$). 由于 $C^2(k)\propto(ka)^2$，这个极限被下面的积分所决定：

$$\int_0^{\infty}\mathrm{d}k\mathrm{e}^{-\mathrm{i}\hbar k^2t/(2m)}(ka)^2\propto t^{-3/2} \tag{10.79}$$

随之我们可以引进新变量 $q=k\sqrt{\hbar t/(2m)}$. 这样**存活概率**为

$$P(t)\propto\frac{\text{常数}}{t^3} \tag{10.80}$$

正如从这个解中看到的，在长时间极限下非指数衰变是由于能谱下界的存在，在该模型中 $E=0$. 图10.3展示了衰变完整的时间依赖性：$T=\hbar^2t/(2ma^2)$. 实线表示存活概率，而虚线表示在箱内找到粒子的相关概率 $\int_{-a}^{0}\mathrm{d}x\mid\Psi(x,t)\mid^2$，它与 $P(t)$ 非常相近，但超出一点，这是由于它包括了返回箱内的概率，但返回的态不同于初始态的概率.

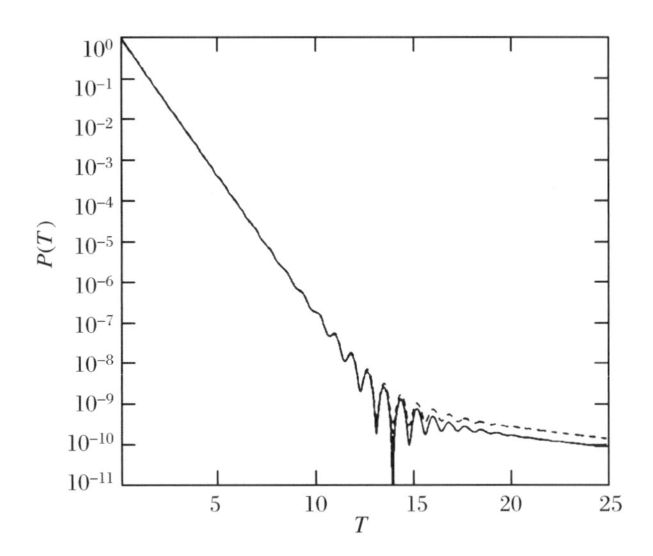

图 10.3　习题 10.2 描述的模型中衰变的时间行为

10.8　共振截面

如果一个不稳定态的寿命足够长或对应的宽度非常窄的话，就可以近似地认为它属于离散谱. 如果态的能量的不确定性小于能级的平均间隔 D：$\Delta E \sim \hbar/\tau < D$，这个离散谱是可以分辨的. 这意味着能级间不重叠：

$$\kappa \equiv \frac{\Gamma}{D} < 1 \tag{10.81}$$

一个波包暂时被能级间隙为 $\sim D$ 的离散谱俘获，则该过程可以近似地表示为 $\sum_n \exp[(-2\pi i/\hbar)nDt]\psi_n$. 它（也是近似的）以**回归**周期或 Weisskopf **时间** $\hbar/D$ 自我复制. 条件(10.81)式意味着在系统内的寿命超过这个回归时间：

$$\tau \sim \frac{\hbar}{\Gamma} > t_r \sim \frac{\hbar}{D} \tag{10.82}$$

数值 $\kappa \approx 1$ 标志着两个物理上不同的动力学区之间的边界线，当 $\kappa \ll 1$ 时，与连续谱微弱耦合，能谱由孤立的准分立能级组成；而当 $\kappa \gg 1$ 时，态互相重叠，强耦合. 长寿命的态在许多方面类似于真正的定态，因而经常被称为**准定态**.

不稳定态是在各种各样的反应中产生的，在一定时间之后，衰变回到连续谱.人们在激发和退激发的过程中研究它们.在一个散射实验中，我们将长寿命的态视为作为能量函数的截面中的窄共振.在非重叠区，共振态的 BW 参数化((10.58)式)可以合理地看成是很好的近似.然而，这样的唯象描述通常不会涉及共振态结构的细节.我们可以考虑一个能区，其中截面由**复能量** $\mathcal{E}=E_r-(1/2)\Gamma_r$ 的孤立共振态所主导.

对通过一个孤立共振态 r 的 $a\to b$ 过程，我们像微扰论所做的那样构造振幅 T^{ba}.在这里我们至少需要一个二级过程 $a\to r\to b$.对这样两步过程的描述应该包括入射振幅 $\langle r|A|a\rangle$ 和出射振幅 $\langle|b|A|r\rangle$，它们与在该道和中间态之间相应的总哈密顿的矩阵元成正比(精确的对应依赖于连续态中波函数的归一化)，还有能量主导项，道 a 中初始能量 E_a 与中间态能量之差.与通常的离散谱微扰论不同，后者的能量要被复能量代替，这是由于态是不稳定的，它没有确定的实能量.为了简化，我们对跃迁振幅引入另外的符号 $A_r^b\equiv\langle b|A|r\rangle$.则在能量 $E=E_a$ 处，反应振幅取 BW 形式：

$$T^{ba}(E)=A_r^b\frac{1}{E-E_r+(\mathrm{i}/2)\Gamma_r}A_r^{a*} \tag{10.83}$$

利用如(10.17)式—(10.19)式中共同的量纲因子，我们写出正比于振幅(10.83)式平方的绝对值的有效截面：

$$\sigma^{ba}=\frac{\pi}{k_a^2}\left|\frac{A_r^bA_r^{a*}}{E_a-E_r+(\mathrm{i}/2)\Gamma_r}\right|^2 \tag{10.84}$$

在这个归一化下，振幅 A_r^a 具有能量平方根的量纲.一般说来，它们通过连续态的波函数依赖于反应的能量 $E=E_a$.它们应当在相应的阈能处消失.但是，对于窄共振和远离相应道的阈能，共振态分母的明显能量依赖性是最重要的，这是因为振幅和运动学因子(k_a 和 k_b 的函数)在小于共振态之间的距离或小于共振态到阈的距离的能量间隔内几乎是常数.

我们用“手动加入”方式构造 BW 公式.主要的特点是共振态的行为在能量 E_r 处就如在(10.58)式中那样.观测到的截面的能量宽度是直接与中间态的寿命相关的量 Γ_r.注意共振增强是在该反应的实能量处看到的，而振幅的极点位于复平面上.宽度越小，共振极点就越接近实轴，并且在共振点 $E=E_r$ 处截面 $\propto\Gamma_r^{-2}$ 的极大值(峰值)就越高.在与长寿命的中间态 r 相关的任意道 b 中，依靠非零振幅 A_r^b，该共振态可被看到.

10.9 幺正性和超辐射

在我们的唯象研究中的共振行为由复能量平面下半部极点的位置 $\mathcal{E}_r$ 和与共振的内禀态耦合的所有开放道 a 的一系列振幅 A_r^a 所决定. 但是,这些参数不能取任意值. 如我们前面对阈区所看到的,幺正性的要求对散射矩阵元施加了一些限制.

让我们检查一下,利用可以写成下式的上述参数:

$$T^{ba} = A_r^b \mathcal{G} A_r^{a*} \tag{10.85}$$

这个要求是否满足,其中对给定的实能量 E,**传播子**

$$\mathcal{G}(E) = \frac{1}{E - \mathcal{E}_r} = \frac{1}{E - E_r + (\mathrm{i}/2)\Gamma_r} \tag{10.86}$$

满足一个明显的恒等式

$$\mathrm{Im}\,\mathcal{G} \equiv \frac{1}{2\mathrm{i}}(\mathcal{G} - \mathcal{G}^*) = -\frac{\Gamma_r}{2}\mathcal{G}^*\mathcal{G} \tag{10.87}$$

将其乘以矩阵 T 和 $T^\dagger$,并考虑(10.87)式,我们看到幺正条件(10.23)要求

$$\sum_c |A_r^c|^2 = \Gamma_r \tag{10.88}$$

反比于共振态寿命的宽度 Γ_r,给出了共振态 r 到所有被允许的衰变道的总跃迁率. 因此,A_r^c 将被解释成共振态 r 到某个给定衰变模式(c 道)的**分宽度**:

$$\Gamma_r^c = |A_r^c|^2, \quad \Gamma_r = \sum_c \Gamma_r^c \tag{10.89}$$

如果粒子 b 能被发射出来,而最终产物 B 可以残留在各种末态 B_i 中,则每个这样的态在形式上都对应一个特定的道 $b_i \equiv b + B_i$. 那时我们可以求得粒子 b 的总**发射宽度**为对残留系统态的求和:

$$\Gamma_r(b) = \sum_{b_i} \Gamma_r^{b+B_i} \tag{10.90}$$

当在阈上的能量增加时,不稳定态的宽度随连续态中可用的相空间一起增长. (10.81)式的关系变得不适用了,共振开始**重叠**. 在这个区内,有两个趋势变得活跃起来:

由于相互干涉的共振态的随机相位造成的截面统计涨落(Ericson),以及和 2.9 节中类似的光学**超辐射**. 由于振幅 A_r^c 表示的准定态与连续态的耦合,这些态获得自相耦合的新机制,类似于通过**亮态**(bright state)的相互作用(上册 10.7 节和 10.8 节). 态 k 和态 l 间的这种相互作用可以用附加于内禀哈密顿量的**非厄米**项描述:

$$\widetilde{H}_{kl} = -\frac{\mathrm{i}}{2}\sum_{c(\text{open})} A_k^{c*} A_l^c \tag{10.91}$$

粗略地说,一个系统可以从 l 态通过虚过程衰变到 c 道,然后返回到另一个 k 态,这是由于它们相互重叠并且它们的能量在一定宽度内是不确定的. 对孤立的共振态,只有 $k=l$ 的对角项是重要的,有效哈密顿量(10.91)式会在(10.88)式描述的单个共振态的总宽度(10.86)式的分母上产生一个复能量. 有效哈密顿量的正式推导可以在参考文献[38]中找到.

当(10.81)式中的参数 $\kappa \geqslant 1$ 时,在强重叠极限下,反厄米项((10.91)式)在传播子((10.86)式)中起主导作用,内禀态间的主要相互作用会通过连续态产生. 类似于光学的超辐射,由于和量子比特通过共同的辐射场耦合,这种相互作用会引起宽度的重建. 结果,只有少数几个态在总宽度中占有重要地位,而其余(**俘获**)的态都返回到非重叠区. 在反应截面中,一个宽态被看作一些窄共振态的重叠. 宽态的数量等于矩阵 $\widetilde{H}$ 非零本征值的数量,也是所有开放道的数目. 在这个极限下,动力学的解是类似于上册 10.8 节中对厄米因子化的哈密顿的解,但是集体态聚集了整个衰变宽度,而不是多极强度(沿复能量平面的虚轴移动). 随机涨落的反作用和相干超辐射动力学决定了通过各种量子系统的信号传输过程. 详尽的讨论超出了本书的范围,可参看拓展阅读.

10.10　角动量和宇称

在我们以前的考虑中,我们没有涉及由于角动量不同投影的可能性导致的简并. 在质心系中总角动量 J 是守恒的,因此它等于中间过渡态的角动量(**共振态自旋**):

$$J = J^a = J_r = J^b \tag{10.92}$$

总角动量在量子化轴上的投影 $J_Z = M$ 也是守恒的. 不同 M 的态具有相同的能量,即事实上有 $2J+1$ 个简并共振态,它们具有不依赖系统整体取向的相同共振态特性.

量子数 M 可以测量,使得对应不同 M 的正交态之间不相互干涉. 在一个不记录 M

和初始粒子 a（自旋为 J_a）与 A（自旋为 J_A）极化的实验中，我们必须对 M 求和并对不同 M 的不相干共振态截面之和对初态投影求平均. 由此得到

$$\sigma^{ba} = \frac{\pi}{k_a^2} \frac{2J+1}{(2J_a+1)(2J_A+1)} \left| \frac{A_{rJ}^b A_{rJ}^{a*}}{E - E_{rJ} + (\mathrm{i}/2)\Gamma_{rJ}} \right|^2 \tag{10.93}$$

其中，除共振态其他量子数 r 外，总角动量 J 是特别标出的. 引入分宽度(10.89)式，我们得到

$$\sigma^{ba} = \frac{\pi}{k_a^2} \frac{2J+1}{(2J_a+1)(2J_A+1)} \frac{\Gamma_{rJ}^b \Gamma_{rJ}^a}{(E-E_{rJ})^2 + \Gamma_{rJ}^2/4} \tag{10.94}$$

这里，自旋相关的统计因子是在矢量加法 $\boldsymbol{J} = \boldsymbol{J}\boldsymbol{a} + \boldsymbol{J}_A$ 中找到总角动量等于共振态的角动量值 J 的概率.

如果我们不考虑弱相互作用主导的衰变，空间宇称 Π 也是守恒的. 它由粒子的内禀宇称和相对运动波函数的宇称，即在一个给定道中相对轨道角动量决定：

$$\Pi = \Pi_a \Pi_A (-)^{\ell_a} = \Pi_r = \Pi_b \Pi_B (-)^{\ell_b} \tag{10.95}$$

10.11 作为复合系统的窄共振

在 $E = E_{rJ}$ 的共振处，所有各个道的截面可以用简单关系表示出来，这些关系具有明显的概率意义：

$$\sigma^{ba} = \frac{4\pi}{k_a^2} \frac{2J+1}{(2J_a+1)(2J_A+1)} \frac{\Gamma_{rJ}^b \Gamma_{rJ}^a}{\Gamma_{rJ}^2} \tag{10.96}$$

即正比于捕获概率 $\Gamma_{rJ}^a / \Gamma_{rJ}$ 与衰变概率 $\Gamma_{rJ}^b / \Gamma_{rJ}$ 的乘积. 那时入射道和出射道在**统计上是无关的**. 当然，这是由于一开始就借助了单共振近似((10.83)式)的具体化.

一般来说，统计无关性的概念是**复合**核(N. Bohr，1936)或复合的中间系统理论中的最主要的概念. 物理上，假如共振态的寿命足够长以能达到类似于热平衡(条件(10.82))那样的态，而且当对入射道的记忆已经丢失时，衰变到不同出射道在统计上是确定的，我们就可以预测这个图像的适用性. 注意，在单道(弹性)散射情况下，分宽度和总宽度是一致的，共振截面不包含任何动力学信息；除了自旋统计因子外，它由入射波长 $\lambda_a \propto k_a^{-1}$ 确定.

在一个孤立共振态的邻域，所有 $a \to b$ 的道都显示了相同的 BW 共振行为((10.94)式). 不同道截面间的比值就是相应分宽度的比值：

$$\frac{\sigma^{ba}}{\sigma^{ca}} = \frac{\Gamma^{b}_{rJ}}{\Gamma^{c}_{rJ}} \tag{10.97}$$

对于一个给定的入射道 a，这个比值(总的非弹性/弹性)是

$$\frac{\sigma_{\text{inel}}}{\sigma_{\text{el}}} = \frac{\sum\limits_{b \neq a} \sigma^{ba}}{\sigma^{aa}} = \frac{\sum\limits_{b \neq a} \Gamma^{b}_{rJ}}{\Gamma^{a}_{rJ}} \equiv \frac{\Gamma_{rJ} - \Gamma^{a}_{rJ}}{\Gamma^{a}_{rJ}} \tag{10.98}$$

利用总截面，这个式子可以写成(去掉那些明显的脚标)概率的比值：

$$\sigma_{\text{el}} = \sigma_{\text{tot}} \frac{\Gamma_{\text{el}}}{\Gamma}, \quad \sigma_{\text{inel}} = \sigma_{\text{tot}} \frac{\Gamma_{\text{inel}}}{\Gamma}, \quad \Gamma = \Gamma_{\text{el}} + \Gamma_{\text{inel}} \tag{10.99}$$

不同道的截面拥有相同位置的峰，证实在一个非常好的近似下，我们是在讨论一个单独的孤立共振态.

通过把对慢粒子很重要的阈效应考虑进来，这个方法可以推广. 在这种情况下，分宽度和总宽度不是常数，而是在一个相应道中能量或者波矢的光滑函数. 例如，让我们考虑入射道中低能ϵ_a的反应. 如我们所知，在第ℓ个分波中弹性宽度应该对能量有这样的依赖关系($\propto k_a^{2\ell+1} \propto \epsilon_a^{2\ell+1}$). 因此，我们能根据

$$\Gamma^{a;\ell}_{rJ} = \gamma^{a;\ell}_{rJ} \left(\frac{\epsilon_a}{\epsilon^a_r} \right)^{\ell+1/2} \tag{10.100}$$

定义一个与能量无关的约化宽度 $r^{a;\ell}_{rJ}$，其中$\epsilon_r = E_r - E^{\text{intr}}_a$ 是在共振处的动能. 由于在我们的描述中，所有道是以相同的方式进入的，除了已经由因子 $k_a^{-2} \propto \epsilon^{-1}$有效地考虑进去的末态密度导致的区别外，则正比于$\propto \epsilon_b^{\ell+1/2}$的类似能量依赖性出现在第$\ell$分波中慢粒子发射的分宽度中. 我们回顾散射理论，高阶分波的压低来自于离心势垒，数值变小的参数是 kR，其中 R 表征相互作用的范围.

10.12 共振态的干涉和势散射

一个窄共振对应一个在复合系统内部由于相互作用形成束缚的准定态. 实际

上，在截面中的共振态是叠加到平滑的背景上的.截面的平滑部分归之于不包含形成长寿命内禀态的过程.背景的弱能量依赖性预示相应的相互作用具有短时间标度(**直接**过程).在比较高级的微观理论中，可以认为它是存在高能共振态的信号，它是由这些过程的低能尾或者已经丧失共振态特征的非常宽(短寿命，诸如超辐射)的激发态来探查的.势散射能导致与窄共振态衰变一样的末态，并且所有这些过程都是**互相干涉的**.

为了简单起见，我们考虑一个单独 s 波共振态.弹性散射由一个共振部分和一个包括具有平滑能量依赖性所有贡献的"势"部分组成.这两个部分应该在**振幅层次**上被相干地加在一起

$$f_{\text{el}} = f_{\text{res}} + f_{\text{pot}} \tag{10.101}$$

(译者注：式中的下标"el""res""pot"分别表示"弹性""共振""势").弹性截面包含干涉的贡献：

$$\sigma_{\text{el}} = 4\pi \mid f_{\text{el}} \mid^2 = 4\pi \mid f_{\text{res}} + f_{\text{pot}} \mid^2 \tag{10.102}$$

在(10.101)式中的两项区别于它们的能量依赖性；我们假定共振部分 f_{res} 能被 BW 类型的函数形式识别.

如果势部分在复能量平面上有一个共振极点，我们就能从 S 矩阵的唯象分析中自然地分解出共振部分和势部分.径向 s 波函数在入射道 a 的渐近区 $r>R$ 可以借助矩阵元 $S \equiv S_0^{aa}$ 表示出来(参见(8.16)式)：

$$u(r) \propto \mathrm{e}^{-\mathrm{i}kr} - S\mathrm{e}^{\mathrm{i}kr} \tag{10.103}$$

依赖于能量的量 S 既决定了(10.17)式所示的弹性截面，也决定了(10.19)式中的总非弹性截面.它在虚轴 $k=\mathrm{i}\kappa$ 上的解析延拓的极点给出了可能束缚态的能量(参见 10.4 节).这里我们在寻找与**复**能量 $\mathcal{E}$ 处极点相关的准稳态.

如果我们能在现实中确立一个有复能量的态，则相应的波矢也应该是复的.对于长寿命的态，$\Gamma \ll E_0$，

$$k = \sqrt{\frac{2\mu_a}{\hbar^2}\left(E_0 - \frac{\mathrm{i}}{2}\Gamma\right)} \approx k_0\left(1 - \mathrm{i}\frac{\Gamma}{4E_0}\right), \quad k_0 = \sqrt{\frac{2\mu_a E_0}{\hbar^2}} \tag{10.104}$$

在 S 的极点处，我们忽略(10.103)式中对应入射波的第一项.剩下的出射波展示强度向外增加：

$$\mathrm{e}^{\mathrm{i}kr} \approx \mathrm{e}^{\mathrm{i}k_0 r}\mathrm{e}^{(\mu_a\Gamma/(2\hbar^2 k_0))r} \tag{10.105}$$

这个非归一化的函数可以描写由不稳定态发射的粒子的波，它以 $v=\hbar k_0/\mu_a$ 的速度从

原点开始运动.确实,恢复了时间依赖因子(10.58)式,我们在复极点处有

$$u(r) \propto e^{ik_0 r} e^{-(i/\hbar)E_0 t} e^{(\Gamma/(2\hbar))[(r/v)-t]} \tag{10.106}$$

波包以速度 v 离开.

在散射问题中,S 矩阵元是要通过让外部波函数(10.103)与在 $r<R$ 的相互作用区内有同样的实的正能量 E 的薛定谔方程的实际解配合得到.事实上,我们仅仅需要知道在配合表面 $r=R$ 处内禀波函数的对数导数.可方便地定义一个无量纲的对数导数:

$$\lambda(E) = R\left(\frac{1}{u}\frac{du}{dr}\right)_{r=R} \tag{10.107}$$

假定这个函数在 $r=R-0$ 处是已知的,我们能用匹配条件写出函数(10.103):

$$\lambda(E) = -ikR\frac{1+Se^{2ikR}}{1-Se^{2ikR}} \quad \rightsquigarrow \quad S = -e^{-2ikR}\frac{kR-i\lambda}{kR+i\lambda} \tag{10.108}$$

如果不存在非弹性道,$\lambda(E)$就是实的,(10.108)式立刻展示$|S|=1$,对弹性散射它就应该是这样的,就如(8.2)式所示.对一般多道的情况,$\lambda(E)$是一个复函数,它能分解成实部和虚部:

$$\lambda(E) = \lambda_1(E) - i\lambda_2(E) \quad \rightsquigarrow \quad S = -e^{-2ikR}\frac{(kR-\lambda_2)-i\lambda_1}{(kR+\lambda_2)+i\lambda_1} \tag{10.109}$$

当有吸收存在时(非弹性道),$|S|<1$;很容易看出这个不等式预示着 $\lambda_2>0$.利用(10.17)式和(10.19)式,我们将弹性截面和非弹性散射截面表示为

$$\sigma_{el} = \frac{\pi}{k^2}|1-S|^2 = \frac{4\pi}{k^2}\left|e^{-2ikR}\frac{kR}{\lambda-ikR} - e^{-ikR}\sin kR\right|^2 \tag{10.110}$$

$$\sigma_{inel} = \frac{\pi}{k^2}(1-|S|^2) = \frac{4\pi}{k^2}\frac{kR\lambda_2}{(kR+\lambda_2)^2+\lambda_1^2} \tag{10.111}$$

看一下(10.110)式,可引入势散射振幅,很自然地分解为(10.101)式、(10.102)式,这与(8.12)式的标准定义相符:

$$f_{pot} = \frac{1}{k}e^{i\delta_0}\sin\delta_0, \quad \delta_0 = -kR \tag{10.112}$$

相移 δ_0 就是从一个半径为 R 的不可穿透的球上散射所产生的仅有的效应((8.41)式).在我们这个情况中,穿透到相互作用区内部是可能的,并且这是产生隐藏在散射振幅共振部分准稳态的源:

$$f_{\text{res}} = \frac{1}{k}e^{2i\delta_0}\frac{kR}{\lambda - ikR} \tag{10.113}$$

注意：势散射的 S 矩阵（$S_{\text{pot}} = e^{2i\delta_0}$），会作为一个附加因子进入到共振振幅中，这是由于通过准稳态的散射必须包括在相互作用球之外的自由运动，它和相移 $\delta_0 = -kR$ 相关联.

要找到窄共振态存在的条件，我们考虑低能区（$kR \ll 1$），这正是 s 波散射为主的区域. 只有复量 λ 也比较小，即 $|\lambda| \sim kR$ 时，共振部分（10.113）才是重要的. 我们会有一个精确的共振态（即振幅 f_{res} 的极点），比如 $\lambda_1 = 0$，$\lambda_2 = -kR$. 如前面讨论过的，这对应在弹性散射中见到过的类稳态. 然而，对于 $\lambda_2 \geqslant 0$ 时非弹性道存在的物理区，这是不可能的. 还有，对较小的 λ_2（$\lambda_2 > 0$）而言，我们始终看到一个窄共振. 确实，我们可以令 E_0 为能量的实数值，而 $\lambda_1(E_0) = 0$. 在这个能量的邻域

$$\lambda_1(E) \approx \left(\frac{d\lambda_1}{dE}\right)_{E=E_0}(E - E_0) + \cdots \equiv \lambda_1'(E - E_0) + \cdots \tag{10.114}$$

假定 $\lambda_1' < 0$，与（10.99）式相比，我们能定义宽度如下：

$$\Gamma_{\text{el}} = -\frac{2kR}{\lambda_1'}, \quad \Gamma_{\text{inel}} = -\frac{2\lambda_2}{\lambda_1'}, \quad \Gamma = \Gamma_{\text{el}} + \Gamma_{\text{inel}} \tag{10.115}$$

那么，弹性振幅的共振部分（10.113）就可以写成 BW 形式：

$$f_{\text{res}} = -\frac{1}{k}e^{2i\delta_0}\frac{(1/2)\Gamma_{\text{el}}}{E - E_0 + (i/2)\Gamma} \tag{10.116}$$

具有复平面上的极点. 这立刻导致对非弹性截面（（10.111）式）的 BW 共振表达式：

$$\sigma_{\text{inel}} = \frac{\pi}{k^2}\frac{\Gamma_{\text{el}}\Gamma_{\text{inel}}}{(E - E_0)^2 + (1/4)\Gamma^2} \tag{10.117}$$

当我们对所有的非弹性道 b 求和后（这里我们不计入自旋因子），它和（10.94）式相符.

在弹性道中，截面是由干涉（10.102）式决定的；在众多情况中，在共振态的紧邻，我们能忽略势散射，回到 10.6 节中给出的结果. 势的部分是随能量缓慢地变化的，并扭曲 BW 共振谱的形状. 由于这个干涉，谱的形式会失去微扰共振态能量 E_0 的对称性. 图 10.4 展示了一个典型的观测图. 很容易看出，对于具有平滑势散射的干涉共振态的弹性相在共振态能量附近有一般性的能量依赖性：

$$\delta = \bar{\delta} - \arctan\frac{\Gamma}{2(E - E_0)} \tag{10.118}$$

如果 $\bar{\delta}$ 是远离共振峰的势散射位相(它在经过窄共振宽度时变化很小),当能量通过共振态的全宽度时,总位相获得等于 π 的改变.

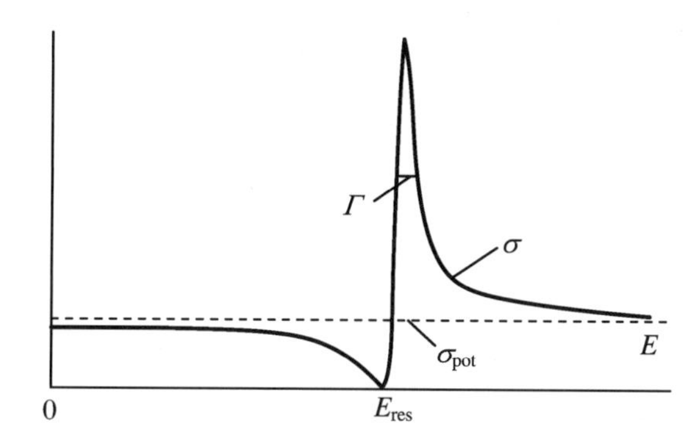

图 10.4　势和共振态散射的干涉图样

第 11 章

通向相对论量子力学

在量子力学中，负能解是与任何相对论理论共生的固有问题．即使我们从最开始就摒弃它们，量子相互作用随后也将不可避免地又把它们制造出来．

——M. Kaku

11.1 方法的局限

本章主要介绍量子理论的相对论推广．这里，我们将把自己限制在考虑单个粒子的自由运动和它在外电磁场中运动的**单体问题**．

正如我们在上册 5.10 节中提到的，对单粒子的描述具有很强局限性的应用范围．外场必须在时间和空间上足够光滑．更定量地讲，场的显著变化的典型范围 R 或典型时间 t 都不能太小．按照上册(5.58)式，空间尺度 R 应该超过粒子的 Compton 波长，时间 t 必须大于特征时间：

$$R > \frac{\hbar}{mc}, \quad t > \frac{\hbar}{mc^2} \tag{11.1}$$

如果不等式(11.1)被破坏了，场会强到使这个粒子在空间和时间局域化，则粒子的动量和能量将获得极大的不确定性：

$$\Delta p > mc, \quad \Delta E > mc^2 \tag{11.2}$$

在这种情况下，我们再不可能更久地保证运动的**单粒子特性**.

在这种情况下，更方便的是对场作 Fourier 分析，则我们可以把(11.1)式确切地表述为对场的波矢 k 和频率 ω 的限制：

$$k \approx \frac{1}{R} < \frac{mc}{\hbar}, \quad \omega \approx \frac{1}{t} < \frac{mc^2}{\hbar} \tag{11.3}$$

在相反的情况中，从场吸收的能量 $\hbar\omega$ 是粒子质量的量级，它导致粒子数的不确定性. 很显然，这些限制具有相对论特性，可以精确地借助光速 c 明确地表示.

11.2 相对论单位

当我们用恰当的单位写公式时，所有的方程都大大地简化了. 在相对论范畴，最方便的选择是令 $\hbar=1$ 和 $c=1$. 这样，空间坐标和时间具有同样的量纲("长度")，而动量、能量、质量、频率和波矢具有长度倒数的共同量纲. 例如，质量为 m 的粒子的 Compton 波长就是 $\lambda=\hbar/(mc)\Rightarrow 1/m$. 显然，角动量、作用量和速度 v 现在就是无量纲的；因而任何物理信号的速度 $v<1$.

基本电荷 e 也变成无量纲的了，精细结构常数是 $\alpha=e^2\approx 1/137$. 通过重新插入 $\hbar$ 和 c 并记住如下的数值，我们总是能回到"正常"的单位：

$$\hbar c \approx 197\ \text{MeV} \cdot \text{fm} \tag{11.4}$$

在本章中，我们几乎毫无例外地都使用相对论单位. 偶尔用到的其他单位时会明确地标注出来.

11.3 Lorentz 变换

对任何在相对论领域内正确的理论来说，Lorentz 协变性是必需的要求. 在所有公式中，各项在惯性参考系间的 Lorentz 变换下必须具有完全相同的特性. 只有在这种情况下，这些方程是协变的，也就是说，按照狭义相对论中所有惯性系等价的概念保持它们的形式.

任一事件的时间-空间坐标构成一个**四矢量**：

$$x^\mu = (x^0, x^1, x^2, x^3) \equiv (t, \boldsymbol{r}) \tag{11.5}$$

对于一个相对于原参考系沿 x 轴以速度 v 运动的参考系，标准的 Lorentz 变换可以把同一个事件的坐标在新参考系下表示成 $x^\mu \rightarrow x'^\mu$，

$$x'^0 = \gamma(x^0 - vx^1), \quad x'^1 = \gamma(x^1 - vx^0), \quad x'^2 = x^2, \quad x'^3 = x^3 \tag{11.6}$$

其中，相对论因子（$\gamma \geqslant 1$）是

$$\gamma = \frac{1}{\sqrt{1 - v^2}} \tag{11.7}$$

相应的逆变换可以通过在(11.6)式中做代换 $v \rightarrow -v$ 得到.

类似于欧几里得旋转下的不变量 $\boldsymbol{r}^2 = \sum_{i=1,2,3} (x^i)^2$，Lorentz 变换也保持两个事件间的相对论**间隔**不变.

如果把其中一个事件当作连续时空的原点（$x^\mu = 0$），另一个事件具有(11.5)式所示的坐标，则两者间的间隔为$\sqrt{x^2}$，其中

$$x^2 \equiv (x^0)^2 - \sum_{i=1,2,3} (x^i)^2 = t^2 - \boldsymbol{r}^2 \tag{11.8}$$

不变性可以直接从(11.6)式导出，为

$$x'^2 = x^2 \tag{11.9}$$

(11.8)式中的量可被看作 **Minkowski 空间**中四矢量 x^μ 的**模**. 我们希望这个模 x^2 的概念不会与在同一时间(11.5)式中的第二个空间坐标混淆；事实上，我们将不涉及第二种意义，除非是下面讨论的关于动量的情况.

与欧几里得矢量不同，在 Minkowski 空间中模不是正定的.具有 $x^2>0$ 的矢量 x^μ 是**类时的**，具有 $x^2<0$ 的矢量是**类空的**.只有被类时间隔分开的点才能用物理信号连接起来.在任意的 Lorentz 参考系中，时间的顺序是一样的.零间隔 $x^2=0$ 对应于一个 $v=1$的信号连接(光前的传播，请参阅习题 4.3). $t>0$ 的那些类时事件是存在于由光信号的世界线 $x^2=0$ 构成的光锥内的上半部(“将来”).它们不能通过连续的 Lorentz 变换过渡到对应于 $t<0$ 的下半区(“过去”).因此保证了**因果性**，并且那些事件能够在物理上关联.类时间隔将不能依靠任何由 $v\leqslant1$ 的物理信号关联的事件分割开来.这样的事件间是没有因果关系的；它们的时序依赖于所选的参考系，并且存在一个让它们同时发生的参考系.

11.4 能量与动量

那些具有相同的 Lorentz 变换法则((11.6)式)的量统称**逆变**四矢量(contravariant 4-vector).我们用上标来标记它们的坐标：$\mu=0$(时间分量)和 $\mu=1,2,3$(空间分量).另一个例子来源于能量-动量矢量：

$$p^\mu = (p^0,p^1,p^2,p^3)\equiv(\epsilon,\boldsymbol{p}) \tag{11.10}$$

Minkowski 平方模

$$p^2 = (p^0)^2 - \sum_{i=1,2,3}(p^i)^2 = \epsilon^2 - \boldsymbol{p}^2 \tag{11.11}$$

是 Lorentz 不变量.它定义了一个物体的**不变质量** m：

$$p^2 = m^2 \tag{11.12}$$

在研究对象的静止系($\boldsymbol{p}=0$)中，它的质量与总能量ϵ是一致的.在任意的参考系中，将粒子的能量表达为它的动量的函数的**色散关系**是

$$\epsilon^2 = \boldsymbol{p}^2 + m^2 \tag{11.13}$$

一个物理粒子具有实质量和类时的四动量：$p^2>0$.还有，一个稳定的系统具有最小可能能量的基态；否则该系统就是不稳定的，会产生无穷多粒子.这意味着色散关系((11.13)式)的物理根源是

$$\epsilon_p = +\sqrt{\boldsymbol{p}^2 + m^2} \tag{11.14}$$

四动量为零($p^2=0$)的例外情况对应**无质量粒子**.这样的粒子在任何参考系中都以光速运动,并且

$$\epsilon_p = |\boldsymbol{p}| \tag{11.15}$$

在一个给定的参考系中,可以认为能量(11.14)式是一个自由经典粒子的哈密顿量.哈密顿运动方程决定了粒子速度为

$$\boldsymbol{v} = \frac{\mathrm{d}\boldsymbol{r}}{\mathrm{d}t} = \frac{\partial \epsilon}{\partial \boldsymbol{p}} = \frac{\boldsymbol{p}}{\epsilon} \tag{11.16}$$

由于这个速度,质量为 m 的粒子的能量和动量是

$$\epsilon = \gamma m, \quad \boldsymbol{p} = \gamma m \boldsymbol{v} \tag{11.17}$$

其中,相对论因子 γ 是(11.7)式定义的.对运动很慢的情况,即 $v \ll 1$,粒子能量((11.14)式)可以展开为质量+非相对论动能+相对论修正,参见上册公式(23.36):

$$\epsilon_p \approx m + \frac{\boldsymbol{p}^2}{2m} - \frac{\boldsymbol{p}^4}{8m^3} + \cdots \tag{11.18}$$

在量子力学中,与(11.16)式相同的表达式定义了由平面波构成的窄波包的**群速度**,参见上册 5.4 节:

$$\Psi_p(\boldsymbol{r}, t) = 常数 \cdot \mathrm{e}^{-\mathrm{i}(\epsilon_p t - \boldsymbol{p}\boldsymbol{r})} \tag{11.19}$$

它描述了这样一些粒子的自由运动.群速度通常是与物理信号的传播相关联的(除了介质中某些反常色散区域).如我们在(11.14)式和(11.16)式中看到的,当 $|v| \leqslant 1$ 时,这个等式对无质量粒子来说也是对的.

11.5 张量及其标记符号

构建 Lorentz 不变量的法则(11.8)式和(11.11)式可以借助 Minkowski 空间的**度规张量**推广到更高阶的张量.这使我们能引入非常方便的张量符号.请注意在符号系统中我们不用四矢量的虚时间分量,虽然有些作者是这么用的.

让我们将度规张量 $g_{\mu\nu}$ 定义成 4×4 的矩阵($\mu,\nu=0,1,2,3$),它是对角矩阵,不为零

的矩阵元有

$$g_{00} = 1, \quad g_{11} = g_{22} = g_{33} = -1 \tag{11.20}$$

也有人会采用**符号**$(+,-,-,-)$. 对于任意逆变四矢量 $a^{\nu} = (a^0, \boldsymbol{a})$,度规张量((11.20)式)定义了它的**协变**对应量,它是用下标而不是上标标记:

$$a_{\mu} = \sum_{\nu} g_{\mu\nu} a^{\nu} \tag{11.21}$$

于是 $a_0 = a^0, a_i = -a^i$. 在我们的符号标记下,希腊字母标号取 0,1,2,3,而拉丁字母只取 1,2,3. 从现在开始,我们将忽略公式(如(11.21)式)中的求和符号,而使用标准法则,即重复的标号(一个在上另一个在下)表示求和. 例如,代替(11.21)式,可以写成 $a_{\mu} = g_{\mu\nu} a^{\nu}$.

利用度规张量(11.20)式,两个四矢量 a 和 b 的标量积被定义为

$$(ab) \equiv a \cdot b = a^0 b^0 - \sum_{i=1,2,3} a^i b^i = a^{\mu} g_{\mu\nu} b^{\nu} = a^{\mu} b_{\mu} = a_{\nu} b^{\nu} \tag{11.22}$$

先前讨论过的量 x^2 和 p^2 分别是标量平方 $x_{\mu} x^{\mu}$ 和 $p_{\mu} p^{\mu}$. 显然任意标量积((11.22)式)都是 Lorentz 不变量.

r 秩逆变四张量是具有 4^r 个分量 $T^{\mu_1 \mu_2 \cdots \mu_r}$ 的集合,它们在 Lorentz 变换下按照逆变四矢量的乘积 $a^{\mu_1} a^{\mu_2} \cdots a^{\mu_r}$ 变换. 乘以 $g_{\mu_l \nu_l}$ 并对 μ_l 求和(其中 l 是 $1,\cdots,r$ 中的一个),我们就得到一个具有失去 μ_l 指标的上标 $\{\mu_i\}$(逆变)和一个下标 ν_l(协变)的混合张量. 这样继续下去,我们能得到一个张量,它有 c 个逆变指标 $c = 1,\cdots,r$(c 可以取 1 到 r 中任一个值),剩下的 $r-c$ 个协变指标,直到得到一个完全协变的张量 $T_{\nu_1 \nu_2 \cdots \nu_r}$.

对于每一对逆变和协变指标,可以进行**收缩**操作,因而可以将原来的 $r = p + q$ 阶的张量 $T^{(p)}_{(q)}$ 转换成 $r-2$ 秩的新张量 $T^{(p-1)}_{(q-1)}$,它是一个求和 $T^{\cdots\mu\cdots}_{\cdots\mu\cdots}$. 这样一来,对一个 2 秩张量 $T^{\mu\nu}$,收缩就得到一个**标量**(零秩的不变张量):

$$T^{\mu\nu} \Rightarrow g_{\lambda\nu} T^{\mu\nu} = T^{\mu}_{\lambda} \Rightarrow T^{\mu}_{\mu} \tag{11.23}$$

换言之,这个收缩是由乘法 $g_{\mu\nu} T^{\mu\nu} = T^{\mu}_{\mu}$ 实现的.

对于度规张量本身,我们定义协变 $g_{\mu\nu}$ 的逆变对应量是它的反演张量 $g^{\mu\nu}$. 数值上,它符合原始张量((11.20)式),即 $g^{\mu\nu} = g_{\mu\nu}$. 在这种情况下,混合张量就是 Kronecker 张量 δ^{μ}_{ν},所有的对角元素为 1、非对角元素为 0 的矩阵:

$$g_{\lambda\nu} g^{\mu\nu} = \delta^{\mu}_{\lambda} \tag{11.24}$$

度规张量在 Lorentz 变换下不变.

作为一个例子,让我们考虑**梯度**算符($\partial/\partial t$ 和∇). 能量-动量矢量((11.10)式)与量

子算符(如果需要,加上个帽子来表示算符)间的标准对应关系是

$$p^0 = \epsilon \Rightarrow \hat{p}^0 = \mathrm{i}\frac{\partial}{\partial t}, \quad \boldsymbol{p} \Rightarrow \hat{\boldsymbol{p}} = -\mathrm{i}\nabla \tag{11.25}$$

由于 p^0 和 $\boldsymbol{p}$ 构成逆变矢量((11.10)式),我们有

$$p^\mu \Rightarrow \hat{p}^\mu = \mathrm{i}\left(\frac{\partial}{\partial t}, -\nabla\right) \equiv \mathrm{i}\partial^\mu \tag{11.26}$$

它定义了**逆变梯度**

$$\partial^\mu = \frac{\partial}{\partial x_\mu} \tag{11.27}$$

是由**协变**坐标 $x_\mu = (t, -\boldsymbol{r})$ 的偏微商构成的.类似地,**协变梯度**

$$\partial_\mu = \left(\frac{\partial}{\partial t}, \nabla\right) \equiv \frac{\partial}{\partial x^\mu} \tag{11.28}$$

是由逆变坐标 x^μ 的微商构成的.在所有的公式中,各项都必须具有相同的张量结构和在同一位置(上或下)相同的自由指标.

一般的 Lorentz 变换(一个特殊的例子是(11.6)式中给出的)是四矢量的逆变坐标的线性变换 Λ,它可以写为矩阵形式

$$x^\mu \to x'^\mu = \Lambda^\mu_\nu x^\nu \tag{11.29}$$

这里指标的位置是由矢量 x^μ 的逆变性决定的.在矩阵 M^μ_ν 中,上标 μ 对应行,下标 ν 对应列.对一个沿 x 轴的 **Lorentz 推动**(boost)((11.6)式),变换矩阵为

$$\Lambda^\mu_\nu = \begin{pmatrix} \gamma & -\gamma v & 0 & 0 \\ -\gamma v & \gamma & 0 & 0 \\ 0 & 0 & 1 & 0 \\ 0 & 0 & 0 & 1 \end{pmatrix} = \begin{pmatrix} \gamma(1 - v\sigma_x) & 0 \\ 0 & 1 \end{pmatrix} \tag{11.30}$$

第二种形式采用了由两块 2×2 子矩阵写出来的 4×4 矩阵,这些子矩阵形式上可以借助 Pauli 矩阵表示.

这些协变分量的变换可以从一个简单的等式链看到:

$$x'_\mu = g_{\mu\lambda}x'^\lambda = g_{\mu\lambda}\Lambda^\lambda_\sigma x^\sigma = \Lambda_{\mu\sigma}g^{\sigma\nu}x_\nu = \Lambda^\nu_\mu x_\nu \tag{11.31}$$

这里我们用到了张量分量的升、降规则.(11.31)式和(11.30)式所示的这些矩阵靠速度的符号来区分:

$$\Lambda_{\mu}^{\nu} = \begin{pmatrix} \gamma(1+v\sigma_x) & 0 \\ 0 & 1 \end{pmatrix} \tag{11.32}$$

Lorentz 群是一个保持矢量的 Minkowski 模不变的变换群：

$$(x'y') = x'^{\mu}y'_{\mu} = \Lambda^{\mu}_{\nu}x^{\nu}Y_{\sigma}\Lambda^{\sigma}_{\mu} = (xy) \tag{11.33}$$

这意味着群的矩阵应当满足关系

$$\Lambda^{\sigma}_{\mu}\Lambda^{\mu}_{\nu} = \delta^{\sigma}_{\nu} \tag{11.34}$$

正如我们提到过的，很容易验证度规张量是 Lorentz 不变的. 确实，张量像矢量乘积((11.29)式)那样变换：

$$g^{\mu\nu} \to g'^{\mu\nu} = \Lambda^{\mu}_{\sigma}\Lambda^{\nu}_{\rho}g^{\sigma\rho} = \Lambda^{\mu\rho}\Lambda^{\nu}_{\rho} \tag{11.35}$$

其中，在上式的最后一步用到了升指标的规则. 通过将上标 μ 降下来，并结合(11.34)式，我们得到

$$g'^{\mu\nu} = \Lambda^{\rho}_{\tau}\Lambda^{\nu}_{\rho}g^{\mu\tau} = \delta^{\nu}_{\tau}g^{\mu\tau} = g^{\mu\nu} \tag{11.36}$$

本书中我们将不研究 Lorentz 群的一般结构，相关内容读者可参阅文献[17].

11.6 Klein-Gordon 方程

我们只要将非相对论色散关系$\epsilon = \boldsymbol{p}^2/(2m)$中的能量$\epsilon$和动量 $\boldsymbol{p}$ 换成相应的算符((11.25)式)，即可“导出”非相对论的薛定谔方程. 平面波((11.19)式)构成了解的完备集. 方程的任何解都可以表示成平面波的叠加，每项的振幅由初始函数 $\Psi(0,\boldsymbol{r})$的Fourier展开确定.

恰当的相对论类比也应该具有平面波解，它们具有由包含了静止质量的**相对论色散规则**((11.13)式)联系起来的能量和动量关系. 和薛定谔方程不同的是，出现的时间和空间微商都必须是同阶的，以确保 Lorentz 协变性. 这可以用(11.25)式给出的算符代换来实现：

$$\left(\mathrm{i}\frac{\partial}{\partial t}\right)^2\Psi = [(-\mathrm{i}\nabla)^2 + m^2]\Psi \tag{11.37}$$

或者，用更明显的 Lorentz 不变量形式(与非算符表达式(11.12)相比较)：

$$\hat{p}^2\Psi \equiv -\partial^2\Psi = m^2\Psi \tag{11.38}$$

这里四矢量 $\hat{p}^\mu = \mathrm{i}\partial^\mu$ 是四梯度(11.26)式,并且(11.38)式中的二阶微商算符是**D'Alembert算符**

$$\partial^2 \equiv \Box = \frac{\partial^2}{\partial t^2} - \nabla^2 \tag{11.39}$$

它是矢量∂^μ 的标量平方((11.22)式),给出了三维 Laplace 算符的 Lorentz 不变的四维推广.注意,由于是二阶微商,Ψ 和 Ψ^* 都是同一个方程的解(自由相对论运动的时间反演不变).我们也需要提一提,由于对时间的二阶微商,给定初态波函数 $\Psi(t_0)$不能完全确定系统未来的演化.在这里,还必须知道初始的微商值 $\dot{\Psi}(t_0)$.这与概率密度的特定形式相关,它一般包含波函数的时间微商,见(11.46)式.

在(11.37)式中,我们"推导"出 Klein-Gordon-Fock 方程,,简称为Klein-Gordon方程或 KG 方程,它是自由粒子的主要相对论波动方程,也是对单一分量波函数$\Psi(x)$的标量方程.对于**无自旋**粒子,它是唯一的波动方程.自旋非零粒子的波函数是多分量的物理对象.它们的分量决定了与内部结构相关的内禀态的振幅.相应的波动方程要描写这些分量的动力学,因此它们要比 KG 方程复杂得多.但是,作为一个整体的粒子,它的色散关系仍然由(11.13)式给出.因此,即使在这个情况下,自由运动的波函数也必须是 KG 方程的解.通过构造,寻找(11.38)式作为算符 $\hat{p}$ 的本征态解是

$$\Psi(x) \equiv \Psi(t,x) = 常数 \cdot \mathrm{e}^{-\mathrm{i}(p\cdot x)} = 常数 \cdot \mathrm{e}^{-\mathrm{i}(\epsilon t - \boldsymbol{p}\cdot\boldsymbol{x})} \tag{11.40}$$

其中,$p^\mu = (\epsilon, \boldsymbol{p})$是 $\hat{p}^\mu$ 的本征值,我们得到ϵ和 $\boldsymbol{p}$ 之间合乎要求的色散关系((11.13)式).

另一类解对应于一个由 KG 方程描写的粒子源建立起来的场.例如,一个类点的重粒子被放在原点.在核子模型中,强相互作用产生围绕核子源的 π 介子场.具有质量为 m_π 的真实 π 介子满足 KG 方程,但是,在核子场中,场量子都是虚的.就像电磁场中的情况那样,对 π 介子场的静态球对称解在中心存在一个奇点.这样的解是

$$\psi(\boldsymbol{r}) = \frac{1}{r}\mathrm{e}^{-r/\lambda_\pi} \tag{11.41}$$

其中,$\lambda_\pi = 1/m_\pi$ 或$\hbar/(m_\pi c)$(在通常的单位制中是 π 介子的 Compton 波长).相应的场在距离$\sim\lambda_\pi$ 处呈指数衰减,这符合我们在上册习题 5.15 中所做的最简单的估算.π 介子作为最轻的强相互作用粒子(**强子**),决定了核力的作用力程,参见上册图 5.12.在更近的距离,核力由具有较短 Compton 波长的更重的粒子决定.在忽略 π 介子质量的极限下,**Yukawa 势**((11.41)式)(回顾上册习题 1.8)就趋向于通常的类点电荷的库仑势,那时力是由无质量的粒子传递的(在电动力学中是光子).

11.7 流守恒

概率守恒是理论必备的特征.诸如**局域守恒规律**这样的特性是由连续性方程(见上册(2.11)式)同样类型的方程来表示的.在相对论情况下,让我们考虑**矢量流场**

$$j^{\mu}(x) = (j^0(x), \boldsymbol{j}(x)) \tag{11.42}$$

它依赖于坐标 $x=(t,\boldsymbol{r})$,其中 $j^0(x)=\rho(x)$是守恒量的密度.按照上册(2.12)式,守恒的总运动常数是流的时间分量对全空间的积分:

$$Q = \int d^3 x j^0 \tag{11.43}$$

满足连续性方程的流是**守恒流**.电流是守恒流,因为总电荷是精确的运动常数.其他的运动常数可以产生它们自己的守恒流.

引入梯度四矢量((11.26)式),我们将连续性方程重写为$\partial^0 j^0-(-\nabla\cdot\boldsymbol{j})=0$,它就是四梯度与四流((11.42)式)的标量积,或流的四散度:

$$\partial^{\mu} j_{\mu} \equiv \partial_{\mu} j^{\mu} = 0 \tag{11.44}$$

更一般的情况下,我们能有一个高阶的守恒张量,它满足

$$\partial_{\mu} T^{\alpha\cdots\mu\cdots\omega} = 0 \tag{11.45}$$

那时,空间积分$\int d^3 x T^{\alpha\cdots 0\cdots\omega}$的所有分量都是运动常数.非相对论流的守恒可以由自由运动和在任意实外势 $U(t,\boldsymbol{r})$作用下运动的薛定谔方程得到,可见上册 7.3 节.这个守恒定律等价于幺正性——用粒子做的实验中总概率守恒.但是量 ρ(见上册(2.5)式)和 $\boldsymbol{j}$(见上册(7.54)式)并不构成一个四矢量,这是由于对它们的描述明显不是 Lorentz 协变的.

让我们为 KG 方程定义一个四矢量,作为薛定谔概率流(见上册(7.54)式)的相对论推广:

$$j^{\mu}(x) = \frac{1}{2im}[\Psi^*(\partial^{\mu}\Psi) - (\partial^{\mu}\Psi^*)\Psi] \tag{11.46}$$

很容易检验,这个流是守恒的.(11.44)式成立,这是因为在表达式$\partial_{\mu} j^{\mu}$ 中梯度乘积直接

抵消了,而∂^2相关项是由于Ψ和Ψ^*的KG方程而抵消了.

相对论流(11.46)式能用于以上册(7.61)式同样的方式表示成相位的四梯度.对实场$\Psi=\Psi^*$,它恒为零,这也是非相对论问题中流$\boldsymbol{j}$的**空间**分量的情况.然而,(11.46)式的**时间**分量的行为明显与非相对论的情形不一样(见上册(2.5)式).要了解这个区别,让我们计算一下平面波解((11.40)式)的流((11.46)式).与薛定谔情形(见上册(2.27)、(2.33)式)完全相似,它给出

$$j^{\mu} = \frac{p^{\mu}}{m} \mid \Psi \mid^2 \tag{11.47}$$

流((11.46)式)的时间分量是

$$j^{0} = \rho = \frac{\epsilon}{m} \mid \Psi \mid^2 \tag{11.48}$$

由(11.17)式,我们很清楚,它不同于非相对论情况,就是因为γ因子((11.7)式),即$\gamma=\epsilon/m$.在粒子的静止参考系中$\epsilon\rightarrow m$,(11.48)式就约化为上册(2.5)式.对慢运动来说,直到动能((11.18)式)的修正$\sim p^4$,此近似仍是对的.在粒子以速度v运动的参考系中,存在沿运动方向的Lorentz长度收缩,其收缩因子为$1/\gamma$.为保证守恒量的值,密度就必须要增加一个因子$\gamma=\epsilon/m$.这就是我们在(11.48)式中得到的.密度是四矢量的时间分量,而不是Lorentz标量,这一点很重要.

11.8 粒子和反粒子

因为KG方程((11.38)式)是线性的,具有能量与动量间正确关系((11.13)式)的平面波((11.40)式)的任意叠加仍是KG方程的一个解.这些平面波构成一个完备集,KG方程的任意解都能用它们的叠加得到.

然而,从KG方程导出的色散关系((11.13)式)是二次的,因此ϵ的两种符号都是存在的,这与能量必须为正((11.14)式)的"正常"物理要求相矛盾.另外,$\epsilon<0$的解不能当作非物理的被舍弃,因为这样做会破坏平面波解的**完备性**,并且破坏叠加原理.我们必须得到这样的结论:允许有这样的解,但是$\epsilon<0$不能被理解成粒子的能量.

注意,对具有负"能量"的解守恒的密度((11.48)式)也是负的.因此,不能像我们在非相对论量子力学中做的那样将这个密度解释成概率密度.这个守恒量是某种**荷**,对于

平面波解的正的和负的ϵ，它具有相反的符号.

我们立刻得到一个关于**反粒子**的概念，它由满足同样方程的态描述，但是有$\epsilon<0$.对粒子和反粒子，任何守恒的荷取相反的值.一个实的场有 $j^{\mu}=0$；在这种情况下，守恒荷的缺失使得粒子与它们的反粒子完全相同(**中性**场).

对于$\epsilon<0$，正的量$-\epsilon=|\epsilon|$应该解释成反粒子的能量.有时，我们谈正或负"能量"仍是很方便的，但应该记住这是KG方程的不同的解.对有质量 $m\neq0$ 的场，在$|\epsilon|\geqslant m$ 时，这两类解被**能隙** $\Delta\epsilon=2m$ 分隔开(上和下是分别连续的).在某种意义上，反粒子的存在是 Lorentz 不变性的结果.任何用(11.14)式中的量子化方式((11.25)式)而不是(11.13)式来回避能量符号问题都会导致方程具有时间的一次导数和来源于(11.14)式的平方根的无穷阶空间导数.

带相反荷但都是正能量的粒子和反粒子的重解释在量子场论中变得更清楚.在**二次量子化**后(第17章)，场 $\Psi(x)$变成 **Fock 空间**的一个算符.这个空间把 Hilbert 空间所有态与各种可能数目的粒子和反粒子结合起来.Ψ 算符湮灭粒子，产生反粒子，在这两种情况中都降低了系统的荷.在 Ψ 算符的平面波展开中相应的项具有(11.40)式的形式分别带有正和负的能量ϵ.那时在两种情况中，ϵ给出系统初末态的能量差 E_i-E_f，相应的粒子数变化为 $N_f=N_i\mp1$.整个理论形式类似于4.3节中给出的电磁场量子化.

为了了解粒子和反粒子的概念与最简单的非零荷(即电荷)的情况是一致的，我们必须将KG方程扩展以描述在外电磁场中的运动，而不是自由运动.

11.9 电磁场

矢量势 $\boldsymbol{A}(x)$和标量势 $\varphi(x)\equiv A^0(x)$构成了**电磁势的四矢量**：

$$A^{\mu}(x)=(A^0(x),\boldsymbol{A}(x)) \tag{11.49}$$

在 Lorentz 变换下，它具有标准的特性((11.29)式).

正如我们在上册13.2节中的讨论，电磁势不是被电磁场唯一定义的.在保证$\boldsymbol{A}(t,\boldsymbol{r})$的完整的矢量特性前提下，我们可以做**规范变换**：

$$\boldsymbol{A}(t,\boldsymbol{r})\Rightarrow\boldsymbol{A}'(t,\boldsymbol{r})=\boldsymbol{A}(t,\boldsymbol{r})+\nabla f(t,\boldsymbol{r}) \tag{11.50}$$

$$\varphi(t,\boldsymbol{r})\Rightarrow\varphi'(t,\boldsymbol{r})=\varphi(t,\boldsymbol{r})-\frac{\partial f}{\partial t} \tag{11.51}$$

具有与(11.50)式同样的函数 $f(t,\boldsymbol{r})$. 依据协变符号((11.26)式),四矢量势((11.49)式)的规范变换(11.50)式、(11.51)式是

$$A^{\mu}(x) \Rightarrow A'^{\mu}(x) = A^{\mu}(x) - \partial^{\mu} f(x) \tag{11.52}$$

利用两个四矢量:梯度((11.26)式)和矢量势((11.49)式),我们引入**场张量**

$$F^{\mu\nu} = \partial^{\mu} A^{\nu} - \partial^{\nu} A^{\mu} \tag{11.53}$$

按照这个结构,该张量是反对称的:$F^{\mu\nu} = -F^{\nu\mu}$,因此它有 6 个独立(非对角)分量. 与上册的公式(13.6)和(13.7)直接对照表明($j,l=1,2,3$)

$$F^{j0} = -F^{0j} = \mathcal{E}^{j} \quad (\text{电场}) \tag{11.54}$$

和

$$F^{jk} = -\epsilon_{jkl}\mathcal{B}^{l} \quad (\text{磁场}) \tag{11.55}$$

这里,ϵ_{jkl} 是三维反对称张量. 那时,电磁场"矢量" $\boldsymbol{\mathcal{E}}$ 和 $\boldsymbol{\mathcal{B}}$ 实际上都是这个反对称张量的分量,而不是 Minkowski 空间的矢量.

下面的恒等式是定义(11.53)式的形式结果:

$$\partial^{\lambda} F^{\mu\nu} + \partial^{\mu} F^{\nu\lambda} + \partial^{\nu} F^{\lambda\mu} = 0 \tag{11.56}$$

很容易看出这个组合对所有三个指标都是反对称的,因此(11.56)式仅包含(4·3·2)/3! =4 个独立方程,它们与 **Maxwell 方程**中的**第一对**相符,与荷流无关:

$$\operatorname{div} \boldsymbol{\mathcal{B}} = 0 \tag{11.57}$$

$$\operatorname{curl} \boldsymbol{\mathcal{E}} = -\frac{\partial \boldsymbol{\mathcal{B}}}{\partial t} \tag{11.58}$$

后一对方程显示荷和流如何生成场:

$$\operatorname{div} \boldsymbol{\mathcal{E}} = 4\pi \rho_{\mathrm{ch}} \tag{11.59}$$

$$\operatorname{curl} \boldsymbol{\mathcal{B}} = \frac{\partial \boldsymbol{\mathcal{E}}}{\partial t} + 4\pi \boldsymbol{j}_{\mathrm{ch}} \tag{11.60}$$

这些用张量((11.53)式)和由像在(11.42)式构成的流矢量表示的方程显然是 Lorentz 协变的:

$$\partial_{\mu} F^{\mu\nu} = 4\pi j_{\mathrm{ch}}^{\nu} \tag{11.61}$$

(11.56)式能用全反对称四张量 $\epsilon_{\mu\nu\lambda\rho}$ 表示成另一种形式,这很像三张量((4.38)式),但是具有 6! =24 个等于 ±1 的独立分量. 与场张量((11.53)式)收缩给出所谓的**对偶**

张量：

$$\widetilde{F}_{\mu\nu} = \frac{1}{2} \epsilon_{\mu\nu\lambda\rho} F^{\lambda\rho} \tag{11.62}$$

这个新张量也是反对称的，并且改变了电场和磁场的角色：

$$F_{0j} = \mathcal{B}_j, \quad F_{jl} = -\epsilon_{jlk}\mathcal{E}_k \tag{11.63}$$

（译者注：这里作者显然疏忽了，写错了一点，(11.63)式应为 $\widetilde{F}_{0j} = \mathcal{B}_j$，$\widetilde{F}_{jl} = -\epsilon_{jlk}\mathcal{E}_k$.）

现在我们可以将(11.56)式写成下面的形式：

$$\epsilon_{\mu\nu\lambda\rho}\partial^{\nu} F^{\lambda\rho} = 0 \tag{11.64}$$

其中，很明显，仍然只有四个独立的方程.

11.10　最小电磁耦合（最小电磁作用原理）

Maxwell 方程组足以确定在给定电荷和电流在时间和空间分布的场.第二对方程(11.59)、(11.60)设置了对这些分布的限制.由于 div curl≡0，只有电荷密度和电流密度满足连续性方程，麦克斯韦方程才能是自洽的.这立刻可以从协变形式(11.44)式、(11.61)式上看出：因为场张量的反对称性，$\partial_\mu \partial_\nu F^{\mu\nu} \equiv 0$.于是电磁场和守恒流相互作用.这个相互作用的特征能被规范不变性的要求完全固定下来.

我们知道规范不变性等价于带电粒子波函数的相位变换（上册(13.26)式）；在我们的单位中，

$$\Psi \to \Psi \mathrm{e}^{\mathrm{i}ef(x)} \tag{11.65}$$

其中，e 是粒子的电荷，$f(x)$是时间和坐标的任意正规的规范函数.有了这种变换

$$\partial^\mu \Psi \to ((\partial^\mu \Psi) + \mathrm{i}e(\partial^\mu f)\Psi)\mathrm{e}^{\mathrm{i}ef} \tag{11.66}$$

包含四动量算子((11.26)式)的方程也要按照

$$\hat{p}^\mu \Psi \to ((\hat{p}^\mu \Psi) - e(\partial^\mu f)\Psi)\mathrm{e}^{\mathrm{i}ef} \tag{11.67}$$

改变.现在只要电荷与**矢量场** A^μ 通过如下的“长导数”（译者注：我们在规范场理论中通常称之为协变导数）相互作用，波函数的规范变换((11.65)式)就会得到补偿：

$$\partial^\mu \to D^\mu \equiv \partial^\mu + ieA^\mu \tag{11.68}$$

一个以这样方式出现的场应该具有其自身的规范变换((11.52)式),并且有和(11.65)式中一样的函数 $f(x)$. 利用这种语言,电磁场是**规范矢量场**,而且类似于经典理论,通过曾经用过的代换(见上册第13章)

$$\hat{p}^\mu \to \hat{p}^\mu - eA^\mu \tag{11.69}$$

我们建立起引入带电粒子与电磁场相互作用的一种方案. 这个代换被称为**最小耦合**. 对于具有复杂的内禀结构的粒子,情况更复杂些.

对于与电磁场(ϕ, $\boldsymbol{A}$)相互作用的带电粒子,KG方程((11.38)式)现在取如下形式:

$$(\hat{p} - eA)^2\Psi \equiv \left\{\left(\mathrm{i}\frac{\partial}{\partial t} - e\varphi\right)^2 - (\hat{\boldsymbol{p}} - e\boldsymbol{A})^2\right\}\Psi = m^2\Psi \tag{11.70}$$

例如,对负 π 介子,电荷为 $-e$,处在核(电荷为 Ze)的静 Coulomb 场中,与氢原子的薛定谔方程类似的方程是

$$\left\{\left(\mathrm{i}\frac{\partial}{\partial t} + \frac{Ze^2}{r}\right)^2 - \hat{\boldsymbol{p}}^2\right\}\Psi = m^2\Psi \tag{11.71}$$

此方程可以用到 π 原子(或K原子,由负K介子代替 π 介子),对于那些介子没有穿透到原子核内部的态,在(11.71)式中被忽略的核力变为主导的力. 即使在远离核的原子轨道上,这些力仍是很重要的,因为它们导致最终 π 或K介子被核俘获. 这是和电磁辐射(通常是X射线)一起,使介原子的轨道(包括基态)成为准定态的效应. 通过忽略俘获,我们能确定这类介原子的类氢谱.

习题 11.1 利用非相对论的氢原子薛定谔方程作为参考点,求(11.71)式所预言的束缚态谱.

解 能量为 E 的定态是如下本征值问题的解:

$$\left\{\hat{\boldsymbol{p}}^2 + m^2 - \left(E + \frac{Ze^2}{r}\right)^2\right\}\psi(\boldsymbol{r}) = 0 \tag{11.72}$$

用标准方式分离角度变量,则可以把第 ℓ 个分波的径向函数 $R_\ell(r) = u_\ell(r)/r$ 的方程重写为

$$\left\{-\frac{\mathrm{d}^2}{\mathrm{d}r^2} + \frac{\ell(\ell+1) - Z^2e^4}{r^2} - \frac{2EZe^2}{r}\right\}u_\ell = (E^2 - m^2)u_\ell \tag{11.73}$$

如下明显的对应关系:

$$\ell(\ell+1) \Rightarrow \ell(\ell+1) - Z^2e^4,\quad k^2 \Rightarrow E^2 - m^2,\quad e^2 \Rightarrow e^2\frac{E}{m} \tag{11.74}$$

和上册中关于氢原子的(18.2)式吻合.在薛定谔方程中,束缚态谱(上册(18.14)式)由下式给出:

$$E_{n\ell} = -\frac{mZ^2e^4}{2n^2} \tag{11.75}$$

其中,主量子数(上册(18.13)式)$n = N + \ell + 1$ 与ℓ相差一个整数.现在,代替ℓ,我们应当用ℓ',按照(11.74)式中的第一个等式得到

$$\ell' = \sqrt{(\ell+1/2)^2 - Z^2e^4} - 1/2 \equiv \ell - \Delta_\ell \tag{11.76}$$

其中,此方程定义的 Δ_ℓ 由于是移动ℓ所要求的,因此也是移动主量子数所要求的.利用代换(11.74)式和(11.76)式,我们得到代替(11.75)式的表示式:

$$\frac{E_{n\ell}^2 - m^2}{2m} = -\frac{mZ^2e^4}{2\,(n-\Delta_\ell)^2}\frac{E_{n\ell}^2}{m^2} \tag{11.77}$$

这是一个具有如下结果的 $E_{n\ell}$的新方程:

$$E_{n\ell} = \frac{m}{\sqrt{1 + Z^2e^4/\,(n-\Delta_\ell)^2}} \tag{11.78}$$

"偶然"Coulomb 简并(请看上册 18.3 节)被解除了,而在同一个主壳层中的能级按照角动量ℓ劈裂.非相对论极限对应于 $Z^2e^4 = (Z\alpha)^2$ 的幂次展开:

$$\Delta_\ell \approx \frac{(Z\alpha)^2}{2\,\ell+1},\quad E \approx m\left\{1 - \frac{(Z\alpha)^2}{2n^2} + \frac{(Z\alpha)^4}{n^3}\left[\frac{3}{8n} - \frac{1}{2\,\ell+1}\right]\right\} \tag{11.79}$$

这套理论当 $Z\alpha > 1/2$ 时失效,这时按照(11.76)式 Δ_0 变成复数.在这样的强场中,单粒子近似就不再适用,轨道的大小具有 Compton 波长的量级,违背了相对论的不确定性关系((11.3)式).

KG 方程所预言的相对论修正与只含一个电子的类氢离子谱精细结构的实验数据不符.这个结论指出标量函数 Ψ 的 KG 方程不能描写相对论电子的量子行为.单分量函数 Ψ 对应自旋$s = 0$ 的粒子.对高自旋的粒子,除了每个分量都要满足 KG 方程共同的相对论要求之外,还存在内禀**多分量**动力学.

11.11 高能时的光吸收

现在,我们简单地回顾一下在非相对论量子力学框架中不能描述的那些较高能量的过程.为了便于比较数量级,我们会用通常的单位.

原子光电效应的截面是衰减的,我们在5.8节讨论过这一点.对于直到能量$\hbar\omega \gg mc^2$的软γ射线,光效应是主要的吸收道.我们的结果在$\hbar\omega \approx mc^2/2$之前都很适用,$K$壳的光吸收是整个效应的主要部分.当$\hbar\omega$达到几个兆电子伏量级时,$\gamma$射线吸收的主要机制是Compton效应(请看上册第1章),在这样大数值的$\hbar\omega$时,可以认为光是作为自由粒子的电子散射.利用在5.8节中我们的计算,我们能从光被束缚电子散射转换成Compton散射,这时电子被认为是自由粒子.

随着ω的增大,光子波长变得小于原子的大小.在矩阵元(6.57)式和(6.58)式中,函数$e^{i(\boldsymbol{k}\cdot\boldsymbol{r})}$在原子尺度上振荡,并且伴随着电子在离散谱中跃迁,散射振幅迅速降低.这和原子形状因子随着(我们在3.3节讨论过)动量转移的上升而减少的情形一样.那时,类似于带电粒子的散射,与原子的电子发射到连续谱相关的过程的作用增加了.如果末态电子的动量接近$\boldsymbol{p}=\hbar(\boldsymbol{k}-\boldsymbol{k}')$,振荡指数$e^{i(\boldsymbol{k}-\boldsymbol{k}')\cdot\boldsymbol{r}}$就被电子的平面波抵消了.在这种情况下,对于给定$\boldsymbol{k}$与$\boldsymbol{k}'$之间的散射角$\theta$,被散射的光子的频率$\omega'$是由能量和动量守恒确定的,这与从自由电子散射的情况一样,后者就是Compton散射.这导致一个窄的能移线,其频率ω'定义如下(见上册(1.7)式):

$$\omega' = \frac{\omega}{1+(\hbar\omega/(mc^2))(1-\cos\theta)} \tag{11.80}$$

这个Compton线((11.80)式)的宽度取决于在原子内电子动量的不确定性Δp.在$\hbar\omega/(mc^2)\ll 1$极限下,它给出自由电子的Thomson散射,其截面是(6.82)式.

在高能时,$\hbar\omega \gg mc^2$,对于不太小的散射角,末态波长$\lambda'=2\pi\lambda_C(1-\cos\theta)$不依赖初始频率$\omega$,而是由Compton波长$\lambda_C$决定.Compton散射的准确的QED计算给出了**Klein-Nishina-Tamm公式**(1929—1930[15])

$$\frac{d\sigma}{do} = r_0^2\frac{\omega'^2}{4\omega^2}\left(\frac{\omega}{\omega'}+\frac{\omega'}{\omega}-2+4(\boldsymbol{e}\cdot\boldsymbol{e}'^*)^2\right) \tag{11.81}$$

其中,$\boldsymbol{e}$和$\boldsymbol{e}'$分别是初态和末态光子的极化矢量,r_0是经典的电子半径(上册(1.40)式),ω'

由散射角((11.80)式)确定.对 $\omega'=\omega$,我们再次得到 Thomson 散射结果((6.79)式).

习题 11.2 计算在 $\nu=\hbar\omega/(mc^2)\gg 1$ 时,无极化光子的总散射截面.

解

$$\sigma = \pi r_0^2 \frac{1}{\nu}\left(\ln(2\nu)+\frac{1}{2}\right) \tag{11.82}$$

对于一个原子,此结果应该乘以电子数 Z.截面随频率增加而减小,这意味着 γ 射线或 X 射线的穿透能力增加.

一个新的过程,e^+e^- **对产生**,对于 $\nu>2$,也就是 $\hbar\omega>2m_ec^2\approx 1$ MeV,变成可允许的.在有核存在的情况下这是可能发生的,核接受那些丢失的动量以满足守恒律所必须的条件.同时,核的反冲能量很小,这是因为核的质量很大.正负电子对产生的截面[15]以 $\propto Z^2\ln\omega$ 的频率增长,在甚高频时停止依赖 ω.当 $\nu>10$ 时,对产生是光吸收的主导机制.图 11.1 大致显示了作为光子能量的函数,重原子光吸收中各种不同机制所起的相对作用.

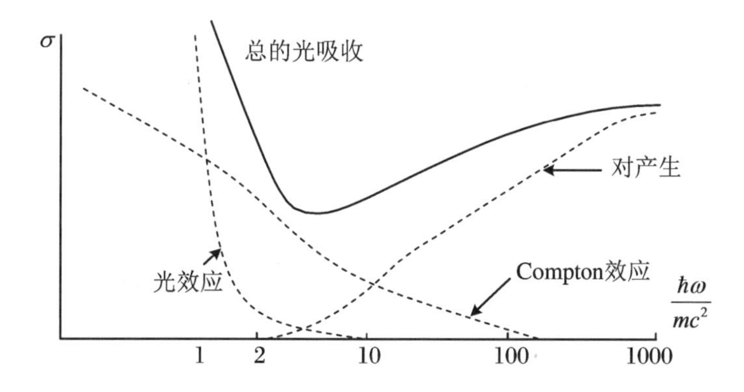

图 11.1 光吸收的不同机制所起的作用

11.12 原子核的光效应

从几个兆电子伏的光子能量开始,**原子核的光效应**成为可能.光子被原子核吸收,同时一个或少数几个核子被撞出来(核子在原子核中的束缚能一般为 7—8 MeV,虽然它也可能很小,在束缚很松的原子核中可以到几百千电子伏(keV)).由于原子核内核子间的强相互作用,在激发能位于分离阈值之上的相对长寿命核态是存在的.采用单粒子变量的话,那些准定态具有非常复杂的波函数.从定性上讲,我们能说激发能是分布在众多自由度上的,每个核子的平均能量不足以让核子逃逸——这是**复合核**图像,是**多体量子混沌**最好的例子之一,见第24章.

这个图像(N. Bohr,1936)从热力学观点可以解释为核物质的处于平衡的"热滴".它的寿命超过了波包再生的Weiskopf时间((10.82)式),与经典力学的Poincare回归时间类似.也存在稀有涨落的概率,这时激发能集中在一个单核子上,使其可以从原子核中逃逸出去.但是,这个过程不同于直接光效应.被击出去的核子对于曾经产生了复合核的激发道**丢失了记忆**,并且这个发射像是来自液滴中的**蒸发**.发射粒子的角分布与(5.74)式不同,接近各向同性,而能谱很接近Maxwell形式.与蒸发核子不同的是,它还能依赖于原子核低激发能可用的分立态发射次级γ射线.当然,复合核不仅能由γ射线产生,而且也发生在各种核反应中.

在所有的原子核中,我们观察到一个很宽(宽度为3—4 MeV)的光吸收的最大值,它的能量平均来看是反比于原子核的半径的,如图11.2所示.这个最大值是被电偶极跃迁

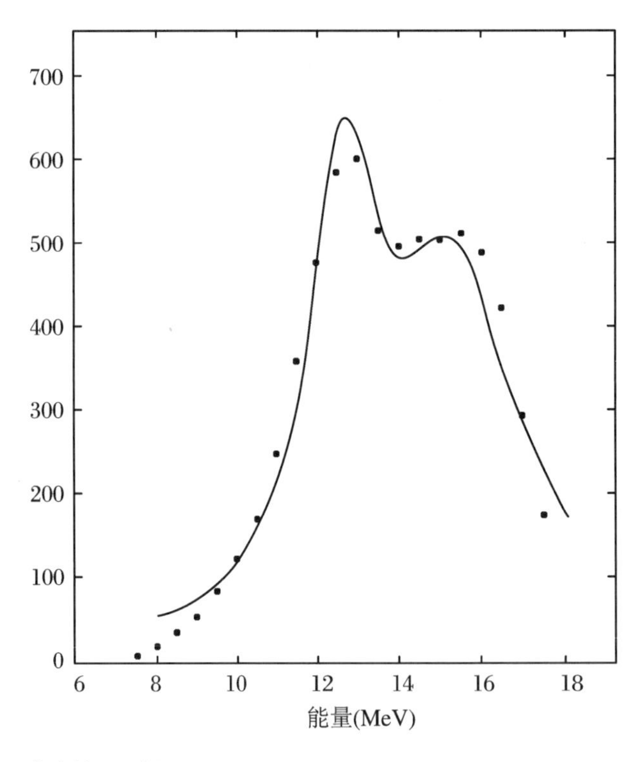

图 11.2　原子核光吸收中的巨共振

两个峰对应沿扁长形变轴的振荡(小频率)和沿两个较短轴的振荡(大频率和双宽度).[39]

激发的，通常称为**巨偶极共振**.还存在一些类似的但不那么明显的多极共振态.这个共振态可以粗略地解释成质子相对中子的集体偶极振荡.对共振态积分后，光吸收截面$\int \mathrm{d}E_{\gamma}\sigma$几乎使偶极子求和规则饱和，见习题5.3和习题5.4.一个很大的宽度表明巨共振态只有很短的寿命(实际上只是几个振荡周期).如果我们能解共振区谱的精细结构，就能看到大量窄的准定态，它们的能隙～1—10 eV，它们就是如上所述通过慢蒸发过程衰变的混沌复合态.若初始是激发的，复合态的相干叠加构成巨共振，请见第20章，作为一个典型的粒子-空穴型的集体激发(见上册10.8节)，它们随后弥散成具有略微不同能量的不相干分量.这样产生了共振态的**弥散宽度**；直接逃逸只给出总巨共振宽度的很小部分.在具有大量中子超出的奇特原子核中，观测到了偶极共振的低能分支(称为pygmy)，一般认为是中子相对核心的趋肤振荡所导致的.

当能量$\hbar\omega$具有吉电子伏(GeV)量级时，与原子和原子核过程(包括核子的Compton散射)不同，其他粒子的光生过程变成可能的了.在足够高的能量处，γ射线能产生正负电子喷注：有原初光子产生，成对产生的粒子在原子核的场中减速并发射新光子，产生新的正负电子对，这样一直持续下去.

11.13 QED中一些过程的估算

对相对论粒子的电动力学过程概率的精确计算，只需用QED的公式即可得到，但这超出了本书的范围.下面，我们仅仅试图在前面得到的经验的基础上做一些定性的估计.这里我们用传统的单位.

以加速度$\dot{v}$运动的电子产生的偶极辐射强度能用以下经典公式来估算：

$$I \sim \frac{\ddot{d}^2}{c^3} \sim \frac{e^2}{c^3}\dot{v}^2 \tag{11.83}$$

对于频率ω的谐振子，光子辐射率为

$$\dot{w} \sim \frac{I}{\hbar\omega} \sim \frac{e^2}{\hbar\omega c^3}\omega^2 v^2 \sim \alpha\omega\left(\frac{v}{c}\right)^2 \tag{11.84}$$

平均来说，每$(1/\alpha)(c/v)^2$振子周期($T\sim 1/\omega$)发射一个光子.因此，受激谐振子的寿命为$\tau\sim(c/v)^2(1/(\alpha\omega))$，或者对一个原子来说$v/c\sim Z\alpha$，$\hbar\omega\sim mc^2(Z\alpha)^2$，$m=m_e$，

$$\tau \sim \frac{1}{\alpha\omega}\frac{1}{(Z\alpha)^2} \sim \frac{\hbar}{mc^2}\frac{1}{\alpha(Z\alpha)^4} \sim \frac{10^{-9}\ \mathrm{s}}{Z^4} \tag{11.85}$$

寿命对振荡周期的比值 $\tau/T \sim \omega\tau \sim \alpha^{-1}(Z\alpha)^{-2} \gg 1$,决定了能级宽度 $\Gamma = \hbar\gamma$ 与它的能量相比是很小的:$E/\Gamma \sim \hbar\omega/(\hbar\gamma) \sim \omega\tau \gg 1$(原子谐振子的高**品质因子**).光波列的有限长度(**相干长度**)是

$$c\tau \sim \frac{\hbar}{mc}\frac{1}{\alpha(Z\alpha)^4} \sim \frac{10\ \mathrm{cm}}{Z^4} \tag{11.86}$$

要估算快速移动粒子的辐射过程,我们可以再用一下(11.83)式.如果在时间间隔 Δt 内,电子的速度变化了 Δv,则辐射强度可以估算为

$$I\Delta t \sim \frac{e^2}{c^3}\left(\frac{\Delta v}{\Delta t}\right)^2 \Delta t \sim \frac{e^2}{c^3}\frac{(\Delta v)^2}{\Delta t} \tag{11.87}$$

取 Δt 为电子运动的特征时间,我们期待辐射谱主要包含频率 $\omega \sim 1/\Delta t$(我们不考虑 $E \gg mc^2$ 的极相对论运动).发射光子的典型能量是 $E_\gamma \sim \hbar\omega \sim \hbar/\Delta t$,总的辐射概率为

$$w_1 \sim \frac{I\Delta t}{\hbar\omega} \sim \frac{e^2}{c^3}\frac{(\Delta v)^2}{\Delta t}\frac{\Delta t}{\hbar} \sim \frac{e^2}{\hbar c^3}(\Delta v)^2 \sim \alpha\left(\frac{\Delta v}{c}\right)^2 \tag{11.88}$$

相继的辐射行为是接近独立的,所以,当只管数量级时,两个光子的发射概率是单个辐射概率的平方:

$$w_2 \sim w_1^2 \sim \left[\alpha\left(\frac{\Delta v}{c}\right)^2\right]^2 \ll w_1 \tag{11.89}$$

即使对相对论粒子,当 $\Delta v/c \sim 1$ 时,额外光子的发射是被小因子 $\sim\alpha$ 压低的.

同样的,我们能估算(e^+e^-)对的湮没.正负电子对(在自由运动或在束缚的**正电子偶素**态(positronium state)中)湮没成(一个)实光子是被守恒律禁戒的.但是,这个过程作为虚过程是可能的.例如,与辐射场的耦合使正电子偶素作为一个光子经历一个很短的时间,这产生了正电子偶素能级可观测的移动.我们可以估算这个能移.

电子不可能被定位于比它的 Compton 波长 λ_C 尺度更好之处(上册式(5.85)).对于湮没来说,正电子和电子不得不处在这个相对距离之内.如果是这样,跃迁到单光子态的概率就可以估算为 w_1((11.88)式),这时 $\Delta v \sim c$,即 $w_1 \sim \alpha$.这意味着对于在距离 $\leqslant \lambda_C$ 内的伙伴所花费的时间,这个 α 部分可以与虚光子态相关联.在正电子偶素的基态,这些伙伴们通常处在 Bohr 半径 $a \sim \lambda_C/\alpha$ 量级的相对距离.在等于相应的体积比 $(\lambda_C/a)^3 \sim \alpha^3$ 的一小段时间内,它们互相接近到 λ_C 的距离.最后,可以被识别为单光子态的全部时间是 $\alpha \cdot \alpha^3 = \alpha^4$.这些讨论仅仅适用于相对运动的 s 态,否则接近的概率要小得多.这样,

在向光子态跃迁中，正电子偶素的 s 态获得等于这个概率 α^4 与能量改变$\sim mc^2$ 乘积的能移：

$$\delta E \sim a^4 mc^2 \tag{11.90}$$

注意，这个能移与正电子偶素的精细劈裂和超精细劈裂具有相同的量级，见上册第24章. 与能量相反，在跃迁矩阵元中角动量是守恒的. 由于光子的自旋为1，能移((11.90)式)仅对**正态电子偶素**(orthopositronium)(三重态，$J=S=1$)存在，而对**仲电子偶素**(parapositronium)(单态，$J=S=0$)就不存在了.

对于**双光子淹没的实过程**，电子与正电子必须达到相对距离$\sim\lambda_C$，并且发射两个能量为$\hbar\omega\sim mc^2$ 的光子. 与概率为 α^4 的单光子过程相比较，此过程在单光子态的存在时间 Δt 内要多发射一个光子. 按照不确定性关系 $\Delta t\sim\hbar/(mc^2)$，它给出第二个光子的发射率为 $\alpha/\Delta t\sim\alpha mc^2/\hbar$，双光子淹没的总速率为 $\dot{w}\sim\alpha^4\cdot\alpha mc^2/\hbar\sim\alpha^5 mc^2/\hbar$. 由此我们得到仲电子偶素的寿命为

$$\tau_{\text{para}} \sim \frac{\hbar}{mc^2}\frac{1}{\alpha^5} \sim 10^{-9}\ \text{s} \tag{11.91}$$

将(11.91)式与(11.86)式比较表明，对于**仲电子偶素**，其激发态对于辐射的分寿命和基态对于双光子淹没的分寿命是同一个量级的. 如在(11.91)式中看到的，仲电子偶素基态的宽度是 $\Gamma_{\text{para}}\sim\hbar/\tau_{\text{para}}\sim mc^2\alpha^5$，它比精细结构间隔((11.90)式)小一个因子 α. 结果表明，**正态电子偶素**只允许淹没到三个光子(后面会解释为什么). 相应的概率包含一个额外的因子 α，以至于它的寿命 τ_{ortho}要长两个数量级，为$\sim10^{-7}$ s.

习题 11.3 证明在电子偶素基态中的 Zeeman 效应. 假设磁场强度的大小是这样的：它使这种效应与仲电子偶素和正态电子偶素间的劈裂可比；相应的哈密顿量可写为

$$\hat{H}' = A(\hat{\boldsymbol{s}}_+\cdot\hat{\boldsymbol{s}}_-) - \mu_B\mathcal{B}(\hat{s}_{+z} - \hat{s}_{-z}) \tag{11.92}$$

其中，$s_\pm$ 为电子和正电子的自旋.

解 我们需要将 4×4 空间中的哈密顿量((11.92)式)对角化(仲电子偶素单态和正态电子偶素三重态). 总自旋投影 S_Z是守恒的. 类似于线性电场情况中的2p和2s的氢能级(见上册习题24.5)，三重态，$S_Z=\pm1$，是存在磁场时的正确组合. $S_Z=0$ 的三重态和单态是混合在一起的，久期方程给出

$$\delta E(S_z=0) = -\frac{A}{4}\left[1\pm\sqrt{4+\left(\frac{4\mu_B\mathcal{B}}{A}\right)^2}\right] \tag{11.93}$$

当 $\mathcal{B}=0$ 时，较高的态对应正态电子偶素；当 $\mathcal{B}\neq0$ 时，是单态和三重态的叠加.

习题 11.4 由于单态的混合，上面习题 11.3 中态的寿命是在磁场中淬火的（正态电子偶素的淬火）. 估算出磁场 $\mathcal{B}$ 使寿命 τ_{ortho} 减少至原来的 $\frac{1}{10}$.

产生虚粒子对的过程也会对光从电荷上的散射有贡献，见第 6 章. 除了光子吸收紧接着又发射出来以及其逆过程（图 6.4）会导致截面 $\sim r_0^2 \sim 10^{-25}\ \text{cm}^2$ 之外，入射光子 γ 还能产生虚的 $e^+ - e^-$ 对. 对中的正电子和原有的电子一起湮没成新的量子 γ'. 为了估算湮没概率，我们需要单位时间内一个光子在与电子间距离必须为 λ_C 时的概率 $\dot{w}^{(1)}$、对产生的概率 $w^{(2)}$ 以及湮没后辐射光子 γ' 概率 $w^{(3)}$ 的乘积. 如前所述，我们有 $w^{(2)} \sim w^{(3)} \sim \alpha$. 变化率 $\dot{w}^{(1)}$ 是由管内体积（管子截面为 λ_C^2，长度等于光子速率 c）与整个体积 V 的比值：$\dot{w}^{(1)} \sim (\hbar/mc)^2(c/V)$. 则截面由这个比率除以入射束流 c/V 得到

$$\sigma \sim \frac{\dot{w}^{(1)} w^{(2)} w^{(3)}}{c/V} \sim \left(\frac{\hbar}{mc}\right)^2 \frac{c}{V} \cdot \alpha \cdot \alpha \cdot \frac{1}{c/V} \sim \left(\frac{\hbar}{mc}\right)^2 \alpha^2 \sim r_0^2 \qquad (11.94)$$

它和自由电子散射的 Thomson 截面（(6.79)式）具有同样的量级. 在精确的计算中，对这两种散射要考虑它们的振幅求和，而不是概率求和. 虚粒子在带电粒子散射的过程中也要计入，特别是在高能散射时和大散射角（小的瞄准距离）的情况下. 虽然能产生各种带电的粒子-反粒子对，但是很显然，对于能量为 $\hbar\omega$ 的光子来说，只有所需能量未显著超过 $\hbar\omega/c^2$ 的、质量为 M 的粒子对的虚产生可能很重要.

第 12 章

Dirac 方程：形式化理论

著名的数学家 Mark Kac 曾将天才分为两种：一种是普通的天才，聪明人可通过艰苦的努力和好运气效仿他们的成就；另一种是魔术师，他们的发明令人如此震惊，与他们同事的直觉完全相反，以致很难看到什么人能够想像到他们的直觉. Dirac 就是一个魔术师.

——G. Segrè

12.1 引入 Dirac 方程

这里我们将介绍被许多物理学家认为是整个现代物理学中最重要、最优雅的方程. **Dirac 方程**描述自旋 1/2 的粒子，它们是物质的主要成分——电子、中微子、夸克和核子. 对于电子，外部电磁场可以通过最小作用原理添加进来（见 11.10 节）. 但是，对于核子，由于强相互作用,情况要更加复杂.

在寻找对于自旋 1/2 粒子的相对论协变描述时,我们必须记住波函数应该是**多分量**的:我们需要描述两个可能的自旋态和负能态,这些能态随后将用反粒子——正电子、反中微子、反夸克和反核子——来重新解释. 因此,我们预期波函数分量的**最小**数量应该等于 4. 这样的函数被称为**双旋量**(bispinor),我们可以用一个具有四个分量 $\Psi_{1,2,3,4}$ 的列向量 Ψ 来描述. 所有作用在这种函数上的算符都应该是 4×4 的矩阵. 为了有一个标准的哈密顿形式:

$$\mathrm{i}\frac{\partial\Psi}{\partial t}=\hat{H}\Psi \tag{12.1}$$

并因此允许有一个与相对论相容的传统概率解释,哈密顿量 $\hat{H}$ 应该线性地包含动量算符 $\hat{\boldsymbol{p}}=-\mathrm{i}\nabla$,因为(12.1)式对时间的导数是线性的. 对于自由运动,如果我们假设时间和空间是均匀的,则坐标和时间不能明显地进入方程. 后者关联着能量-动量守恒,就像在经典和非相对论量子力学中一样. 因此,动量分量 $\hat{p}_i$ 只能以常数系数出现,而这些系数将是双旋量空间中的矩阵. 利用动量分量的一般线性形式是(如前所述,$\hbar=c=1$)

$$\hat{H}=\alpha_1\hat{p}_1+\alpha_2\hat{p}_2+\alpha_3\hat{p}_3+\beta m\equiv(\boldsymbol{\alpha}\cdot\boldsymbol{p})+\beta m \tag{12.2}$$

其中,α_i 和 β 是 4×4 的**无量纲厄米常数矩阵**,m 是一个能量量纲的常数,它自然应该识别为粒子的质量,因为对于静止的粒子,我们应该有 $E=m$.

由于叠加原理,双旋量 ψ 的每一个分量都表示着在相对论色散定律((11.13)式)下,自由粒子的一个可能的态. 如

$$\hat{H}^2=m^2+\hat{\boldsymbol{p}}^2 \tag{12.3}$$

情况就是如此. 另一方面,算符((12.2)式)的平方必须用所考虑的系数的矩阵性质来计算:这些矩阵与时空导数对易,但通常相互不对易. 保持矩阵因子的正确顺序,我们得到

$$\hat{H}^2=\beta^2m^2+m\hat{p}_j[\beta,\alpha_j]_++\hat{p}_i\hat{p}_j\alpha_i\alpha_j \tag{12.4}$$

这里 β 和 α_j 算符的反对易式出现了. 实际上(12.4)式中的最后一项只包含 α 矩阵的对称组合,也就是仍为反对易式. 由于(12.3)式和(12.4)式应该相符,我们得到矩阵条件

$$\beta^2=1;\quad[\beta,\alpha_j]_+=0 \tag{12.5}$$

$$\alpha_j^2=1(j=1,2,3);\quad[\alpha_i,\alpha_j]_+=0,i\neq j \tag{12.6}$$

方程(12.5)、(12.6)和厄米性 $\alpha_j^\dagger=\alpha_j$、$\beta_j^\dagger=\beta_j$ 是确定 **Dirac 矩阵** α_j 和 β 的代数的唯一条件. 通过幺正变换相互连接的不同的矩阵集合也都能满足这些条件. 所有这些集合在物

理上是等价的;到另一集合的变换只不过意味着(12.1)式中的四个方程的不同线性组合.选取矩阵为

$$\beta = \begin{pmatrix} \hat{1} & 0 \\ 0 & -\hat{1} \end{pmatrix} = \begin{pmatrix} 1 & 0 & 0 & 0 \\ 0 & 1 & 0 & 0 \\ 0 & 0 & -1 & 0 \\ 0 & 0 & 0 & -1 \end{pmatrix}, \quad \boldsymbol{\alpha} = \begin{pmatrix} 0 & \boldsymbol{\sigma} \\ \boldsymbol{\sigma} & 0 \end{pmatrix} \tag{12.7}$$

形式的**标准表示**比较方便.下面为了简便起见,我们使用四维矩阵的二维形式,其中2×2的矩阵块是零矩阵、单位矩阵 $\hat{1}$ 和 Pauli 矩阵 σ_i.我们在(11.30)式中使用了这种形式,然而,那里的四维来自时空维度,而不是双旋量结构.

我们得到了质量为 m 的自由粒子的 Dirac 方程:

$$\mathrm{i}\frac{\partial \Psi}{\partial t} = \{\beta m + (\boldsymbol{\alpha} \cdot \hat{\boldsymbol{p}})\}\Psi \tag{12.8}$$

按照(12.3)式的结构,双旋量的每个分量都满足 KG 方程(克莱因-高登方程).实际上,一般的条件并没有预先确定矩阵和波函数的维数.但是,4 是**最小**的可能维数;具有更多分量的函数可能用于描写高自旋的粒子.

12.2 协变形式和代数

矩阵 β 和 $\boldsymbol{\alpha}$ 适合于在一个特定的固定参考系内考虑.为了有一个明显的**协变**表达式,使用一组不同的矩阵:$\gamma_\mu = (\gamma_0, \boldsymbol{\gamma})$,

$$\gamma_0 = \beta, \quad \boldsymbol{\gamma} = \beta\boldsymbol{\alpha} = \begin{pmatrix} 0 & \boldsymbol{\sigma} \\ -\boldsymbol{\sigma} & 0 \end{pmatrix} \tag{12.9}$$

它们的对易关系易由(12.5)式和(12.6)式推导出来:

$$[\gamma_\mu, \gamma_\nu]_+ = 2g_{\mu\nu}, \quad \mu, \nu = 0,1,2,3 \tag{12.10}$$

这里我们使用了标准度规张量 $g_{\mu\nu}$((11.20)式).根据(12.10)式,有

$$\gamma_0^2 = 1, \quad \gamma_{1,2,3}^2 = -1 \tag{12.11}$$

为了把 Dirac 方程写成一个新的形式，我们用矩阵 $\gamma_0=\beta$ 去乘以(12.8)式并得到($\hat{E}=\mathrm{i}\partial/\partial t\equiv\mathrm{i}\partial^0$)

$$\{\gamma_0\hat{E}-(\boldsymbol{\gamma}\cdot\hat{\boldsymbol{p}})-m\}\Psi=0 \tag{12.12}$$

或者一种协变形式：

$$(\gamma_\mu\hat{p}^\mu-m)\Psi=0 \tag{12.13}$$

有时，也易通过矩阵矢量 γ_μ 引入非矩阵矢量 $V^\mu=(V^0,\boldsymbol{V})$的“标量积”$\underline{V}$：

$$\underline{V}\equiv\gamma_\mu V^\mu=\gamma_0V^0-(\boldsymbol{\gamma}\cdot\boldsymbol{V}) \tag{12.14}$$

这样，Dirac 方程就获得了一个漂亮的形式：

$$(\underline{\hat{p}}-m)\Psi=0 \tag{12.15}$$

当然，协变的性质仍然需要通过考虑时空坐标的真实 Lorentz 变换以及由于变到另一个参考系所引起的双旋量的变换来证明.

与四个矩阵 γ_μ 一起，还有一个额外的矩阵：

$$\gamma_5=\mathrm{i}\gamma_1\gamma_2\gamma_3\gamma_0 \tag{12.16}$$

在标准表示(12.7)式中

$$\gamma_5=-\begin{pmatrix}0 & \hat{1}\\ \hat{1} & 0\end{pmatrix} \tag{12.17}$$

注意，在这种表示中，类似于二维泡利矩阵 $\boldsymbol{\sigma}$ 的标准表示，矩阵 $\gamma_{0,1,3,5}$是实的，而 γ_2 是虚的.矩阵 $\gamma_{0,2,5}$是对称的，而 $\gamma_{1,3}$是反对称的.作为结果，矩阵 γ_0 和 γ_5 是厄米的，而空间矩阵 $\boldsymbol{\gamma}=(\gamma_{1,2,3})$是反厄米的.许多代数性质在对易关系((12.10)式)完全确定的表示的变化下是不变的.

习题 12.1 证明代数性质：

$$\gamma_5^2=1;\quad [\gamma_5,\gamma_\mu]_+=0,\mu=0,1,2,3 \tag{12.18}$$

习题 12.2 证明所有的 γ 矩阵都是无迹的.

解 由迹和性质(12.18)的循环不变性，得

$$\mathrm{tr}(\gamma_\mu)=\mathrm{tr}(\gamma_\mu\gamma_5^2)=\mathrm{tr}(\gamma_5\gamma_\mu\gamma_5)=-\mathrm{tr}(\gamma_\mu\gamma_5^2)=-\mathrm{tr}(\gamma_\mu)=0 \tag{12.19}$$

用同样的方法，我们证明了 $\mathrm{tr}(\gamma_5)=0$，并且**奇数**个 γ 矩阵的任意乘积的迹为零.对于**偶数**个矩阵，我们利用反对易式(12.10)得到

$$\mathrm{tr}(\gamma_\mu\gamma_\nu) = \frac{1}{2}\mathrm{tr}([\gamma_\mu,\gamma_\nu]_+) = \frac{1}{2}\mathrm{tr}(2g_{\mu\nu}) = 4g_{\mu\nu} \tag{12.20}$$

这个过程可以很自然地推广到具有大量(偶数个)因子求迹的情况.为把左面的因子移动到右面和末尾,我们使用了对易关系,且循环不变性最终能把迹转换为原来的形式.一路上收集到的反对易式给出了新的迹,它的因子数减少了两个.例如,四个矩阵的情况被减少到了前面的例子((12.20)式):

$$\mathrm{tr}(\gamma_\kappa\gamma_\lambda\gamma_\mu\gamma_\nu) = 4(g_{\kappa\lambda}g_{\mu\nu} - g_{\kappa\mu}g_{\lambda\nu} + g_{\kappa\nu}g_{\lambda\mu}) \tag{12.21}$$

另外一个有用的例子是

$$\mathrm{tr}(\gamma_5\gamma_\kappa\gamma_\lambda\gamma_\mu\gamma_\nu) = -4\mathrm{i}\,\epsilon_{\kappa\lambda\mu\nu} \tag{12.22}$$

其中,就像在(11.62)式中,我们引入了 4 阶全反对称张量$\epsilon_{\kappa\lambda\mu\nu}$.(12.22)式的结果很容易理解,因为 γ_5 矩阵中的每个矩阵因子都需要在其余的矩阵中找到它的搭档.只有当它们全都不同时,这个结果才是可能的;此外,由于这些矩阵是反对易的,因此结果对那些矩阵是反对称的.

12.3 流

与 KG 方程相反,Dirac 方程有可能通过直接模仿薛定谔(方程)的结果来构建守恒的正定密度.我们把这个密度

$$\rho = \Psi^\dagger\Psi \tag{12.23}$$

定义为一个厄米共轭双旋量 $\Psi^\dagger$(一个坐标的数字函数,而不是一个矩阵),即一个复共轭分量的行矢量

$$\Psi^\dagger = (\Psi_1^*,\Psi_2^*,\Psi_3^*,\Psi_4^*) \tag{12.24}$$

乘以一个原始的双旋量的列矢量 Ψ 的标量积.

从 Dirac 方程(12.8),我们得到共轭双旋量的方程:

$$-\mathrm{i}\frac{\partial\Psi^\dagger}{\partial t} = \Psi^\dagger\beta m + (\hat{\boldsymbol{p}}\Psi)^\dagger\cdot\boldsymbol{\alpha} \tag{12.25}$$

其中,$\hat{\boldsymbol{p}}\Psi^\dagger = \mathrm{i}\,\nabla\Psi^\dagger$.把(12.8)式和(12.25)式结合在一起,我们求得密度((12.23)式)的

运动方程：

$$\frac{\partial \rho}{\partial t} = - \nabla \cdot (\Psi^{\dagger} \boldsymbol{\alpha} \Psi) \tag{12.26}$$

这样，我们就得到了**连续性方程**：

$$\frac{\partial \rho}{\partial t} + \mathrm{div} j = 0 \tag{12.27}$$

其守恒的流密度为

$$\boldsymbol{j} = \Psi^{\dagger} \boldsymbol{\alpha} \Psi \tag{12.28}$$

守恒流的存在允许直接推广 Hilbert 空间的整套形式体系，其中密度((12.23)式)用概率方式解释，并且振幅度被定义为标量积：

$$\langle a \mid b \rangle_t = \int \mathrm{d}^3 r \Psi_a^{\dagger}(\boldsymbol{r}, t) \Psi_b(\boldsymbol{r}, t) \tag{12.29}$$

如果我们定义 **Dirac 共轭**双旋量

$$\overline{\Psi} = \Psi^{\dagger} \beta = \Psi^{\dagger} \gamma_0 \tag{12.30}$$

替换厄米共轭双旋量 $\Psi^{\dagger}$，我们就可以(在这一步正式地)将密度 ρ 和流密度 $\boldsymbol{j}$ 分别表示为 **4 维流** $j^{\mu} = (\rho, \boldsymbol{j})$ 的时间和空间分量. 那时，4 维流就是

$$j^{\mu} = \overline{\Psi} \gamma^{\mu} \Psi \tag{12.31}$$

12.4 电荷共轭

现在，我们证明 Dirac 方程包含这样的解，它可以成对地分组，并解释为那些关联着粒子和反粒子的解. 假定的粒子和反粒子间的对称性应该基于下面的事实表现出来，即这两类物体的**自由运动**是完全相同的. 然而，如果我们把负能解与正能量的电荷相反的粒子关联起来是有意义的，那么通过它们在外场中对**电荷**敏感的行为就可以区分它们.

正如 11.10 节的内容，加入电磁场的最小作用原理与规范不变性密切相关. 如果一个电荷为 e 的自由运动粒子满足 Dirac 方程(12.8)，在场 $A^{\mu} = (\phi, \boldsymbol{A})$ 中，该方程应通过引入**协变微分**(long derivative)(11.68)式和(11.69)式修改：$\hat{H} \Rightarrow \hat{H} - e\phi$，$\hat{\boldsymbol{p}} \Rightarrow \hat{\boldsymbol{p}} - e\boldsymbol{A}$. 在

Dirac 方程的情况下,它导致了自由哈密顿量的替换:

$$\hat{H} = \beta m + (\boldsymbol{\alpha} \cdot \hat{\boldsymbol{p}}) \Rightarrow \beta m + e\varphi + \boldsymbol{\alpha} \cdot (\hat{\boldsymbol{p}} - e\boldsymbol{A}) \tag{12.32}$$

外场中的 Dirac 方程变成

$$\mathrm{i}\frac{\partial \Psi}{\partial t} = \{\beta m + e\varphi + \boldsymbol{\alpha} \cdot (\hat{\boldsymbol{p}} - e\boldsymbol{A})\}\Psi \tag{12.33}$$

或者,作为(12.15)式的推广:

$$(\underline{\hat{p}} - e\underline{A} - m)\Psi = 0 \tag{12.34}$$

可以立即检查,由于场(ϕ, A)是实的,连续性方程(12.27)仍然成立,其密度表达式(12.23)和流密度表达式(12.28)保持精确相同. 由于动量算符在方程中线性地出现,在流的表达式中(见上册(13.28)式)没有所谓的反磁项$\sim \boldsymbol{A}|\Psi|^2$. 然而,由于波函数的变化,当场存在时,流会改变.

令 Ψ 描述一个粒子可能状态中的一个态,在定态的情况下,这将是一个具有确定正能 E,并因此具有时间依赖性$\sim \exp(-\mathrm{i}Et)$的解. 对应的负能反粒子搭档,预期会按$\exp(\mathrm{i}Et)$随时间变化. 因此,推测到反粒子的转换**电荷共轭**应包括一个复共轭的操作. 复共轭的双旋量 Ψ^* 满足与(12.33)式复共轭的方程:

$$-\mathrm{i}\frac{\partial \Psi^*}{\partial t} = \{\beta^* m + e\varphi + \boldsymbol{\alpha}^* \cdot (\hat{\boldsymbol{p}}^* - e\boldsymbol{A})\}\Psi^* \tag{12.35}$$

注意到 Ψ^* 仍然是一个列的双旋量,但具有复共轭的分量,并且在外场为实场的同时,时间和空间导数都是带着因子 i 出现,且改变了符号($\hat{\boldsymbol{p}}^* = -\hat{\boldsymbol{p}}$). 现在,我们改变(12.35)式中所有项的符号,并将方程乘上一个 4×4 的常数矩阵 $\mathcal{C}$,后面我们将这样选择矩阵,它使变换后的方程与原始方程一致:

$$\mathrm{i}\frac{\partial(\mathcal{C}\Psi^*)}{\partial t} = \{m\mathcal{C}(-\beta^*)\mathcal{C}^{-1} - e\phi + \mathcal{C}\boldsymbol{\alpha}^* \cdot (\hat{\boldsymbol{p}} + e\boldsymbol{A})\mathcal{C}^{-1}\}\mathcal{C}\Psi^* \tag{12.36}$$

在这里的矩阵项中,我们插入了 $\mathcal{C}^{-1}\mathcal{C}=1$,以便在所有情况下都有新的**电荷共轭**双旋量:

$$\Psi_C = \mathcal{C}\Psi^* \tag{12.37}$$

如果**电荷共轭算符** $\mathcal{C}$ 满足矩阵关系

$$\mathcal{C}(-\beta^*)\mathcal{C}^{-1} = \beta, \quad \mathcal{C}\boldsymbol{\alpha}^*\mathcal{C}^{-1} = \boldsymbol{\alpha} \tag{12.38}$$

则电荷共轭双旋量((12.37)式)遵从相同的 Dirac 方程(12.33),但有相反的电荷 $-e$.

然而,很明显,矩阵 $\mathcal{C}$ 确实是存在的,因为矩阵 $\beta' = -\beta^*$ 及 $\boldsymbol{\alpha}' = -\boldsymbol{\alpha}^*$ 满足与原始

矩阵相同的对易关系,并可通过一个幺正变换从后者变换过来.这个选择甚至不是唯一的.

习题 12.3 在强加了附加条件

$$\mathcal{C}^{\dagger} = \mathcal{C} = \mathcal{C}^{-1} \tag{12.39}$$

的 Dirac 矩阵的标准表示(12.7)式中求矩阵 $\mathcal{C}$.

解

$$\mathcal{C} = \mathrm{i}\beta\alpha_2 = \mathrm{i}\gamma_2 \tag{12.40}$$

因此,我们有一对双旋量 Ψ 和 Ψ_C 分别描述电荷为 $\pm e$ 的粒子(在同一个外场中)的运动.如果解 Ψ 描述的是一个粒子,则解 Ψ_C 一定属于反粒子.如果 Ψ 是哈密顿量的能量为 E 的本征矢量,且其所有的分量都具 $e^{-\mathrm{i}Et}$ 的时间相关性,则双旋量 $\mathcal{C}\Psi^*$ 的所有分量都具有关于能量 $-E$ 的 $e^{\mathrm{i}Et}$ 的时间相关性.在自由运动中,Ψ 和 Ψ_C 是能量具有相反符号的相同方程的解.正如在 11.8 节中关于相对论色散定律的讨论,具有能量 $\pm E$ 的解是成对出现的.没有外场作用于电荷上,粒子和反粒子是无法区分的.通过对具负能解进行电荷共轭操作,我们获得具有正能的物理解,事实上,它与粒子的解是一致的.在存在外场时,粒子的解与反粒子的解不同;由给定电荷的 $E<0$ 的解,通过电荷共轭变换,我们得到电荷相反的 $E>0$ 的解.电荷共轭变换使我们可以考虑 $e>0$ 且 $E>0$ 的正电子的解,而不必考虑 $e<0$ 且 $E<0$ 的电子的解.

12.5 相对论变换

物理过程不依赖于 Lorentz 参考系的选择.在所有这些参考系中,物理定律的方程具有相同的形式,这些形式通过涉及的参考系中的物理量来表达.我们的方程可以写成一种**协变**的形式,它明确地表明所有的项都遵守相同的变换规则.

使用逆变动量算符((11.26)式),我们把 Dirac 方程(12.15)写成

$$(\mathrm{i}\gamma_\mu\partial^\mu - m)\Psi = 0 \tag{12.41}$$

现在,我们做由矩阵 Λ 给出的 Lorentz 变换((11.29)式).如果将矩阵 γ_μ 按照四矢量的分量进行变换,则量 $\gamma_\mu\partial^\mu$ 将是不变的.于是,新参考系中的波函数 Ψ 将满足同样的方程(12.41),即它也是不变的(一个相对论**标量**).然而,我们的量 γ_μ 是与参考系无关的通用

矩阵.因此,Dirac 方程的相对论协变性要求波函数 Ψ 以一个确定的方式变换.线性变换 $\mathcal{S}$ 必须存在:

$$\Psi' = \mathcal{S}\Psi \tag{12.42}$$

以使新波函数 Ψ' 在新参考系中满足相同形式的方程:

$$(\mathrm{i}\gamma_\mu \partial'^\mu - m)\Psi' = 0 \tag{12.43}$$

根据相对论色散定律((11.12)式),质量 m 是一个标量;而微分 ∂'^μ 涉及新的坐标.

矩阵 $\mathcal{S} = \mathcal{S}(\Lambda)$ 不可能依赖于坐标,而应该是一个通用的 4×4 矩阵(因为双旋量具有四个分量),它由 Lorentz 变换 Λ 完全确定;它不是奇异的,因为 Lorentz 变换的逆变换确定了逆矩阵 $\mathcal{S}^{-1}$.在(12.42)式中,新函数 Ψ' 取在点 x' 处,而原函数 Ψ 在(11.29)式的意义上,取在相应的 $x = \Lambda^{-1}x'$ 点处:

$$\Psi'_\alpha(x') = \mathcal{S}_\alpha^\beta(\Lambda)\Psi_\beta(\Lambda^{-1}x') \tag{12.44}$$

这是波函数旋转变换的一个明显的概括,参见上册 16.1 节.四梯度((11.27)式)的变换给出了

$$\partial^\mu \Psi = \frac{\partial \Psi}{\partial x_\mu} = \frac{\partial \Psi}{\partial x'_\nu}\frac{\partial x'_\nu}{\partial x_\mu} = \Lambda_\nu^\mu \partial'^\nu \Psi \tag{12.45}$$

使用(12.45)式和(12.42)式,我们将原始 Dirac 方程(12.41)改写为

$$(\mathrm{i}\Lambda_\nu^\mu \gamma_\mu \partial'^\nu - m)\mathcal{S}^{-1}\Psi' = 0 \tag{12.46}$$

或者乘以矩阵 $\mathcal{S}$,给出

$$\mathcal{S}\mathrm{i}\Lambda_\nu^\mu \gamma_\mu \mathcal{S}^{-1}\partial'^\nu \Psi' - m\Psi' = 0 \tag{12.47}$$

如果

$$\mathcal{S}\Lambda_\nu^\mu \gamma_\mu \mathcal{S}^{-1} = \gamma_\nu \quad \rightsquigarrow \quad \mathcal{S}^{-1}\gamma_\nu \mathcal{S} = \Lambda_\nu^\mu \gamma_\mu \tag{12.48}$$

则变换后的波函数的方程(12.47)将满足相对论协变条件,即与(12.41)式一致.这是确定矩阵 $\mathcal{S}$ 的条件,因此,它也就是 Dirac 波函数的 Lorentz 变换规则((12.42)式).矩阵 $\mathcal{S}$ 的选择可以通过额外的条件(实际上是 Ψ 的归一化)来确定,例如

$$\det \mathcal{S} = 1 \tag{12.49}$$

很容易理解条件(12.48)式的意义.假如波函数 Ψ 是标量($\Psi' = \Psi$),那么 γ_μ 按四矢量变换的协变性就会满足

$$\gamma_\nu \Rightarrow \gamma'_\nu = \Lambda_\nu^\mu \gamma_\mu \tag{12.50}$$

现在，我们希望找到这样的一个变换 $\mathcal{S}$，它将把 γ 矩阵变回到它们原来的形式. 就像往常一样，在(12.42)式的变换下，算符将按照

$$\gamma'_\nu \Rightarrow \gamma''_\nu = \mathcal{S}\gamma'_\nu\mathcal{S}^{-1} = \mathcal{S}\Lambda^\mu_\nu\gamma_\mu\mathcal{S}^{-1} \tag{12.51}$$

变换. $\gamma''_\nu = \gamma_\nu$ 的要求正是我们的协变条件(12.48)式.

12.6 自旋算符

坐标系的可能变换包括通常的三维旋转. 这种变换的生成元与 Dirac 粒子的自旋密切关联.

一个简单的技术就是把上册 16.2 节中对非相对论粒子所做的操作进行直接推广. 我们通过寻找旋转矩阵 $\mathcal{S}(\mathcal{S}\equiv\mathcal{R}_z(\varphi))$来说明这一点. 按照上册 16.1 节的做法，对于无穷小旋转角 $\delta\varphi$，有

$$x' = x - y\delta\varphi, \quad y' = y + x\delta\varphi, \quad z' = z, \quad t' = t \tag{12.52}$$

在单位矩阵附近的变换矩阵 Λ 可以写为

$$\Lambda = 1 + \delta\varphi \cdot \lambda \tag{12.53}$$

其中，矩阵元为 λ^μ_ν 的 4×4 矩阵起到了变换生成元的作用. 方程(12.52)显示

$$\lambda^2_1 = -\lambda^1_2 = -1 \tag{12.54}$$

矩阵 $\mathcal{R}$ 也接近于单位矩阵：

$$\mathcal{R} = 1 + \delta\varphi \cdot \tau \tag{12.55}$$

其中，τ 是待定的矩阵. 在相同的精度下，$\mathcal{R}^{-1} = 1 - \delta\varphi \cdot \tau$，有

$$\mathcal{R}^{-1}\gamma_\nu\mathcal{R} = (1 - \delta\varphi \cdot \tau)\gamma_\nu(1 + \delta\varphi \cdot \tau) = \gamma_\nu + \delta\varphi[\gamma_\nu, \tau] \tag{12.56}$$

另一方面，(12.48)式和(12.53)式要求：它无非就是

$$\Lambda^\mu_\nu\gamma_\mu = \gamma_\nu + \delta\varphi\lambda^\mu_\nu\gamma_\mu \tag{12.57}$$

这样，矩阵 τ 必须遵从

$$[\gamma_\nu, \tau] = \lambda^\mu_\nu\gamma_\mu \tag{12.58}$$

或者,显式地写成

$$[\gamma_1,\tau]=-\gamma_2,\quad [\gamma_2,\tau]=\gamma_2 \tag{12.59}$$

这些方程的解为

$$\tau=\frac{1}{2}\gamma_1\gamma_2+\eta \tag{12.60}$$

其中,η 是一个与 γ_1 和 γ_2 对易的矩阵.然而,归一化((12.49)式)要求

$$\det(1+\delta\varphi\tau)=1+\delta\varphi\mathrm{tr}(\tau)=1\quad\rightsquigarrow\quad\mathrm{tr}(\tau)=0 \tag{12.61}$$

它不包含矩阵 η,并给出

$$\tau=\frac{1}{2}\gamma_1\gamma_2 \tag{12.62}$$

在标准表示(12.9)式中,这个结果是

$$\tau=-\frac{1}{2}\begin{pmatrix}\sigma_1\sigma_2 & 0\\ 0 & \sigma_1\sigma_2\end{pmatrix}=-\frac{\mathrm{i}}{2}\begin{pmatrix}\sigma_3 & 0\\ 0 & \sigma_3\end{pmatrix} \tag{12.63}$$

现在自然地可以把 Dirac 粒子的自旋算符定义为

$$\hat{s}=\frac{1}{2}\boldsymbol{\Sigma} \tag{12.64}$$

其中,相对论的 4×4 自旋矩阵是

$$\boldsymbol{\Sigma}=\begin{pmatrix}\boldsymbol{\sigma} & 0\\ 0 & \boldsymbol{\sigma}\end{pmatrix} \tag{12.65}$$

这样,类似于非相对论的情况,旋转生成元定义为

$$\tau=-\frac{\mathrm{i}}{2}\Sigma_3=-\mathrm{i}\hat{s}_3 \tag{12.66}$$

并且绕其他轴的旋转也类似.

4×4 的矩阵 Σ_i 的代数性质与泡利矩阵的没有区别.像通常一样,我们可以恢复有限旋转的幺正算符:

$$\mathcal{R}_z(\varphi)=\mathrm{e}^{\varphi\tau}=\mathrm{e}^{-\mathrm{i}\varphi\hat{s}_3}=\mathrm{e}^{-(\mathrm{i}/2)\varphi\Sigma_3}=\cos\frac{\varphi}{2}-\mathrm{i}\sin\frac{\varphi}{2}\Sigma_3 \tag{12.67}$$

就像自旋 1/2 粒子所应该的那样,参见上册第 20 章,旋转整个 2π 角度给出 $\mathcal{R}_z(\varphi+2\pi)$

$= -\mathcal{R}_z(\varphi)$.

习题 12.4 求与 Lorentz **推动**跃迁相对应的 Dirac 波函数的变换 $\mathcal{S}(v_x)$，该跃迁是到沿 x 轴以速度 v 相对于原始参考系运动的参考系的跃迁.

解 类似于对旋转情况的做法，但结果不是幺正的：

$$\mathcal{S}(v_x) = \cosh\frac{\xi}{2} + \alpha_1 \sinh\frac{\xi}{2}, \quad \tanh\xi = v \tag{12.68}$$

或在通常单位下的 $\tanh\xi = v/c$.

Lorentz 群的非幺正表示反映了变换的特性. 与**紧致的**连续参数——角度——的旋转不同，从 $-\infty$ 变到 $+\infty$ 的推动"角" ξ 是**非紧致**的. 在实际问题中，与更复杂的速度的 Lorentz 加法相反，使用这个参数——**快度**——可能很方便，因为沿同一个轴的具有参数 ξ_1 和 ξ_2 的两步推动可以用**相加**的方式 $\xi = \xi_1 + \xi_2$ 描述.

12.7 双线性协变

我们需要考虑物理可观测量(各种算符的矩阵元)在 Lorentz 变换下如何变换. 我们可以从这样的物理量开始，这些物理量的变换规则可通过普遍理由来建立.

四矢量的流 j^μ((12.31)式)必须与坐标矢量 x^μ((11.5)式)的变换方式相同. 使用 Dirac 共轭旋量 $\overline{\Psi}$ 并进行 Lorentz 变换 Λ，我们得到

$$j^\mu \Rightarrow j'^\mu = \Lambda^\mu_\nu j^\nu = \Lambda^\mu_\nu \overline{\Psi}\gamma^\nu\Psi = \overline{\Psi}(\Lambda^\mu_\nu\gamma^\nu)\Psi \tag{12.69}$$

其中，矩阵 γ^ν 按照标准规则((11.21)式)定义. Dirac 方程的 Lorentz 协变性的条件((12.48)式)现在显示为

$$j'^\mu = \overline{\Psi}\mathcal{S}^{-1}\gamma^\mu\mathcal{S}\Psi \tag{12.70}$$

共轭旋量的变换由

$$\overline{\Psi}' = (\Psi)'^\dagger\gamma_0 = \Psi^\dagger\mathcal{S}^\dagger\gamma_0 = \overline{\Psi}\gamma_0\mathcal{S}^\dagger\gamma_0 \tag{12.71}$$

给出. 因此，变换后的流矢量应该是

$$j'^\mu = \overline{\Psi}'\gamma^\mu\Psi' = \overline{\Psi}\gamma_0\mathcal{S}^\dagger\gamma_0\gamma^\mu\mathcal{S}\Psi \tag{12.72}$$

如果

$$\gamma_0 \mathcal{S}^\dagger \gamma_0 = \mathcal{S}^{-1} \tag{12.73}$$

(12.70)式和(12.72)式这两个表达式就是一致的.下面,我们证明这个关系是正确的.

习题 12.5 证明:算符 $\mathcal{S}\gamma_0\mathcal{S}^\dagger\gamma_0$ 与所有的 γ_μ 矩阵对易.

解 写出双旋量 $\Psi^\dagger$ 的相对论协变条件,并使用厄米共轭的性质(见 12.2 节),则

$$\gamma_\mu^\dagger = \gamma_0\gamma_\mu\gamma_0 \tag{12.74}$$

有 16 个线性独立的 4×4 的矩阵.我们可以在这个算符空间中选择一组基,如下所示:

单位矩阵$\hat{1}$ ——**标量**;

4 个 γ_μ 矩阵 ——**矢量**;

6 个矩阵

$$\sigma_{\mu\nu} = \frac{\mathrm{i}}{2}[\gamma_\mu, \gamma_\nu] = -\sigma_{\nu\mu} \tag{12.75}$$

——**反对称张量**;

4 个 $\mathrm{i}\gamma_\mu\gamma_5$ 矩阵 ——**赝矢量**(参照矩阵 γ_5 的定义(12.16));

1 个 γ_5 矩阵 ——**赝标量**.

这里加入因子 i 是为了保证厄米性.之后这些术语的含义会变得更清楚,尽管很显然只有单位矩阵可以与所有的 γ_μ 对易(形式上可认为,这涉及 Schur 引理,参见上册 8.12 节).因此,习题 12.5 的结果表明

$$\mathcal{S}\gamma_0\mathcal{S}^\dagger\gamma_0 = \eta = \text{常数}\cdot\hat{1} \tag{12.76}$$

现在,我们可以寻找常数 η.首先,矩阵 $\mathcal{S}\gamma_0\mathcal{S}^\dagger$ 显然是厄米的.那么由(12.76)式可以看出 $\eta\gamma_0$ 也是厄米的,即 η 是实的.由 $\det\mathcal{S}=1$,我们有

$$\det(\mathcal{S}\gamma_0\mathcal{S}^\dagger\gamma_0) = |\det\mathcal{S}|^2 \cdot |\det(\gamma_0)|^2 = 1 = \eta^4 \tag{12.77}$$

这表明 $\eta=\pm1$.我们仍然需要理解符号 η 的含义.再次将(12.76)式写成 $\mathcal{S}\gamma_0\mathcal{S}^\dagger=\eta\gamma_0$ 并同时取这两边的逆算符,我们得到

$$(\mathcal{S}^\dagger)^{-1}\gamma_0\mathcal{S}^{-1} = \frac{1}{\eta}\gamma_0 \quad \rightsquigarrow \quad \eta\gamma_0\mathcal{S}^{-1} = \mathcal{S}^\dagger\gamma_0 \tag{12.78}$$

因此

$$\mathcal{S}^\dagger\mathcal{S} = \mathcal{S}^\dagger\gamma_0\gamma_0\mathcal{S} = \eta\gamma_0\mathcal{S}^{-1}\gamma_0\mathcal{S} \tag{12.79}$$

应用 Lorentz 协变的条件(12.48)式,我们得到

$$\mathcal{S}^{\dagger}\mathcal{S} = \eta\gamma_0\Lambda_0^{\mu}\gamma_{\mu} = \eta(\gamma_0\Lambda_0^0\gamma_0 - \gamma_0\Lambda_0^k\gamma_k) = \eta(\Lambda_0^0 - \Lambda_0^k\alpha_k) \tag{12.80}$$

然而,根据构造算符 $\mathcal{S}^{\dagger}\mathcal{S}$ 具有实的正本征值,因此它的迹是正的.按照(12.80)式,有

$$\mathrm{tr}(\mathcal{S}^{\dagger}\mathcal{S}) = 4\eta\Lambda_0^0 \geqslant 0 \tag{12.81}$$

我们得出结论:如果 $\Lambda_0^0>0$,则 $\eta=+1$,即对应于不包含时间反演的变换;如果 $\Lambda_0^0<0$,则 $\eta=-1$,也就是对应于包含时间反演的变换.

因此,对于不调转时间箭头的变换,可满足(12.73)式,并且流 j^{μ} 确实表现为四矢量(流在时间反演下改变符号).很容易看到任何形为

$$V^{\mu} = \overline{\Psi}_1\gamma^{\mu}\Psi_2 \tag{12.82}$$

的矩阵元都按照四矢量变换.概率密度((12.23)式)是一个矢量的第四分量,而不是一个标量(可回顾 11.7 节末的讨论).因此,我们传统的归一化 $\Psi^{\dagger}\Psi=1$ 就不是相对论不变的了.

对类似于流的矩阵元 $\overline{\Psi}\Psi$,**不变的归一化**是可能的.然而,它使用的是"标量"矩阵 $\hat{1}$,而不是"矢量矩阵" γ^{μ}.使用(12.71)式和(12.73)式,我们得到(对于没有时间反演的变换)

$$\overline{\Psi}' = \overline{\Psi}\mathcal{S}^{-1} \tag{12.83}$$

和

$$\overline{\Psi}'_1\Psi'_2 = \overline{\Psi}_1\mathcal{S}^{-1}\mathcal{S}\Psi_2 = \overline{\Psi}_1\Psi_2 \tag{12.84}$$

"张量"算符((12.75)式)的矩阵元

$$T_{\mu\nu} = \overline{\Psi}_1\sigma_{\mu\nu}\Psi_2 \tag{12.85}$$

按照二阶反对称张量的分量变换

$$T'_{\mu\nu} = \overline{\Psi}_1\sigma_{\mu\nu}\Psi'_2 = \overline{\Psi}_1\mathcal{S}^{-1}\sigma_{\mu\nu}\mathcal{S}\Psi_2 \tag{12.86}$$

并且使用协变条件((12.48)式)

$$T'_{\mu\nu} = \Lambda_{\mu}^{\rho}\Lambda_{\nu}^{\tau}\overline{\Psi}_1\sigma_{\rho\tau}\Psi_2 = \Lambda_{\mu}^{\rho}\Lambda_{\nu}^{\tau}T_{\rho\tau} \tag{12.87}$$

习题 12.6 证明"赝标"算符 γ_5 的矩阵元

$$P = \overline{\Psi}_1\gamma_5\Psi_2 \tag{12.88}$$

在 Lorentz 变换 Λ 下的变换为

$$P\Rightarrow P' = \overline{\Psi}'_1\gamma_5\Psi'_2 = P\cdot\det\Lambda \tag{12.89}$$

矩阵 Λ 的行列式是从旧坐标系到新坐标系变换的雅可比行列式.雅可比行列式确定了体积元的变化.对于连续的 Lorentz 变换(无空间或时间反映),四体积是不变的[16],且雅可比行列式等于 1.于是,$P' = P$.对于一个或三个坐标轴反转的变换,$\det\Lambda = -1$,并且 $P' = -P$,即矩阵元((12.88)式)确实具有赝标量的性质.类似地,可以证明"赝矢量"矩阵元

$$A^{\mu} = \overline{\Psi}_1 \gamma^{\mu} \gamma_5 \Psi_2 \tag{12.90}$$

表现为轴向矢量的分量(作为一个在旋转和推动变换下的真实的矢量,但在空间反演下不改变符号).

我们可以做一个总结:对 Dirac 粒子来说,所有物理可观测量的算符都可以根据它们的 Lorentz 变换的性质来分类.这些性质不依赖于双旋量 $\overline{\Psi}$ 和 Ψ 是否一致,或是否描述不同的状态或者甚至不同的 Dirac 粒子.如果两个这种粒子的相互作用哈密顿量能使宇称守恒,那么它应该是一个**标量**.于是,举例来说,它可以像(矢量×矢量)

$$(V^{\mu})_{12}(V_{\mu})_{34} = (\overline{\Psi}_1 \gamma^{\mu} \Psi_2)(\overline{\Psi}_3 \gamma_{\mu} \Psi_4) \tag{12.91}$$

一样或(赝矢量×赝矢量)

$$(A^{\mu})_{12}(A_{\mu})_{34} = (\overline{\Psi}_1 \gamma^{\mu} \gamma_5 \Psi_2)(\overline{\Psi}_3 \gamma_{\mu} \gamma_5 \psi_4) \tag{12.92}$$

一样通过收缩具有相同变换性质的物理量来构建.如果哈密顿量不能使宇称守恒,具有一个

$$(V^{\mu})_{12}(A_{\mu})_{34} + (\mathrm{H.c.}) \tag{12.93}$$

类型(矢量×赝矢量)的相互作用也是可能的.这是弱相互作用的情况,它可以被构造成包含交叉项(12.93)式的流 $j^{\mu} = V^{\mu} - A^{\mu}$ 的乘积.

第 13 章

Dirac 方程：解

如果我们能够用一个物理理论定量预言物理数据，那么这个理论就可认为是令人满意的.

——J. M. Jauch，F. Rohrlich

13.1 自由运动

我们从基本的、质量 $m \neq 0$ 的 Dirac 粒子的自由运动问题开始. 通过寻找能量为 E 的定态，我们可以用标准的方法分离时间相关性，并将双旋量解写为

$$\Psi(\boldsymbol{r}, t) = \psi(\boldsymbol{r}) \mathrm{e}^{-\mathrm{i}Et} \tag{13.1}$$

时间无关的双旋量 $\psi(\boldsymbol{r})$ 满足定态 Dirac 方程：

$$\hat{H}\psi = E\psi \tag{13.2}$$

其中,哈密顿量((12.2)式)为

$$\hat{H} = \beta m + (\boldsymbol{\alpha} \cdot \hat{\boldsymbol{p}}) \tag{13.3}$$

动量算符 $\hat{\boldsymbol{p}}$ 显然是守恒的,可以把解设为平面波:

$$\psi(\boldsymbol{r}) = \mathrm{e}^{\mathrm{i}(\boldsymbol{p}\cdot\boldsymbol{r})}u(\boldsymbol{p}) \tag{13.4}$$

现在其中的 $\boldsymbol{p}$ 是动量的一个本征值,而 $u(\boldsymbol{p})$是满足代数本征值问题的数值的双旋量:

$$\{\beta m + (\boldsymbol{\alpha} \cdot \boldsymbol{p})\}u(\boldsymbol{p}) = Eu(\boldsymbol{p}) \tag{13.5}$$

由(12.15)式,这个等式的另一种形式为

$$(\underline{p} - m)u = 0 \tag{13.6}$$

其中,动量四矢量为 $p^{\mu} = (E, \boldsymbol{p})$.对于双旋量 u 的分量,方程(13.5)实际上是一个有四个耦合的齐次线性方程的方程组;(13.6)式的形式只不过给出了同一个方程的不同组合.

基于多分量波函数的每个分量应满足 KG 方程的要求,在 12.1 节我们“推导出”Dirac方程.Dirac 方程使人们想到 KG 方程的平方根.借助(12.5)式和(12.6)式,通过 $\beta m + (\alpha \cdot \boldsymbol{p})$的作用回到二次算符,这样我们就去掉了所有的矩阵,得到了正能和负能的本征值:

$$E^2 = m^2 + \boldsymbol{p}^2 \quad \rightsquigarrow \quad E = \pm E_p = \pm\sqrt{m^2 + \boldsymbol{p}^2} \tag{13.7}$$

现在,我们需要验证这两个符号确实是可能的,并且是**成对**出现的,也就是说,对于每个本征值为 E((13.7)式)的本征矢量 u,都存在另一个本征值为 $-E$ 的本征矢量.这可以借助电荷共轭建立,见 12.4 节.

13.2 Dirac 海

类似于在(12.35)式和(12.36)式中的做法,我们变换 Dirac 方程.我们预计反粒子与粒子在同一场中移动的方向相反,在 Dirac 方程(13.5)中我们首先改变 $\boldsymbol{p} \to -\boldsymbol{p}$,得

$$(\beta m - (\alpha \cdot \boldsymbol{p}))u(-\boldsymbol{p}) = Eu(-\boldsymbol{p}) \tag{13.8}$$

现在,我们取复共轭,并改变共同的符号:

$$(-\beta^* m + (\alpha^* \cdot \boldsymbol{p}))u^*(-\boldsymbol{p}) = -Eu^*(-\boldsymbol{p}) \tag{13.9}$$

之后,电荷共轭给出,见 12.4 节:

$$(\mathcal{C}(-\beta^*)\mathcal{C}^{-1}m + (\mathcal{C}\alpha^*\mathcal{C}^{-1} \cdot \boldsymbol{p}))\mathcal{C}u^*(-\boldsymbol{p}) = -E\mathcal{C}u^*(-\boldsymbol{p}) \tag{13.10}$$

使用变换 $\mathcal{C}$ 的定义((12.38)式),得到方程

$$(\beta m + (\alpha \cdot \boldsymbol{p}))(\mathcal{C}u^*(-\boldsymbol{p})) = -E(\mathcal{C}u^*(-\boldsymbol{p})) \tag{13.11}$$

这意味着,对于每个能量为 E 的双旋量 $u(\boldsymbol{p})$,存在一个配对的双旋量 $\mathcal{C}u^*(-\boldsymbol{p})$,它是同一个 Dirac 方程的能量为 $-E$ 的解. 在一个给定矢量 $\boldsymbol{p}$ 的四个线性独立的解中,两个解对应于能量 $E = E_p > 0$,两个解对应于能量 $E = -E_p < 0$. 所允许的自由运动能谱,如图 13.1 所示,是由两个**连续谱**组成的,这两个谱之间的**能隙**在 $-mc^2$ 到 $+mc^2$ 之间.

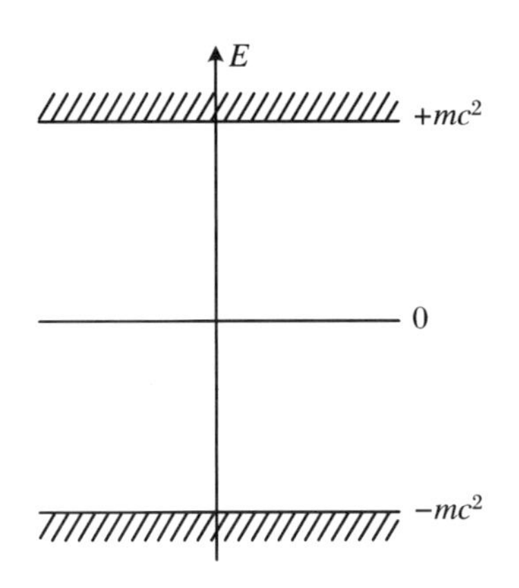

图 13.1　自由运动 Dirac 方程的能谱

从字面上理解,这个图像在物理观点上无法令人满意. $E > 0$ 的电子在第三个物体存在的情况下可以发射能量 $> 2mc^2$ 的光子,并跃迁到没有底部的负连续谱. 正如在 12.4 节中讨论的,合理的解释是正能解描述了**粒子**——电子. 然而,人们应该用它们的电荷共轭函数,而不是负能解,来描述**反粒子**——正电子:

$$u_{\mathrm{el}}(\boldsymbol{p}, E > 0) = u(\boldsymbol{p}, E_p), \quad u_{\mathrm{pos}}(\boldsymbol{p}, E > 0) = \mathcal{C}u^*(-\boldsymbol{p}, -E_p) \tag{13.12}$$

按照 Dirac 的观点,负能态的原始解释是这样的:假设在世界的基态中,所有的负能态都充满了均匀的电子本底——**Dirac 海**. 作为绝对均匀的背景,由于能隙很大,不会影

响到低能实验的输出. 被占据的海的存在使得电子跃迁到这些被 Pauli **不相容原理**所禁戒的态,见 15.4 节. 一个频率足够高($\omega > 2mc^2/\hbar$)的外场可将本底的电子推到上面的连续谱中. 这将被看作是一个 $E>0$ 的粒子和一个在 $E<0$ 的态中的**空穴**的出现. 在外部电磁场中,两种能量符号的所有电子都沿相同的方向移动. 但是,这意味着本底中的空穴就像正电子那样沿相反的方向移动.

通过电荷共轭给出的这种重新解释有助于避免引入无法观测的电子海. 从下连续谱到上连续谱的电子的激发自然被视为由外场导致的**电子-正电子对产生**. 电子填充空穴态的逆过程是对的**湮灭**. 然而,这种极有可能的过程限制了把外场中的电子视为一个**单粒子**的思路. 当场的频率很高时,粒子数目不再是固定的,因而很有必要求解电子和电子-正电子对的**多体问题**. 这导致了与相对论不确定性关系相关的可观测的 QED 效应,见 11.1 节和上册 5.10 节.

13.3 显示解

现在,我们可以寻找自由运动的 Dirac 方程(13.5)的解了. 考虑到将来向非相对论极限的过渡,可方便地引入两个二分量旋量 ϕ 和 χ,而不是四分量双旋量 u. 我们把两个上分量和两个下分量组合成

$$u = \begin{pmatrix} u_1 \\ u_2 \\ u_3 \\ u_4 \end{pmatrix} = \begin{pmatrix} \phi \\ \chi \end{pmatrix} \tag{13.13}$$

的形式.

在 Dirac 方程(12.7)的标准表示中,(13.5)式取如下形式:

$$E\begin{pmatrix} \phi \\ \chi \end{pmatrix} - (\boldsymbol{\sigma} \cdot \boldsymbol{p})\begin{pmatrix} \chi \\ \phi \end{pmatrix} - m\begin{pmatrix} \phi \\ -\chi \end{pmatrix} = 0 \tag{13.14}$$

我们得到一组两个关于旋量 ϕ 和 χ 的耦合方程:

$$E\phi - (\boldsymbol{\sigma} \cdot \boldsymbol{p})\chi = m\phi, \quad E\chi - (\boldsymbol{\sigma} \cdot \boldsymbol{p})\phi = -m\chi \tag{13.15}$$

并且其中的一个旋量可以用另一个旋量来表示:

$$\chi = \frac{(\boldsymbol{\sigma} \cdot \boldsymbol{p})}{E+m}\phi, \quad \phi = \frac{(\boldsymbol{\sigma} \cdot \boldsymbol{p})}{E-m}\chi \tag{13.16}$$

这组方程组的可解条件再次导致了能量本征值(13.7)式.这个解包含了一个任意的二分量旋量.例如,用一个任意的 ϕ,我们可以找到 $E = \pm E_p$ 的 χ.能量符号确定的态的二重简并性与二分量旋量的任意性(也就是两个独立的粒子内部状态的可能性)相关

$$\phi = \begin{pmatrix} 1 \\ 0 \end{pmatrix}, \quad 或 \quad \phi = \begin{pmatrix} 0 \\ 1 \end{pmatrix} \tag{13.17}$$

这两个内禀态对应着 Dirac 粒子的自旋 1/2.

如果有人对 $v \ll c$ 的**非相对论极限**感兴趣,那么 Dirac 矩阵标准表示的优点就变得清晰了.对于正能,$E = E_p > mc^2$,在这个非相对论极限下有 $E - mc^2 \ll mc^2$.那时,(13.16)式给出双旋量的上分量远大于下分量:

$$\chi \approx \frac{(\boldsymbol{\sigma} \cdot \boldsymbol{p})}{2m}\phi \sim \frac{v}{c}\phi \tag{13.18}$$

反之,对负能解,$E = -E_p$,上分量很小,$\phi \sim (v/c)\chi$.在粒子的静止系,$\boldsymbol{p} = 0$,其中的一个旋量为零,而两个留下的分量对自旋 1/2 的粒子提供了一个传统的非相对论描述.

对于非相对论的应用,我们仍然能够对双旋量使用一个非协变的归一化:

$$(u^\dagger u) = 1 \tag{13.19}$$

对于正能解,使用(13.16)式,双旋量为

$$u(\boldsymbol{p}) = N\begin{pmatrix} \phi \\ ((\boldsymbol{\sigma} \cdot \boldsymbol{p})/(E+m))\phi \end{pmatrix} \tag{13.20}$$

于是,现在有

$$\begin{aligned} (u^\dagger u) &= |N|^2\left(\phi^\dagger, \phi^\dagger \frac{(\boldsymbol{\sigma} \cdot \boldsymbol{p})}{E+m}\right)\begin{pmatrix} \phi \\ ((\boldsymbol{\sigma} \cdot \boldsymbol{p})/(E+m))\phi \end{pmatrix} \\ &= |N|^2\left[1 + \frac{(\boldsymbol{\sigma} \cdot \boldsymbol{p})^2}{(E+m)^2}\right](\phi^\dagger\phi) \end{aligned} \tag{13.21}$$

假定二分量旋量被归一化:$(\phi^\dagger\phi) = 1$,利用(13.19)式,并使用 Pauli 矩阵的代数性质(见上册方程(20.16)),我们得到

$$(u^\dagger u) = |N|^2\left[1 + \frac{p^2}{(E+m)^2}\right] = |N|^2\frac{2E}{E+m} \tag{13.22}$$

最后,按照(13.19)式归一化的正能解由

$$u(\boldsymbol{p}) = \sqrt{\frac{E+m}{2E}} \begin{pmatrix} \phi \\ ((\boldsymbol{\sigma} \cdot \boldsymbol{p})/(E+m))\phi \end{pmatrix} \tag{13.23}$$

给出.

习题 13.1 利用海森伯算符的运动方程,求 Dirac 粒子的速度算符及其本征值.

解 速度算符可定义为

$$\hat{\boldsymbol{v}} \equiv \dot{\boldsymbol{r}} = -\mathrm{i}[\hat{\boldsymbol{r}}, \hat{H}] = -\mathrm{i}[\hat{\boldsymbol{r}}, (\boldsymbol{\alpha} \cdot \hat{\boldsymbol{p}})] = \boldsymbol{\alpha} \tag{13.24}$$

或在通常单位下的 $c\boldsymbol{\alpha}$. 很容易看到所有 Dirac 矩阵的本征值都是 ± 1,这就是说,速度分量的本征值为 $\pm c$.

如果想到一个确定速度分量或者一个相应的 Dirac 矩阵 α_k 的本征态不是定态,习题 13.1 的矛盾结果就可以放到一个通用框架里. 由于算符 α_k 混合了上分量和下分量,这样的一个态是正能解和负能解的叠加. 对于这种态,$|\Psi|^2$ 包含了具有能隙频率 $(+E_p)-(-E_p)=2E_p>2m$ 的快速振荡项,即所谓的 **Dirac 颤动**(Zitterbewegung 或 trembling motion). 它可以粗略地解释为与虚拟粒子对产生及湮灭的量子涨落相关(与 Darwin 项比较,参见上册 23.3 节). 方程(13.24)显示,不同的速度分量不对易,类似于在磁场中的粒子所发生的情况,参见上册方程(13.20). 在这里,等效的"场"是由粒子的自旋产生的,粒子的自旋与空间运动的相互作用是相对论范畴内的一个迫在眉睫的特性.

习题 13.2 求处于定态的 Dirac 粒子的速度期待值.

解 将算符(13.24)直接作用于正能态(13.23),给出

$$\langle v \rangle = (u^{\dagger} \boldsymbol{\alpha} u) = \frac{E+m}{2E} \left(\phi^{\dagger}, \phi^{\dagger} \frac{(\boldsymbol{\sigma} \cdot \boldsymbol{p})}{E+m} \right) \begin{pmatrix} 0 & \boldsymbol{\sigma} \\ \boldsymbol{\sigma} & 0 \end{pmatrix} \begin{pmatrix} \phi \\ ((\boldsymbol{\sigma} \cdot \boldsymbol{p})/(E+m))\phi \end{pmatrix} \tag{13.25}$$

它把动量为 $\boldsymbol{p}$ 的自由运动的速度约化到正确的相对论的表达式:

$$\langle v \rangle = \left(\phi^{\dagger} \frac{(\boldsymbol{\sigma} \cdot \boldsymbol{p})\boldsymbol{\sigma} + \boldsymbol{\sigma}(\boldsymbol{\sigma} \cdot \boldsymbol{p})}{2E} \phi \right) = \frac{\boldsymbol{p}}{E} \tag{13.26}$$

13.4 解的完备集

动量为 $\boldsymbol{p}$ 的自由运动的解的集合必须通过添加负能 $E=-E_p$ 的解成为完备集,用

相同的方法能求得这些负能解.

习题 13.3 构造具有负能量的归一化双旋量 $v(\boldsymbol{p})$，并检查它们与具有正能量和相同动量 $\boldsymbol{p}$ 的双旋量 $u(\boldsymbol{p})$ 的正交性.

解 利用归一化 $(v^\dagger v)=1$ 和 $(\chi^\dagger \chi)=1$，得到

$$v(\boldsymbol{p}) = \sqrt{\frac{|E|+m}{2|E|}}\begin{pmatrix} -((\boldsymbol{\sigma}\cdot\boldsymbol{p})/(|E|+m))\chi \\ \chi \end{pmatrix} \tag{13.27}$$

对每一种符号的能量，为了确定两个正交的二分量旋量，可以相对于任意的轴，把内禀的自旋量子化.在高能情况下，一种可能的特别方便的方法是把动量 $\boldsymbol{p}$ 的方向作为量子化的轴.粒子的自旋在运动方向上的投影称为螺旋度.相应的算符为

$$\hat{h}_p = \frac{(\boldsymbol{\Sigma}\cdot\boldsymbol{p})}{|\boldsymbol{p}|} \tag{13.28}$$

其中，$\boldsymbol{\Sigma}$ 是 Pauli 矩阵((12.65)式)的相对论类似的矩阵.螺旋度的本征值等于 ± 1，它们产生具有右的或左的**纵极化态**，是与光子的圆偏振类似的态.

习题 13.4 推导自由 Dirac 粒子的算符 $\boldsymbol{\Sigma}$ 的算符运动方程，并证明螺旋度是守恒的(绕运动方向的轴对称性).

解 对于哈密顿算符(12.2)式，算符 $\boldsymbol{\Sigma}$ 与速度算符 $\boldsymbol{\alpha}$ 不对易：

$$[\Sigma_i, \alpha_j] = 2\mathrm{i}\,\epsilon_{ijk}\begin{pmatrix} 0 & \sigma_k \\ \sigma_k & 0 \end{pmatrix} = 2\mathrm{i}\,\epsilon_{ijk}\alpha_k \tag{13.29}$$

其中，使用了对易子 $[\sigma_i, \sigma_j]=2\mathrm{i}\,\epsilon_{ijk}\sigma_k$.由此

$$[\boldsymbol{\Sigma}, \hat{H}] = -2\mathrm{i}(\boldsymbol{\alpha}\times\hat{\boldsymbol{p}}) \tag{13.30}$$

在自由运动中，动量是守恒的，并可由它的本征值 $\boldsymbol{p}$ 来替换.于是

$$[(\boldsymbol{\Sigma}\cdot\boldsymbol{p}), \hat{H}] = 0 \tag{13.31}$$

螺旋度是守恒的，并可用于区分给定 $\boldsymbol{p}$ 和 E 的两个线性独立的态.

我们也能引入一个算符符号 $\hat{\zeta}_p$，它表征了给定 $\boldsymbol{p}$ 的粒子的能量的符号：

$$\hat{\zeta}_p = \frac{\hat{H}}{E_p}, \quad E_p = +\sqrt{m^2+\boldsymbol{p}^2} \tag{13.32}$$

$\hat{\zeta}_p$ 的本征值仍为 ± 1.螺旋度和 ζ 的值的四种可能的组合确定了完备基 $\psi_{p\zeta h}$.

总之，自由运动 Dirac 方程解的完备集可选为

$$\Psi_{p\zeta h}(\boldsymbol{r},t) = e^{i(\boldsymbol{p}\cdot\boldsymbol{r})-i\zeta E_p t}u_{\zeta h}(\boldsymbol{p}) \tag{13.33}$$

其中,$\zeta=1$ 和 $\zeta=-1$ 的双旋量 $u_{\zeta h}(\boldsymbol{p})$分别由(13.23)式和(13.27)式给出.量子数 h 确定了内禀的二分量旋量,例如可以在螺旋度表示中取值.函数(13.33)式是下面的算符的共同本征函数:

$$\hat{\boldsymbol{p}}\Psi_{p\zeta h} = \boldsymbol{p}\Psi_{p\zeta h} \tag{13.34}$$

$$\hat{H}\Psi_{p\zeta h} = \zeta E_p\Psi_{p\zeta h} \tag{13.35}$$

$$\hat{\zeta}_p\Psi_{p\zeta h} = \zeta\Psi_{p\zeta h} \tag{13.36}$$

$$\hat{h}_p\Psi_{p\zeta h} = h\Psi_{p\xi h} \tag{13.37}$$

双旋量 u 的显式表达式的形式依赖于 Dirac 矩阵的表示;它们可以按照

$$(u^{\dagger}_{\zeta'h'}(\boldsymbol{p})u_{\xi h}(\boldsymbol{p})) = \delta_{\zeta'\zeta}\delta_{h'h} \tag{13.38}$$

有选择地归一化.重要的是要记住**不变**的归一化应该使用了标量 $\bar{u}u$((12.84)式).Dirac 方程的通解由叠加给出

$$\Psi(\boldsymbol{r},t) = \sum_{\xi=\pm1}\sum_{h=\pm1}\int\frac{d^3p}{(2\pi)^3}a_{\zeta h}(\boldsymbol{p})u_{\zeta h}(\boldsymbol{p})e^{i(\boldsymbol{p}\cdot\boldsymbol{r})-\zeta E_p t} \tag{13.39}$$

其中,系数 $a_{\zeta h}(\boldsymbol{p})$由初始的双旋量 $\Psi(\boldsymbol{r},0)$确定:

$$a_{\zeta h}(\boldsymbol{p}) = \int d^3r e^{-i(\boldsymbol{p}\cdot\boldsymbol{r})}u^{\dagger}_{\zeta h}(\boldsymbol{p})\Psi(\boldsymbol{r},0) \tag{13.40}$$

习题 13.5 求证:**Foldy-Wouthuysen 变换**[40]

$$\Psi' = \hat{U}\Psi,\quad \hat{H}' = \hat{U}\hat{H}\hat{U}^{-1} \tag{13.41}$$

使动量为 $\boldsymbol{p}$ 的自由运动 Dirac 方程成为正能解和负能解明确的退耦合的形式,其中

$$\hat{U} = e^{i\hat{F}},\quad \hat{F} = -\frac{i}{2p}\beta(\boldsymbol{\alpha}\cdot\boldsymbol{p})\arctan\frac{p}{m} \tag{13.42}$$

β 和 $\boldsymbol{\alpha}$ 是 Dirac 矩阵((12.7)式)以及 $p=|\boldsymbol{p}|$.

解 变换后的哈密顿量((13.41)式)由

$$\hat{H}' = e^{i\hat{F}}(\beta m+(\boldsymbol{\alpha}\cdot\boldsymbol{p}))e^{-i\hat{F}} = \beta\sqrt{m^2+p^2} \tag{13.43}$$

给出,并且在标准表示(12.7)式中,我们得到能量为 $\pm E_p$ 的两个退耦的二分量方程.为证明,可使用等价的形式

$$\hat{F} = -\frac{1}{2}\arctan\left(\mathrm{i}\beta\frac{(\boldsymbol{\alpha}\cdot\boldsymbol{p})}{m}\right) \tag{13.44}$$

和 arctan 的幂级数，以及

$$(\boldsymbol{\alpha}\cdot\boldsymbol{p})^2 = p^2 \tag{13.45}$$

的事实.

13.5　Pauli 方程

在非相对论量子理论中，Pauli 方程(参见上册习题 23.2)提供了一个很好的电子(或正电子)自旋回转磁比(gyromagnetic ratio)的预言. 我们的任务是由相对论 Dirac 方程推导出 Pauli 方程.

Pauli 方程不包含任何对负能 Dirac 海的显式引用. 在非相对论极限下，$v/c \ll 1$，自由运动双旋量的下分量很小. 现在，我们需要考虑在存在外电磁势(A_0，$\boldsymbol{A}$)的情况下完整的 Dirac 方程((12.33)式). 让我们借助二分量旋量 $\phi(\boldsymbol{r})$ 和 $\chi(\boldsymbol{r})$ 来写出这个方程(对于能量为 E 的定态情况)；为了跟踪相对论参数 v/c，在这里，我们回到基本单位：

$$(E - eA_0 - mc^2)\phi = c\boldsymbol{\sigma}\cdot\left(\hat{\boldsymbol{p}} - \frac{e}{c}\boldsymbol{A}\right)\chi \tag{13.46}$$

$$(E - eA_0 + mc^2)\chi = c\boldsymbol{\sigma}\cdot\left(\hat{\boldsymbol{p}} - \frac{e}{c}\boldsymbol{A}\right)\phi \tag{13.47}$$

我们考虑正能

$$E = mc^2 + \epsilon \tag{13.48}$$

的解，其中，在非相对论范畴内，$|\epsilon| \ll mc^2$. 如果势没有把能量从上连续谱的边缘移开太远，并且没有高阶的 Fourier 分量，即在空间上 $k > mc/\hbar$ 或时间上 $\omega > mc^2/\hbar$，则下分量的效应

$$\chi = \frac{1}{2mc^2 + \epsilon - eA_0}c\boldsymbol{\sigma}\cdot\left(\hat{\boldsymbol{p}} - \frac{e}{c}\boldsymbol{A}\right)\phi \tag{13.49}$$

仍将很小. 那时，与上分量相比，下旋量是在 v/c 的量级，并且通过忽略高阶效应，我们就可以设

$$\chi \approx \frac{\boldsymbol{\sigma} \cdot \left(\hat{p} - \frac{e}{c}\boldsymbol{A}\right)}{2mc}\phi \tag{13.50}$$

在方程(13.46)的右边使用的表达式(13.50)式导出了上分量,即在非相对论极限下较大的分量的封闭方程:

$$\epsilon\phi = eA_0\phi + c(\boldsymbol{\sigma} \cdot (\hat{\boldsymbol{p}} - (e/c)\boldsymbol{A}))\chi \approx \left\{\frac{(\boldsymbol{\sigma} \cdot (\hat{\boldsymbol{p}} - e\boldsymbol{A}/c))^2}{2m} + eA_0\right\}\phi \tag{13.51}$$

对 Dirac 方程的非相对论的**一阶**近似就是 **Pauli 方程**,其中上二分量旋量 ϕ 通常起到薛定谔波函数的作用;这个方程还自动预言了轨道回磁比 $g_l = e/(2mc)$ 和自旋回磁比 $g_s = 2g_l$. 从这个推导可以看到,这显然是 Dirac 自旋结构和包括与电磁场相互作用在内的最小方式的直接结果. 通过**辐射修正**——与真空场的相互作用——解释了这些预言与观测到的电子和 μ 子的磁矩、**反常磁矩**之间的微小差异(参见上册方程(1.73)),它们类似于 Lamb 频移. 对于核子,反常磁矩(见上册方程(1.72))超出了来自 Pauli 方程的正常磁矩. 这是由于在 Dirac 方程中没有考虑**强相互作用**. 核子磁矩无法在 QED 框架中计算(需要考虑由量子色动力学(QCD)描述的核子的夸克结构),因此不得不作为经验参数包含在 Dirac 方程中.

13.6 第二阶的效应

根据我们在上册第 23 章中的简单估计,原子精细结构是作为二阶相对论修正$\sim (v/c)^2$ 出现的. 为了精确地推导它,需要超出(13.50)式的下一步.

为简单起见,我们再看限制在没有磁场的纯电势的情况: $\boldsymbol{A} = 0, eA_0 = U(\boldsymbol{r})$. 由(13.49)式,我们得到

$$\chi = \frac{1}{2mc^2 + \epsilon - U}c(\boldsymbol{\sigma} \cdot \hat{\boldsymbol{p}})\phi \approx \frac{1}{2mc}\left(1 - \frac{\epsilon - U}{2mc^2}\right)(\boldsymbol{\sigma} \cdot \hat{\boldsymbol{p}})\phi \tag{13.52}$$

从(13.46)式中消去 χ,我们就能有一个上旋量的新方程:

$$(\epsilon - U)\phi = c(\boldsymbol{\sigma} \cdot \hat{\boldsymbol{p}})\chi \approx \frac{1}{2m}(\boldsymbol{\sigma} \cdot \hat{\boldsymbol{p}})\left(1 - \frac{\epsilon - U}{2mc^2}\right)(\boldsymbol{\sigma} \cdot \hat{\boldsymbol{p}})\phi \tag{13.53}$$

为了获得具有相对论修正的薛定谔方程,在这里当包括第二阶项时,考虑上旋量 ϕ 不能作为非相对论波函数,因为它是用一种不同的归一化规则定义的.如果**双旋量** $\boldsymbol{\Psi(r)}$ 归一化到1:

$$1=\int \mathrm{d}^3 r \Psi^{\dagger}\Psi=\int \mathrm{d}^3 r(\phi^{\dagger}\phi+\chi^{\dagger}\chi) \tag{13.54}$$

且需要不高于二阶的修正,则在这种条件下,取 v/c 一阶的下旋量就足够了,就像在(13.50)式中一样,有

$$1\approx\int \mathrm{d}^3 r\left\{\phi^{\dagger}\phi+\left(\frac{(\boldsymbol{\sigma}\cdot\hat{\boldsymbol{p}})}{2mc}\phi\right)^{\dagger}\left(\frac{(\boldsymbol{\sigma}\cdot\hat{\boldsymbol{p}})}{2mc}\phi\right)\right\} \tag{13.55}$$

使用算符$(\boldsymbol{\sigma}\cdot\hat{\boldsymbol{p}})$的厄米性,在相同的精度内,我们得到

$$1=\int \mathrm{d}^3 r\phi^{\dagger}\left[1+\frac{(\boldsymbol{\sigma}\cdot\hat{\boldsymbol{p}})^2}{4m^2c^2}\right]\phi=\int \mathrm{d}^3 r\phi^{\dagger}\left[1+\frac{\hat{\boldsymbol{p}}^2}{4m^2c^2}\right]\phi \tag{13.56}$$

其中,Pauli 矩阵的性质使我们能够消除该矩阵.还是在所需的精度内,最后一个表达式可以相对于左(bra)旋量和右(ket)旋量对称化:

$$1\approx\int \mathrm{d}^3 r\left[1+\frac{\hat{\boldsymbol{p}}^2}{8m^2c^2}\right]\phi^{\dagger}\cdot\left[1+\frac{\hat{\boldsymbol{p}}^2}{8m^2c^2}\right]\phi \tag{13.57}$$

由(13.57)式可以看到,新的旋量

$$\psi=\left[1+\frac{\hat{\boldsymbol{p}}^2}{8m^2c^2}\right]\phi \tag{13.58}$$

是正确归一化的,并且能起到直至第二阶的非相对论波函数的作用.

为了将新的波函数(13.58)式代入(13.53)式,计算

$$\left[1+\frac{\hat{\boldsymbol{p}}^2}{8m^2c^2}\right](\epsilon-U)\psi=\left[1+\frac{\hat{\boldsymbol{p}}^2}{8m^2c^2}\right](\epsilon-U)\left[1+\frac{\hat{\boldsymbol{p}}^2}{8m^2c^2}\right]\phi \tag{13.59}$$

是很方便的.忽略掉第四阶的项,它就等于

$$(\epsilon-U)\phi+\frac{\hat{\boldsymbol{p}}^2}{8m^2c^2}(\epsilon-U)\phi+(\epsilon-U)\frac{\hat{\boldsymbol{p}}^2}{8m^2c^2}\phi \tag{13.60}$$

我们可以借助(13.53)式表示第一项,给出

$$\begin{aligned}&\left[1+\frac{\hat{\boldsymbol{p}}^2}{8m^2c^2}\right](\epsilon-U)\psi\\&\quad=\frac{\hat{\boldsymbol{p}}^2}{2m}\phi+\frac{1}{8m^2c^2}\{\hat{\boldsymbol{p}}^2(\epsilon-U)-2(\boldsymbol{\sigma}\cdot\hat{\boldsymbol{p}})(\epsilon-U)(\boldsymbol{\sigma}\cdot\hat{\boldsymbol{p}})+(\epsilon-U)\hat{\boldsymbol{p}}^2\}\phi\end{aligned} \tag{13.61}$$

在(13.61)式大括号内的项中，包含ϵ的项抵消了，而其余的项可以很容易地变换成

$$\{\cdots\} = \hbar^2\nabla^2 U + 2\hbar(\boldsymbol{\sigma}\cdot[\nabla U \times \hat{\boldsymbol{p}}]) \tag{13.62}$$

正确的函数 ψ 的方程可以通过将算符

$$\left[1 + \frac{\hat{\boldsymbol{p}}^2}{8m^2c^2}\right]^{-1} \approx 1 - \frac{\hat{\boldsymbol{p}}^2}{8m^2c^2} \tag{13.63}$$

作用在(13.61)式的两边推导出来. 在(13.61)式的左边，我们得到$(\epsilon - U)\psi$；在右边，我们只需要在第一项上乘以算符(13.63)，因为第二项已经是第二阶的了：

$$\begin{aligned}(\epsilon - U)\psi = &\left(1 - \frac{\hat{\boldsymbol{p}}^2}{8m^2c^2}\right)\frac{\hat{\boldsymbol{p}}^2}{2m}\left(1 - \frac{\hat{\boldsymbol{p}}^2}{8m^2c^2}\right)\psi \\ &+ \frac{1}{8m^2c^2}\{\hbar^2\nabla^2 U + 2\hbar[\boldsymbol{\sigma}\cdot(\nabla U \times \hat{\boldsymbol{p}})]\}\psi\end{aligned} \tag{13.64}$$

我们得到了类似于薛定谔方程的方程：

$$\hat{H}\psi = \epsilon\psi \tag{13.65}$$

其中，等效二阶哈密顿量(和正确的 $l-s$ 项!)为

$$\hat{H} = \frac{\hat{\boldsymbol{p}}^2}{2m} - \frac{\hat{\boldsymbol{p}}^4}{8m^3c^2} + U(\boldsymbol{r}) + \frac{\hbar}{4m^2c^2}[\boldsymbol{\sigma}\cdot(\nabla U \times \hat{\boldsymbol{p}})] + \frac{\hbar^2}{8m^2c^2}\nabla^2 U \tag{13.66}$$

这个推导出的修正和原子谱精细结构模式结果的物理意义在23.3节中讨论.

13.7 中心力场

这里，在具有中心对称性的静外场 $U(r) = eA_0(r)$ 中，在没做非相对论约化的情况下，考虑粒子的 Dirac 方程. 但是我们需要记住，外场的概念本身和借助 Dirac 方程对这个场中的粒子的相应描述只有有限的正确性.

利用固定的外场和单粒子的公式化，与虚光子的发射和吸收相关的**辐射修正**都被忽略了. 对于轻原子，其 $v/c \sim Za \ll 1$，之前对微扰理论的考虑是完全合理的. 虚过程引起了量级为 $E_b \cdot (Za)^2 \ln(1/(Za))$ 的原子能级的 Lamb 位移，参见 4.8 节. 它超过了来自 Dirac 方程精确解的修正 $\sim (v/c)^4$，该精确解给出了 $\sim E_b(Za)^4$ 的贡献. 由于我们没有

考虑较大的辐射修正,通常即使包括了很小效应的 Dirac 方程的"精确"解也是不合理的.不管怎样,在较重的原子中,当 $Z\alpha$ 接近 1 时,来自虚过程的辐射修正只起到相对较小的作用,在这样的强场中产生的新效应值得讨论.在实际情况中,还需要考虑重核的有限尺度,它使得势偏离 Coulomb 势.

由于存在自旋-轨道耦合,自旋和轨道动量都不守恒,而总角动量仍然是严格守恒的.在中心场中的哈密顿量由

$$\hat{H} = \beta m + (\boldsymbol{\alpha} \cdot \hat{\boldsymbol{p}}) + U(r) \tag{13.67}$$

给出($\hbar = c = 1$),并且角动量矢量 $\hat{\boldsymbol{\ell}}$ 与动量 $\hat{\boldsymbol{p}}$ 不对易:

$$[\hat{\boldsymbol{\ell}}, \hat{H}] = [\hat{\boldsymbol{\ell}}, (\boldsymbol{\alpha} \cdot \hat{\boldsymbol{p}})] = \mathrm{i}[\boldsymbol{\alpha} \times \hat{\boldsymbol{p}}] \tag{13.68}$$

结果((13.30)式)表明守恒的相对论总角动量算符为

$$\hat{\boldsymbol{j}} = \hat{\boldsymbol{\ell}} + \frac{1}{2}\boldsymbol{\Sigma} \equiv \hat{\boldsymbol{\ell}} + \hat{\boldsymbol{s}} \tag{13.69}$$

就像之前那样((13.13)式),我们引入上旋量 ϕ 和下旋量 χ,并把定态 Dirac 方程写成

$$(\beta m + (\boldsymbol{\alpha} \cdot \hat{\boldsymbol{p}}) + U(r))\begin{pmatrix} \phi \\ \chi \end{pmatrix} = E\begin{pmatrix} \phi \\ \chi \end{pmatrix} \tag{13.70}$$

它作为两个旋量的两个耦合微分方程的方程组:

$$(E - m - U)\phi = (\boldsymbol{\sigma} \cdot \hat{\boldsymbol{p}})\chi, \quad (E + m - U)\chi = (\boldsymbol{\sigma} \cdot \hat{\boldsymbol{p}})\phi \tag{13.71}$$

我们将寻找具有精确量子数 j 和 $j_z = m$ 的定态.相应的二分量自旋-角函数是在上册习题 23.1 中考虑过的球旋量 $\Omega_{\ell jm}$.由于旋量 ϕ 和 χ 区别于**赝标**算符$(\boldsymbol{\sigma} \cdot \hat{\boldsymbol{p}})$的作用,它们应该具有相反的宇称.只有一对具有相同的 j, m 和不同宇称的球旋量,参见上册习题 23.3;它们具有轨道动量的互补的值 ℓ 和 ℓ'(见上册方程(23.29)):

$$\ell + \ell' = 2j \tag{13.72}$$

这样,该方程组(13.71)解的恰当拟设(ansatz)为

$$\psi = \begin{pmatrix} \phi \\ \chi \end{pmatrix} = \begin{pmatrix} F(r)\Omega_{\ell jm}(\boldsymbol{n}) \\ G(r)\Omega_{\ell' jm}(\boldsymbol{n}) \end{pmatrix} \tag{13.73}$$

其中,径向函数 $F(r)$和 $G(r)$是待求解的函数.

球旋量 $\Omega_{\ell jm}$ 和 $\Omega_{\ell' jm}$ 通过算符$(\boldsymbol{\sigma} \cdot \boldsymbol{n})$相互关联(我们用了径向单位向量 $\boldsymbol{n}$).与此同时,我们的方程(13.71)包含了算符$(\boldsymbol{\sigma} \cdot \hat{\boldsymbol{p}})$.首先,我们需要连接这两个算符.使用上册方

程(23.30),我们得到

$$(\boldsymbol{\sigma}\cdot\hat{p})\chi=(\boldsymbol{\sigma}\cdot\hat{p})G(r)\Omega_{\ell'jm}(\boldsymbol{n})$$
$$=(\boldsymbol{\sigma}\cdot\hat{p})(\boldsymbol{\sigma}\cdot\boldsymbol{n})G(r)\Omega_{\ell jm}(\boldsymbol{n})=(\boldsymbol{\sigma}\cdot\hat{p})(\boldsymbol{\sigma}\cdot\boldsymbol{r})\frac{G(r)}{r}\Omega_{\ell jm}(\boldsymbol{n}) \tag{13.74}$$

自旋代数可帮助我们进行下面的计算:

$$(\boldsymbol{\sigma}\cdot\hat{p})(\boldsymbol{\sigma}\cdot\boldsymbol{r})=(\hat{p}\cdot\boldsymbol{r})+\mathrm{i}(\boldsymbol{\sigma}\cdot[\hat{p}\times\boldsymbol{r}])=-\mathrm{i}(\mathrm{div}\boldsymbol{r})-\mathrm{i}(\boldsymbol{r}\cdot\nabla)-\mathrm{i}(\boldsymbol{\sigma}\cdot\hat{\ell}) \tag{13.75}$$

使用记号 $G'\equiv\mathrm{d}G/\mathrm{d}r$,则

$$(\boldsymbol{r}\cdot\nabla)\frac{G(r)}{r}=r\frac{\partial}{\partial r}\frac{G(r)}{r}=G'-\frac{G}{r} \tag{13.76}$$

且 $\mathrm{div}\boldsymbol{r}=3$,我们得到

$$(\boldsymbol{\sigma}\cdot\hat{p})\chi=-\mathrm{i}\left(G'+\frac{1-\nu}{r}G\right)\Omega_{\ell jm} \tag{13.77}$$

其中,引入了方便的相对论量子数 ν:

$$\nu=-1-\langle(\boldsymbol{\sigma}\cdot\hat{\ell})\rangle_{\ell j}=\ell(\ell+1)-j(j+1)-\frac{1}{4}=\begin{cases}-(\ell+1), & j=\ell+1/2\\ \ell, & j=\ell-1/2\end{cases} \tag{13.78}$$

它可被简写为

$$|\nu|=j+1/2 \tag{13.79}$$

把类似的手续用于$(\boldsymbol{\sigma}\cdot\hat{p})\phi$,在那里将取互补值$\langle(\boldsymbol{\sigma}\cdot\hat{\ell})\rangle_{\ell j}$,我们消去了自旋-角变量,得到了两个径向微分方程的耦合方程组:

$$G'+\frac{1-\nu}{r}G=\mathrm{i}(E-m-U)F,\quad F'+\frac{1+\nu}{r}F=\mathrm{i}(E+m-U)G \tag{13.80}$$

这个方程组可以通过三维运动的标准变换(前面我们使用了 $R(r)=u(r)/r$)稍微简化:

$$F(r)=\frac{f(r)}{r},\quad G(r)=-\mathrm{i}\frac{g(r)}{r} \tag{13.81}$$

那时我们得到新的函数:

$$f' + \frac{\nu}{r}f = (E + m - U)g, \quad g' - \frac{\nu}{r}g = -(E - m - U)f \tag{13.82}$$

习题 13.6 对自由运动求解(13.82)式.

解 当 $U=0$ 时,我们可以去掉其中一个分量,例如 g,得到薛定谔型的方程:

$$f'' + \left(k^2 - \frac{\nu(\nu+1)}{r^2}\right)f = 0, \quad k = \sqrt{E^2 - m^2} \tag{13.83}$$

其中,在离心项中,有 $\ell \to \nu$.它的通解是函数$\sqrt{r}J_{\pm(\nu+1/2)}(kr)$的叠加,其中 J 是 Bessel 函数.对两个 ν 值,原点处的正规解是$\sqrt{r}J_{\ell+1/2}$.原始函数 F 和 G 是与非相对论情况下相同的球 Bessel 函数,它们实际上是由空间几何确定的:

$$F(r) = Nj_{\ell}(kr), \quad G(r) = -\mathrm{i}N(\mathrm{sign}\nu)\sqrt{\frac{E-m}{E+m}}j_{\ell'}(kr) \tag{13.84}$$

其中,N 是归一化常数.

习题 13.7 假设在 $r\to\infty$ 处,(13.82)式中的势 $U(r)$ 下降得足够快,找到解的通用渐近形式.

解 在渐近区,(13.82)式约化成

$$f' \approx (E+m)g, \quad g' \approx (m-E)f \tag{13.85}$$

这个方程组的通解由

$$f(r) = A\mathrm{e}^{-\kappa r} + B\mathrm{e}^{\kappa r}, \quad g(r) = -\sqrt{\frac{m-E}{m+E}}(A\mathrm{e}^{-\kappa r} - B\mathrm{e}^{\kappa r}) \tag{13.86}$$

给出.这里

$$\kappa = \sqrt{m^2 - E^2} \tag{13.87}$$

$|E|>m$ 的情况(连续谱,κ 是虚数,$\pm\mathrm{i}k$)对应的是**散射问题**,为描述出射和入射球面波需要这两部分的解.对于$|E|<m$(在能隙内),κ 是实数(在非相对论问题中,我们使用了相同的记号 κ).在较大距离处按指数衰减的物理束缚态要求 $B(E)=0$,它确定了分立能谱,如果它确实存在的话.

13.8　Coulomb 场

对于 Coulomb 场(用我们现在的单位 $e^2=a$),有

$$U(r)=-\frac{Z\alpha}{r} \tag{13.88}$$

可以找到 Dirac 方程的精确解,正如上面我们说过的,它的有效性范围被重原子限制了.假定势是吸引的($Z>0$)且 κ 的值((13.87)式)为实数,我们来寻找该分立的能谱.

要求解的方程组由(13.82)式给出:

$$f'+\frac{\nu}{r}f-\left(E+m+\frac{Z\alpha}{r}\right)g=0,\quad g'-\frac{\nu}{r}g+\left(E-m+\frac{Z\alpha}{r}\right)f=0 \tag{13.89}$$

求解与非相对论情况下的步骤相同(见 18.2 节).引入无量纲长度变量

$$\rho=\kappa r \tag{13.90}$$

我们确定渐进行为$\sim\exp(-\kappa\rho)$和原点附近的幂次率$\sim\rho^{\gamma}$.在 $r\to0$ 处,(13.89)式中的的两个方程的主项决定了

$$\gamma=\sqrt{\nu^2-(Z\alpha)^2} \tag{13.91}$$

为避免在原点的奇点,选择这个平方根的符号为正.像往常一样,我们需要寻找形如

$$f(\rho)=\mathrm{e}^{-\rho}\rho^{\gamma}u(\rho),\quad g(\rho)=\mathrm{e}^{-\rho}\rho^{\gamma}v(\rho) \tag{13.92}$$

的完整的解,可以发现光滑的函数 $u(\rho)$和 $v(\rho)$为幂级数:

$$u(\rho)=\sum_{k=0}u_{k}\rho^{k},\quad v(\rho)=\sum_{k=0}v_{k}\rho^{k} \tag{13.93}$$

习题 13.8　推导系数 u_k 和 v_k 的递推关系,并确定束缚态能量的离散谱.证明束缚态对应着有限的多项式解.

解　系数 $k=0$ 的方程是各自分开的:

$$(\gamma-\nu)v_0-Z\alpha u_0=0,\quad(\gamma+\nu)u_0+Z\alpha v_0=0 \tag{13.94}$$

这个方程组的行列式再次定义了原点的行为((13.91)式).对于 $k>0$,我们得到

$$\sqrt{\frac{m-E}{m+E}}u_{k-1}+Z\alpha u_k-(\gamma-\nu+k)v_k+v_{k-1}=0 \tag{13.95}$$

$$\sqrt{\frac{m+E}{m-E}}v_{k-1}-Z\alpha v_k-(\gamma+\nu+k)u_k+u_{k-1}=0 \tag{13.96}$$

把(13.95)式和(13.96)式结合起来，我们找到系数 u_k 和 v_k 之间的关系：

$$u_k\left(\sqrt{\frac{m+E}{m-E}}Z\alpha+\gamma+\nu+k\right)=v_k\left(\sqrt{\frac{m+E}{m-E}}(\gamma+\nu+k)-Z\alpha\right) \tag{13.97}$$

级数在 $k\to\infty$ 处的渐近性表明：这些无穷级数在大 ρ 处的行为为 $\exp(2\rho)$，它具有(13.92)式解的 $\propto\exp(+\rho)$ 发散性．因此，我们需要一个多项式解，它截断在有限项 $k=N$ 处，使得 u_N 和 v_N 是最后的非零系数，而 $u_{N+1}=v_{N+1}=0$．如果是这样，由方程(13.95)式和(13.96)式，我们找到

$$\sqrt{m-E}u_N=-\sqrt{m+E}v_N \tag{13.98}$$

在这个条件下，$k=N$ 和(13.97)式给出

$$(\sqrt{m-E}-\sqrt{m+E})Z\alpha=2\kappa(\gamma+N) \tag{13.99}$$

最后，求解能量，我们得到离散谱

$$E(N,\nu)=\frac{m}{\sqrt{1+[Z\alpha/(N+\gamma)]^2}} \tag{13.100}$$

其中，ν 通过 γ 的定义代入式(13.91)．

对两个可能的 ν 值，最高的幂次 N 起着**径向量子数**($N=1,2,\cdots$)的作用．例外的情况是 $N=0$．于是，方程(13.95)和(13.96)被约化成

$$\frac{u_0}{v_0}=-\sqrt{\frac{m-E}{m+E}}=\frac{Z\alpha}{\gamma+\nu} \tag{13.101}$$

仅当 $\gamma+\nu=\nu+\sqrt{\nu^2-(Z\alpha)^2}<0$ 时满足，即 $\nu<0$ 时．能级可列为

$$N=\begin{cases}0,1,2,\cdots, & \nu<0\\ 1,2,\cdots, & \nu>0\end{cases} \tag{13.102}$$

有时，仅在 $\nu<0$ 时把 N 称为径向量子数；而对于 $\nu>0$ 时，这个术语指 $N-1$．

除了 $N=0$ 的能级，具有相同的 N 和 $|\nu|=j+1/2$ 的态是简并的；对一个给定的主量子数，这是"偶然"的对于 ℓ 的非相对论 Coulomb 简并的残余．物理上的原因是轨道角动量 ℓ 因自旋-轨道耦合而不再守恒．更准确的说法是，这两个具有相同的 j 和宇称的态的

简并就像上旋量确定的那样，$(-)^{\ell}$.

习题 13.9 求包括到二阶项的精确 Dirac 谱(13.100)式的非相对论极限.

解 类似主量子数的是

$$n = N + |\nu| = N + j + \frac{1}{2} \tag{13.103}$$

用$(Za)^2$ 幂次展开(13.100)式给出

$$E(n;\nu) \approx m - \frac{m\,(Z\alpha)^2}{2n^2}\left[1 + \frac{(Z\alpha)^2}{n}\left(\frac{1}{|\nu|} - \frac{3}{4n}\right)\right] \tag{13.104}$$

它与微扰的结果一致(参见上册方程(23.42)).

由于能级能量对电荷 Z 的持续依赖，我们仍然可以使用用于上旋量的非相对论量子数表征原子的能级. 在每个壳上的非简并能级对应着最大的轨道角动量$\ell_{\max} = n - 1$，$j = \ell_{\max} + 1/2$，$\nu = -j - 1/2$ 和 $N = 0$. 最低的态是

	n	N	ν	ℓ	j
$1s_{1/2}$	1	0	1	0	1/2
$2s_{1/2}$	2	1	1	0	1/2
$2p_{1/2}$	2	1	1	1	1/2
$2p_{3/2}$	2	0	2	1	3/2
$3s_{1/2}$	3	2	1	0	1/2
$3p_{1/2}$	3	2	1	1	1/2
$3p_{3/2}$	3	1	2	1	3/2
$3d_{3/2}$	3	1	2	2	3/2
$3d_{5/2}$	3	0	3	2	5/2

(13.105)

这里把简并的二重态放在一起，并用横线与其他的双态分开；双线标志着主壳层. 通过高阶辐射修正的二重态的劈裂很小.

在文献[23]中可以找到波函数的细节(借助合流超几何函数表示，参见上册 11.5 节). 我们只简单地讨论中心附近的行为，在那里波函数$\sim\rho^{\sqrt{\nu^2-(Z\alpha)^2}-1}$. 如果$|\nu|=1$，也就是说，对 s 和 p 态，这里的指数是负数，即使是在 $Z\alpha$ 很小的时候. 然而，这个非常弱，如果 Coulomb 势在 $r\to 0$ 时是通过原子核的有限尺度**正规化**的，这个奇点就不会出现. 在 $Z\alpha>1$时，情况变得更加危险. 解在 $r\to 0$ 处剧烈振荡，而这种非物理行为表明：单粒子 Dirac方程失去了有效性，所以正规化是非常必要的.

当然，束缚的 Coulomb 能级在相对论能量隙内具有能量($E<m$). 按照(13.100)式，基态能量由

$$E_{\mathrm{g.s.}} = E(0; -1) = m\sqrt{1-(Z\alpha)^2} \tag{13.106}$$

给出. 对电荷值 $Z=1/\alpha\approx137$,这个能量获得了一个虚部,它应该被解释为态的衰变不稳定性(见 5.8 节). 再次强调,这可以通过势的正规化来避免. 然而,结合能随着电荷 Z 的增加而进一步降低. 存在一个**临界电荷** Z_c,在那里基态能量穿过下连续谱的边界:

$$E_{\mathrm{g.s.}} \to -m \quad (\text{在 } Z\to Z_c \text{ 时}) \tag{13.107}$$

Z_c 的精确值依赖于原子核内电荷分布的假设,$Z_c\approx170$.

$Z=Z_c$ 点对应着 Dirac 真空的不稳定性. 事实上,如果 $E<-m$ 的**电子能级**存在,则真空对于**自发的对产生**是不稳定的. 出现的对的电子占据了这个能级,而正电子伙伴则以零动能跑到无穷远. 结果,系统的总能量**减小**了一个量 $|m+E|$(伙伴粒子能量的总和). 事实上,由于基态的二重自旋简并,可以产生这**两对粒子**,以致在有限距离内重组后,系统剩余的部分具有电荷 Z_c-2. 到目前为止,这一理论[41]并没有被实验证实,因为没有电荷数高达 170 的稳定的原子核. 这种系统可以在重离子碰撞中暂时形成,而动力学效应不能通过竞争机制产生正电子以及复合系统的寿命较短,因而实验人员不能可靠地观测到临界场中的这种真空不稳定性效应.

13.9 匀强静磁场

在这个问题中,我们可以用推导 Pauli 方程同样的方式进行(见 13.5 节),但不对 v/c 展开.

这里,我们的哈密顿矢量只包含矢势 $\boldsymbol{A}$,它确定了磁场 $\boldsymbol{\mathcal{B}}=\mathrm{curl}\boldsymbol{A}$:

$$\hat{H} = \beta m + \boldsymbol{\alpha}\cdot(\hat{\boldsymbol{p}} - e\boldsymbol{A}) \tag{13.108}$$

二分量旋量的方程组为

$$m\phi + \boldsymbol{\sigma}\cdot(\hat{\boldsymbol{p}} - e\boldsymbol{A})\chi = E\phi, \quad -m\chi + \boldsymbol{\sigma}\cdot(\hat{\boldsymbol{p}} - e\boldsymbol{A})\phi = E\chi \tag{13.109}$$

标量势的缺失使我们能够精确地消除下旋量 χ,得到上旋量的封闭薛定谔型方程:

$$\{E^2 - m^2 - (\boldsymbol{\sigma}\cdot(\hat{\boldsymbol{p}} - e\boldsymbol{A}))^2\}\phi = 0 \tag{13.110}$$

就像在上册习题 23.6 中推导的:

$$(\boldsymbol{\sigma}\cdot(\hat{\boldsymbol{p}}-e\boldsymbol{A}))^2=(\hat{\boldsymbol{p}}-e\boldsymbol{A})^2-e(\boldsymbol{\sigma}\cdot\boldsymbol{\mathcal{B}}) \tag{13.111}$$

很明显,只有当包含电磁相互作用的最小作用原理(见 11.10 节)应用于 Dirac 方程,而不是用于自由运动的任意分量所满足的 KG 方程之后,正确的自旋磁性才会出现.

习题 13.10 求 Dirac 粒子在匀强静磁场中的能级.

解 这个解类似于在非相对论问题中已经做的,参见上册 13.5 节.当磁场 $\mathcal{B}=\mathcal{B}_z$ 并且选择上册方程(13.12)中那样的规范时,我们有

$$\left[E^2-m^2-\hat{p}_y^2-\hat{p}_z^2-(\hat{p}_x+e\mathcal{B}y)^2+e\mathcal{B}\sigma_z\right]\phi=0 \tag{13.112}$$

纵向动量是守恒的:$\hat{p}_z\phi=p_z\phi$.旋量 ϕ 可以取本征值为 $\sigma=\pm1$ 的 σ_z 的一个本征态.在我们的规范中,动量 p_x 也是守恒的,可以由一个常数来替换,该常数确定了轨道中心的 y 坐标:$y_0=-p_x/(e\mathcal{B})$.于是,方程的形式变成

$$\left[\hat{p}_y^2+(e\mathcal{B})^2(y-y_0)^2\right]\phi=(E^2-m^2-p_z^2+e\sigma\mathcal{B})\phi \tag{13.113}$$

(13.113)式左边的算符是频率为 $2|e|\mathcal{B}$ 的非相对论谐振子算符.它确定了对 p_x(或 y_0)简并的 Landau 能级的能谱:

$$E_{n\sigma}^2(p_z)=m^2+p_z^2+|e|\mathcal{B}(2n+1)-e\mathcal{B}\sigma \tag{13.114}$$

Landau 能级基态($n=0$ 和 $\sigma=e/|e|$)是非简并的(轨道和自旋磁效应相消),而所有其他的能级都是二重简并的,例如,对 $e>0$,有 $E_{n+1,1}=E_{n,-1}$.很容易检查正确的非相对论极限:对 $E>0$,有

$$E_{n\sigma}(p_z)=m+\frac{p_z^2}{2m}+\omega_c\left(n+\frac{1}{2}\right)-\frac{e}{|e|}\mu_B\sigma\mathcal{B} \tag{13.115}$$

其中,$\omega_c=|e|\mathcal{B}/m$ 且 $\mu_B=|e|/(2m)$.下旋量 χ 可以从(13.109)式得到,并且在我们的规范中包含 Pauli 矩阵 σ_z 和 σ_x.自旋结构的非对角性质来自于自旋和轨道运动之间的内禀相对论耦合.

第 14 章

分立对称性，中微子和 K 介子

不管什么时候，当那些曾经被认为是不可观测的量被证明是实际可观测的量的时候，对称性破缺就出现了……这种发现的一些著名的例子有：在左-右镜像变换、粒子-反粒子共轭和在时间流向上的变化、过去到未来和未来到过去的情况下物理定律的不对称性.结果是，所有这些假定的不可观测的量实际上都可以被观测.

——T. D. Lee

14.1 Dirac 粒子的宇称变换

如果一个量子系统在空间反演下是不变的，那么对应的算符 $\hat{\mathcal{P}}$ 就与哈密顿量对易，而其定态可以根据作为运动常数的宇称来分类.如果矩阵算符 $\boldsymbol{\alpha}$ 能被看作一个在空间坐标反演下改变符号的极矢量，则自由粒子的 Dirac 哈密顿量（(12.2)式）会毫无疑问地表现出对反演是标量的行为.然而,就像在旋转和 Lorentz 推动的情况下(见 12.5 节),我们的 Dirac 矩阵是通用的,因此,我们需要借助双旋量 Ψ 的变换,把它们变回到初始的形式,比较(12.50)式和(12.51)式.

类似于(12.42)式和(12.43)式,利用反演 $\mathcal{P}$ 的 4×4 矩阵的作用,我们把双旋量波函数变换成

$$\Psi(\boldsymbol{r},t) \Rightarrow \Psi_{\mathcal{P}}(\boldsymbol{r},t) = \mathcal{P}\Psi(-\boldsymbol{r},t) \tag{14.1}$$

在变换后的参考系中($\hat{\boldsymbol{p}} \Rightarrow -\hat{\boldsymbol{p}}$),Dirac 方程(12.12)变成

$$\left(\mathrm{i}\gamma_0 \frac{\partial}{\partial t} + (\boldsymbol{\gamma} \cdot \hat{\boldsymbol{p}}) - m\right)\mathcal{P}\Psi(-\boldsymbol{r},t) = 0 \tag{14.2}$$

如果我们满足条件

$$\mathcal{P}^{-1}\gamma_0\mathcal{P} = \gamma_0, \quad \mathcal{P}^{-1}\boldsymbol{\gamma}\mathcal{P} = -\boldsymbol{\gamma} \tag{14.3}$$

则该方程在反演下将是不变的.(13.4)式的解可以写成

$$\mathcal{P} = \eta_{\mathcal{P}}\gamma_0 \tag{14.4}$$

其中,我们可以插入一个绝对值等于 1 的任意相因子 $\eta_{\mathcal{P}}$.

这样,上、下两个二分量旋量以**相反的**方式变换:

$$\phi(\boldsymbol{r},t) \Rightarrow \eta_{\mathcal{P}}\phi(-\boldsymbol{r},t), \quad \chi(\boldsymbol{r},t) \Rightarrow -\eta_{\mathcal{P}}\chi(-\boldsymbol{r},t) \tag{14.5}$$

正如我们已经在显式解的表达式(13.16)中看到的,这些旋量具有相反的内禀宇称.注意,ϕ 和 χ 中的两个分量的变换是相同的.这对应着在非相对论理论中使用的事实,即非相对论自旋算符的分量在反演下不变(像任意角动量一样,自旋是一个**轴矢量**).

两次反转 $\mathcal{P}^2$ 可以看作恒等变换或者 2π 的转动.对于自旋 1/2 的粒子,由于 $\mathcal{SU}(2)$ 群的双值表示,2π 转动改变波函数的符号,见上册 20.1 节.这意味着两次反演既可回到原来的波函数,也可以改变它的符号:

$$\mathcal{P}^2 = \eta_{\mathcal{P}}^2\gamma_0^2 = \eta_{\mathcal{P}}^2 = \pm 1 \tag{14.6}$$

我们得到了四种可能性:$\eta_{\mathcal{P}} = \pm 1, \pm \mathrm{i}$,以及相应的四类 Dirac 粒子.这几类粒子在电荷共轭变换下的行为不同(见 12.4 节).

实际上,让我们考虑空间反演对电荷共轭函数(12.37)式的作用,假定这个函数与原始函数一样以**相同的方式**变换:

$$\mathcal{P}\Psi_{\mathcal{C}}(\boldsymbol{r},t) = \eta_{\mathcal{P}}\gamma_0\Psi_{\mathcal{C}}(-\boldsymbol{r},t) = \eta_{\mathcal{P}}\gamma_0\mathcal{C}\Psi^*(-\boldsymbol{r},t) \tag{14.7}$$

对复共轭函数,我们有

$$\mathcal{P}\Psi^*(\boldsymbol{r},t) = \eta_{\mathcal{P}}^*\gamma_0^*\Psi^*(-\boldsymbol{r},t) \tag{14.8}$$

以致

$$\mathcal{P}\Psi_C(\boldsymbol{r},t) = \eta P\gamma_0\mathcal{C}\frac{1}{\eta_{\mathcal{P}}^*}\gamma_0^*\mathcal{P}\Psi^*(\boldsymbol{r},t) \tag{14.9}$$

或使用 $\mathcal{C}\gamma_0^*\mathcal{C}^{-1} = -\gamma_0$，如(12.38)式所示，

$$\mathcal{P}\Psi_C(\boldsymbol{r},t) = -\frac{\eta_{\mathcal{P}}}{\eta_{\mathcal{P}}^*}\mathcal{C}\mathcal{P}\Psi^*(\boldsymbol{r},t) = -\frac{\eta_{\mathcal{P}}}{\eta_{\mathcal{P}}^*}\mathcal{C}\mathcal{P}\mathcal{C}^{-1}\mathcal{C}\Psi^*(\boldsymbol{r},t) = -\frac{\eta_{\mathcal{P}}}{\eta_{\mathcal{P}}^*}\mathcal{C}\mathcal{P}\mathcal{C}^{-1}\Psi_C(\boldsymbol{r},t) \tag{14.10}$$

我们得到了 Dirac 粒子的下列性质：

$$\mathcal{P} = -\frac{\eta_{\mathcal{P}}}{\eta_{\mathcal{P}}^*}\mathcal{C}\mathcal{P}\mathcal{C}^{-1} \tag{14.11}$$

上述两类粒子是利用对于**组合反演** $\mathcal{CP}$

$$\begin{cases} \eta_{\mathcal{P}} = \pm 1, & \mathcal{CP} = -\mathcal{PC} \\ \eta_{\mathcal{P}} = \pm \mathrm{i}, & \mathcal{CP} = \mathcal{PC} \end{cases} \tag{14.12}$$

的不同行为来表征的.如果两个双旋量 Ψ 和 Ψ_C 的变换性质是相同的，则只有第二种选择是可能的.特别是那些与它们的反粒子相同的**中性**粒子(**Majorana 粒子**)[42]，情况就应该如此.

在第一种选择的情况下，$\mathcal{CP} = -\mathcal{PC}$，粒子和反粒子具有相反的**内禀宇称**：在这个等式的左边，空间反演是对粒子进行的，而在等式的右边，这个反演是作用在反粒子上的.假设二维旋量 ϕ(正能解的主要部分)和 χ(负能解的主要部分)的内禀宇称是相同的，它就与 Dirac 方程的非相对论极限是一致的.那时，因为它们是通过一个赝标量($\boldsymbol{\sigma}\cdot\boldsymbol{p}$)相互关联的，所以它们的宇称是明显相反的(14.5)式.

14.2 时间反演变换

通过推广非相对论性的结果，参见上册 8.1 节，我们要寻找一种**反线性**变换，它包括在矩阵元中初态和末态的互换 $\Psi(\boldsymbol{r},t)\to\hat{U}_T\Psi^*(\boldsymbol{r},-t)$，其中，为保证诸如自旋的内禀

变量正确的变换性质,需要额外的 4×4 矩阵 $\hat{U}_{\mathcal{T}}\equiv\mathcal{T}$,参见上册 20.8 节.

我们来寻找 Dirac 方程

$$\mathrm{i}\frac{\partial\Psi(\boldsymbol{r},t)}{\partial t}=(\beta m+\boldsymbol{\alpha}\cdot\hat{\boldsymbol{p}})\Psi(\boldsymbol{r},t)\tag{14.13}$$

的变换,做 $t\to-t$ 的变化:

$$-\mathrm{i}\frac{\partial\Psi(\boldsymbol{r},-t)}{\partial t}=(\beta m+\boldsymbol{\alpha}\cdot\hat{\boldsymbol{p}})\Psi(\boldsymbol{r},-t)\tag{14.14}$$

并在考虑了 $\hat{\boldsymbol{p}}^*=-\hat{\boldsymbol{p}}$ 这个事实的情况下,进行复共轭变换:

$$\mathrm{i}\frac{\partial\Psi^*(\boldsymbol{r},-t)}{\partial t}=(\beta^*m-\boldsymbol{\alpha}^*\cdot\hat{\boldsymbol{p}})\Psi^*(\boldsymbol{r},-t)\tag{14.15}$$

将幺正算符 $\mathcal{T}$ 作用于波函数的双旋量分量,我们得到

$$\mathrm{i}\frac{\partial\mathcal{T}\Psi^*(\boldsymbol{r},-t)}{\partial t}=(\mathcal{T}\beta^*\mathcal{T}^{-1}m-\mathcal{T}\boldsymbol{\alpha}^*\mathcal{T}^{-1}\cdot\hat{\boldsymbol{p}})\mathcal{T}\Psi^*(\boldsymbol{r},-t)\tag{14.16}$$

这样,函数

$$\Psi_{\mathcal{T}}(\boldsymbol{r},t)=\mathcal{T}\Psi^*(\boldsymbol{r},-t)\tag{14.17}$$

满足相同的 Dirac 方程,表明如果 Dirac 矩阵按照

$$\mathcal{T}\beta^*\mathcal{T}^{-1}=\beta,\quad\mathcal{T}\boldsymbol{\alpha}^*\mathcal{T}^{-1}=-\boldsymbol{\alpha}\tag{14.18}$$

变换,则 Dirac 方程对时间反演就是不变的.这可以与电荷共轭变换(12.38)式相比较,结果证明正好是相反的作用.

习题 14.1 证明在标准表示(12.7)式中,我们可以令

$$\mathcal{T}=\mathcal{T}^{\dagger}=\mathcal{T}^{-1}=\mathrm{i}\gamma_1\gamma_3\tag{14.19}$$

很容易看出,当电磁场(ϕ,$\boldsymbol{A}$)存在时,只有在除了波函数(14.17)式和 Dirac 算符((14.18)式)的变换之外,矢量势改变符号:$\boldsymbol{A}\to-\boldsymbol{A}$,而 ϕ 不改变符号才能使时间反演不变成立.这是由在时间反演下必须反转的流所诱导出的矢量势的性质所引起的.一个绝对值为 1 的任意相因子 $\eta_{\mathcal{T}}$ 也可以插入定义(14.19)式中.

14.3 $\mathcal{CPT}$变换

量子场论[17]认为在任何具有遵从相对论和概率守恒(动力学的幺正性,第 7 章)的定域相互作用的方式中,时间反演 $\mathcal{T}$、空间反演 $\mathcal{P}$ 和电荷共轭 $\mathcal{C}$ 这三个分立变换的乘积 $\mathcal{CPT}$ 的变换是守恒的. 对自由 Dirac 方程,这意味着在乘以(12.40)式、(14.4)式和(14.19)式的变换后,有

$$\Psi(r,t) \Rightarrow -\mathrm{i}\eta_{\mathcal{P}}\gamma_5\Psi(-r,-t) \tag{14.20}$$

其中,γ_5 矩阵由(12.16)式定义,而且设 $\mathcal{C}$ 变换和 $\mathcal{T}$ 变换可能的相因子等于 1.

实质上,完全的 $\mathcal{CPT}$ 变换约化到了坐标和时间的**四维反演**,并辅以所有粒子变成反粒子,这只有通过能分辨正、反粒子的场(例如电磁场)的相互作用才能被看到. 这个结果与以前关于可以将反粒子看作**沿逆时间方向移动的粒子**的观点是一致的. 由于粒子的动量 $\boldsymbol{p}$ 和自旋 $\boldsymbol{s}$ 在 4 反演中变成为 $\boldsymbol{p}$(空间反射被时间反演抵消)和 $-\boldsymbol{s}$(时间反演),$\mathcal{CPT}$ 不变性预言

$$\boldsymbol{p},\boldsymbol{s} \Rightarrow \boldsymbol{p}',\boldsymbol{s}' \quad (\text{粒子}) \tag{14.21}$$

和它的 $\mathcal{CPT}$ 镜像

$$\boldsymbol{p},-\boldsymbol{s} \Rightarrow \boldsymbol{p}',-\boldsymbol{s}' \quad (\text{反粒子}) \tag{14.22}$$

这两个过程具有相同的概率.

在目前所有公认的理论中,$\mathcal{CPT}$ 不变的普遍性使得人们可以通过被检验过的互补不变性实验结果来判断个别分立变换的不变性. 例如,在 $\mathcal{CP}$ **组合反演**下不变性的缺失能被看作是时间反演不变性($\mathcal{T}$)破坏的证明.

14.4 无质量的粒子

让我们考虑对于一个质量 $m=0$ 的粒子的 Dirac 方程的极限情况. 这样的粒子在任

意坐标系中都以光速移动. 近似地说,这也是任意的**极相对论**运动($E \gg m$)的描述. 与其一致,Dirac 方程给出了(13.7)式的能谱($c=1$):

$$E = \pm |\boldsymbol{p}| \equiv \pm p \tag{14.23}$$

为方便起见,引入单位矢量:

$$\boldsymbol{n} = \frac{\boldsymbol{p}}{E} = \frac{\boldsymbol{p}}{p} \mathrm{sign} E \tag{14.24}$$

那时,我们的无质量的二分量旋量(13.15)式满足简单的方程:

$$\phi = \frac{(\boldsymbol{\sigma} \cdot \boldsymbol{p})}{E} \chi = (\boldsymbol{\sigma} \cdot \boldsymbol{n}) \chi, \quad \chi = \frac{(\boldsymbol{\sigma} \cdot \boldsymbol{p})}{E} \phi = (\boldsymbol{\sigma} \cdot \boldsymbol{n}) \phi \tag{14.25}$$

算符$(\boldsymbol{\sigma} \cdot \boldsymbol{n})$与正能的螺旋度 h 和负能的螺旋度 $-h$ 是一致的.

我们可以继续研究 ϕ 和 χ 的线性组合:

$$\psi^{(\pm)} = \frac{1}{\sqrt{2}}(\phi \pm \chi) \tag{14.26}$$

它们遵从两个**无关联的 Weyl 方程**:

$$\psi^{(\pm)} = \pm (\boldsymbol{\sigma} \cdot \boldsymbol{n}) \psi^{(\pm)} \tag{14.27}$$

与下旋量分量较小的非相对论极限相反,在可以忽略质量的极相对论极限下,两个旋量以相等的权重出现于(14.26)式. 新的旋量 $\psi^{(\pm)}$ 具有确定的**螺旋度**,相应的粒子都是纵向极化的. 对于这样的粒子,我们不需要用四个分量,因为它们完全可以用二分量旋量来描述. 的确,Dirac 粒子在**自由运动中**能保持它们的螺旋度(见习题 13.4). 因此,由旋量 $\psi^{(\pm)}$ 描述的量子态不会与其伙伴混合,而保持其个性. 这意味着我们可以只用二分量描述取代完整的 Dirac 方程. $\psi^{(+)}$ 和 $\psi^{(-)}$ 的混合只能由外场或与其他粒子相互作用引起.

很重要的一点是:一个无质量粒子的纵向极化是**相对论不变的**. 在 $m \neq 0$ 时,人们可以找到一个比粒子移动得更快的参考系. 在这个参考系中,粒子的螺旋度将有一个相反的符号. 但是在 $m=0$ 时,这样的参考系是不存在的. 因此,找到无质量粒子的明确不变的螺旋度定义应该是可能的. 这可以借助算符 γ_5((12.16)式)实现. 我们定义**手征**投影算符为

$$\Lambda^{(\pm)} = \frac{1}{\sqrt{2}}(1 \mp \gamma_5) \tag{14.28}$$

用矩阵 γ_5 的标准表示((12.17)式)并且作用到任意的双旋量((13.13)式)上,我们得到

$$\Lambda^{(\pm)}\begin{pmatrix}\phi\\ \chi\end{pmatrix}=\frac{1}{\sqrt{2}}\left\{\begin{pmatrix}1&0\\0&1\end{pmatrix}\pm\begin{pmatrix}0&1\\1&0\end{pmatrix}\right\}\begin{pmatrix}\phi\\ \chi\end{pmatrix}=\frac{1}{\sqrt{2}}\begin{pmatrix}\phi\pm\chi\\ \pm\phi+\chi\end{pmatrix}\tag{14.29}$$

或借助 Weyl 旋量((14.26)式):

$$\Lambda^{(\pm)}\begin{pmatrix}\phi\\ \chi\end{pmatrix}=\begin{pmatrix}\psi^{(\pm)}\\ \pm\psi^{(\pm)}\end{pmatrix}\tag{14.30}$$

本质上,手征投影算符把一个双旋量约化为一个有某种**手性**(handedness)的二分量旋量.通过(14.27)式,可以借助螺旋度算符对无质量粒子得到相同的结果:

$$\begin{aligned}\frac{1}{\sqrt{2}}(1\pm(\boldsymbol{\Sigma}\cdot\boldsymbol{n}))\begin{pmatrix}\phi\\ \chi\end{pmatrix}&=\frac{1}{\sqrt{2}}\begin{pmatrix}1\pm(\boldsymbol{\sigma}\cdot\boldsymbol{n})&0\\0&1\pm(\boldsymbol{\sigma}\cdot\boldsymbol{n})\end{pmatrix}\begin{pmatrix}\phi\\ \chi\end{pmatrix}\\&=\begin{pmatrix}\psi^{(\pm)}\\ \pm\psi^{(\pm)}\end{pmatrix}\end{aligned}\tag{14.31}$$

因此,对于无质量粒子,螺旋度和手性是等价的:

$$(\boldsymbol{\Sigma}\cdot\boldsymbol{n})=-\gamma_5\tag{14.32}$$

它表明在这里螺旋度是一个 Lorentz 不变的赝标量.

14.5 无质量极限下的中微子

在很长一段时间,中微子无质量被广泛地接受.现在,几乎可以肯定,中微子的质量是有限的,尽管它甚至与其他已知粒子中最轻的电子相比质量或许还是较小的.唯一精确的无质量的粒子是光子(而在检测到引力波后,引力子可能被添加进来).由于其质量非常小,想象一个无质量中微子的世界仍然是有意义的.直接测量中微子的质量是非常困难的,直到现在,我们也只有它的上限.

目前,我们知道关联着三种中微小的类型(**代**)或**味**,它们与三代带电轻子,即电子、μ子(muon)和 τ 子(tauon)(τ 轻子)密切相联系.相应的中微子和反中微子与它们带电的轻子对应物在**弱相互作用**中一起产生.弱相互作用通过**左手流**生成.这意味着生成的或相互作用的中微子的波函数在相互作用的矩阵元中要乘以左手投影算符 $\Lambda^{(+)}$.在$m\to0$的极限下,这个左螺旋度不变,我们将只有一个左旋中微子,其自旋与动量反平行.在通

常的中子β衰变

$$n \rightarrow p + e^- + \bar{\nu}_e \tag{14.33}$$

中,或者在类似的复杂核的 β^- 衰变中,与电子一起产生的粒子 $\bar{\nu}_e$ 被称为**电子反中微子**.这个术语与假定的**轻荷**守恒密切相关,电子有轻荷 +1,而其中微子搭档应该有相反的轻荷 -1.而在有 Z 个质子和 $N = A - Z$ 个中子的原子核 A 的核 β^+ 衰变

$$^A(Z)_N \rightarrow ^A(Z-1)_{N+1} + e^+ + \nu_e \tag{14.34}$$

中,与正电子一起产生的粒子是轻荷为 +1 的电子中微子.实验显示,在(14.33)式这样的过程中产生的反中微子是右极化的,与中微子相反.将 E>0 的解的粒子和中微子及反粒子和反中微子并列在一起,对它们两者,我们都可以看到$(\boldsymbol{\sigma} \cdot \boldsymbol{n}) = -1$.因此,在无质量的极限下,与弱相互作用关联的中微子由具有下标的 Weyl 方程((14.27)式)描述.互补的选项会在由**右手流**支配的相互作用中发生,它们没有被观测到过.

因此,无质量中微子的定态波函数是用螺旋度的**赝标**量子数来表征的.在空间反演下,螺旋度改变符号,所以我们不会得到带有"+"号或"-"号的相同的波函数,就像在具有确定宇称态的情况中一样;相反,我们到了一个**不同的**态.类似于圆偏振的光子,一个纵向极化粒子存在的本身并不表示宇称不守恒.在光子的情况中,宇称守恒通过具有反向圆偏振但相同能量的光子的存在得以恢复.在中微子的情况中,这种说法不成立,因为无质量的中微子总是左极化的,不存在右极化的.通过空间反转和反转中微子的螺旋性,我们就得到了不存在的(在无质量的情况下)右手中微子.这意味着**最大的宇称不守恒**.实验显示,在强相互作用和电磁相互作用中,宇称是守恒的.无质量中微子不参与这些相互作用,而在中微子积极参与的弱相互作用中,宇称不守恒.结果证明,只有左手流的弱相互作用结构确保了中微子和反中微子混合的不存在.

无质量中微子的纵极化还决定了对于电荷共轭不变性的破坏.就像左手中微子变成不可能的右手中微子揭示了空间反射 $\mathcal{P}$ 的守恒的破坏一样,在 $\mathcal{C}$ 变换的操作下,螺旋度不变,而左手中微子变成不存在的左手反中微子,如图 14.1 所示.

然而,我们可以看到,通过 $\mathcal{CP}$ **联合变换**,左手中微子可变换成用带有下标的、**相同的** Weyl 方程(14.27)描述的右手反中微子.尽管单独的 $\mathcal{C}$ 不变性和 $\mathcal{P}$ 不变性不存在,但在这个极限下自然界似乎在**组合反演** $\mathcal{CP}$ 下是不变的.根据 L. D. Landau 在 1956 年的猜想,组合宇称的守恒取代了对空间反演和电荷共轭的不变性的分别破坏.在中性 K 介子长寿命分量到两个 π 介子的衰变中,首次观测到了 $\mathcal{CP}$ 不变性的微小破坏[43];在下面将简要地讨论中性 K 介子的物理性质.在中性 B 介子情况下,也观测到了 $\mathcal{CP}$ 破坏效应[44].由于 $\mathcal{CPT}$ 理论,这些结果表明了时间反演不变性的破坏.类似地,$\mathcal{T}$ 破坏关联的实验发

现:诸如 $s_n \cdot (\boldsymbol{p}_e \times \boldsymbol{p}_\nu)$ 的奇-$\mathcal{T}$项出现在极化中子 β 衰变((14.33)式)的概率中,或许是$\mathcal{CP}$破坏的证据.这种对电子-中微子运动平面和初始中子极化之间夹角的依赖性在时间反演下改变符号.

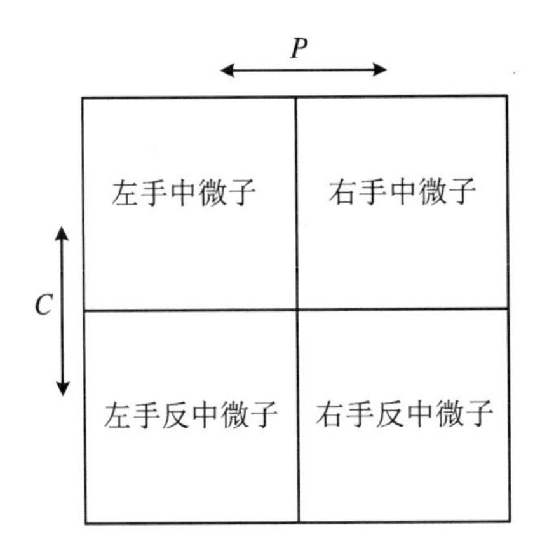

图 14.1　中微子和反中微子的电荷共轭和空间反演的示意图

14.6　再论宇称不守恒

我们在上册 8.5 节引入了宇称破坏的概念.事实上,在所有由弱相互作用引起的过程中,无论中微子存在与否,都揭示出了宇称的不守恒.

在很长一段时间中,带正电的 K 介子到一个正 π 介子和一个中性 π 介子的所谓 θ 衰变

$$K^+ \to \pi^+ + \pi^0 \tag{14.35}$$

是令人费解的谜.**赝标介子**,如同 π 介子和 K 介子,都具有零自旋 J 和负内禀宇称 Π.它们的自旋-宇称量子数可以写成 $J^\Pi = 0^-$,就像赝标算符(术语"赝标介子"的来源)的量子数那样.我们可以在 K^+ 的静止系中考虑过程((14.35)式).初始波函数的宇称 Π_i 由 K 介子的宇称给出:$\Pi_i = \Pi_K = -1$.在末态,我们有两个 π 介子,所以它们组合的内禀宇称是正的,因此末态的总宇称是$(-)^\ell$,其中ℓ是这两个 π 介子相对运动的轨道角动量.然而,所有三个粒子的自旋都等于零,并且角动量的守恒要求$\ell = J_K = 0$.于是,$\Pi_f = (-)^\ell =$

$+1=-\Pi_i$. 因为被宇称守恒禁戒的 θ 衰变占了 K^+ 衰变总数的 20%以上，因此在弱相互作用中宇称是被破坏的.

正如在上册 8.5 节中所说，由一个如动量 $\boldsymbol{p}$ 的极矢量和一个如角动量或自旋 $\boldsymbol{J}$ 的轴矢量构成的标量积($\boldsymbol{p}\cdot\boldsymbol{J}$)所形成的赝标关联是宇称不守恒的特征. 在 π 介子的衰变

$$\pi^+ \to \begin{cases} \mu^+ + \nu_\mu \\ e^+ + \nu_e \end{cases}, \quad \pi^- \to \begin{cases} \mu^- + \bar{\nu}_\mu \\ e^- + \bar{\nu}_e \end{cases} \tag{14.36}$$

中，类似的效应也在 μ 介子或电子的强制极化中看到(带电轻子 e、μ 和 τ 的性质(质量除外)是类似的).

在具有量子数为 $J^\Pi=0^-$ 的衰变的 π 介子的静止坐标系中，再来考虑这样一个过程，如图 14.2 所示.

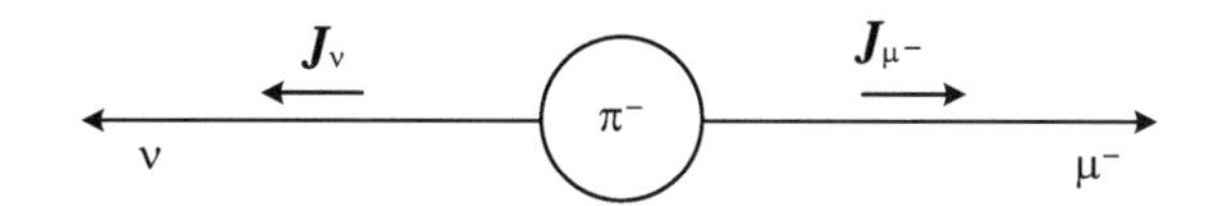

图 14.2　π 介子衰变中的强制极化

这里可方便地使用平面波基进行讨论. 在这个参考系中，背对背运动的末态粒子在运动方向上总的自旋投影应该为零(轨道角动量在 p 的方向上的投影为零). 于是，末态中微子(反中微子)和正电子(电子)或者正(负)μ 子的自旋是相反的. 虽然，无质量的中微子或反中微子始终是极化的. 它自动地固定了带电轻子的螺旋度. 例如，在 π^- 衰变中，凭借守恒定律，负的 μ 介子或电子是**强制**右手极化的，而在 π^+ 衰变中，正的 μ 子或正电子必然是左手极化的.

另一方面，如果一个 $m\neq0$ 的 Dirac 粒子具有很大的能量 $E\gg m$，人们可以忽略波动方程中的质量项. 弱相互作用(左手流)的结构对于所有的轻子是普适的；在极相对论极限下，在所有由弱相互作用支配的过程中，所有的轻子将表现为中微子，而其反粒子表现为反中微子. 因此，存在极相对论轻子的**自然极化**：粒子是左旋的，反粒子是右旋的. 这样，在所谓的 K_{e3} 和 $K_{\mu3}$ 衰变中，

$$K^+ \to \pi^0 + \begin{cases} e^+ + \nu_e \\ \mu^+ + \nu_\mu \end{cases} \tag{14.37}$$

在大多数情况下，正轻子 e^+ 和 μ^+ 将有一个自然的(右手)极化. 在这里，没有像在两粒子衰变((14.36)式)那样的严格的螺旋度关联. 然而，在那些稀有的情况中，当衰变((14.37)式)中的中性 π 介子在衰变粒子的静止系中移动非常缓慢并携带一个很小的动

量时，带电轻子的动量仍与中微子的动量反关联．就像在两体衰变中一样，我们得到螺旋度的关联：总自旋必须为零以确保角动量守恒（$J_K = J_\pi = 0$）．在这种情况下，带电轻子有一个与自然极化相反的运动学强制的极化．对于无质量正电子或 μ^+，这种情况将被严禁．由于 $m_e \ll m_\mu$，π 介子的电子衰减（（14.36）式）被这种极化不匹配压低，比在 μ 子衰变中的压低要强得多．结果，电子衰变的比例数（**分支比**）仅为 10^{-4}，尽管质量 m_π 和 m_μ 相当地接近，但在 μ 子衰变可得到的相空间体积（见 2.5 节），明显地小于在电子衰变中的相空间体积．

习题 14.2 考虑极化的正 μ 子的衰变

$$\mu^+ \rightarrow e^+ + \nu_e + \bar{\nu}_\mu \tag{14.38}$$

并证明能量最大的正电子沿着初始 μ 子自旋的方向移动．

解 如果电子中微子和 μ 子反中微子一起沿着与正电子运动相反的方向移动，则正电子能量是最大的．在这种情况下，它们的总螺旋度为零，并且正电子的自旋必须沿着 μ^+ 子原始自旋的方向．然而，在弱衰变中，快速的正电子具有反粒子的自然极化（右手），即它的自旋和动量将是平行的．在电荷共轭衰变中，有

$$\mu^- \rightarrow e^- + \nu_\mu + \bar{\nu}_e \tag{14.39}$$

能量最大的电子的角分布的最大值是在 μ^- 的自旋的相反方向．

14.7 中微子振荡

太阳中的热核反应包括了由弱相互作用驱动的过程，并产生相当多的电子中微子产生．可靠的太阳模型预言，地球上中微子的通量大约等于每秒每平方厘米 6.6×10^{10} 个电子中微子．在观测中的中微子缺失几乎肯定地表明中微子的质量不为零，并在各种味道间振荡．大气中 μ 子衰变产生的高能中微子（μ 子是 π 介子衰变（（14.36）式）的产物，而 π 介子是由宇宙射线的主要成分，如质子，与大气中的原子核碰撞生成的）也可以振荡．

这种振荡是由于在像 β 衰变的过程中产生的中微子态和中微子哈密顿量的本征态之间的失配而出现的．一个正常的 β 衰变产生了一个带电的轻子和一个相应的中微子，它们都有相同的味 f（e、μ 或 τ）．然而，具有确定质量 m_α 的哈密顿量本征态 ν_α（$\alpha = 1,2,3$）

是不同味态的**组合**.由味态表示到本征质量态的变换由一个幺正矩阵 U 给出,该矩阵的维数由混合的味道数定义:

$$|\nu_f\rangle = \sum_a U_{f\alpha} |\nu_\alpha\rangle \tag{14.40}$$

我们已在习题 2.3 中提到了这样的可能性.因此,β 衰变后的初态是**非定态**,它引起了随后的振荡.

我们来看最简单的量子振荡模型,假设它们只发生在两种味之间,例如电子中微子和 μ 子中微子.让我们假定:在过程中释放出的初始能量 E 分布在两个粒子之间,其中一个粒子是处于某种味态的中微子.例如,π 介子衰变产生了 μ 子和 μ 子中微子(ν_μ),它是由包含两个定态分量 ν_1 和 ν_2 的波函数来描述的.令**混合角**为 ϑ,则

$$|\nu_\mu\rangle = \cos\vartheta |\nu_1\rangle + \sin\vartheta |\nu_2\rangle \tag{14.41}$$

同时其互补的味态,例如,电子中微子的态

$$|\nu_e\rangle = \cos\vartheta |\nu_2\rangle - \sin\vartheta |\nu_1\rangle \tag{14.42}$$

与它是正交的.按照(14.41)式,由弱相互作用产生的 μ 子中微子的初始波函数是

$$\Psi(x, t = 0) \doteq \cos\vartheta e^{ip_1 x} |\nu_1\rangle + \sin\vartheta e^{ip_2 x} |\nu_2\rangle \tag{14.43}$$

这个非定态的时间演化对应着两个能量为 $E_{1,2} = \sqrt{m_{1,2}^2 + p_{1,2}^2}$ 的定态的分量:

$$|\Psi(x,t)\rangle = \cos\vartheta e^{i(p_1 x - E_1 t)} |\nu_1\rangle + \sin\vartheta e^{i(p_2 x - E_2 t)} |\nu_2\rangle \tag{14.44}$$

为了探测某种中微子,我们需要利用与一个靶的弱相互作用.这种相互作用可区分电子中微子和 μ 子中微子,这样我们必须借助某种味态

$$|\nu_1\rangle = \cos\vartheta |\nu_\mu\rangle - \sin\vartheta |\nu_e\rangle, \quad |\nu_2\rangle = \cos\vartheta |\nu_e\rangle + \sin\vartheta |\nu_\mu\rangle \tag{14.45}$$

来表示结果((14.44)式).t 时刻的波函数((14.44)式)演化为

$$\begin{aligned} |\Psi(x,t)\rangle = &|\nu_\mu\rangle(\cos^2\vartheta e^{i(p_1 x - E_1 t)} + \sin^2\vartheta e^{i(p_2 x - E_2 t)}) \\ &+ |\nu_e\rangle \cos\vartheta \sin\vartheta (e^{i(p_2 x - E_2 t)} - e^{i(p_1 x - E_1 t)}) \end{aligned} \tag{14.46}$$

假设我们在 x 点处的探测器仅仅通过计量探测反应结果产生的电子数来记录电子中微子.于是,计数率(初始 μ 子中微子变换的直接证据)正比于

$$I_e(x,t) = |\langle\nu_e | \Psi(x,t)\rangle|^2 = \cos^2\vartheta \sin^2\vartheta \, |e^{i(p_2 x - E_2 t)} - e^{i(p_1 x - E_1 t)}|^2 \tag{14.47}$$

因此,所记录的强度作为时间和探测器坐标的函数振荡:

$$I_e(x,t) = \frac{1}{2}\sin^2(2\vartheta)[1 - \cos\varphi(x,t)] \tag{14.48}$$

其中,振荡的相位为

$$\varphi(x,t)=(p_1-p_2)x-(E_1-E_2)t \tag{14.49}$$

由于中微子的质量非常小,并且它们移动的速度接近于光速,我们可以令 $x\approx t$(以 $c=1$为单位)并用很小的(质量对动量)比来展开能量:

$$E=\sqrt{p^2+m^2}\approx p+\frac{m}{2p} \tag{14.50}$$

它导致了

$$\varphi(x)\approx\left(\frac{m_2^2}{2p_2}-\frac{m_1^2}{2p_1}\right)x\approx\frac{m_2^2-m_1^2}{2p}x\equiv\frac{\Delta(m^2)}{2p}x \tag{14.51}$$

其中,我们可以近似地取 $p_1=p_2=p$.因此,振荡((14.48)式)可由

$$\cos\varphi(x)=\cos\left(\frac{2\pi x}{L}\right) \tag{14.52}$$

描述,其中**振荡长度**为

$$L=\frac{4\pi p}{\Delta(m^2)} \tag{14.53}$$

振荡振幅((14.48)式)取决于混合角度 ϑ.如果这个角度接近最大值:$\vartheta\approx45^\circ$,实验就可确定 $\Delta(m^2)$,而不是质量自身.对于非常大的 $\Delta(m^2)$,长度 L 可能变得太小,故振荡在探测器中将被平均掉.当前的限制($\Delta(m^2)\leqslant1\ \mathrm{eV}^2$)给出了一个足够大的振荡长度.

14.8 Majorana 中微子

从太阳和地面实验结果[45,46]得到的非零中微子质量的存在迫使我们回到这个质量特征的问题.我们提到过,在诸如 β 衰变的弱过程中诞生的中微子都是左手极化的.这可能只是对无质量中微子的严格说法.这是在可以使用双分量 Weyl 中微子的基本粒子标准模型中假定的.中微子质量的问题本质上是寻找超越标准模型的物理学问题.

我们已经讨论了在零质量极限下的左手中微子和右手反中微子之间的 $\mathcal{CP}$ 对称性,

如图 14.1 所示. 中微子和反中微子间的区别一般指 R. Davis 在 1955 年的著名实验[47]. 如果我们把在通常的 β 衰变((14.33)式)中与电子一起产生的粒子 $\bar{\nu}_e$ 称为"**反中微子**", 那么就像实验所示,这个粒子不能引起

$$\bar{\nu}_e + {}^A(Z)_N \to {}^A(Z+1)_{N+1} + e^- \tag{14.54}$$

这种类型的逆反应. 由这个过程不存在人们可以得出结论,这个中微子(正电子 β 衰变发射出的)和从电子的 β 衰变发射出来的反中微子是不同的粒子,如图 14.1 所示. 从形式上,它可以归因于电子**轻荷** L_e 的守恒,假定对于粒子(e^-, ν_e)这个荷等于 +1,而对于反粒子(e^+, $\bar{\nu}_e$)它为 −1. 反应((14.54)式)将使 L_e 的破坏为 2.

类似的结论来自于**无中微子双 β 衰变**的缺失. 有些不稳定原子核的正常 β 衰变是能量上被禁止的情况,但按照

$${}^A(Z)_N \to {}^A(Z-2)_{N+2} + 2e^+ + 2\nu_e \tag{14.55}$$

的方案,双 β 衰变被观测到,但是无中微子衰变

$${}^A(Z)_N \to {}^A(Z-2)_{N+2} + 2e^+ \tag{14.56}$$

迄今仍未确定地观测到. 作为这样一个过程的机制,人们可以想象两次常规 β 衰变的发生,其中,在第一步发射出虚的反中微子,然后再被吸收,诱导出(14.54)式中的第二次作用. 无中微子过程可以根据固定两个发射出电子的总能量在实验上区分出来.

"但是,我们现在知道,情况并不像上面提到的那么清楚."[48] 如果弱相互作用是基于左手流的,来自 β 衰变的、右手极化的反中微子不能引起反应((14.54)式);类似地,对图 14.1 中的粒子方案,螺旋度的要求无中微子双 β 衰变是禁戒的,并且不要求轻荷守恒. 然而,这些结论仅适用于可用二分量 Weyl 旋量方便描述的无质量 Dirac 粒子. 正如我们现在知道的,中微子不是无质量的,螺旋度不再是相对论不变的,应该再次考虑中微子和反中微子是全同粒子的可能性. 在这种情况下,它们应该是 Majorana 粒子. 对无中微子双 β 衰变的寻找仍在继续.

让我们借助手征算符((14.28)式)作用到一个任意的 Ψ 态来定义手征左手双旋量 Ψ_L 和右手双旋量 Ψ_R:

$$\Psi_L = \frac{1-\gamma_5}{2}\Psi, \quad \Psi_R = \frac{1+\gamma_5}{2}\Psi, \quad \Psi = \Psi_L + \Psi_R \tag{14.57}$$

对 Dirac 方程,我们有 Lorentz 不变的标量质量项((12.84)式):

$$M_D = m\overline{\Psi}\Psi \tag{14.58}$$

由于矩阵 γ_5 与 Dirac 共轭双旋量 $\overline{\Psi}$ 的定义中的 γ_0 反对易(习题 12.1),我们可以将

(14.58)式改写为

$$M_D = m(\overline{\Psi}_{\mathrm{L}}\Psi_{\mathrm{R}} + \overline{\Psi}_{\mathrm{R}}\psi_{\mathrm{L}}) \tag{14.59}$$

Dirac 质量项出现在变换态的手征性的动力学中.只有无质量粒子才能保持其手征性.

如果由电荷共轭态 ψ_C(12.37)式和(12.40)式描述的粒子和反粒子是**全同**的,那么另一种可能性——**Majorana 中微子**——就会出现.当然,这只允许是真正的中性粒子.否则,它们的电荷必须相反.中微子的轻荷失去了它的含义.从形式上讲,按照(12.40)式,表示电荷共轭结果的额外矩阵 γ_2 恢复了 Lorentz 标量中的正确手征性.于是,左手性的质量项可以有

$$M_M = \frac{m_{\mathrm{L}}}{2}[(\overline{\Psi}_{\mathrm{L}})_{\mathrm{C}}\Psi_{\mathrm{L}} + \mathrm{H.c.}] \tag{14.60}$$

的形式,并且右手性的态可能有类似的质量为 m_{R} 的项.这种结构的质量项描述了粒子转化成它自己的电荷共轭反粒子.那时,无中微子双 β 衰变的机制得到了证实.即使无中微子双 β 衰变通过一种不同的机制进行,不用一个中介的中微子 = 反中微子,这个粒子仍然应该是一个 Majorana 性质的粒子,因为这个过程本身可以是导致中微子变换成反中微子的虚步骤[49].原则上讲,甚至这两类质量(Dirac 和 Majorana)的存在都不会被禁止.只有实验才能解决这个对于天体物理学和宇宙学也很重要的问题[46].

14.9 奇异数

中性 K 介子(kaons)是在强相互作用粒子——**强子**与其他不稳定粒子——**超子**(较重的类核子)一起碰撞时产生的.一个典型的反应可以如下所示:在 π^- 介子和质子的碰撞中,一个中性的 K 介子 K^0 和一个 Λ 超子一起产生:

$$\pi^- + \mathrm{p} \rightarrow \mathrm{K}^0 + \Lambda^0 \tag{14.61}$$

对于所有这些不稳定的粒子(π,K,Λ,…),与飞过 1 fm $=10^{-13}$ cm 长的核力范围的特征时间10^{-23}s 相比,其共同的特征就是量级为$10^{-(8\div 10)}$ s 的长寿命.缓慢的衰变表明弱相互作用而不是强(核的)相互作用,对这些衰变过程及(14.33)式的 β 衰变负责.像(14.61)式这样的产生反应,其概率很大,这当然指出了强的相互作用.可以得出这样的结论:能量允许的 K 介子和超子的快速衰变,例如 $\Lambda^0 \rightarrow \mathrm{p} + \pi^-$,在强相互作用时是被一个

新守恒律所禁止的,该定律对强作用力有效,但在弱过程中可能被违反.这样的一个假设(M. Gell-Mann,K. Nishijima,1955)把一个新的额外的量子数——**奇异数**——赋予了强子.对“通常”的强子(核子和 π 介子),奇异数 S 等于零,但对**奇异粒子**——超子和 K 介子,奇异数 S 不等于零.实验数据的整体差异证实了奇异数可用下述方式归属于粒子上:

$$\begin{aligned}&\text{介子:}\quad K^{+},K^{0}\Rightarrow S=+1;\quad K^{-},\overline{K}^{0}\Rightarrow S=-1\\&\text{超子:}\quad \Lambda^{0},\Sigma^{+,0,-}\Rightarrow S=-1;\quad \Xi^{-,0}\Rightarrow S=-2,\quad \Omega^{-}\Rightarrow S=-3\end{aligned}\tag{14.62}$$

后来,借助强子的夸克结构,这种分类找到了它的自然解释:每一个单位的奇异数都关联着用一个电荷为 $-e/3$、奇异数为 -1 的**奇异**夸克 s,去替换其中的一个最轻的、$S=0$ 的上夸克 u(电荷 $2e/3$)或下夸克 d(电荷 $-e/3$).在强子相互作用中,K 介子与 π 介子类似.它们也有自旋-宇称量子数 $J^{\Pi}=0^{-}$(赝标介子);而超子类似于核子(自旋 1/2).我们可以把奇异夸克的出现想象成 d 夸克的内部激发.强相互作用中的**奇异数守恒**解释了超子到非奇异粒子——核子和 π 介子的迅速衰变的缺失.同样由于这种守恒,奇异的粒子只能在非奇异强子的碰撞中成对产生,如同在反应(14.61)式中那样,其中产物的总奇异数为零.这被称为**协同产生**.

例如,比较两个明显相似的反应:

$$\pi^{-}+p\rightarrow\Sigma^{-}+K^{+}\qquad\text{和}\qquad\pi^{-}+p\rightarrow\Sigma^{+}+K^{-}\tag{14.63}$$

它们中只有第一个是强相互作用允许的;在第二个反应中,奇异数不守恒:$S_f=-2\neq S_i=0$.因为所有的超子都有负的奇异数,所以在核子的碰撞中,只有 $S=+1$ 的 K 介子,即 K^{+} 和 K^{0},可与超子一起产生.它们的反粒子,K^{-} 和 $\overline{K}^{0}$,具有 $S=-1$,故只能与$S=+1$ 的**反超子** $\overline{\Lambda}$ 和 $\overline{\Sigma}$ 一起生成.强相互作用中的另一个守恒量是**重子荷(重子数)**,对质子、中子和超子,其重子数等于 $+1$,而对于它们的反粒子,重子数为 -1.因此,为了产生反超子,我们就需要初始的反核子.

14.10 中性 K 介子和 $\mathcal{CP}$ 奇偶性

在这里,我们将讨论量子力学基本规则中最引人注目的应用之一,即中性 K 介子,K^{0} 和 $\overline{K}^{0}$ 的衰变.这些衰变是由弱相互作用驱动的,并且我们假定奇异性被弱相互作用破坏,但对于联合反演 $\mathcal{CP}$ 的不变性仍然保持.

让我们从在 K 介子静止系中 K 介子的**两 π** 衰变

$$\mathrm{K}^0 \rightarrow 2\pi^0 \tag{14.64}$$

开始.中性的 π^0 具有确定的、负的 $\mathcal{CP}$ 奇偶性:在空间反演 $\mathcal{P}$ 下,其波函数就像任何赝标量一样(也包括 K^0)改变符号,而在电荷共轭变换下,π^0 不变,以致 $\mathcal{CP}|\pi^0\rangle = -|\pi^0\rangle$.这在夸克模型中是很清楚的,在那里,介子由夸克-反夸克对构成,类似于电子-正电子对的成员,它们具有相反的内禀宇称.于是,$\mathcal{CP}$ 变换操作给出了 $-(-)^\ell$,其中ℓ是夸克对间的相对轨道角动量,对轻介子它为零(s 波).在(14.64)式中,末态总的 $\mathcal{CP}$ 奇偶性,除了 π 介子的内禀 $\mathcal{CP}$ 奇偶性的乘积$(-)^2 = +1$ 之外,还包括它们的轨道动量为ℓ的相对运动宇称$(-)^\ell$.由于 K^0 和 π^0 的自旋为零,角动量守恒规定$\ell = 0$.这给出了 $\mathcal{CP}|2\pi^0\rangle = +|2\pi^0\rangle$,并且 $\mathcal{CP}$ 奇偶性的守恒确定了初始 K^0的 $\mathcal{CP}$ 奇偶性也应该是 +1.然而,由于奇异性,K^0不同于其反粒子 $\overline{\mathrm{K}}^0$,因此不具有确定的 $\mathcal{CP}$ 奇偶性:

$$\mathcal{CP}|\mathrm{K}^0\rangle = -|\overline{\mathrm{K}}^0\rangle, \quad \mathcal{CP}|\overline{\mathrm{K}}^0\rangle = -|\mathrm{K}^0\rangle \tag{14.65}$$

这个佯谬用这样的方法得以解决,即在强相互作用中产生的 K^0 和 $\overline{\mathrm{K}}^0$ 态具有**确定的奇异性**,对弱相互作用尽管它们并不是正确的线性组合(回想一下,弱相互作用产生的重中微子与它们的质量哈密顿量都不是正确的线性组合).如果 $\mathcal{CP}$ 奇偶性在弱相互作用是守恒的,那么“**对角**”的组合就是具有确定 $\mathcal{CP}$ 奇偶性的那些:

$$|\mathrm{K}_1^0\rangle = \frac{1}{\sqrt{2}}(|\mathrm{K}^0\rangle - |\overline{\mathrm{K}}^0\rangle), \quad |\mathrm{K}_2^0\rangle = \frac{1}{\sqrt{2}}(|\mathrm{K}^0\rangle + |\overline{\mathrm{K}}^0\rangle) \tag{14.66}$$

根据(14.65)式,我们有

$$\mathcal{CP}|\mathrm{K}_1^0\rangle = |\mathrm{K}_1^0\rangle, \quad \mathcal{CP}|\mathrm{K}_2^0\rangle = -|\mathrm{K}_2^0\rangle \tag{14.67}$$

在 $\mathcal{CP}$ 变换守恒时,过程(14.64)式对组合 K_1^0 是允许的,但对 K_2^0 是禁戒的.

现在,我们将讨论三个 π 介子的衰变:

$$\mathrm{K}^0 \rightarrow 3\pi^0, \quad \mathrm{K}^0 \rightarrow \pi^+ + \pi^- + \pi^0 \tag{14.68}$$

我们可以把这个过程所允许的末态进行分类.在所有的情况中,系统的末态必须有总角动量 $J = J_\mathrm{K} = 0$.由于 π 介子的自旋也是零,我们得到对它们相对运动轨道动量的限制.总轨道动量 $L = \ell + \ell'$是第一种情况中的一对 π 介子 $2\pi^0$(或者比如在第二种情况中的 π^+ 和 π^-)的相对轨道动量 ℓ 加上最后一个 π^0 相对于第一对介子质心的相对动量 ℓ'构成的,如图 14.3 所示.因为 $\boldsymbol{L} = 0$,我们必须有 $\ell = \ell'$.在第一个情况((14.68)式)中,ℓ是偶数,因为两个全同 π 介子的波函数必须是对称的(参见第 15 章).于是,在这里$\ell = \ell'$是偶

的.因此,$3\pi^0$ 态的 $\mathcal{CP}$ 奇偶性只由 π 介子的内禀 $\mathcal{CP}$ 奇偶性确定,且对奇数个 π 介子,它等于 −1.作为结果,只有 $\mathcal{CP}$ 奇数的组合 K_2^0((14.67)式)可衰变成 $3\pi^0$.对于第二个过程(14.68),$(\pi^+\pi^-\pi^0)$系统的 $\mathcal{CP}$ 奇偶性是子系统$(\pi^+\pi^-)$的 $\mathcal{CP}$ 奇偶性、π^0 的 $\mathcal{CP}$ 奇偶性(等于 −1)和 π^0 相对于$(\pi^+\pi^-)$对的轨道运动的宇称$(-)^{\ell'}$的乘积.当 $\mathcal{CP}$ 奇偶性作用于$(\pi^+\pi^-)$对的时候,$\mathcal{C}$ 和 $\mathcal{P}$ 操作都是等价的,都改变 $\pi^+\leftrightarrow\pi^-$.这意味着$(\pi^+\pi^-)$对的 $\mathcal{CP}$ 奇偶性总是 +1.把我们的结果收集到一起,就可得出结论:$|\pi^+\pi^-\pi^0\rangle$态的 $\mathcal{CP}$ 奇偶性是$(-)^{\ell'+1}$,对于偶的 $\ell=\ell'$,三个 π 介子态有 $\mathcal{CP}=-1$,而对于奇的 $\ell=\ell'$,它们有 $\mathcal{CP}=+1$.

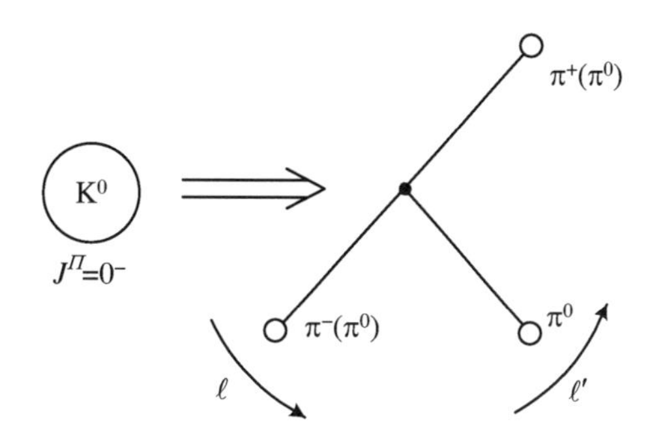

图 14.3　在 K^0 的三介子衰变中,轨道动量矢量加法的运动学

我们可以列出 $\mathcal{CP}$ 奇偶性守恒允许的中性 K 介子的衰变:

$$\underline{\mathcal{CP}=+1}:\quad K_1^0\rightarrow(2\pi^0),(\pi^+\pi^-),(\pi^+\pi^-\pi^0)_{\ell=\ell'=\text{奇数}} \tag{14.69}$$

$$\underline{\mathcal{CP}=-1}:\quad K_2^0\rightarrow(3\pi^0),(\pi^+\pi^-\pi^0)_{\ell=\ell'=\text{偶数}} \tag{14.70}$$

在双介子衰变中释放的能量和相应的相空间体积要比三介子衰变的大得多.这就决定了(14.69)式的衰变概率远大于(14.70)式的衰变概率.与此同时,K_1^0 的三介子衰变被离心势垒压低,因为这里 $\ell'=0$ 的 π^0 发射是被禁戒的.的确,实验能够区分两种中性 K 介子,长寿命的 K_L^0 和短寿命的 K_S^0.它们的寿命分别是

$$\tau_S=0.9\times10^{-10}\ \text{s},\quad \tau_L=5.4\times10^{-8}\ \text{s} \tag{14.71}$$

结果是:快衰变 K_S^0 发生在双 π 衰变模式,而慢衰变 K_L^0 衰变到了三介子道,所以有可能用 K_1^0 识别 K_S^0,用 K_2^0 识别 K_L^0.

1964 年,在 Cronin 等人的实验中[43]发现了一些稀有事例(相对概率≈0.002),在那里长寿命的组分 K_L^0 衰变成两个 π 介子.这些实验显示,在这样的衰变中 $\mathcal{CP}$ 奇偶性不守恒,并且根据 $\mathcal{CPT}$ 定理,时间反演不变性被破坏.因此,严格地说,K_S^0 不是纯的 K_1^0 态;它含有少量 K_2^0 的混合.类似地,K_L^0 主要是 K_2^0,并有一个很小的 K_1^0 混合.$\mathcal{CP}$ 破坏允许基本粒子有非零的电偶极矩,参见上册 22.9 节.在中性 B 介子的实验中,观察到了一个类似的微小 $\mathcal{CP}$ 不守恒[44].

14.11 中性 K 介子和量子重产生

中性 K 介子的衰变揭示了基本量子物理显著的特征,即使我们忘记了很小的 $\mathcal{CP}$ 破坏.这里量子力学的主要规则之一——叠加原理——以一种独特的方式自我表现出来.这种情况多少与中微子振荡相似,尽管可以在实验上更清楚和更容易地得到.

在强相互作用下产生的中性 K 介子(例如(14.61)式)具有某种强相互作用所关注的奇异性.然而,K 介子是不稳定的,它通过弱相互作用衰变((14.64)式,(14.68)式—(14.70)式).如果衰变过程保持 $\mathcal{CP}$ 奇偶性,我们需要将生成的 K^0 表示为具有确定 $\mathcal{CP}$ 奇偶性的态((14.66)式)的叠加,尽管已经没有了确定的奇异性,后者在弱相互作用中是不守恒的:

$$|K^0\rangle = \frac{1}{\sqrt{2}}(|K_1^0\rangle + |K_2^0\rangle), \quad |\overline{K}^0\rangle = \frac{1}{\sqrt{2}}(|K_2^0\rangle - |K_1^0\rangle) \tag{14.72}$$

这样,产生的 K^0 是长寿命的 K_2^0 和短寿命的 K_1^0 分量的组合.

在比 K_1^0 的寿命 τ_1 长得多(但仍比 K_2^0 的寿命短)的时间间隔 t 之后,短寿命分量 K_1^0 消失,此时 K 介子束流则由 K_2^0 构成,但只有一半的强度:

$$|K^0\rangle = \frac{1}{\sqrt{2}}(|K_1^0\rangle + |K_2^0\rangle) \Rightarrow \frac{1}{\sqrt{2}}|K_2^0\rangle \tag{14.73}$$

利用 K_2^0 的定义((14.66)式),在原来由奇异数为 +1 的 K^0 构成的束流中,我们看到了奇异数为 −1 的反粒子 $\overline{K}^0$ 的出现:

$$|K^0\rangle \Rightarrow \frac{1}{\sqrt{2}}|K_2^0\rangle = \frac{1}{\sqrt{2}}\frac{1}{\sqrt{2}}(|K^0\rangle - |\overline{K}^0\rangle) \tag{14.74}$$

让束流((14.74)式)穿过介质传播.因为奇异数不同,粒子 K^0 和反粒子 $\overline{K}^0$ 与介质中原子核的强相互作用(包括 K 介子的散射和超子的产生)是不同的.在与原子核的碰撞中,反粒子 $\overline{K}^0$ 具有很大的、产生具有相同奇异数 −1 的超子的概率,而对于粒子(奇异数 +1,不同于超子的奇异数),这样的过程在强相互作用中是禁戒的;只有 K^0 与核子的散射是允许的.

让我们假定:在一个足够厚的靶中,与核子非弹性碰撞的结果使反粒子 $\overline{K}^0$ 几乎完全被吸收.在束流离开靶的地方,束流的态由波函数((14.74)式)的下列粒子分量描述:

$$\frac{1}{\sqrt{2}}\frac{1}{\sqrt{2}}|K^0\rangle = \frac{1}{2}|K^0\rangle \tag{14.75}$$

这个态类似于整个过程的起点,但强度只有1/4.(14.75)式中的自由移动的 K^0 可再次用两个指数衰减模式的叠加((14.39)式)来表示.就因为这样,已消失的短寿命分量 K_1^0 在介质中经历了**重产生**.之后,我们再次观测到作为 K_1^0 特征的快速双介子衰变((14.64)式).

实际的重产生实验非常复杂.在实践中,必须考虑 K^0 在靶中的散射以及 $\overline{K}^0$ 的不完全吸收.代替(14.75)式,在重产生器出口处,束流的波函数应该写成

$$\frac{1}{\sqrt{2}}(\xi|K^0\rangle + \eta|\overline{K}^0\rangle) = \frac{\xi-\eta}{2}|K_1^0\rangle + \frac{\xi+\eta}{2}|K_2^0\rangle \tag{14.76}$$

其中,$\xi(|\xi|=1)$描述了 K^0 的弹性散射,它不改变束流的总强度,但确实改变了它的相位,而 $\eta(|\eta|<1)$描述了 $\overline{K}^0$ 的弹性散射和吸收.K_1^0 的重产生振幅正比于 $\xi-\eta$.这个过程强烈地依赖于 K_1^0 和 K_2^0 间微小的质量差 Δm.它们虚的弱相互作用及其能量稍有不同.实验证实了来自主要的量子假定的重产生效应,并可以测量 Δm.

习题 14.3 有一束在 $t=0$ 时的 K^0 束流,K_1^0 和 K_2^0 的寿命分别为 τ_1 和 τ_2 $(\tau_2\gg\tau_1)$.求作为时间函数的 $\overline{K}^0$ 的强度.

解 初态的波函数为

$$|\Psi(t=0)\rangle = |K^0\rangle = \frac{1}{\sqrt{2}}(|K_1^0\rangle + |K_2^0\rangle) \tag{14.77}$$

K_1^0 和 K_2^0 的质量分别为 m_1 和 m_2,具有确定 $\mathcal{CP}$ 奇偶性的态按指数衰减的时间演化为$(c=\hbar=1)$

$$|\Psi(t)\rangle = \frac{1}{\sqrt{2}}(e^{-im_1t-t/2\tau_1}|K_1^0\rangle + e^{-im_2t-t/2\tau_2}|K_2^0\rangle) \tag{14.78}$$

或通过再次引入具有确定奇异数的基的态,得

$$|\Psi(t)\rangle = \frac{1}{2}[(e^{-im_1t-t/2\tau_1} + e^{-im_2t-t/2\tau_2})|K^0\rangle - (e^{-im_1t-t/2\tau_1} - e^{-im_2t-t/2\tau_2})|\overline{K}^0\rangle] \tag{14.79}$$

奇异数 $S=-1$ 的 $\overline{\mathrm{K}}^0$ 分量的振幅等于($\Delta m=m_2-m_1$)

$$A(\overline{\mathrm{K}}^0;t)=-\frac{1}{2}\mathrm{e}^{-(\mathrm{i}/2)(m_1+m_2)t}\left[\mathrm{e}^{-(\mathrm{i}/2)\Delta mt-t/2\tau_1}-\mathrm{e}^{-(\mathrm{i}/2)\Delta mt-t/2\tau_2}\right] \tag{14.80}$$

并且通过相互作用行为(仅由 $\overline{\mathrm{K}}^0$ 的存在而引发的沿着轨迹的超子 Λ 和 Σ 的产生)测量的强度正比于

$$N(\overline{\mathrm{K}}^0;t)\propto \mathrm{e}^{-t/\tau_1}+\mathrm{e}^{-t/\tau_2}-2\mathrm{e}^{-(t/2)(1/\tau_1+1/\tau_2)}\cos(\Delta mt) \tag{14.81}$$

因为 $\tau_2\gg\tau_1$,在时间间隔 $t<\tau_2$ 中,人们能够观测到特征振荡:

$$N(\overline{\mathrm{K}}^0;t)\propto 1+\mathrm{e}^{-t/\tau_1}-2\mathrm{e}^{-t/2\tau_1}\cos(\Delta mt) \tag{14.82}$$

振荡周期由质量差 Δm 确定.该实验测得 $\Delta m\approx0.4\times10^{-5}$ eV,这是在粒子物理学中发现的最小质量差.

第 15 章

全同粒子

Pauli 证明了反对称粒子具有半奇数自旋，对称粒子具有整数自旋.没有例外.

——E. Fermi

15.1 不可区分的粒子

在非相对论量子力学中，每种类型的粒子都是用一些参数(质量、自旋、电荷等)表征的.我们希望能有一个更深入的理论来推断这些参数的可能数值.我们将其作为经验输入.对所有给定类型的粒子，这些参数都是**相同的**.我们将粒子分类，属于同一类型的粒子是**不可区分的**.这种细致分类是唯一的，因为那些明显的特征——量子数——确定这些类具有**离散的**值谱.离散性对所谓的 **Gibbs 悖论**的标准解是很重要的，该悖论涉及不同气体和相同气体的混合熵(见第 23 章).

在经典力学中，全同粒子系统仅仅是一种一般系统的极限，它所取的参数值偶然一致. 在量子力学中，粒子的全同性将引起基于统计和量子干涉相互影响的新物理现象.

假设下面情况中的经典运动方程有解：粒子 a 沿着轨迹 A 移动，而全同的粒子 b 沿着轨迹 B 移动. 由于粒子的全同性，存在一组交换的初始条件，导致 a 沿着路径 B 而 b 沿着路径 A 的解. 尽管两对轨迹看起来相同，且两个解中对应的点被粒子以相同的速度、在相同的时刻穿过，标记为 a 的粒子，无论它走过了哪条路径，在路径的末端总是相同的. 在量子力学中，没有任何能够区分全同粒子的标记存在. 可以制备非重叠的初始条件：从不同的源发射出两个质子. 让它们相互作用或简单地穿越重叠的空间区域. 之后，就不可能再区分图 15.1 所示的两个末态了.

必须把两个事例的**振幅**（而不是概率）相加，因此我们定性地得到了新的现象，即全同粒子的（相长或相消）干涉.

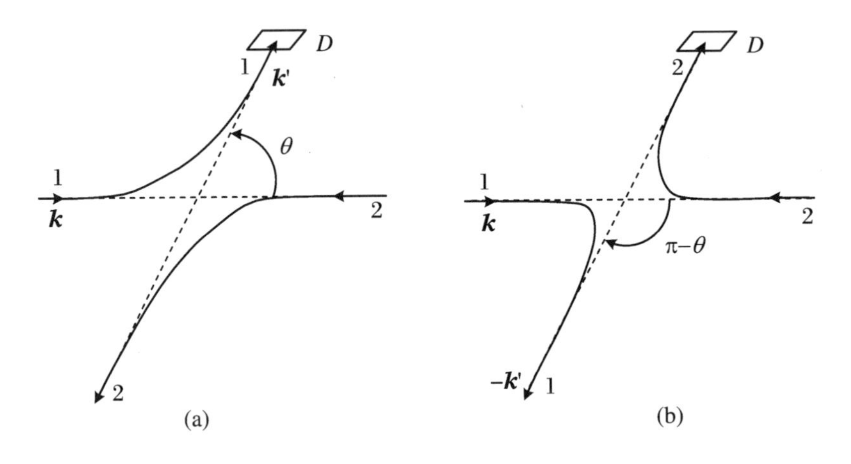

图 15.1　在量子力学中全同粒子的两条路径不可区分

15.2　置换对称

全同粒子 a 和 b 的所有特性在哈密顿量 $H(a,b)$ 中是严格相同的. 这里，对于单粒子变量的完全集合，还包括自旋和其他的内禀自由度，我们使用粒子符号 $a,b,\cdots$.

为了用对称性把这个情况公式化，让我们引入**置换**算符 $\hat{\mathcal{P}}_{ab}\equiv\hat{\mathcal{P}}_{ba}$，它交换 $(a\leftrightarrow b)$ 波

函数中集合 a 和 b 的**所有变量**：

$$\hat{\mathcal{P}}_{ab}\Psi(a,b) = \Psi(b,a) \tag{15.1}$$

对部分变量也可引入类似的交换算符. **Majorana 算符** $\hat{\mathcal{P}}^{r}_{ab}$ 只交换空间坐标：$\boldsymbol{r}_a \leftrightarrow \boldsymbol{r}_b$；**Bartlett算符** $\hat{\mathcal{P}}^{\sigma}_{ab}$ 只置换粒子 a 和 b 的自旋坐标. 总置换算符((15.1)式)通常称为 **Heisenberg算符**. 如果没有额外的变量，显然有

$$\hat{\mathcal{P}}_{ab} = \hat{\mathcal{P}}^{r}_{ab}\hat{\mathcal{P}}^{\sigma}_{ab} \tag{15.2}$$

当作用两次时，每个置换算符都变成了单位算符：

$$(\hat{\mathcal{P}}_{ab})^2 = (\hat{\mathcal{P}}^{r}_{ab})^2 = (\hat{\mathcal{P}}^{\sigma}_{ab})^2 = 1 \tag{15.3}$$

因此，任何转置算符都有等于 ± 1 的两个本征值，其本征函数被分为两组，它们对相应变量的交换是**对称的**和**反对称的**. 一个任意的函数没有明确的对称性，但它总是可以被表示成具有一定对称性的函数的叠加：

$$\Psi(a,b) \equiv \frac{1}{2}[\Psi(a,b) + \Psi(b,a)] + \frac{1}{2}[\Psi(a,b) - \Psi(b,a)] \tag{15.4}$$

在 N 个全同粒子的**多体**系统中，可以引入 $N(N-1)/2$ 个置换算符 $\hat{\mathcal{P}}_{ab}$. 它们的连续操作可使人们得到一个相对于原始函数 $\Psi(a,b,\cdots)$ 变量的任意**置换**. 以这种方式获得的函数总数等于 $N!$ 个不同置换数. 由于增加了可能的**混合对称性**的数目，多体的情况比(15.4)式中的情况更为复杂.

$N>2$ 产生的问题涉及这样的事实：包含多个对象的置换算符**非对易**. 例如，我们发现对于 $N=3$，有

$$\hat{\mathcal{P}}_{13}\hat{\mathcal{P}}_{12}\Psi(1,2,3) = \hat{\mathcal{P}}_{13}\Psi(2,1,3) = \Psi(3,1,2) \tag{15.5}$$

而以相反的顺序操作，我们得到不同于(15.5)式的结果：

$$\hat{\mathcal{P}}_{12}\hat{\mathcal{P}}_{13}\Psi(1,2,3) = \hat{\mathcal{P}}_{12}\Psi(3,2,1) = \Psi(2,3,1) \tag{15.6}$$

也就是说，$[\hat{\mathcal{P}}_{13},\hat{\mathcal{P}}_{12}]\neq 0$. 正确的对易关系应该是

$$\hat{\mathcal{P}}_{12}\hat{\mathcal{P}}_{13} = \hat{\mathcal{P}}_{23}\hat{\mathcal{P}}_{12} \tag{15.7}$$

由于非对易，置换算符没有完全共同的本征函数集. 混合对称的函数在不同的置换下行为不同. 这与我们的粒子**不可区分性**的概念相矛盾，因为全同粒子的置换不改变物理学

性质.

然而,有两个函数总是**所有**置换的**同时**本征函数. 这些例外的函数是全对称的函数和全反对称的函数. 事实上,令 $\Psi(1,2,3)$ 为所有三个算符 $\hat{\mathcal{P}}_{12}$、$\hat{\mathcal{P}}_{23}$ 和 $\hat{\mathcal{P}}_{31}$ 的一个本征函数,它们的本征值(等于 ± 1)分别为 λ_{12}、λ_{23} 和 λ_{31}. 将恒等式(15.7)代入 $\Psi(1,2,3)$ 给出了 $\lambda_{12}\lambda_{13}=\lambda_{23}\lambda_{12}$. 它表明 $\lambda_{13}=\lambda_{23}$,同样,我们发现 $\lambda_{13}=\lambda_{12}$. 因此,所有三个本征值都**相等**. 一般来说,当且仅当所有的本征值 λ_{ab} 都相等时,$\Psi(1,2,\cdots,N)$ 就是所有 $\hat{\mathcal{P}}_{ab}$ 算符的共同本征函数,它们的共同本征值为 $+1$(**全对称**函数 Ψ_S)或 -1(**全反对称**函数 Ψ_A).

我们的结论是,只有函数 Ψ_S 或 Ψ_A 与粒子不可区分的概念是相容的. 选取有恰当对称性的函数作为时间演化的初始条件就足够了. 由于对全同粒子变量的所有置换均对称,多体哈密顿量与所有置换算符均对易:

$$[\hat{\mathcal{P}}_{ab},\hat{H}]=0 \tag{15.8}$$

因此,所有的算符 $\hat{\mathcal{P}}_{ab}$ 都是运动常数,并且波函数的初始对称性随时间演化是保持不变的. 对称性不会被微扰破坏,因为对全同粒子来说,微扰哈密顿量也是对称的,因此守恒定律((15.8)式)也保持不变. 实际上,等式(15.8)是**不可区分性**的正式定义.

当然,没有必要对宇宙中所有给定类型的粒子构建对称化的或反对称化的初态. 如果粒子不相互作用或重叠,则无论它们是否全同,都不会产生任何差异. 一旦量子干涉被排除掉,物理上的预言就是相同的.

15.3 玻色子和费米子

关于自旋和统计之间的联系的量子场论定理(W. Pauli,1940)宣称,对全同粒子所有变量的任意置换,整数自旋全同粒子的波函数必须总是对称的,而半整数自旋粒子的波函数必须始终是反对称的. 形式上它来自于波动方程的变换定律,该方程描述四维 Minkowski 空间中相应的场. 只有适当地选择置换对称性,量子化的场才将服从因果关系,并具有明确定义的作为场量子出现的粒子能量. 从某种意义上说,这是 Minkowski 世界的几何属性,它在一些低维模型中是无效的. 对于无自旋粒子,对称性的要求来自于[50]对六维组态空间中的点$(\boldsymbol{r}_1,\boldsymbol{r}_2)$和$(\boldsymbol{r}_2,\boldsymbol{r}_1)$的辨识以及这种空间中波函数连续性的仔细研究(已经遇到过中性 K 介子衰变中出现两个全同 π 介子(零自旋的粒子)的情况,见

14.10 节）.然而，这种证明很难推广到具有非零自旋的粒子；自旋本质上是相对论的特性.

在假定了自旋和统计之间的联系之后，我们就能大大减少所允许的多体态的数目.只有具有正确置换对称性的态 Ψ_S 和 Ψ_A 是被允许的，并且对于给定种类的粒子，对称的类型是固定的.强烈依赖所允许态的数目的统计特性对这两种情况来说是非常不同的.整数自旋的粒子遵从对称的（Bose-Einstein）统计，称为**玻色子**.半整数自旋的粒子遵从反对称的（Fermi-Dirac）统计，称为**费米子**.物质主要由费米子——轻子和重子以及更深层次的夸克组成.然而，我们仍然不知道宇宙中**暗物质**的组成.

在高激发能（温度）的情况，当可用的量子态数目很大，且每个量子态上的平均粒子数≪1 时，量子重叠效应可以忽略，从而多体系统达到了 **Boltzmann 统计的经典极限**.量子统计效应何时对经典气体变得重要是很容易估算的.每个粒子的平均能量是 $\bar{\epsilon} = (3/2)T$（在设置 Boltzmann 常数 $k_B = 1$ 时用能量单位表示温度 T；转换到热单位为 1 eV = 11600 K）.质量为 m 的粒子的平均动量为 $p \sim \sqrt{m\bar{\epsilon}} \sim \sqrt{mT}$，它对应着热运动的 de Broglie 波长为 $\lambda_T \sim \hbar/p \sim \hbar/\sqrt{mT}$.随着温度的降低，$\lambda_T$ 增加，最终达到平均粒子间距 $r_0 \approx n^{-1/3}$ 的数量级，其中 $n = N/V$ 是气体密度（单位体积的粒子数）.对应着不同粒子的波包开始在**简并温度** T_d 处重叠：

$$T_d \simeq \frac{\hbar^2 n^{2/3}}{m} \tag{15.9}$$

那时，由空间分开的可区分粒子组成的经典气体图像失去了它的意义，人们不得不使用**量子统计**.

对于典型金属中的电子，简并温度为 1—10 eV，这是一个高于熔化温度的值.它意味着金属中的电子应当被视为**简并**量子气.在半导体中，可以改变密度，并因此改变简并温度.对于密度为 $n \approx 0.17\ \text{fm}^{-3}$ 的核子，该值近似地是一个恰当的原子核内部的数值，(15.9)式的估计值是 $T_d \sim 10$ MeV.在质量数为 $A \sim 100$ 的中等原子核中，这对应着数量级为数百兆电子伏的激发能.在低能核物理学中，我们达到的温度远低于 T_d，以致在这里，如在金属中，量子统计的影响是至关重要的.

在这里有一个评论可能是恰当的.在很多情况中，**复合**对象作为一个整体出现.那时，人们需要计算**费米子成分**的数目，以便找到量子统计的类型.中性原子的统计类型由原子核中**中子**数的奇偶性确定（质子数等于电子数）.${}^{87}_{37}\text{Rb}_{50}$ 原子由一个自旋（总的核角动量）为 3/2 的核（37 个质子和 50 个中子）和总自旋为 1/2 的 37 个原子电子构成，而电子的总自旋实际上是由单个的外层价电子确定的.这样的原子形成了 Bose 气体.1995 年在约 2×10^{-8} K 的超低温下观测到的铷蒸气 **Bose 凝聚**成为这种很久前预言的现象的第一个例子：在一个容器(**原子陷阱**)里，所有的全同原子占据着最低的能级[51]. 通过忽略原子之间的相互作用，我们可以把这样的一个多体波函数写成全同单原子函数的乘积：

$$\Psi(1,\cdots,N)=\psi_0(1)\psi_0(2)\cdots\psi_0(N) \tag{15.10}$$

这个函数显然是**对称的**. 对密度为 $n\sim10^{12}\,\mathrm{cm}^{-3}$ 的陷阱，凝聚温度可由(15.9)式估计，低于该温度，宏观比例的原子将占据一个单个的微观态. 原子处于总角动量为 $F=2$ 的超精细结构态(参见上册23.6节)，该角动量应被视为整个原子的自旋. 显然，这种处理是近似的. 在密度很高时，不同原子的电子壳层开始重叠，并且不允许完全对称性的电子费米子特性出现了. 在严格意义上讲，核子也不是简单的费米子，因为在短程，它们开始感觉到组分夸克和胶子. 通常假定在常规的核密度下，这种效应很不重要. 然而，这个问题还没有得到彻底研究.

习题 15.1 考虑处于角动量 j 所表征的单粒子轨道上的两个全同粒子. 求该两体系统总角动量 J 的允许值.

解 如上册习题22.4所示，两粒子波函数的对称性是 $\hat{\mathcal{P}}_{12}=(-1)^{2j+J}$. 对于玻色子，$j$ 是整数，统计要求 $\mathcal{P}_{12}=+1$，这导致 J 为偶数. 对于费米子，j 是半奇数，$2j$ 是奇整数，并且要求 $\mathcal{P}_{12}=-1$，再次给出 J 为偶数. 在这两种情况下，都只有偶的 J 值才是被允许的：

$$J=0,2,\cdots,2j\quad(\text{玻色子}),\quad J=0,2,\cdots,2j-1\quad(\text{费米子}) \tag{15.11}$$

还有一点值得回顾的是，如上册方程(20.68)所示，时间反演算符的两次应用对具有整数和半整数总角动量的系统有不同作用. 由于利用了正确的自旋-统计联系，第一种(第二种)情况发生在偶数(奇数)个费米子系统，$\mathcal{T}^2$ 操作能够区分这两种情况.

15.4 无相互作用粒子的波函数

首先让我们考虑一个无相互作用的两粒子系统，它们可以占据两个单粒子态(**轨道**) ψ_1 和 ψ_2. 这里下标1和2指的是粒子变量的完整集合(不是粒子的标记!). 总波函数 $\Psi(1,2)$ 是单粒子函数的乘积，所以存在四种可能性：

$$\psi_1(1)\psi_1(2),\quad \psi_2(1)\psi_2(2),\quad \psi_1(1)\psi_2(2),\quad \psi_2(1)\psi_1(2) \tag{15.12}$$

(15.12)式中的所有选项对于可区分粒子都是允许的.在玻色子的情况下,我们必须把所有的函数对称化,不过(15.12)式中的第一个和第二个乘积已经是对称的.把第三个和第四个乘积组合成一个归一化的对称组合 Ψ_S,我们得到

$$\underline{\text{玻色子}}:\quad \psi_1(1)\psi_1(2),\quad \psi_2(1)\psi_2(2),\quad \frac{1}{\sqrt{2}}[\psi_1(1)\psi_2(2)+\psi_2(1)\psi_1(2)] \tag{15.13}$$

对费米子来说,剩下的一个归一化的反对称组合 Ψ_A 是唯一被允许的:

$$\underline{\text{费米子}}:\quad \frac{1}{\sqrt{2}}[\psi_1(1)\psi_2(2)-\psi_2(1)\psi_1(2)] \tag{15.14}$$

注意,不同类型对称性的函数是相互正交的.(15.13)式和(15.14)式中的适当对称性函数的组合显示了最简单的没有动力学相互作用的全同粒子的**量子纠缠**,参见第25章.

费米子函数(15.14)具有 **Slater 行列式**的形式:

$$\Psi_A(1,2)=\frac{1}{\sqrt{2}}\begin{vmatrix}\psi_1(1) & \psi_1(2)\\ \psi_2(1) & \psi_2(2)\end{vmatrix} \tag{15.15}$$

其中,元素 $\psi_r(c)$ 中的行号 r 代表占据的轨道,列号 c 代表粒子.通常,在 N 个全同粒子的**费米子系统**中,波函数在任意一个置换 $\mathcal{P}_{ab}$ 的作用下改变符号.在由 p 次对换操作构成的置换下,给出的符号变化是$(-1)^p$.置换的总数等于 $N!$.如果可区分粒子的波函数为 $\Psi(1,2,\cdots,N)$,则对于全同的费米子,相应归一化的反对称化函数变为

$$\Psi_A(1,\cdots,N)=\frac{1}{\sqrt{N!}}\sum_{\mathcal{P}}(-)^p\hat{\mathcal{P}}\Psi(1,\cdots,N) \tag{15.16}$$

在这里,对所有的 $N!$ 个置换求和,计入了它们的相对符号.用类似的方法,N 个全同**玻色子**的波函数可以用全对称化的形式呈现:

$$\Psi_S(1,\cdots,N)=\frac{1}{\sqrt{N!}}\sum_{\mathcal{P}}\hat{\mathcal{P}}\Psi(1,\cdots,N) \tag{15.17}$$

两种统计类型波函数的差异是至关重要的.找到两个玻色子处于同一空间点的概率并不为零,而具有平行自旋的两个费米子的概率为零,它揭示了统计的"排斥".

在非相互作用粒子的情况下,费米子波函数((15.16)式)变成 N 个粒子的 Slater 行列式((15.15)式):

$$\Psi_A(1,\cdots,N)=\frac{1}{\sqrt{N!}}\mathrm{Det}\{\psi_r(c)\} \tag{15.18}$$

其中，ψ_r 罗列了相互正交的单粒子轨道，它们被所研究的多体态中的粒子占据，我们至少需要 N 个独立的轨道 ψ_r 来安置 N 个费米子. Slater 行列式是自动反对称化的，因为任意两行(或列)的调换都会改变行列式的符号. 在 N 个费米子的行列式前面有一个 $1/\sqrt{N!}$ 的归一化因子. 如果可用轨道的数目小于 N，一些粒子就将不得不共享轨道. 在这种情况下，我们得到有重复行的零行列式. 这样，我们就得到了 **Pauli 不相容原理**：在无相互作用的费米系统中，粒子不能占据相同的轨道. Pauli 原理是一般反对称化要求的特殊情况. 一个在相同轨道上有超过一个全同粒子的函数，就像(15.12)式中的前两个乘积，对这些粒子的变量必须是对称的.

特别是在大 N 的情况下，采用**占有数**(每个轨道中粒子数的期望值)描述完整的多体函数是非常方便的. 在无相互作用费米子和正交轨道的情况下，占用数量只能取 0(空轨道)和 1(填充的轨道). 在无相互作用玻色子的情况下，所允许的占用数是从 0 到 N 的任何整数，后一种情况对应着完全凝聚. 在第 17 章中，将把占有数表示发展成**二次量子化**的方案，在那里用算符作用在占有数上(产生和湮灭粒子).

习题 15.2 N 个全同的粒子分布在 Ω 条正交的单粒子轨道上. 对玻色子和费米子，计算有合适对称性可能的多体态的总数 $\mathcal{N}(N,\Omega)$.

解 对于**费米子**，根据 Pauli 原理，所允许态的总数 $\mathcal{N}$ 可以这样计算：将对第一个粒子的 Ω 种可能性，对第二个粒子的剩余的 $\Omega-1$ 种可能性，对第三个粒子的 $\Omega-2$ 种可能性，等等，直至 $\Omega-(N-1)$ 种可能性组合在一起；当然，应该是 $N\leqslant\Omega$. 因为粒子是全同的，乘积将被 $N!$ 除：

$$\underline{\text{费米子}}:\quad \mathcal{N}(N,\Omega)=\frac{\Omega!}{(\Omega-N)!N!} \tag{15.19}$$

就像应该的那样，在真空空间，$N=0$，这个态是唯一的，$N=1$；在完全填充的空间它也是唯一的，$N=\Omega$. 答案是对**粒子**(N)和**空穴**($\Omega-N$)都是对称的.

对于**玻色子**，问题等价于：把 N 个粒子放置在一条线上并在它们之间随机地插入 $\Omega-1$ 条分界线，形成 Ω 个格子. 每条分界线的位置给出了在 Ω 个格子中的全同的玻色子的一个具体分布. 构造(粒子 + 壁)的总数为 $\Omega+N-1$. $\Omega-1$ 个壁的不同组态数给出了答案：

$$\underline{\text{玻色子}}:\quad \mathcal{N}(N,\Omega)=\frac{(\Omega+N-1)!}{(\Omega-1)!N!} \tag{15.20}$$

对于**可区分**的粒子，态的数目就是 Ω^N. 在去掉了分母中的置换因子 $N!$ 并取了低密度的经典极限($N\ll\Omega$)之后，它就可从公式(15.19)和(15.20)中推导出来.

考虑到粒子间有**相互作用**，单粒子轨道的简单乘积(对称化的，如(15.10)式，或反对称化的，如 Slater 行列式(15.15))就不再稳定了.相互作用过程会在轨道之间转移粒子.其他粒子的存在与否严重影响到跃迁振幅.因此，把费米子转移到一个已被占据的轨道是被禁戒的.

即使对于一个相互作用的费米子系统，轨道的所有可能布居的 Slater 行列式为我们提供了一组正交归一的反对称化波函数的完备集.这个集合通常被用作多体问题的解的基.注意，为了这个目的，人们可以使用任意单粒子轨道的完备集，尽管实际上某种具体的选择可能更为方便.在不同的表示中，占有数是不同的.在表示一个实际的定态叠加中，平均占有数通常是分数(在 0 和 1 之间).同样的这种方法适用于使用热系综处理的受激费米子的系统.

习题 15.3 考虑 N 个粒子被分布在 N 个非正交轨道 $\psi_\nu(\nu=1,\cdots,N)$ 上可能较为方便，使得能由(15.16)式和(15.17)式给出(反)对称化的 N 个粒子波函数，其中 $\Psi(1,2,\cdots,N)$ 就是简单的乘积 $\psi_1(1)\cdots\psi_N(N)$.求分别构建在 $\{\psi_\nu\}$ 和 $\{\phi_\mu\}$ 集合上的两个这样的函数 Ψ 与 Φ 的重叠.

解 如果这种类型多体函数中的每一个都是归一化的，则费米子的结果是

$$\langle\Psi\mid\Phi\rangle=\frac{\mathrm{Det}\Theta_{\nu\mu}}{\sqrt{|\mathrm{Det}\Theta_{\nu\nu'}|\cdot|\mathrm{Det}\Theta_{\mu\mu'}|}}\tag{15.21}$$

这里使用了内积矩阵的行列式

$$\Theta_{\nu\mu}=\langle\psi_\nu\mid\varphi_\mu\rangle\tag{15.22}$$

对于玻色子，我们得到了**不变的形式**，与(15.21)式相同的乘积组合，但是所有的符号都是正的.

15.5 两核子态

作为第一个现实的例子，我们将考虑最简单的 $N=2$ 个核子相互作用的原子核系统.尽管不同核子对中的核力几乎相同(强相互作用的**电荷无关性**)，人们在这里可以清楚地看到可区分质子-中子(p-n)系统与两个相同核子的系统(p-p 或 n-n)的具体特征.由于两体系统的质心可以用一个一般的形式(见 17.1 节)分离出来，并且假定了质子和中子的质量是相同的，其整体运动是完全对称的，所以我们将只对相对运动感兴趣.

两个粒子相对运动的波函数具有径向、角度和自旋的部分. 对角度部分可使用球谐函数 $Y_{\ell,m}(\boldsymbol{n})$($\boldsymbol{n}(\theta,\phi)$是沿 $\boldsymbol{r}=r\boldsymbol{n}=\boldsymbol{r}_1-\boldsymbol{r}_2$ 方向的单位矢量)来构建这个态的完备集. 它定义了宇称量子数 $\Pi=(-)^{\ell}$. 我们将使用标准光谱学符号 $s,p,d,f,g,h,i,j,\cdots$来标记轨道角动量ℓ的值 0,1,2,3,4,5,6,7,…. 在 22.3 节中讨论的两核子系统的自旋函数 χ_{SS_z} 属于总自旋

$$\boldsymbol{S} = \boldsymbol{s}_1 + \boldsymbol{s}_2 \tag{15.23}$$

的值 $S=0$(单态)或 $S=1$(三重态). 三重态对通过 Bartlett 算符 $\mathcal{P}^{\sigma}$算符进行的自旋变量的交换是对称的,而单态则是反对称的:

$$\mathcal{P}^{\sigma} = (-)^{S+1} \tag{15.24}$$

在双核子系统中,空间反演改变了相对坐标的符号,因此它等价于由 Majorana 算符 $\mathcal{P}^{r}$ 给出的空间坐标交换. 利用(15.2)式,我们得到

$$\mathcal{P}^{r} = (-)^{l}, \quad \mathcal{P} = \mathcal{P}^{r}\mathcal{P}^{\sigma} = (-)^{\ell+S+1} \tag{15.25}$$

一般来说,一对粒子的相对轨道角动量 ℓ 和自旋 $\boldsymbol{S}$ 不一定是守恒量. 然而,旋转不变性保证了总角动量守恒:

$$\boldsymbol{J} = \boldsymbol{\ell} + \boldsymbol{\mathcal{S}} \tag{15.26}$$

一个具有给定ℓ和 S 值的态,其自旋单态可以耦合成 $J=\ell$,而自旋三重态可耦合成 $J=\ell,\ell\pm1$(在$\ell=0$ 的三重态特例中,只有 $J=S=1$ 是可能的). 就像在原子谱中一样,所得到的态将被表示为$^{2S+1}(\ell)_J$,其中(ℓ)是轨道角动量的符号. 使用该命名法,所有可能的两核子态都可以如表 15.1 所示分类.

表 15.1 两核子态的量子数

	J	ℓ				
		0	1	2	3	4
单态,$S=0$	$J=\ell$	$^1\mathrm{s}_0$	$^1\mathrm{p}_1$	$^1\mathrm{d}_2$	$^1\mathrm{f}_3$	$^1\mathrm{g}_4$
三重态,$S=1$	$J=\ell-1$		$^3\mathrm{p}_0$	$^3\mathrm{d}_1$	$^3\mathrm{f}_2$	$^3\mathrm{g}_3$
	$J=\ell$		$^3\mathrm{p}_1$	$^3\mathrm{d}_2$	$^3\mathrm{f}_3$	$^3\mathrm{g}_4$
	$J=\ell+1$	$^3\mathrm{s}_1$	$^3\mathrm{p}_2$	$^3\mathrm{d}_3$	$^3\mathrm{f}_4$	$^3\mathrm{g}_5$

因为唯一准确的运动常数是 J 和(忽略了弱相互作用)宇称 $\Pi=(-1)^{\ell}$,所以可方便地使用简化的符号 J^{Π} 仅标示这些量子数. 在双核子系统中,单态的宇称$(-1)^{\ell}=(-1)^{J}$由J 唯一确定. 对于三重态,量子数 J 和Π 不能完全确定一个态:存在着具有两个不同$\ell=$

$J\pm1$ 值的可能性.具有$\ell=J$ 的三重态及具有 $J^{\Pi}=0^-$ 的$^3p_0$ 态也是唯一的.让我们根据强相互作用的准确量子数 J^{Π} 来重新排列这些态(表 15.2).

表 15.2　两核子态 J^{Π} 分类

	0^+	0^-	1^+	1^-	2^+	2^-	3^+	3^-	4^+
单态	$^1s_0$			$^1p_1$	$^1d_2$			$^1f_3$	$^1g_4$
三重态		$^3p_0$	$^3s_1,{}^3d_1$	$^3p_1$	$^3d_2$	$^3p_2,{}^3f_2$	$^3d_3,{}^3g_3$	$^3f_3$	$^3g_4$

原则上,相互作用可以混合具有相同 J^{Π} 但不同的ℓ或 S 值的态.有两种可能的叠加与 J^{Π} 守恒相容.首先,可以有相同ℓ的三重态和单态的混合,例如$^1p_1$ 和$^3p_1$(**"竖直混合"**).其次,允许有$\ell=J\pm1$ 的三重态叠加(**"水平混合"**).水平混合的机制与**张量力**相关联,该力是由自旋空间中的二阶张量$\propto s_{1i}s_{2j}-(1/3)(s_1\cdot s_2)\delta_{ij}$与角四极算符$\propto Y_{2\mu}$的标量积构成的,而后者负责将两个具有 $\Delta\ell=2$ 的、宇称相同的轨道角动量混合.

注意,可用于垂直混合的态具有相反的置换对称性((15.25)式),即对 $\mathcal{P}^r$有相同的行为但对 $\mathcal{P}^\sigma$ 有相反的行为.与此相反,水平混合把具有相同对称性的两个态组合在一起.因此,深一层次的物理性质是非常不同的.在现实中,水平混合更强,唯一可能的双核子**束缚**态是**氘核**,$d\equiv{}^2_1H_1$,其 p-n 波函数是$^3s_1+{}^3d_1$ 的叠加,见表 15.2.我们列举了两核子态,但没有提到这两个核子在氘核的情况下是不同的还是全同的.然而,在后一种情况下,只有交换算符((15.25)式)的值为 $\mathcal{P}=-1$ 的**反对称**态被 Fermi 统计所允许.因此,对 n-n 和 p-p 的系统,只能选择一个子类的态,其中轨道($\mathcal{P}^r$)和自旋($\mathcal{P}^\sigma$)的对称性是**互补的**,即

$$\underline{\text{偶单态}}:\quad 0^+({}^1s_0),2^+({}^1d_2),4^+({}^1g_4),\quad\cdots \tag{15.27}$$

和

$$\underline{\text{奇三重态}}:\quad 0^-({}^3p_0),1^-({}^3p_1),2^-({}^3p_2+{}^3f_2),3^-({}^3f_3),\quad\cdots \tag{15.28}$$

单纯地期望,由于核力的与电荷无关,束缚的氘核(电荷 $Z=1$)的存在会意味着束缚的 n-n态($Z=0$,双中子态)和 p-p 态($Z=2$,双质子或^{2}He)的存在.但这样的束缚态是不存在的.原因可以用下面的方式理解.

氘核具有 2.225 MeV 的结合能(在原子核尺度上是一个小的数值),没有激发的束缚态.由于核力与电荷无关,假定的 n-n 和 p-p 束缚态将会具有和唯一的 n-p 束缚态**相同**的量子数$^3s_1+{}^3d_1$.然而,(15.27)式和(15.28)式告诉我们这些态被 Fermi 统计所禁戒.电荷无关性的概念必须被明确地表述为在**相同量子态**上的核力等价.明确地阐明电荷无关性概念的有力的方法是通过引入更高的对称性:**同量异位自旋**,或简称**同位旋**,它是另

外一种 $\mathcal{SU}(2)$群，该群是基于质子和中子作为核子的两个态(见第 16 章). 在这里，整套自旋公式体系都被转化成对多核子系统有力的预测. 甚至更高的对称性也在基本粒子世界起作用.

习题 15.4 具有自旋为 0 并携带负电荷的粒子 π^- 介子可以被俘获到一个围绕原子核的类氢原子轨道上，形成 Coulomb **介原子**(对电荷为 Z 的核，估算结合能和最低轨道的尺度!). 这个过程的最终结果可能是 π 介子衰变到一个 μ 子和一个反 μ 中微子((14.36)式)，或者 π 介子被原子核捕获. 考虑氘 π 介原子，在那里由介原子基态俘获 π 介子(由强相互作用支配的过程)导致原子核解离成两个中子：

$$\pi^- + \mathrm{d} \to \mathrm{n} + \mathrm{n} \tag{15.29}$$

求证：只有 π 介子具有负的内禀宇称(**赝标粒子**)时(见第 14 章)，过程(15.29)才是可能的.

解 由于在介原子的基态 s 态中，无自旋的 π 介子被自旋(总角动量)等于 1 的氘核俘获过程(15.29)中的初态的总角动量是 $J_i = 1$，因此，两个中子的末态角动量也必须为 $J_f = 1$. 对于两个中子，方程(15.28)只允许存在一种具有量子数 $J = 1$ 的态组合，即负宇称的 $^3\mathrm{p}_1$. 初态的宇称与 π 介子的内禀宇称一致，因为对介原子中的最低 s 轨道有 $\ell = 0$，并且在氘核态中 s 轨道和 d 轨道的组合也是偶的. 由过程(15.29)的宇称守恒，我们得出结论，π 介子具有负的内禀宇称.

习题 15.5 在有两个全同的无相互作用无自旋的玻色子系统中，一个粒子处于具有正宇称的定态，其归一化的波函数为具正宇称 $\psi_1(\boldsymbol{r})$，而另一个粒子处于具有负宇称的归一化波函数 $\psi_2(\boldsymbol{r})$ 的态. 请确定：

(1) 一个粒子的坐标概率分布 $w(\boldsymbol{r})$，如果另一个粒子的位置是任意的.

(2) 在 $z \geqslant 0$ 的上半空间中找到一个粒子的概率.

(3) 在 $z \geqslant 0$ 处发现两个粒子的概率.

(4) 对处于相同自旋态的两个费米子，回答上述问题.

(5) 对两个可区分的粒子，回答上述问题.

解 (1) 对两个玻色子，正确的对称化波函数是

$$\psi(\boldsymbol{r}_1, \boldsymbol{r}_2) = \frac{1}{\sqrt{2}}\{\psi_1(\boldsymbol{r}_1)\psi_2(\boldsymbol{r}_2) + \psi_1(\boldsymbol{r}_2)\psi_2(\boldsymbol{r}_1)\} \tag{15.30}$$

由于波函数是对称的，对任何粒子，例如对 $\boldsymbol{r}_1 = \boldsymbol{r}$，通过对所有可能的位置 $\boldsymbol{r}_2$ 积分就可得到所要的概率：

$$w(\boldsymbol{r}) = \int \mathrm{d}^3 r_1 \mathrm{d}^3 r_2 \delta(\boldsymbol{r}_1 - \boldsymbol{r}) |\psi(\boldsymbol{r}_1, \boldsymbol{r}_2)|^2 \tag{15.31}$$

假定已把单粒子波函数归一化了：

$$\int d^3 r \ |\psi_1(\boldsymbol{r})|^2 = \int d^3 r \ |\psi_2(\boldsymbol{r})|^2 = 1 \tag{15.32}$$

由于它们具有相反的宇称，它们是正交的：

$$\int d^3 r \psi_1^*(\boldsymbol{r})\psi_2(\boldsymbol{r}) = 0 \tag{15.33}$$

(15.31)式中的积分给出

$$w(\boldsymbol{r}) = \frac{1}{2}(|\psi_1(\boldsymbol{r})|^2 + |\psi_2(\boldsymbol{r})|^2) \tag{15.34}$$

这里由于正交性((15.33)式)，相干项消失了.因子 1/2 确保了正确的归一化：

$$\int d^3 r w(\boldsymbol{r}) = 1 \tag{15.35}$$

(2) 对于具有确定宇称的函数，对上半平面的积分等于

$$\int_{z \geqslant 0} d^3 r \ |\psi_{1,2}(\boldsymbol{r})|^2 = \frac{1}{2} \tag{15.36}$$

因此，从(15.34)式可获得，在上平面中找到一个粒子而另一个粒子处于任意位置的概率为

$$w(z \geqslant 0) = \int_{z \geqslant 0} d^3 r w(\boldsymbol{r}) = \frac{1}{2}\left(\frac{1}{2} + \frac{1}{2}\right) = \frac{1}{2} \tag{15.37}$$

(3) 为求出在上半平面同时找到两个粒子的概率，我们回到全波函数((15.30)式)：

$$w(z_1, z_2 \geqslant 0) = \int_{z_1, z_2 \geqslant 0} d^3 r_1 d^3 r_2 \ |\psi(\boldsymbol{r}_1, \boldsymbol{r}_2)|^2 \tag{15.38}$$

然而，在半平面中，单粒子波函数不一定正交，它们的重叠由下述积分给出：

$$I = \int_{z \geqslant 0} d^3 r \psi_1^*(\boldsymbol{r})\psi_2(\boldsymbol{r}) \tag{15.39}$$

使用(15.36)式和(15.39)式，我们得到

$$w(z_1, z_2 \geqslant 0) = \frac{1}{4} + |I|^2 \tag{15.40}$$

(4) 在费米情况下，波函数必须对空间变量反对称化(波函数的自旋部分 χ_1 和 χ_2 是相同的，因此它们的乘积是自动对称化的).空间部分由 Slater 行列式给出：

$$\psi(1,2)=\frac{1}{\sqrt{2}}[\psi_1(\boldsymbol{r}_1)\psi_2(\boldsymbol{r}_2)-\psi_1(\boldsymbol{r}_2)\psi_2(\boldsymbol{r}_1)]\chi_1\chi_2 \tag{15.41}$$

若假定旋量 χ 按照 $\langle\chi|\chi\rangle=1$ 归一化,可用对玻色子同样的方法进行计算.那时,(15.34)式和(15.36)式仍然有效.然而,现在同时的概率((15.40)式)变成

$$w(z_1,z_2\geqslant 0)=\frac{1}{4}-|I|^2 \tag{15.42}$$

(很容易证明这个表达式总是非负的).

(5) 对可区分的粒子,不存在置换对称性:

$$\psi(\boldsymbol{r}_1,\boldsymbol{r}_2)=\psi_1(\boldsymbol{r}_1)\psi_2(\boldsymbol{r}_2) \tag{15.43}$$

现在,在点 $\boldsymbol{r}$ 处找到单个粒子的概率对于两个粒子是不同的:

$$w_1(\boldsymbol{r})=|\psi_1(\boldsymbol{r})|^2,\quad w_2(\boldsymbol{r})=|\psi_2(\boldsymbol{r})|^2 \tag{15.44}$$

对于每个粒子,在上平面中找到的概率仍为1/2,而在上平面中同时找到它们的概率为1/4.自旋变量(如果存在)不影响结果.

我们看到粒子的不可区分性引入了与重叠积分相关的干涉现象((15.39)式).在玻色子情况下,它导致了粒子的等有效吸引,而与两个不同粒子的情况相比,具有平行自旋的费米子感受到有效的排斥(Pauli 原理).对于具有相反自旋投影的费米子,由于旋量的正交性,不存在干涉,以致它们的行为就像可区分的粒子一样.

习题 15.6 两个质量为 m 的全同无自旋玻色子由于它们之间的相互作用势 $U=(k/2)(\boldsymbol{r}_1-\boldsymbol{r}_2)^2$ 形成了一个分子.请确定分子定态的光谱.

解 构建的质心运动波函数是对称化的.相对运动波函数是哈密顿算符的本征态:

$$H_{\text{rel}}=\frac{\boldsymbol{p}^2}{m}+\frac{1}{2}kr^2 \tag{15.45}$$

其中,$\boldsymbol{r}=\boldsymbol{r}_1-\boldsymbol{r}_2$ 和 $\boldsymbol{p}$ 分别是相对运动的坐标和动量.我们还考虑到约化质量为 $m/2$.能谱由各向同性谐振子势的标准解给出的,其中能量的本征值只取决于主量子数:

$$E(N)=\hbar\omega\left(N+\frac{3}{2}\right),\quad N=n_x+n_y+n_z,\quad \omega=\sqrt{\frac{2k}{m}} \tag{15.46}$$

在一个两体系统中,空间波函数的置换对称性等价于宇称.对于谐振子,它与 $(-1)^N$ 一致;对给定 N 的所有轨道角动量 ℓ,它们有相同的宇称 N.对于全同的玻色子,只有对称的态是允许的.因此,所允许的谱((15.46)式)被限制在偶数态:

$$N=0,2,4,\cdots \tag{15.47}$$

习题 15.7 氢分子 H_2 可以以两种形式存在:仲氢和正氢,它们在形成分子的两个质子的总核自旋 $\boldsymbol{S}=\boldsymbol{s}_1+\boldsymbol{s}_2$ 上是不同的.对仲氢和正氢,其核自旋分别是 $S=0$ 和 $S=1$.请从全同粒子的统计学和所允许的量子数[52]的观点讨论氢分子 H_2 的可能状态.

解 分子波函数对质子交换必须是反对称的.基态的电子波函数和振动波函数对质子坐标是对称的.核自旋函数对仲氢是反对称的,但对正氢是对称的.严格意义上的全反对称性必须通过分子角波函数补充的对称性、仲氢的对称性和正氢的反对称性来确保.双原子分子存在转动谱,它对应着围绕垂直于分子轴的轴旋转,参见上册 5.7 节.方向波函数就是 $Y_{LM}(\boldsymbol{n})$,单位向量 $\boldsymbol{n}$ 描述分子的轴在空间中的取向.该函数在质子互换时得到了一个 $(-1)^L$ 的因子(对于一个双粒子系统,这等价于空间反演).这样,对仲氢分子来说,只有 $L=0,2,\cdots$ 等偶数值的态才可能存在,而对正氢分子来说,只有 $L=1,3,\cdots$ 等奇数值的态才可能存在.正氢的转动谱始于 $L=1$,与 $L=0$ 的仲氢基态相比,它带来了额外的转动能.在高于转动能级间隔能量的室温温度下,气态氢是这两个修正的统计混合,其比例正氢∶仲氢=3∶1 等于磁的子态数之比.在低温下,所有分子松弛到仲氢相.为使相当大部分的正氢分子保持在低温,冷却必须快于弛豫时间.

习题 15.8 考虑中子被仲氢和正氢分子非常低能的弹性散射,这时中子的波长大于氢分子中质子间的平均距离(0.75 Å).证明:比较这些截面可以找到 n-p 散射长度的符号.历史上,遵照 J. Schwinger 和 E. Teller 的建议[52],R. Sutton 等人进行了确定单态散射长度 a_s 和三重态散射长度 a_t 符号的重要实验[53].散射振幅的符号对于 n-p(不同于氘核)的束缚态存在的问题是重要的.

解 测量 n-p 散射截面提供不了关于 a 的符号信息.此外,通过无极化中子和质子的实验只能测量单态和三重态截面的**平均值**:对于给定的碰撞,有 1/4 的概率使这对粒子处在单态,3/4 的概率处在三重态.可观测的截面是

$$\bar{\sigma}=\frac{1}{4}\sigma_s+\frac{3}{4}\sigma_t \tag{15.48}$$

由于所允许的转动能级的差异,即使没有自旋相关的核力,对正氢和仲氢来说中子的非弹性散射也是不同的.对于中子波长较大的情况,中子与两个质子有相干相互作用(参见 9.9 节);我们必须添加相应的弹性振幅.为了得到对任意自旋都正确的结果,我们把 n-p 相互作用的有效散射长度写成一个算符:

$$\hat{a}=\frac{1}{2}(1-\mathcal{P}^\sigma)a_s+\frac{1}{2}(1+\mathcal{P}^\sigma)a_t \tag{15.49}$$

其中,a_s 和 a_t 分别是 n-p 散射的单态和三重态的散射长度,$\mathcal{P}^\sigma$ 是自旋交换算符(15.24).(15.49)式中的组合算符 $(1/2)(1\mp\mathcal{P}^\sigma)$ 将任意的态投影出它的单态或三重态

的部分.使用自旋交换算符的显式表达式(见上册方程(22.27)),可得到作为一个作用到自旋变量上的算符的等效 n-p 散射长度:

$$\hat{a} = \frac{1}{4}[3a_t + a_s + (a_t - a_s)(\boldsymbol{\sigma}_n \cdot \boldsymbol{\sigma}_p)] \tag{15.50}$$

现在,我们可以将其应用到被分子氢的散射.在极低能量的极限下,与中子波长相比我们可忽略分子的尺度.然后,我们可以简单地把对于两个质子的物理量((15.50)式)相加,并引入对于质子是**对称**的有效散射长度:

$$\hat{A} = \hat{a}(1) + \hat{a}(2) = \frac{1}{2}[3a_t + a_s + (a_t - a_s)(\boldsymbol{\sigma}_n \cdot \hat{\boldsymbol{S}})] \tag{15.51}$$

其中,$\boldsymbol{S}$ 是分子的核自旋((15.23)式).考虑到在分子中的质子之间位移引起的相位差,我们还将会得到质子自旋**反对称**的项.它们是造成正氢-仲氢和仲氢-正氢的跃迁的原因.弹性散射以及仲氢-仲氢和正氢-正氢的激发是由对称项来支配的.

弹性散射是用矩阵元$\langle m'M'|\hat{A}|mM\rangle$来描述的,其中 m,m'和M,M'分别是入射中子和分子的初态自旋和末态自旋的投影.使用无极化的中子或初始的分子气体,并且不测量末态的极化,观测到的弹性截面正比于这个矩阵元的平方,再对初态极化求平均和对末态极化求和,得到

$$\sigma_{\mathrm{el}} \propto \frac{1}{2(2S+1)} \sum_{mMm'M'} |\langle m'M' \mid \hat{A} \mid mM\rangle|^2 \tag{15.52}$$

计算这种求和的标准方法如下:对初态和末态的自旋求和可被约化成自旋空间的迹:

$$\sum_{fi} |A_{fi}|^2 = \sum_i \left(\sum_f A_{fi}^* A_{fi}\right) = \sum_i (A^\dagger A)_{ii} = \mathrm{tr}(\hat{A}^\dagger \hat{A}) \tag{15.53}$$

标准的自旋代数给出

$$(\boldsymbol{\sigma}_n \cdot \hat{\boldsymbol{S}})^2 = \hat{S}_j \hat{S}_k (\delta_{jk} + \mathrm{i}\,\epsilon_{jkl}(\sigma_n)_\ell) = \hat{\boldsymbol{S}}^2 - (\boldsymbol{\sigma}_n \cdot \hat{\boldsymbol{S}}) \tag{15.54}$$

任何角动量分量的迹都为零.作为一个结果,我们有

$$\mathrm{tr}(\hat{A}^\dagger \hat{A}) = 2(2S+1)\frac{1}{4}[(3a_t + a_s)^2 + S(S+1)(a_t - a_s)^2] \tag{15.55}$$

为比较 n-p 和 n-H_2 散射的截面,我们应该考虑不同的反冲因子(约化质量),对于在自由质子上的散射,$m = M/2$,对于在分子上的散射,$m = (2/3)M$.散射振幅正比于约化质量,而截面正比于约化质量的平方.对中子在一个被束缚在重分子中的质子上的散射,其约化质量接近于核子的质量,且截面将是自由质子的四倍.对于这两个分子氢的修正,我

们发现中子的弹性散射截面为

$$\sigma_{\text{仲氢}} = 4\pi\left(\frac{4}{3}\right)^2 \frac{1}{4}(3a_t + a_s)^2 = \frac{16\pi}{9}(3a_t + a_s)^2 \tag{15.56}$$

和

$$\sigma_{\text{正氢}} = \frac{16\pi}{9}\left[(3a_t + a_s)^2 + 2(a_t - a_s)^2\right] \tag{15.57}$$

以同样的一些项，自由质子的截面为

$$\bar{\sigma} = 4\pi\left(\frac{3}{4}a_t^2 + \frac{1}{4}a_s^2\right) = \frac{\pi}{4}\left[(3a_t + a_s)^2 + 3(a_t - a_s)^2\right] \tag{15.58}$$

不同测量的组合使得人们能够确定散射长度和它们的符号：$a_t \approx 5.44$ fm，$a_s \approx -23.72$ fm. 由于三重态和单态的散射长度符号相反，正氢截面明显地超过了仲氢的截面. 再看一下对散射长度含义的图示(图 8.6)，我们看到结果与存在束缚的三重态(氘核)和不存在束缚的单态是一致的.

15.6 全同粒子的散射

根据图 15.1 的例子，我们可以考虑两个不可区分粒子的散射过程. 即使在经典力学中，在相同的角度 θ 处放置相同的探测器(在质心系)，我们也有两种散射产物记录的情况. 在情况Ⅰ中，探测器 D 记录被散射到 θ 角的粒子 a；而放置在角度 $\pi-\theta$ 的另一个探测器记录粒子 b. 在情况Ⅱ中，粒子 a 从碰撞轴散射到 $\pi-\theta$ 角，而探测器 D 则去寻找与粒子 a 相同的粒子 b.

观测到的**经典**截面(译者注：下标为 cl)只不过是 $\boldsymbol{k}\rightarrow\boldsymbol{k}'$ 的**直接**过程和 $\boldsymbol{k}'\rightarrow-\boldsymbol{k}$ 的**交换**过程的基本截面之和：

$$\mathrm{d}\sigma_{\mathrm{cl}}(\boldsymbol{k}', \boldsymbol{k}) = \mathrm{d}\sigma(\boldsymbol{k}', \boldsymbol{k}) + \mathrm{d}\sigma(-\boldsymbol{k}', \boldsymbol{k}) \tag{15.59}$$

在中心力场的情况下，微分截面仅依赖于散射角 θ，(15.59)式可简化为

$$\mathrm{d}\sigma_{\mathrm{cl}}(\theta) = \mathrm{d}\sigma(\theta) + \mathrm{d}\sigma(\pi-\theta) \tag{15.60}$$

因此

$$d\sigma_{cl}(90^\circ) = 2d\sigma(90^\circ) \tag{15.61}$$

为了找到**量子**散射的正确处理方法，我们注意到在质心系中，两个全同粒子正（反）对称化了的波函数由下式给出：

$$\frac{1}{\sqrt{2}}(1 \pm \mathcal{P}_{ab})\psi(\boldsymbol{r}; s_a, s_b) = \frac{1}{\sqrt{2}}[\psi(\boldsymbol{r}; s_a, s_b) \pm \psi(-\boldsymbol{r}; s_b, s_a)] \tag{15.62}$$

其中，$\boldsymbol{r} = \boldsymbol{r}_a - \boldsymbol{r}_b$是相对坐标，$s_a$和$s_b$是自旋变量，符号 + 和 − 分别对应玻色子和费米子．在空间和自旋变量分离的简单情况下，$\psi(\boldsymbol{r}; s_a, s_b) \rightarrow \psi(\boldsymbol{r})\chi(s_a, s_b)$，函数(15.62)可以写为

$$\begin{aligned} &\frac{1}{\sqrt{2}}[\psi(\boldsymbol{r})\chi(s_a, s_b) \pm \psi(-\boldsymbol{r})\chi(s_b, s_a)] \\ &\quad = \frac{1}{\sqrt{2}}[(\psi_S + \psi_A)(\chi_S + \chi_A) \pm (\psi_S - \psi_A)(\chi_S - \chi_A)] \end{aligned} \tag{15.63}$$

其中，具有确定对称性的组合为

$$\psi_{S,A} = \frac{1}{2}[\psi(\boldsymbol{r}) \pm \psi(-\boldsymbol{r})], \quad \chi_{S,A} = \frac{1}{2}[\chi(s_a, s_b) \pm \chi(s_b, s_a)] \tag{15.64}$$

显然，对于非因子化的函数也可以进行这种（反）对称化操作．因此，对 Bose 情况，(15.63)式给出

$$\psi_B(\boldsymbol{r}, s_a s_b) = \sqrt{2}(\psi_S\chi_S + \psi_A\chi_A) \tag{15.65}$$

对 Fermi 情况，有

$$\psi_F(\boldsymbol{r}, s_a s_b) = \sqrt{2}(\psi_A\chi_S + \psi_S\chi_A) \tag{15.66}$$

坐标和自旋波函数的对称性总是互补的，以确保正确的总体对称性．

在弹性散射中，空间（相对运动）和自旋波函数的渐近形式由下式给出：

$$\psi_{\boldsymbol{k}}(\boldsymbol{r}; s_a, s_b) \sim \left[e^{i(\boldsymbol{k}\cdot\boldsymbol{r})} + f(\boldsymbol{k}', \boldsymbol{k})\frac{e^{ikr}}{r}\right]\chi(s_a, s_b) \tag{15.67}$$

其中，矢量 $\boldsymbol{r}$ 和 $\boldsymbol{k}' = k\boldsymbol{r}/r$ 在粒子交换时改变符号（图 15.1 中情况 Ⅰ 和 Ⅱ 之间的转换）．确定对称性的空间函数具有渐近式

$$\psi_{S,A} = \frac{1}{2}\left\{e^{i(\boldsymbol{k}\cdot\boldsymbol{r})} \pm e^{-i(\boldsymbol{k}\cdot\boldsymbol{r})} + \frac{e^{ikr}}{r}[f(\boldsymbol{k}', \boldsymbol{k}) \pm f(-\boldsymbol{k}', \boldsymbol{k})]\right\} \tag{15.68}$$

例如，对**无自旋玻色子**，我们就会有 $\chi_S = 1$ 和 $\chi_A = 1$，因此(15.65)式给出 $\psi_B =$

$\sqrt{2}\psi_S(\boldsymbol{r})$.渐近波函数的入射部分为$(1/\sqrt{2})\{\exp[\mathrm{i}(\boldsymbol{k}\cdot\boldsymbol{r})]+\exp[-\mathrm{i}(\boldsymbol{k}\cdot\boldsymbol{r})]\}$,它对应着每个 $\boldsymbol{k}$ 和 $-\boldsymbol{k}$ 波的流为$(1/2)\hbar k/m$.然而,无法确定哪个粒子来自左边,哪个粒子来自右边.波函数的散射部分等于$(1/\sqrt{2})(\mathrm{e}^{\mathrm{i}kr}/r)[f(\boldsymbol{k}',\boldsymbol{k})+f(-\boldsymbol{k}',\boldsymbol{k})]$,被散射到给定方向的粒子的总流量是与两个粒子关联的流的总和(译者注:下标“scatt”意为散射):

$$j_{\text{scatt}}\cdot\mathrm{d}S=\frac{\hbar k}{m}\left|\frac{1}{\sqrt{2}}[f(\boldsymbol{k}',\boldsymbol{k})+f(-\boldsymbol{k}',\boldsymbol{k})]\right|^2\frac{\boldsymbol{r}}{r}\frac{1}{r^2}\mathrm{d}S \tag{15.69}$$

正如在标准散射理论中,我们获得的截面(下标 0 表示粒子的自旋)为

$$\begin{aligned}\frac{\mathrm{d}\sigma_0}{\mathrm{d}o}&=|f(\boldsymbol{k}',\boldsymbol{k})+f(-\boldsymbol{k}',\boldsymbol{k})|^2\\&=|f(\boldsymbol{k}',\boldsymbol{k})|^2+|f(-\boldsymbol{k}',\boldsymbol{k})|^2+2\mathrm{Re}(f^*(\boldsymbol{k}',\boldsymbol{k})f(-\boldsymbol{k}',\boldsymbol{k}))\end{aligned} \tag{15.70}$$

与经典结果((15.59)式)相比,直接和交换过程的振幅相干相加,于是我们有了一个额外的干涉项.特别是对于中心力场,我们有

$$\frac{\mathrm{d}\sigma_0(\theta)}{\mathrm{d}o}=|f(\theta)|^2+|f(\pi-\theta)|^2+2\mathrm{Re}(f^*(\theta)f(\pi-\theta)) \tag{15.71}$$

且

$$\frac{\mathrm{d}\sigma_0(90^\circ)}{\mathrm{d}o}=4\left|f\left(\frac{\pi}{2}\right)\right|^2 \tag{15.72}$$

在 90°的截面的结果是经典结果((15.60)式)的 2 倍.

对于**自旋为 1/2 的费米子**,自旋的情况不那么简单,因为 $S=0,\chi=\chi_A$ 的单态和 $S=1,\chi=\chi_S$ 的三重态都是可能的.相应地,我们选择了互补的空间函数 ψ_S 和 ψ_A.

习题 15.9 证明:自旋无关相互作用的单态和三重态的费米子截面是

$$\left(\frac{\mathrm{d}\sigma_{1/2}}{\mathrm{d}o}\right)_{S=0}=|f(\boldsymbol{k}',\boldsymbol{k})+f(-\boldsymbol{k}',\boldsymbol{k})|^2 \tag{15.73}$$

$$\left(\frac{\mathrm{d}\sigma_{1/2}}{\mathrm{d}o}\right)_{S=1}=|f(\boldsymbol{k}',\boldsymbol{k})-f(-\boldsymbol{k}',\boldsymbol{k})|^2 \tag{15.74}$$

在三重态(15.74)式中,干涉项的符号与 Bose 情况相反,并且对于中心力场,散射角为 90°的截面为零.方程(15.70)和(15.73)即表明这两种情况的分波展开中,只存在偶数ℓ的分波,而在(15.74)式的情况下,只有奇数ℓ的分波才能被保留下来.

如果在两个全同费米子的碰撞中,所有四种可能初始自旋态的概率均相等,观测到的截面则是对自旋态求平均的结果:

$$\frac{d\sigma_{1/2}}{do} = \frac{1}{4}\left(\frac{d\sigma_{1/2}}{do}\right)_{S=0} + \frac{3}{4}\left(\frac{d\sigma_{1/2}}{do}\right)_{S=1} \tag{15.75}$$

使用(15.73)式和(15.74)式,我们得到

$$\frac{d\sigma_{1/2}}{do} = |f(\boldsymbol{k}',\boldsymbol{k})|^2 + |f(-\boldsymbol{k}',\boldsymbol{k})|^2 - \mathrm{Re}(f^*(\boldsymbol{k}',\boldsymbol{k})f(-\boldsymbol{k}',\boldsymbol{k})) \tag{15.76}$$

对中心力场,它预言了

$$\frac{d\sigma_{1/2}(90^\circ)}{do} = \left|f\left(\frac{\pi}{2}\right)\right|^2 = \frac{1}{2}\frac{d\sigma_{cl}(90^\circ)}{do} \tag{15.77}$$

如果力(如库仑力)是已知的,这些结果可以使我们得出关于粒子自旋的结论.

习题 15.10 证明:在两个自旋 1/2 的全同粒子的**极化**束流碰撞中,

$$\frac{d\sigma}{do} = \frac{1}{4}(1-\cos\gamma)\,|f(\boldsymbol{k}',\boldsymbol{k}) + f(-\boldsymbol{k}',\boldsymbol{k})|^2 + \frac{1}{4}(3+\cos\gamma)\,|f(\boldsymbol{k}',\boldsymbol{k}) - f(-\boldsymbol{k}',\boldsymbol{k})|^2 \tag{15.78}$$

其中,γ 是束流极化方向之间的夹角.对于无极化束流,其平均值$\overline{\cos\gamma}=0$,并且(15.78)式变成了前面(15.75)式和(15.76)式的结果.

习题 15.11 将结果(15.76)式推广到自旋为 s 的全同粒子的无极化束流碰撞.

解 对自旋对称态和自旋反对称态的计数,我们得到:对整数 s,有

$$\frac{d\sigma_B}{do} = \frac{s+1}{2s+1}|f(\boldsymbol{k}',\boldsymbol{k}) + f(-\boldsymbol{k}',\boldsymbol{k})|^2 + \frac{s}{2s+1}|f(\boldsymbol{k}',\boldsymbol{k}) - f(-\boldsymbol{k}',\boldsymbol{k})|^2 \tag{15.79}$$

对半整数 s,有

$$\frac{d\sigma_F}{do} = \frac{s}{2s+1}|f(\boldsymbol{k}',\boldsymbol{k}) + f(-\boldsymbol{k}',\boldsymbol{k})|^2 + \frac{s+1}{2s+1}|f(\boldsymbol{k}',\boldsymbol{k}) - f(-\boldsymbol{k}',\boldsymbol{k})|^2 \tag{15.80}$$

注意,为了避免散射态的双重计数,**散射总截面**现在必须这样计算:

$$\sigma = \frac{1}{2}\int do\,\frac{d\sigma}{do} \tag{15.81}$$

15.7 强度干涉测量

当两个全同的粒子从远程扩展源到达两个探测器时，由于接收设备区分不了粒子 1 到达探测器Ⅰ、粒子 2 到达探测器Ⅱ的事件(1，Ⅰ;2，Ⅱ)和事件(1，Ⅱ;2，Ⅰ)，如图 15.2 所示，于是就产生了关联.

这个原理首先由 R. Hanbury Brown 和 R. Q. Twiss 于 1954 年建议并实际用于通过光子关联[54]测量星球半径，以及独立地用于一个强子共振态衰变产生全同粒子(特别是 π 介子)[55]. 目前，这种 **HBT 干涉测量法**是研究热核物质特殊相的主要手段之一，这种热核物质是在两个极相对论重核的碰撞中产生的，其目的是寻找**夸克-胶子等离子体**. 这种碰撞可作为发射数千个粒子的源，它们可在逐个事件的基础上进行分析.

最简单的情况对应于只有两个发射体 A 和 B 组成的源，如图 15.2 所示. 一对探测器Ⅰ和Ⅱ记录到达的两个全同粒子，它们的四动量分别为 $k_1(\omega_1, \boldsymbol{k}_1)$ 和 $k_2(\omega_2, \boldsymbol{k}_2)$. 从发射体 A 传播到探测器Ⅰ的波可写为 $\exp[-\mathrm{i}k\cdot(x_1-x_2)]$，这里使用了四维符号，$k\cdot x=\omega t-\boldsymbol{k}\cdot\boldsymbol{r}$. 每次发射行为都能用一个未知的位相 α_A 或 α_B 来表征. 在 A 处发射的波可被探测器中的任意一个探测，例如

$$A(x_A)\rightarrow(k_1)\rightarrow \mathrm{I}(x_1):\quad \mathrm{e}^{-\mathrm{i}k_1\cdot(x_1-x_A)+\mathrm{i}\alpha_A} \tag{15.82}$$

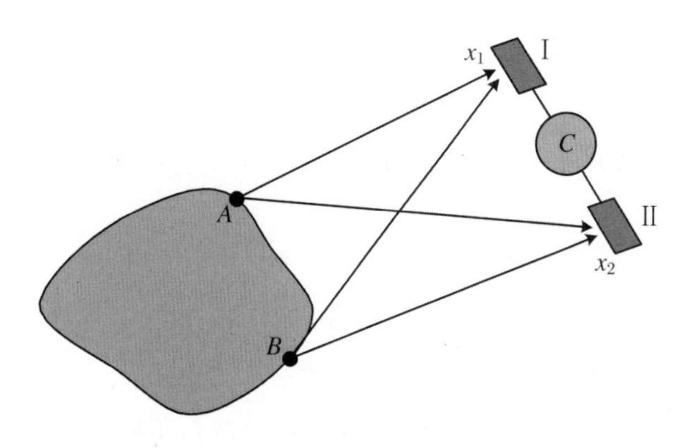

图 15.2 强度干涉测量法示意图

因此，由两个探测器记录的两个粒子的概率振幅可以写为

$$
\begin{aligned}
& M(k_1,k_2) \\
& = \frac{1}{\sqrt{2}}\{\mathrm{e}^{-\mathrm{i}k_1\cdot(x_1-x_A)+\mathrm{i}\alpha_A-\mathrm{i}k_2\cdot(x_2-x_B)+\mathrm{i}\alpha_B} \pm \mathrm{e}^{-\mathrm{i}k_1\cdot(x_1-x_B)+\mathrm{i}\alpha_B'-\mathrm{i}k_2\cdot(x_2-x_A)+\mathrm{i}\alpha_A'}\} \quad (15.83)
\end{aligned}
$$

这里我们预先想到了发射出来的粒子的两种可能统计类型,并忽略了从同一点源发射两个粒子的机会.

这个关联事例的概率正比于

$$W(k_1,k_2) = |M(k_1,k_2)|^2 = \frac{1}{2}[2 \pm f \pm f^*] \quad (15.84)$$

其中

$$f = \mathrm{e}^{\mathrm{i}(k_2-k_1)(x_A-x_B)+\mathrm{i}(\alpha_A'-\alpha_A+\alpha_B'-\alpha_B)} \quad (15.85)$$

假设发射相位是**随机**的,我们需要在这些相位上取 $f+f^*$ 的平均值.仅当 $\alpha_A=\alpha_A'$ 和 $\alpha_B=\alpha_B'$ 时,这种平均才会给出不为零的结果.在这种**混沌**源的情况下,关联概率降低到

$$W(k_1,k_2) = 1 \pm \cos((k_2-k_1)\cdot(x_A-x_B)) \equiv 1 \pm \cos(q\cdot R) \quad (15.86)$$

其中,$q=k_1-k_2$ 是两个粒子的相对四动量,R 表征发射体之间的空间距离和间隔时间,即源的大小和持续的时间.

与单次计数相比,实际的测量本质上是双探测器符合率的计数.依据振幅可定义单次计数,例如,对探测器Ⅰ,有

$$m(k) = \frac{1}{\sqrt{2}}\{\mathrm{e}^{-\mathrm{i}k(x_1-x_A)+\mathrm{i}\alpha_A} \pm \mathrm{e}^{-\mathrm{i}k(x_1-x_B)+\mathrm{i}\alpha_B}\} \quad (15.87)$$

相应的概率为

$$w(k) = |m(k)|^2 = \frac{1}{2}\{2 \pm (f_1+f_1^*)\}, \quad f_1 = \mathrm{e}^{\mathrm{i}k(x_A-x_B)+\mathrm{i}(\alpha_A-\alpha_B)} \quad (15.88)$$

且归一化的关联函数可被定义为

$$C(k_1,k_2) = \frac{W(k_1,k_2)}{w(k_1)w(k_2)} \quad (15.89)$$

为了保证分母中单一单举因子的统计独立性,它们可取自不同的事件.在粒子源处于完全混沌的状态下,独立相位 α_A 和 α_B 的相位平均给出 $\overline{f_1}=0$.于是,$w(k)\to 1$ 且

$$C(k_1,k_2) = 1 \pm \cos(q\cdot R) \quad (15.90)$$

在这里可以看到,来自于不同粒子源的振幅的**一级干涉**消失了,不过我们仍能观测到**二**

级干涉,这正说明了这里使用**强度干涉测量法**是恰当的.

在(15.90)式中,两类量子统计的区别是明显的.对于完全混沌的源,我们在 $q \to 0$ 时有

$$C(q \to 0) = \begin{cases} 2, & \text{玻色子} \\ 0, & \text{费米子} \end{cases} \tag{15.91}$$

这个表达式揭示了对具有相同动量 $k_1 = k_2$ 的全同粒子存在的**玻色子增强**和**费米子空穴**.在 q 较大和 $R \gg 1/q$ 尺度的延展源的情况下,对这个尺度求平均,给出这两个统计的关联函数均为 $C \to 1$.

习题 15.12 考虑具有时空密度 $\rho(x)$ 的源,推导类似于点源关联函数(15.90)的关联函数.

解 通过对源的四维体积积分并引入 Fourier 分量

$$\rho_q = \int \mathrm{d}^4 x \mathrm{e}^{\mathrm{i}(q \cdot x)} \rho(x) \tag{15.92}$$

我们得到

$$C(q) = 1 \pm |\rho_q|^2 \tag{15.93}$$

在实际情况下,源并不是完全混沌的,关联函数不仅依赖于 q,还依赖于两个粒子的质心动量 $(k_1 + k_2)/2$.

16

第 16 章

同位旋

如果发明一种新的符号,从而能够消除一些逻辑上的困难并确保证明的严谨性,麻烦一点真是值得的.

——F. L. G. Frege

16.1 引入同位旋

除了与时空的基本性质相联系的一些基础的对称性之外,特定的相互作用还显示出一些额外的对称性,它们一般只能是**近似的**,因为哈密顿量的其他部分会破坏它们.如果这种破坏相对较弱,把对称性看作是准确的,而且将那些在这对称操作下变化的相互作用都排除掉,这样的理想图像作为出发点就是有意义的.这会得到一种能够将实验数据加以组织和排序的有用的近似层次.

质子和中子的主要性质相当类似.它们的自旋都是 1/2,重子数 $B=1$,具有几乎相等的质量,而且它们的**强相互作用**(核力)近乎完全相同.**电磁**性质的差别常常是次要的,因为支配核动力学的最重要的部分是强相互作用.

我们产生一种想法,把两种**核子**处理为同一种强相互作用客体的不同状态.该客体现在具有一种内禀自由度,它确定其外观为质子还是中子.这样,我们有了一个"双能级系统",它具有两个基态:

$$|p\rangle=\begin{pmatrix}1\\0\end{pmatrix},\quad |n\rangle=\begin{pmatrix}0\\1\end{pmatrix} \tag{16.1}$$

(16.1)式的两个态具有确定的电荷,以 e 为单位分别为 $Q_p=1$ 和 $Q_n=0$,它们都是电荷算符 $\hat{Q}$ 的本征态.若类似于通常的自旋,把基(16.1)式称为 z 表象,我们可以说这个"量子化轴"关系到与电磁场的相互作用,它可使我们区分出核子的两种电荷态.

让我们把基旋量(16.1)式所张的空间称为**电荷空间**.该空间中所有的算符都是2×2的矩阵,就像一个自旋 1/2 粒子的旋量态情形一样.利用单位矩阵和在自旋空间准确定义为 Pauli 矩阵的 $\tau_{1,2,3}$ 作为基,我们可以构建作用在这个二维空间中的矩阵的完全集合.显然,电荷算符为

$$\hat{Q}=\begin{pmatrix}1&0\\0&0\end{pmatrix}=\frac{1}{2}(1+\tau_3) \tag{16.2}$$

就像在 β 衰变及其相关的弱过程中所发生的那样,非对角算符引起核子电荷态之间的跃迁.升电荷的算符为

$$\tau_+=\begin{pmatrix}0&1\\0&0\end{pmatrix},\quad \tau_+|p\rangle=0,\quad \tau_+|n\rangle=|p\rangle \tag{16.3}$$

降算符为

$$\tau_-=\begin{pmatrix}0&0\\1&0\end{pmatrix}=(\tau_+)^\dagger,\quad \tau_-|p\rangle=|n\rangle,\quad \tau_-|n\rangle=0 \tag{16.4}$$

τ_+、τ_- 这两个算符类似于任意角动量的升、降算符分量 $\hat{J}_\pm=\hat{J}_x\pm \mathrm{i}\hat{J}_y$,以相同的方式,由Pauli矩阵

$$\tau_\pm=\tau_1\pm \mathrm{i}\tau_2 \tag{16.5}$$

构成.我们可以把矩阵 $\tau_{1,2,3}$ 组合成矩阵矢量 $\boldsymbol{\tau}$,它完全类似于自旋 Pauli 矩阵的矢量 $\boldsymbol{\sigma}$.然而,我们需要记住,这个空间的第三轴是固定的,它被认定为电荷或者一般为电磁相互

作用.

继续这一类比,我们必须提到核子的**同位旋**(isospin):

$$\hat{t} = \frac{1}{2}\tau \tag{16.6}$$

它作用在具有自然基((16.1)式)的 2×2 电荷(同位旋)空间,其中基态作为算符

$$\hat{Q} = \frac{1}{2} + \hat{t}_3 \tag{16.7}$$

的本征态,具有确定的电荷."isospin"(同位旋)的正确的完整拼写是"isobaric spin"(同量异位旋),它把**同量异位素**("isobars")态,即带有同样的质量数,比如质子和中子或者具有相同的和 $A = Z + N$ 的原子核态统一了起来,其中质子数 $Z = Q$,而中子数为 N.原子核中质量数 A 与原子核的总重子数 B 相符.把名词"同位旋"解释为"同位素的"(isotopic)是不正确的,后者涉及带有相同电荷但不同质量 A 的**同位素**(isotopes)(不同的同位素属于同一种化学元素).具有相同的 N 而不同的 A 的核被称为**同中子素**(isotones).

利用同位旋语言,质子和中子是在同位旋空间第 3 轴上具有不同的同位旋投影的态:

$$\hat{t}_3 \mid p\rangle = \frac{1}{2} \mid p\rangle, \quad \hat{t}_3 \mid n\rangle = -\frac{1}{2} \mid n\rangle \tag{16.8}$$

这里我们采用粒子物理中认可的惯例.在核物理中,同位旋投影一般按相反的方式安排,质子为 $-1/2$,中子为 $+1/2$.那时,由于稳定的核通常中子比质子多,因而总同位旋投影总是正的;相应地,电荷算符(16.7)式被重新定义为 $1/2 - \hat{t}_3$.

16.2 同位旋不变性

我们引入了与同位旋相关的附加自由度,实际上并没有增加理论的动力学内容.这时,我们只不过得到了可用态的另一种分类.真正的物理学将利用同位旋空间中基本哈密顿量的对称性思想进行展现.

电荷对称性对应于反转投影算符 t_3 符号的变换:p↔n.为此,我们可以利用同位旋

空间中绕轴 2 转 π 角的算符.我们还可以利用类似于上册方程(20.17)的算符引进同位旋空间的所有可能的转动,但要用 $\boldsymbol{\tau}$ 矩阵而不是 $\boldsymbol{\sigma}$ 矩阵来构建.这样的一些变换组成一个与 $\mathcal{SU}(2)$ 群**同构**的群.正如在考虑 Kramers 定理(见上册 20.5 节)时的做法,用基态((16.1)式)作为构建基本单元,我们能得到具有任何同位旋的多重态(不可约表示),与对角动量曾经做过的完全一样,它们遵从同样的矢量耦合规则.可以把这些多重态的量子数赋予多核子态.

强相互作用的**镜像对称性**(mirror symmetry)意味着电荷对称变换下的不变性.由于这种对称性,质子和中子态会发生简并.由于它们的电磁性质不同,这等价于断言它们的质量差仅源于夸克层次的电磁相互作用.电荷对称性变换是 $\mathcal{SU}(2)$ 操作的一种特殊情况.核相互作用的**电荷无关性**假设,对于给定的一组与空间和自旋变量相关的量子数,任何一对核子(比如 nn、pp 或 np)的核力均相同.更宽泛的**同位旋不变性**假定在同位旋群的**所有**元素下强哈密顿量都是不变的.强哈密顿量 $\hat{H}_s$ 的同位旋不变性可以表述为**总同位旋** $\hat{\boldsymbol{T}}$ 的守恒定律:

$$[\hat{\boldsymbol{T}},\hat{H}_s]=0,\quad \hat{\boldsymbol{T}}=\sum_{a=1}^{A}\hat{\boldsymbol{t}}_a=\frac{1}{2}\sum_{a=1}^{A}\boldsymbol{\tau}_a \tag{16.9}$$

如果这是正确的,则原子核的定态应当带有确定的同位旋量子数和电荷空间中相应的对称性.情况的确如此,特别是对于轻核,其同位旋对称性可以清晰地在核谱和反应截面中看到,并且 Coulomb 效应可以看作微扰.在电荷很大和中子超出很多的重核中,强静电场似乎会破坏同位旋对称性.而事实上,这个场主要是劈裂定态能量,但是如果在核内该场非常光滑,则导致不同同位旋能级适度的混合,使得同位旋的概念仍然可用,尽管实际用处不大.稍后,我们将回到基础物理学以及它与通常(空间和自旋)变量的动力学关系.

16.3 多体系统的同位旋

同位旋概念对诸如原子核这样的多体系统的实际推广是很简单的.这种情况下,我们假设在同位旋空间的完全转动不变性((16.9)式),使得一个多核子系统的定态可以用守恒的总同位旋量子数 T 标记,它是同位旋空间中与总角动量类似的量,和同位旋"长度"的本征值 $\boldsymbol{T}^2=T(T+1)$ 相关联.

该系统的电荷算符由(16.7)式的自然推广给出：

$$\hat{Q}=\sum_{a=1}^{A}\left[\frac{1}{2}+(\hat{t}_3)_a\right]=\hat{T}_3+\frac{A}{2} \tag{16.10}$$

如果我们暂时忘掉能挑选出轴3且破坏同位旋空间各向同性的电磁相互作用，就可以把所有的核态用**同位旋多重态**分类．在定态的情况下，在精确的同位旋不变性极限下，一个多重态的所有的 $2T+1$ 个态将具有相同的能量．Coulomb 效应使该多重态分裂，不过它们成员之间的对应仍然很明显，它提供了一种重要的光谱学工具．强调一下，在一个给定的同位旋多重态之内的态属于**不同的核**（A 相同但 Z 不同）．它们通常被称为**同质异位相似态**(isobaric analog states，IAS)．对于与电荷相关的分量 T_3((16.10)式)，守恒定律一定是准确的，因为在一个给定的原子核内所有的态(**竖直**标度)具有相同的投影

$$T_3=\frac{1}{2}(Z-N)=Z-\frac{A}{2} \tag{16.11}$$

它们属于各种同位旋多重态(**水平**标度)．

因为自旋和同位旋的代数性质完全一样，所以在一个偶数(奇数)个核子的体系中，T 的允许值被量子化为一个整数(半整数)．这导致具有给定 T 的简并同位旋多重态包含 $2T+1$ 个投影为 $T_3=-T,\cdots,+T$ 的类似的态，它们位于相邻的核或者同样带有(16.10)式确定的电荷．如果原子核由 Z 个质子和 $N=A-Z$ 个中子组成，我们就有 $Q=Z$，$T_3=-(1/2)(N-Z)$(通常在稳定核中，$N\geqslant Z$)．那时，同位旋的允许值就来自于该投影值的下限：

$$T\geqslant|T_3|=\frac{1}{2}|N-Z| \tag{16.12}$$

上限也是显然的，它由在 A 个核子的系统中最大的同位旋投影确定：

$$T\leqslant\frac{A}{2} \tag{16.13}$$

图16.1就是核多重态家族的一个例子．

习题16.1 比较核 ${}^{16}_{8}O_8$ 与 ${}^{16}_{7}N_9$，哪一种核具有更多个激发态？

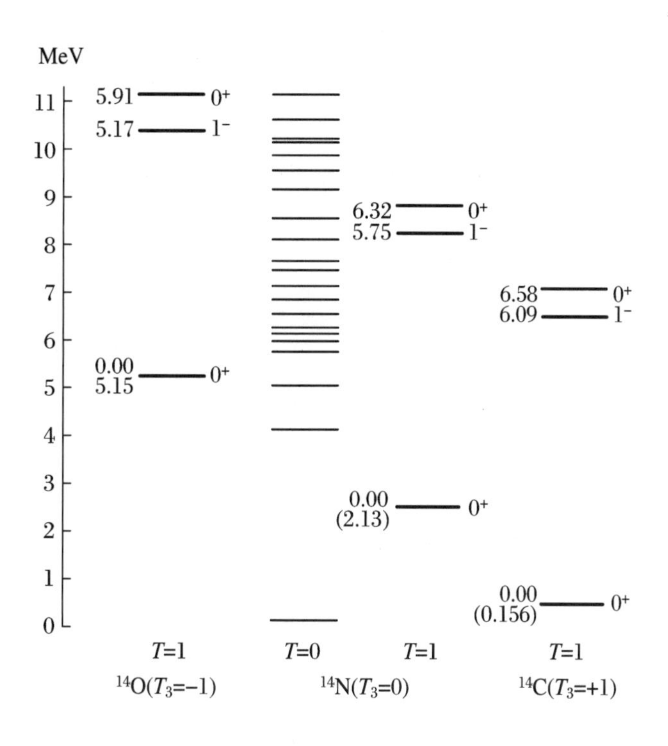

图 16.1　核多重态家族

16.4　同位旋与空间-自旋对称性

核力与所考虑状态的空间和自旋对称性密切相关.现在,我们可以证明同位旋不变性和同位旋守恒都是物理上等价于在核相互作用中波函数的**空间-自旋对称性**保持不变这一说法.我们曾经提到过,同位旋的引入并不增加核自由度数或可能的状态数.这只不过是与强相互作用的不变性((16.9)式)相关的一种方便的分类.这种分类实际上与多体波函数对于"简正"坐标和自旋变量的置换对称性有关.特别是,如果由于电磁相互作用引起的破坏同位旋不变性的效应能够处理成小的修正,我们就有一个近似的同位旋对称性.

让我们构建两核子系统的同位旋态.它可以完全类似于对于自旋态的做法,请见上册 22.3 节.对于 $A=2$,可以构建**同位旋三重态** $T=1$,其子态 $T_3=-1$(双中子)、$T_3=1$

（双质子）和 $T_3=0$（中子和质子）以及**同位旋单态** $T=T_3=0$（中子和质子）. 通过对于同位旋波函数引入 Ω_{TT_3}，我们得到 n-p 态的正确组合：

$$\Omega_{11}=|\mathrm{p}_1\mathrm{p}_2\rangle,\quad \Omega_{1-1}=|\mathrm{n}_1\mathrm{n}_2\rangle,\quad \Omega_{10}=\frac{1}{\sqrt{2}}(|\mathrm{p}_1\mathrm{n}_2\rangle+|\mathrm{n}_1\mathrm{p}_2\rangle) \tag{16.14}$$

$$\Omega_{00}=\frac{1}{\sqrt{2}}(|\mathrm{p}_1\mathrm{n}_2\rangle-|\mathrm{n}_1\mathrm{p}_2\rangle) \tag{16.15}$$

同位旋三重态 Ω_{10} 对于电荷对称性变换 p↔n 是对称的，而同位旋单态 Ω_{00} 是反对称的. 引入交换核子电荷变量的交换算符 $\hat{\mathcal{P}}^{\tau}$ 是很自然的. 它在同位旋三重态和单态的本征值分别为 +1 和 −1，所以，类似于自旋情况，可以写成

$$\hat{\mathcal{P}}^{\tau}=\frac{1}{2}[1+(\boldsymbol{\tau}_1\cdot\boldsymbol{\tau}_2)]\quad\Rightarrow\quad\mathcal{P}^{\tau}=(-)^{T+1} \tag{16.16}$$

现在，我们可以把电荷变量添加到坐标，和自旋变量一起构建完全的两核子波函数，作为坐标、自旋和同位旋部分的乘积：

$$\Phi(1,2)=\psi(\boldsymbol{r}_1,\boldsymbol{r}_2)\chi_{SS_z}\Omega_{TT_3} \tag{16.17}$$

关键在于与退耦（质子中子）描写相比不应增加自由度数目. 因此，一定存在一个规则使空间-自旋与同位旋因子间保持正确组合.

如果核子都是全同的，按照 Fermi 统计，其空间-自旋部分 $\psi\chi$ 是反对称的. 正如从（16.14）式所看到的，在这种情况下，同位旋部分 Ω 是对称的，因此，总波函数（16.17）式对于**所有**变量的完全交换 $\mathcal{P}^{r}\mathcal{P}^{\sigma}\mathcal{P}^{\tau}$ 是**反对称的**. 由于同位旋不变性，对于 n-p 系统的态 Ω_{10}（（16.14）式），力是相同的. 因此，我们对空间和自旋变量反对称的这个 n-p 态赋予同位旋 $T=1$. 它们在全同的核子及总波函数 Φ 为反对称的情况下，有相应的类似态. 以三个电荷形式出现的任何态都是 $T=1$ 的信号.

具有**对称的**空间-自旋函数 $\psi\chi$ 的 n-p 态没有类似的全同核子态，因此不可能属于同位旋三重态. 这种情况下，同位旋函数必须是 Ω_{00}，因此在电荷变量上是反对称的. 结果，完全的函数（16.17）式仍是**反对称的**.

我们得到了**广义 Pauli** 原理：完全的两核子函数对于**所有的**空间、自旋和同位旋变量的交换是反对称的. 交换算符的组合允许我们把这一说法写为带有正确统计的一个选择定则：

$$\mathcal{P}^{r}\mathcal{P}^{\sigma}\mathcal{P}^{\tau}=(-)^{\ell+S+1+T+1}=(-)^{\ell+S+T}=-1 \tag{16.18}$$

让我们回到两核子态的列表（15.5 节），现在可以添加上同位旋量子数. 对于两个全

同核子的所有允许的态，**偶的单态和奇的三重态**，有 $T=1$；对于所有其余的态，**奇的单态和偶的三重态**，包括氘核态，有 $T=0$：

$$\underline{T=1}: {}^1s_0, {}^3p_{0,1,2}, {}^1d_2, \cdots \tag{16.19}$$

$$\underline{T=0}: {}^3s_1, {}^1p_1, {}^3d_{1,2,3}, \cdots \tag{16.20}$$

习题 16.2 证明：如果核力遵从宇称和同位旋不变性，则双核子系统的自旋 S 守恒.

解 在给定ℓ，即给定宇称的情况下，三重态和单态总是属于不同的 T 值.如果不存在偶然简并，则作为由确定同位旋表征的定态，具有确定的自旋 S.

按照上题结果，双核子态的竖直混合不会发生，见 15.5 节.水平混合是可能的，而且实际上也发生了.双核子唯一的束缚态是**氘核**(deuteron)，氢的重同位素$^2_1H_1$.这个 np 系统的自旋-空间波函数为$^3s_1$ 和$^3d_1$ 态的叠加.nn 和 np 的类似态的不存在证实了氘核的**同位旋标量** $T=0$ 的特征.可以说，由于核力导致了带有这样量子数的唯一束缚态，它不允许 $T=1$(见(16.19)式).没有类似的激发 np 态的氘核的存在，证明不存在 nn 或 pp 的束缚态.

现在，由(16.18)式清晰可见，同位旋守恒就是空间-自旋对称性的守恒.对于双核子情况，同位旋和空间-自旋对称性在(16.18)式的意义上是互补的.然而，同位旋形式体系在对称性质更为复杂的多体问题中是极方便和有效的.粗略地讲，即使在多体情况下，最大 T 的态具有更多全同核子，因此，显示出更低的自旋-空间对称性.由于在空间-自旋对称态上核力是吸引力，核具有对应于最小可允许的同位旋，它等于其投影的绝对值 $T_{g.s.}=|T_3|=|N-Z|/2$.

16.5 更普遍的图像一瞥

正如已经提到过的，在普通的空间中转动不变性和电荷空间的同构同位旋对称性用 $\mathcal{SU}(2)$群变换描写.这是一个行列式等于 1 的 2×2 幺正矩阵群.这样的一些矩阵确定了基本客体的变换，在这种情况下，这些基本客体是对应于自旋 1/2 或同位旋 1/2 的二分量旋量，形成 $\mathcal{SU}(2)$群的**基础表示**.具有更高自旋或同位旋的客体可以用适当个数旋量的组合来构建.这种构建可以推广到更高的对称性.QCD 的基本对称性，即**色对称性**，用三个带色**夸克**的基础空间的 $\mathcal{SU}(3)$变换群描写.**色**(color)作为一种新的内禀量子数引入，不要把它们与(表征 u、d、s 或更重的夸克的)**味**(flavor)相混淆.在 $\mathcal{SU}(2)$群中，生成

元的数目为 $2\times2-1=3$(独立的自旋转动数).夸克之间的相互作用要求$3\times3-1=8$个改变夸克色的粒子(**胶子**,gluon)的带色的态(我们减除了恒等算符).只有“白色”或无色的粒子(对于色 $\mathcal{SU}(3)$变换的**单态**),例如核子(三个互补色的夸克)或介子(夸克+反夸克)才可以作为自由的渐进态被观测到.

作为第一步,同位旋不变性的概念可以自然地扩充到**更高**的强子多重态,如图 16.2 所示.例如,在不同电荷的 **π 介子**三重态 $\pi^{+,0,-}$ 的内部变换下强相互作用是不变的.诸如 0 自旋和负的内禀宇称等量子数对于所有的 π 介子都相同.π 介子被分类为同位旋$T=1$ 和 T_3分别等于 $+1,0,-1$ 的态.此外,电磁效应导致中性的和带电的 π 介子稍微不同的质量以及不同的寿命.对于中性的 π 介子,其主要的衰变道是变成两个光子的电磁衰变,这对于带电的 π 介子是不可能的.带电的 π 介子通过弱相互作用缓慢地衰变成 μ 子(电子的较重的相似粒子)和相应的 μ 子中微子,例如 $\pi^+\rightarrow\mu^+\nu_\mu$((14.36)式).

当然,电荷的绝对守恒不允许存在诸如质子和中子的叠加(所谓的**超选择定则**(superselection rule))这样的系统.然而,对于一个给定的重子荷,所有带有不同电荷的同位旋多重态都能存在,并且相对于核力它们具有几乎全同的性质.虽然有电磁效应,但首先所有的 Coulomb 效应都破坏了同位旋不变性.在很多情况下,它仍然具有较好的精度,并指导重建强相互作用的哈密顿量.

对于像 π **介子**这样的介子多重态,$Q=T_3$(对于多重态中心的对称性).电荷对称性被重子数 B 改变,使得对于核子($B=A=1$)和介子($B=0$),识别同位旋多重态成员的一般规则可以写成

$$Q=\frac{B}{2}+T_3 \tag{16.21}$$

重子八重态把核子和超子(hyperon)组合在一起,它们都是自旋 1/2 的费米子.激发态的核子,例如,像**超子**那样,有附加的量子数.如 14.9 节所示,$\Sigma^{+,0,-}$ 超子用**奇异数** $S=-1$(不要与所有的八重态成员的自旋 $s=1/2$ 混淆)表征,并且在比如关系式(16.21)式中的重子数的角色现在改由**超荷** $Y=B+S$ 担任.对于核子我们有 $S=0$, $Y=B=1$,对于 Λ 和 Σ 超子,$S=-1$, $Y=0$.**级联超子**(cascade hyperon)Ξ^{-1}和Ξ^0有奇异数 $S=-2$ 和超荷 $Y=-1$.在一般的定义中,有

$$Q=\frac{Y}{2}+T_3 \tag{16.22}$$

K 介子(仍无重子数,$B=0$,因此 $T_3=Q-S/2$)构成两个同位旋二重态:奇异数 $S=Y=+1$ 的(K^0,K^+)和 $S=Y=-1$ 的(K^-,$\overline{K}^0$).在中心部分,添加一个同位旋标量 η 介子,它的 $T=S=Y=0$.所有这些粒子都是**赝标量粒子**,自旋为零并有负宇称.

对图 16.2 所示的那些家族的存在，**夸克理论**给出了解释. 重子八重态的费米子有三个价夸克，它们耦合成总自旋 1/2；**夸克-反夸克对的海**的存在也是可能的. 在 QCD 中，同位旋 $\mathcal{SU}(2)$ 不变性的概念被推广到**更高的对称性**，它与两个最轻的夸克 u(上)和 d(下)具有类似的质量和相互作用的事实相关. 在重子八重态最上边的一行给出核子，它们只由 u 和 d 价夸克构成. 每下降一步，这些价夸克之一由 $S = -1$ 的奇异夸克所取代. 此外，在这种近似中，忽略了 u、d 夸克与奇异数的携带者 s(奇异)夸克的区别，我们已经有了三个基础客体，使得对应的(近似)不变群是味 $\mathcal{SU}(3)$；或者，如果相互作用与自旋无关，甚至可以为 $\mathcal{SU}(6)$. 介子八重态由一个价夸克和一个反价夸克对构成，它们的总自旋为零. 最上面一行包含一个 u 或 d 夸克和一个导致 $S = +1$ 的反夸克 $\bar{s}$. 中央的线不含奇异夸克，最下面的一行有一个 s 夸克和一个 $\bar{u}$ 或 $\bar{d}$ 反夸克. 通过改变夸克自旋耦合，添加更高的轨道波函数和/或更重的夸克，可以按类似方法构成更重的粒子族. 这里，我们不再深入研究夸克理论的细节.

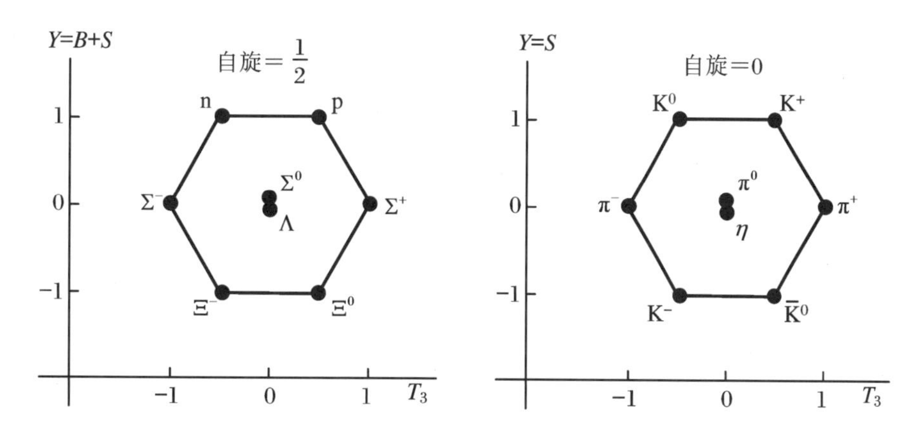

图 16.2　重子和赝标介子八重态

16.6　截面之间的关系

核力的同位旋不变性被扩充到 u 和 d 夸克构成的所有强子后，就可以预测属于给定的同位旋多重态所参与的各种反应截面之间的关系. 对照的反应选取同样自旋态的完全相同的质心能量与散射角.

作为一个例子，考虑包含 π 介子的三重态($T=1$)$\pi^{+,0,-}$. 不考虑完全的同位旋不变性，单从**电荷对称性**，人们就已经能够进行某些预测. 这种变换反转 t_3 改变 $p\leftrightarrow n$，$\pi^+\leftrightarrow\pi^-$，$\pi^0\leftrightarrow\pi^0$. 这立刻可以得出在如下 np 碰撞中对于 π^+ 和 π^- 产生的截面相等的预测

$$\mathrm{p}+\mathrm{n}\rightarrow\mathrm{n}+\mathrm{n}+\pi^+,\quad \mathrm{p}+\mathrm{n}\rightarrow\mathrm{p}+\mathrm{p}+\pi^- \tag{16.23}$$

在更复杂的情况下，我们需要利用完全同位旋不变性. 初态和末态都被表示为同位旋本征函数 Ω_{TT_3} 的叠加.

习题 16.3 假定同位旋不变性，比较如下 np 和 pp 对撞中 π 介子和氘核的产生截面：

$$\text{(a) } \mathrm{n}+\mathrm{p}\rightarrow\pi^0+\mathrm{D};\quad \text{(b) } \mathrm{p}+\mathrm{p}\rightarrow\pi^++\mathrm{D} \tag{16.24}$$

解 因为氘核有 $T=0$，在这两种情况下，终态都有同位旋 $T_\mathrm{f}=T_\pi=1$. 因此，反应仅对初态同位旋 $T_\mathrm{i}=1$ 时才是可能的. pp 系统总是 $T=1$，而按照(16.14)式和(16.15)式：

$$|\,\mathrm{pn}\rangle=\frac{1}{\sqrt{2}}(\Omega_{10}+\Omega_{00}) \tag{16.25}$$

$T=1$ 态仅占 1/2. 由于在 $T=1$ 时两个反应因同位旋不变性而应当具有相等的振幅(终态表示 $T=1$ 的不同投影，而强相互作用物理不依赖同位旋空间中的取向)，我们预测 $\sigma_b=2\sigma_a$.

事实上，在相同的同位旋道中不同的反应之间的关系由 CGC(译者注：Clebsch-Gordan 系数)决定，它们对于同位旋 $\mathcal{SU}(2)$ 群和角动量 $\mathcal{SU}(2)$ 群是相同的. 对于(16.25)式的情况，CGC $=1/\sqrt{2}$. 存在一种把同一同位旋多重态的成员之间不同反应联系起来避免计算 CGC 的简单方法，即所谓的 **Shmushkevich 因子**. 作为一个例子，考虑对于 π 核子散射的所有可能的电荷道(带有或不带有电荷交换)：

		+	0	1
1) $\pi^+\mathrm{p}\rightarrow\pi^+\mathrm{p}$	1′) $\pi^-\mathrm{n}\rightarrow\pi^-\mathrm{n}$	1	0	1
2) $\pi^0\mathrm{p}\rightarrow\pi^0\mathrm{p}$	2′) $\pi^0\mathrm{n}\rightarrow\pi^0\mathrm{n}$	0	2	0
3) $\pi^0\mathrm{p}\rightarrow\pi^+\mathrm{n}$	3′) $\pi^0\mathrm{n}\rightarrow\pi^-\mathrm{p}$	1	0	1
4) $\pi^-\mathrm{p}\rightarrow\pi^-\mathrm{p}$	4′) $\pi^+\mathrm{n}\rightarrow\pi^+\mathrm{n}$	1	0	1
5) $\pi^-\mathrm{p}\rightarrow\pi^0\mathrm{p}$	5′) $\pi^+\mathrm{n}\rightarrow\pi^0\mathrm{p}$	0	2	0

(16.26)

反应 1′—5′是反应 1—5 的电荷镜像，因此具有相同的截面 $\sigma_i=\sigma_{i'}$. 现在，我们设想在表(16.26)中列出的所有反应在一个黑箱中从完全的**同位旋无极化**态开始同时进行，那时核子与 π 介子多重态的所有成员均匀地存在，这就是说，所有的初始同位旋投影都是等

概率的.由于同位旋不变性，在电荷空间不可能挑选出任何方向作为反应的结果——态将保持同位旋非极化.这意味着各种介子态的布居，即表(16.26)的右边部分，将保持相等.反过来，这仅当截面满足条件

$$\sigma_1 + \sigma_3 + \sigma_4 = 2(\sigma_2 + \sigma_5) \tag{16.27}$$

时才是可能的.我们还可以参见10.3节的**细致平衡原理**(detailed balance principle)，它告诉我们 $\sigma_3 = \sigma_{3'} = \sigma_5$，因此，最后我们得到一个重要的结果：

$$\sigma_2 = \frac{1}{2}(\sigma_1 + \sigma_4 - \sigma_5) \tag{16.28}$$

由于快衰变 $\pi^0 \to 2\gamma$，实际上，我们不可能实施反应2和3.然而，我们可以凭借实验上观测到的带电 π 介子的反应，预测它们的截面.

习题 16.4 推导在核子对撞中 π 介子产生的截面之间的关系：

$$\sigma(\mathrm{np} \to \mathrm{np}\pi^0) + \sigma(\mathrm{pp} \to \mathrm{pp}\pi^0) = \sigma(\mathrm{np} \to \mathrm{pp}\pi^-) + \frac{1}{2}\sigma(\mathrm{pp} \to \mathrm{pn}\pi^0) \tag{16.29}$$

更详细的结果可以利用适用于同位旋态的CGC显示式求得.作为例子，取 π 介子-核子散射.π 介子+核子系统可以有 $T=1/2$(其 $T_3 = \pm 1/2$)和 $T=3/2$(其 $T_3 = \pm 1/2, \pm 3/2$)的多种可能.在核力的精确同位旋不变性的假设下，T 是守恒的.因此，πN 散射只有两个独立振幅 f_T 存在：$f_{1/2}$ 和 $f_{3/2}$.

习题 16.5 利用在确定 T 的态上的散射振幅 $f_{1/2}$ 和 $f_{3/2}$，表示出带电 π 介子被核子散射的截面.

解 只要考虑 π 介子散射离开质子的过程就足够了，因为散射离开的中子可以通过电荷对称性求得.(事实上，不存在纯中子靶，因此关于被中子散射的信息应当从在既包含质子又包含中子的原子核的实验中间接抽取出来.)对于 π 介子的同位旋为1与同位旋1/2的核子的耦合，我们利用在上册习题23.1对于轨道角动量等于1和自旋1/2的矢量耦合求得的CGC，并且构建 π 介子-核子态作为具有确定同位旋的态 Ω_{TT_3} 的正确组合：

$$\begin{gathered}
|\pi^+ \mathrm{p}\rangle = \Omega_{3/2\ 3/2}; \quad |\pi^- \mathrm{n}\rangle = \Omega_{3/2\,-3/2} \\
|\pi^- \mathrm{p}\rangle = \sqrt{\frac{1}{3}}\Omega_{3/2\,-1/2} + \sqrt{\frac{2}{3}}\Omega_{1/2\,-1/2}; \quad |\pi^0 \mathrm{n}\rangle = \sqrt{\frac{2}{3}}\Omega_{3/2\,-1/2} - \sqrt{\frac{1}{3}}\Omega_{1/2\,-1/2} \\
|\pi^0 \mathrm{p}\rangle = \sqrt{\frac{2}{3}}\Omega_{3/2\ 1/2} - \sqrt{\frac{1}{3}}\Omega_{1/2\ 1/2}; \quad |\pi^+ \mathrm{n}\rangle = -\sqrt{\frac{1}{3}}\Omega_{3/2\ 1/2} + \sqrt{\frac{2}{3}}\Omega_{1/2\ 1/2}
\end{gathered} \tag{16.30}$$

从这里我们确定跃迁振幅(散射矩阵元):

$$M(\pi^+ \mathrm{p} \to \pi^+ \mathrm{p}) = \langle \Omega_{3/2\ 3/2} \mid \hat{f} \mid \Omega_{3/2\ 3/2} \rangle = f_{3/2} \tag{16.31}$$

$$\begin{aligned} M(\pi^- \mathrm{p} \to \pi^0 \mathrm{n}) &= \left\langle \sqrt{\frac{1}{3}}\Omega_{3/2-1/2} + \sqrt{\frac{2}{3}}\Omega_{1/2-1/2} \mid \hat{f} \mid \sqrt{\frac{2}{3}}\Omega_{3/2-1/2} - \sqrt{\frac{1}{3}}\Omega_{1/2\ -1/2} \right\rangle \\ &= \frac{\sqrt{2}}{3}\left[\langle \Omega_{3/2-1/2} \mid \hat{f} \mid \Omega_{3/2-1/2}\rangle - \langle \Omega_{1/2-1/2} \mid \hat{f} \mid \Omega_{1/2-1/2}\rangle\right] = \frac{\sqrt{2}}{3}(f_{3/2} - f_{1/2}) \end{aligned} \tag{16.32}$$

$$M(\pi^- \mathrm{p} \to \pi^- \mathrm{p}) = \frac{1}{3}(f_{3/2} + 2f_{1/2}) \tag{16.33}$$

该截面正比于$|M|^2$.

实验显示在πN散射的所有情况下,存在一个已发布的、π介子能量中心位置位于190 MeV附近的宽共振态.其共振截面有如下关系:

$$\sigma(\pi^+ \mathrm{p} \to \pi^+ \mathrm{p}) : \sigma(\pi^- \mathrm{p} \to \pi^0 \mathrm{n}) : \sigma(\pi^- \mathrm{p} \to \pi^- \mathrm{p}) = 9:2:1 \tag{16.34}$$

如果在共振区$T=3/2$态中的相互作用比$T=1/2$态强得多($f_{3/2} \gg f_{1/2}$),则上式应当精确地如所预期.我们断定,在这个能量π介子-核子相互作用主要通过$T=3/2$的中间态发生.通过分析散射粒子的角分布,人们发现该态的角动量也是$J=3/2$(“3-3 **共振**”).这个态可以用能量$E \approx 1236$ MeV、宽度$\Gamma \approx 120$ MeV的Breit-Wigner公式描写.我们看到,存在一个准定态,称为Δ共振态,或δ **同量异位素**(delta-isobar),作为核子的一个自旋-同位旋激发,其量子数$J=3/2$和$T=3/2$.用夸克语言来说,这是三个组分夸克的自旋和同位旋都平行排列的态.按照同位旋不变性,一定存在$2T+1=4$个投影为$T_3 = \pm 1/2$、$\pm 3/2$的态,它们的电荷按照(16.10)式由$T_3 = Q - B/2 = Q - 1/2$确定.

	Δ^{++}	Δ^{+}	Δ^{0}	Δ^{-}
	$(\pi^+ \mathrm{p})$	$(\pi^0 \mathrm{p}),(\pi^+ \mathrm{n})$	$(\pi^0 \mathrm{n}),(\pi^- \mathrm{p})$	$(\pi^- \mathrm{n})$
T_3	$+3/2$	$+1/2$	$-1/2$	$-3/2$

(16.35)

习题 16.6 确定在衰变$\mathrm{K}^+ \to \pi^+ \pi^0$中的终态同位旋.

解 这个衰变是由弱相互作用支配的,因此不会保持同位旋不变.然而,**终态**(自旋均等于零)的空间结构确定了它的同位旋.在双π系统中矢量耦合允许同位旋$T=0,1,2$.实际的值$T_3=+1$排除了$T=0$.在$T=1$的情况下,双π的波函数在电荷空间将是反对称的,因为它应该处在两个矢量耦合成为矢量积(见上册16.9节).由于在π介子(自旋为0)作为不同电荷态全同粒子的普遍意义上的玻色统计,总(空间+电荷)的波函数必须是对称的，它将要求 $T=1$ 的空间波函数是反对称的．这等价于双 π 态的负宇称，即轨道角动量取ℓ的奇数值．然而，因角动量守恒的缘故（K^+ 的自旋为零），ℓ必须等于零．由于这一矛盾，唯一可能的是 $T=2$．

习题 16.7 求证：对于任何同位旋不变的核子-核子相互作用，n-p 和 p-p 在 90°处的截面之间应当满足不等式

$$\frac{d\sigma_{np}(\pi/2)}{do} \geqslant \frac{1}{4}\frac{d\sigma_{pp}(\pi/2)}{do} \tag{16.36}$$

解 存在两个同位旋振幅：对于偶的自旋单态和与奇的同位旋三重态的 $T=1$，对于奇的单态与偶的三重态的 $T=0$．然而奇的态在 90°处没有贡献．对于 p-p 散射，在任何角度时均有 $d\sigma_{pp}/do = d\sigma_{T=1}/do$．对于 n-p 情况，我们有 $T=0$ 的自旋三重态和$T=1$的自旋单态；对非极化束，单态和三重态以各自的权重计入．如果同位旋不变性成立，则 $T=1$ 分量在 p-p 散射和 n-p 散射中是相同的．这可导出不等式(16.36)．

第 17 章

二次量子化

这部巨著——宇宙——阐述了哲学，它不断地拓展我们的视野.除非你先学会理解它的语言并阅读构成这些语言的文字，否则这本书是无法读懂的.它是用数学的语言写成的……

——G. Galilei

17.1 占有数表象

在第 15 章中，我们介绍了量子力学和量子统计中多体问题的一般特点.全同粒子的不可区分性意味着在通向同一个终态的各种路径之间的量子干涉.这种干涉是统计上的，甚至是运动学上的现象，它与粒子之间的相互作用无关.呈现的置换对称性只允许两类波函数，它们对于两个全同粒子的所有的量子数的任何置换是完全对称的或完全反对称的.相应地,我们有两种可能的统计和两类粒子:玻色子和费米子.

波函数在玻色子变量的置换下是对称的,而在费米子变量的置换下是反对称的.对于不可区分的粒子的任何状态,通过原始波函数的对称化或反对称化,我们可以得到对于全同粒子对应的波函数(当然,把一个已经反对称化的函数对称化将导致结果为零).例如,对于一个无相互作用的费米子体系,其结果为一个 Slater 行列式.类似玻色子系统的"积和式"(permanent)可以被构建成一个所有的项都以 + 号出现的行列式.随着粒子数的增加,在通常坐标(或动量)中处理这样的波函数变得越来越复杂.

另一个重点是,许多时候我们不得不处理粒子数不确定的情况.要描述这些具有**可变粒子数**的过程,我们需要推广量子力学 Hilbert 空间的概念.一个确定粒子数的 Hilbert 空间仅仅是一个更大的 **Fock 空间**的一部分,后者包含所有类型的具有不同粒子数的部分.在相对论量子理论中这一点变得绝对必要,在那里粒子数在某种意义上依赖于所考虑的标度.因此,至关重要的是建立一种形式体系,使其自动按照统计的类型约束态的对称性,并且,同时允许人们考虑具有可变粒子数的过程.

做到这一点的最简单的方法是采用**占有数表象**(occupation number representation,译者注:粒子数表象).设$|\lambda)$是由量子数(λ)表征的**单粒子**态的一个任意完备集,例如,对于用动量 $\boldsymbol{p}$ 和自旋投影σ 描写的电子的$(\boldsymbol{p}\sigma)$.在这个阶段,我们不需要知道控制动力学的哈密顿量.我们只利用集合$|\lambda)$的完备性.假定这些态$|\lambda)$都是正交归一化的:

$$(\lambda \mid \lambda') = \delta_{\lambda\lambda'} \tag{17.1}$$

尽管这一限制也可以去掉,因为利用非正交集合工作也是可能的.像通常一样,对于连续的量子数 λ,(17.1)式中的 Kronecker 符号必须理解成 Dirac 的 δ 函数.当然,有些集合$|\lambda)$实际上可能比别的一些集合更方便.有时,特别是在应用于有限系统(原子、分子、原子核)时,态$|\lambda)$被称为轨道(orbits)或**轨函数**(orbitals).

现在,通过引入一组**整数** n_λ,用以表示在每个轨道$|\lambda)$内放入了多少粒子,我们可以构建多体态

$$|\{n_\lambda\}\rangle = |n_1, n_2, \cdots, n_\lambda, \cdots\rangle \tag{17.2}$$

我们假定这些轨道$|\lambda)$按某种(任意的)方式**排序**,并且假定在多体态(17.2)式的具体规定中,它们总是以这种排序出现.为了区分单粒子态和多体态,我们在前者(以及稍后对于两粒子态)的定义中采用圆括号,而后者的定义中用尖括号.数 n_λ 是在一个给定的基$|\lambda)$中的**占有数**(occupation numbers)(译者注:或称为粒子数).按照统计的类型,对于 Fermi 统计它们只可能是 0 或 1,而对于 Bose 统计它们可以为任何非负整数.我们需要会自动保证这一要求的形式体系.

我们考虑了具有不同总粒子数的所有的态：

$$N = \sum_{\lambda} n_{\lambda} \tag{17.3}$$

这意味着工作在 Fock 空间进行. 在选择好符合统计类型的占有数情况下，多体态(17.2)式的无限集合在 Fock 空间是完备的. 由于粒子的全同性，我们不需要指明哪个粒子占据轨道$|1\rangle$，哪个粒子占据轨道$|2\rangle$，等等. 只要这些单粒子轨道的所有性质都是已知的，占有数表象就包含了全部信息. 的确，任何多体态都可以对具有确定占有数的态的完备集(17.2)式展开，那时我们可以回答涉及坐标分布、动量分布、跃迁概率或一些其他方面的问题. 在表示成态(17.2)式叠加的一个态中，轨道占有数的**期待值**一般为非整数.

17.2 引入二次量子化

在基于轨道基$|\lambda\rangle$建立起来的占有数表象中，仅有的变量是整数 n_{λ}，因此量子算符必须被定义为作用在这些"坐标"上. 关于它可以如何运作的一个简单例子由下列论证给出.

让我们考虑一个**无相互作用**的粒子系统，其中哈密顿量是一些独立的单粒子哈密顿量之和：

$$\hat{H} = \sum_{a} \hat{\epsilon}(a) \tag{17.4}$$

这里求和是对粒子进行的，我们没有规定它们的数目，因为在 Fock 空间具有确定 N 值的每个**分区**内，哈密顿量都有(17.4)式的形式. 事实上，对于可区分粒子，它也会有同样的形式.

如果粒子是全同的，则所有的算符$\hat{\epsilon}$都相同. 选择轨道$|\lambda\rangle$作为单粒子哈密顿量$\hat{\epsilon}$的本征函数：

$$\hat{\epsilon} \mid \lambda\rangle = \epsilon_{\lambda} \mid \lambda\rangle \tag{17.5}$$

则在多体态(17.2)式中，系统的总能量是

$$E = \sum_{\lambda} \epsilon_{\lambda} n_{\lambda} \tag{17.6}$$

换句话说，这个多体态是总哈密顿量的一个本征态，代替(17.4)式，它用具有整数本征值 n_λ 的占有数**算符** $\hat{N}_\lambda$ 表示：

$$\hat{N}_\lambda \mid \{n_\lambda\}\rangle = n_\lambda \mid \{n_\lambda\}\rangle, \quad \hat{H} \mid \{n_\lambda\}\rangle = E \mid \{n_\lambda\}\rangle \tag{17.7}$$

这正是我们想要的：一个作用于占有数的算符. 在这种情况下，算符(17.7)式是**对角的**，它们不改变粒子数 n_λ. 例如，对于自由运动，当 $\lambda \to (\boldsymbol{p}, \sigma)$ 时，哈密顿量只是动能算符，而总能量是对占有数"轨道"(在这种情况下是平面波)上取的各个动能之和.

如果我们取另一些基作为我们的单粒子轨道集合，则算符$\hat{\epsilon}$一般不是对角的：

$$\hat{\epsilon} \mid \nu) = \sum_{\nu'} \epsilon_{\nu'\nu} \mid \nu') \tag{17.8}$$

如果我们取一个粒子处在轨道$|\nu)$上，则$\hat{\epsilon}$的作用把这个粒子转移到另一个轨道$|\nu')$上，跃迁振幅由算符$\hat{\epsilon}$在这个基中的矩阵元$\epsilon_{\nu'\nu}$给出. 于是，在这个新的基中，算符$\hat{\epsilon}$不再是对角的. 例如，在晶体中电子的紧束缚的标准表示中，基态是局域化的轨道态，而动能起着使粒子从一个节点到另一个节点转移算符的作用. 退局域化的 Bloch 波的基适用于对角化动能.

Fock 空间中的总哈密顿量 $\hat{H}$ 在这个多体基$|\{n_\nu\}\rangle$中也不是对角化的，该基类似于(17.2)式的构建，但利用另外轨道$|\nu)$，而不是$|\lambda)$. 然而，如果它保持粒子数不变，则它相对于 Fock 空间的各个分区仍是**分块对角化**的. 注意，无相互作用系统的哈密顿量(17.4)式仅包含能改变不多于一个粒子轨道的项：它是一个**单体算符**.

在哈密顿量为非对角的基中工作的问题与这样一件事实有关，即完备集$|\{n_\nu\}\rangle$展开的原始"物理"态(17.2)式是这个完备集的具有**非整数**平均占有数的叠加. 在初始的基$|\lambda)$中，我们有整数的占有数. 然而，任何轨道$|\lambda)$都是轨道$|\nu)$的叠加. 即使在$|\lambda)$态上有一个粒子，各个轨道$|\nu)$也都是用分数概率填充的. 通过用某个算符作用产生跃迁，人们应该解释这一概率，因为它对结果的影响很大. 例如，如果该费米子态已经被填充到90%，不应当让另一个费米子像对一个真空态那样自由地进入这个轨道. 我们需要把所有的算符以这样的方式转换成粒子数表象，使得它们作用的结果适合于反映各个轨道已有的占有情况，此外，我们不仅需要在轨道之间迁移粒子，而且需要产生和湮灭粒子以改变粒子总数(在 Fock 空间**各区之间**跃迁).

产生和湮灭算符的构建提供了最合适的工具. 我们已经有过这样一种经验：对于振子的量子，这种设置曾经在涉及 Heisenberg-Weyl 代数性质时详细讨论过，见上册 11.8 节；在 4.3 节曾将其推广到电磁场的多光子模式. 通过把场的各种态解释为具有不同的量子数，我们能生成它们的任意总数. 由于它们的不可区分性，光子和一个谐振子的量子一样都是玻色子，这正是我们的出发点. 然而，类似的描述对于费米子也是可能的.

17.3 Bose 统计

产生和湮灭算符支持在粒子数表象中工作，其中，状态用不同模式中量子的数目表征. 在一个全同粒子的多体系统中，这种方法的类似形式称为二次量子化. 我们的目的是，只要把这种方法理解为一种数学转换就足够了，它是从利用把所有单粒子变量组合成数字宗量的通常薛定谔波函数 $\Psi(1,2,\cdots,N)$ 为基矢的表象转换到采用某一单粒子基 $|\lambda\rangle$ 的粒子数表象中多体态的基(17.2)式. 只有在相对论量子场论中，二次量子化才能获得更深刻的意义.

二次量子化的步骤依赖于粒子统计的类型. 对于玻色子，其形式体系实际上与我们曾经对谐振子所用的步骤完全一致. 我们定义单粒子基 $|\lambda\rangle$ 并用所有可能的占有数 n_λ 构建态(17.2)式，在 Bose 情况下这些占有数可以是任何非负的整数. 在一个相互作用体系中，多体态基 $|\{n_\lambda\}\rangle$ 是非定态，但它仍是完备的并且正确地描述了置换对称性.

对于每个单粒子态 $|\lambda\rangle$，我们引入类似于对谐振子用过的作用在粒子数上的湮灭算符 $\hat{a}_\lambda$ 和产生算符 $\hat{a}_\lambda^\dagger$：

$$\begin{aligned} \hat{a}_\lambda \mid \cdots, n_\lambda, \cdots\rangle &= \sqrt{n_\lambda} \mid \cdots, n_\lambda - 1, \cdots\rangle \\ \hat{a}_\lambda^\dagger \mid \cdots, n_\lambda, \cdots\rangle &= \sqrt{n_\lambda + 1} \mid \cdots, n_\lambda + 1, \cdots\rangle \end{aligned} \tag{17.9}$$

在这些方程中，$\lambda' \neq \lambda$ 的所有轨道的粒子数 $n_{\lambda'}$ 都不改变. 对每个轨道 $|\lambda\rangle$，我们还定义粒子数算符((17.7)式)：

$$\hat{N}_\lambda = \hat{a}_\lambda^\dagger \hat{a}_\lambda \tag{17.10}$$

在态(17.2)式的定义中，数 η_λ 是算符((17.10)式)的本征值. 于是，我们重新产生了全部所要求的算符关系式，包括类似于上册方程(11.108)和(11.113)的对易规则.

我们假设对于不同模式 λ 的算符彼此对易. 那时可以把完全的算符代数写成

$$[\hat{a}_\lambda, \hat{a}_{\lambda'}] = [\hat{a}_\lambda^\dagger, \hat{a}_{\lambda'}^\dagger] = 0, \quad [\hat{a}_\lambda, \hat{a}_{\lambda'}^\dagger] = \delta_{\lambda\lambda'} \tag{17.11}$$

粒子数算符((17.10)式)满足阶梯结构，而且它们的本征值都是非负整数. 总粒子数是不固定的，因此我们包括了具有总粒子数算符所有可能值的整个 Fock 空间：

$$\hat{N} = \sum_\lambda \hat{N}_\lambda \tag{17.12}$$

类似于上册的方程(11.121),归一化的态矢量可以明显地利用从真空态$|0\rangle \equiv |\{n_\lambda = 0\}\rangle$产生的粒子构建:

$$|\{n\}\rangle = \prod_\lambda \frac{1}{\sqrt{n_\lambda !}} (\hat{a}_\lambda^\dagger)^{n_\lambda} |0\rangle \tag{17.13}$$

所有的湮灭算符作用在真空态上结果都为零.凭借对易关系(17.11)式,(17.13)式中所有的产生算符都是可交换的.这意味着该波函数对于置换是对称的,就像 Bose 统计一样.

17.4 Fermi 统计

在这里,可能的粒子数 n_λ 只能为 0 和 1.要满足这个要求,我们引入相互共轭的湮灭算符 $\hat{a}_\lambda$ 和产生算符$\hat{a}_\lambda^\dagger$ 代替(17.11)式,假定它们满足**反对易**关系$[\hat{a},\hat{b}]_+ \equiv \hat{a}\hat{b} + \hat{b}\hat{a}$:

$$[\hat{a}_\lambda, \hat{a}_{\lambda'}]_+ = [\hat{a}_\lambda^\dagger, \hat{a}_{\lambda'}^\dagger]_+ = 0, \quad [\hat{a}_\lambda, \hat{a}_{\lambda'}^\dagger]_+ = \delta_{\lambda\lambda'} \tag{17.14}$$

满足代数(17.14)式的量被称为 **Grassman 变量**.

对于 $\lambda = \lambda'$(17.14)式的前两个等式给出

$$\hat{a}_\lambda^\dagger \hat{a}_\lambda^\dagger = 0, \quad \hat{a}_\lambda \hat{a}_\lambda = 0 \tag{17.15}$$

这确保了 **Pauli 原理**:两个全同费米子处于同一轨道是不允许的.对于每一条轨道以对玻色子一样的方式(17.10)定义粒子数算符并利用(17.14)式中最后一个反对易关系,我们得到

$$\hat{N}_\lambda = \hat{a}_\lambda^\dagger \hat{a}_\lambda, \quad 1 - \hat{N}_\lambda = \hat{a}_\lambda \hat{a}_\lambda^\dagger \tag{17.16}$$

则进行简单的代数运算后得

$$\hat{N}_\lambda^2 = \hat{a}_\lambda^\dagger \hat{a}_\lambda \hat{a}_\lambda^\dagger \hat{a}_\lambda = \hat{a}_\lambda^\dagger (1 - \hat{a}_\lambda^\dagger \hat{a}_\lambda) \hat{a}_\lambda \tag{17.17}$$

或利用(17.15)式,得到

$$\hat{N}_\lambda^2 = \hat{N}_\lambda \tag{17.18}$$

因此,粒子数算符的本征值为 0 和 1,就像费米子一样.

该多体系统的态矢量仍可以像(17.13)式中那样构建;如果 $n_\lambda>1$,则这个态自动为零.由于反对易关系,产生算符的任何置换都会改变态矢量的共同符号.因此,这个波函数显示了正确的置换对称性.事实上,在 Fermi 情况下,态矢量((17.13)式)就是所有已占据轨道($n_\lambda=1$)的产生算符 $\hat{a}_\lambda^\dagger$ 的乘积.它是反对称化的,因此对应于**初级量子化**(primary quantization)中的 Slater 行列式.

应该提一下一件微妙的事.在定义多体态(17.2)时我们曾说过,必须把单粒子态$|\lambda\rangle$的集合以某种方式**排序**.对于 Bose 情况,由于算符的对称性,这种排序并不重要.然而,对于反对称的 Fermi 情况,与(17.9)式相比,这种排序变得更多地涉及产生和湮灭算符的矩阵元.通过一些简单的例子更容易理解,如这些矩阵元应该取

$$\hat{a}_\lambda \mid \cdots,n_\lambda,\cdots\rangle = (-)^{\varphi_\lambda}\sqrt{n_\lambda} \mid \cdots,n_\lambda-1,\cdots\rangle$$
$$\hat{a}_\lambda^\dagger \mid \cdots,n_\lambda,\cdots\rangle = (-)^{\varphi_\lambda}\sqrt{1-n_\lambda} \mid \cdots,n_\lambda+1,\cdots\rangle \tag{17.19}$$

其中,平方根表示 Pauli 原理的限制,而相位

$$\varphi_\lambda = \sum_{\lambda'<\lambda} n_{\lambda'} \tag{17.20}$$

由置换次数确定,这些置换是把外部的算符 $\hat{a}_\lambda$ 或$\hat{a}_\lambda^\dagger$ 换到在轨道预排序序列中的自然位置所必需的.像 Bose 情况一样,真空态满足上册的方程(11.112).

17.5 代数关系

所有的算符都可以表示为由最简单的模块 $\hat{a}_\lambda$、$\hat{a}_\lambda^\dagger$ 或$\hat{a}_\lambda^\dagger\hat{a}_{\lambda'}$(湮灭、产生或粒子的移位)组成.下面,我们将给出利用二次量子化算符的实际计算中用到的几个恒等式.它们可以通过直接应用诸如(17.11)式和(17.14)式的基本规则推导出来.这些结果有一部分对于两类统计都适用.此外,上(下)符号指玻色子(费米子).

习题 17.1 利用轨道的数字标记证明对于一些算符模块的对易规则:

$$[\hat{a}_1,\hat{a}_2^\dagger\hat{a}_3] = \delta_{12}\hat{a}_3,\quad [\hat{a}_1^\dagger,\hat{a}_2^\dagger\hat{a}_3] = -\delta_{13}\hat{a}_2^\dagger \tag{17.21}$$

$$[\hat{a}_1,\hat{a}_2^\dagger\hat{a}_3^\dagger] = \delta_{12}\hat{a}_3^\dagger \pm \delta_{13}\hat{a}_2^\dagger \tag{17.22}$$

$$[\hat{a}_1^\dagger\hat{a}_2,\hat{a}_3^\dagger\hat{a}_4] = \delta_{23}\hat{a}_1^\dagger\hat{a}_4 - \delta_{14}\hat{a}_3^\dagger a_2 \tag{17.23}$$

以及对于在应用中重要的产生和湮灭算符的对易规则：

$$[\hat{a}_1\hat{a}_2,\hat{a}_3^\dagger\hat{a}_4^\dagger] = \delta_{23}\delta_{14} \pm \delta_{24}\delta_{13} + \delta_{24}\hat{a}_3^\dagger\hat{a}_1 + \delta_{13}\hat{a}_4^\dagger\hat{a}_2 \pm \delta_{23}\hat{a}_4^\dagger\hat{a}_1 \pm \delta_{14}\hat{a}_3^\dagger\hat{a}_2 \tag{17.24}$$

依据初始算符在置换下的对称性和反对称性，符号很容易猜出来．注意，在所有的情况下，我们计算的都是**对易关系**而不是反对易关系．

为了计算算符在多体态(17.13)式之间的矩阵元，只要把需要的算符插入左矢态和右矢态之间，并计算作为结果的**真空期待值**就可以了．仅当产生和湮灭算符的个数相等时结果才不为零．如果把算符整理成所有产生算符都在所有湮灭算符左边的**正规形式**，则由于真空条件(见上册方程(11.112))，真空期待值等于零．对于在原来矩阵元中的一些任意初始次序的算符，应当用对易关系或反对易关系把它们整理成正规形式．其结果仅由在这个过程中产生的 δ 符号构成．例如

$$\langle 0|\hat{a}_1\hat{a}_2^\dagger|0\rangle = \delta_{12} \tag{17.25}$$

$$\langle 0|\hat{a}_1\hat{a}_2\hat{a}_3^\dagger\hat{a}_4^\dagger|0\rangle = \delta_{23}\delta_{14} \pm \delta_{24}\delta_{13} \tag{17.26}$$

任意真空期待值的诀窍是清楚的．从右边的真空开始，然后必须返回到左边的真空．沿途任何产生算符都必须被消灭算符湮灭．人们需要把初始算符表达式配成 $\hat{a}_1\hat{a}_2^\dagger$ 对(以这种**反正规**序！)的全部分区，对于每一对写出 δ_{12}(**收缩**)并且对来自所有这样配对的贡献(收缩之乘积)求和．对于玻色子，每一项贡献的最终符号为正；而对于费米子，这个符号由使给定收缩的一对彼此靠在一起所需置换的宇称确定．这就是所谓的 **Wick 定理**．例如，对于全同玻色子，显然结果(立即可由上册方程(11.121)得到)为

$$\langle 0|\hat{a}^k(\hat{a}^\dagger)^k|0\rangle = k! \tag{17.27}$$

它对应于所有可能收缩的组合数(combinatorial counting)．

17.6　单体算符

要把至此所发展的形式体系用于物理问题，我们需要把所有的**可观测量算符**以二次量子化形式表示．回忆起原始的单粒子基 $|\lambda)$ 是完全任意的将会有所助益．正如在(17.8)式中所做的，我们可以做一个到另一个轨道 $|\nu)$ 完备集的幺正变换：

$$|\lambda) \to |\nu) = \sum |\lambda)(\lambda|\nu) \tag{17.28}$$

幺正矩阵$(\lambda|\nu)=(\nu|\lambda)^*$使产生算符和湮灭算符发生变换:$\hat{a}_\lambda \to \hat{a}_\nu$、$\hat{a}_\lambda^\dagger \to \hat{a}_\nu^\dagger$.新算符具有同样的性质,使得这个变换应当是**正则的**(canonical),以保持对易关系不变.

新基的态$|\nu)$不是别的而是在真空背景的顶部有一个粒子的态$\hat{a}_\nu^\dagger|0)$.这意味着,产生算符被以(17.28)式中同样的方式变换:

$$\hat{a}_\nu^\dagger = \sum_\lambda (\lambda|\nu)\hat{a} \tag{17.29}$$

湮灭算符按照共轭方程变换:

$$\hat{a}_\nu = \sum_\lambda (\nu|\lambda)\hat{a}_\lambda \tag{17.30}$$

而对易(或反对易)关系保持不变

$$[\hat{a}_\nu, \hat{a}_{\nu'}^\dagger]_\mp = \sum_{\lambda\lambda'} (\nu|\lambda)(\lambda'|\nu')[\hat{a}_\lambda, \hat{a}_{\lambda'}^\dagger]_\mp = \sum_\lambda (\nu|\lambda)(\lambda|\nu') = \delta_{\nu\nu'} \tag{17.31}$$

其中,我们用到了集合$|\lambda)$的完备性,即

$$\sum_\lambda |\lambda)(\lambda| = 1 \tag{17.32}$$

在有连续谱的单粒子变量情况下,在所有对易关系中的δ符号都要代之以δ函数.

首先,考虑一个(像(17.4)式中的一样)**单体**类算符$\hat{Q}^{(1)}$,它由所有全同粒子的贡献$\hat{q}_a$的和给出.我们可以取单粒子算符$\hat{q}$的本征态的集合$|q)$:

$$\hat{q}|q) = q|q) \tag{17.33}$$

作为一个新的单粒子基$|\nu)$((17.28)式).在这个基中,作用于Fock空间的算符$\hat{Q}^{(1)}$的二次量子化形式是显然的:它的本征值由一个给定轨道的本征值q乘以粒子数n_q的贡献,再对所有的轨道求和给出.这是算符

$$\hat{Q}^{(1)} = \sum_q q\hat{N}_q = \sum_q q\hat{a}_q^\dagger\hat{a}_q \tag{17.34}$$

的本征值.

现在,我们利用变换定律(17.29)式和(17.30)式,求对任意选取的基$|\lambda)$的$\hat{Q}^{(1)}$形式:

$$\hat{Q}^{(1)} = \sum_{q\lambda\lambda'} q(\lambda|q)\hat{a}_\lambda^\dagger(q|\lambda')\hat{a}_{\lambda'} = \sum_{\lambda\lambda'}\Big(\sum_q (\lambda|q)q(q|\lambda')\Big)\hat{a}_\lambda^\dagger\hat{a}_{\lambda'} \tag{17.35}$$

由于(17.35)式中的和等于算符 $\hat{q}$ 的矩阵元：

$$\sum_{q}(\lambda \mid q)q(q \mid \lambda') = (\lambda \mid q \mid \lambda') \tag{17.36}$$

我们得到在幺正基变换下不变形式的任何单体算符的普遍表达式：

$$\hat{Q}^{(1)} = \sum_{12}(1 \mid q \mid 2)\hat{a}_1^{\dagger}\hat{a}_2 \tag{17.37}$$

人们用一个单粒子从轨道 $|2)$ 移到轨道 $|1)$ 的各项之和展示这样的一个算符；其跃迁振幅等于单粒子矩阵元 $(1|q|2)$.

一个重要的例子为**密度算符**(density operator)：

$$\hat{\rho}(q) = \sum_{a}\delta(q - \hat{q}_a) \tag{17.38}$$

它确定在全同粒子系统中一个单粒子变量 $\hat{q}$ 取 q 值的概率幅.在位置算符的特殊情况下，$q \to \boldsymbol{r}$，它就是出现在连续性方程中常见的空间密度.根据它的意义，算符((17.38)式)与(17.34)式中的 $\hat{N}_q$ 一致.因此，密度算符的二次量子化形式在算符 $\hat{q}$ 的本征基 $|q)$ 中是平庸的，但是在一个任意的基中较为复杂

$$\hat{\rho}(q) = \hat{N}_q = \hat{a}_q^{\dagger}\hat{a}_q = \sum_{\lambda\lambda'}(q \mid \lambda)^{*}(q \mid \lambda')\hat{a}_{\lambda}^{\dagger}\hat{a}_{\lambda'} \tag{17.39}$$

经常，人们必须处理坐标和动量表象，其对应的产生算符是 $\hat{a}_{\boldsymbol{r}}^{\dagger}$ 和 $\hat{a}_{\boldsymbol{p}}^{\dagger}$；如果需要的话，可以把自旋和其他的一些内禀特征添加到 $\boldsymbol{r}$ 和 $\boldsymbol{p}$ 上(在坐标表象中，还经常用符号 $\hat{\psi}^{\dagger}(\boldsymbol{r})$ 代替 $\hat{a}_{\boldsymbol{r}}^{\dagger}$).如果坐标平面波函数(见上册方程(3.95))在有限体积 V 内归一化，则表象之间的关系由下式给出：

$$\hat{a}_{\boldsymbol{r}}^{\dagger} = \frac{1}{\sqrt{V}}\sum_{\boldsymbol{p}}\mathrm{e}^{-(\mathrm{i}/\hbar)(\boldsymbol{p}\cdot\boldsymbol{r})}\hat{a}_{\boldsymbol{p}}^{\dagger}, \quad \hat{a}_{\boldsymbol{p}}^{\dagger} = \int \mathrm{d}^3 r\, \mathrm{e}^{(\mathrm{i}/\hbar)(\boldsymbol{p}\cdot\boldsymbol{r})}\hat{a}_{\boldsymbol{r}}^{\dagger} \tag{17.40}$$

这样，空间密度算符(见上册方程(7.144))是

$$\hat{\rho}(\boldsymbol{r}) \equiv \hat{N}_{\boldsymbol{r}} = \hat{a}_{\boldsymbol{r}}^{\dagger}\hat{a}_{\boldsymbol{r}} = \frac{1}{V}\sum_{\boldsymbol{p}\boldsymbol{p}'}\mathrm{e}^{(\mathrm{i}/\hbar)(\boldsymbol{p}'-\boldsymbol{p})\cdot\boldsymbol{r}}\hat{a}_{\boldsymbol{p}}^{\dagger}\hat{a}_{\boldsymbol{p}'} \tag{17.41}$$

在坐标表象中对角的算符，在动量表象中是高度非对角的.

习题 17.2 对于理想 Bose 气体(N 个粒子处在体积为 V 的盒子中)的基态，求体积 $v<V$ 中的平均粒子数、该数的平均平方涨落和在不同点密度((17.41)式)的关联函数.

解 取平均密度作为对于基态 $|\Psi_0(N)\rangle$((15.10)式)的期待值，我们得到平庸的结果：

$$\langle \hat{N}_r \rangle = \frac{1}{V}\sum_{kk'} e^{i(k'-k)\cdot r}\langle \hat{a}_k^\dagger \hat{a}_{k'} \rangle = \frac{1}{V}\sum_{kk'} e^{i(k'-k)\cdot r}\delta_{kk'}\delta_{k0}N = \frac{N}{V} \equiv n \tag{17.42}$$

它不依赖于该体积之内的坐标 $\boldsymbol{r}$. 在一个更小的体积 v 中的平均粒子数为

$$\langle \hat{N}(v) \rangle = \int_v d^3 r \langle \hat{N}_r \rangle = \int_v d^3 r n = nv \tag{17.43}$$

对于这个算符的平方期待值,我们得到

$$\langle \hat{N}^2(v) \rangle = \frac{1}{V^2}\int_v d^3 r \int_v d^3 r' \sum_{k_1 k_2 k_3 k_4} e^{i[(k_2-k_1)\cdot r+(k_4-k_3)\cdot r']}\langle \hat{a}_{k_1}^\dagger \hat{a}_{k_2} \hat{a}_{k_3}^\dagger \hat{a}_{k_4} \rangle \tag{17.44}$$

这里,矩阵元是

$$\langle \hat{a}_{k_1} \Psi_0(N) | \hat{a}_{k_2} \hat{a}_{k_3}^\dagger | \hat{a}_{k_4} \Psi_0(N) \rangle = \delta_{k_1 0}\delta_{k_4 0}\delta_{k_2 k_3}[1 + (N-1)\delta_{k_2 0}] \tag{17.45}$$

它把(17.44)式约化为

$$\langle \hat{N}^2(v) \rangle = \frac{N}{V^2}\int_v d^3 r \int_v d^3 r' \sum_k e^{ik\cdot(r-r')}[1 + (N-1)\delta_{k0}] \tag{17.46}$$

因为

$$\sum_k e^{ik\cdot(r-r')} \Rightarrow \int \frac{V d^3 k}{(2\pi)^3} e^{ik\cdot(r-r')} = V\delta(\boldsymbol{r} - \boldsymbol{r}') \tag{17.47}$$

我们求得均方涨落:

$$\langle (\Delta N(v))^2 \rangle = \langle N^2(v) \rangle - \langle N(v) \rangle^2 = N\frac{v}{V}\left(1 - \frac{v}{V}\right) \tag{17.48}$$

对于 $v=0$ 和 $v=V$,该式自然为零. **相对**涨落像 $1/\sqrt{N}$ 那样下降,正如**广延**统计量的情况一贯展示的那样. 注意对于期待值(17.43)式、(17.46)式和(17.48)式的同样结果可以由经典的**二项式分布**(binomial distribution)导出:

$$P(N_v) = \frac{N!}{N_v!(N-N_v)!}\left(\frac{v}{V}\right)^{N_v}\left(1 - \frac{v}{V}\right)^{N-N_v} \tag{17.49}$$

密度的关联函数可以定义为

$$C(\boldsymbol{r}, \boldsymbol{r}') = \langle \hat{N}_r \hat{N}_{r'} \rangle - n^2 \tag{17.50}$$

类似于(17.46)式和(17.47)式:

$$\langle \hat{N}_r \hat{N}_{r'} \rangle = \frac{N}{V^2}[V\delta(\boldsymbol{r} - \boldsymbol{r}') + (N-1)] \tag{17.51}$$

所以

$$C(\boldsymbol{r},\boldsymbol{r}')=n\left[\delta(\boldsymbol{r}-\boldsymbol{r}')-\frac{1}{V}\right] \tag{17.52}$$

最后的一项仅给出小的修正$\sim 1/V$.

17.7 两体算符

现在,考虑一个依赖于全同粒子对变量的算符.最重要的例子是两体相互作用哈密顿量.

一个**两体算符**的一般结构为

$$\hat{F}^{(2)}=\sum_{a\neq b}\hat{f}^{(2)}_{ab} \tag{17.53}$$

在二次量子化中,它取一种具有显而易见物理意义的不变形式:

$$\hat{F}^{(2)}=\sum_{1234}(12|\hat{f}^{(2)}|34)\hat{a}^\dagger_1\hat{a}^\dagger_2\hat{a}_3\hat{a}_4 \tag{17.54}$$

要知道表达式(17.54)是怎么来的,可假定 $f^{(2)}_{ab}$ 依赖于相互作用粒子的变量 q_a 和 q_b.那时,我们可以从形式上把包括自作用项 $a=b$ 的(17.53)式改写成

$$\begin{aligned}\hat{F}^{(2)}&=\sum_{ab}\hat{f}^{(2)}(q_a,q_b)-\sum_a\hat{f}^{(2)}(q_a,q_a)\\&=\int\mathrm{d}q\mathrm{d}q'f^{(2)}(q,q')\left\{\sum_{ab}\delta(\hat{q}_a-q)\delta(\hat{q}_b-q')-\delta(q-q')\sum_a\delta(\hat{q}_a-q)\right\}\end{aligned} \tag{17.55}$$

通过引入变量 q 的密度算符(17.38)式和(17.39)式,把该式变换为

$$\hat{F}^{(2)}=\int\mathrm{d}q\mathrm{d}q'f^{(2)}(q,q')\{\hat{N}_q\hat{N}_{q'}-\delta(q-q')\hat{N}_q\} \tag{17.56}$$

借助对易关系,(17.56)式中大括号内的算符为

$$\hat{a}^\dagger_q\hat{a}_q\hat{a}^\dagger_{q'}\hat{a}_{q'}-\delta(q-q')\hat{a}^\dagger_q\hat{a}_q=\pm\hat{a}^\dagger_q\hat{a}^\dagger_{q'}\hat{a}_q\hat{a}_{q'} \tag{17.57}$$

交换最后两个算符使共同的符号变成加号,结果算符(17.56)式取下列形式:

$$F^{(2)} = \int \mathrm{d}q\mathrm{d}q' f^{(2)}(q,q')\hat{a}_q^\dagger \hat{a}_{q'}^\dagger \hat{a}_{q'}\hat{a}_q \tag{17.58}$$

变换到任意基，得到(17.54)式，其中系数$(12|f|34)$是两体算符$\hat{f}^{(2)}$对$(3,4)\to(1,2)$跃迁的矩阵元：

$$(12|\hat{f}^{(2)}|34) = \int \mathrm{d}q\mathrm{d}q' \psi_1^*(q)\psi_2^*(q')\hat{f}^{(2)}(q,q')\psi_3(q')\psi_4(q) \tag{17.59}$$

这里，$\psi_1(q)=(q|1)$是基的变换函数，即态$|1)$在q表象的波函数. 要注意在被积函数(17.59)式中这些函数的宗量排序.

17.8 平面波基中粒子之间的相互作用

正如我们提到过的，两体算符主要在考虑粒子间的相互作用时出现. 在较低密度的体系中，最重要的相互作用成对地发生，并且我们仅限于讨论这种情况. 如果需要多体相互作用，则可以把这里的处理直接推广.

如果粒子a和b的相互作用可以用一个算符U_{ab}描写，则按照(17.53)式，多粒子系统中总的相互作用哈密顿量为

$$H' = \frac{1}{2}\sum_{a\neq b} U_{ab} \tag{17.60}$$

其中，因子1/2是因为每一对a和$b(a|b)$必须只计数一次. 对于全同粒子，这导致二次量子化形式((17.54)式)：

$$H' = \frac{1}{2}\sum_{1234}(12|U|34)\hat{a}_1^\dagger \hat{a}_2^\dagger \hat{a}_3\hat{a}_4 \tag{17.61}$$

图17.1(a)所示的相互作用结构描写了一对粒子的两体对撞，结果导致发生跃迁$(4,3\to 2,1)$，其中与矩阵元(17.59)式的结构一致，我们逆时针地标注该图中的入射和出射线：$4\to3\to2\to1$. 该过程的这种表示可以称作**粒子-粒子道**.

对于一个厄米的哈密顿量$H'^\dagger = H'$，两体矩阵元满足下列条件：

$$(12|U|34) = (43|U|21)^* \tag{17.62}$$

由单粒子算符的对易关系导出矩阵元的另一个性质：对于粒子的任何统计，同时交换初

态和终态粒子不改变该过程的振幅：

$$(12 \mid U \mid 34) = (21 \mid U \mid 43) \tag{17.63}$$

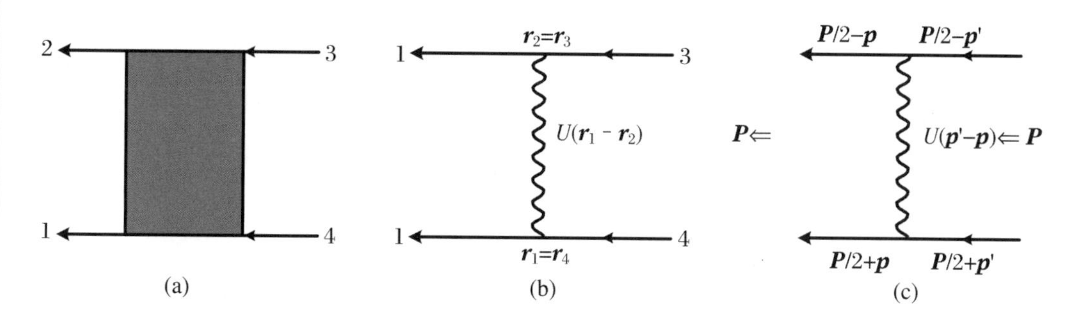

图 17.1　两体相互作用图

在仅仅置换初态粒子(或末态粒子)时，原来的矩阵元不具有任何对称性. 然而，总和(17.61)式只包含对称化(对于玻色子)或反对称化(对于费米子)部分. 因此，或许最方便的是引入确定对称性的矩阵元：

$$\frac{1}{2}(12 \mid \widetilde{U} \mid 34) = \frac{1}{2}[(12 \mid U \mid 34) \pm (21 \mid U \mid 34)] \tag{17.64}$$

并把完全的相互作用算符写成

$$H' = \frac{1}{4}\sum_{1234}(12 \mid \widetilde{U} \mid 34)\hat{a}_1^\dagger \hat{a}_2^\dagger \hat{a}_3 \hat{a}_4 \tag{17.65}$$

作为一个例子，我们考虑一种**势**相互作用的情况，该势依赖于粒子间的相对距离 r 并且不带有对于粒子的诸如自旋或同位旋等附加量子数的任何依赖关系. 在这种情况下，合适的单粒子量子特征的集合是$|1) = |\boldsymbol{r}_1 \cdot \sigma_1)$，而且如图 17.1(b)所示，该位势的顶点具有结构

$$(12 \mid U \mid 34) = \delta_{\sigma_1\sigma_4}\delta_{\sigma_2\sigma_3}\delta(\boldsymbol{r}_1 - \boldsymbol{r}_4)\delta(\boldsymbol{r}_2 - \boldsymbol{r}_3)U(|\boldsymbol{r}_1 - \boldsymbol{r}_2|) \tag{17.66}$$

总的(非对称化的)相互作用哈密顿量由下式给出：

$$H' = \frac{1}{2}\sum_{\sigma_1\sigma_2}\int \mathrm{d}^3 r_1 \mathrm{d}^3 r_2 U(|\boldsymbol{r}_1 - \boldsymbol{r}_2|)\hat{a}^\dagger_{r_1\sigma_1}\hat{a}^\dagger_{r_2\sigma_2}\hat{a}_{r_2\sigma_2}\hat{a}_{r_1\sigma_1} \tag{17.67}$$

对于自旋-自旋相互作用 $U_{ab} = U(r_{ab})(\boldsymbol{s}_a \cdot \boldsymbol{s}_b)$，我们将有

$$(12 \mid U \mid 34) = (\boldsymbol{s}_{\sigma_1\sigma_4} \cdot \boldsymbol{s}_{\sigma_2\sigma_3})\delta(\boldsymbol{r}_1 - \boldsymbol{r}_4)\delta(\boldsymbol{r}_2 - \boldsymbol{r}_3)U(|\boldsymbol{r}_1 - \boldsymbol{r}_2|) \tag{17.68}$$

和

$$H' = \frac{1}{2}\sum_{\sigma_1\sigma_2\sigma_3\sigma_4}\int d^3 r_1 d^3 r_2 U(|\boldsymbol{r}_1 - \boldsymbol{r}_2|)(\boldsymbol{s}_{\sigma_1\sigma_4}\cdot\boldsymbol{s}_{\sigma_2\sigma_3})\hat{a}^\dagger_{r_1\sigma_1}\hat{a}^\dagger_{r_2\sigma_2}\hat{a}_{r_2\sigma_3}\hat{a}_{r_1\sigma_4} \tag{17.69}$$

动量表象适用于空间均匀的宏观系统，每一次碰撞保持粒子对的总动量不变. 再一次利用体积 V 内的归一化(17.40)式，我们把哈密顿量(17.67)式进行如下变换(所有的动量都在同一体积内量子化)：

$$H' = \frac{1}{2V^2}\sum_{\sigma_1\sigma_2}\sum_{p_1p_2p_3p_4}\hat{a}^\dagger_{p_1\sigma_1}\hat{a}^\dagger_{p_2\sigma_2}\hat{a}_{p_2'\sigma_2}\hat{a}_{p_1'\sigma_1}$$
$$\times\int d^3 r_1 d^3 r_2 U(|\boldsymbol{r}_1 - \boldsymbol{r}_2|)e^{(i/\hbar)[\boldsymbol{r}_1\cdot(\boldsymbol{p}_1-\boldsymbol{p}_1')+\boldsymbol{r}_2\cdot(\boldsymbol{p}_2-\boldsymbol{p}_2')]} \tag{17.70}$$

代替粒子在该过程中的四个动量 $\boldsymbol{p}_a$，如图 17.1(c)所示，我们分别引入碰撞前后粒子-粒子道中的总动量 $\boldsymbol{P}'$和$\boldsymbol{P}$ 及相对动量 $\boldsymbol{p}'$和 $\boldsymbol{p}$：

$$\boldsymbol{p}_1 = \frac{\boldsymbol{P}}{2}+\boldsymbol{p},\quad \boldsymbol{p}_2 = \frac{\boldsymbol{P}}{2}-\boldsymbol{p},\quad \boldsymbol{p}_1' = \frac{\boldsymbol{P}'}{2}+\boldsymbol{p}',\quad \boldsymbol{p}_2' = \frac{\boldsymbol{P}'}{2}-\boldsymbol{p}' \tag{17.71}$$

(17.70)式中坐标的积分现在被分解为两个独立积分的乘积，一个是对质心坐标 $\boldsymbol{R} = (\boldsymbol{r}_1+\boldsymbol{r}_2)/2$的积分，另一个是对于粒子对的相对坐标 $\boldsymbol{r} = \boldsymbol{r}_1 - \boldsymbol{r}_2$：

$$\int d^3 r_1 d^3 r_2 U(|\boldsymbol{r}_1 - \boldsymbol{r}_2|)e^{(i/\hbar)[\boldsymbol{r}_1\cdot(\boldsymbol{p}_1-\boldsymbol{p}_1')+\boldsymbol{r}_2\cdot(\boldsymbol{p}_2-\boldsymbol{p}_2')]}$$
$$= \int d^3 R e^{(i/\hbar)\boldsymbol{R}\cdot(\boldsymbol{P}-\boldsymbol{P}')}\int d^3 r U(r)e^{(i/\hbar)\boldsymbol{r}\cdot(\boldsymbol{p}-\boldsymbol{p}')} \tag{17.72}$$

质心的积分显示动量守恒：

$$\int d^3 R e^{(i/\hbar)\boldsymbol{R}\cdot(\boldsymbol{P}-\boldsymbol{P}')} = V\delta_{PP'} \tag{17.73}$$

而散射结果由位势对应于**动量转移** $\boldsymbol{p}-\boldsymbol{p}'$的 Fourier 分量确定，对照 7.5 节的 Born 近似，有

$$U_{p'-p} = \int d^3 r U(r)e^{(i/\hbar)r(p-p')} \tag{17.74}$$

最后，动量表象中的哈密顿量为

$$H' = \frac{1}{2V}\sum_{\sigma_1\sigma_2}\sum_{Ppp'}U_{p'-p}\hat{a}^\dagger_{p+P/2,\sigma_1}\hat{a}^\dagger_{-p+P/2,\sigma_2}\hat{a}_{-p'+P/2,\sigma_2}\hat{a}_{p'+P/2,\sigma_1} \tag{17.75}$$

17.9 有限系统中粒子的相互作用

让我们给出一个空间有限系统的例子，其中最好的单粒子基不是平面波基，而是与该问题(原子、分子、原子核)的对称性相关的基.

在这样的应用中，自然的单粒子表象是由平均场提供的，见第 19 章. 核的壳模型通常采用带有**自旋-轨道耦合**的球基$|1m_1)$，其中的 1 把除了总角动量投影 $j_z = m$ 之外的耦合方案($\boldsymbol{j}_1 = \boldsymbol{l}_1 + \boldsymbol{s}_1$)的所有量子数都组合在了一起. 两体哈密顿量取如下形式：

$$H' = \frac{1}{2}\sum_{1234;\{m\}}(1m_1,2m_2 \mid U \mid 3m_3,4m_4)\hat{a}^\dagger_{1m_1}\hat{a}^\dagger_{2m_2}\hat{a}_{3m_3}\hat{a}_{4m_4} \tag{17.76}$$

如果明显地考虑同位旋不变性，人们可以类似地挑出每个粒子的同位旋投影 $t_3 = \tau$.

角动量守恒给振幅加了一些约束. 的确，如果相互作用 U 是转动不变的，则初态的一对(3,4)必须与终态的一对(1,2)的总角动量 L 相等. 初态的退耦态$|3m_3,4m_4)$是带有确定的 L 值和总投影$L_z = \Lambda$ 的耦合态的叠加：

$$|3m_3,4m_4) = \sum_{L\Lambda}C^{L\Lambda}_{j_4m_4j_3m_3}|34;L\Lambda) \tag{17.77}$$

一个类似的表象对于终态也适用：

$$(1m_1,2m_2| = \sum_{L'\Lambda'}C^{L'\Lambda'}_{j_1m_1j_2m_2}(12;L'\Lambda'| \tag{17.78}$$

在这些定义中，我们把单粒子态这样排序，如图 17.1 所示，对于可区分粒子，量子数 1 和 4 将对应于第一个粒子，而 2 和 3 对应于第二个粒子.

U 的矩阵元像任何标量算符一样，不改变转动量子数：$L' = L$，$\Lambda' = \Lambda$. 此外，标量矩阵元不依赖于投影 Λ. 因此，该过程的振幅可以用等效矩阵元 $U_L(12;34)$写成

$$(1m_1,2m_2 \mid U \mid 3m_3,4m_4) = \sum_{L\Lambda}C^{L\Lambda}_{j_1m_1j_2m_2}C^{L\Lambda}_{j_4m_4j_3m_3}U_L(12;34) \tag{17.79}$$

其中，m 的依赖性被消除了. 现在，我们可以用 CGC(Clebsch-Gordan 系数)把产生算符和湮灭算符组合起来构成粒子对产生算符：

$$\hat{P}^\dagger_{L\Lambda}(12) = \sum_{m_1m_2}C^{L\Lambda}_{j_1m_1j_2m_2}\hat{a}^\dagger_{1m_1}\hat{a}^\dagger_{2m_2} \tag{17.80}$$

和厄米共轭的**对湮灭**算符：

$$\hat{P}_{L\Lambda}(12) = \sum_{m_1 m_2} C^{L\Lambda}_{j_1 m_1 j_2 m_2} \hat{a}_{2m_2} \hat{a}_{1m_1} \tag{17.81}$$

这样，在粒子-粒子道转动不变的相互作用可以变成如下形式：

$$H' = \frac{1}{2} \sum_{1234;L\Lambda} U_L(12;34) \hat{P}^{\dagger}_{L\Lambda}(12) \hat{P}_{L\Lambda}(43) \tag{17.82}$$

作为一个简单的推广，对于同位旋不变的相互作用，我们得到

$$\hat{P}^{\dagger}_{L\Lambda;tt_3}(12) = \sum_{m_1 m_2,\tau_1\tau_2} C^{L\Lambda}_{j_1 m_1 j_2 m_2} C^{tt_3}_{1/2\tau_1 1/2\tau_2} \hat{a}^{\dagger}_{1m_1\tau_1} \hat{a}^{\dagger}_{2m_2\tau_2} \tag{17.83}$$

$$\hat{P}_{L\Lambda;tt_3}(12) = \sum_{m_1 m_2,\tau_1\tau_2} C^{L\Lambda}_{j_1 m_1 j_2 m_2} C^{tt_3}_{1/2\tau_1 1/2\tau_2} \hat{a}_{2m_2\tau_2} \hat{a}_{1m_1\tau_1} \tag{17.84}$$

$$H' = \frac{1}{2} \sum_{1234;L\Lambda;tt_3} U_{Lt}(12;34) \hat{P}^{\dagger}_{L\Lambda;tt_3}(12) \hat{P}_{L\Lambda;tt_3}(43) \tag{17.85}$$

其中，t 是该粒子对的总同位旋(对于核子为 0 或 1)，并且

$$\begin{aligned}&(1m_1\tau_1, 2m_2\tau_2 \mid U \mid 3m_3\tau_3, 4m_4\tau_4)\\ &= \sum_{L\Lambda,tt_3} C^{L\Lambda_3}_{j_1 m_1 j_2 m_2} C^{tt_3}_{1/2\tau_1 1/2\tau_2} C^{tt_3}_{1/2\tau_4 1/2\tau_3} C^{L\Lambda}_{j_4 m_4 j_3 m_3} U_{Lt}(12;34)\end{aligned} \tag{17.86}$$

核子对算符(17.83)式和(17.84)式具有简单的对称性，它们由 Fermi 统计和自旋-空间与同位旋变量之间的互补性导出. 如果我们交换在(17.83)式求和中的两个产生算符，则结果获得负号. 现在，我们揭示出在该 CGC 与交换引起相位 $(-)^{1/2+1/2-t}$ 和 $(-)^{j_1+j_2-L}$ 的两个 CGC 下指标对的算符次序之间的对应关系. 结果，我们得到同样的算符 $\hat{P}^{\dagger}$，但是非转动量子数 1 和 2 具有相反的次序：

$$\hat{P}^{\dagger}_{L\Lambda,tt_3}(12) = (-)^{j_1+j_2+L+t} \hat{P}^{\dagger}_{L\Lambda,tt_3}(21) \tag{17.87}$$

特别是，对于处在同一个单粒子轨道的一对粒子，$1=2$，则 $L+t$ 一定是一个**奇**的整数. 这与下文(也可回顾习题 15.1)将要讨论的**等价**费米子对只能具有**偶**的总角动量 L 的事实相符. 准氘核的对($t=0$)只具有**奇的** L 值；正如我们曾讨论过的，真实的氘核有 $t=0$，并且总角动量 $L=1$(以前它被表示为 J). 这个结果还类似于在 1s 方案中导出的广义 Pauli 原理((16.18)式). 同样，对于(没有自旋或同位旋的)玻色子对，我们只能得到**偶的** L.

第 18 章

原子与核子组态

全同粒子的不可区分性有很多重要的、实验可以验证的推论.例如,倘若原子内的电子是可区分的,则多电子原子的光谱就会完全不同.

——E. Merzbache

18.1 独立粒子近似

在很好的近似下,一个多电子的原子是一个处在由中心核子和所有的电子共同产生的**平均场**中的 N 个自旋为 1/2 的全同费米子(电子)的系统.我们把推导这个场的问题留给下一节,而在这里把这个场看作一个外场.类似地,分子中的电子也是在一个由离子与其他所有的电子产生的平均场中运动,这些离子的质量很大,证明绝热图像是合理的,见上册 19.5 节.按照类似的方式,原子核可以看作在一个共同的平均场中独立的核子系统.在这种情况下,没有中心体,整个场由相互作用的质子和中子产生.然而,我们仍可从独立粒子近似出发.一个最新的例子就是原子阱中的冷原子,其各个原子在某种近似下可以视为独立的.此时,阱中的场的确来源于外部.

整个系统的多体波函数必须是在任何一对粒子的所有变量——空间的和自旋的——交换下,完全对称的或完全反对称的.无论粒子之间的相互作用存在与否,这都适用.在独立粒子近似下,存在一个特定的单粒子基$|\lambda\rangle$,它由给定外场求得的正确轨道组成.N 个粒子对于可用轨道的每一种分布都与构成**组态**的统计类型相容.

在二次量子化形式中,一个组态的**多体波函数**可以借助于把所有粒子放在它们所需要的轨道上(译者注:即包括全部量子数)的产生算符 $\hat{a}_\lambda^\dagger$ 生成.如果符号 λ 把所有的单粒子量子数组合在一起,则在独立的**费米子**的波函数中,每个占有的态只出现一次.在粒子数表象中结果为

$$|\Psi\rangle = \prod_\lambda (\hat{a}_\lambda^\dagger)^{n_\lambda} |0\rangle \tag{18.1}$$

其中,粒子数 n_λ 为 0 或 1.这完全等价于写成 Slater 行列式的波函数.在这里,Pauli 原理隐含在产生算符 $\hat{a}_\lambda^\dagger$ 的反对易关系中.

类似地,我们可以写下独立的**玻色子**的波函数,但是其粒子数 n_λ 可以取从 0 到 N 的任何整数.因此,我们需要添加归一因子:

$$|\Psi\rangle = \prod_\lambda \frac{1}{\sqrt{n_\lambda !}} (\hat{a}_\lambda^\dagger)^{n_\lambda} |0\rangle \tag{18.2}$$

因为粒子的不可区分性,它是必需的(若假定 $0! = 1$,则对费米子也可以采用同样的形式).在玻色子和费米子的这两种情况下,独立粒子组态的能量由下式给出:

$$E^0(\{n_\lambda\}) = \sum_\lambda \epsilon_\lambda n_\lambda \tag{18.3}$$

其中,ϵ_λ是独立轨道的能量.

18.2 加入转动不变性

让我们假定平均场具有**球对称性**.在原子和原子核的许多情况下这是一个好的近似.在这样的场中,单粒子的运动在退耦的自旋-轨道方案中保持粒子的角动量ℓ、m_ℓ 和

m_S 守恒;或在耦合方案中保持 j、ℓ(或宇称)及 m_j 守恒.

然而,由填充 N 个这样的轨道构成的 Slater 行列式一般没有确定的总轨道角动量 L、总自旋 S 或总角动量 J 的值.由于一个转动不变系统作为整体的非简并定态,其总角动量应当具有确定值,因此我们不得不放弃把波函数作为一个单一的 Slater 行列式(18.1),而是用一种由角动量耦合规则确定的方法,把一定数目的这样的行列式组合起来.这对于玻色子同样适用,其中我们需要把态((18.2)式)进行组合.

在某些情况下,这样的耦合几乎自动发生,而且我们已经看到过两个核子的例子,见15.5节.对于没有自旋-轨道耦合的费米子的轨道,那时每个单粒子波函数都是空间部分和自旋部分的乘积,不多于两个粒子可以有同样的轨道量子数(n、ℓ、m_ℓ).在两个粒子空间一致的情况下,它们的自旋波函数 χ_{SM_S} 必须是反对称的(单态 χ_{00}).这与15.6节在轨道波函数为对称的情况下的散射结果是一样的.氦原子就发生了这样的情况.在其基态,两个电子占据最低的1s轨道,使得它们自动构成一个自旋单态的对.无需特别费力,就可以确定这一对粒子的量子数:

$$\ell_1 = \ell_2 = L = 0, \quad s_1 = s_2 = 1/2, \quad S = 0, \quad J = 0 \tag{18.4}$$

它对应于光谱学符号 ${}^1S_0$.

让我们利用产生算符 $\hat{a}^\dagger_{n\ell m_\ell m_s}$ 写出二次量子化形式(18.1)式的氦原子基态波函数:

$$|\Psi_0\rangle = \hat{a}^\dagger_{000\,1/2}\hat{a}^\dagger_{000-1/2}|0\rangle \tag{18.5}$$

其中,我们将轨道按投影减小的次序排序.波函数(18.5)式可以借助反对易关系改写为

$$|\Psi_0\rangle = \frac{1}{2}(\hat{a}^\dagger_{000\,1/2}\hat{a}^\dagger_{000-1/2} - \hat{a}^\dagger_{000-1/2}\hat{a}^\dagger_{000\,1/2})|0\rangle \tag{18.6}$$

该结果等价于($\sigma = m_S$)

$$|\Psi_0\rangle = \frac{1}{2}\sum_\sigma (-)^{1/2-\sigma}\hat{a}^\dagger_{000\,\sigma}\hat{a}^\dagger_{000-\sigma}|0\rangle \tag{18.7}$$

还可以回忆起 Clebsch-Gordan 系数的值(见上册方程(22.36)):

$$|\Psi_0\rangle = \frac{1}{\sqrt{2}}\sum_\sigma C^{00}_{1/2\,\sigma\,1/2-\sigma}\hat{a}^\dagger_{000\sigma}\hat{a}^\dagger_{000-\sigma}|0\rangle \equiv \frac{1}{\sqrt{2}}[\hat{a}^\dagger_{000,s=1/2}\hat{a}^\dagger_{000,s=1/2}]_{S=0}|0\rangle \tag{18.8}$$

其中,符号$[A_j, B_{j'}]_{JM}$代表两个子系统的矢量耦合 $j + j' = J$.于是,在这种情况下,原始的 Slater 行列式的确提供了确定值 $L = S = J = 0$.当然,这是因为我们碰巧取了一个完全的 s 能级才发生的.

让我们转到氦原子的激发态.如果一个电子保持在1s壳,而第二个电子被激发到 $\ell > 0$ 的壳,在自旋波函数不再受限制的意义上它们不再等价,因为空间波函数已经不同

了.单态和三重态二者都被允许,具有确定的 L,M_L(自动等于激发电子的ℓ、m_ℓ)和S,M_S值的正确的转动波函数为

$$|\Psi_{n\ell m_\ell SM_S}\rangle=\frac{1}{\sqrt{2}}\sum_{\sigma\sigma'}C^{SM_S}_{1/2\sigma 1/2\sigma'}\hat{a}^\dagger_{000\sigma}\hat{a}^\dagger_{n\ell m_\ell\sigma'}|0\rangle \tag{18.9}$$

如果这两个电子处在非零ℓ值的不同轨道,我们需要添加轨道角动量的矢量耦合$[\ell\ell']LM_L$.这样的一对粒子的产生可以用二次量子化的对算符((17.80)式)描写.最后,L 和S 要被耦合成总角动量量子数J、M.于是,只有两个电子的组态就显示出可能的转动多重态的多样性.

此处,我们可以稍微改变一下我们所称的**组态**的定义.转动不变的情况下,单粒子能量不依赖于守恒的磁量子数,即在退耦合方案中的 m_ℓ与 m_S和考虑自-旋轨道耦合的m_j.我们将在简并轨道上具有相同粒子数的所有粒子分布组合到一个组态中.例如,在一个复杂原子中,我们可以把 n_1个粒子放在轨道ℓ_1上,n_2 个粒子放在轨道ℓ_2上,等等,不去规定所占据的 m_ℓ和 m_S.具有相同 n_ℓ值的所有的分布属于在新的词义上的组态;在原子核壳模型中,它有时称为**配分**(partition).在一个配分内部,总角动量的许多值通常都是可能的,在不存在粒子之间相互作用时,它们仍然导致相同的总能量.

18.3 多粒子组态

在习题 15.1 中求得了对于两个粒子所有的允许态.在多体组态中,量子统计的要求所加的限制决定了转动量子数的允许值.要求得这些值,人们可以从最大可能的角动量投影态出发,就像我们在常规角动量耦合问题所做的那样,见上册 22.6 节.通常这是很容易的,因为投影是代数相加的.这个**根态**(root state)应该用所考虑的统计构建.然后,我们可以利用降算符一步一步向下,每一步的填充打开更早一些的多重态,并且把剩下的统计允许态归入新的多重态,这个过程用一些例子可以更好理解.

习题 18.1 在一个原子阱中有三个中性原子,每个原子都处在总角动量 $F=0$ 的内禀态上,这些原子都处在轨道角动量为$\ell=2$ 的轨道上.确定该系统总角动量的可能值;用(15.20)式的结果,确定态的总数.

解 这些原子遵从Bose统计,因此按照(15.20)式,对于 $N=3$ 和 $\Omega=5$(不同的轨道角动量投影的个数)态的总数为

$$\mathcal{N}(3,5)=\frac{7!}{3!4!}=35 \tag{18.10}$$

为求得总角动量

$$\boldsymbol{L}=\boldsymbol{\ell}_1+\boldsymbol{\ell}_2+\boldsymbol{\ell}_3 \tag{18.11}$$

的可能值,我们先用最高投影 $M=L_Z=6$ 构建退耦态$(m_1,m_2,m_3)=(2,2,2)$.这个态是唯一的,它肯定了 $L=6$ 的存在.投影 $M=5$ 可以用三种方法构建:(1,2,2)、(2,1,2)和(2,2,1).然而,对于全同玻色子,这只代表一个态,因为我们需要把这三种组态构成**对称化**的组合,例如,通过用 $\hat{L}_-=\ell_{1-}+\ell_{2-}+\ell_{3-}$ 作用在根态上.属于 $L=6$ 的多重态只有一个对称组合.因此,我们没有其他具有 $M=5$ 的态,故 $L=5$ 的值是不可能的.下一步,$M=4$,我们有两个独立的可能性:一个投影为0、另两个投影等于2的三态对称组合和类型为(1,1,2)的三态对称组合.两个 $M=4$ 的对称态的出现标志着与继续填充的最高多重态 $L=6$ 一起,出现了新的 $L=4$ 的多重态.再下一步,$M=3$,给出类型为(−1,2,2)、(0,1,2)和(1,1,1)的三个对称组合.两个组合属于前面的多重态 $L=6$ 和 $L=4$,而第三个组合的存在意味着 $L=3$ 的多重态也是允许的.通过继续这一过程,我们还找到 $L=2$ 和 $L=0$ 的可能值.于是,我们对所有可能性的评述为 $\ell=2$ 的三个全同玻色子(**四极玻色子**,quadrupole bosons)提供了下列允许值:

$$L=6,4,3,2,0 \tag{18.12}$$

态的总数为

$$\mathcal{N}=\sum_L(2L+1)=13+9+7+5+1=35 \tag{18.13}$$

与(18.10)式一致.这个结果也适用于球型核的振动态:四极形状的振动可以用携带角动量为2的量子化的表面波类的激发来模拟,如**声子**.

习题 18.2 在介质和重核中,自旋-轨道耦合通常很强,使得核子填充具有确定 j 值的单粒子能级,$\boldsymbol{j}=\boldsymbol{\ell}+\boldsymbol{s}$.^{43}Ca(钙)原子核可以认为由内核^{40}Ca与三个处在轨道$(\ell)_j=f_{7/2}$的价核子组成.确定该原子核的总角动量 I 的可能取值;确定状态的总数.

解 总角动量为

$$\boldsymbol{I}=\boldsymbol{j}_1+\boldsymbol{j}_2+\boldsymbol{j}_3 \tag{18.14}$$

按照(15.19)式,对于 $N=3$ 和 $\Omega=8$,允许状态的总数为

$$\mathcal{N}(3,8)=\frac{8!}{3!5!}=56 \tag{18.15}$$

我们可以按照前面一个习题的同样方法去做.依据Pauli不相容原理,最高态可以通过填

充$(m_1, m_2, m_3) = (7/2, 5/2, 3/2)$态得到. 当然，这意味着我们需要利用被占据的单粒子轨道或用三个相应的产生算符构建 Slater 行列式. 这给出最高的 $M = 15/2$ 和相应最高的 $I = 15/2$. 这个态被唯一地构成，因此我们不需要把几个行列式组合起来. 只存在一个态(Slater 行列式)，其 $M = 13/2$，即$(7/2, 5/2, 1/2)$. 这个态属于前面的 $I = 15/2$ 多重态. 这样，总角动量值 $I = 13/2$ 是不允许的. 下一步，$M = 11/2$，我们有两个可能的投影分布：$(7/2, 3/2, 1/2)$和$(7/2, 5/2, -1/2)$. 这些态的一个组合得到 $I = 15/2$，另一个组合打开了 $I = 11/2$ 的新多重态，依此类推，一定得到所有可能的更低的投影. 整个步骤展示如下：

M	m_1	m_2	m_3	I
$M = 15/2$	7/2	5/2	3/2	$I = 15/2$
$M = 13/2$	7/2	5/2	1/2	–
$M = 11/2$	7/2	3/2	1/2	
	7/2	5/2	−1/2	$I = 11/2$
$M = 9/2$	5/2	3/2	1/2	
	7/2	3/2	−1/2	
	7/2	5/2	−3/2	$I = 9/2$
$M = 7/2$	5/2	3/2	−1/2	
	7/2	1/2	−1/2	
	7/2	3/2	−3/2	
	7/2	5/2	−5/2	$I = 7/2$
$M = 5/2$	5/2	1/2	−1/2	
	5/2	3/2	−3/2	
	7/2	1/2	−3/2	
	7/2	3/2	−5/2	
	7/2	5/2	−7/2	$I = 5/2$
$M = 3/2$	3/2	1/2	−1/2	
	5/2	1/2	−3/2	
	5/2	3/2	−5/2	
	7/2	−1/2	−3/2	
	7/2	1/2	−5/2	
	7/2	3/2	−7/2	$I = 3/2$
$M = 1/2$	3/2	1/2	−3/2	
	5/2	−1/2	−3/2	
	5/2	1/2	−5/2	
	5/2	3/2	−7/2	
	7/2	−1/2	−5/2	
	7/2	1/2	−7/2	–

(18.16)

M 取负值的那些态不提供新的信息. 这个程序表收集了所有可能的角动量值(最后一列). 数值 $I=13/2$ 和 $1/2$ 是不允许的. 对应的状态总数为

$$N=\sum_I(2I+1)=16+12+10+8+6+4=56 \tag{18.17}$$

与普遍的规则((18.15)式)相符.

习题 18.3 在原子中,因为自旋-轨道相互作用很弱,所以 LS 耦合更接近现实. 氮原子有最低的电子组态 $1s^2 2s^2 2p^3$. 确定这个组态的可能量子数 L、S、J.

解 这里计算略微复杂一些,因为我们首先要分别列出轨道角动量和自旋投影,然后以 Fermi 统计允许的方式把它们组合在一起. 对于粒子的分布只有 p 能级可用,因此可供利用的 $\Omega=3\times2=6$ 个**单粒子**态(m_ℓ,m_s)为

$$\begin{aligned}&(a)\ (1,1/2); &&(a')\ (1,-1/2);\\ &(b)\ (0,1/2); &&(b')\ (0,-1/2);\\ &(c)\ (-1,1/2); &&(c')\ (-1,-1/2).\end{aligned}$$

现在,我们用三个粒子填充到这些态中以构成多体态. 从最大可能的总轨道角动量投影 $M_L=2$ 开始. 做到这一点有两种方法,既包括(a)也包括(a'):$(aa'b)$, $M_S=1/2$; $(aa'b')$, $M_S=-1/2$. 因为这种情况对于正、负 M_L 和 M_S 永远都是对称的,我们可以再一次限于具有这两种投影都取正值的态:

$$\underline{M_L=2}:\quad (aa'b),M_S=1/2 \tag{18.18}$$

因此,$L=2$ 和 $S=1/2$ 的态是可允许的,它的符号是 ${}^2D$;对应的总角动量可以为 $J=3/2$ 或 $5/2$. 对于 $M_L=1$,我们有

$$\underline{M_L=1}:\quad (aa'c),M_S=1/2;\quad (abb'),M_S=1/2 \tag{18.19}$$

这些态的一种组合属于前面的多重态,另一种组合打开了 $L=1$ 和 $S=1/2$ 的新的多重态,即 ${}^2P$ 态,其 $J=1/2$ 或 $3/2$. 最后,对于 $M_L=0$,允许的组合包括

$$\underline{M_L=0}:\quad (abc);\quad (abc');\quad (ab'c);\quad (a'bc) \tag{18.20}$$

其中,第一个自旋投影 $M_S=3/2$,其余三个 $M_S=1/2$. 这表明一个 $L=0$ 和 $S=3/2$ 的新(第三个)多重态,它应该标记为 ${}^4S$,并且 $J=S$. 具有 $M_L=0$ 的剩余三个态完成了三个多重态. 现在,我们可以列出组态的所有可能的项;标准符号为 ${}^{2S+1}(L)_J$,其中(L)是轨道角动量的符号:

$${}^2D_{3/2,5/2};{}^2P_{1/2,3/2};{}^4S_{3/2} \tag{18.21}$$

态的总数应为

$$\mathcal{N}(3,6) = \frac{6!}{3!3!} = 20 \tag{18.22}$$

的确，通过数一数(18.21)式各种 J 和 M_J 的所有的态，我们得到

$$N = \sum_J (2J+1) = 4+6+2+4+4 = 20 \tag{18.23}$$

18.4 交换相互作用

当粒子相互作用时，取为 Slater 行列式或独立的单粒子波函数乘积的多体波函数不再是定态. 我们曾经提到过，由独立粒子组态给出的与统计类型相容的基仍然是完备的，并且对于考虑相互作用效应通常很方便.

作为例子看一下两粒子系统（事实上，它可以是能近似处理成缓慢运动的内核的外层价电子或价核子系统）. 让这两个全同粒子占据单粒子态 $|1\rangle$ 和 $|2\rangle$ 并忽略它们的相互作用，则这一对粒子的能量将为

$$E^0 = \epsilon_1 + \epsilon_2 \tag{18.24}$$

我们假定，粒子之间的相互作用 U 可以看作微扰. 对于不同的单粒子态（对于费米子只有这种情况是可允许的），未微扰波函数可以写作

$$|\psi_{12}\rangle = \hat{a}_2^\dagger \hat{a}_1^\dagger |0\rangle \tag{18.25}$$

其中，我们用了粒子的产生算符，而 $|0\rangle$ 指的是真空或者不包含轨道 $|1\rangle$ 和 $|2\rangle$ 的内核态.

在二次量子化形式中，相互作用的一般形式由(17.61)式给出：

$$\hat{U} = \frac{1}{2}\sum_{3456}(34|U|56)\hat{a}_3^\dagger \hat{a}_4^\dagger \hat{a}_5 \hat{a}_6 \tag{18.26}$$

我们用左矢和右矢（(18.25)式）把这个算符夹在中间，计算期待值，并不扰动可能的内核：

$$\langle\psi_{12}|U|\psi_{12}\rangle = \frac{1}{2}\sum_{3456}(34|U|56)\langle 0|\hat{a}_1\hat{a}_2\hat{a}_3^\dagger\hat{a}_4^\dagger\hat{a}_5\hat{a}_6\hat{a}_2^\dagger\hat{a}_1^\dagger|0\rangle \tag{18.27}$$

明显的选择定则确定了对于(18.27)式中无穷求和的非零贡献：湮灭算符 5、6 应消灭掉初始算符2、1（不考虑内核的破坏），类似地，算符 3、4 占据了 1、2 的位置. 这当然是简单

的，因为我们只考虑了具有固定的初态和末态的两个粒子的相互作用. 这里类似于图 15.2 所示的干涉相互作用的路径的存在必须纳入进来. 于是

$$\hat{a}_5\hat{a}_6\hat{a}_2^\dagger\hat{a}_1^\dagger \mid 0\rangle = (\delta_{62}\delta_{51} \mp \delta_{61}\delta_{52}) \mid 0\rangle \tag{18.28}$$

这同样适用于终态粒子对. 结果

$$\langle\psi_{12} \mid U \mid \psi_{12}\rangle = \frac{1}{2}\{(21 \mid U \mid 12) \mp (21 \mid U \mid 21) \mp (12 \mid U \mid 12) + (12 \mid U \mid 21)\} \tag{18.29}$$

或借助于明显的对称性((17.63)式)，为

$$\langle\psi_{12} \mid U \mid \psi_{12}\rangle = (21 \mid U \mid 12) \mp (12 \mid U \mid 12) \tag{18.30}$$

回顾(17.64)式，这种自动的(反)对称化对应于图 15.1；符号“-”和“+”是分别对费米子和玻色子取的.

在由算符 $\hat{a}$ 和 $\hat{b}$ 描写的**可区分**的粒子情况，代替(18.30)式，相互作用哈密顿量将具有下列形式：

$$\hat{U}^{\text{dist}} = \sum_{3456}(34 \mid U \mid 56)\hat{a}_3^\dagger\hat{b}_4^\dagger\hat{b}_5\hat{a}_6 \tag{18.31}$$

因此我们将得到相互作用能为(译者注：上标“dist”代表可区分)

$$\langle\psi_{12} | U^{\text{dist}} | \psi_{12}\rangle = (21 \mid U \mid 12) \tag{18.32}$$

它不依赖于算符 $\hat{a}$、$\hat{a}^\dagger$ 与 $\hat{b}$、$\hat{b}^\dagger$ 对易还是反对易. 只有**直接**项$(21|U|12)$描写不同粒子之间的相互作用，而粒子的全同性带来了额外的**交换**贡献$(12|U|12)$.

习题 18.4 假定相互作用不依赖于粒子的自旋，计算两个全同粒子在均匀介质中的相互作用((17.75)式)的直接的和交换的矩阵元.

解 态$|\psi_{12}\rangle$为

$$|\psi_{12}\rangle = \hat{a}_{p_2\sigma_2}^\dagger\hat{a}_{p_1\sigma_1}^\dagger \mid 0\rangle \tag{18.33}$$

粒子对的总动量 $\boldsymbol{P} = \boldsymbol{p}_1 + \boldsymbol{p}_2$ 在粒子交换下不变，而相对动量 $\boldsymbol{p} = (\boldsymbol{p}_1 - \boldsymbol{p}_2)/2$ 变号(参照 15.6 节和图 15.1). 这给出

$$\langle\psi_{12} \mid U \mid \psi_{12}\rangle = \frac{1}{V}(U_0 \mp U_{2p}\delta_{\sigma_1\sigma_2}) \tag{18.34}$$

具有自旋无关相互作用的交换过程只对相同自旋态(“平行”自旋)的粒子有效.

18.5 双电子系统

在定义全同粒子系统最有利的能量态时，交换相互作用起着重要的作用. 关于这是怎样发生的想法可以用双电子原子的简单例子（氦或闭壳外层有两个价电子的原子）来理解.

在外（原子核）场中一个双电子系统的非相对论哈密顿量由下式给出：

$$\hat{H}=\frac{\hat{\boldsymbol{p}}_1^2+\hat{\boldsymbol{p}}_2^2}{2m}-Ze^2\left(\frac{1}{r_1}+\frac{1}{r_2}\right)+\frac{e^2}{|\boldsymbol{r}_1-\boldsymbol{r}_2|} \tag{18.35}$$

为了简单，我们将把(18.35)式的最后一项，电子-电子的静电相互作用看作微扰. 在零级近似，我们取通常独立电子的类氢波函数. 全波函数必须还要考虑到自旋变量构成正确的反对称组合. 设电子处在量子数 n、ℓ、m 的空间态 $|\nu\rangle$ 和量子数 n'、ℓ'、m' 的空间态 $|\nu'\rangle$. 带有确定对称性的总的空间两体波函数，对于 $\nu\neq\nu'$ 为

$$\Psi_S(\boldsymbol{r}_1,\boldsymbol{r}_2)=\frac{1}{\sqrt{2}}(\psi_\nu(\boldsymbol{r}_1)\psi_{\nu'}(\boldsymbol{r}_2)+\psi_{\nu'}(\boldsymbol{r}_1)\psi_\nu(\boldsymbol{r}_2)) \tag{18.36}$$

和

$$\Psi_A(\boldsymbol{r}_1,\boldsymbol{r}_2)=\frac{1}{\sqrt{2}}(\psi_\nu(\boldsymbol{r}_1)\psi_{\nu'}(\boldsymbol{r}_2)-\psi_{\nu'}(\boldsymbol{r}_1)\psi_\nu(\boldsymbol{r}_2)) \tag{18.37}$$

而对于 $\nu=\nu'$，为

$$\Psi_S(\boldsymbol{r}_1,\boldsymbol{r}_2)=\psi_\nu(\boldsymbol{r}_1)\psi_\nu(\boldsymbol{r}_2) \tag{18.38}$$

总自旋波函数 χ_{SM_S} 可以是单态 χ_{00} 和三重态 χ_{1M_S}. 类似于 15.6 节，允许的原子波函数为

$$\Psi_S\cdot\chi_{00}\ \text{和}\ \Psi_A\cdot\chi_{1M_S},\quad M_S=1,0,-1 \tag{18.39}$$

在零级近似，(18.39)式的**所有四个函数**都是**简并的**，它们的能量是被占据的轨道 ν 和 ν' 的 Bohr 能量之和：

$$E^0_{\nu\nu'}=\epsilon_\nu+\epsilon_{\nu'} \tag{18.40}$$

在微扰论的一级近似，Coulomb 斥力使简并态((18.39)式)劈裂. 对于 $\nu=\nu'$，反对称

的空间波函数((18.37)式)为零,因此唯一可能的态是自旋单态 $\Psi_S\chi_{00}$,它将被 Coulomb 斥力向上推移.

习题 18.5 利用微扰论计算类氦原子的基态能量和电离能.

解 这时,我们只需要对包括电荷 $Z=2$ 的两个类氢波函数 $\psi_0(r)$ 直接求积:

$$J = \int d^3 r_1 d^3 r_2 \psi_0^2(r_1)\psi_0^2(r_2) \frac{e^2}{|\boldsymbol{r}_1 - \boldsymbol{r}_2|} \tag{18.41}$$

利用 Coulomb 势的多极展开(见上册方程(21.58)):

$$\frac{e^2}{|\boldsymbol{r}_1 - \boldsymbol{r}_2|} = \sum_{\ell m} \frac{4\pi}{2\ell+1} \frac{r_<^\ell}{r_>^{\ell+1}} Y_{\ell m}^*(n_1) Y_{\ell m}(n_2) \tag{18.42}$$

并考虑到只有带有各向同性函数积分的单极项$\ell = m = 0$ 保留下来.利用这些函数的显示式,(18.41)式约化为两个径向积分(a 是 Bohr 半径):

$$J = \frac{4Z^6 e^2}{\pi a^6} \int_0^\infty dr_1 \left\{ \int_0^{r_1} dr_2 r_2^2 r_1 + \int_{r_1}^\infty dr_2 r_1^2 r_2 \right\} e^{(-2Z/a)(r_1+r_2)} \tag{18.43}$$

这个初等积分给出

$$J = \frac{5}{8} \frac{Ze^2}{a} \tag{18.44}$$

在这一近似下,基态能量为

$$E_0 = 2\epsilon_0 + J = -2\frac{(Ze)^2}{2a} + \frac{5}{8}\frac{Ze^2}{a} = -\frac{Z^2 e^2}{a}\left(1 - \frac{5}{8Z}\right) \tag{18.45}$$

在原子电离之后,我们剩下处在能量为 $-(Ze)^2/2a$ 的基态正离子;因此,电离能为

$$E_{\text{ion}} = -\frac{(Ze)^2}{2a} - E_0 = \frac{Z^2 e^2}{2a}\left(1 - \frac{5}{4Z}\right) \tag{18.46}$$

习题 18.6 通过把核电荷用变分参量代替,改进上题中微扰论的结果.

解 被另一个电子屏蔽的核电荷可以用原子核的有效电荷近似.因此,我们利用把 ψ_0 中的实际电荷 Z 代之以变分参量 ζ 得到的试探电子类氢波函数.用这个函数,电子的动能为

$$K_0 = 2\frac{(\zeta e)^2}{2a} = \frac{(\zeta e)^2}{2a} \tag{18.47}$$

对于核电荷 Z 的吸引势能为

$$U_0 = -2\frac{Z\zeta e^2}{a} \tag{18.48}$$

代替(18.44)式,电子-电子相互作用的静电能变成

$$J = \frac{5}{8}\frac{\zeta e^2}{a} \tag{18.49}$$

总能量 $E_0(\zeta) = K_0 + U_0 + J$ 在

$$\zeta = Z - \frac{5}{16}, \quad E_0 = -\frac{e^2}{a}\left(Z^2 - \frac{5}{8}Z + \frac{25}{256}\right) \tag{18.50}$$

处达到极小.电离能变成(对照(18.46)式)

$$E_{\text{ion}} = \frac{Z^2 e^2}{2a}\left(1 - \frac{5}{4Z} + \frac{25}{128Z^2}\right) \tag{18.51}$$

对于氦,能量((18.51)式)与实际值的差别约为5.5%(事实上,精确的基态具有比变分近似更低的能量).对于更重的类氦原子,变分结果快速接近实验值,显示**平均场**近似不断增长的适用性.

在 $\nu \neq \nu'$ 情况下,(18.39)式的所有四个态都是允许的;因为相互作用是自旋无关的,三个三重态将保持简并.然而,单态和三重态将会分裂.这是全同粒子的一种纯量子效应:尽管这些力不依赖于自旋,总自旋 S 确定波函数空间部分的**互补对称性**(complementary symmetry)以及因此而影响能量.

类似于(18.30)式,通过计算态((18.36)式和(18.37)式)的能移,我们得到类似的结果:在第一级近似,它由电子之间的Coulomb相互作用 U 的直接贡献及交换贡献之和给出:

$$\langle \Psi_S | U | \Psi_S \rangle = (\nu\nu' | U | \nu'\nu) + (\nu\nu' | U | \nu\nu') \tag{18.52}$$

$$\langle \Psi_A | U | \Psi_A \rangle = (\nu\nu' | U | \nu'\nu) - (\nu\nu' | U | \nu\nu') \tag{18.53}$$

通常,引入**直接的** $J_{\nu\nu'}$ 和**交换的** $K_{\nu\nu'}$ 积分:

$$J_{\nu\nu'} = (\nu\nu' | U | \nu'\nu) = \int d^3 r_1 d^3 r_2 \, |\psi_\nu(\boldsymbol{r}_1)|^2 U(\boldsymbol{r}_1, \boldsymbol{r}_2) |\psi_{\nu'}(\boldsymbol{r}_2)|^2 \tag{18.54}$$

$$K_{\nu\nu'} = (\nu\nu' | U | \nu\nu') = \int d^3 r_1 d^3 r_2 \, \psi_\nu^*(\boldsymbol{r}_1) \psi_{\nu'}^*(\boldsymbol{r}_2) U(\boldsymbol{r}_1, \boldsymbol{r}_2) \psi_{\nu'}(\boldsymbol{r}_1) \psi_\nu(\boldsymbol{r}_2) \tag{18.55}$$

只有直接的积分 $J_{\nu\nu'}$ 具有简单的经典类比——空间分布的电荷云 $|\psi_\nu|^2$ 和 $|\psi_{\nu'}|^2$ 常规的静电相互作用.交换积分 $K_{\nu\nu'}$ 完全来源于量子干涉.

对于 $S=0$ 和 1 这两种自旋值，直接积分给出相等的（正的）能移；对于可以区分的粒子将会发生相同的能移．交换积分对于 Coulomb 相互作用也是正的．然而对于同样的一对（$\nu\nu'$），这一项使空间对称的函数 Ψ_S 比反对称的函数 Ψ_A 对应的能量更高．因此，在不存在自旋相关的相互作用时，对于相同的双电子组态，自旋单态被证明比三重态高．这在定性上是明显的：三重态具有在 $\boldsymbol{r}_1=\boldsymbol{r}_2$ 处有一个**节点**的反对称波函数 Ψ_A，使得电子以较小的概率彼此靠近，因而减小了 Coulomb 斥力的正的效应．最后，对于 $\nu\neq\nu'$，

$$\delta E_{\nu\nu'}(S=0)=J_{\nu\nu'}+K_{\nu\nu'},\quad \delta E_{\nu\nu'}(S=1)=J_{\nu\nu'}-K_{\nu\nu'} \tag{18.56}$$

对于处于同一空间态的两个电子，$\nu=\nu'$，由（18.38）式我们发现

$$\delta E_{\nu\nu}=J_{\nu\nu} \tag{18.57}$$

在这里，正如（18.34）式中那样，对于反平行自旋不存在交换的贡献．

从这里的考虑得到一个附加的重要借鉴是：正如前面提到的，波函数正确的（反）对称化仅当全同粒子的波函数重叠时才是必要的．如果态 $|\nu)$ 和 $|\nu')$ 定域在不同的空间区域，则交换积分 $K_{\nu\nu'}$ 为零，因此其物理结果与利用非对称化波函数求得的结果一致（直接积分存活下来，应归于 Coulomb 相互作用的长程特征）．

18.6 氦原子：光谱

我们的结果解释了氦原子光谱的主要特征，尽管微扰论不足以做出定量的预言．

基态对应于组态 $1s^2$，其中指数 2 是说：这里在最低的 1s（$n=1$，$\ell=m=0$）壳上我们有两个等价的配对电子．按照 Pauli 原理，自旋波函数是单态 χ_{00}，原子的量子数是 $L=S=J=0$，借助光谱学符号，我们把该原子的基态标记为

$$^{2S+1}(L)_J \Rightarrow {}^1S_0 \tag{18.58}$$

最低的**激发**态对应于一个电子被激发到 $n=2$ 轨道．因此，这两个电子变成非等价，从而我们得到的可能项为

组态	L	单态	三重态
1s2s	0	$^1S_0$	$^3S_1$
1s2p	1	$^1P_1$	$^3P_{0,1,2}$

（18.59）

如图 18.1 所示，我们有两个能级系列：单态和三重态．单态的基态可以称为**仲氦**（parahelium),它类似于仲电子偶素(para-positronium)和正电子偶素(ortho-positronium).对于所有的单态,$J = L$,不存在精细结构.三重态从正氦组态1s2s和$L = 0$开始.对于一个给定的组态,L大的态具有更高的能量,它作为由于电子-电子的斥力产生的屏蔽效应的一种表现.更高的三重态,$L>0$,对于给定的L,J可以有三个值:$J = L, L \pm 1$,它们被精细结构相对论效应所劈裂.

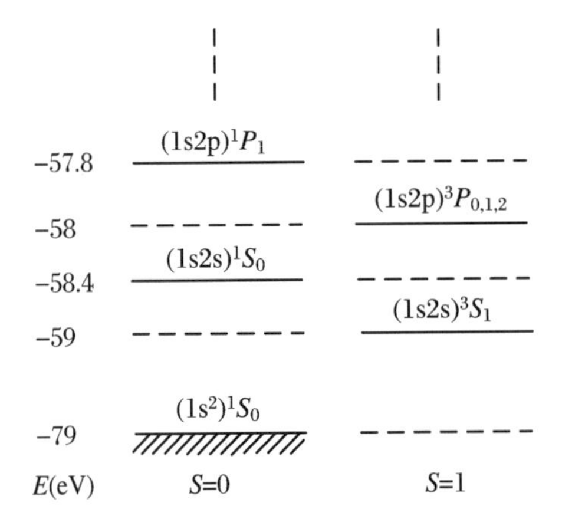

图 18.1　氦原子一些最低态的能谱

在光学辐射区,我们有电偶极跃迁.在三重态和单态之间的这种跃迁由于自旋态的正交性而被禁戒.因此,正氦态是长寿命的(亚稳态).由于实际上通过原子碰撞被激发,处在三重S态的原子构成另外一种异于仲氦的气体.后者是抗磁的,见上册24.11节,而正氦是自旋顺磁的.

我们还可以在这个例子中看到,确定的交换对称性的要求与定态按照整体算符($\hat{L}$、$\hat{S}$、$\hat{J}$)的本征值分类是相容的.所有这些算符都是**可加**的,即它们都可以表示成全同的单粒子算符之和,见17.6节,并且与所有的置换算符$\hat{\mathcal{P}}_{ab}$对易.

18.7　Hund规则

由空间对称性和互补的自旋对称性决定的两个全同粒子之间相互作用的交换能((18.56)式)可以表示为人为的**自旋-自旋**相互作用.形式上这是和上册方程22.27的自

旋交换算符有关,它看上去类似于依赖自旋相互取向的相互作用.

正如在习题15.7的求解中曾用到过的.组合$(1\mp\hat{\mathcal{P}}^{\sigma})/2$挑选出依赖于两个粒子自旋变量的任何物理量的单态或三重态部分.因此,对于占据不同轨道ν和ν'的电子静电能的期待值$\delta E_{\nu\nu'}$可以写成

$$\delta E_{\nu\nu'}=\frac{1}{4}[3\delta E_{\nu\nu'}(S=1)+\delta E_{\nu\nu'}(S=0)]$$

$$+\frac{1}{4}[\delta E_{\nu\nu'}(S=1)-\delta E_{\nu\nu'}(S=0)](\boldsymbol{\sigma}_1\cdot\boldsymbol{\sigma}_2)\tag{18.60}$$

这里这个自旋相关项为

$$\delta E_{\nu\nu'}^{\text{spin}}=-\frac{K_{\nu\nu'}}{2}(\boldsymbol{\sigma}_1\cdot\boldsymbol{\sigma}_2)\tag{18.61}$$

在原子情况下,它等价于有效自旋排列($K>0$).

在具有多个价电子的复杂原子中,这个有效静电相互作用使相同组态的态劈裂了,这些态在按照不同的角动量耦合方案的独立粒子近似中是简并的.正如我们在习题18.3氮原子的简单例子中曾经见到的,由于静电劈裂的结果,我们有几种带有与Pauli原理相容的(L,S)组合的可能**电子项**.这些项有不同的能量;更小的相对论效应进一步使每个LS项劈裂成精细结构能级LSJ.最后,我们能更深入地进到由量子数$LSJF$所表征的超精细结构.

由一些复杂原子的实验数据和更精确的计算确立了**Hund规则**,用来确定能量**最低的**LS项.按照第一规则,该最低项对应于总自旋S的**最大**可能值.利用有效自旋-自旋相互作用的概念(18.61),我们把这个结果理解为偏爱最对称的总自旋波函数,对于Fermi统计,它对应于空间对称性最小,因此,对应于最小Coulomb斥力.如果存在几个可能值,则根据**第二规则**在具有最大S和不同L值的态中间挑选出最低项.最小能量对应于**最大的**L允许值.它再一次对应于静电排斥的电子空间轨道的最小重叠;最大重叠由**时间共轭轨道**$|\ell,m_\ell)$和$|\ell,-m_\ell)$上的配对电子给出,见上册20.6节,它们被耦合成最小值$L=0$.

习题18.7 确定氮原子的最低项,其中可能的量子数集合可以在习题18.3中找到.

解 按照**Hund规则**,基态项应为$^4S_{3/2}$,它具有最大自旋$S=3/2$和$L=0$.这可以无需完全列举所有可能的态求得.只要确认最大自旋为3/2,而且对应于所有三个电子自旋平行排列就够了.那时,电子的轨道投影m_ℓ一定都不同,加起来唯一地得到$M_L=1+0+(-1)=0$.因此$L=0$,对于填充一半轨道的一个最大自旋态,情况总是如此.

18.8 粒子-空穴对称性

在原子中，**闭壳**是这样的一种组态，其中给定粒子数 n 和ℓ的可能的、带有不同自旋投影 m_S 和轨道角动量投影 m_ℓ 的所有单粒子态都被占据. 因而，自旋 S、轨道 L 和总角动量J 的总的投影M_S、M_L、M_J都是零. 闭壳态是唯一的而且是明显转动不变的. 对应的项是$^1S_0$ 和 $S=L=J=0$.

在原子核(或重原子)中，自旋-轨道耦合很强，因此，代替 LS 耦合人们必须采用jj 耦合方案，在后一方案中，我们先对每个粒子求 $j = \ell + s$，然后把它们耦合成总角动量 $J = \sum_a j_a$. 在该方案中，各个轨道角动量ℓ_a的值仍然是有意义的，并且它们确定了单粒子轨道的宇称. 原子核的ℓs 耦合产生自旋-轨道双重态$j = \ell \pm 1/2$，其劈裂的符号与原子情况相反——j 越大的能级，其能量越低. 那时，我们能一个接一个地占据 j 能级，填满的 j 再一次显示出 $J = 0$ 的闭壳性质；由于只有 J 和宇称Π 有确定值，通常在光谱学中采用符号 J^Π，使得填满的能级对应于 0^+ 态.

习题 18.8 在一个原子核中，N 个质子占据一个角动量j 的壳. 该系统最大可能的角动量 $J_{\max}(N)$是多少? 该最大值达到最大时，其粒子数为多少?

解 在给定的 N，有

$$J_{\max}(N) = \frac{1}{2}N(2j+1-N) \tag{18.62}$$

在半填充壳达到这个量的最大可能值：

$$N = \frac{2j+1}{2} \quad \rightsquigarrow \quad J_{\max} = \frac{(2j+1)^2}{8} \tag{18.63}$$

如果一个闭壳能够容纳 Ω 个费米子，然而一个实际的态在这个壳上只有 $N \leqslant \Omega$ 个粒子，我们还可以说该多体态有 $\Omega - N$ 个空穴. 对于被 $N > \Omega/2$(Ω 总是一个偶数)个粒子占据的壳，这样做特别方便. 作为单独的客体，空穴遵从 Fermi 统计，因为一个单粒子态或者被占据，或者是空的. 形式上，我们可以通过简单地交换产生和湮灭算符实现一个**正则的粒子-空穴变换**. 空穴图像中的真空是一个完全占满的壳层，算符 $\hat{h}^\dagger_{jm} = \hat{a}_{jm}$产生一个量子数为 j、m(为明确起见，我们采用 jj 方案；对于算符 $\hat{a}_{\ell m_\ell m_s}$ 在ℓs 方案中同样适用)

的空穴，而算符 $\hat{h}_{jm}=\hat{a}^{\dagger}_{jm}$ 填充在空的位置同时湮灭空穴．反对易算符（(17.14)式）在粒子-空穴变换下是不变的．

考虑处在可以容纳 Ω 个粒子的壳上的一个 N 粒子态．设该态具有转动量子数 JM．在这种情况下我们知道，我们需要构造一个具有正确转动对称性的 Slater 行列式，或 N 个产生算符 $\hat{a}^{\dagger}$ 的特定组合．如果我们以一种互补组合的形式提供丢失的 $\Omega-N$ 个粒子，我们得到量子数为 $|JM=00\rangle$ 的闭壳．这意味着这个互补组合有量子数 J、$-M$，而且在 N 个粒子和 $\Omega-N$ 个粒子的态之间，或在 N 个粒子和 N 个空穴之间存在一一对应，使得

$$|00;\text{闭壳}\rangle=\frac{1}{\sqrt{2J+1}}\sum_{M}(-)^{J-M}|JM;N\text{个粒子}\rangle|J-M;N\text{个空穴}\rangle \tag{18.64}$$

其中，我们采用了构成转动不变量的规则（见上册方程(22.34)）．注意(18.64)式中的空穴分量与上册方程(20.68)中的时间共轭分量相符．结果(18.62)式具有明显的粒子-空穴对称性．在 LS 耦合方案中，空穴态的所有角动量 S、L 和 J 的值与粒子态相同．

习题 18.9 利用 Hund 规则，求在一个 p 轨道上有 N 个电子的原子组态 p^N 的最低项．

解 N 可以从 0 取到 6，粒子-空穴对称性保障所有可能的态对于 $N=0$ 和 6，1 和 5，2 和 4 都是一样的．半填充的壳，如习题 18.6，可以从粒子观点也可以从空穴观点考虑．最低项为

$$\begin{aligned}
&N=0,6\quad {}^1S_0\\
&N=1,5\quad {}^2P_{1/2},{}^2P_{3/2}\\
&N=2,4\quad {}^3P_0,{}^3P_2\\
&N=3\quad {}^4S_{3/2}
\end{aligned}\tag{18.65}$$

精细结构劈裂的符号在半填充壳要改变：在 $N=\Omega/2$ 以下，J 的最低值下移（标准的电子自旋-轨道耦合）；而在 $N=\Omega/2$ 以上，精细结构由带有有效相反电荷的空穴确定，使得精细结构反转了．

18.9 壳结构

正如我们在谐振子和 Coulomb 势的例子中曾经见到的，粒子的能级倾向于分成一些组，组与组之间有一些宽度大小不等的缝隙．在这两种特例中，有很多轨道的精确简并，虽然它们的空间形式非常不同，但能量却完全相同．这种简并性是空间对称性的结果，这一点我们在相应的章节讨论过．然而，即使在准确对称性不存在的情况下，我们也经常能够看到清楚的壳结构，它们的单粒子能级密度被最大值（**壳层**）和最小值（**壳能隙**）**调制**．

离散谱的壳结构的发生，一般在对应于不同自由度运动频率之间的**近共振**关系方面有半经典起源．在变量的完全分离的极限下，粒子的量子能量是各个部分能量之和：

$$E(n_1,n_2,n_3) = \epsilon_1(n_1)+\epsilon_2(n_2)+\epsilon_3(n_3) \tag{18.66}$$

若发生一个小的变化，比如一个量子数增加了 δn_i，在某种精度下被另一种（些）量子数的相反的变化 $-\delta n_i$ 所补偿，使得总能量只稍有改变，则壳层形成了．对于足够大的量子数，当各部分的能量 $\epsilon_i(n_{i-})$ 可以近似地处理为连续函数时，该条件可以写成

$$\frac{\mathrm{d}\,\epsilon_i}{\mathrm{d}n_i}\delta n_i - \frac{\mathrm{d}\,\epsilon_j}{\mathrm{d}n_j}\delta n_j \approx 0 \tag{18.67}$$

然而，在半经典区，对于给定的自由度，在相邻的分立能级之间的间隔 $\mathrm{d}\,\epsilon/\mathrm{d}n=\Delta$ 等于对应的带有相同能量的经典周期运动的频率 ω，见上册方程（1.62）和（15.78）．因此，壳形成的条件（18.67）式事实上在两个周期运动之间产生了一个近似的共振：

$$\omega_i\delta n_i \approx \omega_j\delta n_j \tag{18.68}$$

对于各向同性谐振子，（18.68）式是准确的，因为 $\omega_i=\omega_j$，但是在频率 ω_i 和 ω_j 稍微不同的情况下，在某些量子数的区间，该式仍然近似适用．当频率分离开时，壳结构散开了，但是，例如在频率比接近 2∶1 时，在下一个共振附近它又重新出现．

习题 18.10 对于一个频率比取不同数值 $\omega_x/\omega_z=\omega_y/\omega_z\equiv\omega_\perp/\omega_z$ 的轴对称谐振子势，画出单粒子能级系统；与上册图 18.2 所示的二维情况进行比较．

解 如图 18.2 所示，其中变形参数是 $q=(\omega_\perp-\omega_z)/\omega_0$，$\omega_0=(2\omega_\perp+\omega_z)/3$，这个

数就是该壳层的最大占有数.形变可以变换成轴的比.

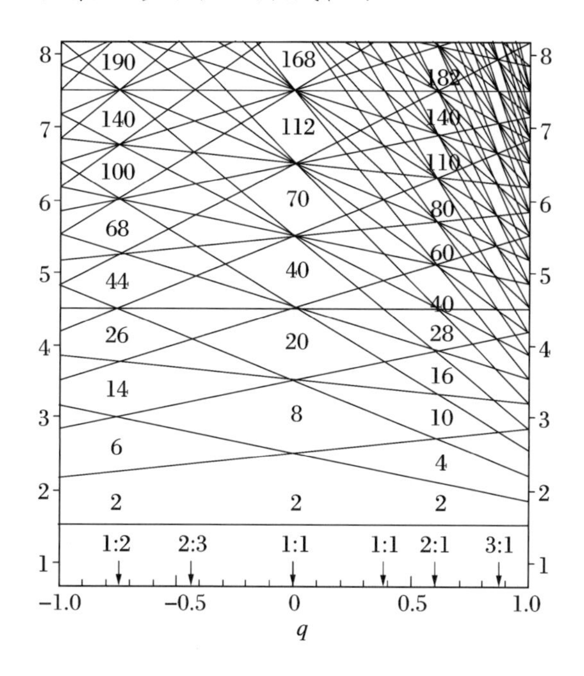

图 18.2 各向异性轴对称谐振子场中单粒子能级示意图

第 19 章

Fermi 子

有一个传说:在电子波函数 Ψ 的薛定谔方程被提出并显示出对 He 和 H_2 这样的小系统也惊人地适用之后不久,狄拉克声称化学已经走到了末日——其内容被完全包含在这个强大的方程式中.很可惜,据说他又补充道,几乎在所有的情况下,这个方程式都太复杂,以致无法求解.

——W. Kohn

19.1 理想 Fermi 气体

对粒子的多体系统,若粒子之间或粒子与外场有相互作用,精确求解这个实际量子问题是不可能的(而且将是无用的).需要利用近似方法,这些方法应该基于实验信息、物理假设和有启发意义的简化模型.此外,我们还需要有限数量的、与可观测量直接相关的信息，而不需要精确的、极其复杂的波函数. 在实际情况中，相互作用可能不弱，添加到独立粒子图像中的呆板的微扰理论并不适用. 尽管如此，我们还是从无相互作用粒子的理想气体开始——这是为了接近具有相互作用的现实系统的物理学所必需的步骤.

在第 18 章中，我们已经认识了原子和原子核组态的理想化图像. 在理想的 Fermi 气体中，有 N 个相同的 Fermi 子在一个共同的外场中，非相对论的哈密顿算符由下式给出：

$$\hat{H} = \sum_{a=1}^{N}(\hat{K}_a + \hat{U}_a) \equiv \sum_{a=1}^{N}\hat{h}_a \tag{19.1}$$

系统的整体波函数 Ψ 是由**单粒子**波函数 ψ_λ 构成的，它满足

$$\hat{h}\psi_\lambda = \epsilon_\lambda\psi_\lambda \tag{19.2}$$

由于粒子的不可区分性，所有的算符 $\hat{h}_a$ 都是相同的. (19.2)式的解给出了一个完整的正交函数集 $\{\psi_\lambda\}$，且它们的能量为 ϵ_λ. **多体**定态 Ψ 是 Slater 行列式，或者是它们相对简单的组合，这些组合具有确定的特定运动常数的值(见第 18 章). 这些态对应着粒子在 ψ_λ 态之间不同的分布. 用二次量子化语言，我们选择 N 条不同**轨道**的 ψ_λ，并通过 N 个产生算符 $\hat{a}^\dagger$ 作用于真空 $|0\rangle$，对 N 条被选择轨道中的每一条作用的结果都是 1. 基态对应着填充 N 条最低的轨道. 我们把 **Fermi 能量**称为最高占据态的能量 ϵ_F. 如果存在具有这种能量的简并态，它们就形成了 **Fermi 面** Σ_F.

在最简单的**空间均匀**的情况下，(19.1)式中的 $\hat{U}_a \to U(r_a)$ 是由体积为 $V = L^3$ 且有周期性边界条件的一个大箱体的壁定义的(参见上册 3.8 节). 其特有的轨道是具有动量 $\boldsymbol{p}$ 和投影到任意量子化轴的自旋投影 σ 的平面波 $|\lambda\rangle = |\boldsymbol{p}\sigma\rangle$：

$$\psi_{p\sigma}(\boldsymbol{r}, s_z) = (\boldsymbol{r}s_z \mid \boldsymbol{p}\sigma) = \frac{1}{\sqrt{V}}\mathrm{e}^{(\mathrm{i}/\hbar)(\boldsymbol{p}\cdot\boldsymbol{r})}\chi_\sigma(s_z) \tag{19.3}$$

其中，$\chi_\sigma(s_z)$ 是自旋函数，且波矢量分量是分立的，$k_i = p_i/\hbar = (2\pi/L)n_i$. 态((19.3)式)的单粒子能量

$$\epsilon_\lambda \to \epsilon_{p\sigma} = \frac{\boldsymbol{p}^2}{2m} \tag{19.4}$$

不依赖于 σ 和 $\boldsymbol{p}$ 的方向.

在系统的**基态**，所有(19.3)式的轨道都被占据，直至有 **Fermi 动量** $p_F = \sqrt{2m\,\epsilon_F}$ 特征的能量 ϵ_F((19.4)式). 在体积 V 较大的**热力学极限**和在固定**密度** $n = N/V$ 的粒子数 N 较大的情况下，Fermi 动量仅依赖于密度 n. 粒子数等于被占轨道 $|\boldsymbol{p}\sigma\rangle$ 的数目：

$$N = \sum_{p\sigma} n_{p\sigma}, \quad n_{p\sigma} = \begin{cases} 1, & \text{如果 } p \leqslant p_{\mathrm{F}} \\ 0, & \text{如果 } p > p_{\mathrm{F}} \end{cases} \tag{19.5}$$

用标准轨道计数完成积分(参见上册方程(3.94)),对基态我们有

$$N = g \frac{V}{(2\pi\hbar)^3} \int_{p<p_{\mathrm{F}}} \mathrm{d}^3 p = \frac{gVp_{\mathrm{F}}^3}{6\pi^2\hbar^3} \tag{19.6}$$

其中,g 是粒子简并内禀态的数目,在我们的情况中$(2s+1)$是自旋投影的数量.这样,占据的轨道形成了一个动量空间的 **Fermi 球**,这个球面的半径为

$$p_{\mathrm{F}} = \left(\frac{6\pi^2\hbar^3}{g}\frac{N}{V}\right)^{1/3} = \left(\frac{6\pi^2\hbar^3}{g}n\right)^{1/3} \tag{19.7}$$

粒子间的平均距离 $r_0 \sim n^{-1/3} \sim 1/k_{\mathrm{F}}$,由波矢 $k_{\mathrm{F}} = p_{\mathrm{F}}/\hbar$确定.

同样,我们能够计算理想的 Fermi 气体的基态能量

$$E_0 = \sum_{p\sigma} n_{p\sigma}\epsilon_{p\sigma} = gV\int_{p<p_{\mathrm{F}}} \frac{\mathrm{d}^3 p}{(2\pi\hbar)^3}\frac{p^2}{2m} \tag{19.8}$$

或使用(19.6)式,为

$$E_0 = \frac{3}{5}\frac{p_{\mathrm{F}}^2}{2m}N = \frac{3}{5}\epsilon_{\mathrm{F}}N \tag{19.9}$$

每个粒子的平均动能$\bar{\epsilon} = E_0/N = (3/5)\epsilon_{\mathrm{F}}$按密度$\propto n^{2/3}$的规律增加.它与基于不确定性关系的(15.9)式的温度估算是一致的,该温度对应着简并气体中量子效应开始出现.随着密度的增加和粒子间距 $r_0 = [3/(4\pi n)]^{1/3}$的减小,相互作用的能量通常会增加.然而,带电粒子气体的 Coulomb 能量仅增加了一个$\propto 1/r_0 \propto n^{1/3}$的量,即它增加得比动能**慢**.与直觉相反,高密度的 Coulomb 气体的性质越来越接近理想的气体:相互作用的**相对**作用下降了.

在许多应用中,**Fermi 面处的态密度** ν_{F} 起到了重要的作用.由于 Fermi 气体的任何弱微扰只能影响 Fermi 海表面附近的一层(较深态的粒子不能被激发,因为具有较高能量的相邻位置已被占用),正是 ν_{F} 确定了气体对微扰的响应有多强.按照标准定义(见 2.5 节和上册方程(3.83)),单粒子态的态密度是每单位能量间隔(也称之为单位体积)内这种态的数目:

$$\nu(\epsilon) = \frac{g}{(2\pi\hbar)^3}p^2\frac{4\pi\mathrm{d}p}{\mathrm{d}\epsilon} \tag{19.10}$$

其中,我们已经在假定能谱$\epsilon(p)$是各向同性的情况下对立体角进行了积分.对$\epsilon(p) =$

$p^2/2m$，我们得到

$$\nu_F \equiv \nu(\epsilon_F) = \frac{gm}{2\pi^2\hbar^3}p_F \tag{19.11}$$

或者通过与密度为 $n = N/V$ 的表达式(19.6)比较，我们得到每单位体积的态密度为

$$\nu_F = \frac{3mn}{p_F^2} = \frac{3n}{2\epsilon_F} \tag{19.12}$$

习题 19.1 考虑 Fermi 气体模型中的原子核(Z 个质子和 N 个中子)．求证：中子-质子不平衡量 $N - Z$ 会引起正比于 T_3^2/A 的**额外对称能**，其中 T_3 是同位旋投影((16.11)式)，$A = N + Z$ 是质量数，并假设 $|N - Z|/A \ll 1$．用对称核($N = Z$)的 Fermi 能 ϵ_F 表示比例系数．

解 借助核子的平均动能，质子和中子 Fermi 气体的总动能为

$$E_N + E_Z = \overline{\epsilon_n}N + \overline{\epsilon_p}Z \tag{19.13}$$

因为原子核的体积与核子数 A 成正比，由(19.9)式可得

$$E_N + E_Z = 常数 \cdot \left\{N\left(\frac{N}{V}\right)^{2/3} + Z\left(\frac{Z}{V}\right)^{2/3}\right\} = 常数 \cdot \frac{N^{5/3} + Z^{5/3}}{A^{2/3}} \tag{19.14}$$

能量(19.13)式是 $N = Z = A/2$ 时的极小值．由中子过剩导致的能量变化为

$$E_{对称} = E_N + E_Z - 2E_{A/2} = \frac{常数}{A^{2/3}}\left[N^{5/3} + Z^{5/3} - 2\left(\frac{A}{2}\right)^{5/3}\right] \tag{19.15}$$

或者通过引入同位旋 $2T_3 = Z - N$，$|T_3| \ll A$，得

$$E_{对称} = \frac{常数}{A^{2/3}}\left[\left(\frac{A}{2} - T_3\right)^{5/3} + \left(\frac{A}{2} + T_3\right)^{5/3} - 2\left(\frac{A}{2}\right)^{5/3}\right] \propto \frac{T_3^2}{A} \tag{19.16}$$

收集这些系数，我们有

$$E_{对称} = \frac{4}{3}\epsilon_F\frac{T_3^2}{A} = \epsilon_F\frac{(N - Z)^2}{3A} \tag{19.17}$$

实际上，这种效应只近似地解释了一半的实际对称能；其余的部分来自于同位旋相关的核子相互作用，它在中子-质子对($T = 0$)中的强度比在全同粒子对($T = 1$)中的强度更大．

习题 19.2 对一个盒子中的理想的 Fermi 气体，找出在不同点的密度关联函数．

解 一个给定自旋投影的密度算符可由下式给出(与(17.41)式比较)：

$$\hat{N}_{r\sigma} = \frac{1}{V}\sum_{kk'} e^{i(k'-k)\cdot r}\hat{a}^\dagger_{k\sigma}\hat{a}_{k'\sigma} \tag{19.18}$$

在 Fermi 气体的基态，总密度的期待值为

$$\sum_{\sigma}\langle \hat{N}_{r\sigma}\rangle = \frac{1}{V}\sum_{kk'\sigma} e^{i(k'-k)\cdot r}\delta_{k'k}n_{k\sigma} = \frac{1}{V}\sum_{k\sigma} n_{k\sigma} = \frac{N}{V} \equiv n \tag{19.19}$$

而每个自旋分量贡献 $n/(2s+1)$. 密度关联函数包含

$$K(\boldsymbol{r}_1\sigma_1;\boldsymbol{r}_2\sigma_2) = \langle \hat{N}_{r_1\sigma_1}\hat{N}_{r_2\sigma_2}\rangle \tag{19.20}$$

或者

$$K(\boldsymbol{r}_1\sigma_1;\boldsymbol{r}_2\sigma_2) = \frac{1}{V^2}\sum_{k_1k_2k_3k_4} e^{i[(k_2-k_1)\cdot r_1+(k_4-k_3)\cdot r_2]}\langle \hat{a}^\dagger_{k_1\sigma_1}\hat{a}_{k_2\sigma_1}\hat{a}^\dagger_{k_3\sigma_2}\hat{a}_{k_4\sigma_2}\rangle \tag{19.21}$$

就像对可区分的粒子一样. 对于不同的自旋投影，$\sigma_1 \neq \sigma_2$，(19.21)式中的矩阵元定义了 $\boldsymbol{k}_2 = \boldsymbol{k}_1$，$\boldsymbol{k}_4 = \boldsymbol{k}_3$，且密度关联不存在，于是有

$$K(\boldsymbol{r}_1\sigma_1;\boldsymbol{r}_2\sigma_2 \neq \sigma_1) = \frac{1}{V^2}\left(\frac{N}{2s+1}\right)^2 = \frac{n^2}{(2s+1)^2} \tag{19.22}$$

在 $\sigma_2 = \sigma_1 = \sigma$ 时关联出现了. 现在有两种非零矩阵元的情况：第一种是 $\boldsymbol{k}_2 = \boldsymbol{k}_1$，$\boldsymbol{k}_4 = \boldsymbol{k}_3$，它导出了先前无关联的结果((19.22)式)，而第二种可能性是 $\boldsymbol{k}_2 = \boldsymbol{k}_3$，$\boldsymbol{k}_4 = \boldsymbol{k}_1$，它决定了

$$K(\boldsymbol{r}_1\sigma;\boldsymbol{r}_2\sigma) = \frac{n^2}{(2s+1)^2} + \frac{1}{V^2}\sum_{k_1k_2} e^{i(k_2-k_1)\cdot(r_1-r_2)} n_{k_1\sigma}(1-n_{k_2\sigma}) \tag{19.23}$$

在(19.23)式的关联项中，当 $k_1 < k_\mathrm{F}$ 时，$\boldsymbol{k}_1$ 要对填充态求和，而对空态 $\boldsymbol{k}_2$ 求和给出($\boldsymbol{r} = \boldsymbol{r}_1 - \boldsymbol{r}_2$)

$$\left(\sum_{k_2} - \sum_{k_2 < k_\mathrm{F}}\right) e^{i(k_2\cdot r)} \tag{19.24}$$

对 $\boldsymbol{k}_2$ 完全求和等于 $V\delta(\boldsymbol{r})$. 因此，

$$K(\boldsymbol{r}_1\sigma;\boldsymbol{r}_2\sigma) = \left(\frac{n}{2s+1}\right)^2 + \frac{n}{2s+1}\delta(r) - \left(\frac{I(r)}{V}\right)^2 \tag{19.25}$$

其中

$$I(r) = \sum_{k<k_\mathrm{F}} e^{i(k\cdot r)} = \int_{k<k_\mathrm{F}} \frac{V\mathrm{d}^3 k}{(2\pi)^3} e^{i(k\cdot r)} \tag{19.26}$$

经过积分，导出

$$I(r)=\frac{V}{2\pi^2 r^3}[\sin(k_F r)-(k_F r)\cos(k_F r)] \tag{19.27}$$

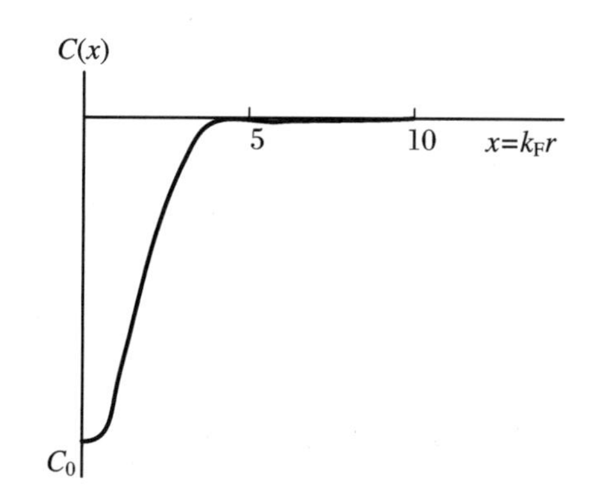

图 19.1　对 $x=k_F r>0$，具有相同自旋投影的 Fermi 子的密度关联函数 $C_0=4\pi^4 k_F^6$

这样，关联函数的结果（与(17.52)式比较）

$$C(\boldsymbol{r}_1\sigma,\boldsymbol{r}_2\sigma)\equiv K(\boldsymbol{r}_1\sigma,\boldsymbol{r}_2\sigma)-\left(\frac{n}{2s+1}\right)^2 \tag{19.28}$$

是（$\boldsymbol{r}=\boldsymbol{r}_1-\boldsymbol{r}_2$）

$$C(\boldsymbol{r}\sigma)=-\frac{n}{2s+1}\delta(\boldsymbol{r})-\frac{[\sin(k_F r)-(k_F r)\cos(k_F r)]^2}{4\pi^4 r^6} \tag{19.29}$$

正像 Pauli 原理预言的那样（所谓**关联的空穴**），这个关联总是负的. 然而，在间距很大处，它迅速减小，如图 19.1 所示；振荡显现出带有粒子平均间距量级的特征波长 $1/k_F$ 的干涉图案. 注意，非平庸关联仅仅由于自旋平行粒子间的交换效应而出现.

19.2　自旋顺磁性

当对 Fermi 气体施加外场时，基态的反应是在新的环境下进行重组，使其能量最小. 下面我们将介绍电子自旋在静磁场中的行为的例子.

在没有磁场的情况下，能量最小值对应着与数量 $N_\pm$ 相等的、自旋投影为 $s_z=\pm 1/2$

的电子(同样,对同位旋来说,能量最大的情况是在达到数量相同的质子和中子时,参见习题 19.1).两种自旋投影的粒子占据相同的 Fermi 球:

$$n_{+} = n_{-} = \frac{n}{2} = \frac{p_{\mathrm{F}}^{3}}{6\pi^{2}\hbar^{3}} \tag{19.30}$$

Fermi 能是相等的:

$$\epsilon_{\mathrm{F}}^{(+)} = \epsilon_{\mathrm{F}}^{(-)} = \frac{p_{\mathrm{F}}^{2}}{2m} \tag{19.31}$$

当磁场 $\mathcal{B} = \mathcal{B}_z$ 存在时,我们需要考虑额外的、自旋与场相互作用的能量($g_s = -|e|/(mc)$):

$$-(\boldsymbol{\mu} \cdot \boldsymbol{\mathcal{B}}) = -g_s \hbar s_z \mathcal{B} = \pm \mu_{\mathrm{B}} \mathcal{B} \tag{19.32}$$

两个自旋投影的单粒子能量劈裂了:

$$\epsilon_p \to \epsilon_p^{(\pm)} = \frac{p^2}{2m} \pm \mu_{\mathrm{B}} \mathcal{B} \tag{19.33}$$

在给定的动量下,一个自旋投影的能量比另一个自由投影的能量大了 $2\mu_{\mathrm{B}}\mathcal{B}$.然而,在总能量的最小值处,两个投影的最高能量相等,否则把粒子从具有较大能量的组转移到具有较小能量的组将更有利.因此,基态通过

$$\epsilon_{\mathrm{F}}^{(+)} = \frac{p_{\mathrm{F}}^{(+)2}}{2m} + \mu_{\mathrm{B}} \mathcal{B} = \epsilon_{\mathrm{F}}^{(-)} = \frac{p_{\mathrm{F}}^{(-)2}}{2m} - \mu_{\mathrm{B}} \mathcal{B} \tag{19.34}$$

表征,或

$$\frac{p_{\mathrm{F}}^{(+)2}}{2m} + 2\mu_{\mathrm{B}} \mathcal{B} = \frac{p_{\mathrm{F}}^{(-)2}}{2m} \tag{19.35}$$

因此,动量空间中的两个 Fermi 面滑开了,并在基态有 $N_{+} < N_{-}$.在弱磁场中的位移,如图 19.2 所示,有

$$\frac{p_{\mathrm{F}}^{(+)2} - p_{\mathrm{F}}^{(-)2}}{2m} = \frac{(6\pi^2)^{2/3}\hbar^2}{2m}(n_{+}^{2/3} - n_{-}^{2/3}) \tag{19.36}$$

能由(19.35)式计算.在弱场中,与无微扰的 Fermi 能相比,位移较小.类似于(19.16)式,我们令

$$n_{+} = \frac{n}{2}(1 - x), \quad n_{-} = \frac{n}{2}(1 + x) \tag{19.37}$$

并将其按 x 的幂展开(对照(19.17)式)：

$$\frac{p_F^{(+)2}-p_F^{(-)2}}{2m}=\frac{(6\pi^2)^{2/3}\hbar^2}{2m}\left(\frac{n}{2}\right)^{2/3}\left[(1-x)^{2/3}-(1+x)^{2/3}\right]$$

$$\approx-\frac{4}{3}x\frac{(3\pi^2 n)^{2/3}\hbar^2}{2m}=-\frac{4}{3}x\,\epsilon_F \tag{19.38}$$

其中，ϵ_F是无磁场且全密度为 n 的气体的正常 Fermi 能量.从这里和(19.35)式，得

$$x=\frac{3}{2}\frac{\mu_B\mathcal{B}}{\epsilon_F} \tag{19.39}$$

实际上这个量总是很小的.

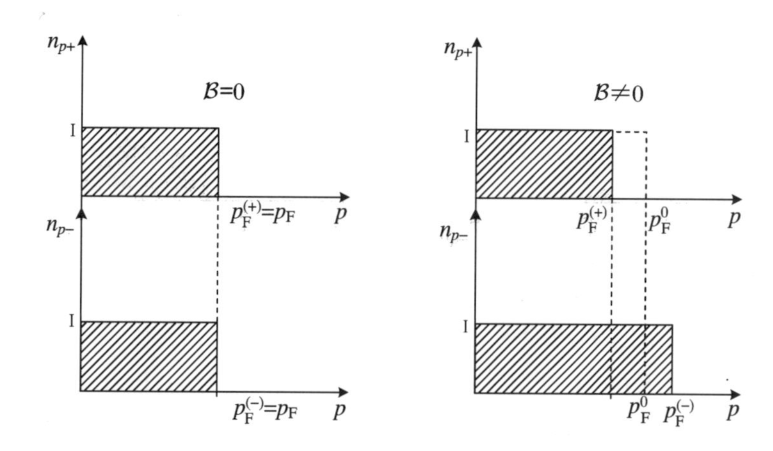

图 19.2　磁场中两个自旋投影 Fermi 面的位移

(19.39)式的结果确定了系统的磁矩(每单位体积)：

$$\mu=\mu_B(n_- - n_+)=\mu_B n x=\mu_B^2\frac{3n}{2\epsilon_F}\mathcal{B} \tag{19.40}$$

我们得到了 **Pauli 自旋顺磁性**，在磁场中自旋的部分排齐，并求得**顺磁自旋磁化率**为

$$\chi_s=\frac{\partial\mu}{\partial\mathcal{B}}=\mu_B^2\frac{3n}{2\epsilon_F} \tag{19.41}$$

Fermi 面态密度的方程(19.12)使我们能把这个量写成

$$\chi_s=\mu_B^2\nu_F \tag{19.42}$$

习题 19.3　证明：(19.42)式的结果是普适的，不依赖于无微扰气体的能谱$\epsilon(p)$.

解　受场 $\mathcal{B}$ 影响的能量层为 $\Delta\epsilon\sim\mu_B\mathcal{B}$. 两个 Fermi 面分离开 $2\mu_B\mathcal{B}$((19.35)式).

在这一层,每位体积内每个自旋的态数为

$$\Delta n = (1/2)\nu_F \Delta \epsilon = \mu_B \nu_F \mathcal{B} \tag{19.43}$$

得到的磁矩是

$$\mu = \mu_B \Delta n = \mu_B^2 \nu_F \mathcal{B} \tag{19.44}$$

它等价于(19.42)式.

19.3 轨道抗磁性

就像在上册第13章中仔细讨论过的那样,简并 Fermi 气体中的电子轨道运动是被量子化的.平均来说,每个量子化的 Landau 能级都会由零点振荡能$\hbar\omega_c/2$增加它的能量,其回转频率为 $\omega_c = |e|\mathcal{B}/(mc)$.因此,磁场对轨道运动的影响应该是**抗磁性**的,与降低系统能量的自旋排齐的顺磁性相反,它使系统能量增加.

均匀静磁场 $\mathcal{B}$ 中的总轨道能量是占据 Landau 能级的能量.在弱磁场中,$\mu_B\mathcal{B} \ll \epsilon_F$,在 Fermi 面内有很多 Landau 能级.由于磁场的时间反演是奇的,Fermi 能量的位置只能按 $\mathcal{B}$ 的二阶变化,这意味着与能级间隙相比能移较小,可忽略不计.在基态,我们占据 Landau 能级和纵向运动相应的态直至ϵ_F,于是单位体积的全能量可写为

$$E = 2\frac{|e|\mathcal{B}}{(2\pi\hbar)^2 c}\int_{-\infty}^{\infty} \mathrm{d}p_z \sum_n \theta(\epsilon_F - \epsilon(n,p_z))\,\epsilon(n,p_z) \tag{19.45}$$

其中,单粒子能量由下式给出(见上册方程(13.61)):

$$\epsilon(n,p_z) = \hbar\omega_c\left(n+\frac{1}{2}\right) + \frac{p_z^2}{2m} \tag{19.46}$$

上式考虑了每个 Landau 能级的简并性(参见上册方程(13.62)),而且加入了自旋投影的因子2.(19.45)式中的函数 $\theta(y)$是通常的阶梯函数,在 $y>0$ 时为1,在 $y<0$ 时为0.

随着 $\mathcal{B}$ 数值的增加,回转频率和能级的容量也会增加.因此,Landau 能级一个接一个地穿过 Fermi 面 Σ_F 变成空的,而粒子的布居会分布在 Σ_F 以下剩余的能级,增加了它们的体积.在每次与 Σ_F 交叉之后,占据能级的数目就减少一个,并且整个模式会大致复原,因为占据能级的总数仍然巨大.因此,系统的性质可近似地看作$\epsilon_F/(\hbar\omega_c)$的周期函数,或相反的磁场,即所谓的 **de Haas-van Alfen 效应**.下面,我们将计算轨道磁性的正规

部分，它与对那些振荡求平均相对应.两次重建之间的磁场相对变化为 $\delta\mathcal{B}/\mathcal{B}\simeq\hbar\omega_c/\epsilon_F$.

对隔离磁响应的正规(单调的)分量可这样进行平均:借助 Euler-Maclaurin 求和公式(见 4.7 节)，用积分替换(19.45)式中的对 n 的分立求和.代替(4.90)式，取下限 a，我们得到

$$\int_a^{\infty}\mathrm{d}xf(x)\approx\frac{1}{2}f(a)+\sum_{n=1}^{\infty}f(n+a)+\frac{1}{12}f'(a) \tag{19.47}$$

现在，取 $a=1/2$ 并把从 0 到 1/2 之间的部分补充到(19.47)式的积分中去(在此间隔内，我们可以内插 $f(x)\approx f(0)+xf'(0)$)，我们就把这个公式写成了一个方便的形式:

$$\sum_{n=0}^{\infty}f(n+1/2)\approx\int_0^{\infty}\mathrm{d}xf(x)+\frac{1}{24}f'(0) \tag{19.48}$$

习题 19.4 通过把轨道磁化率 χ_{orb} 定义成上册中的方程(24.63)，计算它在 Fermi 气体中的值[56, § 59].

解 使用表达式(19.45)中的求和公式(19.48)来计算能量.(19.48)式中的积分项给出了不依赖于磁场的能量部分.整个效应来自于修正项 $(1/24)f'(0)$，即来自于**量子化离散谱**的出现.此项很容易通过对 p_z 的直接积分来计算;$\theta(y)$ 的微分是 $\delta(y)$.此项给出

$$E^{(2)}=-\frac{1}{2}\chi_{\mathrm{orb}}\mathcal{B}^2 \tag{19.49}$$

其中，**抗磁磁化率**等于

$$\chi_{\mathrm{orb}}=-\frac{1}{3}\mu_{\mathrm{B}}^2\nu_{\mathrm{F}} \tag{19.50}$$

其中，利用了没有磁场的情况下 Fermi 面态密度 ν_F 的标准表达式(19.12).

这样，Fermi 气体的轨道抗磁性(Landau，1930)是自旋顺磁性的 $-1/3$(Pauli，1927).总结果

$$\chi=\chi_s+\chi_{\mathrm{orb}}=+\frac{2}{3}\mu_{\mathrm{B}}^2\nu_{\mathrm{F}} \tag{19.51}$$

是顺磁性的.抗磁金属的存在主要关联着这样的事实:金属中电子的轨道运动具有能谱，其电子质量变为**有效质量**.如果该质量比正常电子质量要小，则回转频率可与负的轨道磁化率一起增加;而自旋顺磁性包含裸电子的质量.

19.4 引入平均场

在现实的系统中,粒子间有相互作用.如果相互作用的力程 R 不太短,在这种多体系统中,每个粒子至少会被其他几个粒子有效地碰到.特征参数是力程与平均粒子间距 $r_0 \sim n^{-1/3}$ 的比 $R/r_0 \sim Rn^{1/3}$,其中 n 是粒子密度.如果该参数较大或至少与1相当,则其中一个粒子运动的变化并不会剧烈地改变给定位置的力.这样的情况在固体以及复杂的原子和原子核中已近似地实现.

我们来讨论**有效场**的想法,该场通常主宰着粒子的运动.有效场是由外场(如果它被施加了)和所有其他粒子的**平均场**产生的.我们试图找到一个能以最好的方式近似描述实际多体系统量子态的平均场.最佳的单粒子态 $|\lambda\rangle$ 都是这个场的本征态.另一方面,通过占据最低态 $|\lambda\rangle$,我们得到了一个 Slater 行列式作为整个系统的波函数 $|\Psi\rangle$.如果能正确地找到平均场,则粒子在 $|\Psi\rangle$ 态中将以这样的方式运动着——由它们产生的平均场与原始的有效场一致,因此它们是**自洽的**.

借助 **Hartree 近似**,可找到自洽场的最简单版本.尽管试探波函数 $|\Psi\rangle$ 已由 Slater 行列式给出,并因此满足 Fermi 统计的要求,但我们忽略掉反对称性对能量的影响.例如,一个核电荷为 Z 和电子数为 N 的原子(对 $N \neq Z$ 的离子).原子电子的非相对论哈密顿量由下式给出:

$$\hat{H} = -\frac{\hbar^2}{2m}\sum_{a=1}^{N}\nabla_a^2 - Ze^2\sum_{a=1}^{N}\frac{1}{r_a} + \frac{e^2}{2}\sum_{a,b(a\neq b)}^{N}\frac{1}{r_{ab}} \tag{19.52}$$

由原子核场和电子空间电荷的平均场形成了近似多体哈密顿量(19.52)式的自洽场 $\tilde{U}$:

$$\tilde{U}(\boldsymbol{r}_a) = -\frac{Ze^2}{r_a} + \sum_{b(\neq a)}\int d^3 r_b \frac{\rho_b(\boldsymbol{r}_b)}{|\boldsymbol{r}_a - \boldsymbol{r}_b|} \tag{19.53}$$

现在,我们假定电子的单粒子波函数满足在这个场中的薛定谔类方程

$$\left\{-\frac{\hbar^2}{2m}\nabla^2 + \tilde{U}(\boldsymbol{r}) - \epsilon\right\}\psi(\boldsymbol{r}) = 0 \tag{19.54}$$

Hartree 方程(19.54)提供了能量为ϵ_λ的轨道 $\psi_\lambda(\boldsymbol{r})$.然后,我们需要实现自洽条件:电荷密度为 $\rho_b = e|\psi_b(\boldsymbol{r}_b)|^2$,并且对占据的轨道 b 求和应能再次给出势 $\tilde{U}$((19.53)

式).在实践中,可以从这个场的一个可能的拟设 $U^{(0)}$ 开始,找到这个场的轨道之后,就得到了 $U^{(1)}$.如果它与 $U^{(0)}$ 不同,则进行下一次迭代:用新的势求解单粒子问题,找出修正的轨道并计算下一个近似 $U^{(2)}$.通常,几次迭代之后,势就能自我重现.

严格地说,作用在给定电子上的有效场((19.53)式)依赖于所考虑电子的态,并且没有唯一共同的势 $\widetilde{U}$.然而,在多体系统中,共同的势可能是一个很好的近似.这样,在复杂原子中,人们就可使用这个具有**屏蔽**核电荷的势

$$\widetilde{U}(r) = -\frac{e^2}{r}\widetilde{Z}(r) \tag{19.55}$$

其中,**有效电荷** $\widetilde{Z}(r)$依赖于到核的距离,如图 19.3 所示.在距离很小的地方,$\widetilde{Z}(r)\to Z$(无屏蔽,纯核电荷),而在距离较大处,电子处在剩余电荷的场中,$\widetilde{Z}(r)\to z=Z-(N-1)$;对于中性原子,$z=1$.

我们可以定性地得出结论:最深的原子轨道与电荷为 Z 的类氢原子轨道相似,而外面的轨道接近于氢原子的轨道.因此,电子云的外半径总是接近于氢原子的 Bohr 半径.Hartree 方程(19.54)的解带有常规的类氢量子数 $n\,\ell m_\ell$,尽管氢的简并已被解除.单粒子能量可以表示为

$$\epsilon_{n\ell} = -\frac{1}{2n^2}\frac{e^2}{a}Z_{n\ell} \tag{19.56}$$

其中,$Z_{n\ell}$表明了由于屏蔽导致的与类氢原子能谱不同的谱.参数 $Z_{n\ell}$取z 和Z 之间的值,且随 n 和ℓ的增大而减小.

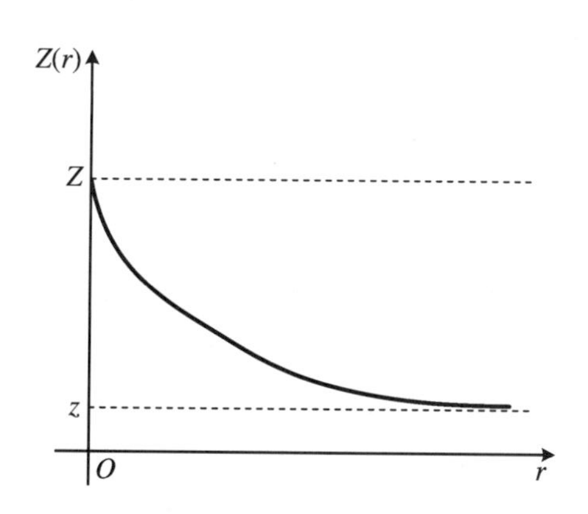

图 19.3 由于电子屏蔽导致的有效电荷

19.5 统计模型

在粒子数足够大的 Fermi 子系统中,由于 Pauli 原理,大多数粒子占据量子数较大的轨道.这些态可用**半经典**的方式描述.在这种情况下,人们可以研发出一种平均场方法的统计形式:**Thomas-Fermi 近似**.将这种方法用于诸如复杂原子、核或陷阱中的原子等有限系统时,不能期望壳结构能被详细地描述.一个恰当的目标将是对系统**平均性质**的描述.

让我们考虑如何用这种方法处理重原子.主要的思路是使用电子云的平均**局域密度**(参照上册 3.9 节).在重原子中,除了边缘区域外,这个密度都很高,并且作为距离的函数由中心向外**平滑地**变化(为了简单起见,我们假设它具有球对称性).由于电子的半经典波函数可以局域地用确定的波长来表征(回忆 15.1 节),我们可以把它们归结为一个局域的经典动量 $\boldsymbol{p}(r)$.在每个空间位置,局域的 Fermi 分布都能给出最低的能量,该分布可用通常的方式($g=2$ 的(19.6)式),以与局域密度相关的局域 Fermi 动量 $p_{\mathrm{F}}(r)$ 来表征:

$$n(r)=\frac{p_{\mathrm{F}}^{3}(r)}{3\pi^{2}\hbar^{3}} \tag{19.57}$$

局域 Fermi 能量 ϵ_{F} 不可能依赖于坐标,这是因为,那时系统的态就不会是定态,电流将会把电子重新分配到较低 ϵ_{F} 的区域,使能量降低.在平衡状态下,类似于上册方程(3.100)和(19.34)式:

$$\epsilon_{\mathrm{F}}=U(r)+\frac{p_{\mathrm{F}}^{2}(r)}{2m}=\text{常数} \tag{19.58}$$

其中,$U(r)$ 是所寻找的平均场的势.它与局域密度((19.57)式)相关:

$$n(r)=\frac{(2m)^{3/2}}{3\pi^{2}\hbar^{3}}\left[\epsilon_{\mathrm{F}}-U(r)\right]^{3/2} \tag{19.59}$$

为了自洽地求得势 $U(r)$,我们需要求解 Poisson 方程,其中的电荷密度由电荷 Ze 的类点原子核与密度为 $\rho_{e}(r)=-en(r)$ 的电子云形成:

$$\nabla^{2}U=\nabla^{2}(-e\phi)=4\pi e\left[Ze\delta(\boldsymbol{r})-en(r)\right] \tag{19.60}$$

借助球对称性，我们发现对 $r\neq0$ 有

$$\nabla^2 U(r) = \frac{1}{r^2}\frac{\mathrm{d}}{\mathrm{d}r}\left(r^2\frac{\mathrm{d}}{\mathrm{d}r}\right)U(r) = -4\pi e^2 n(r) = -\frac{4e^2(2m)^{3/2}}{3\pi\hbar^3}\left[\epsilon_{\mathrm{F}}-U(r)\right]^{3/2} \tag{19.61}$$

用无量纲变量来简化这个方程是很方便的. 核电荷定义了原点的边界条件：

$$U(r)\to-\frac{Ze^2}{r},\quad r\to0 \tag{19.62}$$

我们依照下式引入一个新的未知函数 $\chi(r)$：

$$\epsilon_{\mathrm{F}}-U(r)=\frac{Ze^2}{r}\chi(r) \tag{19.63}$$

使得

$$\chi(r)\to1,\quad r\to0 \tag{19.64}$$

则(19.61)式能被写成

$$Ze^2\frac{1}{r^2}\frac{\mathrm{d}}{\mathrm{d}r}\left(r^2\frac{\mathrm{d}}{\mathrm{d}r}\right)\frac{\chi}{r}=\frac{Ze^2}{r}\frac{\mathrm{d}^2\chi}{\mathrm{d}r^2}=\frac{4e^2(2m)^{3/2}}{3\pi\hbar^3}\left(\frac{Ze^2}{r}\chi\right)^{3/2} \tag{19.65}$$

或

$$\frac{\mathrm{d}^2\chi}{\mathrm{d}r^2}=\frac{4\cdot2^{3/2}}{3\pi}\left(\frac{me^2}{\hbar^2}\right)^{3/2}\frac{\chi^{3/2}}{\sqrt{r/Z}}=\left[\frac{2^{7/3}}{(3\pi)^{2/3}}\right]^{3/2}\frac{\chi^{3/2}}{a^{3/2}\sqrt{r/Z}} \tag{19.66}$$

最后，我们引入一个无量纲坐标 x：

$$r=aZ^{-1/3}bx,\quad b=\left[\frac{2^{7/3}}{(3\pi)^{2/3}}\right]^{-1}\approx0.885 \tag{19.67}$$

其中，a 是 Bohr 半径，并将问题约化到普适的(无参数)Thomas-Fermi(TF)方程：

$$\frac{\mathrm{d}^2\chi}{\mathrm{d}x^2}=\frac{\chi^{3/2}}{\sqrt{x}} \tag{19.68}$$

为了求解这个二阶非线性微分方程，除了原点的条件(19.64)式外，还需要定义第二个边界条件. 如果存在原子的外边界，$r=R$，其中 $n(R)=0$，那么在该表面处，$U(R)=\epsilon_{\mathrm{F}}$. 在外面，场必须与总电荷为 $Z-N$ 的 Coulomb 场一致，其中 N 是电子数. 这导致了边界条件

$$\left[\frac{\mathrm{d}U}{\mathrm{d}r}\right]_{r\to R} = -\frac{(Z-N)e^2}{R^2} \tag{19.69}$$

对函数 χ((19.63)式),这意味着

$$\chi(X)=0,\quad x\left[\frac{\mathrm{d}\chi}{\mathrm{d}x}\right]_{x\to X} = -\frac{Z-N}{Z},\quad X=\frac{R}{a}\frac{Z^{1/3}}{b} \tag{19.70}$$

习题 19.5 证明边界条件(19.70)式确保了总电子电荷的正确归一化:

$$\int_{r\leqslant R}\mathrm{d}^3 r n(r) = N \tag{19.71}$$

对于**中性原子**,$Z=N$,势 $U(R)=0$,因此该模型将要求$\epsilon_\mathrm{F}=0$. 所有的电子都具有被束缚在原子中的较小的即负的能量. 现在,从(19.68)式和(19.70)式可以推知,在有限值 $x=X$ 处,函数 $\chi(x)$以及它的所有导数均为零. 那时,唯一合适的解是 $\chi\equiv 0$. 这意味着对一个有限的 R,不可能用一个非平凡的解来描述 TF 模型中的中性原子,表面半径 R **无穷大**. 函数 χ 渐进地减小到零:

$$\chi(x)=\frac{144}{x^3},\quad x\to\infty \tag{19.72}$$

按照(19.59)式,这对应着密度 $n\propto r^{-6}$的渐近行为. 同时,**正离子**的半径($Z>N$)是有限的. 然而,该模型不能预测稳定的**负离子**. 确实,对 $Z<N$ 的情况,边界处的斜率 $\mathrm{d}\chi/\mathrm{d}x$ 为正,然而由于密度下降且在表面处变为零,内部问题的解($r<R$)肯定会产生负的斜率.

这种有点过于简单的模型的主要优点是能够给出普遍的定性预言. 对于所有的中性原子来说,TF 方程和边界条件都是普适的. 因此,我们得到了通用的电子分布,它通过一个简单的**重新标度**从一个原子变到了另一个原子. 由(19.67)式可以推知,典型的长度参数是在 $aZ^{-1/3}$的量级,于是$\propto Z^{-1/3}$的核电荷标度了含有电子电荷主要部分的区域的尺度. 我们已经注意到,最里面的电子在距离为 a/Z 量级的地方,而最外面的电子在距离 $\sim a$ 处.

习题 19.6 在 TF 模型中,估算原子全离子化的平均电子速度和能量.

解

$$\frac{\bar{v}}{c}\sim\alpha Z^{1/3},\quad E_{\text{离子}}\sim Z^{7/3}\mathrm{Ry} \tag{19.73}$$

TF 近似对平均电子密度给出了合理估计;通过计入交换效应和相对论效应,它也能被扩展. 然而,其适用性仍然相当有限. 这里,原子的壳结构丢失了,取而代之的是具有平

滑的电荷密度的液滴模型，这使得我们无法研究单独的电子态.我们可以在满壳层的惰性气体原子上发现该模型的最佳应用.而对于价电子的边缘轨道，这个模型是不够的.类似的半经典**液滴模型**被用于描述复杂原子核的宏观特性；而原子也应该利用壳结构来补充.

19.6 电子气中的屏蔽

可以将 TF 方法应用于一个很大的均匀的电子系统.这可能是一个电子等离子体或金属中电子的模型(参见后面的 19.9 节).因为金属中电子的简并温度非常高(1 eV = 11 600 K)，我们假设温度为零.系统的静电稳定性利用离子晶格模型中正电荷的补偿背景来实现.在平衡状态，系统具有用标准的 Fermi 气体公式(19.6)表示的恒定电子密度 $n(r) = n$.

让我们在原点放一个外部类点电荷 e_0(它可能是杂质、空位或离子背景的涨落).作为对静电平衡破坏的一种响应，依赖 e_0 的符号，电子密度的过剩或不足将在其附近产生.新的、空间不均匀的电子分布 $n(r)$ 与杂质一起将引起满足 Poisson 方程的静电势 $\phi(r)$

$$\nabla^2 \phi = -4\pi\{e_0\delta(\boldsymbol{r}) - e[n(r) - n]\} \tag{19.74}$$

作用于电子的势是 $-e\phi(r)$，这样，相容的方程(19.61)取如下形式(在 $r\neq 0$ 处)：

$$\nabla^2 \phi = \frac{4e(2m)^{3/2}}{3\pi \hbar^3}\{[\epsilon_F + e\phi(r)]^{3/2} - \epsilon_F^{3/2}\} \tag{19.75}$$

对一个由外部电荷 $|e\phi| \ll \epsilon_F$ 引起的微小扰动，有

$$\nabla^2 \phi \approx \frac{2e^2(2m)^{3/2}}{\pi \hbar^3}\sqrt{\epsilon_F}\,\phi \tag{19.76}$$

用未微扰的密度 n 来描述 Fermi 能量，有

$$\nabla^2 \phi = \frac{2e^2(2m)^{3/2}(3\pi^2 n)^{1/3}}{\pi\sqrt{2m}}\phi = \frac{4\pi n e^2}{m}\frac{3m^2}{p_F^2}\phi \tag{19.77}$$

物理量

$$\omega_0 = \sqrt{\frac{4\pi n e^2}{m}} \tag{19.78}$$

是经典的**等离子频率**((6.33)式),它表征了等离子体对电中性的局域破坏的响应.任意局域非平衡电荷密度 $\delta\rho$ 通过连续性方程会引起一个电流 $\delta\boldsymbol{j}$:

$$\frac{\partial(\delta\rho)}{\partial t} = -\operatorname{div}(\delta\boldsymbol{j}) \tag{19.79}$$

电子电流 $\delta\boldsymbol{j} = -ne\delta\boldsymbol{v}$,被电场自洽支持:

$$m\frac{\mathrm{d}(\delta\boldsymbol{v})}{\mathrm{d}t} = -e(\delta\boldsymbol{\mathcal{E}}) \tag{19.80}$$

它又相应地被同一电荷涨落($\operatorname{div}(\delta\boldsymbol{\mathcal{E}}) = 4\pi(\delta\rho)$)引起.结果局域涨落引起了电荷密度的振荡:

$$\frac{\partial^2(\delta\rho)}{\partial t^2} = -\frac{4\pi n e^2}{m}(\delta\rho) = -\omega_0^2(\delta\rho) \tag{19.81}$$

其中,电子等离子频率为(19.78)式.

根据(19.77)式,势的扰动满足($v_{\mathrm{F}} = p_{\mathrm{F}}/m$ 是在 Σ_{F} 处的速度)

$$\nabla^2\phi = 3\frac{\omega_0^2}{v_{\mathrm{F}}^2}\phi \tag{19.82}$$

这个方程的解为

$$\phi(r) = \frac{e_0}{r}\mathrm{e}^{-\kappa r}, \quad \kappa = \sqrt{3}\frac{\omega_0}{v_{\mathrm{F}}} \tag{19.83}$$

它在无穷远处减小,并在原点达到电荷 e_0 的势 e_0/r.外部静电荷被移动的电子所**屏蔽**(参照上册习题1.8),屏蔽距离为

$$r_p = \frac{1}{\kappa} = \frac{v_{\mathrm{F}}}{\sqrt{3}\omega_0} \tag{19.84}$$

这是介质中电子位移的特征长度,该位移是平衡外部电荷并恢复平衡状态(**极化长度**)所要求的.在等离子体振荡周期数量级的时间内,电子气体中的扰动通过这个距离传播.

19.7 Hartree-Fock 近似

将 19.4 节的 Hartree 方法与 18.4 节和 18.5 节中的考虑相比较，可看到交换效应丢失了. 我们可以尝试将它们纳入平均场的概念；结果得到了 **Hartree-Fock 方法**.

考虑一个具有两体相互作用的普遍的 Fermi 子哈密顿量：

$$\hat{H} = \sum_{a}(\hat{K}_a + \hat{U}_a) + \frac{1}{2}\sum_{ab(a\neq b)}\hat{V}_{ab} \equiv \sum_{a}\hat{h}_a + \frac{1}{2}\sum_{ab(a\neq b)}\hat{V}_{ab} \tag{19.85}$$

我们应用变分法，把多体试探函数取为在正交化的轨道 $\psi_\lambda(\lambda=1,\cdots,N)$ 上构建的 Slater 行列式. 目的是要找到使系统总能量最小化的最佳轨道集. 重复 18.4 节的讨论，我们可以计算哈密顿量((19.85)式)的期待值. 对每对粒子，它包括单粒子的贡献和相互作用的能量(**既有直接项又有交换项**)的总和：

$$E = \sum_{\lambda;(\mathrm{occ})}(\lambda|\hat{h}|\lambda) + \frac{1}{2}\sum_{\lambda\lambda';(\mathrm{occ},\lambda\neq\lambda')}\left[(\lambda\lambda'|\hat{V}|\lambda'\lambda) - (\lambda\lambda'|\hat{V}|\lambda\lambda')\right] \tag{19.86}$$

其中，对从 1 到 N **占据**的轨道求和. 明确地有

$$(\lambda|\hat{h}|\lambda') = \int d\tau_1 \psi_\lambda^*(1)(\hat{K}_1 + \hat{U}_1)\psi_{\lambda'}(1) \tag{19.87}$$

和

$$(\lambda_1\lambda_2|\hat{V}|\lambda_3\lambda_4) = \int d\tau_1 d\tau_2 \psi_{\lambda_1}^*(1)\psi_{\lambda_2}^*(2)\hat{V}(1,2)\psi_{\lambda_3}(2)\psi_{\lambda_4}(1) \tag{19.88}$$

其中，宗量(1)，(2)，…将包括自旋的整套单粒子变量组合在一起，其体积元用 $d\tau$ 表示.

为了找到函数 ψ_λ，我们把 ψ_λ 和 ψ_λ^* 作为独立变量来改变能量((19.86)式). 矩阵元对 ψ_λ^* 的变分导致

$$\delta(\mu|\hat{h}|\mu') = \delta_{\mu\lambda}\int d\tau_1 \delta\psi_\lambda^*(1)\hat{h}(1)\psi_{\mu'}(1) \tag{19.89}$$

$$\delta(\mu\mu'|\hat{V}|\nu'\nu) = \int d\tau_1 d\tau_2 (\delta_{\mu\lambda}\delta\psi_\lambda^*(1)\psi_{\mu'}^*(2) + \delta_{\mu'\lambda}\psi_\mu^*(1)\delta\psi_\lambda^*(2))\hat{V}(1,2)\psi_{\nu'}(2)\psi_\nu(1) \tag{19.90}$$

引入有效场算符 $\hat{W}$,它通过与其他粒子相互作用的矩阵元作用在变量 1 上:

$$W_{\mu\nu}(1) = \int d\tau_2 \psi_\mu^*(2)\hat{V}(1,2)\psi_\nu(2) \tag{19.91}$$

通过改变在(19.90)式第二项中的记号,可以将其重写为

$$\delta(\mu\mu' \mid \hat{V} \mid \nu'\nu) = \int d\tau_1 \delta\psi_\lambda^*(1)[\delta_{\lambda\mu}W_{\mu'\nu'}(1)\psi_\nu(1) + \delta_{\lambda\mu'}W_{\mu\nu}(1)\psi_{\nu'}(1)] \tag{19.92}$$

由于(19.86)式中被占据态的求和,(19.92)式中的两项给出相等的贡献,抵消了 1/2 的因子;我们可以用同样的方式处理交换项.

一种复杂的情况是对不同的单粒子态产生的自洽场不同,因此函数 ψ_λ 不会自动正交.我们可以在额外正交性的约束下寻找能量的最小值:

$$(\lambda \mid \lambda') \equiv \int d\tau \psi_\lambda^* \psi_{\lambda'} = \delta_{\lambda\lambda'} \tag{19.93}$$

这可借助于 $N(N+1)/2$ 个 Lagrange 乘子$\epsilon_{\lambda\lambda'} = \epsilon_{\lambda'\lambda}$来进行.这样,我们就可以求解这个变分问题:

$$\delta\left(E - \sum_{\lambda\lambda'} \epsilon_{\lambda\lambda'}(\lambda \mid \lambda')\right) = 0 \tag{19.94}$$

参数$\epsilon_{\lambda\lambda'}$最终将由 $N(N+1)/2$ 个正交性条件(19.93)确定.

把变化的能量表达式(19.86)中的所有的项集合在一起,我们得到

$$\int d\tau_1 \delta\psi_\lambda^*(1)\left\{\hat{h}(1)\psi_\lambda(1) + \sum_{\lambda'}[W_{\lambda'\lambda'}(1)\psi_\lambda(1) - W_{\lambda'\lambda}(1)\psi_{\lambda'}(1) - \epsilon_{\lambda\lambda'}\psi_{\lambda'}(1)]\right\} = 0 \tag{19.95}$$

对于任意变分 $\delta\psi_\lambda(1)$,由(19.95)式产生了 Hartree-Fock(HF)方程:

$$\hat{h}(1)\psi_\lambda(1) + \sum_{\lambda'}[W_{\lambda'\lambda'}(1)\psi_\lambda(1) - W_{\lambda'\lambda}(1)\psi_{\lambda'}(1) - \epsilon_{\lambda\lambda'}\psi_{\lambda'}(1)] = 0 \tag{19.96}$$

这是函数 ψ_λ 的非线性耦合方程组.

如果人们忽略了 ψ_λ 的交换项和非正交性,删去(19.96)式中的非对角项 $W_{\lambda'\lambda}$ 和 $\epsilon_{\lambda'\lambda}(\lambda' \neq \lambda)$,我们求得

$$(\hat{K}_1 + \widetilde{U}_1)\psi_\lambda(1) = \epsilon_\lambda\psi_\lambda(1) \tag{19.97}$$

这就是对于能量$\epsilon_\lambda = \epsilon_{\lambda\lambda}$的薛定谔类本征值问题,且有效场为

$$\widetilde{U}_{\lambda}(1) = \sum_{\lambda'(\neq\lambda)} W_{\lambda'\lambda'}(1) + \hat{U}(1) \tag{19.98}$$

从 W 的定义(19.91)式可以看出,场(19.98)式是 λ 轨道的粒子与外场及与所有其他粒子直接相互作用能量的平均值.因此,(19.98)式约化到了 Hartree 方程(19.54).

在分子和核物理学的一些问题中,使用非正交单粒子轨道是合适的.例如,定域在分子中不同原子核周围的电子函数不是正交的(回顾氢分子离子,参见上册 19.6 节).一些原子核具有由耦合的 α 集团(^{4}He 核)构成的集团结构,其中不同集团周围的核子波函数也不正交.可直接推广到这样的情况,请回顾习题 15.3.

19.8 空间均匀的系统

通常,HF 方程只能通过迭代数值求解.在许多情况中(原子、分子、晶体),这种计算都给出了与实验非常一致的结果.Coulomb 相互作用的**长程**特征有利于平均场近似,因为排斥会把几个粒子紧密接触的重要性压低;这种相关性超出了平均场描述的范围.与此相反,在原子核中,HF 近似的直接应用也不太恰当,主要是因为有很强的**短程**排斥.人们首先需要在有其他粒子存在的前提下求解两体问题.其解可能与真空中的两体散射显著不同,因为 Pauli 原理使很多末态和中间态不可能出现.那时,人们可以构建一个**有效的**平滑相互作用,它将作为建立自洽场的输入.当然有必要记住,HF 方法绝不是多体问题的精确解法.在最好的情况下,这只是一个很好的零级近似.下一步应该计入粒子间超出平均独立运动的**关联**,这些运动对少量粒子引起的涨落不敏感.

HF 方程可以精确地求解**空间均匀**的系统(在一个很大的体积 V 中).Fermi 气体描述了这种没有相互作用系统的状态.假设外场仅由容器的壁产生,并且相互作用仅依赖于粒子间的相对距离:$U(1,2) = U(\boldsymbol{r}_1 - \boldsymbol{r}_2)$.每个粒子的自旋投影 σ 是守恒的,矩阵元 $W_{\mu\nu}$(19.91)对自旋变量是对角的.于是,(19.96)式中的直接相互作用项包含了对粒子 λ'的两个投影 $\sigma = \pm 1/2$ 求和,而交换项也包括对粒子 λ'的投影 σ 求和,但此时的 σ 与 λ 粒子的投影相同.

习题 19.7 证明在最后一段描述的情况中,平面波(19.3)能提供严格的 HF 轨道,并求出它们的能量.

解 具有不同$(\lambda) = (\boldsymbol{p},\sigma)$的波是正交的,我们可以令$\epsilon_{\lambda\lambda'} = \epsilon_{\lambda}\delta_{\lambda\lambda'}$,其中量$\epsilon_{\lambda}$是 HF 单粒子能量(本征值).HF 方程式为

$$-\frac{\hbar^2}{2m}\nabla^2\psi_\lambda(\boldsymbol{r},s_z)+\sum_{\lambda'}(W_{\lambda'\lambda'}(\boldsymbol{r})\psi_\lambda(\boldsymbol{r},s_z)-W_{\lambda'\lambda}(\boldsymbol{r})\psi_{\lambda'}(\boldsymbol{r},s_z))=\epsilon_\lambda\psi_\lambda(\boldsymbol{r},s_z) \tag{19.99}$$

在这里要对占据的轨道求和.假设 HF 基由平面波(19.3)提供,利用占据数 $n_{p\sigma}$ 在 Σ_F 外等于0,在 Σ_F 内等于1,我们可以计算平均场矩阵元.我们发现直接项的贡献为

$$M^{(\mathrm{dir})}(\boldsymbol{r})=\sum_{\lambda'}W_{\lambda'\lambda'}(\boldsymbol{r})\Rightarrow\sum_{p'\sigma'}n_{p'\sigma'}\int\mathrm{d}^3r'\sum_{s_z'}\psi^*_{p'\sigma'}(\boldsymbol{r}',s_z')U(\boldsymbol{r}-\boldsymbol{r}')\psi_{p'\sigma'}(\boldsymbol{r}',s_z') \tag{19.100}$$

在函数 ψ 为平面波的情况下,它给出

$$M^{(\mathrm{dir})}(\boldsymbol{r})=\frac{1}{V}\sum_{p'\sigma'}n_{p'\sigma'}\int\mathrm{d}^3r'U(\boldsymbol{r}-\boldsymbol{r}')=nU_0 \tag{19.101}$$

这里,我们使用了相互作用的 Fourier 分量

$$U_Q\equiv\int\mathrm{d}^3r\,\mathrm{e}^{-(\mathrm{i}/\hbar)(\boldsymbol{Q}\cdot\boldsymbol{r})}U(\boldsymbol{r}) \tag{19.102}$$

及总密度

$$n=\frac{1}{V}\sum_{p\sigma}n_{p\sigma} \tag{19.103}$$

因此,直接项约化成一个常数,一个零 Fourier 分量 U_0 等于与所有其他粒子相互作用的体积积分.在交换项中,我们只有一个自旋投影:

$$W_{\lambda'\lambda}(\boldsymbol{r})\Rightarrow\frac{1}{V}\int\mathrm{d}^3r'\mathrm{e}^{-(\mathrm{i}/\hbar)(\boldsymbol{p}'-\boldsymbol{p})\cdot\boldsymbol{r}'}U(\boldsymbol{r}-\boldsymbol{r}')\delta_{\sigma\sigma'} \tag{19.104}$$

转换成对相对坐标 $\boldsymbol{r}-\boldsymbol{r}'$ 积分,就可得到交换项:

$$\sum_{\lambda'}W_{\lambda'\lambda}(\boldsymbol{r})\psi_{\lambda'}(\boldsymbol{r},s_z)\Rightarrow\frac{1}{V}\sum_{p'}n_{p'\sigma}U_{p-p'}\frac{1}{\sqrt{V}}\mathrm{e}^{(\mathrm{i}/\hbar)(\boldsymbol{p}\cdot\boldsymbol{r})} \tag{19.105}$$

我们看到在所有的项中,平面波 $\exp[(\mathrm{i}/\hbar)(\boldsymbol{p}\cdot\boldsymbol{r})]$ 都能被重新生成,因此它给出了 HF 方程的解.这个结果是显而易见的,因为均匀的系统使粒子的动量守恒.指数因子前面的系数定义了新的粒子能量:

$$\epsilon_\lambda\Rightarrow\epsilon_{p\sigma}=\frac{\boldsymbol{p}^2}{2m}+nU_0-\frac{1}{V}\sum_{p'}n_{p'\sigma}U_{p-p'} \tag{19.106}$$

在动量转移为 $\boldsymbol{Q}=0$ 时,nU_0 项(图 19.4(a))对应着粒子 $(\boldsymbol{p},\sigma)$ 被总密度为 n 的 Fermi

球虚的向前散射. 当粒子$(\boldsymbol{p},\sigma)$把动量$\boldsymbol{p}-\boldsymbol{p}'$转移到量子数为$\boldsymbol{p}'$和$\sigma'=\sigma$的背景粒子,并与该粒子交换角色时,(19.106)式的最后一项描述了一个虚的交换过程,见图19.4(b). 因为与无相互作用的Fermi气体相比单粒子波函数不变,且能量的修正对相互作用是线性的,所以在这种特殊情况下,HF近似实际上等价于一级微扰论. 对于有限系统(原子、原子核或陷阱中的原子),HF近似超出了微扰论,并定义了平均场的平衡形态.

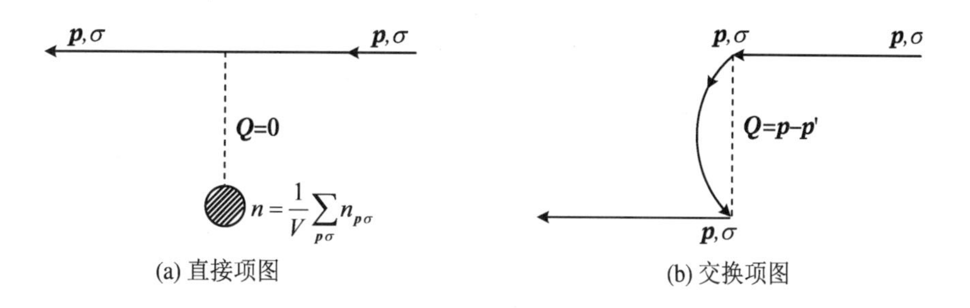

图19.4 在均匀的Fermi子系统中,Hartree-Fock近似的两个图

19.9 Coulomb气体

对于金属或等离子体中的电子气,加上相应的修正,HF法就可用了. 由于长程Coulomb排斥,这种气体是不稳定的. 因为中性化的正电荷的存在,所以达到了平衡. 在金属中,这是通过格点上的离子来保证的. 如果我们忽略晶体结构的影响,可以使用与19.6节相同的**果冻近似**(jelly approximation),取一个均匀的正电荷补偿背景,而不是真正的分立晶格.

电子从背景的散射准确地补偿了(19.106)式中的Hartree项nU_0. 利用电子-电子Coulomb相互作用

$$U_Q=\frac{4\pi e^2\hbar^2}{Q^2} \tag{19.107}$$

的Fourier分量((3.17)式)并排除由离子补偿的零Fourier分量,我们得到在均匀介质近似中的电子色散率(dispersion law):

$$\epsilon_{p\sigma}=\frac{\boldsymbol{p}^2}{2m}-\frac{1}{V}\sum_{p'\neq p}n_{p'\sigma}U_{p-p'}=\frac{\boldsymbol{p}^2}{2m}-\frac{1}{V}\sum_{p'\neq p}n_{p'\sigma}\frac{4\pi e^2\hbar^2}{|\boldsymbol{p}-\boldsymbol{p}'|^2} \tag{19.108}$$

习题 19.8 计算电子的能量$\epsilon_{p\sigma}$和总交换能

$$E^{\text{exch}} = -\frac{1}{2V}\sum_{pp'(p'\neq p)} n_{p\sigma}n_{p'\sigma}\frac{4\pi e^2\hbar^2}{|\boldsymbol{p}-\boldsymbol{p}'|^2} \tag{19.109}$$

解 在(19.108)式和(19.109)式中,对动量从 $p=0$ 到 p_{F} 求积分,得到

$$\epsilon_{p\sigma} = \frac{\boldsymbol{p}^2}{2m} - \frac{e^2 p_{\mathrm{F}}}{\pi\hbar}\left(1+\frac{p_{\mathrm{F}}^2-p^2}{2pp_{\mathrm{F}}}\ln\left|\frac{p+p_{\mathrm{F}}}{p-p_{\mathrm{F}}}\right|\right) \tag{19.110}$$

$$E^{\text{exch}} = -N\frac{3e^2 p_{\mathrm{F}}}{4\pi\hbar} \tag{19.111}$$

注意,电子能量((19.108)式)是在添加了一个量子数为(p,σ)的电子之后,作为总相互作用能量的改变求得的:

$$\epsilon_{p\sigma} = \frac{\boldsymbol{p}^2}{2m} + \frac{\delta E^{\text{exch}}}{\delta n_{p\sigma}} \tag{19.112}$$

与 19.1 节的简单看法一致,在高密度气体中,Fermi 气体的 Coulomb 能(在 HF 近似中的交换能)小于动能((19.9)式):

$$\frac{E_0}{E^{\text{exch}}} \sim \frac{\epsilon_{\mathrm{F}}}{e^2 p_{\mathrm{F}}/\hbar} \sim \frac{p_{\mathrm{F}}\hbar}{me^2} \sim \frac{\hbar^2}{r_0 me^2} \sim \frac{a}{r_0} \tag{19.113}$$

在高密度情况下,那时粒子间的平均距离 $r_0 \sim n^{-1/3} \sim \hbar/p_{\mathrm{F}}$ 变得小于特征 Coulomb 长度 Bohr 半径 a,具有 Coulomb 相互作用的 Fermi 气体趋于理想 Fermi 气体,$E_0 > E^{\text{exch}}$.通常,这是用逆参数 $r_s = r_0/a$ 来表示的,它在准理想 Fermi 气体的高密度情况下是很小的.在相反的低密度情况下,$r_s > 1$,量子统计效应弱于 Coulomb 相互作用,且系统趋近由经典静电排斥所控制的 **Wigner 晶体**的有序状态.

习题 19.9 在 HF 近似中求电子气的顺磁自旋磁化率.

解 此时方程(19.42)仍然有效,但 Fermi 面的态密度因色散律((19.110)式)的改变而不同.在 Σ_{F} 处,有

$$\epsilon_{\mathrm{F}} = \frac{p_{\mathrm{F}}^2}{2m} - \frac{e^2 p_{\mathrm{F}}}{\pi\hbar} \equiv \epsilon_{\mathrm{F}}^0 - \frac{e^2 p_{\mathrm{F}}}{\pi\hbar} \tag{19.114}$$

它给出了每单位体积的态密度((19.10)式):

$$\nu_{\mathrm{F}} = \frac{2p_{\mathrm{F}}^2}{(2\pi\hbar)^3}\frac{4\pi \mathrm{d}p_{\mathrm{F}}}{\mathrm{d}\epsilon_{\mathrm{F}}} = \frac{\nu_0}{1-me^2/p_{\mathrm{F}}\pi\hbar} \tag{19.115}$$

其中,ν_0 是无相互作用 Fermi 气体((19.12)式)在 Σ_{F} 处的态密度.与交换能的表达式

(19.111)比较,得到

$$\nu_F = \frac{\nu_0}{1 + (2/3)E^{\text{exh}}/(N\,\epsilon_F^0)} \tag{19.116}$$

因此,自旋顺磁磁化率为

$$\chi_s = \frac{\chi_s^0}{1 + (2/3)E^{\text{exh}}/(N\,\epsilon_F^0)} \tag{19.117}$$

当有负的交换能((19.111)式)时,能量有利于电子自旋沿一个方向排齐.的确,交换能只不过是具有平行自旋的电子关联的结果(参见 Hund 规则,18.7 节).由于内禀的关联有助于自旋取向,我们得到 $\chi_s > \chi_s^0$.因为 $E^{\text{exch}}/(N\,\epsilon_F)$随着密度$\propto p_f^{-1} \propto n^{-1/3}$的减小而增大,在某个时候,交换能量的增益可以超过动能的丢失,它将有利于所有的自旋都沿一个方向排列.这将是一个到**铁磁性**的相变.事实上,它被反平行自旋电子之间的关联所阻碍.这些关联在 HF 近似中被忽略了.

不幸的是,由于在 Fermi 面能谱((19.112)式)奇异性的非解析结果,电子气的 HF 近似不能令人完全满意.因此,基态能量的高阶修正不可能在微扰论中计算.

19.10 密度泛函理论

TF 或 HF 方法是针对多体系统基态波函数的变分构建的.事实上,对于宏观数量的粒子,这样的波函数是无用的.物理实验通常既要处理宏观可观测值,也要处理元激发,即与基态的微小偏离.这个任务的第一部分是用**密度泛函**方法(W. Kohn,L. Sham[57])解决的,该方法选择局域密度 $n(\boldsymbol{r})$作为表征基态的基本变量[58].

就像由上册习题 10.2 中推导出的,基态密度 $n(\boldsymbol{r})$唯一地确定了作用在密度上的势 $U(\boldsymbol{r})$.取

$$\hat{h} = \int d^3 r U(\boldsymbol{r}) \hat{n}(\boldsymbol{r}) \tag{19.118}$$

我们确实可以用下式重复证明这个问题:

$$\langle \hat{F} \rangle \Rightarrow n(\boldsymbol{r}) \equiv \langle \Psi_0 \mid \hat{n}(\boldsymbol{r}) \mid \Psi_0 \rangle \tag{19.119}$$

对于一个给定的外势 $U(\boldsymbol{r})$,实际的基态密度 $n(\boldsymbol{r})$提供了一个基态能量的极小值,它可

以被认为是密度的泛函 $E[n(\boldsymbol{r})]$. 应该用对总粒子数

$$\int \mathrm{d}^3 r n(\boldsymbol{r}) = N \tag{19.120}$$

的附加约束求极小值.

理论声称存在能量泛函,但没有定义其精确的形式. 然而,总可以引入虚拟的 **Kon-Sham准粒子**占据这样的单粒子态 $\phi_\lambda(\boldsymbol{r})(\lambda=1,\cdots,N)$,直至全密度:

$$n(\boldsymbol{r}) = \sum_{\lambda=1}^{N} |\phi_\lambda(\boldsymbol{r})|^2 \tag{19.121}$$

那时,密度泛函的极小化就可用函数 ϕ_λ 的单粒子方程来表示,该函数自洽地依赖于总密度. 推导过程类似于 Hartree 近似(19.4 节),需要引入 Lagrange 乘子ϵ_λ来归一化准粒子函数: $\int \mathrm{d}^3 r\, |\phi_\lambda(\boldsymbol{r})|^2 = 1$.

就像通常所做的,我们假定总能量包括经典动能项 $K[n(\boldsymbol{r})]$,外部势能$E_{\mathrm{ext}}[n(\boldsymbol{r})]$,由对应于直接相互作用的经典表达式给出的 Hartree 型相互作用能量

$$E_{\mathrm{int}}[n(\boldsymbol{r})] = \frac{1}{2}\int \mathrm{d}^3 r \mathrm{d}^3 r' U(\boldsymbol{r}-\boldsymbol{r}') n(\boldsymbol{r}) n(\boldsymbol{r}') \tag{19.122}$$

以及对相互作用和动能的剩余量子修正,它常常被称为**交换修正能** $E_{\mathrm{xc}}[n(\boldsymbol{r})]$,有

$$E[n(\boldsymbol{r})] = K + E_{\mathrm{ext}} + E_{\mathrm{int}} + E_{\mathrm{xc}} \tag{19.123}$$

相互作用项的变分产生了相应的势:

$$U_{\mathrm{ext}}(\boldsymbol{r}) = \frac{\delta E_{\mathrm{ext}}}{\delta n(\boldsymbol{r})} \tag{19.124}$$

$$\frac{\delta E_{\mathrm{int}}}{\delta n(\boldsymbol{r})} = \int \mathrm{d}^3 r' U(\boldsymbol{r}-\boldsymbol{r}') n(\boldsymbol{r}') \tag{19.125}$$

$$U_{\mathrm{xc}}[n(\boldsymbol{r})] = \frac{\delta E_{\mathrm{xc}}}{\delta n(\boldsymbol{r})} \tag{19.126}$$

类似于在 Hartree 近似((19.54)式)中的变分过程,给出了函数集 ϕ_λ 的 **Kon-Sham 方程**:

$$\left\{-\frac{\hbar^2}{2m}\nabla^2 + U[n(\boldsymbol{r})]\right\}\phi_\lambda(\boldsymbol{r}) = \epsilon_\lambda \phi_\lambda(\boldsymbol{r}) \tag{19.127}$$

其中,全等效势为

$$U[n(\boldsymbol{r})] = U_{\mathrm{ext}}(\boldsymbol{r}) + \int \mathrm{d}^3 r' U(\boldsymbol{r}-\boldsymbol{r}') n(\boldsymbol{r}') + U_{\mathrm{xc}}[n(\boldsymbol{r})] \tag{19.128}$$

就像在 Hartree 近似或 HF 近似中一样，人们必须自洽求解这些方程，从试探密度 $n_0(\boldsymbol{r})$ 开始，求得有效势和函数 ϕ_λ，确定新的迭代 $n_1(\boldsymbol{r})$，然后继续迭代，直到收敛；如果 U_{xc}能被很好地近似，所得密度就能接近实际函数 $n(\boldsymbol{r})$. 令人惊讶的是，使用在场((19.128)式)中无相互作用准粒子的虚拟轨道，就能精确地计算密度和基态能量((19.123)式).

没有能够定义交换关联项((19.126)式)的严格理论. 对每个具体系统都应该近似地去做. 对于金属，人们可以使用**局域密度近似**(LDA)，假设一个实际系统的局域性质接近于具有相同密度的**齐次**电子气的局域性质；后者可从理论上确定，例如对交换效应可参见(19.111)式. 通过考虑密度梯度可以进一步改善 LDA. 使用所谓的 **Skyrme 参数化**，类似的方法可用到核物理学中. 这个理论可被推广到玻色子、自旋依赖和磁效应以及多组分和超导(超流体)系统. 对于可被描述成密度涨落的激发态，它也适用.

第 20 章

集体激发

在某些特定的情况下，并且只有在那些情况下，人们的聚集才呈现出与组成它的个体截然不同的新特征.在这种聚集中，所有人的情感和思想都是向着同一个方向的，他们有意识的个性都消失了.形成了一种集体的精神……因此，在没有更好的表达方式的情况下，我把这种聚集叫作一种有组织的人群……

——G. Le Ben

20.1 线性链

上一章我们考虑了多 Fermi 子系统，它不存在相互作用或者相互作用被近似地约化成了平均场.现在我们开始讨论相互作用产生的对于单个粒子不存在的新型合作行为.

一个适合作为开始的简单例子是由弹力耦合起来的 N 个原子的一个线性链.这是一

个简化的一维晶体模型，其中作用力有静电起源，它来自于离子之间的直接相互作用以及由电子云传递的相互作用. 正如之前在上册 19.5 节所讨论的，电子绝热地调整它们的运动以慢慢地改变离子的位置. 我们可以从一个经典图像出发，然后沿着像电磁场量子化所走的路线那样把它量子化. 不管怎样，我们能够直接地写出一个依赖于离子的坐标 $\hat{x}_j$ 和共轭动量 $\hat{p}_j$ 的合理的量子哈密顿量.

为简单起见，我们把所有离子的质量都取成相等的质量 M，这个哈密顿量包括动能

$$\hat{K} = \sum_j \frac{\hat{p}_j^2}{2M} \tag{20.1}$$

以及依赖于离子之间相对距离的相互作用能

$$\hat{U} = \frac{1}{2}\sum_{jj'} U(x_j - x_{j'}) \tag{20.2}$$

我们假定：(ⅰ) 势能的最小值是由一个周期为 a 的周期晶格给出的，$x_j = X_j = ja$；(ⅱ) 晶格是**稳定的**，所以每个离子的基态波函数(零点振动的振幅)的典型尺寸都比 a 小. 那时，方便讨论的坐标是原子偏离它们平衡位置的**位移**：$\hat{u}_j = \hat{x}_j - X_j$，并且在 $|u_j| \ll a$ 时，我们可以把势能展开成 $\hat{u}_j$ 的级数.

在 U 的极小处，作用力为零，相互作用的展开式从**平方**项开始：

$$\hat{U} = U_0 + \frac{1}{2}\sum_{jj'} C_{jj'}\hat{u}_j\hat{u}_{j'} + \cdots \tag{20.3}$$

其中，我们没有明显地写出三次方、四次方等高次方项. 在这种线性近似下，作用在原子 j 上的力是

$$\hat{F}_j = -\frac{\partial \hat{U}}{\partial u_j} = -\sum_{j'} C_{jj'}\hat{u}_{j'} \tag{20.4}$$

恢复力系数 $C_{jj'}$ 仅依赖于原子之间的距离：$C_{jj'} = C(j - j')$. 同样很明显，在整个链整体移动下，$\hat{u}_j \to \hat{u}_j$ + 常数，总势能不可能改变. 因此，对于所有的 j，等式

$$\sum_{j'} C(j - j') = 0 \tag{20.5}$$

都必须满足.

我们需要在这个链的末端固定边界条件. 对于长链，这些条件的精确形式并不重要，和前面一样，我们利用周期条件把这个链放到一个环上：

$$\hat{u}_j = \hat{u}_{j+N} \tag{20.6}$$

我们仅用它来正确地计算自由度的数目.

算符的运动方程具有与经典方程一样的形式：

$$\dot{\hat{u}}_j = \frac{\hat{p}_j}{M}, \quad \dot{\hat{p}}_j = \hat{F}_j \tag{20.7}$$

利用(20.4)式，我们得到一套耦合的线性算符方程组：

$$M\ddot{\hat{u}}_j + \sum_{j'} C(j-j')\hat{u}_{j'}(t) = 0 \tag{20.8}$$

正如从上册8.6节我们所知道的，晶格的平移对称性规定了定态可以用**准动量 k** 来表征. 相应地，我们要寻找如下形式的晶格的**正常模式**：

$$\hat{u}_j(k,t) = \hat{b}_k(t)e^{ikX_j} = \hat{b}_k(t)e^{ikaj} \tag{20.9}$$

准动量 k 是量子化的，因为条件(20.6)给出($L = N\epsilon a$ 是链的长度)

$$e^{ikaN} = 1 \quad \rightsquigarrow \quad k = \frac{2\pi}{L} \times \text{整数} \tag{20.10}$$

为了列出所有不同的解，我们局限在倒易晶格的元胞中的值就足够了，见上册8.7节：

$$-\frac{\pi}{a} \leqslant k \leqslant \frac{\pi}{a} \tag{20.11}$$

通过添加一个倒易晶格的矢量 $K = 2\pi n/a$，其中 n 是一个(正的或负的)整数，我们可以把这个晶胞以外 k 的数值约化到第一 **Brillouin 区**((20.11)式). 于是，我们回到同样的正常模式((20.9)式). 用量子化(20.10)式、(20.11)式，我们得到 N 个正常模式，代替最初各单个原子的 N 种独立运动. 这样，尽管自由度的数目没有改变，我们得到了这个相互作用系统的**集体激发**.

算符振幅 $\hat{b}_k(t)$ 把这套方程组(20.8)**对角化**了，变成对每一种模式的分离的方程. 利用力的常数 C 仅与相对距离有关这一事实，我们有

$$\sum_{j'} C(j-j')e^{ikaj'} = e^{ikaj}\sum_{j'} C(j-j')e^{-ika(j-j')} = e^{ikaj}C_k \tag{20.12}$$

其中，力的 Fourier 分量为

$$C_k = \sum_n C(n)e^{-ikan} \tag{20.13}$$

由于 $C(n) = C(|n|)$ 以及(20.11)式中对于 k 的正负数值的对称性，故这个 Fourier 分量是实的，我们可以把(20.13)式写为

$$C_k = \sum_n \cos(kan) C(|n|) = C_{-k} \tag{20.14}$$

正常模式 k 满足简谐振动方程

$$\ddot{\hat{b}}_k + \omega_k^2 \hat{b}_k(t) = 0 \tag{20.15}$$

其频率为

$$\omega_k = \sqrt{\frac{C_k}{M}} = \omega(-k) \tag{20.16}$$

如果所有的 Fourier 分量 $C_k \geqslant 0$ 且由此得到的 $\omega(k)$ 都是实的，则算符振幅 $\hat{b}_k(t)$ 具有一个谐波时间依赖性～$\exp[-i\omega(k)t]$，而且这个系统是稳定的. 由于总的平移算符是厄米的，而且我们必须包括 $\propto \exp[\pm i\omega(k)t]$ 这两种项，所以，我们可以考虑 $\omega(k) \geqslant 0$ 这种情况.

相互作用(20.5)式的平移不变性表明

$$C_0 = \sum_n C(|n|) = 0 \quad \rightsquigarrow \quad \omega_{k=0} = 0 \tag{20.17}$$

对于一个长链，准动量 k 几乎是一个连续变量，我们可以考虑连续谱 $\omega(k)$. 按照(20.16)式，在小 k 处，我们应该有

$$\omega^2(k) \approx \omega^2(0) + \frac{1}{2}\left(\frac{d^2\omega^2}{dk^2}\right)_{k=0} k^2 + \cdots \tag{20.18}$$

因此，对于小 k(波长大于晶格的周期 a)，能谱是波矢量的**线性**函数：

$$\omega(k) \approx vk \tag{20.19}$$

而且，把沿着这个链传播的波解释为**声波**，我们得到**声速**

$$v = \left(\frac{d\omega}{dk}\right)_{k=0} \tag{20.20}$$

因此，长波长的集体运动类似于在连续介质中的密度波，其中原子结构的不连续性不重要.

习题 20.1 对于仅在最近邻之间有相互作用的链，求其正常模式谱和声速.

解 从(20.5)式得到，非零的力常数是 $C(1) = C(-1) = -(1/2)C(0)$，这里 $C(0) > 0$. 如图 20.1(a)所示，频谱为

$$\omega(k) = \sqrt{\frac{2C(0)}{M}}\left|\sin\left(\frac{ka}{2}\right)\right| \tag{20.21}$$

而声速是

$$v=\sqrt{\frac{C(0)a^2}{2M}} \tag{20.22}$$

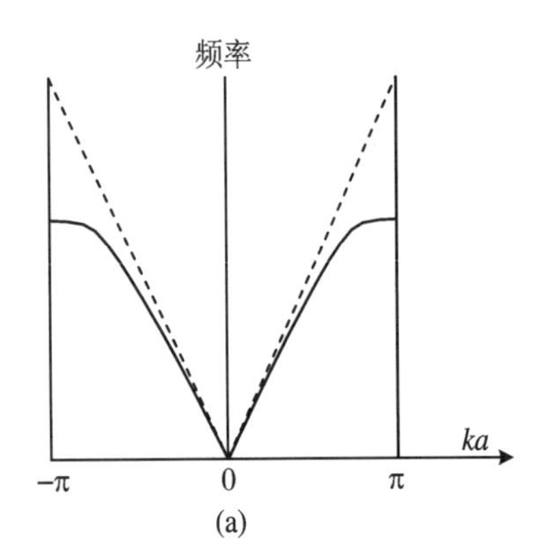

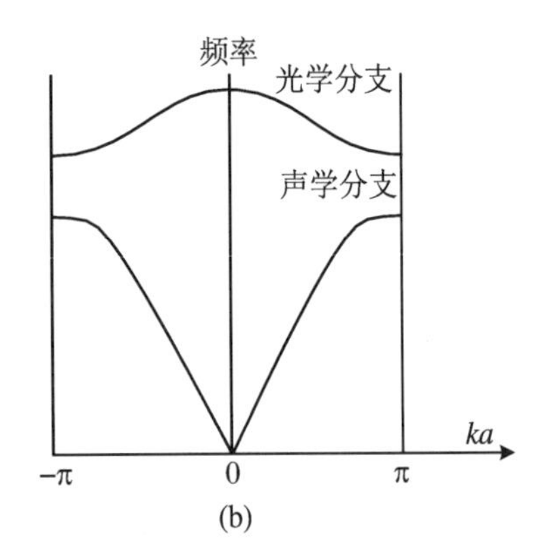

图 20.1 (a) 最近邻之间具有相互作用的一维链的频谱((20.21)式);(b) 在元胞中两个原子的声学和光学分支(习题 20.3)

(a) 中在 $|ka|=\pi$ 处,频率最大,其值为$\sqrt{2C(0)/M}$,虚线表示线性区域的外推.

在**长波长极限**((20.19)式)的情况下,零频率波是**对称性自发破缺**的一个深刻推论.链的位置的选取还是破坏了平移对称性,尽管其他所有位置会是等价的,具有同样的能量.当存在无穷多的简并基态,而这些基态仅仅区别于整体移动时,这个对称性得以恢复.然而,在 $k\to0$ 的极限下的声波正是所有原子的一个共同的移动,因为这里所有原子的振动相位都是一样的.这种集体激发的极限等价于不需要额外能量就能自由地跃迁到另一个简并态.因此,$\omega_{k\to0}\to0$.这些讨论给出了普遍的 **Goldstone 定理**一个简单的例子,该定理确立了激发能谱的一种分支的存在,在长波长的极限下,这个分支能谱具有零能量,并自发地恢复破缺的对称性(**Goldstone 模式**).严格地说,这个论述仅在大系统极限下才成立,因此我们可以忽略波矢量的分立量子化并谈论连续激发谱.

20.2 声子

对于周期链,动力学问题的通解是由正常模式的一种任意的厄米叠加给出的:

$$\hat{u}_j(t) = \sum_k [\hat{b}_k e^{ikaj-i\omega(k)t} + \hat{b}_k^\dagger e^{-ikaj+i\omega_k t}] \tag{20.23}$$

返回到最初的单个原子的坐标和动量算符，它们在相同的时刻满足

$$[\hat{p}_j, \hat{u}_{j'}] = -i\hbar\delta_{jj'} \tag{20.24}$$

这样，我们可以找到算符振幅 $\hat{b}_k$ 和 $\hat{b}_k^+$ 的对易性质. 按照正常模式((20.23)式)，我们把原子的动量表示为

$$\hat{p}_j = M\dot{\hat{u}}_j = -iM\sum_k \omega(k)[\hat{b}_k e^{ikaj-i\omega(k)t} - \hat{b}_k^\dagger e^{-ikaj+i\omega_k t}] \tag{20.25}$$

对易子((20.24)式)必须是与时间无关的. 只有

$$[\hat{b}_k, \hat{b}_{k'}] = [\hat{b}_k^\dagger, \hat{b}_{k'}^\dagger] = 0, \quad [\hat{b}_k, \hat{b}_{k'}^\dagger] = Z_k\delta_{kk'} \tag{20.26}$$

且在某些实数振幅 Z_k 的情况下，这才是可能的. 那时，我们得到

$$[\hat{p}_j, \hat{u}_{j'}] = -iM\sum_k \omega_k [Z_k e^{ika(j-j')} + Z_k^* e^{-ika(j-j')}] \tag{20.27}$$

如果 $\omega_k Z_k$ 与 k 无关，则(20.24)式中才出现所需要的因子 $\delta_{jj'}$，因为对所有的模式的求和给出

$$\sum_k e^{ika(j-j')} = N\delta_{jj'} \tag{20.28}$$

这决定了 $Z_k = \hbar/(2MN\omega_k)$. 类似于电磁场量子化的过程，通过引入新的算符 $\hat{a}_k$ 和 $\hat{a}_k^\dagger$：

$$\hat{b}_k = \sqrt{\frac{\hbar}{2MN\omega_k}}\hat{a}_k, \quad \hat{b}_k^\dagger = \sqrt{\frac{\hbar}{2MN\omega_k}}\hat{a}_k^\dagger \tag{20.29}$$

我们得到振子产生和湮灭的代数：

$$[\hat{a}_k, \hat{a}_{k'}] = [\hat{a}_k^\dagger, \hat{a}_{k'}^\dagger] = 0, \quad [\hat{a}_k, \hat{a}_{k'}^\dagger] = \delta_{kk'} \tag{20.30}$$

作为确认，我们看看这些算符的时间依赖性：对于湮灭算符为 $\exp(-i\omega t)$，而对于产生算符为 $\exp(i\omega t)$（ω 为正）. 它们与这些算符的含义相对应，见 4.3 节和上册 11.8 节.

最后，原子的变量用晶格振动的正常模式表示为

$$\hat{u}_j(t) = \sum_k \sqrt{\frac{\hbar}{2MN\omega_k}}[\hat{a}_k e^{ikaj-i\omega(k)t} + \hat{a}_k^\dagger e^{-ikaj+i\omega_k t}] \tag{20.31}$$

就像 4.3 节光子的情况，用全同的微粒子重新解释，我们得到**声子**的图像，这些声子就是在一个多体系统中振动的量子. 在这个一维例子中，声子是用它们的波矢量(在第一 Brillouin 区的准动量)以及相应的频率 $\omega(k)$或能量$\hbar\omega(k)$来表征的.我们有了用声子的产生和湮灭算符表示物理量的显示式,不管最初离子的统计性是什么,这些算符都遵从 **Bose** 统计((20.30)式).

习题 20.2 已知最初的哈密顿量(20.1)式和(20.2)式具有如下形式:

$$\hat{H} = U_0 + \sum_k \hbar\omega(k)\left(\hat{N}_k + \frac{1}{2}\right) \tag{20.32}$$

其中,具有整数本征值的声子数算符是

$$\hat{N}_k = \hat{a}_k^{\dagger}\hat{a}_k \tag{20.33}$$

证明有同样的量子化结果.

20.3 声子模式

一般情况下三维晶格的每个元胞内有几个原子,我们可以直接推广线性链的结果.然而,强调某些新的特征是有意义的.

习题 20.3 求由交替的原子 a 和 b 构成的线性链的声子能谱.

解 对于具有两个原子的元胞的一个链,其哈密顿量为($C^{ab}=C^{ba}$)

$$\hat{H} = \sum_{ja} \frac{(\hat{p}_j^a)^2}{2M_a} + U_0 + \frac{1}{2}\sum_{jj';ab} C^{ab}(j-j')\hat{u}_j^a\hat{u}_{j'}^b \tag{20.34}$$

像在(20.5)式中一样,平移不变性被表示为

$$\sum_{nb} C^{ab}(n) = 0 \tag{20.35}$$

运动方程为

$$\ddot{\hat{u}}_j^a + \frac{1}{M_a}\sum_{j'b} C^{ab}(j-j')\hat{u}_{j'}^b = 0 \tag{20.36}$$

像(20.9)式那样,引入准动量振幅 $\hat{B}_k^a(t)\propto\exp[-\mathrm{i}\omega(k)t]$,我们得到两个耦合方程的方程组:

$$\omega^2(k)\hat{B}_k^a = \frac{1}{M_a}\sum_b \hat{B}_k^b\left[\sum_n C^{ab}(n)\mathrm{e}^{\mathrm{i}kan}\right] \equiv \frac{1}{M_a}\sum_b \hat{B}_k^b C_k^{ab} \tag{20.37}$$

以及对于 $\hat{B}_k^b$ 类似的方程.这组方程给出图 20.1(b)所示的能谱的**两个分支**:

$$\omega_{\pm}^2(k) = \frac{1}{2}\left[\left(\frac{C_k^{aa}}{M_a} + \frac{C_k^{bb}}{M_b}\right) \pm \sqrt{\left(\frac{C_k^{aa}}{M_a} - \frac{C_k^{bb}}{M_b}\right)^2 + \frac{4(C_k^{ab})^2}{M_a M_b}}\right] \tag{20.38}$$

在长波长极限下可以理解它们的性质.从(20.35)式可见,在这个极限下,相互作用的 Fourier 分量满足

$$C_0^{aa} = C_0^{bb} = -C_0^{ab} \equiv C \tag{20.39}$$

以及

$$\lim_{k\to 0}\omega_-^2(k) = 0 \tag{20.40}$$

$$\lim_{k\to 0}\omega_+^2(k) = C\left(\frac{1}{M_a} + \frac{1}{M_b}\right) \tag{20.41}$$

图 20.1(b)中从零频出发的下分支(20.40)式又是 Goldstone 模式,而且,由(20.37)式我们发现,在长波长时,对于这种模式,$\hat{B}^a = \hat{B}^b$,并且两个子晶格作为一个整体一起运动.而上分支从一个有限的频率((20.41)式)出发,相应的振幅满足 $B^a M_a + B^b M_b = 0$.也就是说,一个元胞的质心保持静止,而且在用它们的**约化质量**所表征的这个元胞内,仅有两个原子的相对(反相)运动.这个下分支是**声学**分支,它相应于声波,这一分支在开始时与 $\omega(k)$ 呈线性依赖关系,从小 k 处的展开我们可以看到这一点.上分支是具有有限频率 $\omega(0)$ 的**光学**分支,由于晶格的平移对称性,它类似于从一个元胞到另一个元胞传播的分子振动.

让我们考虑每一个元胞 j 有 s 个原子,$a = 1, \cdots, s$,这些原子的力学利用对平衡位置的矢量位移 $\hat{\boldsymbol{u}}_{ja}$ 参量化.类似于(20.3)式,势能被表示为

$$\hat{U} = U_0 + \frac{1}{2}\sum_{jj';aa'} C_{j,a;j'a'}^{\alpha\alpha'} \hat{u}_{ja}^{\alpha} \hat{u}_{j'a'}^{\alpha'} + \cdots \tag{20.42}$$

力的常数同样仅依赖于相对距离 $|\boldsymbol{j} - \boldsymbol{j}'|$,因为在振动的过程中晶格的形变一般是各向异性的,现在力的常数都是张量,上标 α 指的是笛卡尔分量.晶格作为整体的位移仍然不改变它的能量,所以,类似于(20.5)式,我们发现

$$\sum_{j';a'} C_{aa'}^{\alpha\alpha'}(\boldsymbol{j} - \boldsymbol{j}') = 0 \tag{20.43}$$

与先前一样,在这个近似下,原子的运动方程是线性的:

$$\ddot{\hat{u}}_{j,a}^{\alpha} + \frac{1}{M_a}\sum_{j';a'} C_{aa'}^{\alpha\alpha'}(\boldsymbol{j} - \boldsymbol{j}')\hat{u}_{j'a'}^{\alpha'} = 0 \tag{20.44}$$

这个方程的解仍是具有准动量 $\boldsymbol{k}$ 的 Bloch 波. 像 4.3 节的电磁场的情况那样,不过现在这些变量都是**矢量**,所以,对于每一个(量子化的) $\boldsymbol{k}$ 值我们需要引入模式算符 $\hat{\boldsymbol{b}}_a(\boldsymbol{k})$ 作为极化矢量. 我们事先不知道这些矢量的可能方向. 因此,我们要寻找具有如下形式的(20.44)式的正常模式的解:

$$\hat{\boldsymbol{u}}_{ja}(\boldsymbol{k},t) = \hat{\boldsymbol{b}}_a(\boldsymbol{k},t)\mathrm{e}^{\mathrm{i}(\boldsymbol{k}\cdot\boldsymbol{j})} \tag{20.45}$$

准动量的量子化与前面模型中的量子化类似.

算符矢量 $\hat{\boldsymbol{b}}_a(\boldsymbol{k})$的分量 $\hat{b}_a^\alpha(\boldsymbol{k})$满足耦合的简谐振动方程:

$$\ddot{\hat{b}}_a^\alpha(\boldsymbol{k}) + \frac{1}{M_a}\sum_{a'} C_{aa'}^{\alpha\alpha'}(\boldsymbol{k})\hat{b}_{a'}^{\alpha'}(\boldsymbol{k}) = 0 \tag{20.46}$$

这里,力常数的 Fourier 分量$\sum_{a'} C_{aa'}^{\alpha\alpha'}(\boldsymbol{k})$是如(20.13)式中所定义的那样. 因此,对每一个 $\boldsymbol{k}$ 值寻找具有频率为ω 的振动,我们得到一个包含 $3s$ 个方程的线性方程组,其行列式为

$$\mathrm{Det}\{C_{aa'}^{\alpha\alpha'}(\boldsymbol{k}) - \omega^2 M_a\delta_{\alpha\alpha'}\delta_{aa'}\} = 0 \tag{20.47}$$

由于平移不变性((20.43)式),我们有极限性质

$$\lim_{k\to 0} C_{aa'}^{\alpha\alpha'}(\boldsymbol{k}) = \sum_{j';a'} C_{aa'}^{\alpha\alpha'}(\boldsymbol{j}-\boldsymbol{j}') = 0 \tag{20.48}$$

在对于所有的原子 a 都相等并相应于零频率的$b^\alpha(0)$的情况下,方程组(20.46)总存在三个解. 这些解都是我们熟悉的 Goldstone 模式,它们描述把晶体任意无限小地平移到一个等价的位置而不改变能量. 在 $k\neq 0$ 时,这些根给出振动谱的**声学分支**,其中元胞内部的结构没有破坏,而元胞作为整体在运动. 对于每个元胞中有一个原子的晶体,仅存在这些分支.

能谱的剩余的 $3(s-1)$个分支相应于**光学**振动. 在长波极限下,它们具有有限的频率,描述在这个晶胞内部原子的相对运动,在其他晶胞中这种运动周期性重复. 矢量振幅 $\hat{\boldsymbol{b}}_a(\boldsymbol{k})$是有确定极化的单色波算符的叠加. 我们可以利用从(20.46)式得到的每个准动量 $\boldsymbol{k}$、晶胞中的原子 a 和本征频率 $\omega_{\lambda k}^2$ 求得的相互正交的单位矢量 $\boldsymbol{e}_{ak}^{(\lambda)}$ 来确认这些正常模式.

习题 20.4 对于这种声子模式,引入像(20.30)式那样适当归一化的产生和湮灭算符,并用声子写出平移场 $\hat{\boldsymbol{u}}_{ja}(t)$的算符展开式.

解 类似于(20.31)式,我们发现

$$\hat{\boldsymbol{u}}_{ja}(t) = \sum_{\lambda k}\sqrt{\frac{\hbar}{2NM_a\omega_{\lambda k}}}\boldsymbol{e}_{ak}^{(\lambda)}\left[\hat{a}_{\lambda k}\mathrm{e}^{\mathrm{i}(\boldsymbol{k}\cdot\boldsymbol{j})-\mathrm{i}\omega_{\lambda k}t} + \hat{a}_{\lambda k}^\dagger \mathrm{e}^{-\mathrm{i}(\boldsymbol{k}\cdot\boldsymbol{j})+\mathrm{i}\omega_{\lambda k}t}\right] \tag{20.49}$$

对于任意类型的晶格，我们不能以普遍形式明确地决定正常模式. 在某些情况下，对称性论证有助于找到这个结果. 在一个**立方晶格**中，三个正交主轴是等价的. 设波矢量 $\boldsymbol{k}$ 被看作是沿着其中一个主轴. 则由对称性表明，对于元胞中的一个原子，三个正常的模式 $\boldsymbol{e}_{\boldsymbol{k}}^{(\lambda)}$ 相应于主轴的方向，所以我们有一个纵向波和两个简并的(有相等的频率)横向波. 类似于(20.19)式，在长波长极限下，且 $s=1$，我们得到三种类型的声波，其声速依赖于 $\boldsymbol{k}$ 的方向以及极化 $\boldsymbol{e}_{\boldsymbol{k}}^{(\lambda)}$. 考虑到展开式(20.3)、(20.34)和(20.42)中的高阶项，我们将发现引起声音的**色散**，即声速依赖于波长的**非简谐**效应. 这些效应与包含两个以上产生和湮灭算符的哈密顿项有关.

20.4 自旋波

正如 18.4 节所讨论的，即使全同粒子系统的哈密顿量并不明显地包括自旋变量，量子统计的要求也可能会导致特别的与自旋相关的相互作用. 这就是 18.7 节介绍的 Hund 规则的根源，对于一个给定的组态，在所有与 Pauli 原理相容的自旋值当中，Hund 规则定义了具有最高的可能自旋 S 的电子项在能量上是最有利的.

静电相互作用的交换部分是铁磁性和反铁磁性这些**磁合作现象**的根源. 虽然在凝聚物质中实际的动力学可能非常复杂，但其主要特征可以用所谓的 **Heisenberg 哈密顿量**来描述. 这个哈密顿量以我们在最简单情况((18.61)式)中同样的方式，假定定域的原子自旋之间的相互作用为

$$\hat{H}=-\frac{1}{2}\sum_{ab(a\neq b)}J_{ab}(\hat{\boldsymbol{s}}_a\cdot\hat{\boldsymbol{s}}_b) \tag{20.50}$$

其中，**交换积分** $J_{ab}=J_{ba}$ 依赖于自旋 a 和 b 之间的距离，而且它常常随着距离的增大而迅速减小. 在一个晶体中，不存在转动不变性，并且交换积分可能是各向异性的，使得我们会有一个张量相互作用 $J_{ab}^{\alpha\beta}\hat{s}_a^{\alpha}\hat{s}_b^{\beta}$，见上册习题 22.3.

习题 20.5 考虑一个处于均匀磁场 $\boldsymbol{\mathcal{B}}(t)=b(t)\boldsymbol{n}$ 中的 N 个 1/2 自旋的系统，这个磁场沿着单位矢量 $\boldsymbol{n}$ 的固定方向，它的强度随着时间改变. 自旋之间成对地相互作用，每一对相互作用的强度 J 相同，即

$$\hat{H}_{\text{int}}(a,b)=J(\hat{\boldsymbol{s}}_a\cdot\hat{\boldsymbol{s}}_b) \tag{20.51}$$

其中，$a \neq b$.从同样的初态$|\Psi_0\rangle$出发，对于不同的随时间变化的磁场 $b'(t)$，分别求重叠积分 $f(t)=\langle\Psi'(t)|\Psi(t)\rangle$.(这种量表征系统的**保真度**；它们对于估算不可避免的微扰效应很重要.)

解　假定单个自旋的回转磁比率为 g，则磁作用项为

$$\hat{H}_m = -g\hbar\sum_a[\mathcal{B}(t)\cdot\hat{s}_a] = -g\hbar b(t)(\boldsymbol{n}\cdot\hat{\boldsymbol{S}}) \tag{20.52}$$

其中，$\hat{\boldsymbol{S}}$ 是系统的总自旋.易见，s 的大小是守恒的，因为所有自旋对都以同样的方式相互作用：

$$\sum_{ab(a\neq b)}\hat{s}_a^\mu\hat{s}_b^\mu = \frac{1}{2}(\hat{S}_\mu)^2 - \frac{N}{8} \tag{20.53}$$

其中，μ 标记坐标轴(没有对 μ 的求和).考虑到对任何 a 和 μ 都有 $(\hat{s}_a^\mu)^2=1/4$，因此

$$\hat{H}_{\rm int} = \frac{J}{2}\left(\hat{\boldsymbol{S}}^2 - \frac{3N}{4}\right) \tag{20.54}$$

不同 S 值的所有类型的状态独立地演化.哈密顿量的磁部分和相互作用部分是对易的，因而场 $b(t)$ 的演化算符是

$$\hat{U}(t) = {\rm e}^{-({\rm i}/\hbar)\int_0^t {\rm d}t'\hat{H}(t')} = {\rm e}^{{\rm i}\{\Phi(t)(\boldsymbol{n}\cdot\hat{\boldsymbol{S}})+(J/2)[\boldsymbol{S}^2-(3N/4)]t\}} \tag{20.55}$$

其中

$$\Phi(t) = g\int_0^t {\rm d}t'b(t') \tag{20.56}$$

将初态$|\Psi_0\rangle$的保真度表示为

$$f = \langle\Psi_0|(\hat{U}^\dagger)'(t)\hat{U}(t)|\Psi_0\rangle \tag{20.57}$$

其中，$\hat{U}'$和$\Phi'(t)$对应于微扰后的依赖关系 $b'(t)$.在这种情况下，有

$$f(t) = \langle\Psi(0)|{\rm e}^{{\rm i}[\Phi(t)-\Phi'(t)](\boldsymbol{n}\cdot\hat{\boldsymbol{S}})}|\Psi_0\rangle \tag{20.58}$$

对于沿着场方向具有确定投影 $S_z=M$ 的初态：

$$f_M(t) = {\rm e}^{{\rm i}[\Phi(t)-\Phi'(t)]M} \equiv {\rm e}^{{\rm i}\alpha(t)M} \tag{20.59}$$

这个结果显示集体行为与 J 无关.通常，具有实际意义的是对同一类(自旋 S)的各种初态的平均保真度，

$$\bar{f}(t)=\frac{1}{2S+1}\sum_{M}f_M(t) \tag{20.60}$$

几何级数对整数 S 的求和得到(图 20.2)

$$\bar{f}(t)=\frac{1}{2S+1}\left\{1+\frac{2\cos[(S+1)\alpha/2]\sin(S\alpha/2)}{\sin(\alpha/2)}\right\} \tag{20.61}$$

其中,$\alpha(t)$是在(20.59)式中定义的.复杂的干涉被相干的**恢复**中止(参见 10.8 节的 **Weisskopf 时间**).在微扰的情况下,$S\alpha\ll1$,有

$$\bar{f}(t)\approx1-\frac{S(S+1)}{6}\alpha^2(t) \tag{20.62}$$

时间无关的部分来自不受磁场影响的 $M=0$ 态的贡献.对于半整数 S,这一项不存在,那时结果是

$$\bar{f}(t)=\frac{2\cos[(2S+1)\alpha/4]\sin(S\alpha/2)}{(2S+1)\sin(\alpha/4)} \tag{20.63}$$

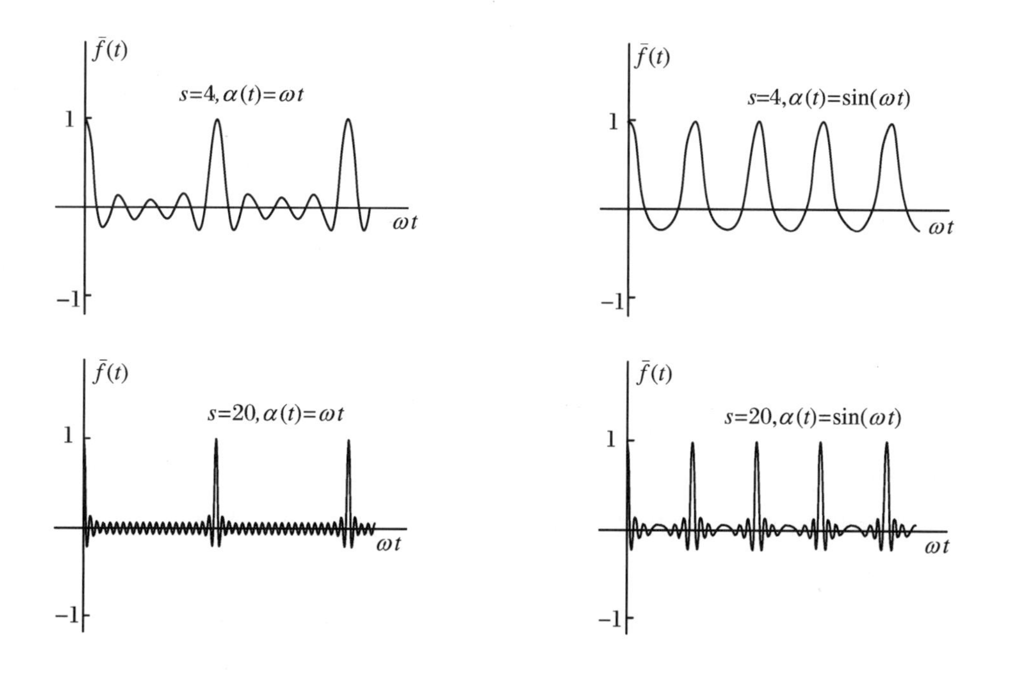

图 20.2　对于 $s=4$ 和 20,保真度 $\bar{f}(t)$作为微扰 $\alpha(t)$的函数((20.59)式,见文献[59])

对于(20.50)式中的正的 J_{ab},系统的基态相应于所有自旋完全对齐,那时,基态的自

旋 $\boldsymbol{S}=\sum_a \boldsymbol{s}_a$ 将取最大的可能值$S_{\max}=Ns$. 这里我们假定所有的自旋 s 都相等(这种材料是**铁磁性的**). 在 2.9 节,在关于超辐射的讨论中,我们形式上遇到过同样的情况,在那里,为了描述原子态的占据,我们人为地引入了自旋. 一个**铁磁体**的基态是高度**简并**的,因为在一个任意的量子化轴上的所有投影 S_z都具有同样的能量. 这是系统整体**转动不变性**的一个明显的后果. 这里,我们看到了对称性自发破缺的另一种表现(前面我们已经讨论了平移不变性的破坏). 一个外磁场将提升决定使自旋对齐到优先取向的简并度. 如果没有外场,则空间的所有方向是等价的. 一个系统所选取的实际基态取决于它作为在过去的某种微扰结果的历史. 在这种对称性自发破缺的情况下,我们应该预测存在一种 Goldstone 模式的激发谱,这种模式与轻松地把一个系统变到另一种等价取向的一个无穷小转动有关.

具有 $S_z=S$ 的铁磁性基态$|0\rangle$满足

$$\hat{s}_a^z\,|\,0\rangle = s\,|\,0\rangle,\quad \hat{s}_a^{(+)}\,|\,0\rangle = 0\quad (\text{对于所有的 } a) \tag{20.64}$$

这个基态的能量为

$$E_0=-\frac{s^2}{2}\sum_{ab(b\neq a)} J_{ab} \tag{20.65}$$

这里的求和是对所有的相互作用对的求和. 激发这个系统的最简单的办法是改变一个单自旋的取向,比如 $\boldsymbol{s}_a$. 然而,这并不导致定态,因为所选的自旋要与它的近邻发生相互作用. 通过翻转一个自旋,我们激发一个沿着系统传播的**自旋波**.

为了看一看翻转一个自旋后会发生什么,利用哈密顿量((20.50)式),我们写出对于分量$\hat{s}_a^\alpha$ 的算符运动方程:

$$\mathrm{i}\hbar\dot{\hat{s}}_a^\alpha=[\hat{s}_a^\alpha,\hat{H}]=-\mathrm{i}\,\epsilon_{\alpha\beta\gamma}\sum_{b(\neq a)} J_{ab}\,\hat{s}_b^\beta\,\hat{s}_a^\gamma \tag{20.66}$$

这里我们用了自旋算符的标准的对易规则和 J_{ab}的对称性. 让我们在对于横向分量 $\alpha=x,y$ 的算符方程(20.66)中,取基态与能量为 $E=\hbar\omega$ 的激发态之间的矩阵元$\langle\omega|\cdots|0\rangle$. 我们正在寻找的这个作为产生激发态作用的算符应该具有时间依赖性$\propto\exp(\mathrm{i}\omega t)$. 在对易子中,我们得到$-\hbar\omega\langle\omega|s_a^{x,y}|0\rangle$,而在右边,自旋算符中的一个指的是 z 分量,它作用在基态时,给出它的本征值 s. 结果,我们得到如下**线性**方程组:

$$\begin{aligned}-\hbar\omega\langle\omega|s_a^x|0\rangle&=-\mathrm{i}s\sum_{b(\neq a)} J_{ab}\langle\omega|s_b^y-s_a^y|0\rangle\\-\hbar\omega\langle\omega|s_a^y|0\rangle&=\mathrm{i}s\sum_{b(\neq a)} J_{ab}\langle\omega|s_b^x-s_a^x|0\rangle\end{aligned} \tag{20.67}$$

我们需要选**降**分量 $\hat{s}^{(-)} = \hat{s}_x - \mathrm{i}\hat{s}_y$，它满足

$$\hbar\omega\langle\omega|s_a^{(-)}|0\rangle = s\sum_{b(\neq a)} J_{ab}\langle\omega|s_a^{(-)} - s_b^{(-)}|0\rangle \tag{20.68}$$

这组耦合方程显示，存在一个激发谱分支，它是由于单个自旋的翻转产生的，并且通过自旋之间的相互作用把所有其他自旋都卷了进来.

现在我们需要回顾平移不变性：$J_{ab} = J(|\boldsymbol{a} - \boldsymbol{b}|)$. 由于这个不变性，定态是具有某个准动量 $\boldsymbol{k}$ 的 Bloch 波. 这样一个态的产生算符 $\hat{b}_k^\dagger$ 应该是具有由准动量决定的相位的局域自旋翻转的叠加：

$$\hat{b}_k^\dagger = \frac{1}{\sqrt{N}}\sum_a \hat{s}_a^{(-)} \mathrm{e}^{-\mathrm{i}(\boldsymbol{k}\cdot\boldsymbol{a})} \tag{20.69}$$

其时间依赖性$\propto\exp[\mathrm{i}\omega(\boldsymbol{k})t]$. 按照(20.28)式，其逆变换是

$$\hat{s}_a^{(-)} = \frac{1}{\sqrt{N}}\sum_k \hat{b}_k^\dagger \mathrm{e}^{\mathrm{i}(\boldsymbol{k}\cdot\boldsymbol{a})} \tag{20.70}$$

以(20.13)式、(20.14)式中的同样方式，我们引入 Fourier 分量：

$$J_k = \sum_b J(\boldsymbol{a} - \boldsymbol{b})\mathrm{e}^{\mathrm{i}\boldsymbol{k}\cdot(\boldsymbol{a}-\boldsymbol{b})} = \sum_b J(\boldsymbol{b})\mathrm{e}^{-\mathrm{i}(\boldsymbol{k}\cdot\boldsymbol{b})}; \quad J_0 = \sum_b J(\boldsymbol{b}) \tag{20.71}$$

在(20.68)式的所有项中都重新产生行波形式的坐标依赖关系，因而我们得到能谱

$$\hbar\omega_k = (J_0 - J_k)s \tag{20.72}$$

易见，(在铁磁性的情况下)$J_0 \geqslant J_k$，而且激发能(20.72)式是正的. 正如所预测的，

$$\lim_{k\to 0}\omega_k = 0 \tag{20.73}$$

这相应于能量不变的情况下由所有自旋做无穷小整体转动的算符$\sum_a s_a^{(-)} = S^{(-)}$ 所产生的 Goldstone 模式.

习题 20.6 对周期为 a 且最近邻自旋之间的相互作用为$J_{a,a+1} = J_{a+1,a} = J > 0$ 的一个周期性线性自旋链，求其自旋波能谱. 考虑其精确解的长波极限.

解 方程(20.71)和(20.72)给出

$$\hbar\omega_k = 2sJ[1 - \cos(ka)] \tag{20.74}$$

当 $ka \ll 1$ 时，我们得到一个从零开始的色散定律：

$$\hbar\omega_k = sJa^2k^2 \tag{20.75}$$

类似于有效质量$\hbar^2/(2Jsa^2)$的一个粒子，它近似地比电子质量重一个量级.

可以把自旋波的波函数写成

$$|\boldsymbol{k}\rangle = A\hat{b}_{\boldsymbol{k}}^{\dagger}|0\rangle = \frac{A}{\sqrt{N}}\sum_{a}\mathrm{e}^{-\mathrm{i}(\boldsymbol{k}\cdot\boldsymbol{a})}\hat{s}_{a}^{(-)}|0\rangle \tag{20.76}$$

它是具有翻转单个自旋状态的那些态的同步叠加.

习题 20.7 按照下式归一化该自旋波函数：

$$\langle\boldsymbol{k}|\boldsymbol{k}'\rangle = \delta_{kk'} \tag{20.77}$$

解 在(20.76)中的归一化因子是$A=1/\sqrt{2s}$.

现在我们可以引入归一化的自旋波产生算符：

$$\hat{a}_{\boldsymbol{k}}^{\dagger} = \frac{1}{\sqrt{2sN}}\sum_{a}\hat{s}_{a}^{(-)}\mathrm{e}^{-\mathrm{i}(\boldsymbol{k}\cdot\boldsymbol{a})} \tag{20.78}$$

并定义共轭的湮灭算符，它引起回到基态的跃迁$\langle 0|\cdots|\omega_{\boldsymbol{k}}\rangle$：

$$\hat{a}_{\boldsymbol{k}} = \frac{1}{\sqrt{2sN}}\sum_{a}\hat{s}_{a}^{(+)}\mathrm{e}^{\mathrm{i}(\boldsymbol{k}\cdot\boldsymbol{a})} \tag{20.79}$$

这些算符满足对易关系

$$[\hat{a}_{\boldsymbol{k}},\hat{a}_{\boldsymbol{k}'}^{\dagger}] = \frac{1}{2sN}\sum_{ab}\mathrm{e}^{\mathrm{i}[(\boldsymbol{k}\cdot\boldsymbol{a})-(\boldsymbol{k}'\cdot\boldsymbol{b})]}[\hat{s}_{a}^{(+)},\hat{s}_{b}^{(-)}] \tag{20.80}$$

(20.80)式右边的对易子等于$2s_a^z$，所以

$$[\hat{a}_{\boldsymbol{k}},\hat{a}_{\boldsymbol{k}'}^{\dagger}] = \frac{1}{sN}\sum_{a}\mathrm{e}^{\mathrm{i}(\boldsymbol{k}-\boldsymbol{k}')\cdot\boldsymbol{a}}\hat{s}_{a}^{z} \tag{20.81}$$

在任何相对于自旋为**对称**的态中，期待值$\langle s_a^z\rangle$与a无关，它是由总投影S_z的平均值决定的：

$$\langle \text{对称}|s_a^z|\text{对称}\rangle = \frac{\langle S_z\rangle}{N} \tag{20.82}$$

在这个期待值中，(20.81)式中对a的求和给出$N\delta_{kk'}$，因而对于对易子的平均值我们得到

$$\langle \text{对称}|[\hat{a}_{\boldsymbol{k}},\hat{a}_{\boldsymbol{k}}^{\dagger}]|\text{对称}\rangle == \frac{\langle S_z\rangle}{sN}\delta_{kk'} \tag{20.83}$$

在基态，它精确地为$\delta_{kk'}$，而在自旋波态，我们有$(N-1)/N$代替. 在N很大时，对于翻转

自旋的数目小于总粒子数 N 的所有的态，这个修正是可以忽略的. 忽略这个修正，我们可以把量子化的自旋波视为谐波量子，即**磁子**. 这个修正所起的作用随着激发的磁子数目的增加而增大. 它导致磁子之间新的**运动学**相互作用，这种相互作用可以借助于从自旋算符到 Bose 子的 Holstein-Primakoff 变换来描述[60]，见上册习题 16.8 以及随后的讨论. 它应该被添加到有利于形成翻转自旋的复合体的正常**动力学**相互作用中. 对于 $s=1/2$自旋，与 Bose 统计的差别是特别显著的. 的确，对于 Bose 子，我们应该能够反复地产生同样的激发. 然而，对于 1/2 自旋，仅可能翻转一次，所以翻转了自旋的格点不能参与进一步的激发.

$J_{ab}<0$ 的**反铁磁**情况要复杂得多. 即使对于最近邻相互作用的 1/2 自旋，基态的确定也需要更高等的方法(**Bethe 假定**，1931). 虽然我们清楚地知道，相邻的自旋倾向于耦合成一个单态的对，但是对于一个给定的自旋，同时与两个近邻都构成单态是不可能的. 我们还要提一下**量子玻璃**系统，其中不同对的相互作用常数 J_{ab} 取随机的值，包括随机的符号. 数值实验明确地显示，在这种情况下，基态自旋可以取任意的数值. 然而，平均来说，正如从个别自旋的随机耦合所预期的，它随着自旋数目的增加而增大$\propto\sqrt{N}$.

20.5 粒子-空穴激发

在一个均匀的 Fermi 气体中，把粒子从 Fermi 海中提升到更高的单粒子能级，可以实现从基态的最简单激发. 这个过程产生一个对：在 $\Sigma_{\rm F}$ 以上的一个粒子和在 $\Sigma_{\rm F}$ 内的一个空穴. 例如，图 19.4(b)中所表示的交换过程可以解释为在 Fermi 海与外来粒子($\boldsymbol{p},\sigma$)的相互作用中，一个虚拟的粒子和空穴对产生. 在作用以后，外来粒子填充到自由的空穴态(参见上册图 23.1，在 Dirac 理论中外来粒子与空穴的湮灭)，而次级粒子继续传播.

任何保持粒子数守恒的外场都只能产生成**粒子-空穴**对的激发. 让我们考虑这样一个过程，系统从外部实体得到一个动量 $\boldsymbol{P}$ 并把一个粒子转移到 Σ_F 以上的状态 $\boldsymbol{p}+\boldsymbol{P}$，留下一个处在状态 $\boldsymbol{p}$ 的空穴. 通过两个单粒子算符作用到无微扰的 Fermi 气体基态$|0\rangle$上可以到达这个态：

$$|\Phi^0(\boldsymbol{p},\boldsymbol{P})\rangle=\hat{a}^\dagger_{\boldsymbol{p}+\boldsymbol{P}}\hat{a}_{\boldsymbol{p}}|0\rangle \tag{20.84}$$

这个激发可以保持或者翻转所提升粒子的自旋，不过我们略去了粒子和空穴轨道的自旋变量. 总动量为 $\boldsymbol{P}$ 的这个状态的**激发能**是

$$E^0(\boldsymbol{p},\boldsymbol{P}) = \frac{(\boldsymbol{p}+\boldsymbol{P})^2}{2m} - \frac{\boldsymbol{p}^2}{2m} = \frac{(\boldsymbol{p}\cdot\boldsymbol{P})}{m} + \frac{\boldsymbol{P}^2}{2m} \tag{20.85}$$

这样一个过程仅在 $|\boldsymbol{p}| < p_F$ 和 $|\boldsymbol{p}+\boldsymbol{P}| > p_F$ 时才是可能的.

让我们寻找作为这个复合体总动量 $\boldsymbol{P}$ 函数的激发能((20.85)式)的可能取值区间. 如图 20.3 所示,对于一个给定值的 $\boldsymbol{P}$,空穴动量 $\boldsymbol{p}$ 的允许值取为彼此位移 $-\boldsymbol{P}$ 的两个 Fermi球的体积之差,图中 $\boldsymbol{P}=\hbar\boldsymbol{k}$. 这对粒子-空穴伙伴之间的各种夹角决定了激发能的可能数值,如图 20.4 所示.

$$\begin{aligned} &0 < E^0(\boldsymbol{p},\boldsymbol{P}) \leqslant P v_F + \frac{p^2}{2m}, \quad P < 2p_F \\ &\frac{p^2}{2m} - P v_F \leqslant E^0(\boldsymbol{p},\boldsymbol{P}) \leqslant \frac{p^2}{2m} + P v_F, \quad P > 2p_F \end{aligned} \tag{20.86}$$

其中,$v_F = p_F/m$ 是粒子在 Σ_F 上的速度. 在(20.86) 式中出现了两个表达式,因为在 $P = 2p_F$ 时,图 20.3 中的两个 Fermi 球重叠消失,在那之后,我们对空穴态没有任何限制,因为它们可以在 Σ_F 内任何位置取值.

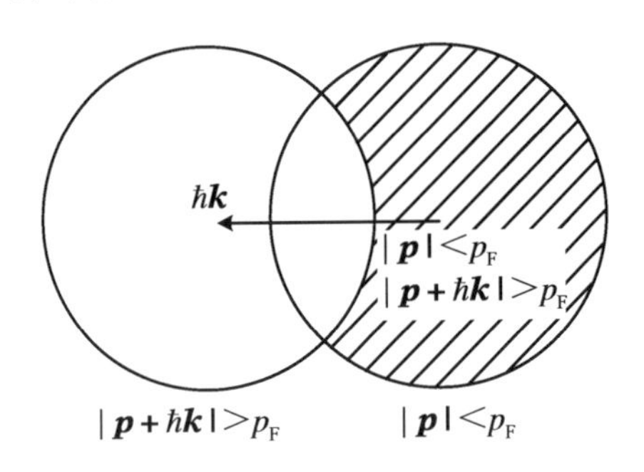

图 20.3　粒子-空穴态形成区

对于每一个粒子-空穴对的总动量 $\boldsymbol{P}$ 的数值,能量 $E^0(\boldsymbol{p},\boldsymbol{P})$ 形成一个**连续谱**. 在长波极限下,$P \ll p_F$,这个连续谱的上边界近似地为斜率 $\mathrm{d}E^0/\mathrm{d}P = v_F$ 的一条直线. 所有可能的激发都具有小于 v_F 的群速度. 结果证明,如果一个外场在该 Fermi 气体中产生一个波矢为 $\boldsymbol{k}$、频率为 ω 的波,而且波速度 $\mathrm{d}\omega/\mathrm{d}k < v_F$,则这样一个波与连续谱内具有同样速度的某种粒子-空穴激发发生共振. 它们之间任何微弱的作用都会导致从这个外部波到具有同样量子数的粒子-空穴模式的共振能量转移. 在满足能量和动量守恒定律的情况下,这种相互作用会迅速地把波的能量转换成对激发,而这个波将减弱(**Landau 衰减**). 相反,对于能量和动量处于这个连续区以外的波,耗散要小得多,因为它需要同时产生几个粒子-空穴对,这样的可能性要小得多.

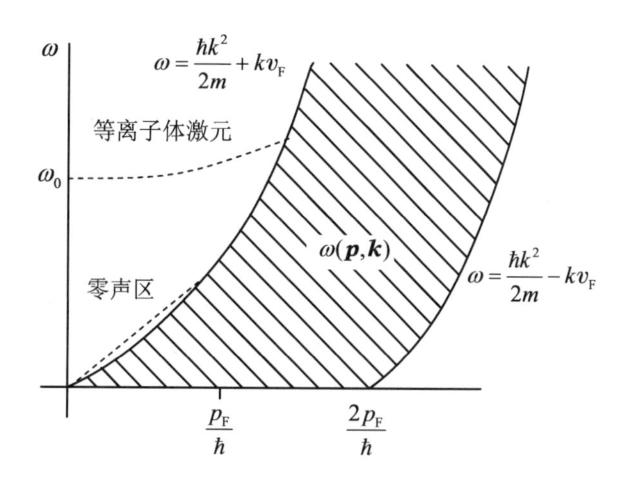

图 20.4　粒子-空穴态的连续谱

20.6　密度涨落

Fermi 子之间的相互作用为没有 Landau 衰减的类波激发的出现开辟了途径(超出粒子-空穴连续谱).这里我们考虑一种这样的波,它与**密度振荡**相联系.特征的量子算符是密度涨落算符:

$$\hat{\rho}_{\boldsymbol{k}}^{\dagger}=\sum_{a}\mathrm{e}^{\mathrm{i}(\boldsymbol{k}\cdot\boldsymbol{r}_a)} \tag{20.87}$$

在上册方程(7.145)中,我们引入了厄米共轭算符 $\hat{\rho}_{\boldsymbol{k}}$ 并且用于求和规则的推导(见上册方程(7.146)).注意,其极限值

$$\hat{\rho}_0=\hat{\rho}_0^{\dagger}=\hat{N} \tag{20.88}$$

为粒子数算符.

算符(20.87)是密度算符的一个 Fourier 分量(见(17.41)式和上册方程(7.144)).按照 17.6 节的定义,

$$\hat{\rho}_{\boldsymbol{k}}^{\dagger}=\sum_{p'p\sigma'\sigma}\hat{a}_{p'\sigma'}^{\dagger}\hat{a}_{p\sigma}(\boldsymbol{p}'\sigma'|\mathrm{e}^{\mathrm{i}(\boldsymbol{k}\cdot\boldsymbol{r})}|\boldsymbol{p}\sigma) \tag{20.89}$$

该矩阵元中的积分给出自旋和动量守恒符号 $\delta_{p',p+\hbar k}\delta_{\sigma'\sigma}$，二次量子化形式的结果是

$$\hat{\rho}_k^{\dagger} = \sum_{p\sigma}\hat{a}^{\dagger}_{p+\hbar k,\sigma}\hat{a}_{p\sigma} \tag{20.90}$$

当作用到基态上时，算符 $\hat{\rho}_k$ 产生了图 20.4 的连续谱内沿着总动量为 $\boldsymbol{P}=\hbar\boldsymbol{k}$ 的竖直线所有可用的粒子-空穴激发的一个均匀组合.

我们假定粒子对通过势 $U(\boldsymbol{r}_a-\boldsymbol{r}_b)$ 发生相互作用，它只依赖于这对粒子的相对坐标：

$$\hat{H} = \hat{K}+\hat{U} = \sum_a \frac{\hat{\boldsymbol{p}}_a^2}{2m}+\frac{1}{2}\sum_{a,b(a\neq b)}U(\boldsymbol{r}_a-\boldsymbol{r}_b) \tag{20.91}$$

这种相互作用可以用密度涨落算符唯一地表示：

$$\hat{U} = \frac{1}{2}\sum_{\boldsymbol{k}}U_k(\hat{\rho}_k^{\dagger}\hat{\rho}_k-\hat{N}) \tag{20.92}$$

其中，我们利用了定义(20.87)式和(20.88)式以及相互作用势的 Fourier 分量 U_k：

$$U(\boldsymbol{r}) = \frac{1}{V}\sum_{\boldsymbol{k}}U_k \mathrm{e}^{\mathrm{i}(\boldsymbol{k}\cdot\boldsymbol{r})} \tag{20.93}$$

在(20.92)式中的算符 $\hat{N}$ 与额外的 $\boldsymbol{r}_a=\boldsymbol{r}_b$ 项相抵消. 当然，在二次量子化((20.90)式)中，易推导出同样的结果.

正像在上册 7.9 节求和规则的推导一样，我们利用这样一个事实：坐标的算符函数与相互作用项是对易的. 从动能我们得到密度涨落的运动方程：

$$\dot{\hat{\rho}}_k^{\dagger} = \frac{1}{\mathrm{i}\hbar}[\hat{\rho}_k^{\dagger},\hat{K}] = \mathrm{i}\sum_a \mathrm{e}^{\mathrm{i}(\boldsymbol{k}\cdot\boldsymbol{r}_a)}\left(\frac{\hbar\boldsymbol{k}^2}{2m}+\frac{(\boldsymbol{k}\cdot\hat{\boldsymbol{p}}_a)}{m}\right) \tag{20.94}$$

这个普遍结果并不依赖于相互作用：密度涨落的每一个分量都以它们自己的由粒子-空穴能量((20.85)式)所决定的频率振荡. 借助于对易关系(17.23)式的来计算时间的二阶导数，我们已经通过呈现在(20.94)式中的动量算符 $\hat{\boldsymbol{p}}_a$ 把相互作用包括进来：

$$\ddot{\hat{\rho}}_k^{\dagger} = -\sum_a \mathrm{e}^{\mathrm{i}(\boldsymbol{k}\cdot\boldsymbol{r}_a)}\left(\frac{\hbar\boldsymbol{k}^2}{2m}+\frac{(\boldsymbol{k}\cdot\hat{\boldsymbol{p}}_a)}{m}\right)^2-\frac{1}{V}\sum_{\boldsymbol{k}'}U_{k'}(\boldsymbol{k}\cdot\boldsymbol{k}')\hat{\rho}_{k'}^{\dagger}\hat{\rho}_{k-k'}^{\dagger} \tag{20.95}$$

这个非线性算符方程不可能精确求解. 我们采用在多体系统中很好地描述集体模式的**随机相位近似**(RPA)[61].

20.7 随机相位近似

让我们把精确的运动方程中相应于的波矢量 $\boldsymbol{k}$ 的那些最相干过程分离开来.

(20.95)式中非线性项(最后一项)包含来自于 $\boldsymbol{k}'=\boldsymbol{k}$ 的贡献.我们还假定粒子之间的相互作用是排斥的,使得至少在小 k 时 $U_k>0$.使用符号

$$\Omega_k^2 = \frac{N}{V}k^2 U_k \equiv nk^2 U_k \tag{20.96}$$

我们有

$$\ddot{\hat{\rho}}_k^\dagger + \Omega_k^2 \hat{\rho}_k^\dagger = -\sum_a \mathrm{e}^{\mathrm{i}(\boldsymbol{k}\cdot\boldsymbol{r}_a)}\left(\frac{\hbar \boldsymbol{k}^2}{2m}+\frac{(\boldsymbol{k}\cdot\hat{\boldsymbol{p}}_a)}{m}\right)^2 - \frac{1}{V}\sum_{k'\neq k} U_{k'}(\boldsymbol{k}\cdot\boldsymbol{k}')\hat{\rho}_{k'}^\dagger \hat{\rho}_{k-k'}^\dagger \tag{20.97}$$

与(20.85)式比较可见,(20.97)式的右边第一项包含单个粒子-空穴激发的贡献.让我们考虑长的波长,$\hbar k \ll p_\mathrm{F}$.因为 k 较小时,连续谱压缩在 Σ_F 周围,我们能够按平均值来估算这个项,即

$$\sum_a \mathrm{e}^{\mathrm{i}(\boldsymbol{k}\cdot\boldsymbol{r}_a)}\left(\frac{\hbar k^2}{2m}+\frac{(\boldsymbol{k}\cdot\hat{\boldsymbol{p}}_a)}{m}\right)^2 \approx \frac{\overline{(E^0(\boldsymbol{k}))^2}}{\hbar^2}\hat{\rho}_k^\dagger \tag{20.98}$$

回顾粒子-空穴连续谱的能量((20.85)式),在这里我们抽取出连续谱中给定的动量 $\boldsymbol{P}=\hbar\boldsymbol{k}$ 一层的相干贡献.$\boldsymbol{k}'\neq\boldsymbol{k}$ 的非线性项并不具有任何相干性.RPA 忽略这些项,并导致一种具有如下色散定律的集体模式预言:

$$\ddot{\hat{\rho}}_k^\dagger + \omega_k^2 \hat{\rho}_k^\dagger = 0, \quad \hbar^2\omega_k^2 = \hbar^2\Omega_k^2 + \overline{(E^0(\boldsymbol{k}))^2} \tag{20.99}$$

重要的情况对应于固体或等离子体中电子之间的这样的 Coulomb 相互作用,其中 Fourier零分量 U_0 被补偿的本底抵消掉了.然而,对于 $\boldsymbol{k}\neq 0$,按照(19.107)式、(20.86)式定义的量 Ω_k 变为**等离子体频率** ω_0((19.78)式).因为(20.99)式中的第二项在 k 较小时是 $(kv_\mathrm{F})^2$ 的量级,所以我们得出结论:对于长波,Coulomb 气体中的密度涨落实际上是由电中性所决定的等离子体振荡.在图 20.4 中,这个频率位于连续谱的上方.因此,这种振动具有小的耗散,它可以通过超出 RPA 的非相干项计算.这个衰减的计算需要更高等的技术.随着 k 的增大,密度涨落的色散曲线朝上走并进入连续谱,见图 20.4.所以,等

离子体振荡的衰减在 $k\sim\omega_0/v_F$ 变得重要.利用等离子体频率和 Fermi 速度的显示表达式,容易估算振荡的临界波长为 $\lambda_{cr}\sim\sqrt{ar_0}$,其中 a 是 Bohr 半径,$r_0\sim n^{-1/3}$是电子之间的平均距离.较短的波长是强衰减的.

在 k 较小时的等离子体频率的有限数值是 Coulomb 相互作用的**长程**特征的结果(在(19.107)式中奇异性$\sim 1/k^2$).通过把(20.99)式对于 Coulomb 情况写成

$$\omega_k^2 = \omega_0^2 + \xi k^2 v_F^2 \tag{20.100}$$

其中,ξ 是一个接近于 1 的数值系数,我们看到在这种密度波量子,即**等离子振子**的"相对论"色散定律中,等离子体频率 ω_0 起着有效质量的作用——长波长极限下有限能量.像在中性粒子气体中那样,对于一个具有**有限的** Fourier 零分量 U_0 的势 U,密度振荡的能谱是**类声的**,因为(20.99)式中的两项的行为都$\propto k^2$.正如 19.6 节所提到的,这种等离子体振荡可以被一种局部中性破坏激发.在 $\delta\rho\exp[\mathrm{i}(\boldsymbol{k}\cdot\boldsymbol{r})]$时,电场 $\delta\boldsymbol{\mathcal{E}}_k$ 相对于波矢量 $\boldsymbol{k}$ 是**纵向**的.在某种意义上,相应的量子,即等离子体振子,是横光子的纵向类似.这仅在材料介质中才是可能的,而且与无质量的光子不同,这种等离子体振子有不为零的有效质量.

20.8 电子-声子相互作用

集体自由度的出现导致了定性的新物理现象,第 22 章讨论的金属**超导性**是基于电子之间的有效**吸引**,这种吸引应强到足以克服它们之间的库仑排斥.正如 H. Frohlich 最初建议的[62],吸引的一种机制是电子与量子化的晶格振动,即声子之间的相互作用.在一个晶体晶胞中,如果一个离子稍微偏离它的平衡位置,电子就会感受到多余的正电荷对它的一个额外的吸引,因此,彼此之间出现额外吸引.然而,单个原子的位移是与其他原子耦合在一起的,并且,实际上必须将其视为一个传播的弹性波,即声子.用一种量子的语言,这样一种电子-电子有效的相互作用可以处理为它们之间的声子交换.正常 Fermi 面抵御吸引相互作用的某种不稳定性引起到超导态的相变.很可能在高温超导体中,通过磁子类量子的电子交换很重要.

电子-声子相互作用的哈密顿量可以由 20.3 节中对声子的考虑得到.作用在无微扰理想晶格中一个电子上的势是所有 $U(\boldsymbol{r}-\boldsymbol{j})$项的求和,其中 $\boldsymbol{r}$ 是电子位置,$\boldsymbol{j}$ 是晶胞$\boldsymbol{j}$ 的平衡坐标.让晶胞 j 中的原子 a 位移 $\boldsymbol{u}_{ja}$,微扰可以写为

$$\hat{H}'(\boldsymbol{r}) = \sum_{ja}(\boldsymbol{F}_a(\boldsymbol{r}-\boldsymbol{j})\cdot\hat{\boldsymbol{u}}_{ja}) \tag{20.101}$$

其中，$\boldsymbol{F}_a = \nabla U_a$ 是离子势的梯度.这里位移 $\hat{\boldsymbol{u}}_{ja}$ 被表示为声子的产生和湮灭算符的求和((20.49 式).对于比晶格周期小的位移，在微扰势的展开中我们可以局限于线性项.我们还忽略具有电子自旋翻转的过程.相互作用(20.101)式描述电子与晶格振动散射的过程，这时电子吸收或产生一个声子量子.

例如，考虑与伴随电子跃迁的一个$(\lambda\boldsymbol{q})$类型声子的吸收过程.一般地，准动量 $\boldsymbol{k}$ 以及带数 n 的电子量子数要变为 $\boldsymbol{k}'$ 和 n'.从标准模式展开式(20.49)，我们得到矩阵元

$$\langle \boldsymbol{k}'n' | \hat{H}' | \boldsymbol{k}n;\boldsymbol{q}\lambda\rangle = \sum_{j:a}\sqrt{\frac{\hbar N_{q\lambda}}{2NM_a\omega(\lambda\boldsymbol{q})}}\mathrm{e}^{\mathrm{i}(\boldsymbol{q}\cdot\boldsymbol{j})}$$

$$\times\int \mathrm{d}^3 r\psi^*_{\boldsymbol{k}'n'}(\boldsymbol{r})(\boldsymbol{F}_a(\boldsymbol{r}-\boldsymbol{j})\cdot\boldsymbol{e}^{(\lambda)}_{a\boldsymbol{q}})\psi_{\boldsymbol{k}n}(\boldsymbol{r}) \tag{20.102}$$

其中，$N_{q\lambda}$ 是初始的声子占有数.声子发射的矩阵元反而包含一个$\sqrt{1+N_{q\lambda}}$的因子.在涉及一个确定晶胞 $\boldsymbol{j}$ 的电子矩阵元部分，我们可以把坐标原点移到这个晶胞：$\boldsymbol{r}\rightarrow\boldsymbol{r}+\boldsymbol{j}$，并且对电子的波函数利用 Bloch 定理(见上册方程(8.60))：

$$\psi_{\boldsymbol{k}n}(\boldsymbol{r}+\boldsymbol{j}) = \mathrm{e}^{\mathrm{i}(\boldsymbol{k}\cdot\boldsymbol{j})}\psi_{\boldsymbol{k}n}(\boldsymbol{r}),\quad \psi^*_{\boldsymbol{k}'n'}(\boldsymbol{r}+\boldsymbol{j}) = \mathrm{e}^{-\mathrm{i}(\boldsymbol{k}'\cdot\boldsymbol{j})}\psi^*_{\boldsymbol{k}'n'}(\boldsymbol{r}) \tag{20.103}$$

于是，我们把矩阵元(20.102)式变成了

$$\langle \boldsymbol{k}'n' | \hat{H}' | \boldsymbol{k}n;\boldsymbol{q}\lambda\rangle = \sum_{a}\sqrt{\frac{\hbar N_{q\lambda}}{2NM_a\omega(\lambda\boldsymbol{q})}}\sum_j\mathrm{e}^{\mathrm{i}(\boldsymbol{q}+\boldsymbol{k}-\boldsymbol{k}')\cdot\boldsymbol{j}}$$

$$\times\int \mathrm{d}^3 r\psi^*_{\boldsymbol{k}'n'}(\boldsymbol{r})(\boldsymbol{F}_a(\boldsymbol{r})\cdot\boldsymbol{e}^{(\lambda)}_{a\boldsymbol{q}})\psi_{\boldsymbol{k}n}(\boldsymbol{r}) \tag{20.104}$$

如果在指数上的波矢量之和与倒格矢 $\boldsymbol{K}$ 一致，则对指数的求和不为 0，见上册 8.6 节：

$$\sum_j \mathrm{e}^{\mathrm{i}(\boldsymbol{q}+\boldsymbol{k}-\boldsymbol{k}')\cdot\boldsymbol{j}} = N\delta_{\boldsymbol{q}+\boldsymbol{k}-\boldsymbol{k}',\boldsymbol{K}} \tag{20.105}$$

为简单起见，我们将考虑 $\boldsymbol{K}=0$ 的情况(在电阻的计算和对于建立热平衡的计算中，不为 0 的矢量 $\boldsymbol{K}$ 是重要的).那时，我们有动量守恒，$\boldsymbol{k}'=\boldsymbol{k}+\boldsymbol{q}$.

$(\boldsymbol{k}n)=(\boldsymbol{k}'n')$的对角项对应于声子波矢量 $q\rightarrow 0$，即晶格作为一个整体位移的伪模式.因此，在 $q\rightarrow 0$ 时，相互作用矩阵元必须为 0.这种情况应该发生于声子谱的**声学**分支，这时在不改变晶胞的内部结构的情况下，每个晶胞都被平移了，见习题 20.3.的确，从(20.102)式我们看到，在对角的情况下，这个积分包含

$$I_{kn} = \int \mathrm{d}^3 r\,|\psi_{kn}|^2\sum_{j:a}\nabla U_a(\boldsymbol{r}-\boldsymbol{j})\cdot\boldsymbol{e}_a \tag{20.106}$$

其中,按照 Bloch 定理,在所有晶格的晶胞中,$|\psi_{kn}|^2$ 都是一样的.剩下的求和只是表示晶格作为整体平移时能量的改变,也就是说 $I_{kn}=0$.这意味着,在 $q\to 0$ 时,整个矩阵元为 0,实际上该矩阵元正比于 q,或者说,对于声波,$\propto\sqrt{\omega}$,因为归一化包含 $1/\sqrt{\omega}$.

为了理解电子之间有效吸引的机制,我们必须考虑交换一个虚声子的过程.为简单起见,我们仅考虑 $\boldsymbol{K}=0$ 的带内电子跃迁.在零温情况下,真实的声子是不存在的,即 $N_{q\lambda}=0$,而且电子的相互作用是通过一个电子发射一个声子而这个声子又被其伙伴电子吸收实现的.所以,我们需要二级微扰论.在基态,两个电子都处在 Fermi 面以内,即 $|\boldsymbol{k}_1|$,$|\boldsymbol{k}_2|\leqslant k_{\mathrm{F}}$.中间态包含两个电子和一个虚声子.初始动量为 k_1 的发射方电子获得动量 $\boldsymbol{k}_1'=\boldsymbol{k}_1-\boldsymbol{q}$,而其伙伴电子吸收这个声子并跃迁到 $\boldsymbol{k}_2\to\boldsymbol{k}_2'=\boldsymbol{k}_2+\boldsymbol{q}$.这里能量分母等于 $\epsilon(\boldsymbol{k}_1)-\hbar\omega(\boldsymbol{q})-\epsilon(\boldsymbol{k}_1-\boldsymbol{q})$.我们需要添加上另一个过程,这时具有初始动量 $\boldsymbol{k}_2$ 的电子发射 $-\boldsymbol{q}$ 声子,然后该声子被动量 $\boldsymbol{k}_1$ 的电子吸收,末态相同.第二个能量分母为 $\epsilon(\boldsymbol{k}_2)-\hbar\omega(-\boldsymbol{q})-\epsilon(\boldsymbol{k}_2+\boldsymbol{q})$.由于 $\omega(\boldsymbol{q})=\omega(-\boldsymbol{q})$,这两个矩阵元的平方是相等的,而且我们需要回到基态:

$$\epsilon(\boldsymbol{k}_1)+\epsilon(\boldsymbol{k}_2)=\epsilon(\boldsymbol{k}_1-\boldsymbol{q})+\epsilon(\boldsymbol{k}_2+\boldsymbol{q}) \tag{20.107}$$

这些贡献之和正比于

$$\begin{aligned}&\frac{1}{\epsilon(\boldsymbol{k}_1)-\hbar\omega(\boldsymbol{q})-\epsilon(\boldsymbol{k}_1-\boldsymbol{q})}+\frac{1}{\epsilon(\boldsymbol{k}_2)-\hbar\omega(\boldsymbol{q})-\epsilon(\boldsymbol{k}_2+\boldsymbol{q})}\\&=\frac{2\hbar\omega(\boldsymbol{q})}{[\epsilon(\boldsymbol{k}_1)-\epsilon(\boldsymbol{k}_1-\boldsymbol{q})]^2-\hbar^2\omega(\boldsymbol{q})^2}\end{aligned} \tag{20.108}$$

为了确定对基态能量的二级修正,我们应该把上式和矩阵元的平方 $|H_{kk'}'|^2$ 一起对基态电子占据的所有状态进行求和.如果电子能量的差比声子的能量小的话,二级修正的结果可以用一个负的常数来近似.因此,在 Σ_{F} 附近存在一个区域,在那里声子引起的相互作用相应于吸引.这一层的厚度由最大的声学频率 $\hbar\omega\sim\epsilon_{\mathrm{F}}(m/M)^{1/2}$ 决定.相应的电子动量的不确定性 $\Delta p\sim\hbar\omega/v_{\mathrm{F}}$ 决定了这种相互作用的力程为

$$\Delta x\sim\frac{v_{\mathrm{F}}}{\omega}\sim\frac{v_{\mathrm{F}}}{v_{声}}\frac{v_{声}}{\omega}\sim\sqrt{\frac{M}{m}}a\gg a \tag{20.109}$$

其中,a 是晶格的周期.在金属中,这个长程的吸引作用与屏蔽的短程(见 19.6 节)Coulomb斥力相竞争.如果吸引占优势,则正常的 Fermi 分布变得不稳定,模糊了 Fermi 面,这个系统变得**超导**.

第21章

Bose子

作为纯粹的量子统计相变，Bose-Einstein凝聚是独特的，这就是说，即使没有相互作用，它也会发生. Einstein把这种相变描述为“没有吸引力”的凝聚……另一方面，真实世界的粒子总是有相互作用的，而且即使相互作用很弱的Bose气体也表现出不同于理想Bose气体.

——W. Ketterle

21.1 Bose-Einstein凝聚

正如在15.3节中简要介绍的，一个没有相互作用的Bose气体在低温下经历一种最低的单粒子态被**宏观**数量的粒子占据的相变. 当然，即使是可区分粒子的经典气体也应发生这种相变，但仅在与到第一个单粒子激发态的距离相当的极低温度$T \sim \hbar^2/(mV^{2/3})$

才有可能，其中 V 是系统的体积. 在量子 Bose 气体中，不可区分性的效应使温度((15.9)式)提高了一个因子 $\sim N^{2/3}$，其中 N 是粒子数.

人们对有限温度下 Bose 气体的性质用统计物理做过许多研究. 这里，我们感兴趣的是 $T=0$ 的纯量子极限，那时，所有的无相互作用的粒子形成一种 **Bose-Einstein 凝聚**(BEC)，即占据最低的轨道，也就是说，一个单粒子量子态有着巨大占有率，$N_0=N$. 在真实系统中，粒子之间是有相互作用的. 我们首先要回答的问题是：粒子间存在的相互作用能否使出现的凝聚幸存下来.

让我们首先尝试用微扰论来解释这种相互作用效应. 考虑一个处在 V 和 N 都非常大的**热力学**极限下，空间均匀的全同无自旋的 Bose 子体系. 在基态 $|0\rangle$，所有的粒子都占据能量最低的单粒子态. 利用周期的边界条件，这个轨道是由零动量 $\boldsymbol{p}=0$ 和零能量来表征的，所以凝聚波函数简单地为一个常数 $1/\sqrt{V}$. 粒子之间的两体相互作用 $U(\boldsymbol{r})$ 引起散射过程. 在一级微扰论中，我们仅仅需要凝聚粒子之间相互作用能的期待值. 利用(17.75)式，我们计算图 21.1(a)所示的

$$E_0 = \frac{1}{2V}U_0\langle 0|\hat{a}_0^\dagger\hat{a}_0^\dagger a_0 a_0|0\rangle \tag{21.1}$$

算符等于 $\hat{N}_0(\hat{N}_0-1)$，所以在凝聚内 $\langle\hat{N}_0\rangle=N$，相互作用对基态能量的贡献是

$$E_0 = \frac{1}{2}U_0\frac{N(N-1)}{V} \tag{21.2}$$

当然，在固定密度 $n=N/V$ 的热力学极限下，这个能量 $E_0\approx(1/2)U_0 nN$ 正比于粒子数(**广延**量). 这里及下文我们假定相互作用势的 Fourier 零分量 U_0 是有限的，对于中性原子，情况正是如此.

在下一级近似中，我们需要相互作用算符的**非对角**矩阵元. 图 21.1(b)仅显示了动量守恒允许的过程：两个凝聚的粒子碰撞产生一个$(\boldsymbol{p},-\boldsymbol{p})$对. 这个态的无微扰能量是 $2(p^2/(2m))$，混合矩阵元是

$$M_p = \langle 0_{N-2};\boldsymbol{p},-\boldsymbol{p}\mid\hat{U}\mid 0_N\rangle \tag{21.3}$$

其中，我们指出了在凝聚中粒子的数目. 再次利用(17.75)式，我们得到

$$M_p = \frac{1}{2V}\langle 0_{N-2}\left|\hat{a}_{-p}\hat{a}_p\sum_{p'}U_{p'}\hat{a}_{p'}^\dagger\hat{a}_{-p'}^\dagger\hat{a}_0\hat{a}_0\right|0_N\rangle = \frac{\sqrt{N(N-1)}}{V}U_p \tag{21.4}$$

因此，在相互作用的线性阶，基态与在凝聚以上一对$(\boldsymbol{p},-\boldsymbol{p})$的态产生了混合，混合的振幅等于

$$\alpha(\boldsymbol{p}) = -\frac{M_p}{2[\boldsymbol{p}^2/(2m)]} = -\frac{m}{p^2}\frac{\sqrt{N(N-1)}}{V}U_p \tag{21.5}$$

一个小的量子化的矢量 $\boldsymbol{p}$ 可以表示为 $(2\pi\hbar V^{-1/3})\boldsymbol{\nu}$，其中无量纲矢量 $\boldsymbol{\nu}$ 具有量级为 1 的整数分量. 由于重要的动量都很小，为便于下面的讨论，像 8.7 节那样，引入**散射长度** a，在 Born 近似下，它由下式给出：

$$a = -\lim_{k\to 0} f(k) = \frac{m}{4\pi\hbar^2}U_0 \tag{21.6}$$

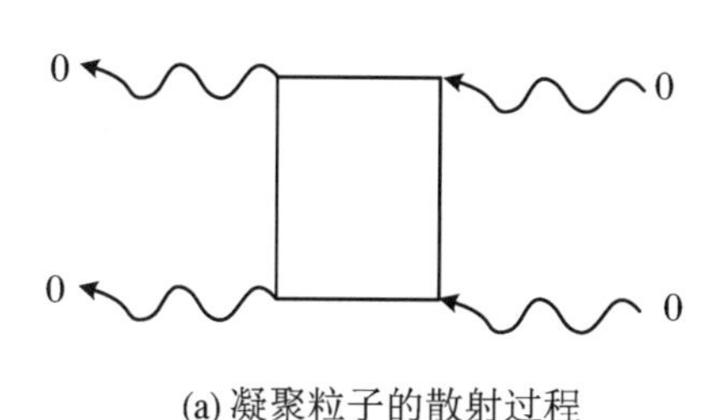

(a) 凝聚粒子的散射过程

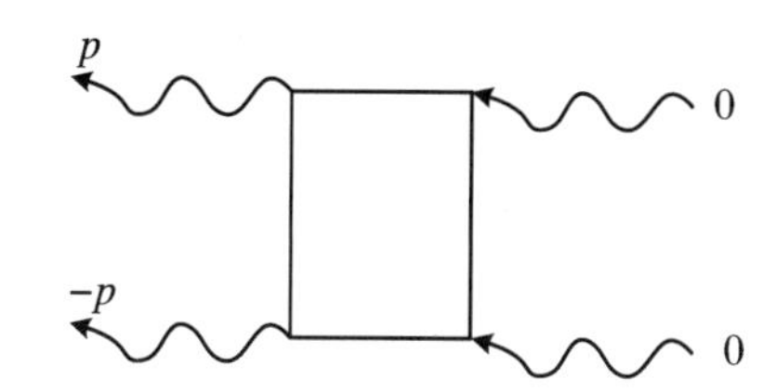

(b) 在凝聚以上产生状态 p 和 $-p$ 占据的散射过程

图 21.1　散射过程

这里，我们考虑到了在质量为 m 的两个全同粒子碰撞中，约化质量为 $m/2$. 在这样的项中，对于混合振幅((21.5)式)，我们得到

$$\alpha(\boldsymbol{p}) = -\frac{\sqrt{N(N-1)}}{\pi\boldsymbol{\nu}^2}\frac{a}{V^{1/3}}\frac{U_p}{U_0} \tag{21.7}$$

用典型的粒子间距 $r_0 \sim n^{-1/3}$ 以及光滑的势 $U_p \sim U_0$，我们得到如下的估算：

$$|\alpha(\boldsymbol{p})| \sim \frac{a}{r_0}N^{2/3} \tag{21.8}$$

由此看出，在热力学极限下，微扰论绝不适用，因为它的适用性要求 $a \ll r_0/N^{2/3}$，这种情况仅在 $a=0$ 时才是可能的. 由(21.4)式清楚地看到，这个结果是任意一种从宏观占据的 Bose 凝聚中激发粒子过程的受激增强效应的一个后果，像激光中同样的效应. 在相互作用的情况下，即使在二体问题中传统的 Born 近似意义上是弱的相互作用情况，对于一个多体系统微扰论也不适用，我们需要更精巧的理论工具.

21.2 凝聚作为储存器，化学势

为了揭示存在相互作用的情况下凝聚态和低能激发态会发生些什么，我们假定，即使在系统中有相互作用(仍考虑相互作用是弱的)，凝聚还会存在[63]．宏观数量 N_0 个粒子占据 $\boldsymbol{p}=\boldsymbol{0}$ 的单粒子轨道．这个假定必须经受结果的检验．

对于一个非常大的数 N_0，算符 $\hat{a}_0$ 和 $\hat{a}_0^\dagger$ 可以作为 c 数(译者注：经典的数)来处理(比较上册第 14 章关于宏观量子干涉的论证)．N_0 和 N_0+1 的差别可以忽略，而且对易子：

$$[\hat{a}_0,\hat{a}_0^\dagger]=(\hat{N}_0+1)-\hat{N}_0=1 \tag{21.9}$$

与 N_0 相比可以忽略．由于图 21.1(b)中的散射过程会从凝聚中移走一些粒子对，所以，在真正的基态，N_0 没有确定的值．然而，在所有弱的激发态，这个涨落量的期待值 $\langle N_0\rangle$ 仍然保持为宏观上较大的量．因此，(对于薛定谔的时间无关算符)我们可以设

$$\hat{a}_0\approx\hat{a}_0^\dagger\Rightarrow\sqrt{N_0} \tag{21.10}$$

其中，我们略去了 $\langle N_0\rangle$ 的尖括号．

这样，具有非零动量的那些粒子处在宏观的凝聚粒子**储存器**中．哈密顿量((17.75)式)生成 Bose 子海森伯算符精确的运动方程：

$$\mathrm{i}\hbar\dot{a}_p=[\hat{a}_p,\hat{H}]=\frac{\boldsymbol{p}^2}{2m}\hat{a}_p+\frac{1}{2V}\sum_{p'P}(U_{p-p'-P/2}+U_{-p-p'+P/2})\hat{a}^\dagger_{-p+P}\hat{a}_{-p'+P/2}\hat{a}_{p'+P/2} \tag{21.11}$$

$$\mathrm{i}\hbar\dot{a}_p^\dagger=-\frac{\boldsymbol{p}^2}{2m}\hat{a}_p^\dagger-\frac{1}{2V}\sum_{p'P}(U_{p-p'-P/2}+U_{-p-p'+P/2})\hat{a}^\dagger_{p'+P/2}\hat{a}^\dagger_{-p'+P/2}\hat{a}_{-p+P} \tag{21.12}$$

这些精确方程对于凝聚粒子 $p=0$ 的特殊情况为

$$[\hat{a}_0,\hat{H}]=\frac{1}{2V}\sum_{pP}(U_{p+P/2}+U_{p-P/2})\hat{a}_P^\dagger\hat{a}_{p+P/2}\hat{a}_{-p+P/2} \tag{21.13}$$

在(21.13)式中，让我们把包含求和号中凝聚算符的贡献分离出来：

$$\mathrm{i}\hbar\dot{a}_0=\frac{U_0}{V}\hat{a}_0^\dagger\hat{a}_0\hat{a}_0+\frac{1}{V}\sum_{p\neq0}[U_p\hat{a}_0^\dagger\hat{a}_{-p}\hat{a}_p+(U_0+U_p)\hat{a}_p^\dagger\hat{a}_p\hat{a}_0]+\widetilde{\sum} \tag{21.14}$$

其中，$\widetilde{\sum}$ 不包括凝聚算符.通过略去在 $N_0 \gg 1$ 时相对较小的那些项，我们可以发现方程(21.14)以及关于 $\hat{a}_0^\dagger$ 的共轭方程的如下形式的解：

$$a_0(t) = \sqrt{N_0}\mathrm{e}^{-(\mathrm{i}/\hbar)\mu t}, \quad a_0^\dagger = \sqrt{N_0}\mathrm{e}^{(\mathrm{i}/\hbar)\mu t} \tag{21.15}$$

按前面所论证的思路，这里的振幅被表示为 c 数，而且从(21.14)式的基态期待值可以得到与一个凝聚粒子的湮灭或产生相联系的频率 μ：

$$\mu = \frac{U_0}{V}N_0 + \frac{1}{V}\sum_{p\neq 0}[U_p\Delta_p + (U_0 + U_p)n_p] \tag{21.16}$$

我们引入过凝聚(over-condensate)粒子 $\boldsymbol{p}\neq 0$ 的占有数

$$n_p = \langle \hat{a}_p^\dagger \hat{a}_p \rangle \tag{21.17}$$

和**反常**期待值

$$\Delta_p = \langle \hat{a}_{-p}\hat{a}_p \rangle \mathrm{e}^{2(\mathrm{i}/\hbar)\mu t} \tag{21.18}$$

这个反常期待值不为0，因为存在着可以吸收和产生总动量为零粒子对的凝聚.以后我们会看到，对于系统的基态所取的两个期待值((21.17)式和(21.18)式)不依赖于时间.

由于

$$\langle N_0 - 1|[\hat{a}_0, \hat{H}]|N_0\rangle = (E_{N_0} - E_{N_0-1})\langle N_0 - 1|\hat{a}_0|N_0\rangle \tag{21.19}$$

凝聚频率((21.15)式)描述从凝聚中提升一个粒子相关的能量改变：

$$\mu = E_{N_0} - E_{N_0-1} \approx \frac{\partial E}{\partial N_0} \tag{21.20}$$

的确，对凝聚的平均能量的主要贡献是由哈密顿量中的项((21.1)式)给出的，该哈密顿量包含按照(21.10)式用 c 数替代凝聚算符的最大数目：

$$E_0 \approx \frac{1}{2V}U_0 N_0^2 \tag{21.21}$$

上式对 N_0 的导数与(21.16)式中的第一项相符.(21.16)式中的下一项来自包括两个凝聚算符的哈密顿量的贡献.

于是，我们引入 μ 作为这种凝聚的**化学势**.正如统计力学中的典型情况，这种量被用于可变粒子数问题.因为精确的基态应该是这个凝聚中不同粒子数状态的叠加，我们需要一个这种类型的参数，以便能够平均地控制总粒子数：

$$N = N_0 + \sum_{p\neq 0} n_p \tag{21.22}$$

21.3 弱的非理想气体

为了找到基态和激发能谱的性质，我们回到 $\boldsymbol{p}\neq\mathbf{0}$ 时的运动方程(21.11)和(21.12). 在方程右边的非线性项中，我们保留那些包含两个凝聚算符的主要项. 这等价于**弱非理想** Bose 气体近似，这时化学势(21.16)式简化为第一项：

$$\mu\approx U_0\frac{N_0}{V}\equiv n_0U_0 \tag{21.23}$$

利用这种方法，我们得到方程组($p\neq0$)

$$\mathrm{i}\hbar\dot{\hat{a}}_p=\frac{\boldsymbol{p}^2}{2m}\hat{a}_p+\frac{1}{V}[(U_0+U_p)\hat{a}_0^\dagger\hat{a}_0\hat{a}_p+U_p\hat{a}_0\hat{a}_0\hat{a}_{-p}^\dagger] \tag{21.24}$$

$$\mathrm{i}\hbar\dot{\hat{a}}_{-p}^\dagger=-\frac{\boldsymbol{p}^2}{2m}\hat{a}_{-p}^\dagger-\frac{1}{V}[(U_0+U_p)\hat{a}_0^\dagger\hat{a}_0\hat{a}_p^\dagger+U_p\hat{a}_0^\dagger\hat{a}_0^\dagger\hat{a}_p] \tag{21.25}$$

在方程右边我们有时间依赖为(21.15)式的凝聚算符. 我们可以寻找如下形式的解：

$$\hat{a}_p(t)=\mathrm{e}^{-(\mathrm{i}/\hbar)\mu t}\hat{A}_p(t),\quad \hat{a}_p^\dagger(t)=\mathrm{e}^{(\mathrm{i}/\hbar)\mu t}\hat{A}_p^\dagger(t) \tag{21.26}$$

则与化学势相联系的时间依赖抵消掉了，因而我们可以用 c 数$\sqrt{N_0}$来代替凝聚算符. 结果，我们得到**线性**耦合方程组

$$\mathrm{i}\hbar\dot{\hat{A}}_p=[\epsilon_p+n_0(U_0+U_p)]\hat{A}_p+n_0U_p\hat{A}_{-p}^\dagger \tag{21.27}$$

$$\mathrm{i}\hbar\dot{\hat{A}}_{-p}^\dagger=-[\epsilon_p+n_0(U_0+U_p)]\hat{A}_{-p}^\dagger-n_0U_p\hat{A}_p \tag{21.28}$$

其中，我们用了符号

$$\epsilon_p=\frac{\boldsymbol{p}^2}{2m}-\mu,\quad n_0=\frac{N_0}{V} \tag{21.29}$$

方程(21.27)和(21.28)的解是 Bose 气体的**标准模式**. 从同样的单量子态$|\boldsymbol{p}\rangle$出发，通过把具有动量 p 的粒子降低($\sim\hat{a}_0^\dagger\hat{a}_p$)到凝聚中，或者从凝聚中把这个($\boldsymbol{p},-\boldsymbol{p}$)对的时间共轭伙伴 $-\boldsymbol{p}$ 提升($\sim\hat{a}_{-p}^\dagger\hat{a}_0$)上来，都可以到达基态$|0\rangle$. 在这两种情况下，我们都可

到达总动量为零的状态，但凝聚数目不同，分别是 N_0+1 和 N_0-1. 基态包括这样一些实际上是不可区分的分量的组合. 在两个振幅中，凝聚算符均可用相应的常数代替. 通过在基态与具有动量为 $\boldsymbol{p}$ 和(相对于基态)能量为 E_p 的单量子激发态之间求矩阵元，我们发现

$$E_p\langle 0|\hat{A}_p|\boldsymbol{p}\rangle = [\epsilon_p + n_0(U_0+U_p)]\langle 0|\hat{A}_p|\boldsymbol{p}\rangle + n_0 U_p\langle 0|\hat{A}^\dagger_{-p}|\boldsymbol{p}\rangle \quad (21.30)$$

$$E_p\langle 0|\hat{A}^\dagger_{-p}|\boldsymbol{p}\rangle = -[\epsilon_p + n_0(U_0+U_p)]\langle 0|\hat{A}^\dagger_{-p}|\boldsymbol{p}\rangle - n_0 U_p\langle 0|\hat{A}_p|\boldsymbol{p}\rangle \quad (21.31)$$

让这套代数方程的行列式为零，我们确定激发能谱 $E_p^{\pm}$，这里的 ± 分别对应平方根的前面两种可能的符号. 根据定义，这应该是一个正的激发能，所以物理的根是

$$E_p = \sqrt{[\epsilon_p + n_0(U_0+U_p)]^2 - (n_0U_p)^2} = \sqrt{(\epsilon_p + n_0U_0)^2 + 2(\epsilon_p + n_0U_0)U_p} \quad (21.32)$$

回顾在这种近似下化学势(21.23)式的数值，我们发现

$$E_p = \sqrt{\left(\frac{\boldsymbol{p}^2}{2m}\right)^2 + \frac{\boldsymbol{p}^2}{m}n_0U_p} \quad (21.33)$$

同一套方程的负根相应于矩阵元 $\langle -\boldsymbol{p}|\cdots|0\rangle$；用算符 $\hat{a}_p$ 或 $\hat{a}^\dagger_{-p}$ 也可以实现这些跃迁.

21.4 声子

在具有微弱相互作用的 Bose 气体中我们求得了元激发能谱. 如果相互作用的 Fourier分量 U_p 不随动量强烈增加，则在动量足够大时，该能谱简化为从凝聚中激发的单个粒子谱：

$$E_p \approx \frac{\boldsymbol{p}^2}{2m} \quad (21.34)$$

然而，在**长波**极限下，平方根里面的第二项变成主要项，则能谱是动量的**线性**函数：

$$E_p \approx cp, \quad c = \sqrt{\frac{n_0U_0}{m}} \quad (21.35)$$

于是，这种相互作用把粒子的非相干运动变成具有声速 c 的**声波**，而声速是由凝聚的密度以及相互作用 U_0 的体积积分或散射长度((21.6)式)决定的. 仅仅对 $U_0>0$ 的**排斥**相互作用情况，整个解在物理上才是合理的. 这时，粒子没有两体束缚态. 否则，Bose 气体对于复合物的形成会是不稳定的.

习题 21.1 在平均场近似下求解激发能谱问题. 这可以使用方程(21.11)和(21.12)的更精致的解做到：进行线性化，除了考虑带有两个凝聚算符的项以外，还要考虑(21.17)和(21.18)式给出的期待值 Δ_p 和 n_p. 与此同时，对于化学势我们需要用一个更精确的表达式(21.16). 证明：在这样一种自洽的处理中，能谱仍然保持在弱的相互作用气体近似下得到的定性特征，即在(21.34)式和(21.35)式这两个区域之间的转换具有低动量声子谱.

如图 21.2 所示，粒子类((21.34)式)和波类((21.35)式)这两种类型的激发能谱之间的转换发生在相应于如下的波长：

$$p_c \sim mc\sqrt{mnU_0} \sim \hbar\sqrt{na} \quad \rightsquigarrow \quad \lambda \sim \sqrt{\frac{1}{na}} \sim r_0\sqrt{\frac{r_0}{a}} \tag{21.36}$$

通常 $r_0 \gg a$，否则的话，系统就不能称为气体，因为它更接近于强相互作用的液体. 声波的概念仅对于波长大于粒子的间距时才有明确的意义，这时，才可能谈论相干的多体激发. 在这个问题中，凝聚的存在支持了集体特征.

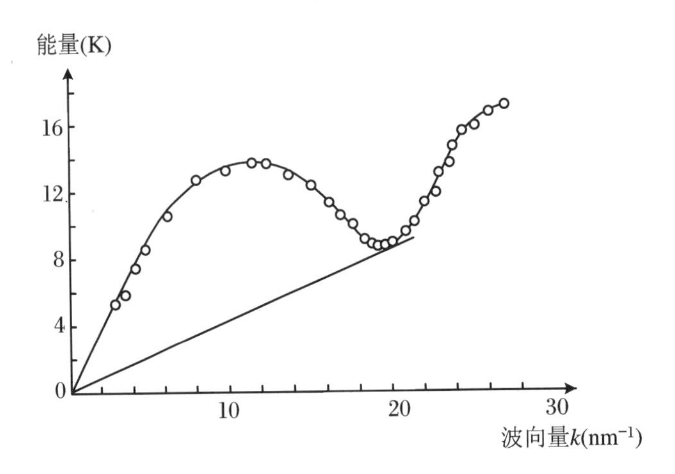

图 21.2 液体^{4}He 的经验激发能谱[64]

直线的斜率表示按照 Landau 标准((21.43)式)的临界速度.

声波的量子——**声子**决定所有的低温统计性质. 作为液体^{4}He 的热力学的一种解释，1941 年 Landau 就提出过小波矢量时的声子能谱. 在 $p \approx p_c$ 时，这个经验能谱改变它的特性(所谓的**旋子极小值**(roton minimum)，见图 21.2)，这要么归因于相互作用的有

效 Fourier 分量的显著变化(假定相互作用的 Fourier 分量的行为是 $U_p \approx U_0$ - 常数 · $|\boldsymbol{p}|$就足够了),要么归因于激发的另外一种特征(这个问题仍在争论中).随着动量的增加,涉及衰变成旋子、声子类的激发变得不稳定[65].一般地,我们需要记住,液体氦并不是一种气态物质,而这里我们考虑的是局限于微弱相互作用气体的情况.

声子能谱被认为是 **Goldstone 模式**的另一个例子,见第 20 章.这里,比较难以看出在什么阶段我们的近似解引入对称性自发破缺.当我们在(20.10)式中把算符 $\hat{a}_0$ 和 $\hat{a}_0^\dagger$ 用 $\sqrt{N_0}$代替时,这种情况就发生了.替代这种做法,我们可以使

$$\hat{a}_0 \Rightarrow \sqrt{N_0}\mathrm{e}^{\mathrm{i}\alpha}, \quad \hat{a}_0^\dagger \Rightarrow \sqrt{N_0}\mathrm{e}^{-\mathrm{i}\alpha} \tag{21.37}$$

其中,α 是一个**任意**的实数.这个凝聚的相位变换保持对易关系不变而且导致另一个完全等价的基态.因此,在所有可能的集体激发中,我们应该有一个没有能量改变的**整体**(在整个空间)凝聚相位改变,这表现为真实声子分支的一个长波极限.

情况的确如此.对于一个无限小的相位变换,从(21.37)式我们得到

$$\delta a_0 = \mathrm{i}\alpha\sqrt{N_0}, \quad \delta a_0^\dagger = -\mathrm{i}\alpha\sqrt{N_0} \tag{21.38}$$

这意味着,在 Goldstone 模式中,

$$\frac{\delta a_0}{\delta a_0^\dagger} = -1 \tag{21.39}$$

在声子模式中,从(21.30)式或(21.31)式,我们有

$$\frac{\langle 0|A_p|\boldsymbol{p}\rangle}{\langle 0|A_{-p}^\dagger|\boldsymbol{p}\rangle} = \frac{n_0 U_p}{E_p - [\epsilon_p + n_0(U_0 + U_p)]} \tag{21.40}$$

对于激发能(21.31)式以及化学势(21.23)式的数值,在 $p \to 0$ 的**极限下**,右边趋于 -1,与(21.39)式一致.因此,在长波极限下,零能量的声子分支的存在恢复了对于凝聚的相位变换不变性(**规范对称性**).这种对称性曾经被凝聚相位的特殊选择破坏.

21.5 超流体

我们知道,温度在 2.2 K 以下的液体^{4}He 是超流体,这是在 1940 年由著名的

Kapitza，Allen 和 Miesener 的实验确立的．这种液体没有黏性地流过那种甚至连气体都不能穿透的毛细管和狭缝．

超流性是一种非凡的宏观量子现象．对于这种现象的理解依赖于系统中元激发能谱的性质．超流性的必要判据是 1941 年由 Landau 给出的．在微观层面上，在一个运动的介质中，摩擦和能量耗散是通过从整体运动中吸收能量产生元激发而发生的．然而，需要的能量和动量转移必须是相互自洽的，而且这依赖于系统的激发能谱．让我们考虑实验室坐标系中均匀运动的量子液体这样一个最简单的情况．这个运动受到容器壁的限制．如果在液体中，消耗动能所产生的激发（真正的激发，而不是虚激发）是守恒定律所允许的，则容器壁和系统之间的相互作用具有一种摩擦的特征．如果运动的液体需要流经一个宏观的障碍物，也会发生同样的结果．

方便的做法是考虑这样的一种空间坐标架，其中，所考虑的体系是静止的，而容器壁或宏观物体相对于这个系统以速度 $\boldsymbol{u}$ 运动．这个运动的客体具有宏观能量 E 和动量 $\boldsymbol{P}$．在一个基本的相互作用行为中，壁或障碍物会损失能量 ΔE 和动量 $\Delta \boldsymbol{P}$．对于具有分立量子谱的体系，这个过程将产生一个动量为 $\boldsymbol{p}$ 能量为 $\epsilon(\boldsymbol{p})$ 的元激发．按照守恒定律，

$$\epsilon(\boldsymbol{p}) = \Delta E, \quad \boldsymbol{p} = \boldsymbol{P} \tag{21.41}$$

因为对于一个宏观的物体 $\Delta E = (\boldsymbol{u} \cdot \boldsymbol{P})$，所以对于能量-动量交换的必要条件是

$$\epsilon(\boldsymbol{p}) = (\boldsymbol{u} \cdot \boldsymbol{p}) \tag{21.42}$$

条件(21.42)决定了新产生激发的动量和相对速度之间的夹角．然而，仅当 $\epsilon(\boldsymbol{p}) < up$ 时，它才可以满足，也就是说，并不是每一个激发能谱都能满足．明显的限制是对于应大于**临界速度** u_c 的相对速度 u，如图 21.2 所示，得出的

$$u > u_c, \quad u_c = \min\left[\frac{\epsilon(p)}{p}\right] \tag{21.43}$$

如果这个 **Landau 判据**得到满足，相对运动将被衰减．在速度小于这个临界值时，与产生元激发相关的能量和动量的交换是被禁戒的．那时，这个系统可能是**超流体**．

对于（无相互作用的）理想 Bose 气体，在基态的所有粒子都处于凝聚中．由算符 $\hat{a}_{\boldsymbol{p}}^{\dagger} \hat{a}_0$ 给出的元激发把一个粒子提升到 $\boldsymbol{p} \neq 0$，它需要能量 $\epsilon(\boldsymbol{p}) = \boldsymbol{p}^2/(2m)$．按照判据(21.43)式，临界速度为零．这意味着这种气体作为一个整体的集体运动是不可能的，因为与壁之间发生的一个任意小的相互作用都将从凝聚中激发单个粒子，从而破坏宏观运动．

对于非理想 Bose 气体，情况发生了变化．即使粒子之间一个微弱的相互作用也会使能谱发生至关重要的改变，因为与凝聚相关的矩阵元的宏观增幅导致理想 Bose 气体是不稳定的．在临界速度等于声速 $u_c = c$ 的情况下，声子能谱((21.35)式)满足Landau判

据((21.43)式).对于更慢速度的流,我们可以预期超流性.由图 21.2 的液氦的经验能谱中旋子的极小值,可知临界速度比 c 要低:更容易产生相应于这个极小值的局域元激发.在实际中,临界速度甚至小得多,或许是由小的涡流的产生决定的.

21.6 正则变换

让我们回到在 Bose 气体中声子谱的推导.正如已经讨论过的,算符 $\hat{a}_p$ 和 $\hat{a}^{\dagger}_{-p}$ 提供了另一种办法把基态与具有一个声子类型单个元激发的激发态耦合起来.只要这种激发的数目比 N_0 小得多,则它们就是独立的,并且可以认为它们是遵从 Bose 统计的新的**准粒子**.

通过引入 $p\neq 0$ 的准粒子算符,我们可以把它公式化.这些准粒子算符是算符 $\hat{A}_p$ 与其厄米共轭的线性组合,在 $t=0$ 时刻它们与原始算符 $\hat{a}_p$ 及其共轭(21.26)一致:

$$\hat{b}_p = u_p\hat{A}_p + v_p\hat{A}^{\dagger}_{-p} \tag{21.44}$$

$$\hat{b}^{\dagger}_p = u^*_p\hat{A}^{\dagger}_p + v^*_p\hat{A}_{-p} \tag{21.45}$$

如果下述对易关系得到保持:

$$[\hat{b}_p, \hat{b}^{\dagger}_{p'}] = \delta_{pp'} \quad \rightsquigarrow \quad |u_p|^2 - |v_p|^2 = 1 \tag{21.46}$$

这个 **Bogoliubov 变换**[66]将导致新的 Bose 子.在一个各向同性的介质中,变换系数不依赖动量矢量的角度:$u_{\mathbf{p}} = u_p$,$v_{\mathbf{p}} = v_p$.所有的 b 算符都自动对易,所有的 $b^{\dagger}$ 算符也是如此.因此,我们有一个在老的和新的 Bose 子算符之间的**正则变换**;该变换的行列式等于 1.

满足条件(21.46)的线性变换(21.44)式、(21.45)式可以取逆,结果为

$$\hat{A}_p = u^*_p\hat{b}_p - v_p\hat{b}^{\dagger}_{-p}, \quad \hat{A}^{\dagger}_p = u_p\hat{b}^{\dagger}_p - v^*_p\hat{b}_{-p} \tag{21.47}$$

整个变换相当接近于我们在上册 12.8 节对于存在对产生量子源的情况下谐振子压缩态用到的公式.正如在图 21.1 中看到的,这里凝聚起到这样一个源的作用.在两个凝聚粒子的碰撞中所产生的对是由 $\boldsymbol{p}$ 和 $-\boldsymbol{p}$ 两个不同的(时间共轭的)Bose 子构成的.

习题 21.2 通过寻找相应于一种正常模式的算符 $b_p(t)\propto \mathrm{e}^{-\mathrm{i}\omega t}$,证明 $\hbar\omega = E_p$

((21.32)式)并求正则变换的系数.

解 系数之间的关系为

$$\frac{v_p}{u_p}=\frac{\epsilon_p+n_0(U_0+U_p)-E_p}{n_0U_p}=\frac{n_0U_p}{E_p+\epsilon_p+n_0(U_0+U_p)} \tag{21.48}$$

用归一化((21.46)式),我们发现

$$u_p^2=\frac{\epsilon_p+n_0(U_0+U_p)+E_p}{2E_p},\quad v_p^2=\frac{\epsilon_p+n_0(U_0+U_p)-E_p}{2E_p} \tag{21.49}$$

取长波极限并利用能谱((21.32)式)的显示表达式(21.33),我们看到,在 $p\ll mc$ 时,振幅 u_p 和 v_p 随着 p 的减小而增大到同样的数值(与它们中的每一个相比,它们之间的差别((21.46)式)很小):

$$u_p^2\approx v_p^2\approx\frac{mc}{2p},\quad 0<p\ll mc \tag{21.50}$$

这个结果表明,按照(21.47)式,比率((21.40)式)等于 $-v_p/u_p$,在 $p\ll mc$ 的极限下,它的确趋于-1,对于 Goldstone 模式它正该如此((21.39)式).

习题 21.3 在时间相关的形式中,用另一个办法推导全部结果:引入未知的化学势 μ,使得 $\hat{H}\to\hat{H}'=\hat{H}-\mu\hat{N}$;做正则变换并把整个哈密顿量用新算符 $\hat{b}_p$ 和 $\hat{b}_p^\dagger$ 表示;分离开具有四个、两个和一个凝聚算符的项;把凝聚算符用 c 数$\sqrt{N_0}$代替;那时,具有两个凝聚算符的项给出相对于 $\mathbf{p}\neq0$ 算符的平方形式;像上册 12.7 节那样,通过选择振幅 u 和 v,对角化这个形式;在正确选择化学势((21.20)式)以保证在元激发能谱中不存在**能隙**之后,即 $p\to0$时,$E_p\to0$,对角项$\sim\hat{b}_p^\dagger\hat{b}_p$ 前面的系数就决定了与(21.32)式一致的元激发能量.

作为正常模式振幅,$\hat{b}_p$ 和$\hat{b}_p^\dagger$ 是有确定频率的 Bose 子算符,在这个近似下,系统的基态是对于这些量子的真空态$|\Psi_0\rangle$.算符 $\hat{b}_p$ 湮灭这个真空态:

$$\hat{b}_p|\Psi_0\rangle=0,\quad \mathbf{p}\neq0 \tag{21.51}$$

而产生算符产生正常模式的量子:

$$\hat{b}_p^\dagger|\Psi_0\rangle=|\mathbf{p}\rangle \tag{21.52}$$

现在,我们可以寻找在凝聚((21.17)式)上方的粒子密度:

$$n_p=\langle\Psi_0|\hat{A}_p^\dagger\hat{A}_p|\Psi_0\rangle \tag{21.53}$$

借助于正则变换((21.47)式)和真空规则((21.51)式),我们得到

$$n_p = v_p^2 \approx \frac{mc}{2p} \tag{21.54}$$

其中,最后的表达式只有 $p \ll mc$ 才成立.方程(21.54)给出了在小的但不为零的动量处宏观凝聚密度的尾部.

习题 21.4 对于大动量 $p \gg mc$,求占有数.

解

$$n_p \approx \left(\frac{mc}{p}\right)^4, \quad p \gg mc \tag{21.55}$$

因为在 $p \gg mc$ 时粒子数随 p 的增大迅速下降,我们可以估算在凝聚上方粒子的总密度为

$$n_{p>0} \approx \int_{p<mc} \frac{\mathrm{d}^3 p}{(2\pi\hbar)^3} \frac{mc}{2p} = \frac{1}{8\pi^2}\left(\frac{mc}{\hbar}\right)^3 \tag{21.56}$$

如果大多数粒子仍然是在凝聚以内,则整个处理办法是可行的.方程(21.56)和(21.35)表明

$$\frac{n_{p>0}}{n_0} = \frac{1}{8\pi^2 n_0}\left(\frac{mn_0 U_0}{\hbar^2}\right)^{3/2} = \sqrt{\frac{n_0 a^3}{\pi}} \tag{21.57}$$

其中,a 是散射长度((21.6)式).我们看到,对于这个微弱的非理想 Bose 气体近似适用的小参数是 $\sqrt{n_0 a^3} \sim (a/r_0)^{3/2}$.

习题 21.5 求反常期待值((21.18)式).

解

$$\Delta_p = -u_p v_p = -\frac{\mu}{2E_p} \tag{21.58}$$

在长波极限下,$\Delta_p \approx -mc/(2p)$.

21.7 声子作为密度波

通过用坐标变量描述,我们可以对这种情况提供一个补充的观点.

在长波极限((21.50)式)情况下,在 u_p 和 v_p 近似相等时,产生一个元激发((21.45)式)的算符有如下形式:

$$\hat{b}_p^{\dagger} \approx u_p(\hat{A}_p^{\dagger} + \hat{A}_{-p}) \tag{21.59}$$

让我们把这个算符与密度涨落算符((17.41)式)一并使用.在多体表象中,这个算符已经在求和规则的推导中用到过(见上册 7.9 节).在二次量子化的动量基中,代替上册(7.145)式,对于无自旋的 Bose 子,我们有表达式((20.90)式)

$$\hat{\rho}_p = \sum_{p'} \hat{a}_{p+p'}^{\dagger} \hat{a}_{p'} \tag{21.60}$$

在弱的非理想 Bose 气体的低动量区,$\boldsymbol{p}=0$ 的算符相应于宏观占据,可以用$\sqrt{N_0}$代替.那时,密度涨落是与粒子从凝聚中的激发相联系的,并且这样替代以后,(21.60)式约化为

$$\hat{\rho}_p \Rightarrow \sqrt{N_0}(\hat{a}_p + \hat{a}_{-p}^{\dagger}) \tag{21.61}$$

这里的两项分别来自于求和(21.60)式中的 $\boldsymbol{p}'=0$ 和 $\boldsymbol{p}'=-\boldsymbol{p}$.因此,在声子的长波区,由算符((21.59)式)产生的 Bose 气体的元激发不是别的,而是作为具有确定动量的波传播的密度涨落.这为一种明显的 Goldstone 模式的重新解释留下余地.在 $p\to 0$ 的极限下,密度涨落的相位都一样,它等价于整体变换(21.37)式;而一个常数相位不需要能量.

如果算符 $\hat{\rho}_p$ 在基态和激发态$|\boldsymbol{p}\rangle$之间有一个大的矩阵元,则我们假定这种单独的跃迁使求和规则达到饱和(见上册(7.146)式),以其显示形式(见上册(7.130)式)给出

$$\sum_n (E_n - E_0) |\langle \Psi_n(\boldsymbol{p}) | \hat{\rho}_p^{\dagger} | \Psi_0 \rangle|^2 = \frac{p^2}{2m} N \tag{21.62}$$

其中,我们要对所有的具有动量 $\boldsymbol{p}$ 的中间态$|\Psi_n(\boldsymbol{p})\rangle$求和.饱和意味着只有一个激发能为 E_p 的态$|\boldsymbol{p}\rangle$对这个求和有重要贡献,即

$$E_p |\langle \boldsymbol{p} | \hat{\rho}_p | \Psi_0 \rangle|^2 \approx \frac{p^2}{2m} N \tag{21.63}$$

我们把量

$$S_p = \langle \Psi_0 | \hat{\rho}_p \hat{\rho}_p^{\dagger} | \Psi_0 \rangle \tag{21.64}$$

称为**静态形状因子**.它表示密度涨落的关联函数.通过在(21.64)式中插入具有动量 $\boldsymbol{p}$ 的激发态的完备集,并再次假定饱和,我们发现

$$S_p = \sum_n |(\rho_p^{\dagger})_{n0}|^2 \approx |\langle \boldsymbol{p} | \hat{\rho}_p | \Psi_0 \rangle|^2 \tag{21.65}$$

现在,结果(21.63)式可以重新写成 R. Feynman 建议的形式:

$$E_p = \frac{p^2}{2m}\frac{N}{S_p} \tag{21.66}$$

静态形状因子((21.64)式)是一个直接与实验可观测量相关的量,特别是与可以如下定义的**二元关联函数**相关:

$$g(\boldsymbol{r}) = \frac{1}{N(N-1)}\left\langle \sum_{ab(a\neq b)} \delta(\boldsymbol{r}+\boldsymbol{r}_a-\boldsymbol{r}_b)\right\rangle \tag{21.67}$$

它是找到相距 $\boldsymbol{r}$ 的两个粒子的概率.(21.67)式中的期待值或者是在基态 $|\Psi_0\rangle$ 取的,或者是在适当的非零温度的热系综中取的.静态形状因子((21.64)式)本质上是这个关联函数的 Fourier 映像:

$$S_p = \left\langle \sum_{ab} \mathrm{e}^{(\mathrm{i}/\hbar)\boldsymbol{p}\cdot(\boldsymbol{r}_a-\boldsymbol{r}_b)}\right\rangle = \int \mathrm{d}^3 r \mathrm{e}^{-(\mathrm{i}/\hbar)(\boldsymbol{p}\cdot\boldsymbol{r})}\left\langle \sum_{ab}\delta(\boldsymbol{r}+\boldsymbol{r}_a-\boldsymbol{r}_b)\right\rangle \tag{21.68}$$

因此

$$S_p = N + N(N-1)\int \mathrm{d}^3 r \mathrm{e}^{-(\mathrm{i}/\hbar)(\boldsymbol{p}\cdot\boldsymbol{r})} g(\boldsymbol{r}) \tag{21.69}$$

这里,项 N 来自于自关联,$a=b$.

21.8 局域密度近似

现存的物理论据允许我们把(21.66)式与声速联系起来,并由此与我们先前对于长波元激发能谱得到的结果((21.35)式)联系起来.让我们对这个系统施加一个在空间随波矢 $\boldsymbol{k}=\boldsymbol{p}/\hbar$ 变化的微弱的静态密度微扰:

$$\hat{H}' = \lambda \int \mathrm{d}^3 r \hat{\rho}(\boldsymbol{r})\cos(\boldsymbol{k}\cdot\boldsymbol{r}) \tag{21.70}$$

或者,按照密度涨落算符(现在用 $\boldsymbol{k}$ 来标志),写成

$$\hat{H}' = \frac{\lambda}{2}(\hat{\rho}_{\boldsymbol{k}} + \hat{\rho}_{\boldsymbol{k}}^{\dagger}) \tag{21.71}$$

我们假定,在这种弱的($\lambda\to 0$)微扰作用下,系统是**稳定的**.均匀的基态会受到密度调制,

而且在二阶微扰论中它的能量将减少为

$$E - E_0 = \sum_n \frac{|H'_{n0}|^2}{E_0 - E_n} = -\frac{\lambda^2}{2}\sum_n \frac{|(\rho_k^\dagger)_{n0}|^2}{E_n - E_0} \equiv -\frac{\lambda^2}{2}X_k \tag{21.72}$$

习题 21.6 在微扰后的基态$|\Psi'_0\rangle$中，求密度涨落算符的期待值和微扰H'的期待值.

解

$$\langle\Psi'_0|\hat{\rho}_k|\Psi'_0\rangle = -\lambda X_k \tag{21.73}$$

$$\langle\Psi'_0|\hat{H}'|\Psi'_0\rangle = -\frac{\lambda^2}{2}2X_k = -\lambda^2 X_k \tag{21.74}$$

现在，借助于**宏观**论证，我们可以用一种不同的方法计算这个能量改变. 微扰后的态的总能量为

$$E = \langle\Psi'_0|\hat{H} + \hat{H}'|\Psi'_0\rangle \tag{21.75}$$

为了找到原始哈密顿量 H 在新态中的期待值，类似于 19.10 节的能量密度泛函的概念，我们采取**定域密度近似**. 也就是说，如果无微扰的能量可以写为 $E_0 = V\varepsilon(n)$，则对于微扰的**长波长**($kr_0 \ll 1$)，系统的大部分仅感受到一个局部密度的光滑改变，而局部密度的梯度仍然足够小. 因此，我们预计，系统的内禀能量仍然**局部地**可以用同样具有光滑变化的密度 $n(\boldsymbol{r})$的泛函 $\varepsilon(n)$描述：

$$\langle\Psi'_0|\hat{H}|\Psi'_0\rangle = \int d^3 r\varepsilon(n(\boldsymbol{r})) \tag{21.76}$$

对于微小的密度改变($n \to n + \Delta n(\boldsymbol{r})$)，我们可以作一个展开：

$$\varepsilon(n(r)) \approx \varepsilon(n) + \frac{\partial\varepsilon}{\partial n}\Delta n + \frac{1}{2}\frac{\partial^2\varepsilon}{\partial n^2}(\Delta n)^2 + \cdots \tag{21.77}$$

由微扰((21.70)式)引起的密度调制可以从(21.73)式求得：

$$\langle\rho(r)\rangle = n + \Delta n(\boldsymbol{r}) = n + \frac{1}{V}\langle\rho_k\rangle 2\cos(\boldsymbol{k}\cdot\boldsymbol{r}) \tag{21.78}$$

它可以用(21.72)式中定义的同样的求和 X_k 表示：

$$\Delta n(\boldsymbol{r}) = -2\frac{\lambda}{V}X_k\cos(\boldsymbol{k}\cdot\boldsymbol{r}) \tag{21.79}$$

在对振荡的余弦积分以后，展开式(21.77)中的一级项为零，二级项中的 $\cos(\boldsymbol{k}\cdot\boldsymbol{r})^2$ 的体积分给出 $V/2$，因此剩下

$$\langle \Psi_0' | \hat{H} | \Psi_0' \rangle = E_0 + \frac{1}{2}\left(2\frac{\lambda}{V}X\right)^2 \frac{V}{2}\frac{\partial^2 \varepsilon}{\partial n^2} = E_0 + \lambda^2 \frac{X^2}{V}\frac{\partial^2 \varepsilon}{\partial n^2} \tag{21.80}$$

其中，X 与在 $k \to 0$ 的长波极限下取的 X_k 是同一个量. 把在(21.72)式、(21.74)式、(21.75)式和(21.80)式中所有的 λ^2 级的项集在一起，我们得到

$$-\frac{\lambda^2}{2}X = -\lambda^2 X\left(1 - \frac{X}{V}\frac{\partial^2 \varepsilon}{\partial n^2}\right) \tag{21.18}$$

或

$$X = \frac{V}{2}\left(\frac{\partial^2 \varepsilon}{\partial n^2}\right)^{-1} = \frac{N}{2n}\left(\frac{\partial^2 \varepsilon}{\partial n^2}\right)^{-1} \tag{21.82}$$

现在，我们可以把量 X、(21.72)式和(21.82)式与声速联系起来. 无微扰介质中的压强 P 是

$$P = -\left(\frac{\partial E_0}{\partial V}\right)_N \tag{21.83}$$

但是，在 N 固定的情况下，对体积的导数可以表示为

$$\left(\frac{\partial}{\partial V}\right)_N = -\frac{n}{V}\left(\frac{\partial}{\partial n}\right)_N \tag{21.84}$$

所以，用 $E_0 = V\varepsilon(n)$，得

$$P = n\frac{\partial \varepsilon}{\partial n} - \varepsilon \tag{21.85}$$

按照平衡态流体力学[67]，声速是由压强对质量密度 mn 的导数决定的：

$$c^2 = \frac{1}{m}\frac{\partial P}{\partial n} = \frac{n}{m}\frac{\partial^2 \varepsilon}{\partial n^2} \tag{21.86}$$

现在，关系式(21.82)告诉我们

$$X = \lim_{k\to 0}\sum_n \frac{|(\rho_k^\dagger)_{n0}|^2}{E_n - E_0} = \frac{N}{2n}\frac{n}{mc^2} = \frac{N}{2mc^2} \tag{21.87}$$

这就是所谓的**逆能量求和规则**.

在我们的论证链条中，最后一步是：我们预期，在一个弱的非理想气体中，由于元激发谱 $E_p(\boldsymbol{p} = \hbar\boldsymbol{k})$的唯一 Goldstone 分支，像(21.87)式这样的求和规则在**长波极限**下是**饱和**的. 那时，(21.87)式决定了密度涨落矩阵元的物理归一化：

$$S_p \approx |\langle \boldsymbol{p}|\rho_p^\dagger|\Psi_0\rangle|^2 = E_p X = E_p \frac{N}{2mc^2} \tag{21.88}$$

与求和规则(21.66)式一起，这给出具有宏观定义声速的普适声子谱：

$$E_p^2 = c^2 p^2 \tag{21.89}$$

由于在零温下 $\mu = \partial P/\partial n$，这个定义与按照在微观处理中所使用的化学势的定义((21.20)式和(21.23)式)是一致的.

21.9 非均匀气体

到此为止，我们仅仅讨论了空间均匀情况下的基态和元激发，其中激发用它们的动量 $\boldsymbol{p}$ 表征.在许多情况下，Bose 系统具有空间上**非均匀**的组态.所有最近在实现 Bose 凝聚方面取得的成功[68]都是与可以冷却原子的特殊陷阱有关的.这种陷阱可以用 $U^0(\boldsymbol{r})$ 描述，它典型地接近谐振子势，也许是各向异性的.那时，这种气体的哈密顿量包括动能、粒子之间通过 $U(\boldsymbol{r})$ 的相互作用以及外部势能 $U^0(\boldsymbol{r})$.在二次量子化形式(18.67)式中

$$\hat{H} = \hat{K} + \int \mathrm{d}^3 r \hat{a}_r^\dagger U^0(\boldsymbol{r}) \hat{a}_r + \frac{1}{2}\int \mathrm{d}^3 r \mathrm{d}^3 r' \hat{a}_r^\dagger \hat{a}_{r'}^\dagger U(\boldsymbol{r}-\boldsymbol{r}') \hat{a}_{r'} \hat{a}_r \tag{21.90}$$

湮灭算符的 Heisenberg 运动方程为

$$\begin{aligned} \mathrm{i}\hbar \dot{\hat{a}}_r &= [\hat{a}_r, \hat{H}] \\ &= -\frac{\hbar^2}{2m}\nabla^2 \hat{a}_r + U^0(\boldsymbol{r})\hat{a}_r + \int \mathrm{d}^3 r' \mathrm{d}^3 r \hat{a}_{r'}^\dagger U(\boldsymbol{r}-\boldsymbol{r}') \hat{a}_{r'} \hat{a}_r \end{aligned} \tag{21.91}$$

由于对宏观相干运动感兴趣，我们可以应用上册第 14 章的论证及其形式体系，并把算符 $\hat{a}_r$ 和 $\hat{a}_r^\dagger$ 的矩阵元用表示凝聚的、通常为空间非均匀的宏观波函数 $\Psi(\boldsymbol{r})$ 来代替：

$$\mathrm{i}\hbar\dot{\Psi}(\boldsymbol{r}) = -\frac{\hbar^2}{2m}\nabla^2\Psi(\boldsymbol{r}) + U^0(\boldsymbol{r})\Psi(\boldsymbol{r}) + \int \mathrm{d}^3 r' \Psi^*(\boldsymbol{r}') U(\boldsymbol{r}-\boldsymbol{r}') \Psi(\boldsymbol{r}') \Psi(\boldsymbol{r}) \tag{21.92}$$

因此，波函数 $\Psi(\boldsymbol{r})$ 满足**非线性**薛定谔类方程.这种非线性相应于相互作用的粒子形成的

自洽平均场.

对于一个具有像**硬球**那样排斥相互作用的低密度气体,理论可以进一步简化.在这里,在低能时我们具有成对的相互作用,所以只有 s 波散射是重要的.这样一种相互作用完全可以用散射长度 a((21.6)式),即两粒子问题的精确解描述.那时,在运动方程中,代替实际的势,我们可以用一个**赝势**:

$$U(\boldsymbol{r}-\boldsymbol{r}')\Rightarrow g\delta(\boldsymbol{r}-\boldsymbol{r}'),\quad g=\frac{4\pi\hbar^2}{m}a \tag{21.93}$$

这就把(21.92)式变成一种**局域**形式:

$$\mathrm{i}\hbar\dot{\Psi}(\boldsymbol{r})=-\frac{\hbar^2}{2m}\nabla^2\Psi(\boldsymbol{r})+U^0(\boldsymbol{r})\Psi(\boldsymbol{r})+g\mid\Psi(\boldsymbol{r})\mid^2\Psi(\boldsymbol{r}) \tag{21.94}$$

这个 **Pitaevskii-Gross 方程**[69,70]被广泛地用在 Bose 系统物理中;它对纯排斥势的适用性很晚才得到严格证明[71].在 van der Waals 类型势的情况下(习题 8.6),这种简化形式的可用性或许会有疑问[72],这是因为存在由其吸引部分引起的散射共振.

虽然第 14 章有关宏观相干态的考虑仍然适用,但(21.94)式的**非线性**带来了在原子阱中成功研究过的新物理性质的多样性.这里,我们将仅提供几个例子.对于时间无关的解,正像上册方程(14.10)和(14.12)所讨论的,宏观波函数按以下形式平庸地随时间演化:

$$\Psi(\boldsymbol{r},t)=\psi(\boldsymbol{r})\mathrm{e}^{-(\mathrm{i}/\hbar)\mu t},\quad \mid\psi(\boldsymbol{r})\mid^2=n(\boldsymbol{r}) \tag{21.95}$$

其中,$n(\boldsymbol{r})$是密度分布.定态方程为

$$-\frac{\hbar^2}{2m}\nabla^2\psi(\boldsymbol{r})+U^0(\boldsymbol{r})\psi(\boldsymbol{r})+g\mid\psi(\boldsymbol{r})\mid^2\psi(\boldsymbol{r})=\mu\psi(\boldsymbol{r}) \tag{21.96}$$

而函数$|\psi(\boldsymbol{r})|^2$ 的积分归一化到总的粒子数 N.因为方程现在是非线性的,所以归一化是固定的.类似于 19.5 节讨论的 Thomas-Fermi 近似,这个方程决定了气体平衡态的密度.

空间组态取决于由相互作用决定的所谓**弥合长度**的特征长度 ξ、密度参数 $r_0\sim n^{-1/3}$ 和外势尺寸 R 的竞争.对于这个弥合长度,通过令动能项大小的量级$\sim\hbar^2/(m\xi^2)$等于相互作用项 gn,我们得到估计值 $\xi\sim\sqrt{\hbar^2/(mgn)}$.我们先前找到的集体振动是波长大于 ξ 的声子类型的振动.与平均粒子间距相比,这个长度要大一个因子:

$$\frac{\xi}{r_0}\sim\xi n^{1/3}\sim\frac{\hbar}{\sqrt{mg}\,n^{1/6}}\sim(na^3)^{-1/6} \tag{21.97}$$

其中,我们用了散射长度 a.由于有 1/6 次幂,即使对于 $na^3 \sim (a/r_0)^{1/3} < 1$ 的稀薄气体,这个数值也不是太大.如果弥合长度与典型的外场的力程相比要小并且我们对这种小距离的行为不感兴趣的话,则宏观密度分布仅仅由外势决定:

$$gn(\boldsymbol{r}) + U^0(\boldsymbol{r}) = 常数 = \mu \tag{21.98}$$

它与 Thomas-Fermi 方程(19.58)类似.

对于基态组态,解 ψ 可以取成实数,而相位的可能的坐标依赖对应于流的存在,见上册方程(14.15).(21.94)式中的非线性项允许我们寻找涡旋的空间结构,其中相位是以环流量子为单位(见上册(14.54)式)量子化的(见上册 14.6 节).假定涡旋线沿着 z 轴而且相位等于$\ell\alpha$,这里 α 是方位角,ℓ是每个粒子的角动量(见上册(14.57)式),对于函数 $\psi(\boldsymbol{r}) = A(r)\exp(\mathrm{i}\,\ell\alpha)$的径向部分,其中 $A(r) = \sqrt{n(r)}$,我们得到 Pitaevskii-Gross 方程(21.96):

$$-\frac{\hbar^2}{2mr}\frac{\mathrm{d}}{\mathrm{d}r}\left(r\frac{\mathrm{d}A}{\mathrm{d}r}\right) + \frac{\hbar^2\ell^2}{2mr^2}A(r) + gA^3(r) = \mu A(r) \tag{21.99}$$

现在我们可以看到,核心的半径的确是由上面定性地定义的弥合长度 ξ 所决定的.我们定义

$$\xi = \sqrt{\frac{\hbar^2}{2mgn_0}} \tag{21.100}$$

其中,n_0 是平衡态常数密度.当 $\xi \ll R$ 时,在存在涡旋的情况下化学势变化不明显,我们仍然可以假定 $\mu = gn_0$.那时,通过引入无量纲径向坐标 $y = r/\xi$ 和相对密度 $f(\gamma) = A(\xi\gamma)/\sqrt{n_0}$,我们把(21.99)式改写成约化形式:

$$\frac{1}{y}\frac{\mathrm{d}}{\mathrm{d}y}\left(y\frac{\mathrm{d}f}{\mathrm{d}y}\right) + \left(1 - \frac{\ell^2}{y^2}\right)f(y) - f^3(y) = 0 \tag{21.101}$$

在远离这个漩涡的地方($y \gg \ell$),方程的解受到非线性支配,给出 $f = f^3$,这相应于 $f \to 1$ 和无微扰的密度 n_0.在涡旋线附近,我们保留导数项和离心项;它们的相互影响导致了 $f \sim y^{|\ell|}$ 的典型行为.当$\ell \neq 0$ 时,在核心处(没有相干凝聚的区域,$n(r) \to 0$),方程的解为零.取约化单位,核心区的大小是 1 的量级,即弥合长度的大小 $r \sim \xi$.解的中间行为可以在数值上求解.在一个转动的阱中,涡旋形成一个晶格,见上册 14.6 节,这个晶格模仿刚体的转动.

第 22 章

Fermi 子配对与超导

实验明确表明，就测量所达到的精度而言，电阻消失了. 然而，与此同时，意料不到的事情发生了. 电阻的消失并不是逐渐的，而是突然发生的.

——H. Kamerlingh Onnes

22.1 配对

按照 Bardin-Cooper-Schrieffer(BCS)理论[73,74]，固体的超导是电子之间吸引的对关联的结果，它们克服了电子之间的库仑排斥. 正如 20.8 节所讨论的，这种吸引来自于晶格的变形. **Cooper 对**形成一种集体态，在某些方面，它类似于具有超导(带电粒子的超流)性质的 Bose 凝聚. 在其他 Fermi 系统中，诸如液态的轻的氦同位素 ^{3}He，也有类似的配对效应，只是吸引的根源不同. 在**有限的**超流系统中，像原子核、陷阱中的 Fermi 原子或小的金属颗粒都显示了一些特殊的特征.中子星的物理性质在相当大的程度上是由中子或包括夸克在内的其他组分的超流性决定的.

设 Fermi 子在一个平均场中运动,其中的各单粒子态用$|\lambda\rangle$表示.我们假定,系统在时间反演下是不变的,并假定在**时间共轭**轨道上的粒子之间有最强的配对力作用,见上册 20.6 节.超导金属和原子核正是这种情况.对于吸引力,这种类型的配对是有利的,因为配对后的轨道间有最大的重叠.这样的对态是时间反演不变的.在一个空间均匀的系统,它一定有零总动量 P(在一个周期的晶格中为准动量)以及零总自旋 $S=0$,在球形核中,该对的总角动量 J 为零.我们也已经知道一些更复杂类型的配对,例如,在液态^{3}He 中的配对[75,76].

在有限简并系统中的配对提供了一个富有启发性的可解多体问题的例子[77].在上册习题 22.5 中,对于一个球形的单 j 壳层,我们曾经构建了 $J=0$ 的对波函数,其中的时间共轭轨道是用适当的相位定义的(见上册方程(20.68)).简便的办法是引入一个特殊的符号,它只基于时间反演不变性,并不假定球对称的存在.对于每一个单粒子态$|\lambda\rangle$,其时间共轭态记为$|\tilde{\lambda}\rangle$;例如,在一个均匀的系统,这个带波浪符的态相应于把动量和自旋投影翻转.按照我们在球形基中的相位约定,在一个任意基中的单粒子时间共轭都可以通过对完备的球基展开来定义:

$$|\lambda\rangle=\sum_{jm}A^{\lambda}_{jm}\,|jm\rangle\Rightarrow|\tilde{\lambda}\rangle=\sum_{jm}(A^{\lambda}_{jm})^{*}\,(-)^{j-m}\,|j-m\rangle \tag{22.1}$$

正如在上册 20.6 节中提到的,重要的是两次时间反演便回到原始的 Fermi 子态,但**具有相反的符号**:

$$|\tilde{\tilde{\lambda}}\rangle=\sum_{jm}A^{\lambda}_{jm}\,(-)^{j-m}\,(-)^{j+m}\,|jm\rangle=\sum_{jm}A^{\lambda}_{jm}\,(-)^{2j}\,|jm\rangle=-|\lambda\rangle \tag{22.2}$$

这是 Fermi 统计(j 具有半整数值)的后果.

在一般情况下,可以从真空通过下述**对算符**的作用得到两个 Fermi 子配对的态:

$$\hat{P}^{\dagger}=\frac{1}{2}\sum_{\lambda}C_{\lambda}\hat{a}^{\dagger}_{\lambda}\hat{a}^{\dagger}_{\tilde{\lambda}} \tag{22.3}$$

其中,对于时间共轭轨道上单粒子算符 $\hat{a}^{\dagger}_{\tilde{\lambda}}$ 的定义包含所有的相位因子,使得 $C_{\lambda}=C_{\tilde{\lambda}}$ 和

$$\hat{a}^{\dagger}_{\tilde{\tilde{\lambda}}}=-\hat{a}^{\dagger}_{\lambda} \tag{22.4}$$

而且,对于湮灭算符 $\hat{a}_{\lambda}$ 有类似的表达式.

典型地,配对效应仅在 Fermi 海中接近 Fermi 面 Σ_{F} 的相对窄的一层才起重要的作用.在金属和原子核中肯定是这种情况,其中由于配对得到的能量与 Fermi 能ϵ_{F}相比较小.在以高的温度转换到超导态的超导体中,情况可能不同,但仍然缺乏完整的理论.对

算符(22.3)式中 $C_\lambda=1$，且**所有的**单粒子态的贡献都一样，用这样一个简化模型，我们可以推导精确的结果.如果我们忽略在这一层中粒子动能（或更一般的，平均场能量）的变化，让$\epsilon_\lambda\equiv\epsilon=$常数，这种做法完全正确.在一种更实际的考虑中，我们将考虑ϵ_λ的变化，那时，各种轨道在对算符中的权重变得不同.

在 $\hat{P}^\dagger$ 中的求和包括 Ω 项，Ω 是该层的容量（偶数个态$|\lambda)$相应于 $\Omega/2$ 个时间共轭对）.对于单 j 能级，$\Omega=2j+1$.按照(22.4)式和 Fermi 统计((17.14)式)，对应于 λ 和 $\tilde{\lambda}$ 的项实际上彼此相等.因此，我们可以把(22.3)式前面的 1/2 因子去掉，而把对 λ 的求和仅限于一半单粒子态，即 $\Omega/2$ 个“正的”态.然而，利用(22.4)式的定义对所有可能的态求和更简单一些.还要注意，算符(22.3)式与(17.81)式中的 $\hat{P}^\dagger_{L=\Lambda=0}$差一个常数因子.

习题 22.1 把所得到的单个对态归一化为 $\hat{P}^\dagger|0\rangle$.

解 引入对湮灭算符 P 的厄米共轭对，并计算归一因子：

$$\langle 0|\hat{P}\hat{P}^\dagger|0\rangle=\frac{1}{4}\sum_{\lambda\lambda'}\langle 0|\hat{a}_{\tilde{\lambda}}\hat{a}_\lambda\hat{a}^\dagger_{\lambda'}\hat{a}^\dagger_{\tilde{\lambda}'}|0\rangle \tag{22.5}$$

通过收缩矩阵元中的算符，我们得到

$$\langle 0|\hat{P}\hat{P}^\dagger|0\rangle=\frac{1}{4}\sum_{\lambda\lambda'}(\delta_{\lambda\lambda'}\delta_{\tilde{\lambda}\tilde{\lambda}'}-\delta_{\lambda\tilde{\lambda}'}\delta_{\tilde{\lambda}\lambda'}) \tag{22.6}$$

其中，所有的相因子都包含在波浪线上标的定义中了.在第一项中对 λ'的求和留下 $\delta_{\lambda\lambda}=1$，而由于(22.2)式，在第二项中留下了 $\delta_{\lambda\tilde{\tilde{\lambda}}}=-1$.结果

$$\langle 0|\hat{P}\hat{P}^\dagger|0\rangle=\frac{1}{2}\Omega \tag{22.7}$$

它导致对态的归一化为

$$|1\text{ 对}\rangle=\sqrt{\frac{2}{\Omega}}\hat{P}^\dagger|0\rangle \tag{22.8}$$

与上册方程(22.34)相比，在一个单 j 能级的情况下，由于 Fermi 统计，这个归一化因子包含了一个额外的$\sqrt{2}$因子.

22.2 对与高位数

现在我们开始用对来填充在 Σ_F 附近的一层.由于它们具有整数(零)自旋 J,它们都是**准 Bose 子**,而且我们可以产生很多这样的准 Bose 子.同时,它们又不是真实的 Bose 子,而且,它们在相同空间的共存要受到其组分粒子的 Fermi 统计的扭曲(在 15.3 节我们曾简单地讨论了组合客体的这种统计性).对产生算符 $\hat{P}^\dagger$ 的反复作用包含了具有同样的$(\lambda,\tilde{\lambda})$的重叠项,但由于 Pauli 不相容原理,这是不可能发生的.我们曾指出了涉及角动量算符 Holstein-Primakoff 的 Bose 表象差不多类似的情况,见上册习题 16.8.下面,让我们进一步更详细地研究这种对算符的代数.

习题 22.2 证明:

$$[\hat{P},P^\dagger]=\frac{\Omega}{2}-\hat{N} \tag{22.9}$$

其中

$$\hat{N}=\sum_\lambda \hat{a}^\dagger_\lambda \hat{a}_\lambda \tag{22.10}$$

是总粒子数算符((17.12)式);算符 $\hat{N}$ 和 $\hat{P}$ 作用在真空态上为零.

方程(22.9)有助于计算通过对产生算符的重复作用得到的**两对态**的归一化:

$$\langle 0|\hat{P}^2\ (\hat{P}^\dagger)^2|0\rangle=\langle 0|\hat{P}([\hat{P},\hat{P}^\dagger]+\hat{P}^\dagger\hat{P})\hat{P}^\dagger|0\rangle \tag{22.11}$$

在(22.11)式中,对易子(22.9)式中的算符 $\hat{N}$ 作用到具有一个对的状态上,得到 2,剩余的算符约化为(22.7)式.在(22.11)式的第二项中,我们再一次形成了这个对易子,并利用了 $\hat{P}|0\rangle=0$.把所有的项集中在一起,我们得到

$$\langle 0|\hat{P}^2\ (\hat{P}^\dagger)^2|0\rangle=2\frac{\Omega}{2}\left(\frac{\Omega}{2}-1\right) \tag{22.12}$$

讨论结果(22.12)式的含义很有启发性.如果空间容量很大,且粒子数相对少,则 $\Omega/2\gg N$.那时,把因子$\sqrt{\Omega/2}$包含到 $\hat{P}$ 和 $\hat{P}^\dagger$ 的定义中并忽略(22.9)式中的 $\hat{N}$,我们将把这些对算符约化为正常的 Bose 子.在这个近似下,(22.11)式中的对易子将等于

$2!(\Omega/2)^2$. 这个 Bose 极限与准 Bose 的结果(22.12)式之间的差别缘于 **Pauli 阻塞**效应. 对于第一个$(\lambda,\tilde{\lambda})$对，我们有 $\Omega/2$ 种不同的可能性，而由于两个轨道(一个对的态)已经被第一个对占据了，对于第二个对，仅有 $\Omega/2-1$ 种不同的可能性. 对于较大的$\Omega/2$，这个差别不大，这时对的 Bose 凝聚图像是定性可靠的.

习题 22.3 对于由 $n=N/2$ 对形成的 N 粒子的态(N 为偶数)，导出一般结果

$$\langle 0|\hat{P}^n(\hat{P}^\dagger)^n|0\rangle=\frac{n!(\Omega/2)!}{[\Omega/2-n]!} \tag{22.13}$$

在(22.13)式中，因子 $n!$ 是 Bose 凝聚留下来的，而另外两个阶乘反映了随着能壳被对填充而逐渐增加的堵塞(blocking). 如果存在**未配对的粒子**，则堵塞更加明显，因此，N 大于 $2n$，在这里 n 又是对的数目. 未配对粒子的数目

$$s=N-2n \tag{22.14}$$

称为**高位数**(seniotity)；这种在原子物理和核物理中广泛使用的分类方案是 G. Racah 首先引入的[77]. 具有 N 个粒子、高位数为 s 的态可以记为$|N;s\cdots\rangle$，其中的那些点固定未配对粒子的轨道. 例如，在一个奇 A 核中，一个轨道$|\lambda)$被价粒子填充了. 这个未配对粒子的出现实际上堵塞了整个对态$(\lambda,\tilde{\lambda})$，使它变成粒子对难以到达的态. 按照我们的术语，其中有一个对的三粒子态要表示为$|3;s=1_\lambda\rangle$，这里明显地指出了未配对的轨道.

习题 22.4 构建在轨道$|\lambda)$上有一个未配对粒子的归一化态.

解 从下式我们可以找到归一化：

$$\langle 0|\hat{a}_\lambda\hat{P}\hat{P}^\dagger\hat{a}_\lambda^\dagger|0\rangle=\frac{\Omega}{2}-1 \tag{22.15}$$

这里为了计算，我们又一次使用了对易子((22.9)式)，其中的 $\hat{N}$ 作用到单粒子态上给出 1. (22.15)式的简单含义是，未配对的粒子从可能的体积中去除一个对态.

习题 22.5 把前面的结果推广到具有 n 个对和一个未配对粒子的态.

解 每一个额外对的增加都按照(22.13)式同样的方式发生作用，但可能的空间减少了一个对态：

$$\langle 0|a_\lambda\hat{P}^n(\hat{P}^\dagger)^n a_\lambda^\dagger|0\rangle=\frac{n![\Omega/2-1]!}{[\Omega/2-1-n]!} \tag{22.16}$$

方程(22.16)定义了状态$|N=2n+1;s=1_\lambda\rangle$的归一化.

如果一个对的**两个**轨道 λ 和 $\tilde{\lambda}$ 都被未配对的粒子占据了，同样的结果((22.16)式)

也成立.这个态不同于对态((22.8)式),其中的这个对在可能的空间均匀分布,而不是堵塞时间共轭轨道的一种特别的耦合.因为一个对的态已经被一个单粒子堵塞了,这个时间共轭伙伴的出现并不改变这个情况.因此,正像在(22.16)式中那样,有

$$\langle 0 | \hat{a}_{\bar{\lambda}} \hat{a}_{\lambda} \hat{P}^n (\hat{P}^{\dagger})^n \hat{a}_{\lambda}^{\dagger} \hat{a}_{\bar{\lambda}}^{\dagger} | 0 \rangle = \frac{n![\Omega/2-1]!}{[\Omega/2-1-n]!} \tag{22.17}$$

最后,处在属于不同时间共轭对的轨道 λ 和 λ' 上的两个未配对粒子堵塞两个对态,导致

$$\langle 0 | \hat{a}_{\lambda'} \hat{a}_{\lambda} \hat{P}^n (\hat{P}^{\dagger})^n \hat{a}_{\lambda}^{\dagger} \hat{a}_{\lambda'}^{\dagger} | 0 \rangle = \frac{n![\Omega/2-2]!}{[\Omega/2-2-n]!} \tag{22.18}$$

这种具有两个未配对粒子的态是 $|N=2n+2; s=2_{\lambda,\lambda'}\rangle$.用类似的办法,我们可以构建具有更高高位数的状态.注意,到此为止,我们并没有明显地引入哈密顿量,所以高位数方案只不过给出了便于描述对关联的一个基.

22.3 高位数方案中的多极矩

在原子物理和核物理的应用中,实际上令人感兴趣的是计算在高位数 $s=1$ 的纯态(一个未配对的粒子)上多极矩的期待值.这里我们考虑在一个球形轨道 $|j, m=j\rangle$ 上有一个价粒子的态,这是多极矩的定义((22.65)式)所要求的,因为各向同性的对对角动量没有贡献.

在二次量子化的形式中,多极矩属于(17.34)式和(17.37)式所表示的那种单体算符.在 $|jm\rangle$ 基中,只有对角项对期待值有贡献,所以我们可以把有效算符写成

$$\hat{Q} = \sum_m (m | q | m) \hat{a}_m^{\dagger} \hat{a}_m \tag{22.19}$$

设一个偶的核心包含 n 个对.我们需要计算矩阵元

$$Q(n) = \langle N=2n+1; s=1_j | \hat{Q} | N=2n+1; s=1_j \rangle \tag{22.20}$$

方便的做法是用(22.19)式中的 $\hat{a}_m^{\dagger} \hat{a}_m = 1 - a_m a_m^{\dagger}$ 转换到"空穴"表象.除了标量矩以外,对于任意一个多极矩,闭壳都没有贡献,而且矩阵的迹为零: $\sum_m (m | q | m) = 0$.在矩阵元(22.20)式中,我们可以把算符 $\hat{a}_m$ 换到左边,$\hat{a}_m^{\dagger}$ 换到右边,然后把它们分别与 $\hat{P}^n$ 和

$(\hat{P}^{\dagger})^n$ 对调(因为 $\hat{P}$ 和 $\hat{P}^{\dagger}$ 仅包含 Fermi 算符对,这种对调没有任何影响).把高位数为 1 的态的模((22.16)式)包括进来,我们得到

$$Q = -\sum_{m}(m \mid q \mid m)\frac{\langle 0 | \hat{a}_j \hat{a}_m \hat{P}^n (\hat{P}^{\dagger})^n \hat{a}_m^{\dagger} \hat{a}_j^{\dagger} | 0 \rangle}{\langle 0 | \hat{a}_j \hat{P}^n (\hat{P}^{\dagger})^n \hat{a}_j^{\dagger} | 0 \rangle} \tag{22.21}$$

由于 Pauli 原理,对于 $m = j$,在(22.21)式的分子中矩阵元为零,而且对于 $m = \tilde{j}$ 和 $m \neq j, \tilde{j}$,矩阵元分别由(22.17)式和(22.18)式给出.用从(22.16)式—(22.18)式得到的模的比值,我们得到

$$Q = -(\tilde{j} \mid q \mid \tilde{j}) - \frac{\Omega/2 - 1 - n}{\Omega/2 - 1}\sum_{m \neq j, \tilde{j}}(m \mid q \mid m) \tag{22.22}$$

因为迹为零,所以(22.22)式中的求和等于 $-(j|q|j) - (\tilde{j}|q|\tilde{j})$.最后

$$Q = (j \mid q \mid j) - \frac{n}{\Omega/2 - 1}[(j \mid q \mid j) + (\tilde{j} \mid q \mid \tilde{j})] \tag{22.23}$$

第一项是标准的单粒子结果.正比于对的数目 n 的额外贡献反映了未配对粒子的存在对它们的扭曲.

这个结论依赖于多极算符的特征.对于**偶时**算符,在时间共轭态它们的期待值是相等的,而且($\Omega = 2j + 1$)

$$Q = (j \mid q \mid j)\left(1 - \frac{2n}{j - 1/2}\right) \tag{22.24}$$

在这个壳开始时 $n = 0$,而在末尾时 $n = j - 1/2$,(22.24)式与简单的单粒子态结果 $Q = (j|q|j)$ 和单空穴态的结果 $Q = -(j|q|j)$ 是一致的.作为 n 的函数,我们预测所有的偶时多极矩都是在这些极限之间的线性内插.它们的绝对大小要低于这些边沿值,在半满壳附近,它们改变符号.

对于**奇时**算符,时间共轭轨道具有相反的期待值,而且结果((22.23)式)与纯的单粒子值 $(j|q|j)$ 相符.例如,原子核的磁矩不受对存在的影响,而且对于高位数 $s = 1$ 的态,它应该等于 Schmidt 值(见上册习题 23.5).当然,所有这些结果都依赖于仅由粒子对和一个未配对粒子构成的这个唯一的多体波函数的假定;其他的动力学关联使真正的情况变得更复杂.

22.4 简并模型与准自旋

这里我们考虑据说是 G. Racah 最初研究的精确可解模型. 它似乎是第一个合理的微观超导模型，尽管当时这一点还并未被理解.

假定在 Σ_F 附近，粒子之间是通过配对类型的吸引力相互作用的. 相互作用的强度比 ϵ_F 小，而且甚至比主壳之间的距离都小. 然而，它可以是 j 子壳间距的量级. 在粗略的近似中，我们考虑处于 Fermi 面附近的某个间隔内所有的单粒子能级都在能量 ϵ 处简并. 该层中轨道的总数是 Ω.

配对相互作用 U_P 导致时间共轭轨道 $(\lambda,\tilde{\lambda})$ 之间的粒子散射过程，散射的结果是粒子或者保持在同样的轨道对，或者散射到另外的对 $(\lambda',\tilde{\lambda}')$. 打散了对的那些状态并不提供足够的波函数重叠. 如果粒子的轨道不是彼此时间共轭的，我们就简单地假定相互作用被关掉.

我们把配对相互作用引起的散射矩阵元

$$U^P_{\lambda'\lambda} \equiv (\lambda',\tilde{\lambda}'|U_P|\lambda,\tilde{\lambda}) \tag{22.25}$$

近似地取为它们的平均常数值 $(G>0)$：

$$\overline{U^P_{\lambda'\lambda}} = -G \tag{22.26}$$

相互作用的短程性意味着各个矩阵元((22.25)式)都很小，反比于原子核体积. 的确，在被积函数中的单粒子波函数是归一化到整个体积的，而仅在小的粒子间距这个力才不为零. 利用在二次量子化形式中关于两体算符的经验((17.71)式)，我们建议这种简并模型的配对哈密顿量为

$$\hat{H} = \epsilon\hat{N} - G\hat{P}^{\dagger}\hat{P} \tag{22.27}$$

对产生和湮灭算符((22.3)式)的乘积包含了上面提到的所有的对转移相互作用过程.

利用简洁的算符方法，我们可以把哈密顿量((22.27)式)对角化. 无需计算，在上册 11.7 节我们看到，算符 P 和 $P^{\dagger}$ 形成一种阶梯结构，在该阶梯的台阶处，粒子数算符 $\hat{N}$ 改变了 ± 2：

$$[\hat{P},\hat{N}] = 2\hat{P}, \quad [\hat{P}^{\dagger},\hat{N}] = -2\hat{P}^{\dagger} \tag{22.28}$$

由于对易子((22.9)式),这个代数是封闭的.三个算符

$$\hat{\mathcal{L}}_- = \hat{P}, \quad \hat{\mathcal{L}}_+ = \hat{P}^\dagger, \quad \hat{\mathcal{L}}_z = \frac{1}{2}\left(\hat{N} - \frac{\Omega}{2}\right) \tag{22.29}$$

形成与角动量代数同构的 $\mathcal{SU}(2)$ 代数(见上册方程(16.25)和(16.26)).这个"角动量" $\mathcal{L}$ 可以称为**准自旋**.

准自旋的投影 $\mathcal{L}_z$ 是由粒子数和可用的单粒子空间的体积决定的.因此,$\mathcal{L}_z$ 是一个精确的运动积分,对于给定 N 的所有状态,它取同样的值.随着壳的填充,$\mathcal{L}_z$ 从 $N=0$ 空壳的 $-\Omega/4$ 变到 $N=\Omega$ 满壳的 $+\Omega/4$;对于半满壳,$N=\Omega/2$,$\mathcal{L}_z=0$.另一个运动常数是准自旋的平方:

$$(\hat{\mathcal{L}})^2 = \hat{\mathcal{L}}_z^2 - \hat{\mathcal{L}}_z + \hat{P}^\dagger\hat{P} \tag{22.30}$$

它的取值为 $\mathcal{L}(\mathcal{L}+1)$,其中 $\mathcal{L}$ 是整数还是半整数依赖于 $\mathcal{L}_z$ 的值.在给定的 N,不同的态有不同的 $\mathcal{L}$,它可以在最小值 $\mathcal{L}_{\min} = |\mathcal{L}_z|$ 到最大值 $\mathcal{L}_{\max} = (\mathcal{L}_z)_{\max} = \Omega/4$ 之间变化:

$$\frac{1}{2}\left|N - \frac{\Omega}{2}\right| \leqslant \mathcal{L} \leqslant \frac{\Omega}{4} \tag{22.31}$$

因此,每一个 N 粒子态可以用准自旋量子数 $\mathcal{L}$ 和 $\mathcal{L}_z$ 表征.按照(22.30)式,哈密顿量((22.27)式)的期待值决定了状态的能量:

$$E(\mathcal{L},N) = \epsilon N + \frac{G}{4}\left(N - \frac{\Omega}{2} - 2\right) - G\mathcal{L}(\mathcal{L}+1) \tag{22.32}$$

例如,让我们假定 $\Omega/4$ 是一个整数,粒子数 N 是偶数.则 $\mathcal{L}$ 和 $\mathcal{L}_z$ 都是整数,而且基态有最大的准自旋 $\mathcal{L}=\Omega/4$.

22.2 节状态分类中引入的高位数量子数 s 是准自旋 $\mathcal{L}$ 与它的最大值之差的 2 倍:

$$s = 2\left(\frac{\Omega}{4} - \mathcal{L}\right) \tag{22.33}$$

正如(22.31)式所示,对于不足半填充的壳,$N<\Omega/2$,s 从基态的 0 变到总粒子数 N,或者如果 $N>\Omega/2$,则 s 变成空穴数 $\Omega-N$.对于偶数 N,高位数也是偶数.作为高位数的一个函数,能谱((22.32)式)取如下形式:

$$E_s(N) = \epsilon N + \frac{G}{4}(N-s)(N+s-\Omega-2) \tag{22.34}$$

从(22.34)式我们看到,对于 $N<\Omega/2$,由于不参加配对关联的 s 个粒子堵塞了 s 个轨道,高位数量子数描述了相互作用对可能的相空间的减低.与 $s=0$ 的基态相比,(22.34)式

中非零的 s 值导致 $N\to N-s$，$\Omega\to\Omega-2s$ 的改变，这减少了可用于对转移的状态数，并有效地抑制吸引.

有固定的 N 但非零高位数的状态，其激发能为

$$E_s(N)-E_0(N)=\frac{G}{4}s(\Omega-s+2) \tag{22.35}$$

只要 $s\ll\Omega$，则激发能((22.35)式)随着 $G\Omega s/4$ 的增加而增大，即正比于打散了的对的数目. 对于打散的第一个对，$s=2$，结合能的损失

$$2\Delta=G\frac{\Omega}{2} \tag{22.36}$$

就是对的结合能. 这定义了对激发能谱中的**能隙**，它与超导性密切相关. 这个效应正比于相空间的体积 Ω（所有的对可进入的空间的损失）. 结合能的集体特征源于在对波函数(22.3)和(22.8)中所有可用状态的相干组合.

让我们把一个奇粒子添加到一个偶系统中：$N\to N+1$. 对于一个新的（奇）粒子数，准自旋 $\mathcal{L}$ 是半整数，s 是奇数. 最大可能的准自旋值是 $\mathcal{L}_{\max}=\Omega/4-1/2$，这相应于 $s=1$，即一个未配对的粒子堵塞一个对态. 由(22.34)式，在 $N\to N+1$ 以及 $s=1$ 时，得到的奇系统基态能量 $E_{s=1}(N+1)$. 它可以通过偶的母系统的基态能量表示为

$$E_1(N+1)=E_0(N)+\epsilon+\frac{GN}{2} \tag{22.37}$$

能量的损失仍有正比于对的数目 $N/2$ 的集体特征；对于可能的散射，每个对都损失了一个可能散射的态.

两个接续的偶系统，其基态能量的比较表明

$$E_0(N+2)-E_0(N)=2\epsilon+GN-G\frac{\Omega}{2} \tag{22.38}$$

这意味着，由于配对，这个奇系统基态能量从两个相邻的偶系统基态的平均能量上移了能隙((22.36)式)的一半数值：

$$E_1(N)=E_0(N)+\frac{E_0(N+2)-E_0(N)}{2}+G\frac{\Omega}{4}=\frac{E_0(N)+E_0(N+2)}{2}+\Delta \tag{22.39}$$

这描述了原子核质量公式[30]中的奇偶效应，它是由于在一个奇系统中 Pauli 堵塞造成的配对能的损失.

22.5　正则变换

对关联的存在影响到这个系统中所有过程的概率.最简单的例子为**对转移**.在两个原子核间的反应中,一对核子可以从一个原子核转移到另一个原子核而保持这些组分之间的关联.这种过程与上册 14.5 节所讨论的超导的 Josephson 效应类似,可以用对算符 $\hat{P}$ 和 $\hat{P}^{\dagger}$ 微观地描述.通过添加或减少凝聚对,它们不改变高位数.

准自旋代数((22.29)式)允许我们把角动量矩阵元(见上册方程(16.49))用于同样高位数状态之间的转移振幅:

$$\begin{aligned}\langle N+2;s\,|\,\hat{P}^{\dagger}\,|\,N;s\rangle &= \frac{1}{2}\sqrt{(\Omega-N-s)(N-s+2)}\\ \langle N-2;s\,|\,\hat{P}\,|\,N;s\rangle &= \frac{1}{2}\sqrt{(\Omega-N-s+2)(N-s)}\end{aligned}\tag{22.40}$$

在 s 较小($s\sim1$)并且远离壳的边缘($N\sim\Omega-N\sim\Omega\gg1$)时,这些矩阵元彼此相等,它们的共同值是

$$\langle N+2;s\,|\,\hat{P}^{\dagger}\,|\,N;s\rangle\approx\langle N-2;s\,|\,\hat{P}\,|\,N;s\rangle\approx\frac{1}{2}\sqrt{N(\Omega-N)}\tag{22.41}$$

由于对的 Bose 子受激辐射或吸收,对于凝聚对转移我们得到一种增强的相干效应,这类似于 2.9 节在超辐射中所观测到的效应.

现在,我们可以着手研究存在凝聚情况下的单粒子过程.配对哈密顿量((22.27)式)生成 Fermi 子产生和湮灭算符的运动方程为

$$[\hat{a}_{\lambda},\hat{H}]=\epsilon\hat{a}_{\lambda}+G\hat{a}^{\dagger}_{\tilde{\lambda}}\hat{P},\quad[\hat{a}^{\dagger}_{\tilde{\lambda}},\hat{H}]=-\epsilon\hat{a}^{\dagger}_{\tilde{\lambda}}+G\hat{P}^{\dagger}\hat{a}_{\lambda}\tag{22.42}$$

其中,我们用到了 Fermi 子对易规则((17.14)式).我们在这些算符方程的第一个方程中取矩阵元$\langle N;0|\cdots|N+1;1_{\lambda}\rangle$,而在第二个方程中取矩阵元$\langle N;0|\cdots|N-1;1_{\lambda}\rangle$.尽管在第一种情况下凝聚包含 N 个粒子,而在第二种情况下包含 $N-2$ 个粒子,在这两种情况下,1_{λ} 都意味着在轨道λ 上有一个未配对粒子.第一种情况下的 $\hat{P}$ 作用使$N+1\to N-1$,保持同样的 $s=1$,而接下来的 $\hat{a}^{\dagger}_{\tilde{\lambda}}$ 的作用产生未配对粒子 λ 的时间共轭伴侣,导致 N 个

粒子的凝聚.类似地,在第二种情况下,我们可以进行相应的操作.上面我们刚刚计算过 $\hat{P}$ 和 $\hat{P}^\dagger$ 的矩阵元.对易子的矩阵元等价于 $\hat{a}$ 和 $\hat{a}^\dagger$ 的矩阵元乘以由(22.34)式已知的能量差.由此,我们得到 $\hat{a}$ 和 $\hat{a}^\dagger$ 矩阵元的一组线性方程组.我们可以求得这些矩阵元,最多差一个归一化常数,而这个归一化常数可以从反对易子((17.14)式)确定.

用(22.41)式中同样的近似,我们发现

$$\langle N;0|\hat{a}_\lambda|N+1;1_\lambda\rangle=\sqrt{\frac{\Omega-N}{\Omega}},\quad \langle N;0|\hat{a}_{\bar{\lambda}}^\dagger|N-1;1_\lambda\rangle=\sqrt{\frac{N}{\Omega}} \tag{22.43}$$

单粒子振幅不像在独立粒子模型中那样等于 1 或 0.存在凝聚的情况下,振幅是 0 和 1 之间的数(所谓的**相干因子**).

在(22.43)式的推导中,我们忽略了包含 N 个粒子或 $N\pm2$ 个粒子的凝聚之间的差别.N 的依赖关系是光滑的,这个近似对 $N\gg1$ 被证明是合理的.不过,对于这个壳的后一半,我们用空穴数 $\Omega-N$ 代替 N 来进行估计.为了简化整个分析,可以引入一种不使用精确粒子数的态近似描述.在这个理论中,对于一些邻近的系统,我们宁可使用平均粒子数.在宏观超导体中,这并不造成任何问题.在原子核中,这种办法可以描述**相邻核的平均性质**,对于单个原子核的性质或许不够精确.

这个“平均”基态 $|0\rangle$ 正是在第 14 章我们所说的宏观相干态,它是 $\bar{N}$ 所在的满足 $1\ll\Delta N\ll N$ 的 ΔN 间隔内几个偶系统基态 $|N;0\rangle$ 的叠加.量子数 λ 的单粒子激发 $|s=1_\lambda\rangle$ 可以由偶 N 基态 $|0\rangle$ 通过特殊算符 $\hat{b}_\lambda^\dagger$ 的作用产生:

$$\hat{b}_\lambda^\dagger|0\rangle=|s=1_\lambda\rangle \tag{22.44}$$

注意,这里的振幅等于 1.算符 $\hat{b}_\lambda^\dagger$ 产生的客体或伴算符 $\hat{b}_\lambda$ 湮灭的客体近似地表示了系统的元激发.通常称之为 **Bogoliubov 准粒子**.

按照(22.43)式,从凝聚中产生一个**真实的粒子**或者在共轭轨道上产生一个空穴的振幅是

$$\hat{a}_\lambda^\dagger|N;0\rangle=\sqrt{\frac{\Omega-N}{\Omega}}|N+1;1_\lambda\rangle,\quad \hat{a}_{\bar{\lambda}}|N;0\rangle=\sqrt{\frac{N}{\Omega}}|N-1;1_\lambda\rangle \tag{22.45}$$

通过忽略(22.45)式两种情况中凝聚粒子数的差别,我们可以把这些式子结合起来,得到准粒子算符((22.44)式):

$$\hat{b}_\lambda^\dagger=u_\lambda\hat{a}_\lambda^\dagger+v_\lambda\hat{a}_{\bar{\lambda}} \tag{22.46}$$

其中,参数 u_λ 和 v_λ 在我们的简并模型中实际上与 λ 无关:

$$u_\lambda = \sqrt{\frac{\Omega - N}{\Omega}}, \quad v_\lambda = \sqrt{\frac{N}{\Omega}} \tag{22.47}$$

其厄米共轭算符是

$$\hat{b}_\lambda = u_\lambda^* \hat{a}_\lambda + v_\lambda^* \hat{a}_{\tilde{\lambda}}^\dagger \tag{22.48}$$

由 N. N. Bogoliubov 于 1958 年发明的从粒子($\hat{a}, \hat{a}^\dagger$)到准粒子($\hat{b}, \hat{b}^\dagger$)的变换是多体量子理论中一个有力的工具.在凝聚存在的情况下(比较 21.6 节对 Bose 子的考虑),有两种办法产生具有量子数 λ 的一个单粒子激发:直接产生具有这种量子数的一个粒子,即(22.46)式中的第一项,或者从这个凝聚对中移走时间共轭伴侣,即(22.46)式中的第二项.实际的元激发是由这两种振幅的正确的线性组合给出的.它以自然方式归一化:

$$|u_\lambda|^2 + |v_\lambda|^2 = 1 \tag{22.49}$$

在时间反演不变的系统中,振幅 u_λ 和 v_λ 可以取成实数并且对 λ 和 $\tilde{\lambda}$ 是一样的.然而,我们必须当心振幅的相对符号,因为由于时间反演规则(22.4),时间反演的准粒子算符(在 $\mathcal{T}$ 不变体系中)是

$$\hat{b}_{\tilde{\lambda}}^\dagger = u_\lambda \hat{a}_{\tilde{\lambda}}^\dagger - v_\lambda \hat{a}_\lambda, \quad \hat{b}_{\tilde{\lambda}} = u_\lambda \hat{a}_{\tilde{\lambda}} - v_\lambda \hat{a}_\lambda^\dagger \tag{22.50}$$

如果没有 $\mathcal{T}$ 不变性,例如具有外磁场时,情况要更复杂.那时,变换振幅一般变成复数.

准粒子仍是 **Fermi 子**;两次重复产生一个准粒子是禁戒的.由于归一化((22.49)式),反对易关系仍然保持:

$$[\hat{b}_\lambda, \hat{b}_{\lambda'}^\dagger]_+ = \delta_{\lambda\lambda'} \tag{22.51}$$

其余的那些反对易关系((17.14)式)也都保持.例如,

$$[\hat{b}_\lambda, \hat{b}_{\lambda'}]_+ = u_\lambda^* v_{\lambda'}^* \delta_{\lambda\tilde{\lambda}'} + v_{\tilde{\lambda}}^* u_{\lambda'}^* \delta_{\tilde{\lambda}\lambda'} \tag{22.52}$$

这里的 δ 符号与(22.6)式中的不同,使得

$$[\hat{b}_\lambda, \hat{b}_{\lambda'}]_+ = \delta_{\tilde{\lambda}\lambda'} (v_\lambda u_{\tilde{\lambda}} - u_\lambda v_{\tilde{\lambda}})^* \tag{22.53}$$

在适当选取时间共轭轨道的相位时,上式的结果为零,这时 $u_{\tilde{\lambda}}$ 和 u_λ 之间的相位差必须等于对 v 因子类似的相位差(在 $\mathcal{T}$ 不变的情况下,这是自动满足的).因此,Bogoliubov 变换是**正则变换**.

当算符((22.46)式)产生一个 Fermi 元激发时,它的共轭算符((22.48)式)作用在基态上等于 0,即

$$\hat{b}_\lambda \mid 0\rangle = 0 \tag{22.54}$$

考虑到规则 $\hat{a}_\lambda = -\hat{a}_{\tilde{\lambda}}$ 并让(22.45)式的两项中的凝聚相等,从(22.47)式、(22.48)式和(22.45)式我们就可看到这个结果.因此,凝聚的基态$|0\rangle$是准粒子的真空态.

易得(22.46)式和(22.48)式的逆变换:

$$\hat{a}_\lambda = u_\lambda \hat{b}_\lambda - v_\lambda \hat{b}^\dagger_{\tilde{\lambda}}, \quad \hat{a}^\dagger_\lambda = u_\lambda \hat{b}^\dagger_\lambda - v_\lambda \hat{b}_{\tilde{\lambda}} \tag{22.55}$$

通过考虑(22.54)式,Fermi 子数算符((17.16)式)在基态 $|0\rangle$的期待值结果为

$$n_\lambda = \langle 0 | \hat{n}_\lambda | 0\rangle = v_\lambda^2 \langle 0 | \hat{b}_{\tilde{\lambda}} \hat{b}^\dagger_\lambda | 0\rangle = v_\lambda^2 \tag{22.56}$$

在简并模型(22.47)式中,整个空间平均占有数是均匀的:

$$n_\lambda = \frac{N}{\Omega} \tag{22.57}$$

因此,振幅 u_λ 和 v_λ 表征基态粒子的分布:

$$v_\lambda = \sqrt{n_\lambda}, \quad u_\lambda = \sqrt{1 - n_\lambda} \tag{22.58}$$

除了在这种特别的情况下不依赖于单粒子量子数的振幅(22.47)式以外,对于任意单粒子能级的**非简并**方案,实质的结果都是类似的.借助于正则变换,原始的 Fermi 子系统的任何算符都可以翻译成准粒子语言,可计算所有的物理量的矩阵元.这种简化的代价是粒子数不守恒.

22.6 BCS 理论和试探波函数

有了简并模型的这些精确结果,我们可发展一种用于实际情况的更一般的方法.这一点在关于超导微观理论的 BCS 文章[73,74]中首先做到了.虽然这个方法是近似的,我们仍可以证明,在大的宏观系统的渐近极限下,它给出了精确的结果.正如已经指出的,在像原子核这样的有限系统中,在某些情况下,这个方法的精度是不够的.

我们来考虑一个 Fermi 体系的一般的配对哈密顿量.它包含独立粒子能量ϵ_λ和具有由(22.25)式给出的矩阵元的对相互作用.单粒子能级方案ϵ_λ是任意的,但假定配对的强度比 Fermi 能量ϵ_F小得多(在应用到高温超导体时,这一点有可能不对).在 Fermi 面 Σ_F

附近的能量层内，配对是高效的. 从 19.1 节我们知道，在 Σ_F 处的单粒子能级密度 ν_F 在最终结果中起重要作用.

单粒子轨道被分成 Kramers 双重态$(\lambda,\tilde{\lambda})$，由于假定的 $\mathcal{T}$不变性，它们是简并的. 我们将采用**变分方法**处理. 我们构建一个考虑到存在对凝聚的试探基态波函数，并通过最小化基态能量 E_0 确定它的参数.

配对相互作用把一个对从一个双重态散射到另一个双重态. 对于打散了的对，这种相互作用弱得多，我们像之前一样忽略它. 由于阻塞效应，一个未配对的粒子对于其他的对也是有害的. 因此，我们假定对于一个偶粒子数系统，在基态不存在仅被一个粒子占据的双重态. 在这个近似下，粒子对总是作为一个整体在可能的空间游走. 基态波函数是双重态被不同占据的各种组分的叠加. 我们把平均占有数视为变分参数. 相应的振幅正是(22.58)式中的参数 v_λ 和 u_λ. 与 $\mathcal{T}$不变性相一致，两个双重态分量的占有数相等. 对于每一个双重态，$v_\lambda = v_{\tilde{\lambda}}$ 给出发现两个被占据双重态的概率幅，而 $u_\lambda = u_{\tilde{\lambda}}$ 给出发现两个空双重态的概率幅. 两个概率之和为 1((22.49)式)，因为我们忽略了双重态中仅有一个被部分占据的概率.

合适的波函数可以写成所有双重态的乘积：

$$|0\rangle = \prod_\lambda \{u_\lambda - v_\lambda \hat{P}_\lambda^\dagger\}|\text{真空}\rangle \tag{22.59}$$

这里，对于给定的双重态，算符

$$\hat{P}_\lambda^\dagger = \hat{a}_\lambda^\dagger \hat{a}_{\tilde{\lambda}}^\dagger \tag{22.60}$$

与(22.3)式类似，而且从(22.3)式可明显看到，每一个双重态仅用无穷乘积(22.59)式(译者注：原文为(22.60)式)中的一个因子来表示，而|真空〉表示完全没有粒子的绝对真空.

函数(22.60)看起来很好，但明显的缺陷是它不保持粒子数守恒. 在无穷乘积(22.59)式中，甚至存在来自相应于空无一物真空态|真空〉的所有 u 因子乘积的非零振幅；所有 v 因子乘积给出无穷多的粒子；所有的中间情况也都出现. 然而，这是一种宏观系统统计力学中的标准情况，要保证一个巨大粒子数的精确守恒是不可能的.

统计力学的适用技巧建议人们利用**巨正则系综**概念，其中系统被视为是开放的，粒子数围绕着平均值 $\bar{N}$ 涨落. 像在 21.2 节对于存在凝聚的 Bose 子所做的那样，通过引入**化学势** μ 来保证所期望的平均值；哈密顿量 $\hat{H}$ 被替换成

$$\hat{H}' = \hat{H} - \mu\hat{N} \tag{22.61}$$

所有的本征态都依赖于 μ，接着通过让 $\hat{N}$ 的基态期待值等于平均粒子数的方法来选择 μ，即

$$\langle \hat{N} \rangle_{\mu} = \bar{N} \tag{22.62}$$

这个方程规定了必需的 μ 值.

在平衡的宏观系统中，粒子数的涨落随着 $\Delta N \sim \sqrt{N}$ 增长，而它们的**相对**作用很小，$\Delta N/\bar{N} \sim 1/\sqrt{N}$. 这一点与先前我们忽略凝聚的差别是一样的. 在原子核的问题中，可能需要改进这个近似，去掉这个虚构的粒子数的涨落. 在这里，我们就像在统计力学中的那样去做，因而，引入化学势(22.61)式.

我们可以用单粒子能量 ϵ_λ 和矩阵元(22.25)把推广(22.27)式的哈密顿量写成

$$\hat{H}' = \sum_{\lambda} 2\, \epsilon'_{\lambda} \hat{n}_{\lambda} + \sum_{\lambda\lambda'} U^{P}_{\lambda\lambda'} \hat{P}^{\dagger}_{\lambda} \hat{P}_{\lambda'} \tag{22.63}$$

其中，现在的求和是对双重态求的. 这里的单粒子能量被化学势移动了：$\epsilon'_{\lambda} = \epsilon_{\lambda} - \mu$. 实际上，配对集中在 Σ_F 附近，所以这个化学势与它的无微扰值 ϵ_F 是一样的. 我们的试探波函数((22.59)式)假定了在 Σ_F 以上一个非零的占有(v_λ)和在 Σ_F 以下空穴存在的可能性(u_λ). 对于无相互作用的粒子，这会给出较高的能量. 然而，损失的能量比从相互作用能量中得到的补偿要大.

22.7 能量极小化

让我们计算移动后的哈密顿量((22.63)式)对于试探波函数((22.59)式)的期待值：

$$E_0 = \langle 0 | H' | 0 \rangle \tag{22.64}$$

在这个近似下，系统的实际能量不同于由 $\mu\langle N \rangle$ 给出的数值.

在其独立粒子项中，算符 $\hat{n}_\lambda$ 简单地用它的期待值 v^2_λ 来代替. 在相互作用项中，让我们考虑一个具有对转移 $\lambda' \to \lambda$ 的项，这里 $\lambda \neq \lambda'$. 如果在初态(矩阵元(22.64)的右边)中，双重态 λ' 被填满(振幅 $v_{\lambda'}$)，而双重态 λ 是空的(振幅 u_λ)，则这一项对(22.64)式给出非零的贡献. 另一方面，在末态(矩阵元的左边)，双重态 λ' 必须是空的(振幅 $u_{\lambda'}$)，而双重态 λ 被转移的对所填满(振幅 v_λ). 那些没有参与所考虑过程的乘积((22.59)式)的因子并没有被改变，由于归一化((22.49)式)，它们给出 1.

我们得到的总能量是独立粒子能量与各种可能的对散射过程的贡献之和：

$$E_0 = \sum_{\lambda} 2\epsilon'_\lambda v_\lambda^2 + \sum_{\lambda\lambda'} U^P_{\lambda\lambda'} u_\lambda v_\lambda u_{\lambda'} v_{\lambda'} \tag{22.65}$$

$\lambda' = \lambda$ 的对角相互作用项给出 $\sum_\lambda U^P_{\lambda\lambda} v_\lambda^4$，它以单重求和代替了(22.65)式中的双重求和.因此,它们的贡献要小一个～Ω 因子,故可以忽略掉.

为了对由归一化条件((22.49)式)相互联系的 u_λ 和 v_λ 求能量的极小值,我们把它们通过如(22.58)式所示的占有数 n_λ 表示出来,则

$$E_0 = \sum_\lambda 2\epsilon'_\lambda n_\lambda + \sum_{\lambda\lambda'} U^P_{\lambda\lambda'} \sqrt{n_\lambda(1-n_\lambda)n_{\lambda'}(1-n_{\lambda'})} \tag{22.66}$$

因为我们通过化学势考虑到了(平均来看)粒子数守恒,所以所有的 n_λ 都是独立的.

对每一个 λ 计算能量(22.66)式的直接变分给出一组方程：

$$\frac{\partial E_0}{\partial n_\lambda} = 0 \tag{22.67}$$

在(22.66)式中的下标 λ 和 λ' 是等价的,它们都与(22.67)式中的外部 λ 等同.我们仅保留其中一个的贡献,而把结果乘以 2.直接微分得到

$$2\epsilon'_\lambda + 2\frac{1-2n_\lambda}{2\sqrt{n_\lambda(1-n_\lambda)}} \sum_{\lambda'} U^P_{\lambda\lambda'} \sqrt{n_{\lambda'}(1-n_{\lambda'})} = 0 \tag{22.68}$$

引入符号

$$\Delta_\lambda = -\sum_{\lambda'} U^P_{\lambda\lambda'} \sqrt{n_{\lambda'}(1-n_{\lambda'})} = -\sum_{\lambda'} U^P_{\lambda\lambda'} u_{\lambda'} v_{\lambda'} \tag{22.69}$$

选择负号是因为我们感兴趣的是吸引配对相互作用的情况,这时的矩阵元多数是负的.最小化条件((22.68)式)取如下形式：

$$2\epsilon'_\lambda \sqrt{n_\lambda(1-n_\lambda)} = \Delta_\lambda(1-2n_\lambda) \tag{22.70}$$

值得引入一个额外的符号：

$$E_\lambda = +\sqrt{\epsilon'^2_\lambda + \Delta^2} \tag{22.71}$$

那时,经过简单的代数运算,我们得到对于占有数 n_λ 的二次方程(22.70)的解：

$$n_\lambda = \frac{1}{2}\left(1 \pm \frac{\epsilon'_\lambda}{E_\lambda}\right) \tag{22.72}$$

(22.69)式的量 Δ_λ 累积了配对效应.当没有配对相互作用时,$E_\lambda \to |\epsilon'_\lambda|$,使得

$$n_\lambda \to n_\lambda^0 = \frac{1}{2}\left(1 \pm \frac{\epsilon_\lambda'}{|\epsilon_\lambda'|}\right) \tag{22.73}$$

单粒子能量ϵ_λ'在μ以上是正的,在μ以下是负的.因此,为了保证在μ以下为1、在μ以上为0的正确占有数,我们必须在(22.73)式中选择负号.当然,这正是Fermi能量的另一种定义:$\mu = \epsilon_F$.

在存在配对力的情况下,量E_λ不同于在Σ_F附近的$\delta\epsilon \sim \Delta$区域的$|\epsilon'_\lambda|$,其中$\Delta \ll \epsilon_F$是$\Delta_\lambda$的一个平均值.在这个区域以外,我们可以略去$\Delta_\lambda$,于是回到无微扰的占有数((22.73)式).因此,我们仍必须在(22.72)式中选择负号.因此,最小化问题的解是

$$v_\lambda^2 = n_\lambda = \frac{1}{2}\left(1 - \frac{\epsilon_\lambda'}{E_\lambda}\right), \quad u_\lambda^2 = 1 - n_\lambda = \frac{1}{2}\left(1 + \frac{\epsilon_\lambda'}{E_\lambda}\right) \tag{22.74}$$

然而,这仅仅是一个形式解,因为进入E_λ的量Δ_λ通过定义((22.69)式)依赖于这些占有数.

22.8 能隙

未知量Δ_λ通常称为**能隙**,因为正如我们将看到的,它的值定义了在Σ_F附近的最小激发能,其中无微扰能量$\epsilon' = \epsilon - \mu$很小.为了找到$\Delta_\lambda$,我们必须把参数((22.74)式)代入(22.69)式,这产生一个关于Δ_λ的非线性方程.

进入(22.69)式中的组合为

$$u_\lambda v_\lambda = \sqrt{n_\lambda(1 - n_\lambda)} = \frac{\Delta_\lambda}{2E_\lambda} \tag{22.75}$$

在正常极限下(无配对),所有的占有数均为1或0,这个组合为零.由方程(22.75)和(22.69)得到Δ_λ的积分方程:

$$\Delta_\lambda = -\sum_{\lambda'} U_{\lambda\lambda'}^P \frac{\Delta_{\lambda'}}{2E_{\lambda'}} \tag{22.76}$$

这个方程在超导性的BCS理论中起着基础作用.试探解$\Delta_\lambda = 0$(正常Fermi气体)总是可能的.为了找到一个**非平庸**解,如果它存在,我们就假定配对势的某些性质,它定义了Δ_λ的存在和对称性.

在均匀的宏观系统中，粒子对由散射过程守恒的总动量 $\boldsymbol{P}$ 以及相对动量 $\boldsymbol{p}$ 表征. 对于没有流的基态，每个对的总动量应该为 0. $\boldsymbol{p}$ 和 $\boldsymbol{p}'$ 的绝对值靠近 p_F，散射是通过初态相对动量 $\boldsymbol{p}'$ 和末态相对动量 $\boldsymbol{p}$ 之间的夹角来描述的. 作为这个角的函数，矩阵元 $U_{pp'}^P$ 可以用 Legendre 多项式展开. 凝聚将由处在相应于最大吸引的相对运动（分波）状态的粒子对形成. 通常这发生在 s 波，因此处于自旋单态. 在超流体 ^{3}He 中，配对发生在自旋三重 p 态，它们具有几种异于自旋和轨道角动量耦合[76]的热力学相位.

对于 s **波配对**，相互作用矩阵元不依赖于散射角，因此可以用一个有效常数来代替. 在原子核中，尽管对于不同组合的 λ 和 λ' 矩阵元有所变化，但情况定性上是类似的. 用一个在 Σ_F 附近的某个能量区间内的有效常数（区间外为零）的近似（(22.26)式），仍然有可能给出一个合理的估计：

$$U_{\lambda\lambda'}^P \approx -G\theta_\lambda\theta_{\lambda'} \tag{22.77}$$

其中，截断因子 $\theta_{\lambda'}$ 把配对的空间截断在 Σ_F 附近的能量层 $-\xi \leqslant \epsilon_\lambda' \leqslant +\xi$ 的内部. 在这个近似下，有

$$\Delta_\lambda = G\theta_\lambda \sum_{\lambda'} \frac{\Delta_{\lambda'}}{2E_{\lambda'}}\theta_{\lambda'} \tag{22.78}$$

使得在这个层的内部 Δ_λ 是常数：

$$\Delta_\lambda = \theta_\lambda \Delta \tag{22.79}$$

Δ 的非平庸的值满足方程

$$1 = G\sum_\lambda \frac{1}{2E_\lambda}\theta_\lambda \tag{22.80}$$

其中，Δ 通过(22.71)式的 E_λ 进入分母.

为了求解(22.80)式，我们可以把对这个层的求和用对 Σ_F 附近能级密度为 $\nu'(\epsilon) \approx \nu_F'$ 的单粒子能量的积分来代替. 这个能级密度计及了简并的双重态，因此它与(19.11)式的 ν_F 相差一个 1/2 因子. 这种替换的微妙之处在于，(22.80)式在**离散谱**中有可能无解，那就意味着 $\Delta = 0$. 相互作用必须强到足以通过克服离散谱中能级间距的对转移来保证凝聚的形成. 的确，(22.80)式中分母的最小值是 $|\epsilon_\lambda'|$. 于是，**临界配对强度** G_c 由下式定义[78]：

$$1 = G_c \sum_\lambda \frac{\theta_\lambda}{2|\epsilon_\lambda'|} \tag{22.81}$$

如果 $G < G_c$，则不存在非平庸解. 如果实现了到**连续谱**的转换，在(22.81)式中的积分会在 Σ_F 处有一个对数奇异性，在那里 $\epsilon' \to 0$. 于是，$G_c \to 0$，而且在**任意微弱**的相互作用强度

都出现凝聚.这意味着在**宏观**的 Fermi 系统中,正常的 Fermi 占据相对于引起对凝聚形成的吸引力是**不稳定的**(**Cooper 现象**).

在一个**有限**系统,仅在配对强度是**过临界**情况下,把求和用积分来代替才是合理的.否则,我们会丢掉所有的配对关联.用强的配对和连续近似,这个积分约化为

$$1 = G\int_{-\xi}^{+\xi}\mathrm{d}\,\epsilon'\,\frac{\nu'(\epsilon')}{2\sqrt{\epsilon'^2+\Delta^2}} \approx G\nu'_{\mathrm{F}}\int_0^{\xi}\mathrm{d}\,\epsilon'\,\frac{1}{\sqrt{\epsilon'^2+\Delta^2}} \tag{22.82}$$

它可以很容易求得:

$$1 = G\nu'_{\mathrm{F}}\ln\frac{\xi+\sqrt{\xi^2+\Delta^2}}{\Delta} \approx G\nu'_{\mathrm{F}}\ln\frac{2\xi}{\Delta} \tag{22.83}$$

其中,我们假定了 $\Delta \ll \xi$.最后,这个模型给出能隙参数的解:

$$\Delta \approx 2\xi\exp\left(-\frac{1}{G\nu'_{\mathrm{F}}}\right) \tag{22.84}$$

这个结果在 $G\to 0$ 处是强度 G 的一个**非解析**函数(一个不允许 Taylor 展开的实质奇异性),即使在小 G 时,它也不能用微扰论推导出来(正常 Fermi 海对吸引相互作用的不稳定性的另一个信号).然而,我们需要记住,这个结论仅适用于宏观系统,而对于有限系统,在弱配对的情况下,整个方法都不能用.

回到波函数的参数((22.74)式),对于常数(或者作为有轻微变化的 λ 的函数)的能隙 Δ,我们得到单粒子占据的一个简单的图像.占有数不再像正常 Fermi 气体那样尖锐的不连续,而是从远低于 Σ_{F} 处的 1 光滑地下降到远高于 Σ_{F} 处的 0.能量转换区域的宽度是 Δ 量级,即小于相互作用层的大小$\sim 2\xi$(用图 22.1 的动量标度,这个宽度是$\sim k_F(2\Delta/\epsilon_{\mathrm{F}})$).

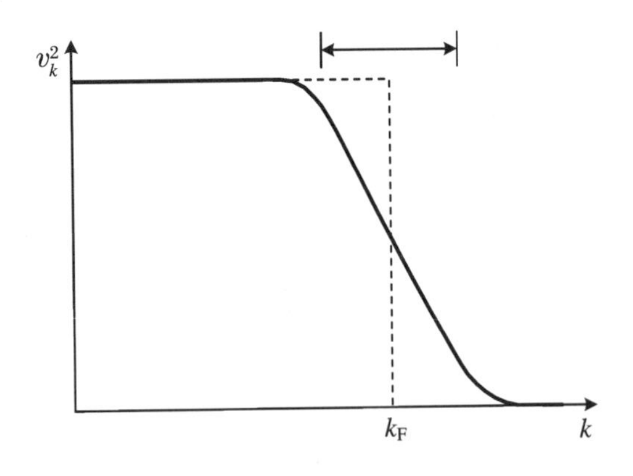

图 22.1　对于正常 Fermi 气体(虚线)和非平庸 BCS 解(实线)的平均占有数

习题 22.6 若假定准粒子算符的结构由(22.46)式和(22.48)式给出，借助于正则变换方法证明变分法的结果可以求得.利用逆变换(22.55)式把哈密顿量按照新算符 $\hat{b}$ 和 $\hat{b}^\dagger$ 表示.借助于对易关系，把变换后的哈密顿量变成相对于 $\hat{b}$ 和 $\hat{b}^\dagger$ 的正常形式.与算符成双线性的相互作用项有两种类型的结构：$\hat{b}^\dagger\hat{b}$ 和 $(\hat{b}\hat{b}+\hat{b}^\dagger\hat{b}^\dagger)$.后者相应于产生和湮灭两个准粒子的"危险图".它们的存在会使系统不稳定.使危险项消失的正则变换参数 u，v 的选择决定了稳定的基态(比较上册 12.7 节).证明：对于配对的哈密顿量，得到的参数与用变分法求得的一致.

我们可以直接检验在这个简并模型中找到的准粒子算符与实际情况中若用适当的振幅 u，v 来定义的具有相同的性质.的确，让我们把准粒子产生算符 $\hat{b}_\lambda^\dagger$((22.46)式)作用到基态((22.59)式)上. $u_\lambda\hat{a}_\lambda^\dagger$ 项把粒子放到空的轨道 $|\lambda\rangle$ 上，其振幅为 u_λ. $v_\lambda\hat{a}_{\tilde{\lambda}}$ 项从凝聚对中湮灭以振幅 v_λ 存在的时间共轭伙伴.与(22.44)式相同，这两个振幅的叠加给出

$$\hat{b}_\lambda^\dagger \mid 0\rangle = \hat{a}_\lambda^\dagger \prod_{\lambda'\neq\lambda}\{u_{\lambda'} - v_{\lambda'}\hat{P}_{\lambda'}^\dagger\} \mid \mathrm{vac}\rangle \tag{22.85}$$

它精确地是具有 $s=1$ 的状态((22.44)式).

习题 22.7 检验我们的基态(22.59)满足准粒子的真空条件((22.54)式).

22.9 激发谱

在求解过程中被引入的量 E_λ((22.71)式)具有与其符号相称的重要的物理含义.这个能量与一个额外的价粒子相联系，该粒子堵塞了对能级并降低了由凝聚形成带来的总收益.

让我们在配好对的偶系统轨道 λ 上添加一个粒子并计算所产生状态的能量 W_λ.这样做，相对于 Fermi 能量，被占据轨道的能量增加了 ϵ_λ'，而不是移除了(22.65)式中对的项 $2\epsilon_\lambda' v_\lambda^2$.在 Σ_F 附近，单粒子能量 ϵ_λ' 很小.这个额外的粒子几乎达到了 Fermi 面上.然而，存在与对态的堵塞相联系的另一种效应，它使别的对散射变得不可用.由于要对许多的对态求和，结果表明这个贡献在 Σ_F 处是有限的.这个效应来自(22.65)式中的第二项，其中，在对 λ 和 λ' 给出相等效应的两个求和中，都必须去除被堵塞轨道的贡献.结果，与额

外粒子相联系的总能量改变是

$$W_\lambda = \epsilon'_\lambda(1-2v_\lambda^2) - 2u_\lambda v_\lambda \sum_{\lambda'} U^P_{\lambda\lambda'} u_{\lambda'} v_{\lambda'} \tag{22.86}$$

在(22.86)式中的求和等于 $-\Delta_\lambda$((22.69)式). 利用(22.71)式、(22.74)式和(22.75)式的参数值,我们得到

$$W_\lambda = \epsilon'_\lambda\left(1-1+\frac{\epsilon'_\lambda}{E_\lambda}\right) - 2\frac{\Delta_\lambda}{2E_\lambda}(-\Delta_\lambda) = \frac{(\epsilon'_\lambda)^2+\Delta_\lambda^2}{E_\lambda} = E_\lambda \tag{22.87}$$

因此,量 E_λ 可称为**准粒子能量**. 由准粒子产生算符((22.44)式)所产生的激发中被添加到系统的正是这个能量. 现在,**能隙**这个术语的含义变得更清楚了. 在 Σ_F 处,尽管最小的激发能是有限的且等于 Δ,但增加的这个粒子的自能趋于0. 这明显地源自这个额外粒子在所有其他的对上的阻塞效应.

在一个正常的宏观系统中,Σ_F 附近的单粒子激发能作为动量的函数是线性的:

$$W_p = \epsilon(p) - \epsilon_F \approx v_F(p-p_F), \quad p > p_F \tag{22.88}$$

对于空穴激发同样正确:

$$W_p = \epsilon_F - \epsilon(p) \approx v_F(p_F - p), \quad p < p_F \tag{22.89}$$

在两种情况下,v_F 均为 Fermi 速度. 这个能量有两个分支,分别对应于粒子激发和空穴激发,它们在激发能为零的 Σ_F 处相交,见图22.2. 在这个配了对的系统中,我们具有在 Σ_F 处能隙为 Δ 的光滑行为. 类似于 Dirac 方程,能隙(22.71)对于激发谱起着一个质量的作用. 另外,正如对于一个没有质量的粒子一样,单粒子能谱将与动量呈线性关系((22.88)式、(22.89)式). 现在,这个激发已经把粒子-空穴的特性混在了一起,仿佛嵌入在准粒子的正则变换((22.50)式)之中.

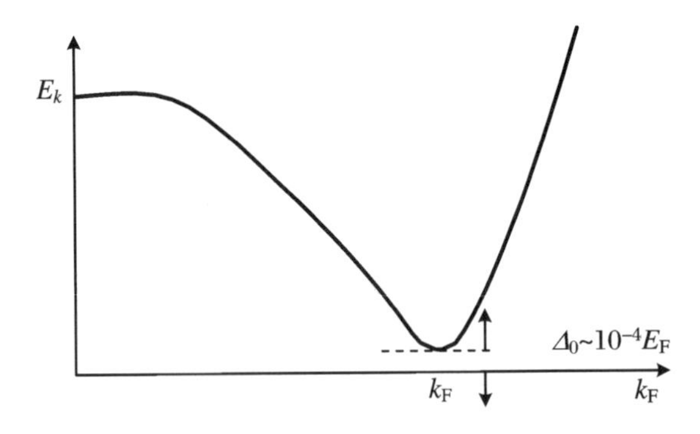

图 22.2 在一个配对系统中,Fermi 面附近的单粒子激发谱

其能隙的粗略估计是对一种典型的超导金属给出的.

为了激发一个**偶**系统，我们需要拆开一个对. 如果拆开后的一对伙伴分别占据单粒子轨道 λ 和 λ'，则与之相关的激发能是

$$W_{\lambda\lambda'} = E_\lambda + E_{\lambda'} \tag{22.90}$$

显然，这种激发是从等于 $(W_{\lambda\lambda'})_{\min} = 2\Delta$ 的一个更高的阈开始的，这个阈是出现两个准粒子的信号. 对于宏观系统的**超流性**，这样一种模式是必需的. 的确，超流性的 Landau 判据((21.43)式)确定了这个有限的临界速度：

$$u_c = \frac{W_{\min}}{P_{\max}} = \frac{2\Delta}{2p_F} = \frac{\Delta}{p_F} \tag{22.91}$$

在一个带电的 Fermi 液体中，持久电流意味着**超导电性**. 超导体电动力学的全面研究超出了本书的范畴[79,80].

在上册第 14 章，借助于宏观相干波函数，我们描述了超导态的主要特征. 在微观途径中，实质上能隙 Δ 起着这个作用，在具有一个流的态中，能隙获得坐标依赖的相位，同时流与这个相位的梯度成正比. 宏观波函数的空间扩展定义了所谓的**相干长度** l_c. 能隙的大小 Δ 表明，在 Σ_F 周围存在已经关联起来的凝聚对的能量层；按照(22.75)式，这是一个弥散了的 Fermi 面区域. 可以估算这个波包的动量不确定性为 $\delta_p \sim \Delta/v_F$，而空间相干长度为 $l_c \sim \hbar/\delta_p \sim \hbar v_F/\Delta$. 这个长度比典型的平均粒子间距大 2—3 个量级. 在原子核中，正式算出的相干长度要比原子核的尺寸大. 这些对耦合得很弱，且高度重叠. 在强配对相互作用情况下，我们会有紧束缚对分子形成与 BCS 图像不同的 Bose 凝聚. 人们可以在有着可变有效强度相互作用的原子阱中观察到从弱束缚的 BCS 对集合到 Bose 子的分子凝聚这两个区域之间的交叉[81].

通过总结在配对系统激发谱的特征，我们可以使用最初对于简并模型发展的高位数图像. 在原子核和其他有限系统中，用未配对粒子数目 s 来对状态进行分类特别有用. 在该模型中，能隙由(22.36)式给出. 现在我们可以把这种描述扩展到真实情况. 对于一个偶体系，基态有 $s=0$，第一激发态相应于 $s=2$，而对于一个奇 A 原子核，基态可以描述为具有 $s=1$. 偶体系的激发谱有能隙 2Δ；奇系统的激发谱没有能隙，因为未配对的粒子可以被激发到另一个轨道而不会有凝聚的强裂扭曲. 在该奇系统中能量 $\sim 2\Delta$ 处，三个准粒子态的集合($s=3$)是局域的. 这种构建可以容易地继续下去.

具有高的高位数的状态变得关联越来越少. 每一次，我们都应该求解类似于(22.76)式但具有新的占有数且包括阻塞效应的能隙方程. 如果在轨道 λ 发现一个未配对粒子的概率是 f_λ(不要将这个函数与在基态((22.59)式)中已经出现的对占有数 n_λ 混淆)，那时，发现双重态$(\lambda,\tilde{\lambda})$为空并对散射可以利用的概率为

$$p_\lambda = 1 - f_\lambda - f_{\bar{\lambda}} \tag{22.92}$$

则代替主方程(22.76),我们得到(译者注:下式有明显错误,应该不对 λ 求和.)

$$\Delta_\lambda = -\sum_{\lambda\lambda'} U^P_{\lambda\lambda'} \frac{\Delta_{\lambda'}}{2E_{\lambda'}} p_{\lambda'} \tag{22.93}$$

随激发能的增大(这也可以借助于**温度** T 来表达),会发生热激发准粒子概率 $f_\lambda(T)$ 的增加.非平庸 $\Delta \neq 0$ 的解随温度减小,在临界温度 T_c 变为零,它可以从(22.93)式令 $\Delta = 0$ 而得到.在宏观系统中,它作为从超导态到正常态的一种相变而被观测到了,如图 22.3(a)所示.在介观系统中,像原子核,尽管 Δ 慢慢地减小,但并不存在尖锐的相变.当能隙变得小于正常系统中轨道能级之间的平均间距时,再谈论能谱中的能隙是毫无意义的.图 22.3(b)[8]表明了在仅限于靠近 Fermi 面的 1 s 轨道和 0 d 轨道的 ^{28}Si 核壳模型中,对所有的自旋 $J = 0$ 和同位旋 $T = 0$ 的态的关联函数 $\langle P^\dagger P \rangle$,它是与(22.27)式和(22.101)式中配对能类似的量.仅最低态才显示出已成功的(同位旋不变)配对;而这里价粒子数太少了:六个质子和六个中子.

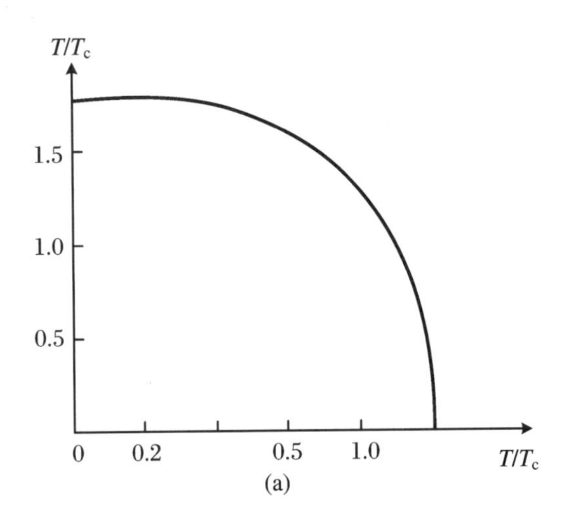

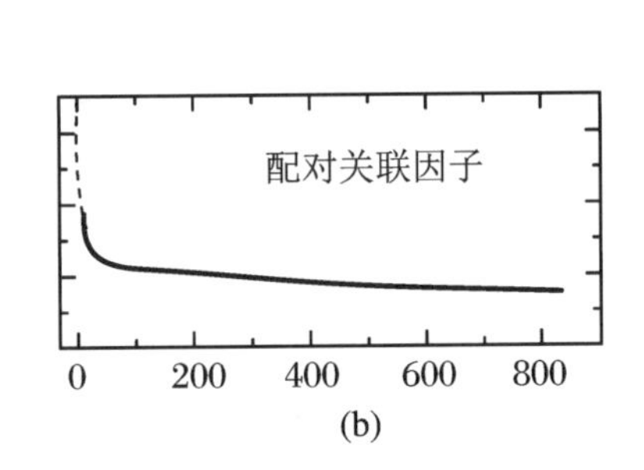

图 22.3 (a) 典型的宏观配对能隙与温度的关系(译者注:图上的纵坐标有误,应为"能隙");(b) 在一个介观系统中配对关联因子 $\langle P^\dagger P \rangle$ 与激发能的关系

在偶系统中,被推高到阈值 2Δ 以上的准粒子激发增大了该区域的**能级密度**.具有(22.87)式的能量 $E = \sqrt{\epsilon^2 + \Delta^2}$ 的未配对粒子的新能级密度 $\nu_{q-p}(E)$,与正常情况一样,是每单位能量间隔内能级的数目 $\mathrm{d}n/\mathrm{d}E$.按照无微扰能级密度 $\nu(\epsilon)$,我们得到

$$\nu_{q-p}(E) = \frac{\mathrm{d}n}{\mathrm{d}\epsilon}\frac{\mathrm{d}\epsilon}{\mathrm{d}E} = \nu \frac{E}{\sqrt{E^2 - \Delta^2}}, \quad E > \Delta \tag{22.94}$$

在宏观系统，由于从这个能隙退出的准粒子态的累积，在粒子和空穴的阈值处这个函数有一个(可积的)奇点，如图 22.4 所示.

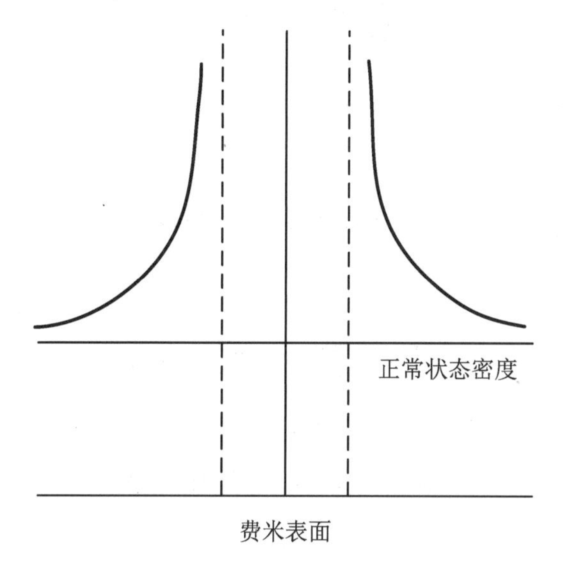

图 22.4　在一个超导系统中准粒子(准空穴)的能级密度

22.10　凝聚能量

现在，我们能够论证，与 $\Delta=0$ 的正常解相比，具有 Δ 的非平庸解的超流态在能量上更有利.

在具有常数矩阵元(22.77)式的模型中，基态能量 E_0(有不重要的移动 $\mu\langle N\rangle$)是

$$E_0 = 2\sum_{\lambda} \epsilon'_{\lambda} v_{\lambda}^2 - G\left(\sum_{\lambda} u_{\lambda} v_{\lambda} \theta_{\lambda}\right)^2 \tag{22.95}$$

仅考虑 Σ_F 附近、厚度为 ξ 的能量区域就足够了，其粒子的分布不同于正常 Fermi 系统中粒子的分布.(22.95)式中第一项的贡献可以用像(22.82)式那样的积分表示为

$$E_0^{(1)} \approx \nu'_F \int_{-\xi}^{\xi} \mathrm{d}\,\epsilon'\,\epsilon'\left(1-\frac{\epsilon'}{\sqrt{\epsilon'^2+\Delta^2}}\right) \tag{22.96}$$

正如从(22.78)式看到的，(22.95)式中的第二项是 $\Delta^2/(2G)$. 利用(22.82)式，我们也把

它写成积分形式：

$$E_0^{(2)} = -\frac{\Delta^2}{2G} \approx -\frac{1}{2}\Delta^2 \nu'_{\mathrm{F}} \int_{-\xi}^{\xi} \frac{\mathrm{d}\,\epsilon'}{\sqrt{\epsilon'^2 + \Delta^2}} \tag{22.97}$$

为了得到凝聚能量(译者注：用下标“cond”表示)E_{cond}，我们需要计算配对系统和正常系统的基态能量之间的差别，后者等于 Σ_{F} 以下所有单粒子轨道之和：

$$E_{\mathrm{norm}} \approx 2\nu'_{\mathrm{F}} \int_{-\xi}^{0} \mathrm{d}\,\epsilon'\,\epsilon' \tag{22.98}$$

习题 22.8 计算凝聚能量(译者注：下标“norm”表示“正常”)

$$E_{\mathrm{cond}} = E_0^{(1)} + E_0^{(2)} - E_{\mathrm{norm}} \tag{22.99}$$

解 把这些项收集起来并完成积分，我们得到

$$E_{\mathrm{cond}} = \nu'_{\mathrm{F}}(\xi^2 - \xi\sqrt{\xi^2 + \Delta^2}) \tag{22.100}$$

对于任何不为零的能隙参数值，这个能量都是负的. 因此，**在能量上**非平庸解**是有利的**. 在(22.83)式中曾用到，近似 $\xi \gg \Delta$ 之下：

$$E_{\mathrm{cond}} = -\frac{1}{2}\Delta^2 \nu'_{\mathrm{F}} \tag{22.101}$$

这个结果有一个简单的物理含义：配对对于改变 Δ 量级的间隔内单粒子能谱是有效的. 这个间隔包含 $\nu_{\mathrm{F}}\Delta$ 个状态. 它们之中的每一个都获得 Δ 量级的额外结合能.

在宏观超导体中，每单位体积的凝聚能(整个能级密度正比于体积)等于破坏超导性所需要的磁场能量密度 $\mathcal{B}_{\mathrm{c}}^2/8\pi$. 因此，(22.101)式直接确定了临界磁场 $\mathcal{B}_{\mathrm{c}}$.

22.11 跃迁振幅

正像有关跃迁过程(22.41)式曾讨论过的，由凝聚性质所决定的相干因子强烈影响到跃迁概率. 让我们看一看那些单体算符矩阵元，它们定义了原子核中多极矩和辐射跃迁，以及宏观超导体中像自旋弛豫和光吸收等的过程.

一个不改变粒子数的普遍的单体算符可以像(17.37)式那样写成

$$\hat{Q} = \sum_{\lambda\lambda'} q_{\lambda\lambda'} \hat{a}_{\lambda}^{\dagger} \hat{a}_{\lambda'} \tag{22.102}$$

其中,求和遍及所有的单粒子轨道.为了找到它在配对系统的作用,我们对准粒子进行正则变换((22.55)式).得到的算符包含具有不同高位数选择定则 Δs 的项 $Q_{\Delta s}$.

首先,我们考虑$\sim \hat{b}^{\dagger}\hat{b}$ 的贡献,它们保持准粒子数守恒:$\Delta s = 0$.这种类型的项有两项:

$$Q_0 = \sum_{\lambda\lambda'} q_{\lambda\lambda'}(u_{\lambda}u_{\lambda'}\hat{b}_{\lambda}^{\dagger}\hat{b}_{\lambda'} + v_{\lambda}v_{\lambda'}\hat{b}_{\tilde{\lambda}}\hat{b}_{\tilde{\lambda}'}^{\dagger}) \tag{22.103}$$

(22.103)式中的第二项可以变成标准形式:

$$\hat{b}_{\tilde{\lambda}}\hat{b}_{\tilde{\lambda}'}^{\dagger} = \delta_{\lambda\lambda'} - \hat{b}_{\tilde{\lambda}'}^{\dagger}\hat{b}_{\tilde{\lambda}} \tag{22.104}$$

用这样的方法,我们提取出非算符项(对角的期待值):

$$\bar{Q} = \sum_{\lambda} q_{\lambda\lambda}n_{\lambda} \tag{22.105}$$

它是由占据数 $n_{\lambda} = v_{\lambda}^2$ 确定的.把具有 $\Delta s = 0$ 的两个算符的项组合成一个负责由 Q 场引起准粒子转移过程的算符:

$$\hat{Q}_0 = \sum_{\lambda\lambda'} q_{\lambda\lambda'}(u_{\lambda}u_{\lambda'}\hat{b}_{\lambda}^{\dagger}\hat{b}_{\lambda'} - v_{\lambda}v_{\lambda'}\hat{b}_{\tilde{\lambda}'}^{\dagger}\hat{b}_{\tilde{\lambda}}) \tag{22.106}$$

在(22.106)式的第二项中我们可以改变求和变量:$\tilde{\lambda}\to\lambda'$,$\tilde{\lambda}'\to\lambda$,使所有算符都与第一项的算符一样.在一个 $\mathcal{T}$ 不变系统中,振幅 u 和 v 在时间反演下不变.最后的结果取决于场 Q 对时间反演的性质.

对于 $\mathcal{T}$ 为偶的场,$q_{\lambda\lambda'} = q_{\tilde{\lambda}'\tilde{\lambda}}$,准粒子转移 $\hat{b}_{\lambda}^{\dagger}\hat{b}_{\lambda'}$ 的矩阵元 $M_{\lambda\lambda'}$ 等于

$$M_{\lambda\lambda'}^{(+)} = q_{\lambda\lambda'}(u_{\lambda}u_{\lambda'} - v_{\lambda}v_{\lambda'}) \tag{22.107}$$

在 $\mathcal{T}$ 为奇的情况下,$q_{\lambda\lambda'} = -q_{\tilde{\lambda}'\tilde{\lambda}}$,这个矩阵元包含一个不同的相干因子:

$$M_{\lambda\lambda'}^{(-)} = q_{\lambda\lambda'}(u_{\lambda}u_{\lambda'} + v_{\lambda}v_{\lambda'}) \tag{22.108}$$

$\mathcal{T}$ 奇多极矩的对角矩阵元不受配对关联的影响:

$$M_{\lambda\lambda}^{(-)} = q_{\lambda\lambda}(u_{\lambda}^2 + v_{\lambda}^2) = q_{\lambda\lambda} \tag{22.109}$$

例如,正如我们在高位数方案((22.23)式)中发现的一样,在一个给定原子核轨道上准粒子的磁矩保持 Schmidt 值.

由同样的场产生两个准粒子(对拆散)的振幅是由 $\Delta s = 2$ 的项给出的:

$$Q_2 = -\sum_{\lambda\lambda'} q_{\lambda\lambda'}u_{\lambda}v_{\lambda'}\hat{b}_{\lambda}^{\dagger}\hat{b}_{\tilde{\lambda}'}^{\dagger} \tag{22.110}$$

要产生准粒子 $\hat{b}^{\dagger}_{\mu'}\hat{b}^{\dagger}_{\mu}$，有两种可能性：$\lambda=\mu,\lambda'=\mu'$和$\lambda=\tilde{\mu}',\tilde{\lambda}'=\mu$. 同样，对于 $\mathcal{T}$为偶的场Q，我们得到矩阵元

$$P^{(+)}_{\lambda\lambda'} = q_{\lambda\lambda'}(u_{\lambda}v_{\lambda'} + u_{\lambda'}v_{\lambda}) \tag{22.111}$$

在 $\mathcal{T}$为奇的情况下，振幅是

$$P^{(-)}_{\lambda\lambda'} = q_{\lambda\lambda'}(u_{\lambda}v_{\lambda'} - u_{\lambda'}v_{\lambda}) \tag{22.112}$$

其中，$\lambda=\lambda'$的对角的对产生是禁戒的，$P^{(-)}_{\lambda\lambda}=0$. 这是具有凝聚量子数的对，因此 $\mathcal{T}$为偶的而同时场$\mathcal{T}$为奇的. 这些结果对于计算配对系统对任何外场的响应是不可缺少的.

第 23 章

密度矩阵

结果表明,不是波函数而是另外一个东西——一个被称为**密度矩阵**的量更有用……因此,随着方程复杂性的稍微增加(增加的不是太多),我转向利用密度矩阵……

——R. P. Feynman

23.1 混态和密度矩阵

到此为止,我们主要是用态矢量$|\Psi\rangle$所描述的**纯量子态**进行讨论.这种概念相应于一种特别制备的孤立量子系统,例如,作为一个确定的厄米算符的本征态,我们可以忽略它与环境的相互作用.后者仅在测量设备中显示它的作用.然而,这是真实情况的一种理想化.例如,我们几次提到过热激发系统.在这种情况下,系统被假定与一个热库——**恒温器**——处于平衡的接触,这个恒温器支持系统中的某个激发能级.另一种重要情形是

产生初态的装置的有限精度.

实际上,把一个系统作为一个更大装置的一部分来描述比用一个纯量子态来描述更普遍一些.在所有处理部分动力学变量并对未观测的自由度进行平均的情况下,这样一种描述变得绝对必要.那时,代替纯态,我们要处理用**密度矩阵** $\hat{\rho}$ 而不是用波函数描述的**混合量子态**.让我们想象由两个部分——系统本身及其周围环境——组成的一个设备.特别是其第二部分,或许就是同一个系统的一组变量,我们对其不感兴趣,或者正如在多体系统中常常遇到的那样,不可能简单地被实验获取,假定大的系统作为一个整体可以视为封闭的,且用波函数 $|\Psi\rangle$ 来描述,我们引入一套波函数 $|k;\nu\rangle$ 的完备集,其中纯态 $|k\rangle$ 指的是我们的系统,而 $|\nu\rangle$ 表征环境的可能状态.

于是,整个系统的任意一个状态都可以表示为这些基本状态的叠加:

$$|\Psi\rangle = \sum_{k\nu} C_{k;\nu} \, |k;\nu\rangle \tag{23.1}$$

振幅 $C_{k;\nu}$ 可能依赖时间;它们按照下式归一化:

$$\sum_{k\nu} |C_{k;\nu}|^2 = 1 \tag{23.2}$$

让 $\hat{A}$ 为只作用在我们的子系统变量上的一个任意算符.它的测量结果用期待值 $\langle\Psi|\hat{A}|\Psi\rangle$ 描述.在环境的量子数中,$\hat{A}$ 的矩阵元是对角的:

$$\langle k';\nu' \,|\, \hat{A} \,|\, k;\nu\rangle = \delta_{\nu'\nu} A_{k'k} \tag{23.3}$$

因此,$\hat{A}$ 的期待值取如下形式:

$$\langle\Psi \,|\, \hat{A} \,|\, \Psi\rangle = \sum_{k'\nu'k\nu} C^*_{k';\nu'} C_{k;\nu} \langle K';\nu' \,|\, \hat{A} \,|\, k;\nu\rangle = \sum_{k'k} A_{k'k} \sum_{\nu} C_{k;\nu} C^*_{k';\nu} \tag{23.4}$$

我们定义作用在所研究的子系统 Hilbert 空间的**密度矩阵** $\rho_{kk'}$,作为**追踪**周围环境变量的结果:

$$\rho_{kk'} = \sum_{\nu} C_{k;\nu} C^*_{k';\nu} \equiv \overline{C_k C_{k'}} \tag{23.5}$$

其中,上划线表示对环境状态取"平均".矩阵元为(23.5)式的矩阵 $\hat{\rho}$ 确定了所有观测量的期待值:

$$\langle\Psi \,|\, \hat{A} \,|\, \Psi\rangle = \sum_{k'k} A_{k'k} \rho_{kk'} = \sum_{k'} (A\rho)_{k'k'} \equiv \mathrm{tr}(\hat{A}\hat{\rho}) \tag{23.6}$$

这里及下文中的符号"tr"仅指对子系统的状态求迹.由于归一化(23.2)式,密度矩阵按照下式归一化:

$$\mathrm{tr}\hat{\rho} = \langle \Psi \mid \Psi \rangle = 1 \tag{23.7}$$

算符 $\hat{A}$ 的不同取值 a 的分布函数 $w(a)$ 被表示为

$$w(a) = \mathrm{tr}\{\delta(\hat{A} - a)\hat{\rho}\} \tag{23.8}$$

因此,当系统处于混态,并且其变量与环境**纠缠**在一起的时候,密度矩阵提供了在不完备的信息条件下所有实验结果的概率.

23.2 密度矩阵的性质

对于一个**纯态**(与环境没有耦合),密度矩阵的知识等价于波函数的知识.如果系统处于纯态 $|\alpha\rangle$ 而且在展开式(23.1)中我们使用一个任意的基 $|k\rangle$,其系数为 C_k^α,则这个态的密度矩阵 $\rho^{(\alpha)}$(23.5)式为

$$\rho_{kk'}^{(\alpha)} = C_k^\alpha C_{k'}^{\alpha *} = \langle k \mid \alpha \rangle \langle \alpha \mid k' \rangle \tag{23.9}$$

这只不过是个**投影算符**,它从一个任意态 $|\Psi\rangle$ 投影出沿给定矢量 $|\alpha\rangle$ 的分量:

$$\langle k | \hat{\rho}^{(\alpha)} | \Psi \rangle = \sum_{k'} \rho_{kk'}^{(\alpha)} \langle k' \mid \Psi \rangle = \langle k \mid \alpha \rangle \sum_{k'} \langle \alpha \mid k' \rangle \langle k' \mid \Psi \rangle = \langle k \mid \alpha \rangle \langle \alpha \mid \Psi \rangle \tag{23.10}$$

因此,对于纯态 $|\alpha\rangle$,密度算符就是个**投影算符**:

$$\hat{\rho}^{(\alpha)} = | \alpha \rangle \langle \alpha | \tag{23.11}$$

它的矩阵可以表示成一个简单的乘积((23.9)式).

习题 23.1 证明:纯态的密度矩阵(23.9)式满足投影算符的定义(见上册方程(6.126)):

$$(\hat{\rho}^{(\alpha)})^2 = \hat{\rho}^{(\alpha)} \tag{23.12}$$

这意味着,对于这个态的矢量和任何正交矢量,一个纯态密度算符的本征值分别为 1 和 0.

在普通的混态情况下,密度算符是厄米的:

$$\rho_{jk}^* = \sum_\nu C_{j;\nu}^* C_{k;\nu} = \rho_{kj} \quad \rightsquigarrow \quad \hat{\rho}^\dagger = \hat{\rho} \tag{23.13}$$

因此，$\hat{\rho}$ 的本征值是实数. **在任何基中**，$\hat{\rho}$ 的对角矩阵元都是非负的：

$$\rho_{kk} = \sum_{\nu} |C_{k;\nu}|^2 \geqslant 0 \tag{23.14}$$

由于(23.7)式和迹不变性：

$$\sum_{k} \rho_{kk} = 1 \tag{23.15}$$

ρ_{kk} 的数值都是在 0 和 1 之间，在纯态达到边界值. 与纯态((23.12)式)不同，在一般的情况下，$\mathrm{tr}\hat{\rho}^2 \leqslant 1$.

密度矩阵((23.5)式)的显式表示依赖于基的选取. 密度矩阵可以**被对角化**；它的本征基$|p\rangle$有时称为**指针基**. 在这个基中，有

$$\rho_{pp'} = \rho_p \delta_{pp'}, \quad 0 \leqslant \rho_p \leqslant 1, \quad \sum_{p} \rho_p = 1 \tag{23.16}$$

在指针基中，密度算符是对于基矢量$|p\rangle$的投影算符之和：

$$\hat{\rho} = \sum_{p} \rho_p \mid p\rangle\langle p \mid \tag{23.17}$$

利用这个基，我们可以粗略地把本征值 ρ_p 解释为在由环境所形成的系综中本征态$|p\rangle$的**概率**. 对一个任意量的期待值的计算支持这种解释：

$$\langle \hat{A} \rangle = \mathrm{tr}(\hat{A}\hat{\rho}) = \sum_{n} \rho_p \langle p \mid \hat{A} \mid p \rangle \tag{23.18}$$

这里，我们有**双重平均**，首先对来自指针基的纯量子态$|p\rangle$求平均，然后，对按照概率 ρ_p 产生的统计系综求平均.

我们以一个**单粒子**密度矩阵为例. 在坐标表象中，$\rho(\boldsymbol{r}, \boldsymbol{r}')$，定义(23.5)式中的下标 kk'变成连续的坐标，而算符 $\hat{A}$ 的期待值由下式给出：

$$\langle \hat{A} \rangle = \mathrm{tr}(\hat{\rho}\hat{A}) = \int \mathrm{d}^3 r \mathrm{d}^3 r' \rho(\boldsymbol{r}, \boldsymbol{r}') \langle \boldsymbol{r}' \mid \hat{A} \mid \boldsymbol{r} \rangle \tag{23.19}$$

对于一个作为坐标函数的算符 $\hat{A}(\boldsymbol{r})$，它的坐标矩阵元是 $A(\boldsymbol{r})\delta(\boldsymbol{r} - \boldsymbol{r}')$，而(23.19)式只包含密度矩阵的对角部分 $\rho(\boldsymbol{r}, \boldsymbol{r})$，这一部分起着概率密度 $w(\boldsymbol{r})$的作用：

$$\langle \hat{A} \rangle = \int \mathrm{d}^3 r \rho(\boldsymbol{r}, \boldsymbol{r}) A(\boldsymbol{r}) \tag{23.20}$$

在纯态 $\psi(\boldsymbol{r})$，我们有 $w(\boldsymbol{r}) = |\psi(\boldsymbol{r})|^2$.

习题 23.2 求在动量表象和坐标表象中单粒子密度矩阵之间的关系以及动量依赖的算符 $\hat{B}(\boldsymbol{p})$的概率密度.

解 利用上册中(6.37)式的变换,我们发现

$$\langle \boldsymbol{p} \mid \hat{\rho} \mid \boldsymbol{p}' \rangle \equiv \rho(\boldsymbol{p}, \boldsymbol{p}') = \int \mathrm{d}^3 r \mathrm{d}^3 r' \mathrm{e}^{(\mathrm{i}/\hbar)(\boldsymbol{p}' \cdot \boldsymbol{r}' - \boldsymbol{p} \cdot \boldsymbol{r})} \rho(\boldsymbol{r}, \boldsymbol{r}') \tag{23.21}$$

逆变换是

$$\rho(\boldsymbol{r}, \boldsymbol{r}') = \int \frac{\mathrm{d}^3 p \mathrm{d}^3 p'}{(2\pi\hbar)^6} \mathrm{e}^{-(\mathrm{i}/\hbar)(\boldsymbol{p}' \cdot \boldsymbol{r}' - \boldsymbol{p} \cdot \boldsymbol{r})} \rho(\boldsymbol{p}, \boldsymbol{p}') \tag{23.22}$$

对于任何一个动量依赖的算符 $\hat{B}(\boldsymbol{p})$,有

$$\langle \boldsymbol{p} \mid \hat{B}(\hat{\boldsymbol{p}}) \mid \boldsymbol{p}' \rangle = B(\boldsymbol{p}) (2\pi\hbar)^3 \delta(\boldsymbol{p} - \boldsymbol{p}') \tag{23.23}$$

其期待值等于

$$\langle \hat{B} \rangle = \int \frac{\mathrm{d}^3 p}{(2\pi\hbar)^3} \rho(\boldsymbol{p}, \boldsymbol{p}) B(\boldsymbol{p}) \tag{23.24}$$

这就是说,动量概率密度为

$$w(\boldsymbol{p}) = \rho(\boldsymbol{p}, \boldsymbol{p}) = \int \mathrm{d}^3 r \mathrm{d}^3 r' \mathrm{e}^{(\mathrm{i}/\hbar)\boldsymbol{p} \cdot (\boldsymbol{r}' - \boldsymbol{r})} \rho(\boldsymbol{r}, \boldsymbol{r}'), \quad \int \frac{\mathrm{d}^3 p}{(2\pi\hbar)^3} w(\boldsymbol{p}) = 1 \tag{23.25}$$

习题 23.3 证明:在任何基中,$\hat{\rho}$ 的矩阵元都满足不等式

$$\rho_{kk}\rho_{ll} \geqslant |\rho_{kl}|^2 \tag{23.26}$$

即密度矩阵的所有子行列式都是正定的.

解 可以在代数教科书中找到的证明如下:在 $k = l$ 且维数为 2 的情况下,等式是显然的.取 $k \neq l$ 以及空间的维数$\geqslant 3$.对于任意的厄米算符 $\hat{Q}$ 和任意的密度矩阵,期待值 $\langle \hat{Q}^2 \rangle \geqslant 0$,因此

$$\langle \hat{Q}^2 \rangle = \mathrm{tr}(\hat{\rho}\hat{Q}^2) = \sum_{ijn} \rho_{ij} Q_{jn} Q_{ni} = \sum_{ijn} \rho_{ij} Q_{jn} Q_{in}^* \geqslant 0 \tag{23.27}$$

其中,$\hat{Q}$ 是任意的,我们可以选择一个算符,它对于从 $|k\rangle$ 和 $|l\rangle$ 到某一个态 $|n\rangle$ 的跃迁仅有的非零矩阵元为 $Q_{kn} = Q_{nk}^* \equiv x$ 和 $Q_{ln} = Q_{nl}^* \equiv y\,(n \neq k, l)$.把所有不为零的贡献集中到求和(23.27)式中:

$$\rho_{kk} |x|^2 + \rho_{ll} |y|^2 + \rho_{kl} x y^* + \rho_{lk} x^* y + \rho_{nn}(|x|^2 + |y|^2) \geqslant 0 \tag{23.28}$$

因为对于任意的 x,y 和 ρ_{nn},此式都成立,所以(23.28)式中的前四项之和必须是大于等于 0 的,也就是说,在 kl 子空间中,ρ 矩阵元的双线性形式是非负的并且它的行列式大于

等于 0,这与(23.26)式相符.

密度矩阵的非对角元是与**干涉**现象相联系的.让我们在用密度矩阵 $\rho_{kk'}$ 所描述的混态上反复地测量 $\hat{A}$ 这个量.每次测量产生这个算符的一个本征态$|a\rangle$.结果得到概率分布 $w(a)$((23.8)式),所以,在 $\hat{A}$ 的本征函数基中,最后的密度矩阵是对角的:

$$\hat{\rho}' = \sum_a w(a)\ |\ a\rangle\langle a\ | \tag{23.29}$$

用原始的基所求得的分布可以写为

$$w(a) = \langle a\ |\ \hat{\rho}\ |\ a\rangle = \sum_{kk'}\langle a\ |\ k\rangle\rho_{kk'}\langle k'\ |\ a\rangle \tag{23.30}$$

它包含一个非相干求和以及干涉项:

$$w(a) = \sum_k \rho_{kk}\ |\ \langle a\ |\ k\rangle\ |^2 + \sum_{kk'(k\neq k')}\rho_{kk'}\langle a\ |\ k\rangle\langle a\ |\ k'\rangle^* \tag{23.31}$$

初态各个分量的相干干涉的潜在可能性应该归咎于原始的 $k\neq k'$的非对角元$\rho_{kk'}$.相干度或者干涉图案的**反差**可以用一个特别的量来估算:

$$D_{kk'} = \frac{\rho_{kk'}}{\sqrt{\rho_{kk}\rho_{k'k'}}} \tag{23.32}$$

按照习题 23.3 的结果(23.26)式,$|D_{kk'}|\leqslant 1$,而且正如从(23.9)式我们已经看到的,对于**纯态**,达到**最大相干** $D_{kk'}=1$.

23.3 热平衡

正如在统计力学中所显示的,在温度为 T 时,恒温器的热平衡产生这个系统的正则密度矩阵,该正则密度矩阵为

$$\hat{\rho} = \frac{1}{Z}\mathrm{e}^{-\hat{H}/T},\quad Z = \mathrm{tr}(\mathrm{e}^{-\hat{H}/T}) \tag{23.33}$$

其中,$\hat{H}$ 是与这个大热库相接触的系统的哈密顿量,而且温度是以能量单位表示的.显然,这里的指针基与哈密顿量的定态基是一样的.

在系综(23.33)式所描述的热平衡中,布居某个定态$|n\rangle$的概率仅依赖于能量 E_n,而

与这个态的所有其他特征无关.在一个窄的能量窗内所有微观态都以相等的概率出现.这仅当所有的这些态都有实际上相同的宏观性质时才有可能.这种基本的平衡机制是由与热库(或者系统的不同部分之间)的相互作用引起高能级密度区中状态的量子混合提供的.这种混合导致在局域谱的涨落和关联(第24章)中所看到的**量子混沌**.

配分函数(partition function)为

$$Z(T)=\sum_n \mathrm{e}^{-\beta E_n}=\mathrm{tr}(\mathrm{e}^{-\beta\hat{H}}),\quad \beta=\frac{1}{T} \tag{23.34}$$

形式上是作为密度矩阵的一个归一化因子出现,它起着重要的双重作用.首先,它在能谱E_n中呈现的系统内部结构与按照如下**自由能**$F(T)$方便地表示的宏观热力学变量之间架起了桥梁:

$$F(T)=-T\ln Z,\quad \hat{\rho}=\mathrm{e}^{\beta(F-\hat{H})} \tag{23.35}$$

热平衡系统没有确定的能量;其能量分布为$\rho_n=(1/Z)\exp(-\beta E_n)$;我们可以看到平均能量为

$$\langle E\rangle=\mathrm{tr}(\hat{H}\hat{\rho})=\frac{1}{Z}\sum_n E_n\mathrm{e}^{-\beta E_n} \tag{23.36}$$

另一方面,作为温度的函数,由配分函数(23.34),我们可以抽取出系统的**能级密度**.的确,配分函数是能级密度的 **Laplace 变换**:

$$Z(\beta)=\mathrm{tr}\left\{\int \mathrm{d}E\mathrm{e}^{-\beta E}\delta(E-\hat{H})\right\}=\int \mathrm{d}E\mathrm{e}^{-\beta E}\nu_{\mathrm{level}}(E) \tag{23.37}$$

如果知道在一个宽的温度范围的配分函数,我们就可以反过来通过配分函数的逆Laplace变换得到能级密度.

习题 23.4 求温度为T的谐振子的平均能量.

解 用已知的能谱$E_n=\hbar\omega(n+1/2)$,我们求该几何级数之和并得到

$$Z=\sum_{n=0}^{\infty}\mathrm{e}^{-\beta\hbar\omega(n+1/2)}=\frac{\mathrm{e}^{-\beta\hbar\omega/2}}{1-\mathrm{e}^{-\beta\hbar\omega}}=\frac{2}{\sinh(\beta\hbar\omega)} \tag{23.38}$$

平均能量由(23.36)式给出:

$$\langle E\rangle=\hbar\omega\left(\frac{1}{2}+\frac{1}{\mathrm{e}^{\beta\hbar\omega}-1}\right)=\hbar\omega\coth\left(\frac{\hbar\omega}{2T}\right) \tag{23.39}$$

这是 **Planck 分布**,它是量子力学的最早的起源,见上册第1章.我们把这个答案解释为**量子涨落**(零点能量$\hbar\omega/2$)与平均而言产生$\langle n\rangle$个热激发量子的**热涨落**相结合的

结果：

$$\langle E \rangle = \hbar\omega\left(\frac{1}{2} + \langle n \rangle\right), \quad \langle n \rangle = \frac{1}{e^{\beta\hbar\omega} - 1} \tag{23.40}$$

由于在每个定态上谐振子动能和势能的期待值相等，这种经典**均分**的类似结果对于平衡的系综也适用.因此，我们可以求得偏离平衡位置的均方位移为

$$\langle x^2 \rangle = \frac{1}{m\omega^2}\langle E \rangle = \frac{\hbar}{m\omega}\coth\left(\frac{\hbar\omega}{2T}\right) \tag{23.41}$$

习题 23.5 求温度为 T 的谐振子在坐标表象中的密度矩阵 $\rho(x, x')$.

解 密度矩阵 $\rho(x, x')$ 为

$$\langle x \mid \hat{\rho} \mid x' \rangle = \sum_n \langle x \mid n \rangle \frac{1}{Z} e^{-\beta E_n} \langle n \mid x' \rangle = \frac{1}{Z}\sum_n \psi_n(x)\psi_n^*(x') e^{-\beta E_n} \tag{23.42}$$

这里的求和正是上册方程(3.37)中的传播子 $G(x, x'; t - t')$，只是延拓到**复时间**：

$$t - t' \Rightarrow -i\hbar\beta \tag{23.43}$$

谐振子的实时传播子曾在上册方程(11.65)中求得.由替代式(23.43)与归一化(23.38)式得到

$$\rho(x, x') = \sqrt{\frac{m\omega y}{\pi\hbar}} e^{-(m\omega/(4\hbar))[(x+x')^2 y + (x-x')^2/y]}, \quad y = \tanh\left(\frac{\hbar\omega}{2T}\right) \tag{23.44}$$

$x' = x$ 时密度矩阵的对角元可解释为与热库相互作用的谐振子坐标的分布函数 $w(x)$((23.20)式)：

$$w(x) = \rho(x, x) = \sqrt{\frac{m\omega y}{\pi\hbar}} e^{-(m\omega/\hbar)yx^2}, \quad \int dx w(x) = 1 \tag{23.45}$$

这是在(23.41)式给出的、其方差为 $\langle x^2 \rangle$ 的 Gauss 分布.注意经典情况和量子极限的差别.在经典情况下，$\gamma = \tanh\alpha \to \alpha$ 时，Planck 常数从答案中消失了，因此我们得到 Boltzmann 统计的结果：

$$w(x) \Rightarrow \sqrt{\frac{m\omega^2}{2\pi T}} e^{-m\omega^2 x^2/(2T)}, \quad \alpha \equiv \frac{\hbar\omega}{2T} \ll 1 \tag{23.46}$$

而在 $\alpha \gg 1$ 的量子极限下，那时 $\gamma \to 1$，因此我们恢复了谐振子基态的坐标不确定性，见上册方程(11.16)，有

$$P(x) = |\psi_0(x)|^2 = \sqrt{\frac{m\omega}{\pi\hbar}}e^{-m\omega x^2/\hbar} \tag{23.47}$$

我们可以把平衡的正则系综(23.33)式推广到除能量以外的其他宏观量由其平均值给出的情况,尽管由于与热库的相互作用,它们的微观值有涨落.为了固定可观测量的平均值,类似于确定平均能量的温度,可以引入类似的**强度量**(intensive quantities)(局域的,并不随体积或粒子数成比例增加).当总的粒子数 N 绕着它的平均值涨落时,我们使用**化学势** μ:

$$\hat{\rho} = \frac{1}{Z(\mu,T)}e^{-\beta(\hat{H}-\mu\hat{N})}, \quad Z(\mu,T) = \mathrm{tr}(e^{-\beta(\hat{H}-\mu\hat{N})}) \tag{23.48}$$

其中,求迹是对不同粒子数的所有本征态进行的.如果需要固定系统角动量 $\boldsymbol{J}$,平均地,我们引入**角速度** $\boldsymbol{\Omega}$:

$$\hat{\rho} = \frac{1}{Z(\boldsymbol{\Omega},T)}e^{-\beta[\hat{H}-(\boldsymbol{\Omega}\cdot\hat{\boldsymbol{J}})]}, \quad Z(\boldsymbol{\Omega},T) = e^{-\beta[\hat{H}-(\boldsymbol{\Omega}\cdot\hat{\boldsymbol{J}})]} \tag{23.49}$$

在总动量为 $\boldsymbol{P}$ 的情况下,我们在指数上增加 $-(\boldsymbol{V}\cdot\boldsymbol{P})$,这里 $\boldsymbol{V}$ 起着作为整体的系统速度的作用.

23.4 极化密度矩阵

系统的自旋态常常用密度矩阵给出.无论是用哪种方式制备,例如,通过与磁场组合,或者作为化学反应或核反应的一个结果,这种自旋态或许是各种可能性的一个非相干混合.

让我们考虑一个自旋(它的总角动量)为 j 的系统或"粒子",它用以密度矩阵 $\rho_{mm'}$ 表征的一个状态制备,其中 m 和 m' 是在一个量子化轴上可能的投影 j_z.对于一个具有固定投影 $j_z = m_0$ 的纯态,这个密度矩阵是

$$\rho_{mm'} = \delta_{mm_0}\delta_{m'm_0} \tag{23.50}$$

在一个**无极化**粒子的相反情况下,所有的投影都是等概率的,则

$$\rho_{mm'} = \frac{\delta_{mm'}}{2j+1} \tag{23.51}$$

相应地，在这些极端情况下，粒子的极化由如下矢量给出：

$$\langle j\rangle = \mathrm{tr}(\hat{j}\hat{\rho}) = \begin{cases} \boldsymbol{e}_z m_0, & \text{固定的投影} \\ 0, & \text{无极化的} \end{cases} \tag{23.52}$$

习题 23.6 一个自旋为 j_2 的粒子 2 与未被观测的自旋为 j_1 的粒子 1 纠缠，形成具有确定的总角动量及其投影的状态 $|JM\rangle$，请确定粒子 2 的自旋密度矩阵.

解 整个系统的纠缠的（耦合的）波函数是

$$|JM\rangle = \sum_{m_1 m_2} C^{JM}_{j_1 m_1 j_2 m_2} \, | j_1 m_1; j_2 m_2\rangle \tag{23.53}$$

由定义(23.5)式，我们发现

$$\rho^{(JM)}_{m_2 m_2'} = \sum_{m_1} C^{JM}_{j_1 m_1 j_2 m_2} C^{JM}_{j_1 m_1 j_2 m_2'} = \delta_{m_2 m_2'} \left(C^{JM}_{j_1 M-m_2 j_2 m_2} \right)^2 \tag{23.54}$$

由于角动量投影守恒，故密度矩阵是对角的. 然而，对角矩阵元依赖于 m_2. 仅对 $J=M=0$，该密度矩阵是无极化的：

$$\rho^{(00)}_{m_1 m_2} = \frac{\delta_{j_1 j_2}\delta_{m_1 m_2}}{2j_2+1} \tag{23.55}$$

如果我们对于求取向沿着与最初定义密度矩阵所用的轴不同的某个轴的自旋感兴趣，则需要做一个把这两个轴合到一起的转动. 如果使**两个轴**都转动，最初的一个轴用来制备该系统，另一个轴用于测量或进行同样角度的次级实验，结果应该不变. 因此，密度矩阵的变换 $\hat{\rho}\to\hat{\rho}'$ 必须是相对于算符的变换 $\hat{A}\to\hat{A}'=\hat{\mathcal{U}}\hat{A}\hat{\mathcal{U}}^{-1}$ 的逆变换：

$$\mathrm{tr}(\hat{\rho}\hat{A}') \equiv \mathrm{tr}(\hat{\rho}\hat{\mathcal{U}}\hat{A}\hat{\mathcal{U}}^{-1}) = \mathrm{tr}(\hat{\mathcal{U}}^{-1}\hat{\rho}\hat{\mathcal{U}}\hat{A}) = \mathrm{tr}(\hat{\rho}'\hat{A}) \tag{23.56}$$

其中，我们用到了求迹运算的循环不变性，它表明，在求迹符号下由算符产生的跃迁 $|jm\rangle\to|jm'\rangle$ 总伴随着对算符 $\hat{\rho}$ 的逆跃迁 $|jm'\rangle\to|jm\rangle$.

作用在 $|jm\rangle$ 空间的算符完全集由张量算符 $T_{\lambda\mu}$ 所张，后者可以连接这个空间的不同状态. 这个算符集受到上册第 21 章和第 22 章给出的矢量耦合规则的限制：$0\leqslant\lambda\leqslant 2j$，而投影 m, m' 和 μ 应当满足通常的代数守恒定律：$m'+\mu=m$. 因此，极化密度矩阵总可以表示为允许的张量算符矩阵元的叠加：

$$\rho_{mm'} = \sum_{\lambda\mu} (-)^{j-m'} C^{\lambda\mu}_{j-m'jm} T_{\lambda\mu} \tag{23.57}$$

其中，Clebsch-Gordan 系数(CGC)确保了正确的选择定则（有些作者在这个定义中使用 $3j$ 符号）. **极化矩**，或者**自旋张量** $T_{\lambda\mu}$ 完全表征了这个密度矩阵. 在(23.57)式中的相位与上册22.6节讨论过的时间反演规则一致，因为投影 m' 被湮灭了.

习题 23.7 求无极化态的极化矩.

解 利用CGC的正交性，我们可以求解(23.57)式得到极化矩：

$$T_{\lambda\mu} = \sum_{mm'} (-)^{j-m'} C^{\lambda\mu}_{j-m'jm} \rho_{mm'} \tag{23.58}$$

无极化态的密度矩阵由(23.51)式给出，所以

$$T_{\lambda\mu} = \frac{1}{2j+1} \sum_{m} (-)^{j-m} C^{\lambda\mu}_{j-mjm} \tag{23.59}$$

正如由上册习题22.5推知

$$C^{00}_{j-mjm} = \frac{(-)^{j-m}}{\sqrt{2j+1}} \tag{23.60}$$

再一次利用正交性，我们得到

$$T_{\lambda\mu} = \frac{1}{\sqrt{2j+1}} \sum_{m} C^{00}_{j-mjm} C^{\lambda\mu}_{j-mjm} = \frac{\delta_{\lambda 0}\delta_{\mu 0}}{\sqrt{2j+1}} \tag{23.61}$$

而且只有标量矩 T_{00} 描述无极化态.

一般来说，自旋为 j 客体的极化态或者可以用厄米矩阵的 $(2j+1)^2$ 个矩阵元表征 ($2j+1$ 个实的对角元和 $(2j+1)2j$ 个来自相互为复共轭的非对角元的参数)，或者等价地用 $(2j+1)^2$ 个受三角形关系限制的自旋张量 $T_{\lambda\mu}$ 表征.

习题 23.8 构建一个自旋1/2粒子的自旋张量并把它们与自旋分量的期待值关联起来.

解 $(2s+1)^2=4$ 个允许的自旋张量包括一个标量 T_{00} 和矢量 $T_{1\mu}$ 的三个分量. 从上册22.7节我们看到，按照Wigner-Eckart定理，矢量部分正比于角动量算符，这里是自旋 S 或泡利矩阵 $\boldsymbol{\sigma}$ 的矩阵元. 的确，我们知道，1和 $\boldsymbol{\sigma}$ 形成 2×2 矩阵的完备集. 展开式(23.57)取如下形式：

$$\hat{\rho} = A + (\boldsymbol{B} \cdot \boldsymbol{\sigma}) \tag{23.62}$$

其中，系数可以从上册习题20.5得到：

$$A = \frac{1}{2}\mathrm{tr}\hat{\rho} = \frac{1}{2}, \quad \boldsymbol{B} = \frac{1}{2}\mathrm{tr}(\boldsymbol{\sigma}\hat{\rho}) = \frac{1}{2}\langle\boldsymbol{\sigma}\rangle \tag{23.63}$$

作为结果，一般的自旋1/2的密度矩阵可以写为

$$\hat{\rho} = \frac{1}{2}(1 + (\langle\boldsymbol{\sigma}\rangle \cdot \boldsymbol{\sigma})) \tag{23.64}$$

标量部分 A 相应于没有极化((23.61)式):

$$T_{00} = \frac{1}{\sqrt{2}} \tag{23.65}$$

而矢量部分定义了极化矢量((8.86)式):

$$\boldsymbol{P} = \mathrm{tr}(\hat{\rho}\boldsymbol{\sigma}) \equiv \langle \boldsymbol{\sigma} \rangle \tag{23.66}$$

$$\hat{\rho} = \frac{1}{2}(1 + (\boldsymbol{P} \cdot \boldsymbol{\sigma})) = \frac{1}{2}\begin{pmatrix} 1 + P_z & P_x - \mathrm{i}P_Y \\ P_x + \mathrm{i}P_Y & 1 - P_z \end{pmatrix} \tag{23.67}$$

矢量极化矩 $T_{1\mu}$ 正比于自旋期待值的球分量相应的期待值:

$$T_{1\mu} = \alpha\langle \sigma_\mu \rangle = \alpha P_\mu \tag{23.68}$$

系数 α 可以由 $\mu = 0$(例如,z 投影)给出,因为从上册方程(22.20),我们知道相应的 CG 系数:

$$T_{10} = \alpha P_z = \sum_{m=\pm 1/2} C^{10}_{1/2-m1/2m}\,(-)^{1/2-m}\,\frac{1}{2}\,(\sigma_z)_{mm}\langle \sigma_z \rangle \quad \rightsquigarrow \quad \alpha = \frac{1}{\sqrt{2}} \tag{23.69}$$

习题 23.9 对于一个任意自旋 j 的粒子,依据 j 的分量的期待值定出矢量自旋张量 $T_{1\mu}$.

解 这个自旋张量的定义为

$$T_{1\mu} = \sum_{mm'} (-)^{j-m'} C^{1\mu}_{j-m'jm}\rho_{mm'} \tag{23.70}$$

由 Wigner-Eckart 定理,角动量的矩阵元可以用同样的 CG 系数表示为

$$\langle m' | \hat{j}_\mu | m \rangle = (-)^{j-m'} C^{1\mu}_{j-m'jm} X_j \tag{23.71}$$

其中,X_j 与约化矩阵元有关.因此

$$T_{1\mu} = \frac{1}{X_j}\sum_{mm'} (j_\mu)_{m'm'}\rho_{mm'} = \frac{1}{X_j}\langle \hat{j}_\mu \rangle \tag{23.72}$$

我们还必须确定系数 X_j,它可以通过计算 $\langle \hat{j}^2 \rangle = j(j+1)$ 求得.利用(23.71)式以及 CG 系数的正交归一性,我们发现

$$X_j^2 = \frac{1}{3}j(j+1)(2j+1) \tag{23.73}$$

因此,最后

$$T_{1\mu} = \sqrt{\frac{3}{j(j+1)(2j+1)}}\langle \hat{j}_{\mu} \rangle \tag{23.74}$$

对于自旋 1/2,如果我们记得 $s=(1/2)\boldsymbol{\sigma}$,则这个结果与(23.69)式是一致的.

23.5 散射的应用

在实际中,一个粒子束的状态是**混态**,而不是纯态.密度矩阵的形式体系对于描述初态以及相互作用的产物二者都是有用的.在 8.10 节我们曾讨论部分极化的自旋 1/2 粒子束的散射.这里我们介绍一种更一般的途径.

考虑一个散射过程,其散射截面是由振幅 f 的平方定义的.一般来说,这个振幅是一个(依赖于散射角的)算符,它把包括自旋在内的初态内禀变量变换成它们的末态值.设初态用密度矩阵(例如,相对于自旋变量的)$\rho_{kk'}$ 描述.每个纯初态将被散射算符变换成末态的叠加.纯态$|k\rangle$的初始振幅 C_k 导致了末态$|m\rangle$的叠加,且发现$|m\rangle$态的概率幅由散射算符的矩阵元给出:$C'_m=\sum_k f_{mk}C_k$.

从纯态过渡到具有不完备信息的实验系综,我们得到密度矩阵的变换(上划线相应于系综平均):

$$\rho'_{mm'} = \overline{C'_m C'^{*}_{m'}} = \overline{\sum_k f_{mk}C_k\left(\sum_{k'} f_{m'k'}C_{k'}\right)^{*}} = \sum_{kk'} f_{mk}\rho_{kk'}f^{*}_{m'k'} = (\hat{f}\hat{\rho}\hat{f}^{\dagger})_{mm'} \tag{23.75}$$

或者用算符形式

$$\hat{\rho}' = \hat{f}\hat{\rho}\hat{f}^{\dagger} \tag{23.76}$$

标注所有内禀态的该过程的微分截面由下式给出(对照 8.10 节):

$$\frac{\mathrm{d}\sigma}{\mathrm{d}o} = \sum_m |C'_m|^2 = \mathrm{tr}\hat{\rho}' = \mathrm{tr}(\hat{f}\hat{\rho}\hat{f}^{\dagger}) \tag{23.77}$$

这里我们假定初态的密度矩阵是像(23.7)式和(23.15)式那样归一化的.对于无极化的自旋为 s 的粒子,初态密度矩阵(23.51)式确定了

$$\frac{\mathrm{d}\sigma}{\mathrm{d}o} = \frac{1}{2s+1}\mathrm{tr}(\hat{f}\hat{f}^{\dagger}) \tag{23.78}$$

即对可能的自旋态的简单平均.

任何可观测量 $\hat{Q}$ 在散射过程以后的平均值 $Q'\equiv\langle Q\rangle'$ 都通过末态密度矩阵(23.76)式计算.因为 $\hat{f}$ 不是一个幺正算符,故 $\hat{\rho}'$ 被归一化到微分散射截面(23.77)式.因此,期待值表示为

$$Q'=\frac{\mathrm{tr}(\hat{Q}\hat{\rho}')}{\mathrm{d}\sigma/\mathrm{d}o}=\frac{\mathrm{tr}(\hat{Q}\hat{f}\hat{\rho}\hat{f}^{\dagger})}{\mathrm{d}\sigma/\mathrm{d}o} \tag{23.79}$$

特别是,被散射粒子的极化 $\boldsymbol{P}'$ 为

$$\boldsymbol{P}'=\frac{\mathrm{tr}(\hat{\boldsymbol{s}}\hat{f}\hat{\rho}\hat{f}^{\dagger})}{\mathrm{tr}(\hat{f}\hat{\rho}\hat{f}^{\dagger})} \tag{23.80}$$

习题 23.10 一个自旋为 s 的粒子被自旋为 J 的原子核散射.假定靶核初态是无极化的,而初始束流具有极化 $\boldsymbol{P}$(但没有更高的极化矩),在由振幅 $\hat{F}(\theta)$ 支配的弹性散射中,表示出微分截面和粒子的末态极化.

解 入射束流初始密度矩阵 $\rho^{(p)}$ 仅包括 T_{00} 和 $T_{1\mu}$ 自旋矩

$$T_{00}=\frac{1}{\sqrt{2s+1}} \tag{23.81}$$

(归一化)以及((23.74)式)

$$\boldsymbol{T}=\sqrt{\frac{3}{s(s+1)(2s+1)}}\boldsymbol{P} \tag{23.82}$$

这确定了初态密度矩阵(23.57)式:

$$\rho_{mm'}^{(p)}=\frac{\delta_{mm'}}{2s+1}+\sqrt{\frac{3}{s(s+1)(2s+1)}}\sum_{\mu}(-)^{s-m'}C_{s-m'sm}^{1\mu}P_{\mu} \tag{23.83}$$

或者借助(23.71)式和(23.73)式,得到

$$\rho_{mm'}^{(p)}=\frac{1}{2s+1}\left[\delta_{mm'}+\frac{3}{s(s+1)}(\boldsymbol{s}_{mm'}\cdot\boldsymbol{P})\right] \tag{23.84}$$

这个表达式并没有假定任何特别的几何特征;极化矢量具有与量子化轴无关的任意方向.对自旋 1/2,我们得到 8.10 节所用的结果(23.64)式:

$$\rho_{mm'}^{(s=1/2)}=\frac{1}{2}\delta_{mm'}+(\boldsymbol{\sigma}_{mm'}\cdot\boldsymbol{P}) \tag{23.85}$$

而密度矩阵更高的分量并不存在. 另外,再考虑到靶核的无极化密度矩阵:

$$\rho_{MM'}^{(t)} = \frac{\delta_{MM'}}{2J+1} \tag{23.86}$$

并且引入不同于 $\hat{f}$ 也作用到靶变量上的散射算符 $\hat{F}$,我们得到对靶核态求平均的微分截面为

$$\frac{\mathrm{d}\sigma}{\mathrm{d}o} = \mathrm{tr}(\hat{F}\hat{\rho}\hat{F}^{\dagger}) = \frac{1}{(2s+1)(2J+1)}\left\{\mathrm{tr}(\hat{F}\hat{F}^{\dagger}) + \frac{3}{s(s+1)}[\mathrm{tr}(\hat{F}\hat{\mathbf{s}}\hat{F}^{\dagger})\cdot\boldsymbol{P}]\right\} \tag{23.87}$$

依据无极化截面

$$\left(\frac{\mathrm{d}\sigma}{\mathrm{d}o}\right)_0 = \frac{1}{(2s+1)(2J+1)}\mathrm{tr}(\hat{F}\hat{F}^{\dagger}) \tag{23.88}$$

我们得到

$$\frac{\mathrm{d}\sigma}{\mathrm{d}o} = \left(\frac{\mathrm{d}\sigma}{\mathrm{d}o}\right)_0\left[1 + \frac{3}{s(s+1)}\boldsymbol{P}\cdot\frac{\mathrm{tr}(\hat{F}\hat{\mathbf{s}}\hat{F}^{\dagger})}{\mathrm{tr}(\hat{F}\hat{F}^{\dagger})}\right] \tag{23.89}$$

对于末态极化,我们得到

$$P_i' = \frac{\mathrm{tr}(\hat{s}_i\hat{F}\hat{F}^{\dagger}) + [3/(s(s+1))]\boldsymbol{P}\cdot\mathrm{tr}(\hat{s}_i\hat{F}\hat{\mathbf{s}}\hat{F}^{\dagger})}{\mathrm{tr}(\hat{F}\hat{F}^{\dagger}) + [3/(s(s+1))]\boldsymbol{P}\cdot\mathrm{tr}(\hat{F}\hat{\mathbf{s}}\hat{F}^{\dagger})} \tag{23.90}$$

初始无极化束流的极化可以用于二次散射,并且导致相对于它们在一次散射后得到的波矢量 $\boldsymbol{k}'$ 的二次散射粒子方位角的不对称性.

23.6 系综熵

由密度矩阵 $\hat{\rho}$ 定义的量子系综可以用下列**系综熵**表征:

$$S[\rho] = -\mathrm{tr}(\hat{\rho}\ln\hat{\rho}) \tag{23.91}$$

与 24.5 节的信息熵不同,熵((23.91)式)是由一个迹给出的,也就是说,它在幺正基变换下是不变的. 在指针基((23.17)式)中,我们可以计算熵为

$$S = -\sum_p \rho_p \ln \rho_p \tag{23.92}$$

这表明,纯态 $\rho_p = \delta_{pp_0}$ 的熵为零.任何混态都具有较大的熵,因为它携带**较少的信息**.

熵的定义可用于平衡态热系综.取自由能((23.35)式)的导数,我们得到

$$\langle E \rangle = F + \beta \frac{\partial F}{\partial \beta} = -T\frac{\partial F}{\partial T} + F \equiv F + TS \tag{23.93}$$

其中,**热力学熵**定义为

$$S = -\frac{\partial F}{\partial T} \tag{23.94}$$

由正则密度矩阵的显示式(23.33),我们看到热力学熵((23.94)式)与系综熵((23.33)式)的一般表达式是一致的:

$$S = -\sum_n \rho_n \ln \rho_n, \quad \rho_n = \frac{1}{Z}e^{-E_n/T} \tag{23.95}$$

习题 23.11 求用极化矢量 $\boldsymbol{P}$ 定义的自旋 1/2 系综的熵.

解 极化密度矩阵(23.64)式的本征值为

$$\rho_{\pm} = \frac{1 \pm P}{2}, \quad P = |\boldsymbol{P}| \tag{23.96}$$

有一个简单的含义,即发现一个粒子的自旋相对于极化方向 $\boldsymbol{P}$ 为向上或向下的概率.对于系综熵,我们得到

$$S = -\frac{1+P}{2}\ln\frac{1+P}{2} - \frac{1-P}{2}\ln\frac{1-P}{2} \tag{23.97}$$

纯态是用波函数表征的;其中,极化 $\boldsymbol{P}$ 是一个单位矢量,$P=1$,而熵为零.

习题 23.12 **混合熵**如图 23.1 所示.两个相等的体积 V,每一个都充满了 N 个自旋 1/2 全同粒子的气体;两部分的温度和压强是相同的.在两个部分的粒子分别处于纯态 ψ_1 和 ψ_2(一般来说,是非正交的).把两个体积之间的隔板移开后,由于扩散两部分气体混合到一起,求混合后平衡态的熵.

解 一个自旋 1/2 的粒子的任何状态都是极化的,所以气体开始的极化是单位矢量 $\boldsymbol{n}_1$ 和 $\boldsymbol{n}_2$.初始时系统的两部分由密度矩阵((23.96)式)描述:

$$\hat{\rho}_{1,2} = \frac{1 + (\boldsymbol{\sigma} \cdot \boldsymbol{n}_{1,2})}{2} \tag{23.98}$$

终态极化是

$$P = \frac{1}{2}(\boldsymbol{n}_1 + \boldsymbol{n}_2) \tag{23.99}$$

这个态用如下密度矩阵表征：

$$\hat{\rho} = \frac{1 + (\boldsymbol{\sigma} \cdot \boldsymbol{P})}{2} = \frac{\hat{\rho}_1 + \hat{\rho}_2}{2} \tag{23.100}$$

纯态的熵是零，因而熵的改变等于它的终态值：

$$S = -2N\mathrm{tr}\left(\frac{\hat{\rho}_1 + \hat{\rho}_2}{2}\ln\frac{\hat{\rho}_1 + \hat{\rho}_2}{2}\right) \tag{23.101}$$

我们可以方便地把这个结果用初态波函数的重叠来表示，这个重叠(上册方程(20.35))等于

$$\langle \psi_1 \mid \psi_2 \rangle = \frac{1}{2}[1 + (\boldsymbol{n}_1 \cdot \boldsymbol{n}_2)] = \frac{1 + \cos\gamma}{2} = \cos^2(\gamma/2) \tag{23.102}$$

其中，γ 是两个极化方向之间的夹角.

$$P^2 = \cos^2\left(\frac{\gamma}{2}\right) = \mathrm{tr}(\hat{\rho}_1\hat{\rho}_2) \tag{23.103}$$

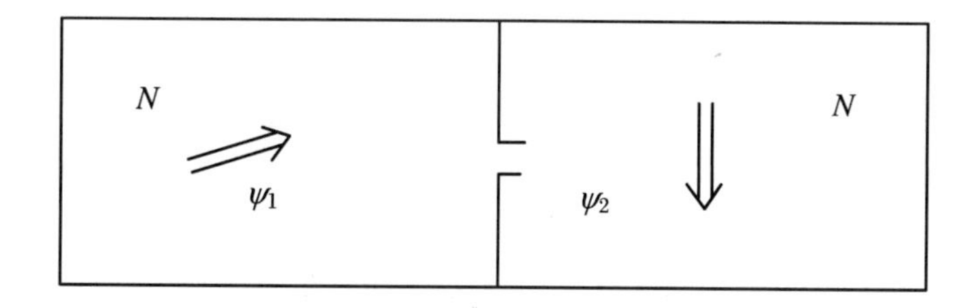

图 23.1　在习题 23.12 中两部分气体的初态

于是，(23.101)式表明，混合以后熵增加

$$S = -2N\left[\frac{1 + \cos(\gamma/2)}{2}\ln\frac{1 + \cos(\gamma/2)}{2} + \frac{1 - \cos(\gamma/2)}{2}\ln\frac{1 - \cos(\gamma/2)}{2}\right] \tag{23.104}$$

对于正交的自旋态，$\gamma = \pi$，$\cos(\gamma/2) = 0$，因而熵增加

$$S = 2N\ln 2 \tag{23.105}$$

而对于相同的极化，$\gamma = 0$，

$$S = 0 \tag{23.106}$$

对于经典气体，我们仅有这两种极端结果，它导致了 **Gibbs 佯谬**，一种混合熵的不连续性：当从**不同**的气体出发时，由于可能的体积加倍的结果，每个粒子相应的熵跳变 ln2；而对于**相同**的气体，熵没有变化. 在量子的情况下，我们不能改变诸如区分粒子类型的电荷等分立量子数. 然而，我们可以连续地变化极化方向，并用这种办法来探索整个 Hilbert空间. 这使得连续性恢复，并且混合熵可以取（永远非负的）任何中间值. 对于区别于一个连续变化的内禀参数的任何一对初态波函数 ψ_1 和 ψ_2，同样的结论也是成立的[83].

23.7 密度矩阵的演化

纯态的时间演化是由系统的哈密顿量通过薛定谔方程来控制的. 混态的动力学应该用密度矩阵来描述. 一个封闭系统的密度矩阵的运动方程也是由它的哈密顿量 $\hat{H}$ 决定的.

利用一个封闭系统的时间无关态的一组完备正交集 $|k\rangle$，我们把任意一个纯态 (23.1)式表示为一个叠加：

$$|\Psi(t)\rangle = \sum_k C_k(t)\,|k\rangle \tag{23.107}$$

这里不同于第 1 章，态 $|k\rangle$ 通常不是能量本征态. 态(23.107)按照下列方程随时间演化：

$$\mathrm{i}\hbar\frac{\mathrm{d}}{\mathrm{d}t}|\Psi\rangle = \mathrm{i}\hbar\sum_k \dot{C}_k\,|k\rangle = \hat{H}\,|\Psi\rangle = \sum_{kl} C_k H_{lk}\,|l\rangle \tag{23.108}$$

这等价于振幅 C_k 和它们的复共轭的方程组：

$$\mathrm{i}\hbar\dot{C}_l = \sum_k C_k H_{lk}, \quad -\mathrm{i}\hbar\dot{C}_n^* = \sum_k C_k^* H_{nk}^* \tag{23.109}$$

于是，我们发现系统的密度矩阵

$$\rho_{ln} = C_l C_n^* \tag{23.110}$$

是下述方程的解：

$$\mathrm{i}\hbar\dot{\rho}_{ln} = \sum_k (H_{lk}\rho_{kn} - \rho_{lk}H_{nk}^*) \tag{23.111}$$

由于哈密顿量的厄米性，$H_{nk}^* = H_{kn}$，(23.111)式可以写成算符形式：

$$\mathrm{i}\hbar\frac{\mathrm{d}}{\mathrm{d}t}\hat{\rho} = [\hat{H},\hat{\rho}] \tag{23.112}$$

（这是 **von Neumann 方程**，它是经典力学中 Liouville 方程的量子类型）.

对于时间相关的哈密顿量，(23.112)式的一个形式解为

$$\hat{\rho}(t) = \mathrm{e}^{-(\mathrm{i}/\hbar)\hat{H}t}\hat{\rho}(0)\mathrm{e}^{(\mathrm{i}/\hbar)\hat{H}t} \tag{23.113}$$

方程(23.112)和(23.113)在时间的符号上不同于海森伯绘景中的相应表达式，见上册 7.5 节.然而，这应该是如此，因为只有这样，不同的绘景才是等价的(比较与转动有关的类似的论证((23.56)式).的确，在密度矩阵按方程(23.112)演化的情况下，一个时间无关算符 $\hat{A}$ 的期待值为

$$\langle\hat{A}\rangle_t = \mathrm{tr}[\hat{A}\hat{\rho}(t)] = \mathrm{tr}[\hat{A}\mathrm{e}^{-(\mathrm{i}/\hbar)\hat{H}t}\hat{\rho}(0)\mathrm{e}^{(\mathrm{i}/\hbar)\hat{H}t}] \tag{23.114}$$

利用迹的循环不变性，我们看到，(23.114)式与我们对于一个**时间相关**的海森伯算符 $\hat{A}(t)$ 和**定态**密度矩阵所预测的结果是一样的：

$$\langle\hat{A}\rangle_t = \mathrm{tr}[\mathrm{e}^{(\mathrm{i}/\hbar)\hat{H}t}\hat{A}\mathrm{e}^{-(\mathrm{i}/\hbar)\hat{H}t}\hat{\rho}(0)] = \mathrm{tr}[\hat{A}(t)\hat{\rho}(0)] \tag{23.115}$$

如果密度矩阵与总哈密顿量对易，则它变为**定态**的((23.112)式).那时，我们可以把它与哈密顿量同时对角化，而且，指针基(23.16)式、(23.17)式与定态基是一样的.定态的密度矩阵是运动常数的一个函数，首先是所有的能量的函数.这正是在 23.3 节在热平衡的描述中我们已经看到的.由于微扰偏离了平衡，系统将经历从**弛豫**到平衡.弛豫的信号是由能量表象中密度矩阵的非对角矩阵元给出的.它们应该下降到零.作为对许多与环境微弱的相互作用求平均的结果，一小部分宏观系统可以(近似地，但具有高的精确度)在同样的演化框架下考虑.这是在平衡态系统的统计物理中标准的研究路线.

23.8 线性响应再议

依据密度矩阵，我们可以描述量子力学体系对于时间相关微扰的响应.特别是，它可

能是与周围环境的一种微弱的相互作用.这个例子展示了如何用密度矩阵语言表述微扰论.在6.2—6.5节,我们已经处理了线性响应理论.

设一个时间相关的微扰 $\hat{H}(t)$ 作用在由定态密度矩阵 $\hat{\rho}^0$ 描述的系统.演化方程(23.112)是

$$i\hbar\dot{\hat{\rho}} = [\hat{H},\hat{\rho}] + [\hat{H}'(t),\hat{\rho}] \tag{23.116}$$

平衡态的密度矩阵 $\hat{\rho}^0$ 满足

$$[\hat{H},\hat{\rho}^0] = 0 \tag{23.117}$$

对于一个足够弱的微扰,我们可以寻找这样的密度矩阵解,它是一个弱的非平衡态部分和定态解的叠加:

$$\hat{\rho}(t) \approx \hat{\rho}^0 + \hat{\rho}'(t) \tag{23.118}$$

其中,我们假定时间相关的部分与微扰成正比(**线性近似**).如果系统是**稳定的**并且一个弱的微扰并不引起它的重建,则这个近似是成立的.线性响应部分 $\hat{\rho}'(t)$ 满足

$$i\hbar\dot{\hat{\rho}}' = [\hat{H},\hat{\rho}'] + [\hat{H}'(t),\hat{\rho}^0] \tag{23.119}$$

其中,我们忽略了二级项 $[\hat{H}'(t),\hat{\rho}'(t)]$.

习题 23.13 证明:对于从遥远的过去 $t\to-\infty$ 开始的微扰,(23.112)式的算符解可以写成

$$\hat{\rho}'(t) = -\frac{i}{\hbar}\int_{-\infty}^{t} dt' e^{(i/\hbar)\hat{H}(t'-t)}[\hat{H}'(t'),\hat{\rho}^0]e^{-(i/\hbar)\hat{H}(t'-t)} \tag{23.120}$$

解 借助直接求导数检验.通过对于无微扰哈密顿量 $\hat{H}$ 使用海森伯绘景((23.113)式),(23.116)式中的第一项为零.

对于热平衡的情况,这时密度矩阵 $\hat{\rho}^0$ 具有正则指数形式((23.33)式),对易子 $[\hat{H}'(t),\hat{\rho}^0]$ 可以约化为与无微扰哈密顿量的对易子.的确,对于任意的算符 $\hat{A}$,假定

$$[\hat{A},e^{-\beta\hat{H}}] = e^{-\beta\hat{H}}\hat{X}(\beta) \tag{23.121}$$

使得 $\hat{X}(0)=0$,我们得到导数

$$\frac{d\hat{X}}{d\beta} = e^{\beta\hat{H}}[\hat{H},\hat{A}]e^{-\beta\hat{H}} \tag{23.122}$$

现在,对上式的两边求积分$\int_0^\beta$,我们得到 $X(\beta)$ 以及

$$[\hat{A}, \mathrm{e}^{-\beta\hat{H}}] = \mathrm{e}^{-\beta\hat{H}} \int_0^\beta \mathrm{d}\beta' \mathrm{e}^{\beta'\hat{H}} [\hat{H}, \hat{A}] \mathrm{e}^{-\beta'\hat{H}} \tag{23.123}$$

我们将利用这个恒等式去推导著名的 **Kubo 公式**. 因为 $\hat{H}$ 的所有函数都对易,所以(23.120)式的解现在可以写成

$$\hat{\rho}'(t) = -\frac{\mathrm{i}}{\hbar}\hat{\rho}^0 \int_{-\infty}^t \mathrm{d}t' \int_0^\beta \mathrm{d}\beta' \mathrm{e}^{[(\mathrm{i}/\hbar)(t'-t)+\beta']\hat{H}} [\hat{H}, \hat{H}'(t')] \mathrm{e}^{-[(\mathrm{i}/\hbar)(t'-t)+\beta']\hat{H}} \tag{23.124}$$

23.9 电导率

我们把所发展的形式体系应用到一个移动电子的系统处在足够弱的均匀电场 $\boldsymbol{\mathcal{E}}$的情况下,这时,微扰具有形式

$$\hat{H}'(t) = -\sum_a e_a [\boldsymbol{\mathcal{E}}(t) \cdot \hat{\boldsymbol{r}}_a] = -\int \mathrm{d}^3 \boldsymbol{r} [\boldsymbol{\mathcal{E}}(t) \cdot \boldsymbol{r}] \sum_a e_a \delta(\boldsymbol{r} - \hat{\boldsymbol{r}}_a) \tag{23.125}$$

在热平衡时(密度矩阵为 $\hat{\rho}^0$),不存在电流. 不过,在电场存在时出现电流,不管这个电场是来自外源还是来自热涨落的结果. 在线性近似下,正如 **Ohm 定律**所表示的,出现的电流与场成正比:

$$j_i(t) = \int_{-\infty}^t \mathrm{d}t' \sigma_{ik}(t-t') \mathcal{E}_k(t') \tag{23.126}$$

从第 6 章我们知道,这个响应是**因果性的**,电流仅仅对在较早时刻起作用的场有反应. 这种正比性是通过**电导张量** $\sigma_{ik}(\tau)$来实现的,这个张量依赖于微扰和响应之间的延迟时间 τ. 在晶体中,这个响应常常是**各向异性的**,所以我们需要一个张量,而不是一个标量常数.

这个推迟的时间依赖性决定了响应的**频率色散**. 引入 $\tau = t - t'$,我们把(23.126)式改写为

$$j_i(t) = \int_0^\infty \mathrm{d}\tau \sigma_{ik}(\tau) \mathcal{E}_k(t-\tau) \tag{23.127}$$

我们可以把这个卷积写成电流和场的 Fourier 分量之间的一个直接的比例关系：

$$j_{i;\omega} = \int_0^{\infty} \mathrm{d}\tau \sigma_{ik}(\tau) \mathrm{e}^{\mathrm{i}\omega\tau} E_{k;\omega} \equiv \sigma_{ik;\omega} \mathcal{E}_{k;\omega} \tag{23.128}$$

在更一般的情况下，我们也需要一个**非局域的空间**响应，这时在某一点的场会在其他位置感应一个电流，使得 σ 依赖于坐标（**空间色散**），或者说，在 Fourier 表象中，它依赖于这里未考虑的波矢量.

在平衡态时，电流的期待值为零：

$$\mathrm{tr}(\hat{\boldsymbol{j}}\hat{\rho}^0) = 0 \tag{23.129}$$

而且，只有密度矩阵的微扰 $\hat{\rho}'$ 对电流的期待值有贡献：

$$\langle \boldsymbol{j}(\boldsymbol{r},t)\rangle = \mathrm{tr}[\hat{\boldsymbol{j}}(\boldsymbol{r},t)\hat{\rho}'] \tag{23.130}$$

对于微扰(23.125)式，算符 $\hat{\rho}'$ 要从(23.124)式求得. 对于作为坐标函数的 $\hat{H}'$，对易子 $[\hat{H}',\hat{H}]$ 仅由动能决定：

$$[\hat{H},\hat{H}'(t)] = [\hat{K},\hat{H}'(t)] = -\int \mathrm{d}^3 r(\boldsymbol{\mathcal{E}}(t)\cdot\boldsymbol{r})\sum_a \frac{e_a}{2m_a}[\hat{\boldsymbol{p}}_a^2,\delta(\boldsymbol{r}-\hat{\boldsymbol{r}}_a)] \tag{23.131}$$

在积分内的这个对易子导致

$$\sum_a \frac{e_a}{2m_a}[\hat{\boldsymbol{p}}_a,(-\mathrm{i}\hbar\nabla_a)\delta(\boldsymbol{r}-\hat{\boldsymbol{r}}_a)]_+ = \mathrm{i}\hbar\nabla_r \sum_a \frac{e_a}{2m_a}[\hat{\boldsymbol{p}}_a,\delta(\boldsymbol{r}-\hat{\boldsymbol{r}}_a)]_+ \tag{23.132}$$

(23.132)式中的求和是局域电流密度算符，由于存在电荷 e_a，它不同于上册方程(7.50)的概率流：

$$\hat{\boldsymbol{j}}(\boldsymbol{r}) = \sum_a \frac{e_a}{2m_a}[\hat{\boldsymbol{p}}_a,\delta(\boldsymbol{r}-\hat{\boldsymbol{r}}_a)]_+ \tag{23.133}$$

最后，用分部积分法，我们把梯度转换到矢量 $\boldsymbol{r}$，得到

$$[\hat{H},\hat{H}'(t)] = \mathrm{i}\hbar\int \mathrm{d}^3 r(\boldsymbol{\mathcal{E}}(t)\cdot\hat{\boldsymbol{j}}(\boldsymbol{r})) \tag{23.134}$$

这个表达式具有由电场产生的功率的清晰含义，这个电场在系统的体积中对移动电荷做功.

这样，我们计算一个弱的电场对密度矩阵的微扰((23.124)式)：

$$\hat{\rho}'(t) = \hat{\rho}^0 \int_{-\infty}^{t} \mathrm{d}t' \int_0^{\beta} \mathrm{d}\beta' \mathrm{e}^{[(\mathrm{i}/\hbar)(t-t')+\beta']\hat{H}} \int \mathrm{d}^3 r (\boldsymbol{\mathcal{E}}(t') \cdot \hat{\boldsymbol{j}}(\boldsymbol{r})) \mathrm{e}^{-[\beta'+(\mathrm{i}/\hbar)(t'-t)]\hat{H}} \tag{23.135}$$

把(23.127)式中的所有结果集中起来,我们得到电导率张量为((23.126)式)

$$\sigma_{ik}(\tau) = \int_0^{\beta} \mathrm{d}\beta' \left\langle \hat{j}_i \mathrm{e}^{[(\mathrm{i}/\hbar)\tau+\beta']\hat{H}} \int \mathrm{d}^3 r \hat{j}_k(\boldsymbol{r}) \mathrm{e}^{[-(\mathrm{i}/\hbar)\tau-\beta']\hat{H}} \right\rangle \tag{23.136}$$

这里的平均意味着与无微扰密度矩阵 $\hat{\rho}^0$ 一起求迹.

这个结果包含海森伯绘景中在复时间所取的流算符:

$$\mathrm{e}^{[(\mathrm{i}/\hbar)\tau+\beta]\hat{H}} \hat{j}_k \mathrm{e}^{[(\mathrm{i}/\hbar)\tau+\beta]\hat{H}} \equiv j_k(\tau - \mathrm{i}\hbar\beta) \tag{23.137}$$

现在,最终的 Kubo 公式可以写成两个流算符的关联函数:

$$\sigma_{ik}(\tau) = \int_0^{\beta} \mathrm{d}\beta' \left\langle \hat{j}_i(0) \int \mathrm{d}^3 r \hat{j}_k(\boldsymbol{r}, \tau - \mathrm{i}\hbar\beta') \right\rangle \tag{23.138}$$

其中,第一个流算符是在任意一点取值,如原点(假定这个系统是空间均匀的).

在高温时,$\beta \to 0$,Kubo 公式就简化了.对应于响应的相当大小的特征时间差 τ 是关联时间 τ_r;以时间间隔 $\Delta t \geqslant \tau_r$ 分开的流是不关联的,而且它们的关联子的期待值为零.物理上,这可以是粒子碰撞之间的时间.在高温时,$\hbar\beta = \hbar/T$ 变得比 τ_r 小得多.略去指数上的 β',这个积分给出 $\beta = 1/T$,其结果为

$$\sigma_{ik}(\tau) = \frac{1}{T} \left\langle \hat{j}_i(0) \int \mathrm{d}^3 r \hat{j}_k(\boldsymbol{r}, \boldsymbol{\tau}) \right\rangle. \tag{23.139}$$

Kubo 公式(23.138)、(23.139)是在偏离统计平衡较弱的情况下推导**运动学系数**的一个典型的例子.左边的电导率张量与电阻及介质中的欧姆损耗有关.右边是与涨落有关的流的关联函数,当系统松弛到平衡时这些涨落衰减.因此,我们有一个**涨落-耗散定理**[56]的特别形式.在平衡时,涨落的和耗散的现象一定是相联系的,因为任何涨落,不管它是源自外部(外场感应的)还是内部,都必须以确保真正的热力学平衡的方式衰减(耗散它的能量).

第 24 章

量子混沌

科学就是试图把我们杂乱无章的感性经验,整合成一种逻辑上统一的思维体系.

——A. Einstein

24.1 经典和量子混沌

现在人们知道,在经典系统中,**混沌动力学**的发生是有规律的,而不是例外[84].混沌来源于确定的运动方程的解对初始条件的微小变化的**敏感性**.只有像谐振子或 Kepler 问题这样最简单的情况才给出稳定的解.不可避免的微扰可以把运动特征从规则的变成混沌的.

在 n 个自由度的系统中,**可积**运动的特征就是存在 n 个**运动常数** F_i,这些运动常数在**退化**(involution)过程中是变量(坐标$\{q_a\}$和动量$\{p_a\}$,$a=1,\cdots,n$)的单值函数.这意味着它们同时都是守恒的，也就是说，它们的 Poisson 括号为零：$\{F_i, F_j\}=0$（见上册方程(7.94)）. 于是，按照文献[25]，可以做一个正则变换把这些变量变成**作用角**(action-angle)变量，n 个守恒的动量 I_i 和共轭的循环的类角坐标 ϑ_i，使得变换后的哈密顿量 $H=H(I)$ 不依赖于这些角. 用这些新的变量，哈密顿运动方程(7.91)是

$$\dot{I}_i=-\frac{\partial H}{\partial \vartheta_i}=0, \quad \dot{\vartheta}_i=\frac{\partial H}{\partial I_i}\equiv \omega_i(I) \tag{24.1}$$

在一个有限的系统中，每个分离坐标的运动都是周期性的，而最后的方程定义了相应的频率：

$$\vartheta_i(t)=\vartheta_i(0)+\omega_i t \tag{24.2}$$

不同的变量具有非公度(non-commensurate)频率，总体上运动是**准周期的**. 按照(24.2)式，具有稍微不同的频率的轨迹累积着随时间**线性**增大的相位差.

通常，运动常数与系统的**对称性**相联系. 如果对称性受到破坏，系统就变成不可积的，此时表征一个轨迹的唯一办法就是用它的初始条件来标记. 然而，由于对初始条件的依赖很敏感，靠近的相空间轨迹随着时间**指数地**分散开，结果它们之间的距离 $\sim\exp(\Lambda t)$ 增长，其中的 Λ 是所谓的 **Lyapunov 指数**. 在这种情况下，即使在初始状态性质中舍入误差很小，在一段时间以后，都会导致完全不同的轨迹. 尽管我们熟知简单动力学定律的完备知识，但运动的可预测性却丢失了. 在图 24.1(a)所示的具有镜像反射的长方形台球桌中，线动量的大小是守恒的；通过在所有的边上添加相同的台球桌复制品来展开这些曲折的运动将正好显示一条直线轨迹. 在图 24.1(b)所示的圆形台球桌中，角动量保持不变. 在图 24.1(c)的运动场情况下，边界条件的差异破坏了线动量和角动量的守恒. 结果，单独一条轨迹就覆盖整个**相空间**，因而在很长时间的极限下，只有统计描述是可能的.

这种经典混沌的精确类似物是不可能在量子力学中出现的，因为从一开始，量子的描述就是**概率性的**. 由于不确定性关系，我们不可能以任意的精度给出相空间的初始条件. 而且，作为一个初始波函数的波包会遭遇量子扩散，在经过一定时间 t^* 以后，它会把轨迹的经典发散覆盖掉. 这就解释了为什么许多作者宁可仅仅谈论**经典混沌的量子信号**[85]，也就是说在量子系统中仍然能显示经典混沌残余的某些特性.

我们可以证明，至少对于诸如在台球桌上的一个粒子的离散谱，具有时间无关的哈密顿量 $\hat{H}$ 的封闭系统，其薛定谔方程产生的动力学是**可积的**，与它的形状无关. 在一组任意的完备正交基 $|k\rangle$ 中，波函数 $|\Psi(t)\rangle=\sum_k C_k(t)|k\rangle$ 的振幅 $C_k(t)$ 满足一组耦合的线性方程

$$i\hbar\dot{C}_k = \sum_l H_{kl}C_l \tag{24.3}$$

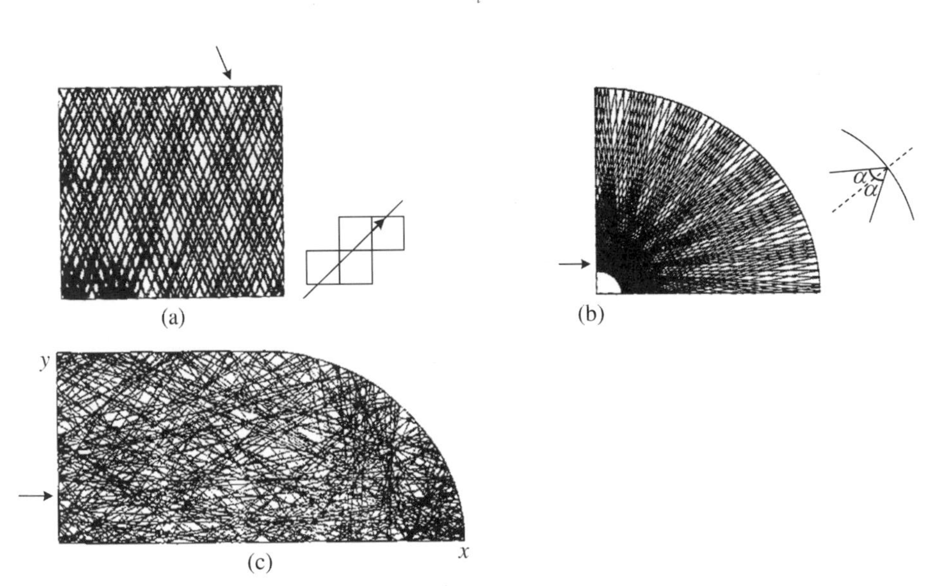

图 24.1 在矩形(a)和圆形(b)台球桌中的规则运动，和在与直线和圆形的边界条件不一致的运动场台球桌(c)中的混沌运动(300 次反射)(C. Lewenkopf 已授权)

振幅 C_k 和矩阵元 H_{kl} 一般都是复数，因此我们可以分离成实部和虚部：

$$C_k = Q_k + iP_k, \quad H_{kl} = H'_{kl} + iH''_{kl} \tag{24.4}$$

其中，Q_k，P_k，H'_{kl} 和 H''_{kl} 都是实数，并且对于一个厄米哈密顿量，

$$H'_{kl} = H'_{lk}, \quad H''_{kl} = -H''_{lk} \tag{24.5}$$

现在，薛定谔动力学((24.3)式)呈现经典哈密顿量形式：

$$\dot{Q}_k = \frac{\partial \mathcal{H}}{\partial P_k}, \quad \dot{P}_k = -\frac{\partial \mathcal{H}}{\partial Q_k} \tag{24.6}$$

其中，有效的经典哈密顿量是

$$\mathcal{H} = \frac{1}{2\hbar}\sum_{kl}\left[H'_{kl}(Q_kQ_l + P_kP_l) + H''_{kl}(P_kQ_l - Q_kP_l)\right] \tag{24.7}$$

我们得到耦合的经典振子的动力学.在量子哈密顿量的定态基中，$H_{kl} \to E_k\delta_{kl}$，反对称部分 H'' 消失，有效哈密顿量最终变成明显可积的：

$$\mathcal{H} \Rightarrow \frac{1}{2}\sum_k E_k(Q_k^2 + P_k^2) \tag{24.8}$$

呈现为一组**独立**的振子．经典上，这样一个系统将是**规则的**，因此，做准周期运动．

关于量子混沌问题的一种相反的观点也是可能的：在 $t>t^*$ 时，量子演化偏离经典演化．数学上，这可以用公式形式表述为存在两种极限．取 $\hbar\to 0$，我们从半经典区过渡到经典力学．那时，我们可以沿着经典轨迹追踪很长的路径到达 $t>t^*$．另一方面，精确的量子演化直到 $t>t^*$，最后过渡为经典极限 $\hbar\to 0$，将导致一个不同的结果，这两种极限**并不对易**．因此我们得出结论，经典混沌仅仅是在一个量子系统中的一个瞬时效应．当然，在实际上，t^* 可以是天文学意义上较大的数．在对薛定谔动力学的规则性的证明中，当应用于一个非常大（其极限**无限大**）的基的维数时，弱点就暴露出来了：这里，巨大数量的模式且具有不可公度的频率的准周期运动，可能与混沌是不可区分的，因为在长时间的演化过程中，增长了越来越多偏离很远且有剧烈振荡波函数的态的混合．这里混沌在 Hilbert 空间（而不是在相空间）出现了．

24.2　局域谱统计：Poisson 分布

量子混沌最简单的信号是在能级的关联和涨落中看到的．按照猜想[86]，对于经典极限下混沌系统的量子谱具有一般的统计规律（这个猜想从来都没有被严格证明）．

正如在上册 10.5 节所讨论的，在它们作为光滑变化参数的函数演化中，相同对称性的能量项彼此排斥．特别是，我们预测在小距离 s 时它们**线性排斥**，$\propto s$（见上册方程(10.45)）．不同对称性的态不可能被遵从这种对称性的哈密顿量混合；它们在其参数演化中可以相交．混沌的起始是由于对称性的破坏产生的，它使得不同族的能级混合并避免交叉．在单体（台球类型）运动中，边界条件造成这种混合．在多体系统中，这些效应由那些使无相互作用粒子组态混合的**相互作用**产生．自相矛盾的是，这意味着，在一个混沌系统内，能级的网络看起来更有序，即"湍"流变成"层"流，如图 24.2 所示．这里，能谱碎片（其所有的态具有同样的量子数：$J=T=0$）在对 ^{24}Mg 原子核进行的壳模型计算[87]中作为随相互作用强度增强的函数被展示出来，避免了所有的能级交叉．

让我们首先考虑一个**规则的**量子系统．这里我们有具有不同的精确量子数的独立能级系列．让第 j 个系列有平均能级间距 D_j，它相应于部分能级密度 $\rho_j=1/D_j$；总的能级密度为 $\rho=\sum\limits_j \rho_j$．对于每个序列，我们可以定义**最近能级间距的分布**，找到距离为 s 的一对相邻能级的概率 $\rho_j(s)$．我们需要寻求，不区分原始家族而一起计数相邻能级的总的

$P(s)$. 方便的办法是,从定位于能量原点的能级出发,寻找在大于 s 的距离发现下一个能级的概率密度

$$W(s) = \int_s^\infty \mathrm{d}xP(x) \tag{24.9}$$

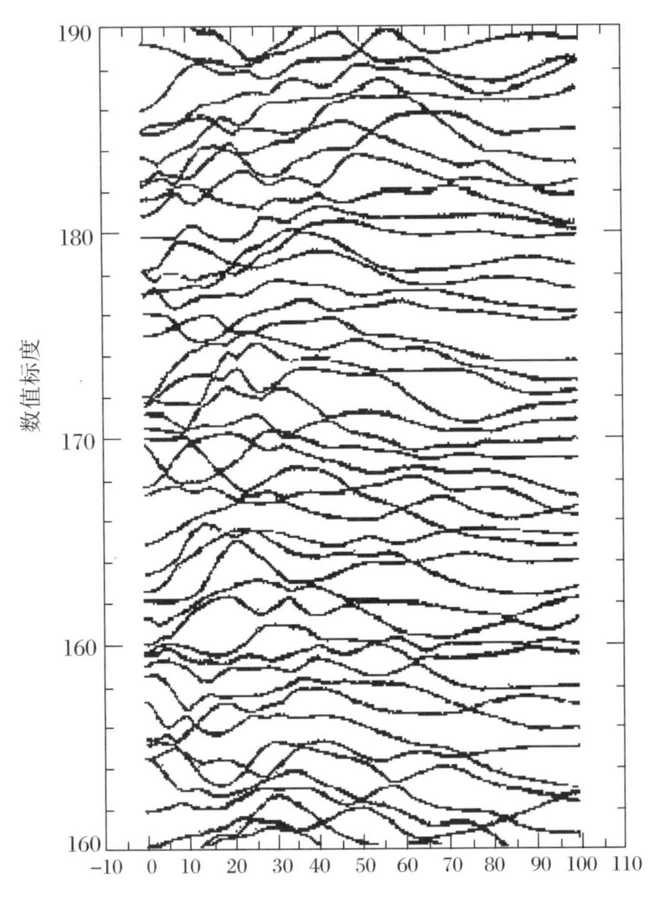

图 24.2 在原子核壳模型中[87],能级动力学随相互作用强度(相应于无相互作用的粒子,100 相应于真实强度)的变化

为简单起见,我们先考虑两个序列,部分最近能级间距的分布是 $P_1(s)$和 $P_2(s)$. 用(24.9)式中同样的办法,在被积函数中用 $P_{1,2}(s)$代替 $P(x)$,定义函数 $W_{1,2}(s)$. 下一个能级可以属于两个序列中的任何一个,相对概率为 $\rho_{1,2}/\rho$. 如果它属于第一类且位于大于 s 的距离,则在间隔$[0,s]$内没有第二类能级. 设这个不存在的概率密度是 $Q_2(s)$. 用同样的办法我们定义 $Q_1(s)$. 于是,函数(24.9)满足逻辑等式

$$W(s) = \frac{\rho_1}{\rho}\int_s^\infty dx P_1(x) Q_2(s) + \frac{\rho_2}{\rho}\int_s^\infty dx P_2(x) Q_1(s) \tag{24.10}$$

现在，如果能级 1 曾位于原点，让我们引入在间隔$[s, s+ds]$内找到最接近能级 2 的条件概率密度 $R_2(s)$. 那时，先前的能级 2 仅能在原点以前的某处找到，而且在两个相继的第二类能级之间的距离大于 s. 因此，$R_2(s)$正比于 $W_2(s)$：

$$R_2(s) = \text{常数} \cdot W_2(s) = \text{常数}\int_s^\infty dx P_2(x) \tag{24.11}$$

这里的常数由归一化条件确定：

$$\int_0^\infty ds R_2(s) = 1 \tag{24.12}$$

（前一个能级定位于某处）. 类似于推导(1.28)式的编时乘积，改变积分顺序，我们得到

$$\int_0^\infty ds \int_s^\infty dx P_2(x) = \int_0^\infty dx \int_0^x ds P_2(x) = \int_0^\infty dx x P_2(x) = D_2 \tag{24.13}$$

为第二类的平均能级间隔. 结果是

$$R_2(s) = \rho_2 \int_s^\infty dx P_2(x) \tag{24.14}$$

那时，(24.10)式变成如下形式($D = 1/\rho$ 是联合的能级序列中的平均间距)：

$$W(s) = D[R_1(s) Q_2(s) + R_2(s) Q_1(s)] \tag{24.15}$$

函数 $Q_j(s)$和 $R_j(s)$由前面的方程相互关联在一起：

$$Q_j(s) = \int_s^\infty dx R_j(s) \tag{24.16}$$

（如果最近的能级是在大于 s 的距离上找到的，则它不出现在$[0, s]$的间隔之内.）因此

$$R_j(s) = -\frac{dQ_j}{ds} \tag{24.17}$$

而(24.15)式给出

$$W(s) = -D\left(\frac{dQ_1}{ds}Q_2 + \frac{dQ_2}{ds}Q_1\right) = -D\frac{d}{ds}(Q_1 Q_2) \tag{24.18}$$

对于多系列情况，同理有

$$W(s) = -D\frac{dQ}{ds}, \quad Q \equiv \prod_{j=1}^n Q_j \tag{24.19}$$

利用 $W(s)$的含义((24.9)式),我们发现

$$P(s) = D\frac{d^2Q}{ds^2} \tag{24.20}$$

另一方面,从(24.16)式和(24.14)式,我们有

$$\begin{aligned} D_jQ_j(s) &= \int_s^\infty dy\int_y^\infty dxP_j(x) = \int_s^\infty dx\int_s^x dyP_j(x) \\ &= \int_s^\infty dx(x-s)P_j(x) \end{aligned} \tag{24.21}$$

在小的间距($s<D_j$),利用平均间距 D_j 的定义以及 P_j 的归一化,给出

$$Q_j(s)\approx 1-\frac{s}{D_j} \quad \rightsquigarrow \quad Q\approx\prod_j\left(1-\frac{s}{D_j}\right) \tag{24.22}$$

对于许多重叠的序列,$n\gg1$,如果所有的 D_j 都具有同样的量级:$D_j\sim nD$,我们得到**指数**的行为

$$Q\sim\left(1-\frac{s}{nD}\right)^n_{n\gg1}\sim e^{-s/D} \tag{24.23}$$

结果,最近能级的间距分布((24.20)式)的行为表现为

$$P(s)\approx\frac{1}{D}e^{-s/D} \tag{24.24}$$

尽管我们的推导并不能精确地预言在 $s\gg D$ 时 $P(s)$的极限行为,但函数 $P(s)$在大 s 处一定迅速趋于零.扩充到所有 s 值的表达式(24.24)称为 **Poisson 分布**.它与几个独立的能级族重叠的数值模拟符合得很好,这时对于一个给定的能级,它的次近邻可能属于一个不同的类,所以不存在相邻状态的排斥,间距分布的最大值出现在小间距处,而且大的涨落揭示能级之间大的能隙.我们知道,放射性随着时间衰变的随机行为分布是用同样的 Poisson 分布来描述的.我们可以把这个相邻能级间距的 Poisson 分布视为**规则动力学**的一个信号,如图 24.3 所示.

不言而喻,前面的考虑是基于这样的一个假定,即不管所研究的能级的绝对位置如何,总存在一个均匀函数 $P(s)$.仅当诸如分密度 ρ_j 等能谱的平均特性是固定的时候,**谱的遍历性**的性质才可以满足.在实际系统中,能级密度随着能量升高迅速增加.因此,当应用于谱的统计学时,我们总强调“局域的”这个形容词.谱的**整体性**或**久期性**的特性并不是普遍适用的.这种普遍性可以通过所谓的能谱的**伸展**[89]恢复,这时能级间距 s 是以局域的平均能级间距 D 为单位测量的.因此,我们甚至可以比较属于不同系统能谱的不

同片段.为了得到更多数据并增加结果的统计可靠性,常常用此办法.

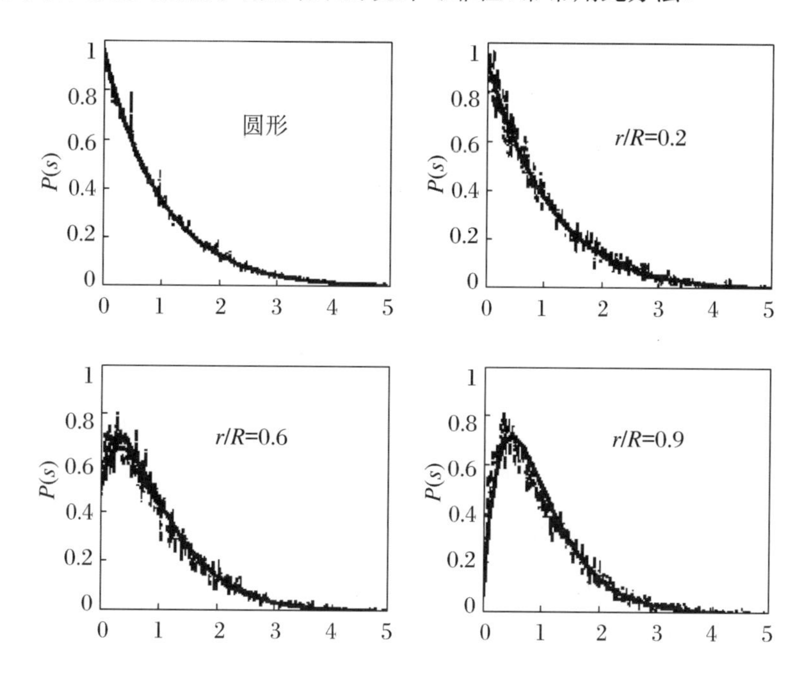

图 24.3　对于半径为 R 的圆形台球桌,最邻近的能级间距分布(Poisson 分布)以及它随着放置在半径为 r 的圆中的 δ 散射体的演化[88]

24.3　Gauss 正交系综

现在,我们尝试描述**混沌的**量子谱.在混合过程已经把波函数变成了最初"简单的"基态非常复杂的组合后,我们考虑一组量子态.假定所有的状态都属于具有严格对称性的同一类,即允许它们混合.

问题是能不能用公式描述可以取作参考点的**极端混沌的**判据.在"简单"基中,一个大的哈密顿量矩阵应该是十分复杂的.在遍历性的假定下,我们可以把 H 的不同子矩阵看成一个**矩阵系综**的新的复制品.我们可以寻找在极限混沌的情况下矩阵 H 的概率分布 $P(H)$.在混合以后,我们失去了与起始基的联系;因此,在某种意义上,这组基是**随机的**.任何其他基都会是可用的.这是对于极限混沌的一个要求:概率 $P(H)$对于基的变换应当是**不变的**.我们假定,在一个偶然选定的基中,哈密顿量的矩阵元是**独立的**和**无关联**

的.因此,要寻找的概率 $P(H)$将是各个矩阵元的概率 $P_{ij}(H_{ij})$的**乘积**.这一组条件足以确定函数 $P(H)$.下面我们将遵从文献[30]的做法.

在继续讨论之前,需要指定我们想要描述的系统的种类.让我们考虑**时间反演不变的**系统的系综.正如由8.1节我们知道的,在这种情况下,我们总可以选择一组实函数的基.我们还需要保证哈密顿量是厄米的.因此,在这组基中,系综的每一个成员都用一个**实的对称**矩阵表示:$H_{ij}=H_{ji}$,并且允许的基变换都是**正交的**.关联的缺失导致一个拟设(ansatz):

$$P(H)=\prod_{ij(i\leqslant j)}P_{ij}(H_{ij}) \tag{24.25}$$

而正交不变性要求在具有矩阵元 $H_{i'j'}$的任何其他基中概率分布$P(H)$都相同.

考虑一个具有实矩阵元 H_{11}、H_{22}和 $H_{12}=H_{21}$的 2×2 子矩阵就足够了.在一个选定的基中,这些矩阵元具有三个给定值的联合概率是

$$P(H)=P_{11}(H_{11})P_{12}(H_{12})P_{22}(H_{22}) \tag{24.26}$$

这里的正交基变换是一个用 θ 角参数化的简单转动,它引进新的一组基矢量:

$$|1'\rangle=\cos\theta|1\rangle-\sin\theta|2\rangle,\quad |2'\rangle=\sin\theta|1\rangle+\cos\theta|2\rangle \tag{24.27}$$

因此,新的矩阵元是

$$\begin{aligned}H_{1'1'}&=\cos^2\theta H_{11}+\sin^2\theta H_{22}-2\sin\theta\cos\theta H_{12}\\ H_{2'2'}&=\sin^2\theta H_{11}+\cos^2\theta H_{22}+2\sin\theta\cos\theta H_{12}\end{aligned} \tag{24.28}$$

和

$$H_{1'2'}=\sin\theta\cos\theta(H_{11}-H_{22})+(\cos^2\theta-\sin^2\theta)H_{12} \tag{24.29}$$

习题24.1 对于一个无穷小的转动,仅保留 θ 的线性项,写出不变性条件,推导概率 P_{ij}的微分方程并求解这些方程.

解 不变性条件取如下形式:

$$\begin{aligned}&P_{11}(H_{11})P_{12}(H_{12})P_{22}(H_{22})\\ &=\left[P_{11}(H_{11})-2\theta H_{12}\frac{\mathrm{d}P_{11}}{\mathrm{d}H_{11}}\right]\left[P_{12}(H_{12})+\theta(H_{11}-H_{22})\frac{\mathrm{d}P_{12}}{\mathrm{d}H_{12}}\right]\\ &\quad\times\left[P_{22}(H_{22})+2\theta H_{12}\frac{\mathrm{d}P_{22}}{\mathrm{d}H_{22}}\right]\end{aligned} \tag{24.30}$$

线性项给出

$$H_{12}\left(\frac{1}{P_{22}}\frac{\mathrm{d}P_{22}}{\mathrm{d}H_{22}}-\frac{1}{P_{11}}\frac{\mathrm{d}P_{11}}{\mathrm{d}H_{11}}\right)+\frac{1}{2}(H_{11}-H_{22})\frac{1}{P_{12}}\frac{\mathrm{d}P_{12}}{\mathrm{d}H_{12}}=0 \tag{24.31}$$

标准的分离变量法引入两个常数：C 和 E_0，在归一化以后，结果是三个 Gauss 分布的乘积：

$$P_{11}=\sqrt{\frac{C}{4\pi}}\mathrm{e}^{-C(H_{11}-E_0)^2/4},\quad P_{22}=\sqrt{\frac{C}{4\pi}}\mathrm{e}^{-C(H_{22}-E_0)^2/4},\quad P_{12}=\sqrt{\frac{C}{2\pi}}\mathrm{e}^{-CH_{12}^2/2} \tag{24.32}$$

我们注意到，总的概率（(24.26)式）可以写为

$$\begin{aligned}P(H)&=\text{常数}\cdot\mathrm{e}^{-(C/4)[(H_{11}-E_0)^2+(H_{22}-E_0)^2+H_{12}^2+H_{21}^2]}\\&=\text{常数}\cdot\mathrm{e}^{-(C/4)\mathrm{tr}[(\hat{H}-E_0\hat{1})^2]}\end{aligned} \tag{24.33}$$

也就是说，它可以用算符 $\hat{H}-E_0\hat{1}$ 显然不变的迹表示.

能谱的形心(centroid)E_0 并不重要，我们可以设其为零.因此，极端混沌的极限对应于平均值为零和对所有的对角矩阵元的弥散都相同的 Gauss 分布，而所有的非对角元的弥散都要小一半：

$$\overline{H^2_{\text{对角}}}=\frac{2}{C},\quad \overline{H^2_{\text{非对角}}}=\frac{1}{C} \tag{24.34}$$

不同元矩阵元之间不存在关联，这允许我们把这个结果表示为

$$\overline{H_{ij}H_{kl}}=(\delta_{il}\delta_{jk}+\delta_{ik}\delta_{jl})\frac{a^2}{4N} \tag{24.35}$$

其中，我们用到了新的符号 $C=4N/a^2$ 以及与矩阵维数 N 的平方根成反比的矩阵元的标度.这种标度并不是必需的，只是在比较不同维数的结果时比较方便一些，这里平均值

$$\overline{(\mathrm{tr}H)^2}=\sum_{ij}\overline{H_{ii}H_{jj}}=\sum_{ij}2\delta_{ij}\frac{a^2}{4N}=\frac{a^2}{2} \tag{24.36}$$

与 N 无关，则我们可以考虑极限 $N\to\infty$.

24.4 能级间距分布

把二维的结果(24.33)式直接推广到任意维,我们就确定了随机实对称矩阵的 Gauss 正交系综(GOE),这些矩阵由下列归一化的分布函数定义(与(24.32)式比较):

$$P(H) = \left(\sqrt{\frac{C}{2\pi}}\right)^{N(N-1)/2}\left(\sqrt{\frac{C}{4\pi}}\right)^{N}\mathrm{e}^{-N\mathrm{tr}(\hat{H}^2)/a^2} \tag{24.37}$$

或者,等价地,由基本规则(24.35)式定义.

概率(24.37)式仅依赖 N 个本征值 E_α:

$$\mathrm{tr}(\hat{H}^2) = \sum_{\alpha=1}^{N} E_\alpha^2 \tag{24.38}$$

而与 $N(N-1)/2$ 个角 θ_i 无关,这些角定义了给定基相对于本征基的"取向"(在 $N=2$ 的例子((24.27)式)中仅有一个角).为计算任何可观测的概率,在随机矩阵 H 的空间内,测度 $\mathrm{d}\mu$ 仅仅是独立矩阵元微分的"笛卡尔"积 $\mathrm{d}H_{11}\mathrm{d}H_{12}\mathrm{d}H_{22}\cdots$,也就是说,对于系综的平均必须按下式来求:

$$\overline{F(H)} = \int \mathrm{d}\mu P(H)F(H) = \int \prod_{ij(i<j)} \mathrm{d}H_{ij}F(H)P(H) \tag{24.39}$$

为了得到本征值的分布,我们需要把变量变换到集合$\{E_\alpha,\theta_i\}$并将$P(H)$对不相干的角度求积分.看一看 $N=2$ 的情况,我们就可以理解这个结果.

习题 24.2 对于从原始的基(H_{11},H_{22},H_{12})到变量集合(E_1,E_2,θ)的变换,求雅可比行列式 J.

解 从(24.28)式和(24.29)式可知,这个变换为

$$H_{11} = E_1\cos^2\theta + E_2\sin^2\theta,\quad H_{22} = E_1\sin^2\theta + E_2\cos^2\theta$$
$$H_{12} = (E_1 - E_2)\sin\theta\cos\theta \tag{24.40}$$

这给出

$$J = \frac{\partial(H_{11},H_{22},H_{12})}{\partial(E_1,E_2,\theta)} = E_1 - E_2 \tag{24.41}$$

雅可比行列式(24.41)在能级交叉处为零.这是可以预测的,因为在这种情况下,到

本征值和角度的变换变成**奇异的**(如果能级交叉,逆变换没有定义,我们可以取简并能级的任意叠加).2×2 矩阵的最终分布对于 θ 是均匀的:

$$P(E_1,E_2,\theta) = \text{常数} \cdot |E_1 - E_2| \mathrm{e}^{-2(E_1^2+E_2^2)/a^2} \tag{24.42}$$

尽管矩阵元之间不存在关联,能级的位置由于**能级推斥**而相互关联(见上册 10.5 节).与我们以前的结论一样,在时间反演不变的情况下推斥是**线性的**.

习题 24.3 对于二维情况,求能级间距的分布 $P(s)$和平均间距 D,其中 s 是E_1 和 E_2 之间的距离.

解 通过把概率(24.42)式归一化并求积分,我们得到

$$P(s) = \int \mathrm{d}E_+ \,\mathrm{d}E_- \,\mathrm{d}\theta P(E_+,E_-,\theta)\delta(s - E_+ + E_-) = \frac{2s}{a^2}\mathrm{e}^{-s^2/a^2} \tag{24.43}$$

它具有典型的短程能级推斥和 Gauss 尾巴.平均能级间距为

$$D = \int_0^\infty \mathrm{d}s sP(s) = \frac{\sqrt{\pi}}{2}a \tag{24.44}$$

用量纲单位,$x = s/D$,我们得到 **Wigner 猜测**[91]:

$$P(x)\mathrm{d}x = \frac{\pi x}{2}\mathrm{e}^{-(\pi/4)x^2}\mathrm{d}x \tag{24.45}$$

这个函数的极大值相应于 $x = 2/\pi$,如图 24.4 所示,而且能级的整体安排**有序**得多,不同于规则动力学的无序 Poisson 分布.

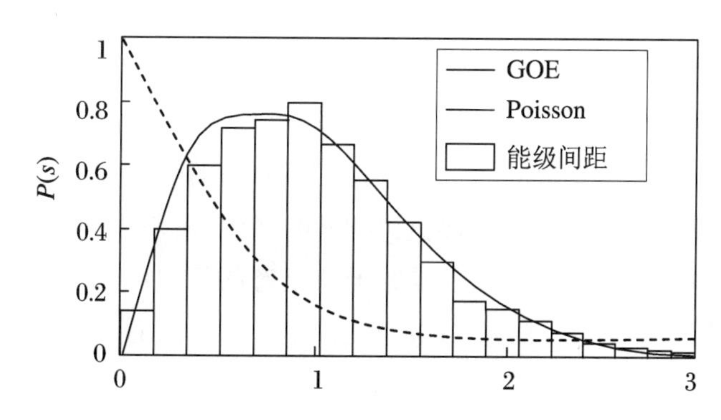

图 24.4 Wigner 对于最邻近的能级间距分布 $P(x)$的猜测与在一个混沌的运动场台球桌中能级间距分布的比较[90]

习题 24.4[92] 对于一个 2×2 厄米实随机矩阵的系综,其矩阵元具有 Gauss 分布,这

些矩阵元的平均值为零，而且对角矩阵元和非对角矩阵元的弥散不同，对角矩阵元 H_{11} 和 H_{22} 的弥散为 σ，非对角矩阵元 $H_{12}=H_{21}$ 的弥散为 τ. 求这个系综的最近能级间距分布 $P(s)$.

解 本征值 $E_\pm$ 和对角化角 θ((24.27)式)的归一化联合分布由下式给出：

$$P(E_+,E_-,\theta)=\frac{1}{(2\pi)^{3/2}}\frac{s}{\sigma^2\tau}\mathrm{e}^{-(E_++E_-)^2/(4\sigma^2)-s^2[\cos^2\theta/\sigma^2+\sin^2\theta/(2\tau^2)]/4} \tag{24.46}$$

其中，$s=E_+-E_-$. 事实上，正交变换不变的迹 E_++E_- 的分布不依赖于 τ. 我们要计算的最近能级间距分布为

$$\begin{aligned}P(s)&=\int_{\infty}^{\infty}\mathrm{d}E_+\int_{-\infty}^{E_+}\mathrm{d}E_-\int_{-\pi/2}^{\pi/2}\mathrm{d}\theta P(E_+,E_-,\theta)\delta(s-E_++E_-)\\&=\frac{s}{2\sqrt{2}\sigma\tau}\mathrm{e}^{-s^2(\sigma^2+2\tau^2)/(16\sigma^2\tau^2)}I_0\left(\frac{s^2(\sigma^2-2\tau^2)}{16\sigma^2\tau^2}\right)\end{aligned} \tag{24.47}$$

其中，I_0 是第一类修正 Bessel 函数，$I_0(0)=1$. 在小 s 处的线性推斥作为能级动力学的一般特征存留下来，见 10.5 节. 参数 τ 主要影响较大的 s 处的 Gauss 分布；Wigner 猜测相应于 $\tau^2=\sigma^2/2$.

对于任意维 N，代替(24.42)式，我们得到角度 θ_i 的一个均匀分布以及所有能级之间的成对的线性推斥：

$$P_{\mathrm{GOE}}(E_1,\cdots,E_N)=\text{常数}_N\prod_{ij(i<j)}|E_i-E_j|\mathrm{e}^{-(N/a^2)\sum_k E_k^2} \tag{24.48}$$

最近能级间距分布不能写成一个解析公式，尽管发现 $P(s)$ 在数值上非常接近 Wigner 猜测((24.45)式). 对于许多经典的混沌系统，如具有不对称形状的台球桌，能级计算确认了这种分布，如图 24.4 所示. 值得注意的是，对于那些没有明确经典类似的系统，像复杂原子[93]和原子核[87]，它也成立. 在这种情况下，原始的矩阵元分布是与基相关的，而且通常若取自无相互作用粒子的基，则它与 Gauss 分布相差很远. 不管怎样，对于**局域的**能谱统计，在高能级密度的区，原子或原子核组态的简单的无微扰波函数完全混合，GOE 预言变得可用了. 因此，局域 GOE 特征的适用范围看来要比形式上定义的宽得多.

24.5 GOE和信息

不同的物理学分支在不同的环境中使用**熵**的概念.正如在《量子熵》一书[94]中所说,它不是一个特定的量,而是一**系列**概念.这个系列成员的一个共同特征是它们表示**无序或负面信息**的一个测度.统计力学中的热力学熵在平衡态达到极大值,而平衡态被定义为所有微观态都具有相等的概率,与宏观条件一致,例如给定的能量是由温度决定的.在这个情况下,观察者对于实际的微观状况有最小的信息(参见上册习题6.15和23.12).

同理,我们可以确定由矩阵元分布函数 $P(H)$ 表征的哈密顿量系综的信息熵:

$$S = -\int \mathrm{d}HP(H)\ln P(H) \tag{24.49}$$

我们将寻找满足归一化条件

$$I_0 \equiv \int \mathrm{d}HP(H) = 1 \tag{24.50}$$

且被具有相同的形心能量 E_0 和弥散

$$I_2 \equiv \int \mathrm{d}HP(H)\mathrm{tr}[(\hat{H} - E_0\hat{1})^2] = 常数 \tag{24.51}$$

所确定的分布中,使熵最大化的函数 $P(H)$(否则,比较不同的分布是不可能的).

借助 Lagrange 乘子 λ 和 μ,我们可以找到在额外条件下熵的一个极大值,这时我们寻找

$$\tilde{S} = S - \lambda I_0 - \mu I_2 \tag{24.52}$$

的无条件极大值,然后通过要求满足(24.50)式和(24.51)式来确定 λ 和 μ 的数值.泛函 $\tilde{S}$ 对于分布函数 $P(H)$ 的形式变分给出

$$-\ln P - 1 - \lambda - \mu\mathrm{tr}[(\hat{H} - E_0\hat{1})^2] = 0 \tag{24.53}$$

这决定了

$$P(H) = A\mathrm{e}^{-\mu\mathrm{tr}[(\hat{H}-E_0\hat{1})^2]} \tag{24.54}$$

适当选取 $A=\exp(-1-\lambda)$ 和 $\mu=N/a^2$，上式等价于 GOE 分布(24.37)式.的确，GOE 提供了具有极小可用信息的矩阵元的**平衡**分布. a 的选择固定了这个能谱碎片的能量弥散 I_2.

24.6 普适类

GOE 反映了具有时间反演不变性的一般系统的性质——有可能选择一个实的基，并因此使用实对称的哈密顿量.分布函数在这个基的如下正交变换群 $\hat{\mathcal{O}}$ 下是不变的：

$$\hat{\mathcal{O}}\hat{\mathcal{O}}^{\mathrm{T}}=1 \tag{24.55}$$

给定某个初始基，取各种各样的变换 $\hat{\mathcal{O}}$，我们能够遍历所有可能的表象.正如我们所知的，这种类型的一个任意的 $N\times N$ 矩阵有 $N+N(N-1)/2=N(N+1)/2$ 个参数.在这个 GOE 中，对于 $N(N-1)/2$ 个变换"角"的依赖是一致的，并与来自对 N 个本征值的非平庸依赖((24.48)式)分离开来.

如果时间反演不变性被破坏，例如，存在一个外磁场，我们就不可能再限于实的基波函数.波函数的相位总是与运动相关的，但是对于 $\mathcal{T}$ 不变的情况，逆运动同样是可能的，而且，我们可以构成它们的实的、诸如驻波的 $\mathcal{T}$ 不变组合.没有 $\mathcal{T}$ 不变性，这是不可能的，而且，一般的哈密顿量(在(24.4)式和(24.5)式中所考虑的)既有实的、对称的部分 H'，又有虚的、反对称的部分 H''.这样一个矩阵，其实部有 $N(N+1)/2$ 个参数，虚部有 $N(N-1)/2$ 个(仅非对角)参数，因此总共有 N^2 个参数.

在这个新的情况下，允许的变换群是**幺正**矩阵 $\hat{\mathcal{U}}$ 的群 $\mathcal{U}(N)$：

$$\hat{\mathcal{U}}\hat{\mathcal{U}}^{\dagger}=1 \tag{24.56}$$

如果我们要求分布 $P(H)$ 对于幺正变换是不变的，并且重复类似于(24.27)式的计算，则对于 $N=2$，我们需要四个独立参数、两个实的对角元和一个复的混合元.结果，我们形式上得到同样的分布((24.33)式)，但归一化是不同的，因为在欧几里得测度((24.39)式)中，参数的数目不同.这决定了 **Gauss 幺正系综**(GUE).

当我们变换到 N 个本征值 E_k 和 N^2-N 个角变量时，类似于(24.41)式，$N^2\times N^2$ 雅可比行列式 J 将有 N 个无量纲的列(对本征值微分以后)和 $N(N-1)$ 个带有能量量纲的列(对角度求导).因此,J 是 E_k 的 $N(N-1)$幂的一个多项式.相对于所有的本征值,这个多项式显然必须是对称的.如前所述,在**简并**点,雅可比行列式为零,其中至少有两个本征值相等:$E_i=E_j$,并且逆变换没有定义.因为我们有 $N(N-1)/2$ 对能级,幂次为 $N(N-1)$的雅可比行列式必须包括它们的相对距离 E_i-E_j 的**平方**.类似于在 GOE 情况下的论证((24.48)式),会确定线性排斥规律.这里我们得到具有平方排斥的本征值的联合分布函数

$$P_{\mathrm{GUE}}(E_1,\cdots,E_N)=常数_N\prod_{ij(i<j)}|E_i-E_j|^2\mathrm{e}^{-(N/a^2)\sum_k E_k^2} \tag{24.57}$$

GOE 和 GUE 的结果证实了我们在 10.5 节提到的关于能级交叉的简单结论.

习题 24.5 已知 $N=2$,推导对于 GUE 最近的能级间距分布.

解 类似于在习题 24.3 中的积分,我们得到

$$P(x)=32\frac{x^2}{\pi^2}\mathrm{e}^{-(4/\pi)x^2} \tag{24.58}$$

最后,我们提一下**高斯辛系综**(Gaussian symplectic ensemble,GSE).它不太常用,仅出现在这样一种特殊情况:时间反演 $\mathcal{T}$对称性仍然保持,但 $\mathcal{T}^2=-1$,而且**总角动量**仅可以取半整数(费米子数为奇数).从上册 20.5 和第 20.6 节我们知道,时间共轭轨道的能量是**简并的**,但是在**不存在转动不变性**的情况下,它们属于同一类,这与转动不变的系统不同,对于后者,这对时间共轭搭档由精确运动常数 J_Z分别取 $\pm M$ 不同的值表征,并且它们应该计入不同的类中.因此,我们现在所有的矩阵在任何允许的基中都具有简并的时间共轭态二重态.保持这种结构的变换构成**辛**(symplectic)群并且可以借助**四元数**表示(这里我们不这样做).这个情况可以在存在电场的固体中实现(磁场会破坏 $\mathcal{T}$不变性).另外一个例子可以在具有奇数核子并且不存在轴对称的变形核中找到,这时角动量在任何本体轴上的投影都是不守恒的.

在 GSE 情况下,我们用简并态的二重态进行运算.在这个二重态之间的相互作用可以使它们混合而不破坏转动不变性.例如,在二重态$(1,\tilde{1})$和二重态$(2,\tilde{2})$之间相互作用的矩阵元必须满足

$$H_{12}=H_{\tilde{2}\tilde{1}}=H^*_{\tilde{1}\tilde{2}},\quad H_{1\tilde{2}}=H_{2\tilde{1}}=H^*_{\tilde{1}2} \tag{24.59}$$

因此,对于每一对二重态,我们有两对复共轭矩阵元或四个实参数;N 个二重态总的参数数目等于$N+4N(N-1)/2=2N^2-N$,其中包括 N 个二重简并能量.雅可比行列式的维数等于与“角度”参数导数相应的列数 $2N(N-1)$,因此每一对能量差都以四次方出现,并且联合的本征值分布变成

$$P_{\text{GSE}}(E_1,\cdots,E_N) = 常数_N \prod_{ij(i<j)} |E_i - E_j|^4 \mathrm{e}^{-(N/a^2)\sum_k E_k^2} \tag{24.60}$$

对于所有的**正则高斯系综**(canonical Gaussian ensembles)、GOE、GUE 和 GSE,我们都可以用和排斥定律$|E_i - E_j|^\beta$类似的形式写出结果,其中分别有$\beta=1,2$和 4(归一化常数取决于N和β).

我们得出结论:整体对称性定义了**普适类**.我们预计,在高能级密度的实际系统中,**局域的**能谱统计将对应于这些类中的一个.在小的扰动下,系统可能慢慢地从一类演化到另一类:通过开启磁场,我们能够光滑地把 GOE 变成 GUE.我们定义了有关哈密顿量对称性的类.人们可以考虑不同的物理量构建随机矩阵类.一个重要的例子是**散射矩阵**[95].因为S矩阵的幺正性,它的本征值都是单位圆上的复数.这种谱的统计定义了**圆系综**.在具有哈密顿量动力学的系统,这些具有 Gauss 正则系综的结果之间存在直接的联系.然而,即使对于哈密顿量没有明显定义的理论,我们也可以谈论S矩阵.

24.7 半圆率

为了对随机矩阵理论中用到的更复杂工具给出一个初步介绍,我们必须求解一个大维数(如$N\to\infty$)的 GOE 平均**能级密度**问题.纯 GOE 问题本身是相当学术的,因为在实际系统中能级的**整体**行为不同于随机矩阵系综(见下一节),不过,我们还是要利用这个机会介绍工作中正在使用的最简单的**图解**方法.

这里,我们考虑由如下哈密顿量支配系统的一个系综:

$$\hat{H} = \hat{H}_0 + \hat{V} \tag{24.61}$$

其中,$\hat{H}_0$和$\hat{V}$是大的$N\times N$厄米矩阵,$\hat{H}_0$是一个具有确定本征值ϵ_k的固定算符,而$\hat{V}$包含随机参数.通过对这些参数的一个系综求平均,我们得到物理结果.为确定起见,这里我们假定$\hat{V}$属于 GOE,并且其平均值为零的实无关联矩阵元V_{12}是正态分布的,如果做代换$H\to V$,它满足(24.35)式.用这个定义

$$\overline{(V^2)_{12}} = \frac{a^2}{4}\left(1+\frac{1}{N}\right)\delta_{12}, \quad \overline{\mathrm{tr}\,V^2} = \frac{a^2}{4}(N+1) \tag{24.62}$$

在$N\to\infty$的极限下,(24.62)式中的平均迹正比于N(比较(24.36)式中迹的平方).本质

上，对于 GUE 会出现同样的结果，这时两个矩阵元的关联函数是

$$\overline{V_{12}V_{34}} = \overline{V_{12}V_{43}^{*}} = \frac{a^2}{4N}\delta_{14}\delta_{23} \tag{24.63}$$

并且，代替(24.62)式，我们得到

$$\overline{(V^2)_{12}} = \frac{a^2}{4}\delta_{12}, \quad \overline{\mathrm{tr}\,V^2} = \frac{a^2}{4}N \tag{24.64}$$

所以，对于较大的 N，这些量是一致的.

为了呈现更复杂的表达式的平均，我们使用如图 24.5 所示的简单图解. 让图 24.5(a)中厚的方块对应于一个矩阵元 $V_{12}=V_{21}^{*}$. 在图 24.5(b)中，我们用连接顶角的虚线表示收缩((24.62)式或(24.63)式)，这些顶角必须与 Kronecker 符号 δ 一致；在 GUE 情况下，第二个图(交叉图)是不存在的.

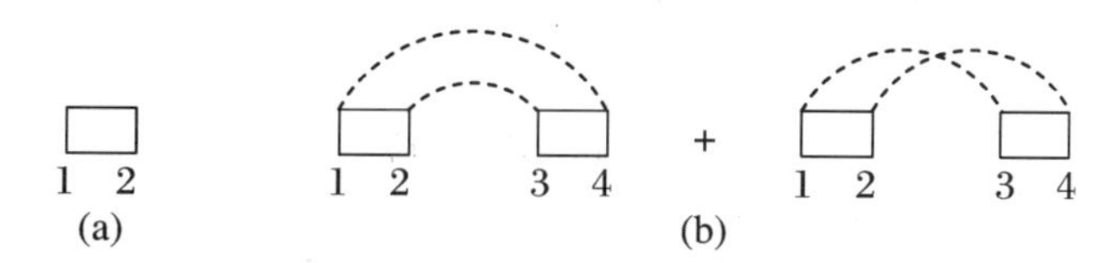

图 24.5 (a) 矩阵元 V_{12}；(b) 两个矩阵元 V 的关联函数

我们定义 **Green 算符** $\hat{G}(z)$是下述方程的解：

$$\hat{G}(z)(z-\hat{H}) = \hat{1} \tag{24.65}$$

我们把数值参数 z(具有能量量纲)取为一个**复数**，则(24.65)式的解

$$\hat{G}(z) = \frac{1}{z-\hat{H}} \tag{24.66}$$

对于一个只有实能谱的厄米哈密顿量 $\hat{H}$ 是有明确定义的，它使表达式(24.66)没有奇点. 当复的点 z 趋近于实的能量轴时，比如说从上方趋近：$z \rightarrow E+\mathrm{i}0$，则等式(6.22)告诉我们

$$\hat{G}(E+\mathrm{i}0) = \mathrm{P.v.}\frac{1}{E-\hat{H}} - \mathrm{i}\pi\delta(E-\hat{H}) \tag{24.67}$$

(译者注：P.v.代表求“主值”)我们构建一种图解技术来计算 Green 函数的系综平均矩阵元$\overline{G_{12}(z)}$.

在这种情况下，通用的步骤是从 Green 函数的零级近似出发：

$$\hat{G}^0(z) = \frac{1}{z - \hat{H}_0} \tag{24.68}$$

所以

$$\hat{G}^{-1}(z) = \hat{G}^{0-1}(z) - \hat{V} \tag{24.69}$$

在离开 $\hat{G}$ 有奇点的实能谱的区域取 z 点，我们可以从形式上把 $\hat{G}$ 展开成 $\hat{V}$ 的幂级数：

$$\hat{G} = \hat{G}^0 + \hat{G}^0\hat{V}\hat{G}^0 + \hat{G}^0\hat{V}\hat{G}^0\hat{V}\hat{G}^0 + \cdots \tag{24.70}$$

并逐项求平均. 这个平均把所有 $\hat{V}$ 的奇数幂次项都去掉了，仅留下偶次项 $\overline{\hat{G}^{(2n)}}$：

$$\overline{\hat{G}} = \hat{G}^0 + \overline{\hat{G}^{(2)}} + \overline{\hat{G}^{(4)}} + \cdots \tag{24.71}$$

为了理解这种求平均的机制，考虑第二级项

$$\overline{\hat{G}^{(2)}} = \overline{\hat{G}^0\hat{V}\hat{G}^0\hat{V}\hat{G}^0} \tag{24.72}$$

由于 GOE 规则((24.35)式)，平均矩阵元(24.72)由下式给出：

$$\overline{G_{12}^{(2)}} = \sum_{3456} G_{13}^0 G_{45}^0 G_{62}^0 \overline{V_{34}V_{56}} = \frac{a^2}{4N}\sum_{3456} G_{13}^0 G_{45}^0 G_{62}^0 (\delta_{36}\delta_{45} + \delta_{35}\delta_{46}) \tag{24.73}$$

在第一项中对 4 和 5 求和得到 $\hat{G}^0$ 的迹，所以

$$\overline{G_{12}^{(2)}} = \frac{a^2}{4N}\sum_3 G_{13}^0\left[(\mathrm{tr}\hat{G}^0)G_{32}^0 + \sum_4 G_{43}^0 G_{42}^0\right] \tag{24.74}$$

或者用算符乘积形式

$$\overline{G_{12}^{(2)}} = \frac{a^2}{4N}\left[(\mathrm{tr}\hat{G}^0)(\hat{G}^0\hat{G}^0)_{12} + (\hat{G}^0\hat{G}^{0\mathrm{T}}\hat{G}^0)_{12}\right] \tag{24.75}$$

其中，上角标 T 表示转置矩阵.

通过观察产生的图 24.6(a)(细线是用于无微扰 Green 函数的矩阵元)，我们可以看到，第二个图相应于由交替的细线和虚线组成的一条连续线 1—3(=5)—4(=6)—2. 与此相反，第一个图除了从入口到出口的线 1—3(=6)—2 以外，还包括一个被虚线包裹着细线的分离段 4—5，它表示端点相符合并给出迹. 离开奇点很远，这个迹包含大小具有相同量级的 N 个项. 我们假定，在 $N\to\infty$ 的极限下，有

$$g^0(z) \equiv \frac{1}{N}\mathrm{tr}\hat{G}^0(z) \tag{24.76}$$

具有一个与 N 无关的渐近值.(24.75)式中的第二项是 $1/N$ 量级的,在渐近区它可以忽略.因此,在这个极限下,我们得到与 N 无关的分布:

$$\overline{G_{12}^{(2)}} = \frac{a^2}{4}g^0 \ (G^0 G^0)_{12} \tag{24.77}$$

对于 GUE 的情况,这个结果是精确的,因为这里不存在交叉收缩项.

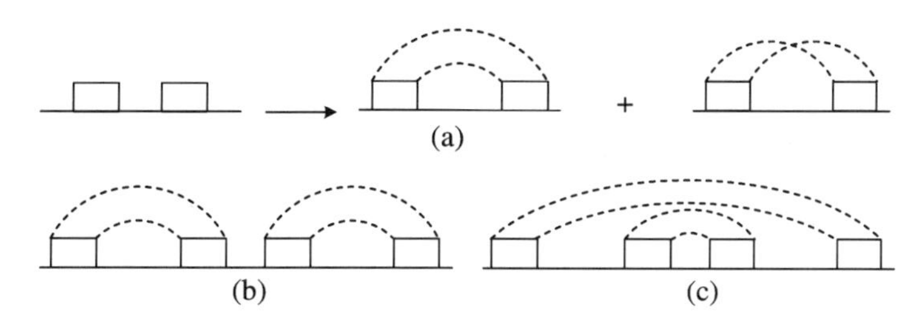

图 24.6 (a) 第二级的平均;(b)、(c) 第四级的平均

现在,我们认识到,在 $N\to\infty$ 的极限下,我们应该保留级数(24.67)式中的所有项,这个级数包含补偿由基本收缩产生的 N 的负幂次的独立求迹的数目.在 $2n$ 阶中,我们有 n 个收缩,提供因子 $(a^2/(4N))^n$;因此,我们需要 Green 函数乘积的 n 个迹.如果由于某些交叉的收缩,迹的数目少于它,在渐近的极限下,最终的贡献就可以忽略.

习题 24.6 考虑第四级项并求在 $N\to\infty$ 的极限下仍存在的贡献.

解 我们需要求平均

$$\overline{G_{12}^{(4)}} = G_{13}^0 G_{45}^0 G_{67}^0 G_{89}^0 G_{10,2}^0 \overline{V_{34} V_{56} V_{78} V_{9,10}} \tag{24.78}$$

其中,隐含了对重复的指标求和.相应于 V 矩阵元六种不同的配对方式的 12 项约化到仅存的两项,即图 24.6(b)、(c).对于 GOE 和 GUE 的解析,都有

$$\overline{G_{12}^{(4)}} = \left(\frac{a^2}{4}\right)^2 \left[(G^0 G^0 G^0)_{12} \ (g^0)^2 + (G^0 G^0)_{12} g^0 \ \frac{1}{N}\mathrm{tr}(\hat{G}^0 \hat{G}^0) \right] \tag{24.79}$$

图 24.6(b)是第二级贡献图 24.6(a)的迭代,而图 24.6(c)表示二级图插入自身中.

通过检验可以清楚地看到,只有那些包括**不相交叉**的同心虚线的**彩虹**块在渐近情况下幸存了下来.为了把所有相关的贡献都加起来,我们引入一个**平均质量算符** M,它逐阶与 Green 函数的迹成比例:

$$M_{12}^{(n)} = \frac{a^2}{4N}\mathrm{tr}(\hat{G}^{(n)})\,\delta_{12} \tag{24.80}$$

于是,对于第二级和第四级,我们的结果为

$$\overline{\hat{G}^{(2)}} = \hat{G}^0 \hat{M}^0 \hat{G}^0 \tag{24.81}$$

$$\overline{\hat{G}^{(4)}} = \hat{G}^0 \hat{M}^0 \hat{G}^0 \hat{M}^0 \hat{G}^0 + \hat{G}^0 \hat{M}^{(2)} \hat{G}^0 = \hat{G}^0 \hat{M}^0 \overline{\hat{G}^{(2)}} + \hat{G}^0 \hat{M}^{(2)} \hat{G}^0 \tag{24.82}$$

在图 24.7 中,我们用一条粗线来描绘平均全 Green 函数.任何图(例如,我们从左往右看)都是从细线 $\hat{G}^0$ 出发的.之后,将会有一个**不可约**部分由迹包围.这个不可约性意味着我们不能通过单独切开一个 Green 函数来断开这个部分,它是迹闭合的.再往后,又有构成同样的 $\hat{G}$ 的一整套图,正如从(24.82)式中的第一项看到的.(24.82)式的第二项是对于插入左边的 $\hat{G}^0$ 后面的质量算符的下一级近似.该逻辑等式被称为 **Dyson 方程**:

$$\overline{\hat{G}} = \hat{G}^0 + \hat{G}^0 \hat{M} \overline{\hat{G}} \tag{24.83}$$

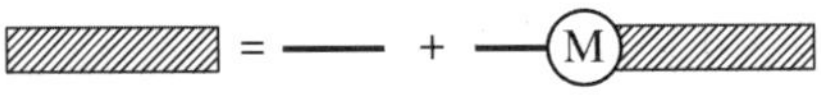

图 24.7 对于平均 Green 函数和平均质量算符的 Dyson 方程

对于**预解**类型((24.66)式)的算符,这样的方程总可以用某种分解((24.61)式)写出来.我们立即看到,在 $\hat{M} \to \hat{V}$ 的情况下,展开式(24.70)就可以写成(24.83)式的形式.然而,这不是我们所想要的:(24.83)式是对**平均**量写出的,并且质量算符(24.80)式是单位算符,它的系数是平均 Green 算符的一个泛函.把所有阶的结果集中起来,我们得到

$$\hat{M}(z) = \frac{a^2}{4N} \mathrm{tr}\, \overline{\hat{G}(z)} \tag{24.84}$$

Dyson 方程(24.83)的形式解可以写为

$$\overline{\hat{G}} = [\hat{G}^{0-1} - \hat{M}]^{-1} \tag{24.85}$$

或者在我们的情况下

$$\overline{\hat{G}} = \left[\hat{G}^{0-1} - \frac{a^2}{4N} \mathrm{tr}\, \overline{\hat{G}}\right]^{-1} \tag{24.86}$$

对 Gauss 系综 Green 算符的平均在正规部分 $\hat{H}_0$ 的基中是**对角的**.

对于非算符函数(24.84),其结果是一个非线性方程:

$$M(z) = \frac{a^2}{4N} \mathrm{tr}\, [\hat{G}^{0-1}(z) - M(z)]^{-1} \tag{24.87}$$

如果(根据 $\hat{H}_0$ 的本征值)已知无微扰 Green 函数 $\hat{G}^0(z)$,则借助于泛函 **Pastur 方程**,从其宗量在一个自洽的移动值 $z \to z - M(z)$ 处 $\hat{G}^0(z)$ 的取值,可以得到质量算符:

$$M(z) = \frac{a^2}{4N}\mathrm{tr}\left[\hat{G}^0(z - M(z))\right] \tag{24.88}$$

在能量 E_0 处**简并的** $\hat{H}_0$ 这样一个特别的情况下,有质量算符的二次方程

$$M(z) = \frac{a^2}{4}\frac{1}{z - E_0 - M(z)} \tag{24.89}$$

其解为

$$M(z) = \frac{1}{2}\left[z - E_0 \pm \sqrt{(z - E_0)^2 - a^2}\right] \tag{24.90}$$

这相应于在 $E = E_0$ 处能谱((24.33)式)形心(centroid)的 GOE 或 GUE. 类似于(24.76)式,对于 Green 算符的迹,我们得到

$$g(z) \equiv \frac{1}{N}\mathrm{tr}\,\overline{\hat{G}(z)} = \frac{4}{a^2}M(z) \tag{24.91}$$

从而得到著名的 **Wigner-Pastur 公式**:

$$g(z) = \frac{2}{a^2}\left[z - E_0 - \sqrt{(z - E_0)^2 - a^2}\right] \tag{24.92}$$

其中,我们已经选择了(24.90)式中的减号以确保在 $|z| \to \infty$ 时 $g(z) \propto 1/z$ 的正确行为,它是对于一个具有有限能谱区域系统的定义((24.66)式)导出的.

我们可以把借助于展开式(24.70)得到的结果从 z 的渐近区域解析延拓到实轴. 于是,恒等式(24.67)把迹((24.92)式)和能级密度关联起来:

$$\rho(E) = \sum_{\alpha}\delta(E - E_{\alpha}) = \mathrm{tr}\delta(E - \hat{H}) \tag{24.93}$$

在 z 趋于实轴的极限下,这个能级密度是迹 $g(z)$ 的虚部:

$$\rho(E) = -\frac{1}{\pi}\mathrm{Im}\,\mathrm{tr}\hat{G}(E + \mathrm{i}0) \tag{24.94}$$

系综平均能级密度由平均 Green 算符(24.91)式的迹给出:

$$\overline{\rho(E)} = -\frac{1}{\pi}\mathrm{Im}\,\mathrm{tr}\,\overline{\hat{G}(E + \mathrm{i}0)} = -\frac{N}{\pi}\mathrm{Im}g(E + \mathrm{i}0) \tag{24.95}$$

对于 GOE 或 GUE((24.92)式),虚部来自当$|E-E_0|<a$ 时的平方根,这时

$$\sqrt{(z-E_0)^2-a^2} \Rightarrow \mathrm{i}\sqrt{a^2-(E-E_0)^2} \tag{24.96}$$

最后,我们得到**半圆**法则,见 Wigner 的文献([91],145 页):

$$\overline{\rho(E)} = N\frac{2}{\pi a^2}\sqrt{a^2-E^2}\,\theta(a^2-E^2) \tag{24.97}$$

其中,我们取能量标度的原点为 $E_0=0$,阶梯函数 θ 表明在$N\to\infty$时平均能谱的陡的边界.通过关联函数(24.35)或(24.64)引入的量 a 是半圆的**半径**.注意,a 与最初矩阵元的弥散之间的联系在 GOE 和 GUE 中稍有不同:对于 GOE,我们有$\overline{H_{kl}^2}=(a^2/(4N))(1+\delta_{kl})$;而对于不存在对角和非对角输入之间差别的 GUE,我们有$\overline{H_{kl}^2}=a^2/(4N)$.其中在对角与非对角项之间不存在区别.

从**两点关联函数**,例如,$\overline{\rho(E)\rho(E')}$,我们可以得到有趣的物理结果.这里我们能再次尝试使用 $1/N$ 展开法.然而,仅在 $N|E'-E|\gg 1$ 时,这种方法才能用.在感兴趣的能级间距很小时($\Delta E\sim 1/N$,即平均能级距离的量级),这种展开失败,我们需要发展更强大、更复杂的数学工具[96].然而,可以说在具有高的能级密度的实际情况中,我们极少对这种小能级间隔感兴趣.一个例外是在重原子核中的低能**中子共振**(在慢中子被复杂原子核俘获的过程中布居的长寿命态),它们的确是复合核的单个可观测的准定态能级.从经验上讲,规则的台球和混沌的台球就是用连接到发射和接受天线上的**微波腔**进行建模的.在这种装置中[97],在腔内电磁场的 Maxwell 方程等价于二维薛定谔方程.腔的超导材料大大地压低了在壁上的耗散[98].

24.8 混沌的本征函数

二维随机矩阵的方程(24.42)显示了对于角度 θ 的均匀 GOE 分布;概率不依赖于参数空间内基的取向.从任意一个基出发并改变角度,我们可以遍历所有的正交基.

在 2×2 的情况下,取向是由一个角度参数化的,并且施加在基$|k\rangle$($k=1,2$)中本征矢量$|\alpha\rangle$($\alpha=1',2'$)的振幅 C_k^α:

$$C_1^{1'}=\cos\vartheta,\quad C_2^{1'}=-\sin\vartheta;\quad C_1^{2'}=\sin\vartheta,\quad C_2^{2'}=\cos\vartheta \tag{24.98}$$

唯一的限制是它们的归一化和正交性:

$$\sum_k C_k^\alpha C_k^\beta = \delta_{\alpha\beta} \tag{24.99}$$

在这种情况下，对于任何本征矢量$|\alpha\rangle$，实振幅 C_k^α 的完备集的联合概率是

$$P(\{C_k^\alpha\}) = A\delta[1 - (C_1^\alpha)^2 - (C_2^\alpha)^2] \tag{24.100}$$

其中，A 是归一化常数.

为了得到一个**确定分量**(例如 C_1^α)的概率，我们需要对这个联合分布剩下的分量 C_2^α 求积分：

$$P_1(C_1^\alpha) = \int_{-1}^{1} \mathrm{d}C_2^\alpha P(C_1^\alpha, C_2^\alpha) = 2A\int_0^1 \mathrm{d}C_2^\alpha \delta[1 - (C_1^\alpha)^2 - (C_2^\alpha)^2] \tag{24.101}$$

利用带有 δ 函数的积分规则(见上册 3.3 节)得到

$$P_1(C) = \frac{A}{\sqrt{1 - C^2}}\theta(1 - C^2) \tag{24.102}$$

(θ 仍是阶梯函数)，并且这对于任何单个振幅 C_k^α 都成立. 最终，最后一个积分总算决定了常数 $A = 1/\pi$. 得到的分布在 $C = \pm 1$ 处有可积奇点. 由归一化(23.99)式以及两个振幅有相等的概率，我们得到每个权重 C^2 的平均值是

$$\overline{C^2} = \frac{1}{\pi}\int_{-1}^{1} \mathrm{d}C \frac{C^2}{\sqrt{1 - C^2}} = \frac{1}{2} \tag{24.103}$$

在一般 N 维的情况下，我们类似地预测权重$(C_k^\alpha)^2$ 的平均值是 $1/N$. 任意本征矢量$|\alpha\rangle$的振幅 C_k 对于 N 维欧几里得空间中单位半径的球都是均匀分布的：

$$P_N(C_1, \cdots, C_N) = A_N\delta\left(1 - \sum_{k=1}^{N} C_k^2\right) \tag{24.104}$$

为了归一化这个分布，我们需要计算(24.104)式右边的 N 维积分. 这个空间的体积元可以分解成立体角元 $\mathrm{d}o_N$ 和径向部分：

$$\mathrm{d}^N C = \mathrm{d}o_N R^{N-1}\mathrm{d}R, \quad R^2 = \sum_{k=1}^{N} C_k^2 \tag{24.105}$$

角度的积分给出 N 维空间总的立体角或单位圆球的表面：

$$S_N = \int \mathrm{d}o_N = \int \mathrm{d}C_1 \cdots \mathrm{d}C_N \delta\left(1 - \sum_{k=1}^{N} C_k^2\right) \tag{24.106}$$

径向积分带来 1/2 因子，因为仅仅 δ 函数的正根有贡献，或者形式上($\xi = R^2$)

$$\int_0^\infty \mathrm{d}R F(R)\delta(1 - R^2) = \int_0^\infty \frac{\mathrm{d}\xi}{2\sqrt{\xi}} F(\sqrt{\xi})\delta(1 - \xi) = \frac{F(1)}{2} \tag{24.107}$$

这确定了 $A_N=2/S_N$.

因此,一个单独波函数分量的 GOE 分布是

$$P_N(C_1,\cdots,C_N)=\frac{2}{S_N}\delta\left(1-\sum_{k=1}^{N}C_k^2\right) \tag{24.108}$$

习题 24.7 计算 N 维欧几里得空间中单位球面的面积 S_N.

解 计算这个几何量的简便方法是利用辅助的 Gauss 积分:

$$I_N=S_N\int_0^{\infty}\mathrm{d}R\mathrm{e}^{-R^2}R^{N-1} \tag{24.109}$$

利用 Γ 函数:

$$I_N=S_N\frac{1}{2}\Gamma(N/2) \tag{24.110}$$

另一方面,我们可以利用在 C 空间的笛卡尔坐标以及恒等式(24.105):

$$I_N=\int\mathrm{d}o_N\int_0^{\infty}\mathrm{d}R\mathrm{e}^{-R^2}R^{N-1}=\int\mathrm{d}^NC\exp\left(-\sum_{k=1}^{N}C_k^2\right) \tag{24.111}$$

这里的积分实际上是 N 个全同的一维 Gauss 积分的乘积:

$$I_N=\left(\int_{-\infty}^{\infty}\mathrm{d}C\mathrm{e}^{-c^2}\right)^N=\pi^{N/2} \tag{24.112}$$

比较(24.110)式和(24.112)式,我们得到

$$S_N=\frac{2\pi^{N/2}}{\Gamma(N/2)}=\frac{N\pi^{N/2}}{\Gamma(N/2+1)} \tag{24.113}$$

球的体积为

$$V_N=S_N\frac{R^N}{N}=\frac{\pi^{N/2}}{\Gamma(N/2+1)}R^N \tag{24.114}$$

从这里我们得到熟悉的结果:$V_1=2R$(线段端点之间的距离),$V_2=\pi R^2$(圆的面积),$V_3=(4/3)\pi R^3$,等等.有趣的是,对于一个固定的 R,体积先是随着 N 的增大而增大,当 $N=4$时达到最大,但随后迅速减少.表面积((24.113)式)的极大值对应于 $N=7$.我们可以这样来理解为什么会如此:想象半径为 R 的 N 维立方体,里面有一个内切球;对于较大的 N,每一个坐标 C 的平均都是 $R/\sqrt{N}\ll R$,也就是说,实际上这个立方体几乎是空的.

习题 24.8 求在 GOE 中 N 维波函数的一个单独分量的分布函数.

解 所有的分量都是等概率的.把 GOE 分布((24.108)式)对 $C_2,\cdots,C_N$ 积分,我们得到 $C_1\equiv C$ 的分布函数:

$$P_1(C)=\frac{2}{S_N}\int \mathrm{d}C_2\cdots\mathrm{d}C_N\delta\left(1-C^2-\sum_{k=2}^{\infty}C_k^2\right) \tag{24.115}$$

正如在上题中那样,我们对 $N-1$ 维空间的角度和半径进行积分,得到

$$P_1(C)=\frac{2}{S_N}\int \mathrm{d}o_{N-1}\int_0^{\infty}\mathrm{d}RR^{N-2}\delta(1-C^2-R^2)=\frac{S_{N-1}}{S_N}(1-C^2)^{(N-3)/2} \tag{24.116}$$

作为 N 的函数,图 24.8 给出了这个分布的演变.

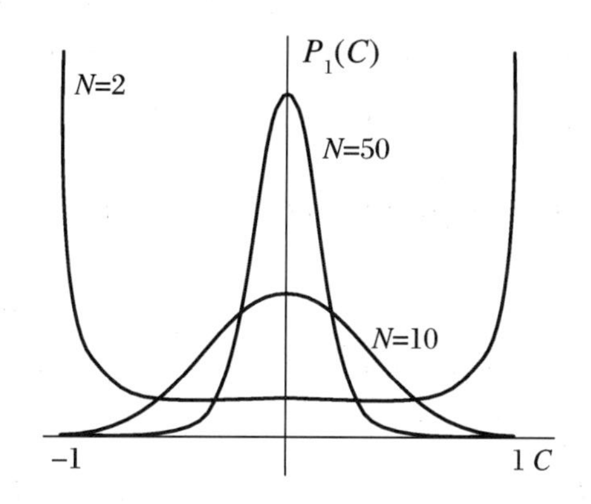

图 24.8 不同的 N 值的分布((24.116)式)

实际上,我们常常对非常大 N 的极限感兴趣.在重核的中子共振中,一个典型的数目是 $N\approx 10^{5\div 6}$.此时,一般的 GOE 表达式(24.116)就简化了.因为 C^2 的平均标度是 $\propto 1/N$,我们可以令 $C^2=x/N\ll x$,并在(24.116)式中取极限 $N\to\infty$:

$$(1-C^2)^{(N-3)/2}=\left(1-\frac{x}{N}\right)^{(N-3)/2}=\sqrt{\left(1-\frac{x}{N}\right)^N}\left(1-\frac{x}{N}\right)^{-3/2}$$
$$\Rightarrow \mathrm{e}^{-x/2}=\mathrm{e}^{-NC^2/2} \tag{24.117}$$

用正确的归一化,我们得到 Gauss 分布

$$P_1(C)=\sqrt{\frac{N}{2\pi}}\mathrm{e}^{-NC^2/2} \tag{24.118}$$

以及预期的偏差 $\overline{C^2}=1/N$.利用对于 Γ 函数的 **Stirling 近似**,我们也可以直接从(24.116)式和(24.113)式推导出这个归一化(见上册方程(9.96)).

24.9 复杂性和信息熵

在一个特定的系统中,一个单独的波函数$|\alpha\rangle$的**复杂度**可以用 **Shannon 信息熵**表征:

$$I_\alpha = -\sum_k (C_k^\alpha)^2 \ln (C_k^\alpha)^2 \tag{24.119}$$

在基$|k\rangle$的正交变换下,这个量**不是不变的**;更确切地说,它表示相对于一个给定的参考基,本征态$|\alpha\rangle$的**相对复杂性**.在类似台球的问题中,这样一种"自然"的参考基是用坐标表象给出的,结果一个给定本征函数$\psi_\alpha(\boldsymbol{r})$的信息熵变成

$$I_\alpha = -\int \mathrm{d}^N r \ |\psi_\alpha(\boldsymbol{r})|^2 \ln |\psi_\alpha(\boldsymbol{r})|^2 \tag{24.120}$$

在多体系统中,我们通常取独立粒子的一个平均场基,理由是通过第 19 章那样构建的平均场吸收了运动的平均的规则方面,这种运动把它们与混沌的涨落分离开,并因此展现一种方便的复杂性测度.我们不要把单个本征态的信息熵和系综熵((24.49)式)混淆.

对于基的状态本身,$I_\alpha = 0$(对那些在它们自己的基中每个本征矢仅有一个分量的本征态,我们会得到不存在复杂性这个相同的结果).在一个相反情况下,即本征函数均匀分布在全部基上且其所有分量都精确地等于$\pm 1/\sqrt{N}$,信息熵达到它的最大值$\ln N$.量

$$l_\alpha = \mathrm{e}^{I_\alpha} \tag{24.121}$$

起着**局域化长度**的作用,它表示波函数在参考基中的"伸展".当均匀弥散态有 N 个相等的重要分量的时候,这些初态都是完全局域的,其中 N 是总的维数.在中间,存在具有$N_\alpha < N$个主分量(重要分量)的不同状态$|\alpha\rangle$,并且 $I_\alpha \sim \ln N_\alpha$.

习题 24.9 计算在具有较大的 N 的 GOE 中信息熵的平均值.

解 把 N 项的求和用延伸到无穷的积分来近似:

$$\overline{\sum_k F(C_k^\alpha)} \Rightarrow N\int_{-\infty}^{\infty} \mathrm{d}C P_1(C) F(C) \tag{24.122}$$

把变量 C 变为 $x = C/\sqrt{N/2}$,并利用分布(24.118)式,我们得到

$$\overline{I_\alpha} = -2N\sqrt{\frac{2N}{\pi}}\int_0^{\infty} \mathrm{d}C C^2 \ln C \mathrm{e}^{-NC^2/2} = \ln(\xi N) \tag{24.123}$$

其中，局域化分数 ξ 由一个数值积分给出：

$$\xi = \frac{1}{2}\exp\left[-\frac{8}{\sqrt{\pi}}\int_0^\infty \mathrm{d}x x^2 \ln x \mathrm{e}^{-x^2}\right] = 2\mathrm{e}^{c-2} = 0.482 \tag{24.124}$$

其中，$c=0.577$，即所谓的 **Euler 常数**. 因此，典型的局域化长度是 $\xi N \approx N/2$. N 的最大值的下降反映了存在于系综中的涨落和不同本征函数正交性的要求.

另一个对单独函数 $|\alpha\rangle$ 的复杂性的有用测度是所谓的**逆参与率**(inverse participation ratio)：

$$\Lambda_\alpha = \left(\sum_k |C_k^\alpha|^4\right)^{-1} \tag{24.125}$$

这里求和对平方振幅 C^2 的平均值用一个由状态的组成成分决定的权重函数(概率仍是由 C^2 给出的)加权. 因为在混沌极限下，$\overline{C^2}=1/N$，故量(24.125)式是 N 的量级. 一般地说，这个量可以解释为给定波函数 $|\alpha\rangle$ 的**主分量数**，它仍是相对于原来的基 $|k\rangle$ 而言的. 对于一个典型的混沌函数，振幅的 Gauss 分布预言

$$\bar{\Lambda} = \frac{N}{3} \tag{24.126}$$

在任何情况下，我们都可以估计状态 $|\alpha\rangle$ 的主分量(大分量)数为 $N_\alpha = 3\Lambda_\alpha$. 信息熵 I_α 和逆参与率 Λ_α 这两种测度或多或少都表征同样的物理量，但是，I_α 对于小分量的丰度更灵敏，而 Λ_α 对于主分量的丰度更灵敏. 在极端 GOE 情况下，由(24.123)式、(24.124)式和(24.126)式我们看到，对于一个普遍的混沌函数，这些独立的测度之比约化为一个普适的数：

$$\frac{\exp(I_\alpha)}{\Lambda_\alpha} \Rightarrow 1.446 \tag{24.127}$$

而对于维数 N 的依赖不见了.

图 24.9 展示了计算信息熵的一个实际例子，它是原子核 ^{28}Si 中所有具有确定的精确量子数 $J^\pi T = 2^+ 0$ 的所有 3276 个状态的信息熵. 这些状态是通过对一个在 sd 壳层模型(处于 $0d_{5/2}$，$0d_{3/2}$ 和 $1s_{1/2}$ 轨道的六个质子和六个中子的 Hilbert 空间)中实际的哈密顿量矩阵元进行完全对角化得到的. 初始基 $|k\rangle$ 是由三个经验单粒子能量给出的平均场的基. 空间的有限大小决定了图像的对称性，最复杂的态在最高能级密度谱的中央. 有两个特点必须提一下：(ⅰ) 即使在最大值，信息熵也到不了 GOE 值；(ⅱ) I_α 是显示出强混合的激发能的一个光滑函数，这种混合使原来不同性质的相邻态有类似的结构，即“看上去一样”[99]. 这是热力学的一个微观解释：量子混沌使相邻态的宏观性质变得一模一样. 在

谱的中央还显示比率((24.127)式)接近 1.44.

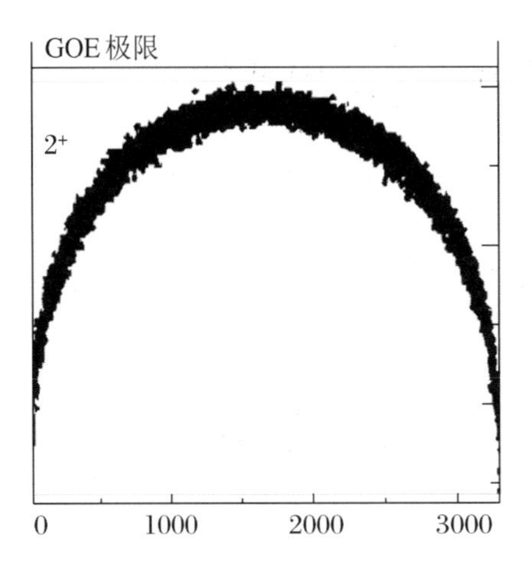

图 24.9 在原子核壳层模型中[87],对原子核^{28}Si 中具有角动量 $J=2$、宇称为正以及同位旋 $T=0$ 的这类态所计算的定域长度((24.121)式)

状态是按照能量增加的顺序排列的.

24.10 Porter-Thomas 和相关的分布

单独分量的权重

$$w_k^\alpha = (C_k^\alpha)^2 \tag{24.128}$$

可以从为分析复杂的状态所设计的一个实验中得出.例如,一个慢中子被重核俘获形成复合核$|\alpha\rangle$的概率正比于这个复杂的波函数与初始的简单态$|k\rangle$的重叠积分,在这种情况下,这个初始态是处于连续态的一个中子(处在非常低能量 E 的 s 波)加上处于基态的原子核的其余部分.这个重叠积分决定了进入复合核形成截面的**中子宽度** Γ_n^α,见 10.11 节.对于 s 波,这个中子宽度正比于$\sqrt{E}$,见 10.4 节.对于一个特别的复合态$|\alpha\rangle$,**约化宽度** $\gamma^\alpha = \Gamma_n^\alpha/\sqrt{E}$由权重((24.128)式)决定.因此,我们预计约化中子宽度的分布与一个中子共振态的混沌波函数中单独分量的典型权重的分布 $P_w(w)$相符.

通过变量变换,我们从 $P(C)$立即得到分布 $P_w(w)$(据说,整个概率论就是变换变量的科学)：

$$P_w(w) = 2P(C)\frac{\mathrm{d}C}{\mathrm{d}w} \tag{24.129}$$

其中，因子 2 来自于同一个 w 相应于正、负振幅 C 这样的事实. 引入平均值 $\overline{w}=1/N$，我们得到 Porter-Thomas(PT)**分布**(对于一个自由度的 χ^2 分布)：

$$P_{\mathrm{PT}}(w) = \frac{1}{\sqrt{2\pi\overline{w}w}}\mathrm{e}^{-w/(2\overline{w})} \tag{24.130}$$

它清楚地描述了中子共振的约化中子宽度的分布[30]. 随着能量的增加以及由于第 7 章提到的连续谱效应[100]导致的共振展宽，这个分布逐渐改变.

习题 24.10 求同一个混沌波函数的两个分量 C_1^α 和 C_2^α 的联合分布. 利用 $N\to\infty$ 极限的结果，求得平均宽度为 $\Gamma=(w_1^2+w_2^2)/2$ 的分布函数，其中 $w_{1,2}=(C_{1,2}^\alpha)^2$.

解 像前面一样，我们发现

$$P(C_1,C_2) = \frac{S_{N-2}}{S_N}(1-C_1^2-C_2^2)^{N/2-2} \tag{24.131}$$

在较大的 N 的极限下，这个式子约化为两个独立的 Gauss 分布((24.118)式)的乘积. 变换到新的变量 Γ 和 $\xi=w_1-w_2$，我们得到

$$P(\Gamma,\xi)\mathrm{d}\Gamma\mathrm{d}\xi = \frac{1}{2\pi\overline{w}}\mathrm{e}^{-\Gamma/\overline{w}}\frac{\mathrm{d}\xi}{\sqrt{\Gamma^2-\xi^2/4}}\mathrm{d}\Gamma \tag{24.132}$$

其中，如前面一样，$\overline{w}=1/N$. 在上下限 $\pm 2\Gamma$ 的范围内对 ξ 求积分，我们得到纯的指数分布(两个自由度的 χ^2 分布)：

$$P_\Gamma(\Gamma) = \frac{1}{\overline{w}}\mathrm{e}^{-\Gamma/\overline{w}} \tag{24.133}$$

第 25 章

量子纠缠

技术的最新进展已经使那些过去只能假想的实验的实施成为可能.这些假想实验的实现确认了量子力学规则的有效性.新的实验以这样或那样的方式与纠缠的存在相联系……

—— S. Gasiorowcz

25.1 纠缠

纠缠的概念和量子力学本身一样古老.然而,直到最近,这个概念才成为人们关注的焦点.究其原因,主要是由于对量子计算机的追求.这里我们只谈几点对这个蓬勃发展的领域的一般看法.

我们已经在本书的许多部分讨论过纠缠态.更精确地说,我们必须谈论在一个给定状态下量子系统的**纠缠子系统**.实际上,角动量耦合的形式完全是建立在纠缠的基础上的,见上册第22章;在两个耦合的子系统的情况下,作为总自旋本征态求得的态通常就是纠缠态.一个相关的例子可在上册习题22.2中找到;这些态是所谓的**Bell纠缠态**.重要的是要记住,纠缠通常是对于特定的**可观测量**或者特定类型的实验而言的.

为了简单起见,我们考虑**两个子系统**的情况,这时,对属于**其中一个子系统**的变量,我们想象一种可能的测量.在两个自旋的情况下,原则上,我们可以仅测量第一个子系统的自旋,或仅测量第二个子系统的自旋,或者两者都测量.相应的过程用厄米算符$\hat{s}_i^{(1)}$、$\hat{s}_k^{(2)}$或它们的乘积表示.作为其他例子,我们可以取带电π介子的衰变$\pi^{\pm}\to\mu^{\pm}+\nu$、氘核的光致离解$\mathrm{d}+\gamma\to\mathrm{p}+\mathrm{n}$、两个光子引起的正负电子对的产生,或者从一个原子核的激发态发出的γ辐射变成正负电子对的内转换.类似地,我们可以考虑一个原子的双光子衰变,同时记录其中一个或两个光子的极化.为了避免不必要的复杂性,我们将从涉及一个对的**可区分**分量的例子出发,这样哪个自旋被测量就不存在疑问了.

采用这个对的两个独立的(非纠缠的)分量,在测量之前,它们的末态自旋态是旋量的一个简单的**退耦合**乘积$\chi_1^{(A)}\chi_2^{(B)}$,其中上标(A)、(B)代表子系统,下标1、2表示特定的单粒子自旋态.然而,在上面提到的那些衰变的情况下,末态可能受到守恒定律规定的一些限制.因此,即使衰变产物之间没有任何直接的相互作用(如在角动量相加的意义上),它们也被**耦合**了.如果这一对搭档被迫处于自旋单态,则末态自旋波函数是

$$\chi_{00}=\frac{1}{\sqrt{2}}\left[\chi_+^{(A)}\ \chi_-^{(B)}-\chi_-^{(A)}\ \chi_+^{(B)}\right] \tag{25.1}$$

这里自旋单态可以是相对于量子化z轴给出的.然而,对于自旋单态,波函数是转动不变的,因此,对于量子化轴的任何选取,它都会有同样的形式.

对于自旋三重态,没有这种不变性,虽然具有自旋$S=1$和z投影$S_z=0$的波函数χ_{10}在z表象中有类似于(25.1)式的形式,可是叠加的符号相反:

$$\chi_{10}=\frac{1}{\sqrt{2}}\left[\chi_+^{(A)}\ \chi_-^{(B)}+\chi_-^{(A)}\ \chi_+^{(B)}\right] \tag{25.2}$$

自旋三重态χ_{11}不存在纠缠,因为波函数是乘积$\chi_+^{(A)}\chi_+^{(B)}$.粗略表述的纠缠概念牵涉到子系统的组合态以及要做的实验的特征.如果对于在一个子系统上所做的某种类型的实验,态函数不能表示为子系统波函数的简单乘积,这个状态就可以称为纠缠的.在(25.2)式的情况下,对第一个子系统的自旋投影的测量不可避免地扰动没有直接测量的子系统(**固有**纠缠).在看过一个例子后,25.3节我们介绍固有纠缠不变的数学定义.

25.2 隐形传态

在两个观测者之间传递一个给定的量子态的算法[101]中,纠缠的概念清楚地展现了所谓的**量子隐形传态**.

我们从观测者 A 和 B 共享的初始纠缠态出发,在量子信息的文献中 A 和 B 习惯上分别称为 Alice 和 Bob(我们仍将使用我们的标准符号).对于最简单的双态子系统,即量子位(qubit),我们假定这个态是

$$|\psi_{AB}\rangle=\frac{1}{\sqrt{2}}(|\downarrow_A;\downarrow_B\rangle+|\uparrow_A;\uparrow_B\rangle) \tag{25.3}$$

我们的任务是把一个未知的量子态,即**信息**

$$|\psi\rangle=\alpha|\downarrow\rangle+\beta|\uparrow\rangle \tag{25.4}$$

从 A 传送到 B. A 对于状态 $|\psi\rangle$ 性质的测量会破坏这个相干组合((25.4)式).与之相反, A 需要利用与 B 的纠缠作为一种通信工具.

包括观测者在内的系统整个状态 $|\Psi\rangle$ 包含三个量子位,它可以写为

$$\begin{aligned}|\Psi\rangle&=|\psi;\psi_{AB}\rangle\\&=\frac{1}{\sqrt{2}}(\alpha|\downarrow_m\downarrow_A\downarrow_B\rangle+\alpha|\downarrow_m\uparrow_A\uparrow_B\rangle+\beta|\uparrow_m\downarrow_A\downarrow_B\rangle+\beta|\uparrow_m\uparrow_A\uparrow_B\rangle)\end{aligned} \tag{25.5}$$

在所有分量的符号中,自旋的排列顺序是|“信息”自旋, A, B〉.现在,最方便的办法是把 A +“信息”这个子系统按照该子系统的纠缠 Bell 态的完备集

$$|\chi_\pm\rangle=\frac{1}{\sqrt{2}}(|\downarrow_m\downarrow_A\rangle\pm|\uparrow_m\uparrow_A\rangle) \tag{25.6}$$

$$|\zeta_\pm\rangle=\frac{1}{\sqrt{2}}(|\downarrow_m\uparrow_A\rangle\pm|\uparrow_m\downarrow_A\rangle) \tag{25.7}$$

做展开.由(25.5)式—(25.7)式我们发现

$$|\Psi\rangle=\frac{1}{2}[|\chi_+\rangle(\alpha|\downarrow_B\rangle+\beta|\uparrow_B\rangle)+|\chi_-\rangle(\alpha|\downarrow_B\rangle-\beta|\uparrow_B\rangle)$$

$$+ |\zeta_+\rangle(\alpha|\uparrow_B\rangle+\beta|\downarrow_B\rangle)+|\zeta_-\rangle(\alpha|\uparrow_B\rangle-\beta|\downarrow_B\rangle)] \quad (25.8)$$

此时，A 在 Bell 态表象(25.6)式、(25.7)式中做一个测量，并以相等的概率得到那些状态中的一个态，这相应于挑选量子位 B 的态相应的线性组合，它具有与未知信息态中相同的组合系数. 对于四个态 $|\chi_\pm\rangle$ 和 $|\zeta_\pm\rangle$ 中的每一个态，由 A 进行测量并通过任何经典信道传送给 B 的结果决定了由 B 必须实施的操作，以便在其量子位上还原信息态((25.4)式).

习题 25.1 为了在 A 所做的实验的四种可能输出中的每一个都还原这个未知态，请确立给 B 规定的幺正运算协议.

解 (借助于 Pauli 矩阵表示并在 B 做出处置时将作用在量子位上的)这个秘诀不依赖于未知态，而且可以事先规定，以确保隐形传态的成功：

$$|\zeta_+\rangle\Rightarrow\sigma_x,\quad |\chi_-\rangle\Rightarrow\sigma_z\sigma_x=\mathrm{i}\sigma_y,\quad |\chi_+\rangle\Rightarrow 1,\quad |\zeta_-\rangle\Rightarrow\sigma_z \quad (25.9)$$

在过程的最后，初态在 A 处被破坏了，但在 B 处它又完全重生了. 因此，上册第 20 章提到的**不可克隆定理**并没有被打破. 在过程的最后，A 和 B 的原始纠缠不复存在. 当然，我们并没有传送状态 $|\psi\rangle$ 的物理化身，而只是在一个不同的量子位上构建了同样的态.

25.3 纠缠的数学

为了引入固有纠缠的严格定义，我们再一次考虑整个量子体系的两个子系统 A 和 B. 我们假定子系统 Hilbert 空间的维数分别是 n_A 和 n_B，而且为确定起见，取 $n_A\leqslant n_B$.

令 $|j_A\rangle$ 和 $|k_B\rangle$ 是在各单独的子系统中任意的完备正交态的集合. 复合系统的任何归一化的状态可以展开为

$$|\Psi\rangle=\sum_{jk}C_{jk}|j_A\rangle|k_B\rangle,\quad \sum_{jk}|C_{jk}|^2=1 \quad (25.10)$$

在固有纠缠情况下，不存在这样的基，其中，$|\Psi\rangle$ 态会用单个乘积 $|j_A\rangle|k_B\rangle$ 表示. 一般来说，这里涉及的矢量个数不超过**较大**子系统的 n_A，有

$$|\psi_{j;B}\rangle=\sum_k C_{jk}|k_B\rangle \quad (25.11)$$

我们可以用线性代数的标准程序把态((25.11)式)的集合正交化和归一化(见上册第 6

章). 实际上,在这个新的基中,这个过程将导致维数不大于 $n_A \times n_A$ 的矩阵 C_{jk} 的对角化. 于是,原来的状态被表示为

$$| \Psi\rangle = \sum_j C_j \, | j_A\rangle \, | j_B\rangle \tag{25.12}$$

其中,第一个子系统的每一个态仅有一个第二个子系统的搭档,它也用同样的符号 $|j\rangle$ 来表示. 因为新基的态的相位是任意的,而且它们属于不同的子系统,所以我们总可以改变这些相位,使那些非零的 C_j 都是正的实数; $\sum_j C_j^2 = 1$. 通常,简便的方法是,把这些非零的数按照递减的顺序进行排列:$C_1 \geqslant C_2 \geqslant \cdots \geqslant C_r$,其中 $r \leqslant n_A$,是纠缠的**秩**(rank,有时称之为 **Schmidt 秩**). 其余的数 C_j 都等于零. 如果 $r > 1$,则出现纠缠.

两个子系统的角动量的矢量耦合给出了一个人们熟悉的例子. 对于具有确定量子数 J, M 作为整体的系统,在具有确定 J_1, M_1 值的态 j_A 和由 J_2, M_2 表征的第二个子系统的态 j_B 之间存在唯一的相互对应关系. 这里纠缠机制受到子系统**共同的**转动不变性要求支配,与它们单独的维数无关. 可以把 Clebsch-Gordan 系数的相位转移到态的定义中,像(25.12)式中 $C_j \geqslant 0$ 那样保留那些系数的绝对值.

这个结果基于**奇异值分解**,有 n_A 行和 n_B 列,且一般地,矩阵元是复数的任何矩阵 $\hat{C}$ (不必是厄米的,也不必是方阵),总可以表示为三个矩阵的乘积:

$$\hat{C} = \hat{U}_A \hat{D} \hat{U}_B^\dagger \tag{25.13}$$

其中,$n_A \times n_A$ 矩阵 $\hat{U}_A$ 和 $n_B \times n_B$ 矩阵 $\hat{U}_B$ 是幺正的. 而 $\hat{D}$ 是一个对角矩阵,它有 r 个顺序排列的正矩阵元,$r \leqslant n_A \leqslant n_B$,其余均为零. $\hat{D}$ 的这些非零对角元 C_j 称为**奇异值**. 尽管可以自由选择变换 $\hat{U}_A$ 和 $\hat{U}_B$,奇异值 C_j 是唯一确定的. 分解((25.13)式)是一个厄米矩阵约化成对角形式的一个推广;然而,在对角化的情况下,空间 A 和 B 一致,所以在 A 部分和 B 部分,基的幺正变换必须是一样的:$\hat{U}_A = \hat{U}_B$,秩 r 等于维数:$r = n_A = n_B$,而且实的本征值 C_j 的符号由原来的矩阵固定.

为了形式上证明(25.13)式,我们考虑 $n_B \times n_B$ 的**厄米**矩阵 $\hat{C}^\dagger \hat{C}$,它有 n_B 个实的非负本征值. 我们可以用一个幺正变换 $\hat{T}$ 来使这个矩阵对角化:

$$\hat{T}^\dagger (\hat{C}^\dagger \hat{C}) T = \hat{X}_{\text{diag}} \tag{25.14}$$

(译者注:下标"diag"指"对角的")其中,$\hat{X}_{\text{diag}}$ 是对角的,而且我们先按递减的顺序把非负矩阵元排好,然后是零. 矩阵 $\hat{X}_{\text{diag}}$ 的非负的角(左上角)是 $\hat{D}^2$. 变换矩阵 $\hat{T}$ 的相应分解:

其上部分 $\hat{T}_{\mathrm{u}}$ 和下部分 $\hat{T}_{\mathrm{l}}$，这样的分解导致

$$\hat{T}_{\mathrm{u}}^{\dagger}\hat{C}^{\dagger}\hat{C}\hat{T}_{\mathrm{u}} = \hat{D}^{2}, \quad \hat{C}\hat{T}_{\mathrm{l}} = 0 = \hat{T}_{\mathrm{l}}^{\dagger}\hat{C}^{\dagger} \tag{25.15}$$

矩阵 $\hat{D}^2$ 有一个严格确定的平方根矩阵 $\hat{D}$ 和它的逆矩阵 $\hat{D}^{-1}$. 然后，我们可以引入 $\hat{U}_A = \hat{C}\hat{T}_{\mathrm{u}}\hat{D}^{-1}$，使得

$$\hat{U}_A\hat{D}\hat{T}_{\mathrm{u}}^{\dagger} = \hat{C} \tag{25.16}$$

令 $\hat{T}_{\mathrm{u}}$ 全同于 $\hat{U}_B$，我们满足了(25.15)式和所有的结果(严格地说，这些矩阵要补充一些零的行或列，使它们在全空间都是幺正的).

如果我们仅对纠缠子系统之一感兴趣，我们首先构建总的密度矩阵 $\rho = |\psi\rangle\langle\psi|$，然后，如 23.1 节所述，通过求迹去掉其搭档的变量，构建**约化密度矩阵**，例如，

$$\rho_A = \mathrm{tr}_B(|\psi\rangle\langle\psi|) = \sum_j C_j^2 |j_A\rangle\langle j_A| \tag{25.17}$$

类似地，我们得到对于第二个子系统的约化密度矩阵 ρ_B，它包括同样的数 C_j^2. 可以说，Schmidt 分解的基是对约化密度矩阵 ρ_A 和 ρ_B 的**指针基**. 这使我们回忆起在壳模型组态中具有粒子-空穴对称性的情况(见 18.8 节)，它独立地持有补充的粒子和空穴空间的维数.

这种分解的一个显著特点是 24.9 节中讨论的状态的 Shannon 熵：

$$I[\psi] = -\sum_j C_j^2 \ln(C_j^2) = -\mathrm{tr}(\rho_A \ln\rho_A) = -\mathrm{tr}(\rho_B \ln\rho_B) \tag{25.18}$$

与 23.6 节所讨论的约化密度矩阵的系综熵(von Neumann 熵)在这里是一致的，因此，这个量可以用作纠缠度的测度. 在两个子系统具有相等的自旋 $j_A = j_B \equiv j$ 并耦合成总自旋 $J = 0$ 的情况下，(25.18)式中的求和指标是投影 m，维数相等，$n_A = n_B = 2j+1$，而且所有的奇异值都等于 $C_m = 1/\sqrt{2j+1}$. 这相应于最大熵：

$$I[\psi(J=0)] = \ln(2j+1) = \ln n_A = \ln n_B \tag{25.19}$$

这标志着最大的纠缠.

习题 25.2 考虑零温下 N 个双能级原子的 Bose 气体. 这个气体与可使原子在两个内禀态之间转移的共振激光场相互作用. 请构建约化密度矩阵和这两种原子 Bose 凝聚之间的纠缠熵.

解 这里角动量的 Schwinger 表示很方便(见上册习题 20.2). $N(N = N_A + N_B)$ 个原子总系统态的完备集可以用原子在原子态 A 和 B 的分布 (N_A, N_B) 来表征，或者用角

动量量子数 $N_A=J+M, N_B=J-M$ 来表征：

$$|N_A,N_B\rangle \equiv |JM\rangle = \frac{1}{\sqrt{(J+M)!(J-M)!}}(a^\dagger)^{J+M}(b^\dagger)^{J-M}|0\rangle \quad (25.20)$$

其中，$a^\dagger$ 和 $b^\dagger$ 分别是 A 类和 B 类原子的产生算符. 这些态是对于部分凝聚的正交函数的乘积. 二分量凝聚的任意一个波函数（对于固定的粒子数 N 和由此得到的 $J=N/2$）是

$$|\psi\rangle = \sum_M C_M |JM\rangle \quad (25.21)$$

约化密度矩阵为

$$\rho_A = \sum_{M=-N/2}^{N/2} |C_M|^2 |N_A\rangle\langle N_A| \quad (25.22)$$

纠缠熵 $I[\psi]$ 可以像(25.18)式那样表示；正如(25.19)式中提到的，它的最大值是 $\ln(2J+1)=\ln(N+1)$. 这个最大值相应于原子的振幅对所有可能的布居（$N_A=0,1,\cdots,N$）具有均匀分布的态.

25.4 量子 Bell 不等式

两个自旋 1/2 的纠缠系统可以作为一个很好的例子，来阐释在纠缠的两个搭档上所做的测量结果之间存在**关联**. 这些关联取特殊的不等式的形式. 我们考虑这样一个不等式的最简单形式.

我们假定一个能测量 $j=1,2$ 的子系统变量 $\hat{F}_\alpha^{(j)}$ 的装置（结果可以推广到数量更多的子系统）. 我们可以把这些算符想象为代表沿一个用 α 标记的确定轴的自旋分量. 相应于不同子系统 $j\neq j'$ 的算符相互对易. 为简单起见，我们假定所有算符的本征值像 Pauli 矩阵 σ_α 那样，均为 ±1；这意味着

$$(\hat{F}_a^{(j)})^2 = 1 \quad (25.23)$$

我们还可以假定所有这些量在所考虑的态的期待值 $\langle F_\alpha^{(j)}\rangle$ 取任意的值（它们总是在 -1 和 $+1$ 之间，而且甚至可以为零）.

让我们对两个子系统独立地选择两对算符（$\alpha=1,2$），并构建一种特殊类型的四个关联函数（在总系统的给定态的期待值）[102]：

$$C_{\alpha\beta}=\langle\hat{F}_{\alpha}^{(1)}\hat{F}_{\beta}^{(2)}\rangle,\quad \alpha,\beta=1,2 \tag{25.24}$$

通过在这个系统上做的实验,我们可以确定这个期待值:

$$R=C_{11}+C_{12}+C_{21}-C_{22} \tag{25.25}$$

从定义(25.25)式以及归一化(25.23)式,我们用代数方法得到不等式

$$|R|\leqslant 2\sqrt{2} \tag{25.26}$$

的确,从(25.23)式我们导出

$$S\equiv\sum_{j=1,2}\sum_{\alpha=1,2}(\hat{F}_{\alpha}^{(j)})^2=4 \tag{25.27}$$

于是,简单的代数运算连同不同子系统的变量相互对易的条件一起给出

$$S-R\sqrt{2}=\left\langle\left(F_1^{(1)}-\frac{1}{\sqrt{2}}[F_1^{(2)}+F_2^{(2)}]\right)^2+\left(F_2^{(1)}-\frac{1}{\sqrt{2}}[F_1^{(2)}-F_2^{(2)}]\right)^2\right\rangle \tag{25.28}$$

因为(25.28)式不是负的,(25.27)式直接证明了不等式(25.26).现在,我们可以证明,在一个自旋关联实验中,可以达到这个不等式的上界,即$|R|=2\sqrt{2}$.

习题 25.3 考虑一个自旋为0的系统衰变到两个自旋1/2的粒子((25.1)式).在第一个粒子上做的测量1和2相应地给出这个粒子在与z轴夹角为α_1和α_2的轴上的自旋投影.用同样的方法,在另外一边的实验提供第二个粒子在沿着角度β_1和β_2方向的自旋投影.计算量R((25.25)式)并证明对于角度α和β的某种选择,达到极限值((25.26)式).

解 对于一个给定的粒子和给定的分析器的方向$\boldsymbol{n}$,每一个测量会提供算符$(\boldsymbol{\sigma}\cdot\boldsymbol{n})$的值±1.对于在两个搭档上测量的相应概率决定(25.24)式的量C.对于沿着z轴极化的粒子,以α角穿透一个过滤器的概率振幅是$\cos(\alpha/2)$(见上册20.3节).对于两个粒子的穿透,我们发现

$$\langle\alpha(1)\beta(2)\mid\chi_{00}\rangle=\frac{1}{\sqrt{2}}\left(\cos\frac{\alpha}{2}\cos\frac{\pi-\beta}{2}-\cos\frac{\pi-\alpha}{2}\cos\frac{\beta}{2}\right)=\frac{1}{\sqrt{2}}\sin\frac{\beta-\alpha}{2} \tag{25.29}$$

因此,测量两个自旋沿相应方向的概率是

$$P(\alpha\uparrow,\beta\uparrow)=\frac{1}{2}\sin^2\frac{\alpha-\beta}{2} \tag{25.30}$$

同理,我们容易求得如下同样数值的概率:

$$P(\alpha\downarrow,\beta\downarrow)=\frac{1}{2}\sin^2\frac{\alpha-\beta}{2} \tag{25.31}$$

以及

$$P(\alpha\uparrow,\beta\downarrow)=P(\alpha\downarrow,\beta\uparrow)=\frac{1}{2}\cos^2\frac{\alpha-\beta}{2} \tag{25.32}$$

所以四种可能的输出之和为1.因为对于四种可能的情况,由(25.23)式归一化的两个测量结果的乘积是+1,+1,-1,-1,关联函数(25.24)变成

$$\begin{aligned}C(\alpha,\beta)&=P(\alpha\uparrow,\beta\uparrow)+P(\alpha\downarrow,\beta\downarrow)-P(\alpha\uparrow,\beta\downarrow)-P(\alpha\downarrow,\beta\uparrow)\\&=\sin^2\frac{\alpha-\beta}{2}-\cos^2\frac{\alpha-\beta}{2}=-\cos(\alpha-\beta)\end{aligned} \tag{25.33}$$

取不同的角度组合,我们求得量((25.25)式):

$$R=-\cos(\alpha_1-\beta_1)-\cos(\alpha_1-\beta_2)-\cos(\alpha_2-\beta_1)+\cos(\alpha_2-\beta_2) \tag{25.34}$$

例如,选取实验角为

$$\alpha_1=0,\quad \alpha_2=\frac{\pi}{2},\quad \beta_1=\frac{\pi}{4},\quad \beta_2=-\frac{\pi}{4} \tag{25.35}$$

我们得到极限值

$$R=-3\cos\frac{\pi}{4}+\cos\frac{3\pi}{4}=-2\sqrt{2} \tag{25.36}$$

25.5 EPR(B)佯谬和隐变量

量子Bell不等式展示了量子力学的一个这样的显著特征,即引入这样的一些**局域隐变量**的不可能性,它们会“纠正”量子力学陈述的概率特征并给这个理论以经典的确定性内容.

在著名的Einstein-Podolsky-Rosen(EPR)的文章[103]中,强调了量子力学看似自相矛盾的特性.后来,用纠缠的自旋态,Bohm以一种更容易理解的形式表述了这个佯谬[104],并且得到了它的一个新的简称(EPRB).这个问题与空间中以一种方式被分开的事件之间不可避免的关联有关,即它们不可能用任何物理信号连接起来.回到习题25.3

的实验，我们可以独立地确定被放置在彼此相距任意远的构型两端处测量仪器的方向 α 和 β. 初态中的自旋纠缠按照薛定谔方程随着时间传播. 如果一个自旋在左端被记录为朝上，而且两边的分析轴是一样的，则我们可以肯定地在任何实验之前宣布第二个自旋将被发现处在自旋朝下的态. 就其本身而言，这句话只意味着守恒的总自旋等于零. 然而，左边的接收器的取向可以在最后一刻确定. 不管怎样，在得到肯定结果以后，我们就可以立即预言右手边测量的结果了.

这看起来好像有一种看不见的连接以无穷大的速度通知了远处选定的实验的自旋. 另外，因为第二个粒子"并不知道"在那里进行了什么样的实验，这似乎表示第二个粒子事先在不同的轴上有确定的自旋投影值，EPR 把这表述为"物理实在的一个要素". 然而，这与量子力学明显矛盾，因为相应的算符并不对易. 量子力学的结果与任何局域因果性都不一致，局域因果关系假定，在初态衰变以后，两个自旋具有相互关联着的完全确定的方向，而实验只不过发现了这些事先存在的方向. 这更接近 Bohr 的"**Copenhagen 解释**"，按照这种解释，一个动力学变量的测量值在实验之前并不存在，而是作为与实验装置相互作用的结果产生的. 假如量子态实际上真是由某些**隐变量**确定的，并且它们决定了每一种特别的实验中两个自旋真实存在的取向，则局域性就或许会保留下来. 那时，量子力学将会是一种对应于潜在的隐变量概率平均的统计理论. 幸运的是，这个问题可以通过特殊的实验加以解决. 这样一些实验的确有人做过，而且完全确认了非局域的量子关联.

遵照 Bell[105] 的思路，实验结果之间某种可观测的关联在量子力学中与在任何基于隐变量存在的**定域**理论中相比较是不同的，后者决定了在相距很远的地方自洽的测量输出. 隐变量 λ 的假定意味着像(25.30)—(25.32)式这样的概率是在隐匿层次上由分布 $f(\lambda)$ 定义的，这个分布局域地决定在 i 和 j 这两个相反端点的实验结果：

$$P^{(ij)}(\alpha a,\beta b) = \int \mathrm{d}\lambda f(\lambda) P^{(i)}(\alpha a;\lambda) P^{(j)}(\beta b;\lambda) \tag{25.37}$$

其中，$P^{(i)}(\alpha a;\lambda)$ 是在 i 处用一个在变量 λ 的局域控制下沿 α 方向的分析器所做的实验结果 a（在自旋实现中为 $\uparrow$ 或 $\downarrow$）的概率. 这里我们假定分布函数 $f(\lambda)$ 是用一种标准的办法归一化的：

$$\int \mathrm{d}\lambda f(\lambda) = 1 \tag{25.38}$$

现在，我们可以形式上证明隐变量的假定((25.37)式)与量子 Bell 不等式相矛盾. 代替(25.33)式，我们现在有

$$C(\alpha,\beta) = \int \mathrm{d}\lambda f(\lambda) [p^{(1)}(\alpha\uparrow;\lambda) P^{(2)}(\beta\uparrow;\lambda) + P^{(1)}(\alpha\downarrow;\lambda) P^{(2)}(\beta\downarrow;\lambda)$$

$$- P^{(1)}(\alpha\uparrow;\lambda)P^{(2)}(\beta\downarrow;\lambda) - P^{(1)}(\alpha\downarrow;\lambda)P^{(2)}(\beta\uparrow;\lambda)] \tag{25.39}$$

或

$$C(\alpha,\beta) = \int d\lambda f(\lambda)[P^{(1)}(\alpha\uparrow;\lambda) - P^{(1)}(\alpha\downarrow;\lambda)][P^{(2)}(\beta\uparrow;\lambda) - P^{(2)}(\beta\downarrow;\lambda)] \tag{25.40}$$

这个量是通过对于在相反的两端观测到的期待值的乘积对隐变量取平均定义的，比如

$$X^{(1)}(\alpha;\lambda) = P^{(1)}(\alpha\uparrow;\lambda) - P^{(1)}(\alpha\downarrow;\lambda) \tag{25.41}$$

所以

$$C(\alpha,\beta) = \int d\lambda f(\lambda) X^{(1)}(\alpha;\lambda) X^{(2)}(\beta;\lambda) \tag{25.42}$$

因为输出↑和↓是相互排斥的，而且它们的概率加起来为1，所以量 X 是在 ± 1 的界限之内：

$$|X^{(i)}(\alpha;\lambda)| \leqslant 1 \tag{25.43}$$

现在，我们来计算(25.25)式的组合 R. 这个组合的前一半是

$$C(\alpha_1,\beta_1) + C(\alpha_1,\beta_2) = \int d\lambda f(\lambda) X^{(1)}(\alpha_1;\lambda)[X^{(2)}(\beta_1;\lambda) + X^{(2)}(\beta_2;\lambda)] \tag{25.44}$$

通过利用绝对值和不等式(25.43)，代替(25.44)式，我们得到

$$|C(\alpha_1,\beta_1) + C(\alpha_1,\beta_2)| \leqslant \int d\lambda f(\lambda) |X^{(2)}(\beta_1;\lambda) + X^{(2)}(\beta_2;\lambda)| \tag{25.45}$$

同理，

$$|C(\alpha_2,\beta_1) - C(\alpha_2,\beta_2)| \leqslant \int d\lambda f(\lambda) |X^{(2)}(\beta_1;\lambda) - X^{(2)}(\beta_2;\lambda)| \tag{25.46}$$

因为对所有的 $|X| \leqslant 1$，我们有

$$|X^{(2)}(\beta_1;\lambda) + X^{(2)}(\beta_2;\lambda)| + |X^{(2)}(\beta_1;\lambda) - X^{(2)}(\beta_2;\lambda)| \leqslant 2 \tag{25.47}$$

(如果一个绝对值达到2，则另一个就是0). 方程(25.45)—(25.47)与归一化(25.38)式一起得到

$$|C(\alpha_1,\beta_1) + C(\alpha_1,\beta_2)| + |C(\alpha_2,\beta_1) - C(\alpha_2,\beta_2)| \leqslant 2 \tag{25.48}$$

而且，关联函数(25.25)因此满足

$$| R | \leqslant 2 \tag{25.49}$$

这明显与量子的例子((25.36)式)矛盾.我们可以追溯这种矛盾的根源,它来自于概率((25.37)式)因子化为在同样隐变量值时定域概率乘积的假定((25.37)式).量子力学不允许这种因子化.

25.6　实验检验

这样,隐变量的引入与常规的量子力学规则不一致.在(25.37)式和(25.49)式的限制之间的差别是**有限的**,因此,如果实验的不确定性可以做到小于这个差别,则它可以被实验检验.

最令人信服的实验是由 A. Aspect 和他的合作者用图 25.1(a)所示的设计完成的[106—108].这里,代替自旋 1/2 的粒子,他们研究了钙原子的$^1S_0$激发态的双光子衰变,钙原子的这个激发态具有价电子组态 $4p^2$,见图 25.1(b).直接通过单光子跃迁到同样量子数$^1S_0$但处于组态 $4s^2$ 的基态是不可能的($J=0 \to J=0$ 的单光子跃迁是禁戒的,见 5.7 节).这个辐射跃迁是通过两个在可见光区的偶极跃迁利用 4s4p 组态的中间态$^1P_1$进行的.因为两个光子带走的总角动量必须为 0,它们的极化是互补的(平行或垂直于极化轴),于是,我们有了 EPR(B)佯谬的情况.结果与量子力学的预言非常吻合,证明了对不等式(25.49)的强烈破坏.

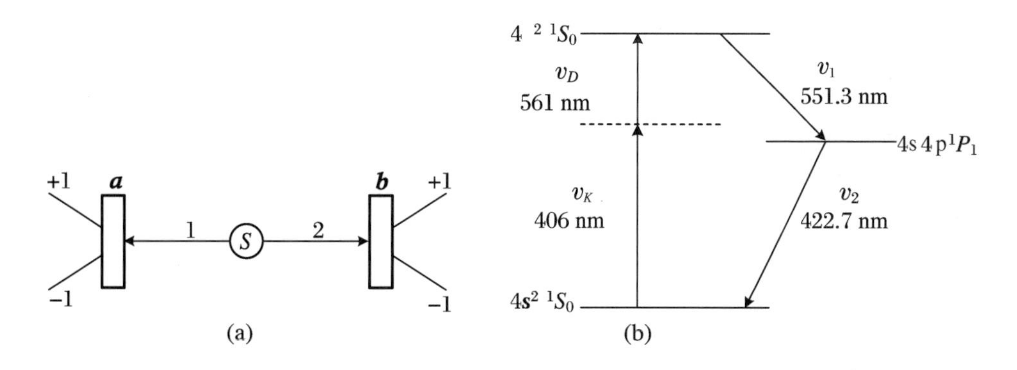

图 25.1　(a) Aspect 实验示意图,光子极化是沿着 a 和 b 方向测量的;(b) 相应的钙原子的能级[106,107]

这个实验组三个实验中的最后一个[108]消除了关于在相反端点的测量中或许通过预

先固定测量方向(角度 α 和β)而建立了某种联系的异议.这里实验者用了一个开关,这个开关在比一个光子到达记录位置的飞行时间还短的时间间隔内改变了这些方向.因此,在端点之间传送信息的正常(**亚光速**——比光速慢)信号被排除了.更多用有质量粒子和光子的实验在同样的方向上甚至得出了更强的结论,例如文献[109,110].

25.7 退相干和测量伴谬

在传统的 Gopenhagen 范例中,测量行为导致波函数**坍缩**到一个新的波函数,这个波函数是测量的变量的本征函数,其本征值由测量的输出确定.这样一来,在这个系统的一个真实状态上得到物理信息的操作以某种方式超出量子力学形式体系之外了.

经典实验装置定义了打算测量的量是什么.这样,可能的输出集合和相应的本征态是确定的.要研究的状态的波函数一般是不同基函数的叠加.实验把原始的组合投影到这个函数集中的一个,而且在一系列相同的实验中各种结果出现的频率揭示叠加的系数(通过绝对值).这种理论体系不考虑这种坍塌"机制".本质上,它拒绝把一个**经典**设备的结构包括进这个体系中.同时,只有当经典设备本身也遵从这些关系(参见第 1 章 1.1 节的双狭缝实验)时,量子力学定律(包括不确定性关系)才能适用.这个情况似乎在逻辑上不能令人满意,特别是在现代实验技术的水平上.

从第 1 章 1.14 节我们知道,在某些条件下,完全**宏观的**客体的行为表现得好像它们处在一个单个量子态.超流和超导就是这种宏观相干性的最著名的例子.利用现代量子光学,用宏观尺度的原子束流,人们有可能观察到典型的量子现象.因此,这可能会成为量子力学的早期阶段的问题,一个系统的宏观的尺度并不是断言系统经典行为的充分理由.另一方面,如果测量设备也是完全量子的,整个测量过程仍然可以用薛定谔方程来描述,而且不可能有波函数的"坍塌".一个量子的叠加会在哈密顿量控制下进一步演变,这个哈密顿量必须包括系统与测量装置之间的相互作用.

这里我们来看一看**测量伴谬**[111].在某处,一个实验应以所测物理量的确定数值结束.这意味着一种选择从许多允许的输出中得到了.然而,波函数描述了所有可能结果的全部潜在可能性.除了一种以外,其余所有的可能性都将莫名其妙地被丢弃,而且,所选择的这个结果应该以一种确定的概率作为真实数值出现,与波函数的其他部分不发生干涉.如果我们总是继续按照波函数的规则时间演化,则这个过程会一直持续到无穷.

因为量子力学的各种实验检验无不证实了它的正确性,所以我们需要尝试通过持续研究的系统与设备,以及在更宽泛的意义上与**环境**的相互作用过程,自洽地考虑来解决这个佯谬.我们不去讨论更深奥的版本,例如像所谓的量子理论的**多历史**解释[112];按照这个思维方法,量子的叠加的确使所有测量的行为能保留下来,而且所有替代选项都得以保留,由此产生出许多平行的历史.然而,我们仅能观察到与我们的世界相关联的那一个;每一次测量活动都劈裂了波函数,创造出一个又一个新的平行的宇宙.正像R. Feynman所说:"这是可能的,但我对此并不觉得非常满意……"[113]

尽管不能认为这个问题已经完全解决了,但在物理上澄清这个佯谬似乎还是非常可能的.让我们来看一个简单的实验,它是普遍情况的一个样本[114].考虑一个**双值**量子变量(它仅有两个本征值±1),比如一个粒子的自旋.我们从薛定谔方程出发,作为在此之前的演化结果,它变成一个叠加:

$$|\psi\rangle = a_+|+\rangle + a_-|-\rangle \tag{25.50}$$

现在,这个粒子与探测器(如Stern-Gerlach类型的装置)发生相互作用.把这个相互作用考虑进来,我们得到一个粒子与探测器的**共同**波函数,后者(探测器)也视为一个量子系统,用波函数$|D\rangle$的集合描述.在它们的统一的Hilbert空间,在相互作用之前,我们有**无关联**的总波函数

$$|\Psi\rangle = |\psi;D\rangle \tag{25.51}$$

作为对这个相互作用的响应,一个性能良好的探测器顺从地跃迁到与粒子自旋相**关联的**状态,对于自旋态$|+\rangle$为$|D^{(+)}\rangle$,而对于自旋态$|-\rangle$为$|D^{(-)}\rangle$.通常情况下,该设备的指针会选择从零的位置向右或向左偏离.在这个仍然用标准的量子动力学描述的阶段,我们有了一个系统本身和测量仪器的**纠缠**态:

$$|\Psi'\rangle = a_+|+;D^{(+)}\rangle + a_-|-;D^{(-)}\rangle \tag{25.52}$$

状态(25.52)式包含了所有的量子干涉.波函数的劈裂部分可以再次重新组合成原始状态,没有什么**不可逆转的**事情发生.例如,如果状态(25.50)式相应于组合(25.1)式的χ_{00},它是转动不变的,而且相对于x轴为量子化的轴,我们也可以用同样的方法写出来.相应地,(25.52)式将表示探测器处于状态

$$|D^{(\pm x)}\rangle = \frac{1}{\sqrt{2}}(|D^{(+)}\rangle \pm |D^{(-)}\rangle) \tag{25.53}$$

"探测器甚至还没有确定备选方案!"[114]

在此我们可以回忆一下:(ⅰ)探测器是一个宏观物体,具有大量的内禀自由度;(ⅱ)它从未与环境完全隔绝.如果我们排除理想的宏观量子相干情况,则一个给定的指

针位置并非唯一地决定探测器的内禀态.探测器和环境有极其庞大数量的微观态$|D^{(\pm)};i\rangle$,它们都与指示器的一个特别读数$D^{(\pm)}$**相容**,并允许我们明确地得到相同的测量结果.这实质上就是我们在Bohr的Gobenhagen诠释中所假定的一个**经典设备**的定义.因此,(25.52)式应当最好写成一个非常宽泛的叠加:

$$|\Psi'\rangle = a_+\sum_i C_i^{(+)}|+;D^{(+)};i(+)\rangle + a_-\sum_i C_i^{(-)}|-;D^{(-)};i(-)\rangle$$

$$\sum_i |C_i^{(\pm)}|^2 = 1 \tag{25.54}$$

由于最终我们仅固定指针位置,并且对未观测的内禀结构和环境变量求平均,所以我们转到用**密度矩阵**描述.考虑到演化和动力学相互作用的结果仍作为纯量子态,我们有

$$\hat{\rho} = |\Psi'\rangle\langle\Psi'| \tag{25.55}$$

如果我们引入设备+环境的四个密度矩阵:

$$\rho_{ij}^{\alpha\beta} = C_i^{(\alpha)}C_j^{(\beta)*},\quad \alpha,\beta=\pm \tag{25.56}$$

则总的密度矩阵(25.55)取如下形式:

$$\hat{\rho} = \sum_{\alpha\beta;ij} a_\alpha a_\beta^* \rho_{ij}^{\alpha\beta}|\alpha;D^{(\alpha)};i(\alpha)\rangle\langle\beta;D^{(\beta)};i(\beta)| \tag{25.57}$$

让这个复杂的纯态开始演化.在一个非常短的**退相干时间**以后,大量的系数$C_i^{(\alpha)}$的相位导致对于它们初始态记忆的完全丢失.对时间平均以后仅存的量是

$$\overline{\rho_{ij}^{\alpha\beta}} = |C_i^{(\alpha)}|^2\delta_{ij}\delta^{\alpha\beta} \tag{25.58}$$

等效地,我们得到约化密度矩阵

$$\hat{\rho}_{\text{red}} = \sum_{\alpha;i}|a_\alpha|^2|C_i^{(\alpha)}|^2|\alpha;D^{(\alpha)};i(\alpha)\rangle\langle\alpha;D^{(\alpha)};i(\alpha)| \tag{25.59}$$

其中,相对于内禀变量的非对角矩阵元是不存在的.最后,我们的测量仅仅记录指针的读数,与所有其他变量无关.这可以表示为对$i(\alpha)$求迹:

$$\begin{aligned}\hat{\rho}_{\text{指针}} &= \text{tr}_{i(\alpha)}\hat{\rho}_{\text{red}} = \sum_\alpha |a_\alpha|^2|D^{(\alpha)}\rangle\langle D^{(\alpha)}| \\ &= |a_+|^2|D^{(+)}\rangle\langle D^{(+)}| + |a_-|^2|D^{(-)}\rangle\langle D^{(-)}|\end{aligned} \tag{25.60}$$

当用经典设备进行工作时不可避免地退相干,破坏了叠加,留给我们互相排斥的结果的经典概率.然而,这些概率完全由最初的量子态决定.这种机制显然解决了测量佯谬.

需要强调这些论点与传统统计力学基础中论点的相似性.退相干是不可逆的,在叠加相位的记忆丢失之后,恢复完整的状态((25.54)式)是不可能的.Loschmidt 提出了一个众所周知的反对意见,即由于微观动力学的时间反演对称性,统计平衡过程中熵的增加应该是可逆的.对于这个反对意见,L. Boltzmann 建议真正地还原宏观系统的所有微观动量.在我们的方案中,从纯态到统计混合态的转换过程中熵也增加,尽管不可能使过程反转.即使在叠加的相位上一个无穷小的误差也会破坏可逆性.

参考文献

[1] Shytov A V. Phys. Rev.: A, 2004, 70: 05278.

[2] Landau L D. Phys. Z. Sowjetu-nion, 1932, 2: 46.

[3] Zener C. Proc. Roy. Soc.: A, 1932,137: 696.

[4] Demkov Y N, Ostrovsky V N. Phys. Rev.: A, 2000, 61: 032705.

[5] Berry M V. Proc. Soc. R. Lond. A, 1984, 392: 45.

[6] Chicone C. Ordinary Differential Equations with Applications [M]. New York: Springer, 1999.

[7] Otten E W, Weinheimer C. Rep. Prog. Phys., 2008, 71: 086201.

[8] Jaynes E T, Cummings F W. Proc. IEEE, 1963, 51: 89.

[9] Shore B W, Knight P L. J. Mod. Opt., 1993, 40: 1195.

[10] Buěek V, Jex I. I. Mod. Opt., 1989, 36: 1427.

[11] Dicke R H. Phys. Rev., 1954, 93: 99.

[12] Skribanowitz N, Herman I P, MacGillivray J C, Feld M S. Phys. Rev. Lett., 1973, 30, 309.

[13] Feynman R P. Photon-Hadron Interactions [M]. Now York: Benjamin, 1972.

[14] Fermi E. Nuclear Physics [M]. Chicago: University of Chicago Press, 1950.

[15] Akhiezer A I, Berestetsky V B. Quantum Electrodynamics [M]. New York: Inter-

science, 1965.

[16] Landau L D, Lifshitz E M. The Classical Theory of Fields, Course of Theoretical Physics, Vol. 2 [M]. Oxford: Butterworth-Heinemann, 1996.

[17] Weinberg S. Quantum Field Theory, Vol. 1 [M]. Cambridge: Cambridge University Press, 1995.

[18] Lamoreaux S K. Phys. Rev. Lett., 1997, 78: 5.

[19] Casimir H B G, Polder D. Phys. Rev., 1948, 73: 360.

[20] Breuer H P, Petruccione F. The Theory of Open Quantum Systems [M]. London: Oxford University Press. 2002.

[21] Bordag M, Mohideen U, Mostepanenko M V. Phys. Rep., 2001, 353: 1.

[22] Lamb W E, Retherford R C. Phys. Rev., 1947, 72: 241.

[23] Bethe H A, Salpeter E E. Quantum Mechanics of One- and Two-Electron Atoms [M]. Berlin: Springer, 1957.

[24] Landau L D, Lifshitz E M. Electrodynamics of Continuous Media, Course of Theoretical Physics, Vol. 8 [M]. Oxford: Butterworth-Heinemann, 2000.

[25] Landau L D, Lifshitz E M. Mechanics, Course of Theoretical Physics, Vol. 1 [M]. Oxford: Butterworth-Heinemann, 2003.

[26] Goldberger M L, Watson K M. Collision Theory [M]. New York: John Wiley & Sons, 1964.

[27] Blatt J M, Weisskopf V F. Theoretical Nuclear Physics [M]. Mineola: Dover Publications, 1952.

[28] Landau L D, Lifshitz E M. Quantum Mechanics: Non-Relativistic Theory, Course of Theoretical Physics, Vol. 3[M]. Oxford: Butterworth-Heinemann, 2003.

[29] Epelbaum E. Prog. Part. Nucl. Phys., 2006, 57: 654.

[30] Bohr A, Mottelson B R. Nuclear Structure, Vol. 1 and 2 [M]. Singapore: World Scientific, 1998.

[31] Pilkuhn H M. Relativistic Particle Physics [M]. New York: Springer, 1979.

[32] Baz' A I. JETP, 1959, 36: 1762.

[33] Misra B, Sudarshan E C G. J. Math. Phys., 1977, 18: 756.

[34] Itano W H, Heinzen D J, Bollinger J J, Wineland D J. Phys. Rev.: A, 1990, 41: 2295.

[35] Fischer M S, Gutiérrez-Medina B, Raizen M G. Phys. Rev. Lett., 2001, 87: 040402.

[36] Hotta M, Morikawa M. Phys. Rev.: A, 2004, 69: 052114.

[37] Dicus D A, Repko W W, Schwitters R F, Tinsley T M. Phys. Rev.: A, 2002,65: 032116.

[38] Mahaux C, Weidenmüller H A. Shell Model Approach to Nuclear Reactions [M]. Amsterdam: North-Holland, 1969.

[39] Spicer BM, Thies H H, Baglin J E, Allum F R. Austr. J. Phys., 1958, 11: 298.

[40] Foldy L L, Wouthuysen S A. Phys. Rev., 1950,78: 29.

[41] Zel'dovich Ya B, Popov V S. Sov. Phys. Uspekhi, 1971, 105: 403.

[42] Majorana E. Nuov. Cim., 1937, 14: 171.

[43] Christensen J H, Cronin J, Fitch V,Turlay R. Phys. Rev. Lett., 1964,13: 138.

[44] Fleischer R. Phys. Rep., 2002, 370: 537.

[45] Giunti C, Kim C W. Fundamentals of Neutrino Physics and Astrophysics [M]. London: Oxford University Press. 2007.

[46] Gonzales-Garcia M C, Maltoni M. Phys. Rep., 2008, 460: 1.

[47] Davis R. Phys. Rev., 1955, 97: 766.

[48] Holstein B R. Weak Interactions in Nuclei [M]. Princeton: Princeton University Press. 1989.

[49] Schechter J, Valle J W F. Phys. Rev.: D, 1982, 25: 2951.

[50] Peshkin M. Found. Phys., 2006, 36: 19.

[51] Pethik C J, Smith H. Bose-Einstein Condensation in Dilute Bose Gases [M]. Cambridge: Cambridge University Press. 2002.

[52] Schwinger J, Teller E. Phys. Rev., 1937, 52: 286.

[53] Sutton R B, Hall T, Anderson E E, Bridge H S, DeWire J W, Lavatelli L S, Long E A, Snyder T, Williams R W. Phys. Rev., 1947,72: 1147.

[54] Hanbury-Brown R, Twiss R Q. Phil. Mag., 1954, 45: 663.

[55] Goldhaber G, Goldhaber S, Lee W, Pais A. Phys. Rev., 1960, 120: 300.

[56] Landau L D, Lifshitz E M. Statistical Physics, Course of Theoretical Physics, Vol. 5., Part 1 [M]. 3rd ed.. Oxford: Butterworth-Heinemann, 2000.

[57] Kohn W, Sham L J. Phys. Rev., 1965, 140: A1133.

[58] Dreizler R M, Gross E K U. Density Functional Theory [M]. Berlin: Springer, 1990.

[59] Gorin T, Prosen T, Seligman T H, ŽnidaričM. Phys. Rep., 2006, 435: 33.

[60] Dyson F. Phys. Rev., 1956, 102: 1217.

[61] Bohm D, Pines D. Phys. Rev., 1953, 92: 609.

[62] Fröhlich H. Phys. Rev., 1950, 79: 845.

[63] Belyaev S T. Sov. Phys. JETP, 1958, 7: 299.

[64] Henshaw D G, Woods A D B. Phys. Rev., 1961, 121: 1266.

[65] Pitaevskii L, Stringari S. Bose-Einstein Condensation [M]. Oxford: Clarendon Press, 2003.

[66] Bogoliubov N N. J. Phys. USSR, 1947,11: 23.

[67] Landau L D, Lifshitz E M. Fluid Mechanics, Course of Theoretical Physics, Vol. 6 [M]. 2nd ed.. Oxford: Butterworth-Heinemann, 2000.

[68] Anderson M H, et al. Science, 1995, 269: 198.

[69] Pitaevskii L P. Sov. Phys. JETP, 1961, 13: 451.

[70] Gross E P. J. Math. Phys., 1963, 4: 195.
[71] Lieb E H, Seiringer R, Yngvason J. Phys. Rev.: A, 2000, 61: 043602.
[72] Geltman S. EPL, 2009, 87: 13001.
[73] Bardeen J, Cooper L N, Schrieffer J R. Phys. Rev., 1957, 106: 162.
[74] Bardeen J, Cooper L N, Schrieffer J R. Phys. Rev., 1957, 108: 1175.
[75] Oshcroff D D, Gully W J, Richardson R C, Lee D M. Phys. Rev. Lett., 1973, 29: 920.
[76] Leggett A J. Rev. Mod. Phys., 1975, 47: 331.
[77] Racah G. Physica, 1952, 18: 1097.
[78] Belyaev S T. Kgl. Dansk. Vid. Selsk. Mat.-Fys. Medd., 1959,31(11).
[79] Schriffer J R. Theory of Superconductivity [M]. New York: Westview Press, 1999.
[80] Abrikosov A A. Fundamentals of the Theory of Metals [M]. Amsterdam: North-Holland, 1988.
[81] Regal C A, Greiner M, Jin D S. Phys. Rev. Lett., 2004, 92: 040403.
[82] Horoi M, Zelevinsky V. Phys. Rev.: C, 2007, 75: 054303.
[83] Gel'fer Ya M, Lyuboshitz V L, Podgoretskii M I. The Gibbs Paradox and Particle Identity in Quantum Mechanics[M]. Moscow: Nauka, 1975.
[84] Schuster H G, Just W. Deterministic Chaos [M]. Weinheim: Wiley, 2005.
[85] Haake F. Quantum Signatures of Chaos [M]. Berlin: Springer, 2004.
[86] Bohigas O, Giannoni M J, Schmit C. Phys. Rev. Lett., 1984, 52: 1.
[87] Zelevinsky V, Brown B A, Horoi M, Frazier N. Phys. Rep., 1996, 276: 85.
[88] Rahav S, Richman O, Fishman S. J. Phys.: A, 2003, 36: L529.
[89] Brody T A, Flores J, French J B, Mello P A, Pandey A, Wong S S M. Rev. Mod. Phys., 1981, 53: 385.
[90] Laprise J F, Hosseinizadeh A, Lamy-Poirer J, Zomorrodi R, Kröger J, Kröger. H., Phys. Lett.: A, 2010, 374: 2000.
[91] Porter C E. Statistical Theories of Spectra: Fluctuations [M]. New York: Academic Press, 1965.
[92] Chau Huu-Tai P, Smirnova N A, Van Isacker P. J. Phys.: A, 2002, 35: L199.
[93] Flambaum V V, Gribakina A A, Gribakin G F, Kozlov M G. Phys. Rev.: A 1994,50: 267.
[94] Ohya M, Petz D. Quantum Entropy and Its Use [M]. Berlin: Springer, 1993.
[95] Dyson F J. J. Math. Phys., 1962, 3: 140, 157, 166, 1199.
[96] Guhr T, Müller-Groeling A, Weidenmüller H A. Phys. Rep., 1998, 299: 189.
[97] Stockmann H-J. Quantum Chaos [M]. Cambridge: Cambridge Univerity Press, 1999.
[98] Alt H, Gräf H-D, Hofferbert R, Rangacharyulu C, Rehfeld H, Richter A, Schardt P, Wirzba A. Phys. Rev.: E, 1996, 54: 2303.

[99] Percival I C. J. Phys.: B, 1973, 6: L229.

[100] Sokolov V V, Zelevinsky V G. Nucl. Phys.: A, 1989, 504: 562.

[101] Bennett C H, Brassard G, Crepeau C, Jozsa R, Peres A, Wootters W K. Phys. Rev. Lett., 1993, 70: 1895.

[102] Clauser J, Horne M, Shimony A, Holt R. Phys. Rev. Lett., 1969, 23: 880.

[103] Einstein A, Podolsky B, Rosen N. Phys. Rev., 1935, 47: 777.

[104] Bohm D, Bub J. Rev. Mod. Phys., 1966, 38: 453.

[105] Bell J S. Speakable and Unspeakable in Quantum Mechanics [M]. Cambridge: Cambridge University Press, 1993.

[106] Aspect A, Grangier P, Roger G. Phys. Rev. Lett., 1981, 47: 460.

[107] Aspect A, Grangier P, Roger G. Phys. Rev. Lett., 1982, 49: 91.

[108] Aspect A, Dalibard J, Roger G. Phys. Rev. Lett., 1982, 49: 1804.

[109] Rowe M A, Kielpinski D, Meyer V, Sackett C A, Itano W M, Monroe C, Wineland D J. Nature, 2001, 409: 791.

[110] Gröblacher S, Paterek T, Kaltenbaek R, Brukner C Zukowski M, Aspelmeyer M, Zeilinger A. Nature, 2007, 446: 871; corrigendum: Nature, 2007, 449: 252.

[111] Rae A I M. Quantum Physics: Illusion or Reality? [M]. Cambridge: Cambridge University Press, 1986.

[112] DeWitt B S, Graham N. The Many-Worlds Interpretation of Quantum Mechanics [M]. Princeton: Princeton University Press, 1973.

[113] Feynman R P. Int. J. Theor. Phys., 1982, 21: 467.

[114] Zurek W H. Physics Today, 1991, 44: 36.

进一步阅读

第 1 章

Amusia M Ya，Drukarev E G，Mandelzweig V B. Phys. Scr.，2005，72：C22.

Berry M V. Proc. Soc. R. Lond.：A，1984，392：45.

Peres A. Phys. Rev.：A，1984，30：1610.

Presnyakov L P，Urnov A M. J. Phys.：B，1970，3：1267.

Shapere A，Wilczek F. Geometric Phases in Physics：Advanced Series in Mathematical Physics，Vol. 5[M]. Singapore：World Scientific，1989.

Shytov A V. Phys. Rev.：A，2004，70：05278.

第 2 章

Chicone C. Ordinary Differential Equations with Applications [M]. New York：Springer，1999.

Dirac P A M. The Principles of Quantum Mechanics [M]. 4th ed.. London：Oxford University Press，1968.

Dicke R H. Phys. Rev.，1954，93：99.

Loudon R. The Quantum Theory of Light [M]. 2nd ed.. Oxford：Clarendon Press，1991.

Otten E W，Weinheimer C. Rep. Prog. Phys.，2008，71：086201.

Shore B W，Knight P L. J. Mod. Opt.，1993，40：1195.

Silverman M P, Haroche S, Gross M. Phys. Rev.: A, 1978, 18: 1507, 1517.

Yoo H-I, Eberly J H. Phys. Rep., 1985, 118: 239.

第 3 章

Bethe H A. Phys. Rev., 1953, 89: 1256.

Eisenberg J M, Greiner W. Nuclear Theory, Vol. 2, Excitation Mechanisms of the Nucleus[M]. Amsterdam: North-Holland, 1970.

Fermi E. Nuclear Physics [M]. Chicago: University of Chicago Press 1950.

Feynman R P. Statistical Mechanics [M]. New York, Benjamin: 1972.

Landau L D, Lifshitz E M. Electrodynamics of Continuous Media, Course of Theoretical Physics, Vol. 8 [M]. Oxford: Butterworth-Heinemann, 2000.

Sternheimer R M, Seltzer S M, Berger M J. At. Data Nucl. Data Tables, 1984, 30: 361.

Ter-Mikaelian M L. High Energy Electromagnetic Processes in Condensed Media [M]. New York: John Wiley & Sons, 1972.

第 4 章

Akhiezer A I, Berestetsky V B. Quantum Electrodynamics [M]. New York: Interscience, 1965.

Berestetskii V B, Lifshitz E M, Pitaevskii L P. Quantum Electrodynamics Vol. 4 of the Landau-Lifshitz Course [M]. 2nd ed.. Oxford: Butterworth-Heinemann, 1999.

Bordag M, Mohideen U, Mostepanenko M V. Phys. Rep., 2001,353: 1.

Hecht K T. Quantum Mechanics [M]. New York: Springer, 2000.

Loudon R. The Quantum Theory of Light [M]. 2nd ed.. Oxford: Clarendon Press, 1991.

第 5 章

Amusia M Y. Atomic Photoeffect [M]. New York: Plenum Press, 1990.

Bethe H A, Salpeter E E. Quantum Mechanics of One- and Two-Electron Atoms [M]. Berlin: Springer, 1957.

Bohr A, Mottelson B R. Nuclear Structure, Vol. 1 and 2 [M]. Singapore: World Scientific, 1998.

Eisenberg J M, Greiner W. Nuclear Theory, Vol. 2, Excitation Mechanisms of the Nucleus [M]. Amsterdam: North-Holland, 1970.

Scully M O, Zubairy M S. Quantum Optics [M]. Cambridge: Cambridge University Press, 1997.

Softley T P. Atomic Spectra [M]. London: Oxford University Press, 1994.

第 6 章

Ashcroft N W, Mermin N D. Solid State Physics [M]. Orlando: Harcourt, 1976.

Berestetskii V B, Lifshitz E M, Pitaevskii L P. Quantum Electrodynamics Vol. 4 of the Landau-Lifshitz Course [M]. 2nd ed.. Oxford: Butterworth-Heinemann, 1999.

Chu B. Laser Light Scattering: Basic Principles and Practice [M]. New York: Academic Press, 1992.

Kerker M. The Scattering of Light and Other Electromagnetic Radiation [M]. New York: Academic

Press, 1969.
Landau L D, Lifshitz E M. Electrodynamics of Continuous Media, Course of Theoretical Physics, Vol. 8 [M]. Oxford: Butterworth-Heinemann, 2000.
第 7 章
Goldberger M L, Watson K M. Collision Theory [M]. New York: John Wiley & Sons, 1964.
Itzykson C, Zuber J-B. Quantum Field Theory [M]. New York: McGraw-Hill, 1980.
Landau L D, Lifshitz E M. Quantum Mechanics: Non-Relativistic Theory, Course of Theoretical Physics, Vol. 3 [M]. Oxford: Butterworth-Heinemann, 2003.
Mott N F, Massey H S W. The Theory of Atomic Collisions [M]. 3rd ed.. Oxford: Clarendon Press, 1965.
Taylor J R. Scattering Theory: The Quantum Theory of Nonrelativistic Collisions [M]. New York: Wiley, 1972.
第 8 章
Bethe H A, Morrison P. Elementary Nuclear Theory [M]. New York: John Wiley & Sons, 1956.
Eden R J, Landshoff P V, Olive D I, Polkinghorn J C. The Analytical S-Matrix [M]. Cambridge: Cambridge University Press, 2002.
Epelbaum E. Prog. Part. Nucl. Phys., 2006, 57: 654.
Goldberger M L, Watson K M. Collision Theory [M]. New York: John Wiley & Sons, 1964.
Hartmann S. Studies in History and Philosophy of Modern Physics, 2001, 32B: 267.
Landau L D, Lifshitz E M. Quantum Mechanics: Non-Relativistic Theory, Course of Theoretical Physics, Vol. 3 [M]. Oxford: Butterworth-Heinemann, 2003.
Mott N F, Massey H S W. The Theory of Atomic Collisions [M]. 3rd ed.. Oxford: Clarendon Press, 1965.
Newton R G. Scattering Theory of Waves and Particles [M]. Mineola: Dover, 2002.
第 9 章
Barone E, Predazzi V. High Energy Particle Diffraction [M]. Berlin: Springer, 2002.
Landau L D, Lifshitz E M. The Classical Theory of Fields, Course of Theoretical Physics, Vol. 2 [M]. Oxford: Butterworth-Heinemann, 1996.
Landau L D, Lifshitz E M. Quantum Mechanics: Non-Relativistic Theory, Course of Theoretical Physics, Vol. 3[M]. Oxford: Butterworth-Heinemann, 2003.
Lovesey S W. Theory of Neutron Scattering from Condensed Matter: International Series of Monographs on Physics[M]. London: Oxford University Press, 1986.
Newton R G. Scattering Theory of Waves and Particles [M]. Mineola: Dover Publications, 2002.
第 10 章
Blatt J M, Weisskopf V F. Theoretical Nuclear Physics [M]. Mineola: Dover Publications, 1952.

Ericson T, Mayer-Kuckuk T. Ann. Rev. Nucl. Sci., 1966, 16: 183.

Goldberger M L, Watson K M. Collision Theory [M]. New York: John Wiley & Sons, 1964.

Landau L D, Lifshitz E M. Quantum Mechanics: Non-Relativistic Theory, Course of Theoretical Physics, Vol. 3 [M]. Oxford: Butterworth-Heinemann, 2003.

Lane A M, Thomas R G. Rev. Mod. Phys., 1958, 30: 257.

Misra B, Sudarshan E C G. J. Math. Phys., 1977, 18: 756.

Pilkuhn H M. Relativistic Particle Physics [M]. New York: Springer, 1979.

Wigner E P. Phys. Rev., 1946, 70: 606.

第 11 章

Akhiezer A I, Berestetsky V B. Quantum Electrodynamics [M]. New York: Interscience, 1965.

Berestetskii V B, Lifshitz E M, Pitaevskii L P. Quantum Electrodynamics Vol. 4 of the Landau-Lifshitz Course [M]. 2nd ed.. Oxford: Butterworth-Heinemann, 1999.

Itzykson C, Zuber J-B. Quantum Field Theory[M]. New York: McGraw-Hill, 1980.

Kerker M. The Scattering of Light and Other Electromagnetic Radiation [M]. New York: Academic Press, 1969.

Ter-Mikaelian M L. High Energy Electromagnetic Processes in Condensed Media [M]. New York: John Wiley & Sons, 1972.

第 12 章

Akhiezer A I, Berestetsky V B. Quantum Electrodynamics [M]. New York: Interscience, 1965.

Berestetskii V B, Lifshitz E M, Pitaevskii L P. Quantum Electrodynamics Vol. 4 of the Landau-Lifshitz Course[M]. 2nd ed.. Oxford: Butterworth-Heinemann, 1999.

Bjorken J D, Drell S D. Relativistic Quantum Fields [M]. New York: McGraw-Hill, 1965.

Feynman R P. Quantum Electrodynamics [M]. New York: Benjamin, 1962.

Wigner E P. Symmetries and Reflections [M]. Bloomington: Indiana University Press, 1967.

第 13 章

Akhiezer A I, Berestetsky V B. Quantum Electrodynamics [M]. New York: Interscience, 1965.

Berestetskii V B, Lifshitz E M, Pitaevskii L P. Quantum Electrodynamics Vol. 4 of the Landau-Lifshitz Course [M]. 2nd ed.. Oxford: Butterworth-Heinemann, 1999.

Bjorken J D, Drell S D. Relativistic Quantum Fields [M]. New York: McGraw-Hill, 1965.

Feynman R P. Quantum Electrodynamics [M]. New York: Benjamin, 1962.

第 14 章

Bilenky S M, Petcov S T. Rev. Mod. Phys., 1987, 59: 671.

Fortson, E. N., Lewis, L. L.. Phys. Rep., 1984, 113: 289.

Giunti C, Kim C W. Fundamentals of Neutrino Physics and Astrophysics [M]. London: Oxford University Press, 2007.

Gonzales-Garcia M C, Maltoni M. Phys. Rep., 2008, 460: 1.

Grotz K, Klapdor H V. The Weak Interaction in Nuclear, Particle and Astrophysics [M]. Bristol: Adam Hilger, 1990.

Holstein B R. Weak Interactions in Nuclei [M]. Princeton: Princeton University Press, 1989.

Kayser B. The Physics of Massive Neutrinos [M]. Singapore: World Scientific, 1989.

Sozzi M S. Discrete Symmetries and CP Violation [M]. London: Oxford University Press, 2008.

第 15 章

Baym G. Acta Phys. Pol. B, 1998, 29, 1839.

Boal D H, Gelbke C-K, Jennings B K. Rev. Mod. Phys., 1990, 62: 553.

Hanbury-Brown R. The Intensity Interferometer[M]. New York: Taylor and Francis, 1974.

Peshkin M. Found. Phys., 2006, 36: 19.

Silverman M P. Quantum Superposition[M]. Berlin: Springer, 2008.

Wiedemann U A, Heinz U. Phys. Rep., 1999, 319: 145.

第 16 章

Bohr A, Mottelson B R. Nuclear Structure, Vol. 1 and 2 [M]. Singapore: World Scientific, 1998.

Greiner W, Müller B. Quantum Mechanics: Symmetries [M]. Berlin: Springer, 1989.

Schumm B A. Deep Down Things: The Breathtaking Beauty of Particle Physics [M]. Berlin: Springer, 2004.

Weinberg S. Quantum Field Theory, Vol. 1 [M]. Cambridge: Cambridge University Press. 1995.

第 17 章

Landau L D, Lifshitz E M. Quantum Mechanics: Non-Relativistic Theory, Course of Theoretical Physics, Vol. 3 [M]. Oxford: Butterworth-Heinemann, 2003.

Lifshitz E M, Pitaevskii L P. Statistical Physics, Part 2, Vol. 9 of the Landau-Lifshitz Course [M]. Oxford: Butterworth-Heinemann, 2002.

Weinberg S. Quantum Field Theory, Vol. 1[M]. Cambridge: Cambridge University Press, 1995.

第 18 章

Bethe H A, Salpeter E E. Quantum Mechanics of One- and Two-Electron Atoms[M]. Berlin: Springer, 1957.

Bohr A, Mottelson B R. Nuclear Structure, Vol. 1 and 2[M]. Singapore: World Scientific, 1998.

Reimann S, Manninen M. Rev. Mod. Phys., 2002, 74: 1283.

Scerri E. The Periodic System, its Story and its Significance [M]. London: Oxford University Press, 2007.

第 19 章

Dreizler R M, Gross E K U. Density Functional Theory[M]. Berlin: Springer, 1990.

Fayans S A, Tolokonnikov S V, Trykov E L, Zawischa D. Nucl. Phys.: A, 2000, 676: 49.

Hoddeson L, Baym G, Eckert M. Rev. Mod. Phys., 1987, 59: 287.

Hohenberg P, Kohn W. Phys. Rev.: B, 1964, 136: 864.

Lee P A, Ramakrishnan T V. Rev. Mod. Phys., 1985, 57: 287.

Lifshitz E M, Pitaevskii L P. Statistical Physics, Part 2, Vol. 9 of the Landau-Lifshitz Course [M]. Oxford: Butterworth-Heinemann, 2002.

第 20 章

Abrikosov A A. Fundamentals of the Theory of Metals [M]. Amsterdam: North-Holland, 1988.

Bohm D, Pines D. Phys. Rev., 1953, 92: 609.

Karbach M, Müller G. Comput. Phys., 1997, 11: 36; 1998, 12: 565 [cond-mat/0008018].

Pines D. Elementary Excitations in Solids [M]. New York: Westview Press, 1999.

Shevchik N J. J. Phys.: C, 1974, 7: 3930.

第 21 章

Feynman R P. Statistical Mechanics[M]. New York: Benjamin, 1972.

Lifshitz E M, Pitaevskii L P. Statistical Physics, Part 2, Vol. 9 of the Landau-Lifshitz Course [M]. Oxford: Butterworth-Heinemann, 2002.

Pethik C J, Smith H. Bose-Einstein Condensation in Dilute Bose Gases [M]. Cambridge: Cambridge University Press, 2002.

Pitaevskii L, Stringari S. Bose-Einstein Condensation [M]. Oxford: Clarendon Press, 2003.

Tilley D R, Tilley J. Superfluidity and Superconductivity [M]. 2nd ed.. Bristol: Adam Hilger, 1986.

Wilks J. The Properties of Liquid and Solid Helium [M]. Oxford: Clarendon Press, 1967.

第 22 章

Abrikosov A A. Fundamentals of the Theory of Metals [M]. Amsterdam: North-Holland, 1988.

Bardeen J, Cooper L N, Schrieffer J R, Phys. Rev., 1957, 106: 162; 1957,108: 1175.

Belyaev S T. Kgl. Dansk. Vid. Selsk. Mat.-Fys. Medd., 1959, 31, No. 11.

Brink D M, Broglia R A. Superfluidity: Pairing in Finite Systems [M]. Cambridge: Cambridge University Press, 2005.

Leggett A J. Rev. Mod. Phys., 1975, 47: 331.

Lifshitz E M, Pitaevskii L P. Statistical Physics, Part 2, Vol. 9 of the Landau-Lifshitz Course [M]. Oxford: Butterworth-Heinemann, 2002.

Pines D, Alpar M A. Nature, 1985, 316: 27.

Schriffer J R. Theory of Superconductivity [M]. New York: Westview Press, 1999.

Tilley D R, Tilley J. Superfluidity and Superconductivity [M]. 2nd ed.. Bristol: Adam Hilger, 1986.

第 23 章

Breuer H-P, Petruccione F. The Theory of Open Quantum Systems[M]. London: Oxford University Press, 2002.

Evans D J, Searles D J. Adv. Phys., 2002, 51: 1529.

Gel'fer Ya M, Lyuboshitz V L, Podgoretskii M I. The Gibbs Paradox and Particle Identity in Quantum Mechanics[M]. Moscow: Nauka, 1975.

Landau L D, Lifshitz E M. Statistical Physics, Course of Theoretical Physics, Vol. 5., Part 1 [M]. 3 ed.. Oxford: Butterworth-Heinemann, 2000.

第24章

Brody T A, Flores J, French J B, Mello P A, Pandey A, Wong S S M. Rev. Mod. Phys., 1981, 53: 385.

Dyson F J. J. Math. Phys., 1962, 3: 140, 157, 166, 1199.

Dyson F J, Mehta M L. J. Math. Phys., 1963, 4: 701, 713.

Flambaum V V, Gribakina A A, Gribakin G F, Kozlov M G. Phys. Rev.: A, 1994,50: 267.

Guhr T, Müller-Groeling A, Weidenmüller H A. Phys. Rep., 1998, 299: 189.

Gutzwiller M C. Chaos in Classical and Quantum Mechanics [M]. New York: Springer, 1990.

Lee P A, Ramakrishnan T V. Rev. Mod. Phys., 1985, 57: 287.

Porter C E. Statistical Theories of Spectra: Fluctuations [M]. New York: Academic Press, 1965.

Schuster H G, Just W. Deterministic Chaos[M]. Weinheim: Wiley, 2005.

Zelevinsky V, Brown B A, Horoi M, Frazier N. Phys. Rep., 1996, 276: 85.

第25章

Bell J S. Speakable and Unspeakable in Quantum Mechanics [M]. Cambridge: Cambridge University Press, 1993.

Clauser J F, Shimony A. Rep. Prog. Phys., 1978, 41:1881.

Ghose P. Testing Quantum Mechanics on New Ground [M]. Cambridge: Cambridge University Press, 1999.

Rae A I M. Quantum Physics: Illusion or Reality? [M]. Cambridge: Cambridge University Press, 1986.

Shimony A. Sci. Am., 1988, 256: 46.

Weinberg S. Phys. Rev. Lett., 1989, 62: 485.